普通高等教育"十一五"国家级规划教材
河南省"十四五"普通高等教育规划教材

有机合成化学

（第五版）

王玉炉　王瑾晔　主编

科学出版社

北　京

内 容 简 介

本书为普通高等教育"十一五"国家级规划教材,是为学习掌握有机合成原理、方法,了解现代有机合成新知识、新反应、新技术而编写的。全书共11章,绪论指出有机合成化学目前备受关注的一些研究领域,接下来介绍官能团化和官能团转换的基本反应,然后介绍酸催化缩合与分子重排、碱催化缩合与烃基化反应,之后对有机合成试剂、逆合成分析法与合成路线设计、基团的保护与反应性转换、不对称合成反应进行说明,最后介绍氧化反应、还原反应和近代有机合成方法。本书构思新颖,内容丰富,反映了有机合成在许多领域研究的新成就,强调了有机合成的选择性,同时关注环境友好合成和实用价值。

本书可供高等学校化学、应用化学、药物化学及相关专业本科生和研究生使用,也可作为有机合成理论研究工作者的参考书。

图书在版编目(CIP)数据

有机合成化学/王玉炉,王瑾晔主编. —5 版. —北京:科学出版社,2023.12
普通高等教育"十一五"国家级规划教材 河南省"十四五"普通高等教育规划教材

ISBN 978-7-03-077507-8

Ⅰ.①有… Ⅱ.①王… ②王… Ⅲ.①有机合成-合成化学-高等学校-教材 Ⅳ.①O621.3

中国国家版本馆 CIP 数据核字(2023)第 238170 号

责任编辑:丁　里 / 责任校对:杨　赛
责任印制:张　伟 / 封面设计:迷底书装

科学出版社 出版
北京东黄城根北街 16 号
邮政编码:100717
http://www.sciencep.com

三河市宏图印务有限公司印刷
科学出版社发行　各地新华书店经销

*

2005 年 2 月第一版　开本:787×1092　1/16
2009 年 7 月第二版　印张:21
2014 年 1 月第三版　字数:531 000
2019 年 1 月第四版　2023 年 12 月第五版
2023 年 12 月第二十九次印刷

定价:79.00 元
(如有印装质量问题,我社负责调换)

第五版前言

《有机合成化学》第二版于 2007 年被评为普通高等教育"十一五"国家级规划教材,第四版于 2021 年荣获河南省教材建设奖特等奖,并被评为河南省"十四五"普通高等教育规划教材。随着科技的发展,编者以新时代党的二十大报告"实施科教兴国战略,强化现代化建设人才支撑"为指引,在保留《有机合成化学(第四版)》特色的前提下,为了增加有机合成反应的基础性、应用性、新颖性,对第四版作如下修订:

(1)酰基硅烷试剂在有机合成反应中的重要性非常引人瞩目,内容非常丰富。本次修订增加了酰基硅烷在有机合成中的新知识、新反应,编者在这里仅作初步介绍。

(2)为了让读者更好地理解、掌握教材基本反应理论,编者在大量的习题中选择有代表性的习题,给出详细的题解,并录制了讲解视频,读者可扫描书中的二维码观看。

(3)增加了部分国内有机化学家和近两年诺贝尔化学奖的介绍等课程思政材料,也以二维码的形式呈现,读者可以扫描二维码阅读。

过去传授知识仅限于纸质材料,后来增加了电子课件,现在课件、视频等数字化资源一体化,融合了多种传授知识的方式,体现了教材的新颖性。

参加本次修订工作的有王玉炉教授、王瑾晔教授、渠桂荣教授、王建革副教授、时蕾副教授。全书由王玉炉教授、王瑾晔教授统稿。同时感谢马东兰教授在本书编写、修订过程中给予的热情支持和帮助。

由于编者水平有限,书中难免有疏漏和不妥之处,敬请同行和读者批评指正。

编　者
2023 年 8 月

第四版前言

《有机合成化学(第三版)》出版以来,编者曾同一些老师就教材内容进行了讨论,在继续得到好评的同时,老师们也提出了宝贵建议,如有的章节内容偏难,有的章节内容除非专业化一般接触不多等。对此,编者在保持原有教材特色的基础上对第三版内容作了适当修订,删去了在学习和研究有机合成化学反应时不常遇到的、难度较大的一些反应以及内容虽新但使用受限的反应。修订后的教材增加了具有重要价值的基础反应内容,如通过烯醇硅醚进行羟醛缩合反应等,期望更加接近老师和学生对教材的实际需要;更加体现中国科学院文献情报中心信息服务部精选该领域优秀教材书展评价,即"基础性、系统性、科学性和前沿性",内容更加精练;更有助于授课教师根据所授专业具体情况,选择适宜内容进行授课。

参加修订再版工作的有王玉炉教授、渠桂荣教授、王瑾晔教授(副主编)、王建革副教授和时蕾副教授。全书由王玉炉教授和王瑾晔教授统稿。同时感谢马东兰教授在本书编写、修订过程中给予的热情支持和帮助。

由于编者水平有限,书中难免有疏漏和不妥之处,敬请同行和读者批评指正。

编　者
2018 年 6 月

第三版前言

《有机合成化学》一书自 2005 年出版以来，已印刷 14 次，全国逾百所高等院校使用，有的高校还把它作为本科生的双语教材，受到使用院校的欢迎。为适应学科发展需要，并采纳读者的宝贵建议，这次再版将有机合成的一些重要新成果，如碳-碳键生成新方法（水相有机反应），选择性好、环境友好、产率高的有机合成反应等吸纳到教材中，同时对教材中的一些难点作了相应解释。

本书始终以强化基础、深化提高、重视进展的思路组织教学内容。强化基础——有机合成的基础反应、基础理论和方法，主要是第 2～4、8～10 章。深化提高——现代有机合成理论、反应和方法，主要是第 5～7、11 章。基础与提高紧密衔接，不能分割。重视进展——主要是基础反应的研究进展，各章都有程度不同的介绍。教材内容全面、系统、科学、新颖。

参加修订再版工作的有：河南师范大学王玉炉教授（第 1 章、第 3 章、第 4 章、第 6～8 章、第 10 章），河南师范大学渠桂荣教授（第 2 章），上海交通大学王瑾晔教授（副主编，第 5 章、第 9 章），洛阳师范学院王建革副教授（第 11 章）。全书由王玉炉教授和王瑾晔教授统稿。同时，感谢河南师范大学马东兰教授在本书编写、修订再版过程中给予的热情支持和帮助。

由于编者水平有限，书中难免有疏漏和不妥之处，敬请读者批评指正。

编　者
2013 年 9 月

第二版前言

《有机合成化学》一书自 2005 年出版以来,已印刷 8 次,受到使用院校的欢迎。由于有机合成化学发展迅速,相关学科对掌握有机合成原理、方法,提高有机合成水平提出了更高的要求;同时,教师和学生在使用过程中提出了一些宝贵的建议。此次修订再版,对教材内容做了适当的调整和补充。

本书全面系统地介绍了有机合成化学的基本知识和进展,努力将基础有机合成的原理、方法与现代有机合成的原理、方法紧密衔接,力求体现有机合成化学的基础性、系统性、科学性和前沿性,重点反映有机合成中产率高和选择性好的反应,同时注意反映环境友好合成。

本书吸纳了第一版以来一些重要研究领域出现的新成就,如羰基保护新方法、固相一般有机合成、固载氧化、还原新试剂、离子液体等选择性好并具有使用价值的反应;丰富了逆合成分析法的内容并单列一章,以显示其在合成中的重要性。全书共 11 章,采用反应类型和重点专题相结合的编排体系。绪论着重介绍目前关注的有机合成研究领域和若干有机合成的新概念,然后介绍官能团化和官能团转换的基本反应、酸催化缩合与分子重排、碱催化缩合与烃基化反应,之后对有机合成试剂、逆合成分析法与合成路线设计、基团的保护与反应性转换、不对称合成反应进行说明,最后介绍氧化反应、还原反应和近代有机合成方法。

本书构思新颖、内容丰富,叙述由浅入深、通俗易懂。本书配套有电子课件,供教师根据专业需要选择使用。各章都给出了参考文献,大部分章节附有习题和参考答案,以方便读者更深入地学习和提高。

参加修订再版工作的有:河南师范大学王玉炉教授(第 1 章、第 3 章、第 4 章、第 6～8 章、第 10 章),河南师范大学渠桂荣教授(第 2 章),上海交通大学王瑾晔教授(副主编、第 5 章、第 9 章),洛阳师范学院王建革副教授(第 11 章)。全书由王玉炉教授和王瑾晔教授统稿。同时,感谢河南师范大学马东兰教授在本书编写过程中给予的热情支持和帮助。

由于编者水平有限,书中难免有疏漏和不妥之处,敬请读者批评指正。

编　者
2009 年 3 月

第一版前言

有机合成化学不仅是有机化学的重要组成部分和有机化学工业的基础,而且在相关学科中也占有十分重要的地位。20 世纪 60～70 年代以来,有机试剂的合成与应用、逆合成分析法的创立、高选择性反应和不对称合成的研究、近代有机合成技术的发展以及超分子的合成等大大改变了有机合成的面貌,使有机合成反应更加丰富、新颖。

有机化学工作者应该提高有机合成的理论,掌握更多的有机反应和研究方法。因此,本书内容尽量选取有机合成的重要反应、选择性反应,反映当前较新的合成反应,包括新反应、新方法;力求理论联系实际,为从事有机合成的教学和科研工作打下必要的基础。

全书共分 10 章。第 1 章扼要介绍了当前有机合成化学的主要研究领域和研究有机合成的方法。第 2～4 章比较系统地从原理和应用方面介绍了碳-碳键的形成、断裂和重组以及官能团的转换,这部分内容反映了有机化合物官能团之间相互转化的规律,是进行有机合成的基础,对建造分子骨架和官能团的归宿有指导意义。第 5 章介绍了几种有机合成试剂,它们具有许多特殊的反应性能,是当代有机合成的一个重要特征,在有机合成中占有重要地位。在第 6 章中我们换个角度去理解官能团的转换,开阔思路,提高有机合成技巧。第 7 章介绍了在较广泛范围内应用的近代有机合成新方法。第 8 章初步介绍了不对称合成反应。第 9、10 章介绍有机合成中常常涉及的氧化反应和还原反应。全书反映了实现绿色合成的一些有效途径。书内大部分章节安排了习题和参考答案。

参加本书编写的有:河南师范大学王玉炉教授(第 1 章、第 3 章、第 4 章、第 6 章、第 8 章、第 10 章),河南师范大学渠桂荣教授(第 2 章),中国科学院上海有机化学研究所王瑾晔研究员(第 5 章、第 9 章),洛阳师范学院王建革讲师(第 7 章)。全书由王玉炉教授统筹。

本书可供高等院校化学专业和应用化学专业有机合成化学的教材或参考书,也可作基础有机化学的补充读物,还可供研究生及化学化工工作者参考。

由于作者水平有限,难免有疏漏和错误,敬请读者批评指正。

编　者
2004 年 12 月

Ac	acetyl	乙酰基
AIBN	2,2'-azobisisobutyronitrile	偶氮二异丁腈
ATP	adenosine-triphosophate	腺苷三磷酸
Bn	benzyl	苄基
BOC	*t*-butoxycarbonyl	叔丁氧羰基
Bz	benzoyl	苯甲酰基
Cbz	carbobenzoxy	苄氧羰基
COD	cyclooctadiene	环辛二烯
DABCO	1,4-diazabicyclo[2.2.2]octane	1,4-二氮杂双环[2.2.2]辛烷
DBU	1,8-diazabicyclo[5.4.0]undec-7-ene	1,8-二氮杂双环[5.4.0]十一碳-7-烯
DCC	dicyclohexylcarbodiimide	二环己基碳化二亚胺
DDQ	2,3-dichloro-5,6-dicyano-1,4-benzoquinone	2,3-二氯-5,6-二氰基-1,4-苯醌
DET	diethyltartrate	酒石酸二乙酯
DHP(Dhp)	3,4-dihydro-2*H*-pyran	3,4-二氢-2*H*-吡喃
DIBALH	diisobutylaluminium hydride	氢化二(2-甲基丙基)铝
DMAP	4-dimethylaminopyridine	4-二甲氨基吡啶
DMF	dimethylformamide	二甲基甲酰胺
DMSO	dimethylsulfoxide	二甲亚砜
HMPT	hexamethyl phosphorus triamide	六甲基磷酰三胺
LDA	lithium diisopropylamide	二异丙基氨基锂
MCPBA	*m*-chloroperoxybenzoic acid	间氯过氧苯甲酸
NBS	*N*-bromosuccinmide	*N*-溴代琥珀酰亚胺
PEG	polyethylene glycol	聚乙二醇
Phth	phthalyl	酞酰(邻苯二甲酰基)
PPA	polyphosphoric acid	多聚磷酸
PS	polystyrene	聚苯乙烯
PTC	phase transfer catalysis	相转移催化
Py	pyridine	吡啶
TBA	tetrabutyl ammonium	四正丁基铵
TBAB	tetrabutylammoniumbisulfate	四正丁基硫酸氢铵
Tbeoc	2,2,2-tribromoethoxycarbonyl	2,2,2-三溴乙氧羰基
Tceoc	2,2,2-trichloroethoxycarbonyl	2,2,2-三氯乙氧羰基
TEA	triethylamine	三乙胺
TEBA	triethylbenzylammonium	三乙基苄基铵

TFA	trifluoroacetic acid	三氟乙酸
Tfac	trifluoroacetyl	三氟乙酰基
THF	tetrahydrofuran	四氢呋喃
ThP	tetrahydropyran-2-yl	四氢吡喃基
TM	target molecule	目标分子
TMEDA	N,N,N',N'-tetramethyethylenediamine	1,2-二(二甲氨基)乙烷
TMS	trimethylsilyl	三甲基硅
TOMAC	chloro-tri(n-octyl)methylammonium	氯化三(正辛基)甲基铵
Ts	p-toluenesulfonyl	对甲苯磺酰基

目 录

第1章 绪　　论

1.1　有机合成化学的定义

一个多世纪以来，有机合成化学经过无数化学家的不懈探索和工业生产实践的总结，取得了巨大的发展。它对人类社会的物质文明进步、人民生活水平的提高作出了重要贡献。今天，社会可持续发展的需要、人们环境意识的提高以及绿色合成的兴起，对有机合成化学提出了更高的新要求，同时也不断赋予它新的内容。1991 年 Trost（特罗斯特）[1,2] 提出了原子经济（atom economy）学说，其定义为"反应物的原子数目最大地进入产物"。原子经济性可以用原子利用率衡量：

$$原子利用率 = \frac{预期产物的相对原子质量}{反应物的相对原子质量总和} \times 100\%$$

理想的原子经济性反应，其原子利用率达 100%，不产生副产物或废物，有利于资源利用和环境保护。例如，合成环氧乙烷有两种途径，分别表示如下：

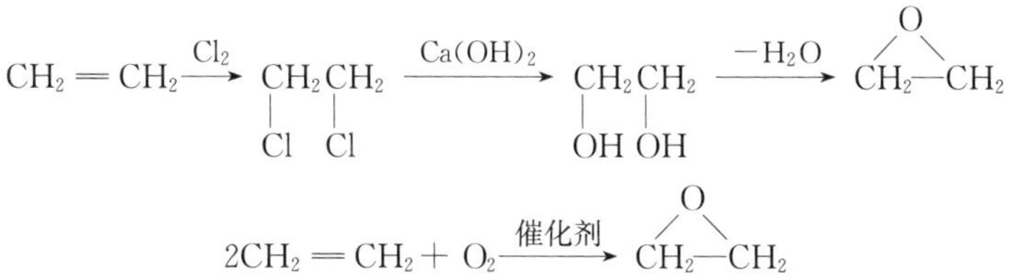

$$CH_2 = CH_2 \xrightarrow{Cl_2} \underset{\underset{Cl}{|}\ \underset{Cl}{|}}{CH_2\ CH_2} \xrightarrow{Ca(OH)_2} \underset{\underset{OH}{|}\ \underset{OH}{|}}{CH_2\ CH_2} \xrightarrow{-H_2O} \underset{CH_2 - CH_2}{\overset{O}{\triangle}}$$

$$2CH_2 = CH_2 + O_2 \xrightarrow{催化剂} \underset{CH_2 - CH_2}{\overset{O}{\triangle}}$$

显然，后者不仅符合原子经济学说，也符合绿色合成要求。现在已有一些有机合成反应符合这种要求，但还需要研究、开发更多的原子经济性反应[3]。

1996 年，美国斯坦福大学 Wender（温德）教授对理想的合成提出了完整的定义："一种理想的（最终是实效的）合成是指用简单的、安全的、环境友好的、资源有效的操作，快速定量地把价廉、易得的起始原料转化为天然或设计的目标分子。"[4] 这就意味着，随着有机合成化学的发展，有机合成化学的概念也进一步得到充实发展。

1.2　有机合成化学的任务

有机合成化学的任务归纳起来有以下三点。

首先，为科学技术的发展、社会的进步、人们物质文明生活水平的改善提供具有各种性能的分子，并建立有效的生产方法。例如，1987 年由美国 Nielsen（尼尔森）首次合成的六硝基六氮杂异伍兹烷（HNIW）[5,6] 是当前密度和能量水平最高的高能量密度化合物，被誉为"明天的高能炸药"，受到世界各国的普遍关注，其结构式如图 1-1 所示。凡与生活有密切关系的物质（除食品外），大

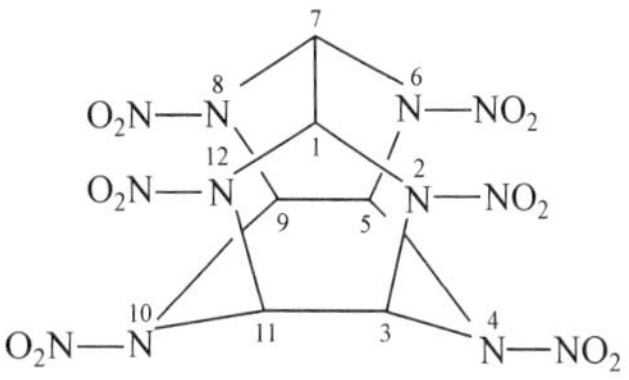

图 1-1　HNIW 的结构图

部分是有机合成产物。

其次,有机合成化学要为理论工作提供具有多种特殊性能的分子,以验证和发现新的理论。往往一个重要的理论需要合成多种分子,而它们的合成有时是很困难的,因此,一个理论工作者需要花费大部分时间在合成上,出色的理论家往往也是出色的合成家。Woodward(伍德沃德)和 Corey(科里)等是这方面最突出的代表。Woodward 以极其精练的技术合成了胆固醇、皮质酮、马钱子碱、利血平、叶绿素等各种极难合成的复杂有机化合物达 24 种以上,探明了金霉素、土霉素、河豚素等复杂有机化合物的结构和性能,探索了核酸与蛋白质的合成,提出了二茂铁的夹心结构,在有机合成、结构分析、理论有机等多个领域都有独到的见解和杰出的贡献。1965 年 Woodward 荣获诺贝尔化学奖后,又组织 14 个国家共 110 位化学家协同攻关,于 1973 年合成了结构十分复杂的维生素 B_{12},其结构式如图 1-2 所示。在合成过程中,不仅存在创立一个新的合成技术问题,还存在一个传统化学理论不能解释的有机理论问题,Woodward 和他的学生兼助手 Hofmann(霍夫曼)在研究周环反应时,一起提出了分子轨道对称守恒原理。分子轨道对称守恒原理的创立使 Hofmann 和福井谦一共同获得了 1981 年诺贝尔化学奖。

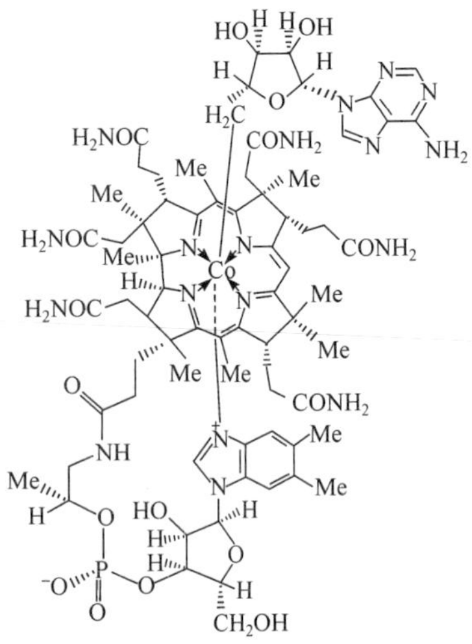

图 1-2 维生素 B_{12}

20 世纪 60 年代末,美国哈佛大学 Corey 教授根据自己多年对复杂分子的合成及设计研究,逐渐创立了一种从目标结构开始采用一系列逻辑推理方法,推出起始原料及合成路线的方法——逆合成分析法(retrosynthetic analysis)。这种逻辑方法的产生及完善对复杂分子的合成有很大帮助。由 Corey 领导的研究小组在此理论的指导下已完成 100 多种复杂分子的多步骤合成,几乎每种化合物都要用逆合成分析法进行分析。利用此方法还可以发现新的反应和方法,几乎每种复杂化合物的成功合成都有新的方法发现。Corey 由于在合成理论方面的杰出成就而获得 1990 年诺贝尔化学奖。

海葵毒素(palytoxin)是由 24 个研究生和博士后在美国哈佛大学的 Kishi 教授领导下,经过 8 年的努力于 1989 年完成全合成的。海葵毒素(图 1-3)是从海洋生物中分离得到的一种剧

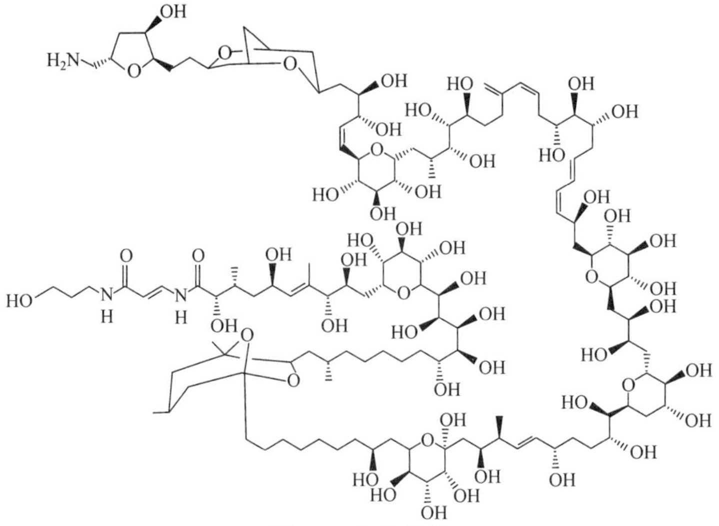

图 1-3 海葵毒素

毒物质,它是有 64 个手性中心、7 个骨架内双键的分子,可能存在的异构体数目为 $2^{71} \approx 2 \times 10^{21}$,接近阿伏伽德罗常量。这一艰巨复杂的立体专一合成标志着有机合成达到了一个空前的高度,显示了有机合成界当今所具有的非凡能力。虽然有机合成的热点部分让位于方法学、功能分子和活性研究,但其仍然被誉为有机合成中的"珠穆朗玛峰"。海葵毒素是已知的非蛋白毒物中毒性最大的化合物,但是它具有优良的抗癌活性,这是 20 世纪 80 年代天然产物研究中的一个重大成就。

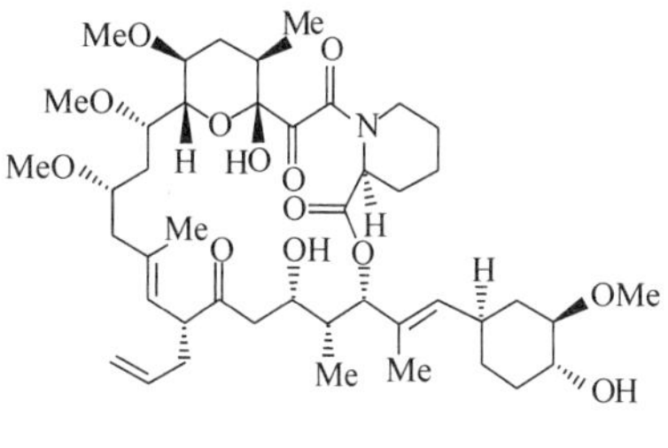

图 1-4　FK-506

继天然海葵毒素的合成之后,Schreiber(施赖伯)等[7]对 FK-506(图 1-4)的细胞免疫抑制作用的研究和对 FK-1012(图 1-5)的基因开关的研究,更使合成化学家看到了有机合成化学在生命科学等学科研究领域中的无穷创造力和迷人前景[8]。

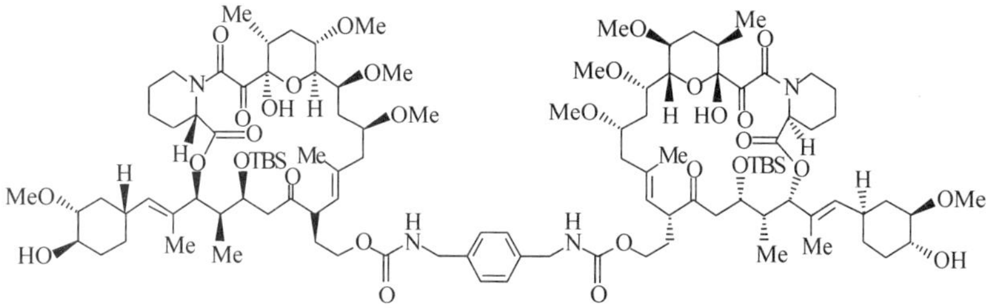

图 1-5　FK-1012

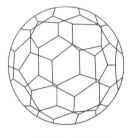

图 1-6　富勒烯

富勒烯(fullerene)以 C_{60} 为代表,如图 1-6 所示。作为碳元素的第三种同素异形体和第一种分子碳形式,C_{60} 引起了人们很大的兴趣。C_{60} 具有独特的结构和电子性质,很容易与亲核试剂或卡宾反应,生成一系列官能团化的衍生物;它又是一个亲双烯试剂及亲偶极试剂,而它作为自由基的储存体(radical sponge)又可与多种自由基反应。这些表明,C_{60} 的物质形态非常稳定,具有异乎寻常的化学活性。可以预期,深入研究富勒烯分子反应活性及其规律,将对发展有机化学基本理论有新的贡献。

最后,自然界慷慨赐予人类大量有机物质,如煤、石油、天然气等,它们当中包含许多有机化合物。正是这些物质养育了人类,给人类带来了现代文明和发展繁荣。但天然存在的有机化合物种类毕竟有限,甚至有的含量很小,而人们需要的绝大多数有机化合物是纯品,基本都依靠人工合成。因此,正像有机化学家 Berthelot(贝特洛)预言的那样:"在老的自然界旁边再放进一个新的自然界,而这个自然界在质和量上都远远超过老的自然界。"

1.3　有机合成反应和方法学

有机合成化学是有机化学的重要组成部分和有机化学工业的基础,在化学学科中占有独特的核心地位。21 世纪有机合成化学面临新的机遇和挑战,从概念、理论、方法等方面丰富、发展有机合成化学是生命科学、材料科学以及环境科学对有机合成化学提出的新要求。因此,有机合成化学应当关注以下领域的研究。

有机合成的基础是各种基元合成反应,用新的试剂或技术发现新的反应或改善提高现有的反应是从方法学上发展有机合成的重要途径。有机反应总的来说可以分为两类:碳-碳键的形成、断裂和重组以及官能团的转换。围绕这两类反应以及针对个别的结构特征,100 多年来已经有了成千种的有机合成反应。但是为了满足各种有机合成的需要,新的反应或新的应用范围仍在不断探索和报道。例如,近年来受到重视的自由基反应(包括高选择性的自由基反应)、周环反应、串联反应和分子内反应等都有重要研究进展。

合成反应方法学上的一个重大进展是大量的合成新试剂的出现,特别是元素有机和金属有机试剂及催化剂。

寻找高选择性的试剂和反应已成为有机合成化学中最主要的研究课题之一,其中包括化学和区域选择性控制、立体选择性控制等。

不对称合成是近年来发展较快的领域,而不对称催化反应在不对称合成中占有突出的位置。

复杂有机分子,包括天然获得的或结构化学家所设计的分子,它们的合成一直是最受关注的领域,体现合成化学的水平。特别是有广泛应用前景的复杂分子的全合成,给新试剂、新反应、新方法的发现以巨大的推动力。最近的重要趋势则是与生命科学相结合的合成工作,分子功能和活性已进入了合成化学的舞台。

光化学反应(光诱导反应)目前已达到了很高程度的化学、区域和立体控制的水平。光化学机理研究和合成应用也是当前的研究热点。

电有机合成近年来得到了进一步的重视和发展,在精细化工合成上可能有发展前景,在基础研究方面正努力进一步改善电合成的选择性,并开拓其应用范围。

无溶剂有机合成反应由于没有溶剂参与,表现出较溶液反应更高的反应效率。节能、少污染以及反应的选择性,使其成为化学合成的重要组成部分,作为有机合成的一种新的反应方式已引起人们的广泛关注。

固相有机合成广泛用于多肽、寡聚核苷酸和蛋白质、酶等化学合成。方法简单、快速,甚至可用仪器自动化地进行反应。近年来,一些试剂、保护基团的固相化也给合成带来很多便利,如选择性、产物的分离提纯等。

相转移催化技术近 20 年来得到了迅猛发展。它已广泛地应用于有机合成、高分子聚合反应,并逐步地渗透到分析、造纸、印染、制革等领域,为制药工业和精细有机化工带来了可观的经济效益。

微波技术的利用、声化学合成方法和超高压技术等也都是值得注意的合成反应的研究方法。

许多生物过程是通过天然有机化合物和高分子化合物的有序组合来完成的。这种组合是由这些化合物通过分子间力(如氢键、静电力和范德华力)相互作用形成的。例如,DNA 双螺旋体、蛋白质(包括酶与抗体)的高级结构便是如此。近年来人们已开始把研究重心从分子中化学键的断裂与重组向分子间相互作用缔合成有序结构而产生特定功能的方向转移,并逐渐形成了一门新的前沿学科——超分子化学。

1.4 有机合成反应中的重要问题

1.4.1 有机合成反应的速率控制和平衡控制

在一些有机反应中,由于存在竞争反应,所以反应的产物往往不是单一的,各产物的比例与反应条件有密切关系。例如,丁二烯与溴发生加成反应,生成 1,2-加成产物和 1,4-加成产物的混合物,这是两个互相竞争的反应,反应过程表示如下:

$$CH_2=CHCH=CH_2$$

$$\xrightarrow{-15\ ℃\ \ Br_2,己烷}$$

$$BrCH_2CH=CHCH_2Br \longleftarrow Br^- + CH_2=CH-CHCH_2Br \longrightarrow CH_2=CHCHBrCH_2Br$$

$$\qquad 46\% \qquad\qquad\qquad\qquad\qquad\qquad\qquad\qquad\qquad\qquad\qquad\qquad\qquad 54\%$$

低温时,反应混合物中 1,2-加成产物和 1,4-加成产物的含量取决于两个反应的速率,生成 1,2-加成产物的速率较快,1,2-加成产物的量比 1,4-加成产物多,反应为速率控制或动力学控制。如果将反应混合物加热到 60 ℃,这时二溴化物离解成碳正离子和溴负离子的速率加快,正反应和逆反应最后建立平衡,由于1,4-二溴化物比 1,2-二溴化物更稳定,平衡混合物中 1,4-二溴化物多,即反应为平衡控制,反应式如下:

$$BrCH_2CH=CHCH_2Br \rightleftharpoons Br^- + CH_2=CH-CHCH_2Br \rightleftharpoons CH_2=CHCHBrCH_2Br$$

$$\quad 80\% \qquad\qquad\qquad\qquad\qquad\qquad\qquad\qquad\qquad\qquad\qquad\qquad\qquad\qquad 20\%$$

萘磺化时,试剂可以进攻 α-位或 β-位,生成 α-萘磺酸或 β-萘磺酸,反应式为

$$H_2O + \text{（2-萘磺酸）} \underset{150\ ℃以上}{\overset{}{\rightleftharpoons}} \text{（萘）} + H_2SO_4 \underset{}{\overset{60\ ℃以下}{\rightleftharpoons}} \text{（1-萘磺酸）} + H_2O$$

$$\qquad 85\% \qquad\qquad\qquad\qquad\qquad\qquad\qquad\qquad\qquad\qquad\qquad 93\%$$

磺化反应是可逆的,在较低温度下,磺化是主要反应,逆反应不显著,产物中两种萘磺酸的量取决于生成 α-萘磺酸或 β-萘磺酸这两个互相竞争的反应的反应速率,即为速率控制。升高反应温度,水解反应的速率加快,α-萘磺酸生成后迅速水解,β-萘磺酸生成后水解速率慢,逐渐累积起来,随着反应的进行,β-萘磺酸越来越多,达到平衡成为主要产物,这时反应为平衡控制。

简单不对称酮的直接烷基化反应,在碱的作用下,易生成烯醇负离子 A 和 B 的混合物,因此往往生成单烷基化产物的混合物。

$$\begin{array}{c} R^1 \\ \diagdown \\ \diagup \\ R^2 \end{array}\!\!CHCOCH_2R^3 \xrightarrow{B^-} \begin{array}{c} R^1 \\ \diagdown \\ \diagup \\ R^2 \end{array}\!\!C=C\!\!\begin{array}{c} O^- \\ | \\ \end{array}\!\!CH_2R^3 + \begin{array}{c} R^1 \\ \diagdown \\ \diagup \\ R^2 \end{array}\!\!CHC\!\!\begin{array}{c} O^- \\ | \\ \end{array}\!\!=CHR^3$$

$$\qquad\qquad\qquad\qquad\qquad\qquad\qquad\qquad A \qquad\qquad\qquad\qquad\qquad\qquad B$$

但是,当反应在非质子溶剂、强碱和不过量酮的条件下进行时,碱一般优先夺取位阻小的 α-H,生成烯醇负离子 B,反应属于速率控制。当反应在质子溶剂和过量酮的条件下进行时,一般优先生成取代基多的烯醇负离子 A,因为取代基多的烯醇负离子更稳定,反应属于平衡控制。

$$\underset{B}{\overset{R^1}{\underset{R^2}{}}}CHC \hspace-0.3em=\hspace-0.3em CHR^3 \rightleftharpoons \overset{R^1}{\underset{R^2}{}}CHCOCH_2R^3 \overset{B^-}{\rightleftharpoons} \underset{A}{\overset{R^1}{\underset{R^2}{}}}C \hspace-0.3em=\hspace-0.3em CCH_2R^3$$

　　碱夺取质子生成烯醇负离子 A 和 B 是可逆反应,通过平衡反应相互转化。质子溶剂的作用在于通过提供质子促进质子化/脱质子的平衡反应,过量的酮也起着提供质子促进平衡反应的作用。例如:

	H₃C(烯醇)	H₃C(烯醇)
Ph₃CLi(速率控制)	28%	72%
Ph₃CLi/过量酮(平衡控制)	94%	6%

$$CH_3CH_2CH_2COCH_3 \longrightarrow CH_3CH_2CH \hspace-0.3em=\hspace-0.3em CCH_3 + CH_3CH_2CH_2C \hspace-0.3em=\hspace-0.3em CH_2$$

二异丙基氨基锂/THF(速率控制)　　　　　　　　　　　　　100%

　　将等物质的量的环己酮、呋喃甲醛和氨基脲混合,几秒钟后立即处理反应混合物,得到的产物基本上是环己酮缩氨脲,反应为速率控制。若放置几小时后再进行处理,得到的产物基本上是呋喃甲醛的缩氨基脲,反应为平衡控制或热力学控制。

　　反应速率控制下生成的产物在适当的条件下可以转化为反应平衡控制的产物,这一现象具有普遍性。

1.4.2　有机合成反应的选择性

　　现代有机合成中涉及的反应底物通常带有多重官能团或多个可能反应的中心,而且即使只在特定官能团或特定中心上进行反应,还有可能生成不止一个的异构体产物。因此,合成工作一般要求能广泛地、有目地控制反应的选择性以提高合成的效率。有机合成反应的选择性[9,10]问题通常包括化学选择、位置选择和立体选择。

1. 化学选择

　　化学选择是指分子中的官能团不需要加以保护和特殊的活化,某一官能团本身就有选择性。例如:

$$CH_3CH(OH)CH_2COR \xrightarrow{KMnO_4} CH_3COCH_2COR$$

相同官能团如反应活性不同,选择适当的反应试剂和反应条件也可以实现选择性反应。例如:

$$CH_3CH(CH_2)_8CH_2OH \xrightarrow[CH_2Cl_2/H_2O]{/NaClO/KBr} CH_3CH(CH_2)_8CHO$$
$$\hspace{2cm}OH \hspace{5cm} OH$$

优先与伯羟基反应,而不涉及仲羟基。

利用负氢化合物试剂,在适当的条件下进行的还原反应是选择性还原反应。例如:

$$O_2NCH_2CH_2CH_2CHO \xrightarrow[CH_3CH_2OH]{NaBH_4} O_2NCH_2CH_2CH_2CH_2OH$$

$$\downarrow LiAlH_4,低温$$

$$O_2NCH_2CH_2CH_2CH_2OH$$

2. 位置选择

位置选择是指在反应中,反应试剂定向地进攻反应物的某一位置,或定向地发生在作用物的某一位置,从而生成指定结构的产物。例如,不对称烯烃与不对称试剂的亲电加成反应,反应过程表示如下:

$$CH_3CH_2CH=CH_2 + HBr \xrightarrow{HOAc} CH_3CH_2\underset{\underset{Br}{|}}{C}HCH_3$$

$$80\%$$

$$CH_3-\underset{\underset{CH_3}{\overset{CH_3}{|}}}{C}=CH_2 + HCl \xrightarrow{HOAc} CH_3-\underset{\underset{Cl}{|}}{\overset{\overset{CH_3}{|}}{C}}-CH_3$$

$$100\%$$

Wöhl-Ziegler(沃尔-齐格勒)反应是用 N-溴代酰胺类作为烯丙基类化合物的特种溴化剂,在无水条件和引发剂存在下进行反应,是位置选择的取代反应,反应式如下:

$$CH_2=CHCH\underset{\underset{H}{|}}{C}H_2CH=CH_2 \xrightarrow{NBS/CCl_4} CH_2=CHCHCH_2CH=CH_2 \atop \qquad\qquad\qquad |\atop\qquad\qquad\qquad Br$$

$$CH_2CH=CH\underset{\underset{H}{|}}{C}OOCH_3 \xrightarrow{NBS/CCl_4} CH_2CH=CHCOOCH_3 \atop\qquad\qquad |\atop\qquad\qquad Br$$

$$\text{环己烯} \xrightarrow{NBS/CCl_4} \text{3-溴环己烯}$$

$$\text{2-甲基呋喃} \xrightarrow{NBS/CCl_4} \text{2-(溴甲基)呋喃}$$

在 Diels-Alder(第尔斯-阿尔德,简称 D-A)反应中,不对称二烯和不对称亲二烯体的加成可以以两种方式进行,从而得到两种结构的异构体产物,其中一个异构体占绝对优势,而且在反应前就可以预测。1-取代丁二烯和 α,β-不饱和羰基化合物亲二烯体的环加成得到的大部分是 1,2-二取代加成产物,而 2-取代丁二烯的环加成得到的主要是 1,4-二取代加成产物,取代基的电子效应不明显,反应为

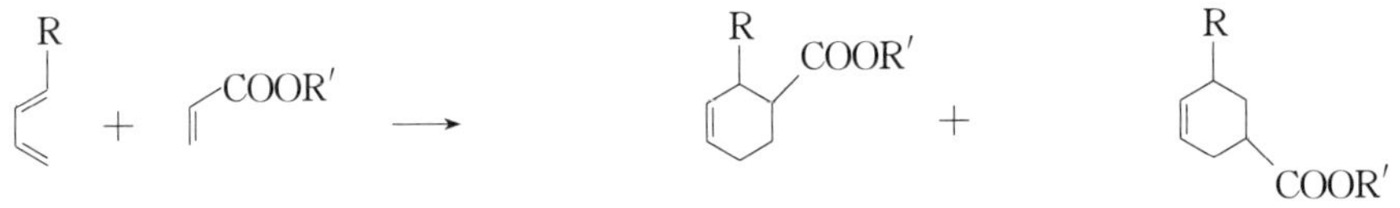

R	R′	温度/℃	1,2-二取代加成产物	:	1,3-二取代加成产物
NEt₂	Et	20	100	:	0
Me	Me	20	45	:	5
COOH	H	70	100	:	0
COONa	Na	220	50	:	50

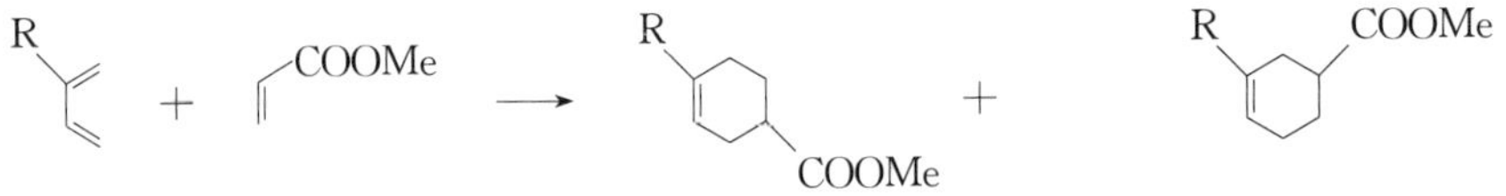

R	温度/℃	1,4-二取代加成产物	:	1,5-二取代加成产物
OEt	160	100	:	0
Ph	150	82	:	18
CN	95	100	:	0

在正常的 Diels-Alder 反应中(涉及富电子二烯和缺电子二烯体的反应),过渡态的主要相互作用是二烯的 HOMO 轨道和亲二烯体 LUMO 轨道之间的相互作用。不对称二烯和不对称亲二烯体的加成方向主要由共轭体系末端的原子轨道系数决定,原子轨道的末端系数越大,越容易形成共价键。系数越大,过渡态的轨道重叠越好,在多数情况下形成 1,2-或 1,4-加成产物[9]。

均相催化氢化反应、芳香烃的亲电取代反应等都可以认为是位置选择反应。这方面的例子很多。

3. 立体选择反应

反应中,一个立体异构体的产量超过或是大大超过其他可能的立体异构体的反应称为立体选择反应。这种反应常与作用物的位阻、过渡状态的立体化学要求以及反应条件有关。例如,不对称醛与甲基碘化镁的加成反应:

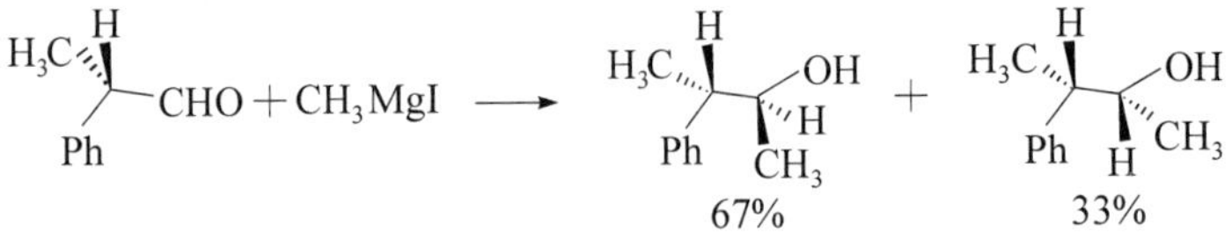

又如,叔丁基环己酮与 LiAlH₄ 的反应:

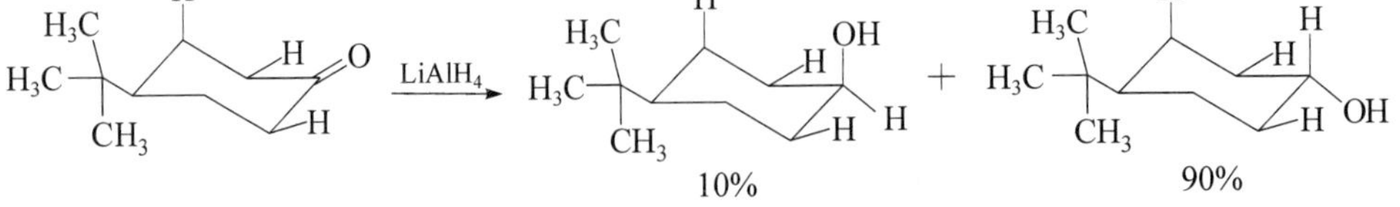

亲核的 CH₃⁻ 或 H⁻ 总是倾向于从位阻小的一面攻击反应中心,使产物中某种立体异构体占优势。

通过热力学控制与动力学控制,可以控制合成反应的选择性。热力学控制与产物的稳定性或能量有关;动力学控制是反应活化能的比较,常受电子效应和空间效应的影响。

选择性反应是现代有机合成的重要内容,本书绝大部分章节都会给予应有的描述。

1.5　有机合成化学的研究方法

有机合成反应是有机合成的基础。目前已经研究得比较清楚的有机合成反应有 1000 多个,其中有广泛应用的有机反应 200 多个,即使是同一个反应,其合成方法也不止一个,甚至多个,但研究过程一般包括查阅文献、设计合成路线、实验和总结等。

查阅文献是进行有机合成的首要工作。计算机查阅资料已普遍采用。通过认真、细致地查阅文献,弄清被查阅的课题或化合物哪些是已知的,哪些是未知的,研究的方法和动向如何,做到对研究的对象心中有数。这样,一方面可帮助我们下决心设计合成路线,另一方面可以避免在研究工作中走弯路,借鉴前人的经验进行改良与创新,节省人力、物力,又快又省地达到预期目标。

设计合成路线是在查阅文献的基础上,对所获资料认真分析研究,根据实际条件制订合理的合成路线。一个好的路线设计不仅要熟悉有机化学的理论知识和有机反应,而且要考虑实现的难易,包括原料的来源、反应的安全性等问题,这样设计出来的合成路线实现的可能性更大。逆合成分析法是进行有机合成设计的重要方法,特别是对复杂分子的合成有很大帮助。

实验是合成路线设计正确与否的唯一检验标准,通过实验达到预期目的,证明路线设计合理可行,否则可能是路线设计不合理或实验技术有问题。进行合成实验时,应注意采用新技术、新方法。一个好的合成工作者,往往也是一个好的合成路线设计者。实验工作既辛苦又费时,没有科学的态度和奋斗精神是不能完成实验的。借助紫外光谱、红外光谱、核磁共振谱、质谱、电子自旋光谱、气相色谱、X 射线单晶衍射等仪器能够确定有机化合物的结构,它们促进了有机合成化学的发展。计算机应用于有机合成会进一步改变有机合成化学的面貌。

总结就是把研究的结果以科学的态度和方法再分析研究,经归纳综合,最后以文字的形式表达出来是怎么做的,哪些是成功的、创新的,哪些还有问题,为他人也为自己继续研究提供经验,因为有机合成的发展是永无止境的。

 1. 2022 年诺贝尔化学奖——点击化学和生物正交化学
2. 呦呦蒿草情,拳拳报国志——记中国首位诺贝尔生理学或医学奖(2015 年)获得者屠呦呦

参 考 文 献

[1]　Trost B M. Science,1991,254(5037):1471
[2]　黄培强,高景星. 化学进展,1998,10(3):265
[3]　胡利红,覃章兰,朱传方. 化学通报,2002,65:W61
[4]　Wender P A. Chem Rev,1996,96(23):903
[5]　金韶华,翟密橙,刘进全,等. 含能材料,2006,14(3):165
[6]　欧育湘,徐永江,刘利华. 现代化工,1998,9:9
[7]　Spencer D M,Wandless T J,Schreiber S L, et al. Science,1993,262(5136):1019
[8]　Baum R M. Chem Eng News,2000,78(19):73
[9]　邢其毅,徐瑞秋,周政. 基础有机化学(下册). 北京:高等教育出版社,1984
[10]　Denmark S E,Kesler B S,Moon Y C. J Org Chem,1992,57:4912

第 2 章　官能团化和官能团转换的基本反应

在分子中引入官能团和官能团的转换是合成的重要方面[1,2]。但应该指出,在一些实例中使某些位置官能团化相对比较容易,而在另一些实例中则不能官能团化,因而预期产物只能通过官能团转换得到。

2.1　官 能 团 化

2.1.1　烷烃的官能团化

烷烃对亲电试剂和亲核试剂都不活泼,可是在自由基反应中,特别是在卤化反应中,烷烃却很活泼,因为难以控制这些反应,所以它们的合成应用受到限制。

氯自由基(Cl·)的活性比溴自由基的活性高,所以氯化反应的选择性比溴化反应的选择性差。因此,300 ℃下叔丁烷与溴反应,几乎专一生成 2-溴-2-甲基丙烷,而与氯反应得到 2∶1 的 1-氯-2-甲基丙烷和 2-氯-2-甲基丙烷的混合物,反应过程表示如下:

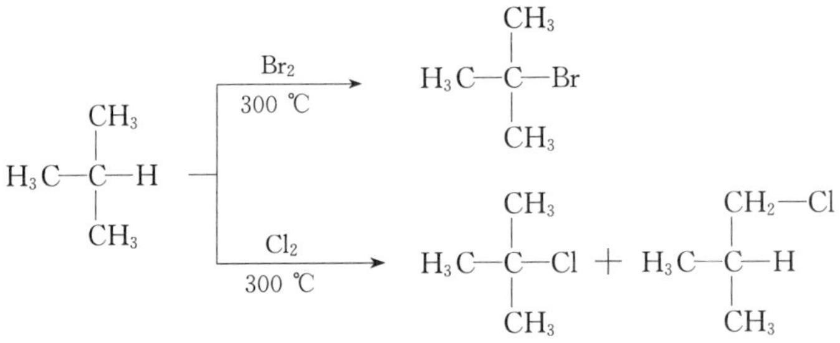

2,2-二甲基丙烷与氯反应,用紫外光照射只得到 1-氯-2,2-二甲基丙烷,反应式如下:

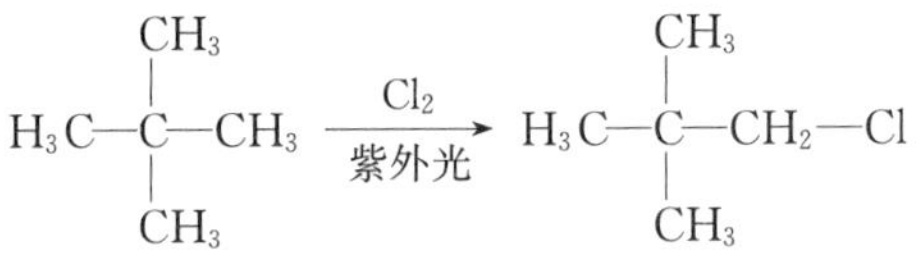

2.1.2　烯烃的官能团化

烯烃与烷烃不同,官能团化集中表现在碳-碳双键及双键的邻位——烯丙位两个位置上。现以丙烯为例,烯烃在合成上应用价值较大的反应如图 2-1 所示。

在碳-碳双键的反应中,就反应而言,包括亲电加成反应和自由基加成反应;就产物而言,亲电加成是 Markovnikov(马尔科夫尼科夫)产物(硼氢化-氧化反应实际上仍符合不对称加成规则),而自由基加成一般得反马氏产物。例如:

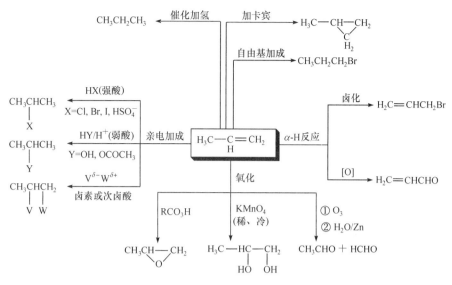

图 2-1　丙烯官能团化图示

烯烃与卡宾的加成反应是合成环丙烷衍生物的重要方法(见 11.1.3)。例如:

$$CH_2N_2 \xrightarrow{h\nu} :CH_2 + N_2$$

$$CH_3-CH=CH_2 + :CH_2 \longrightarrow CH_3-CH-CH_2$$

亲电加成的立体化学表明,除硼氢化-氧化为顺式加成外,其余均为反式加成。例如:

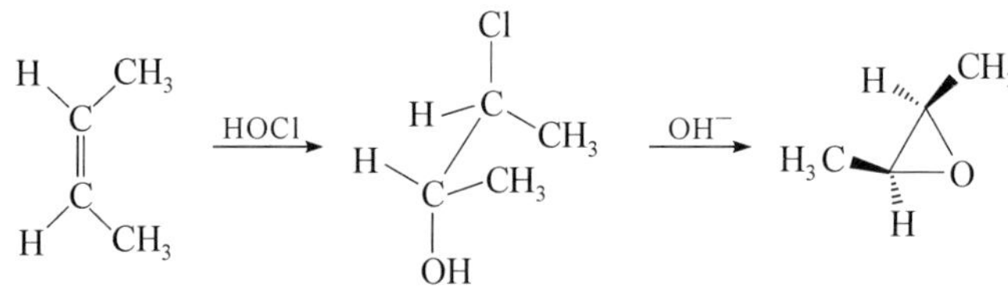

(*Z*)　　苏式　　顺式

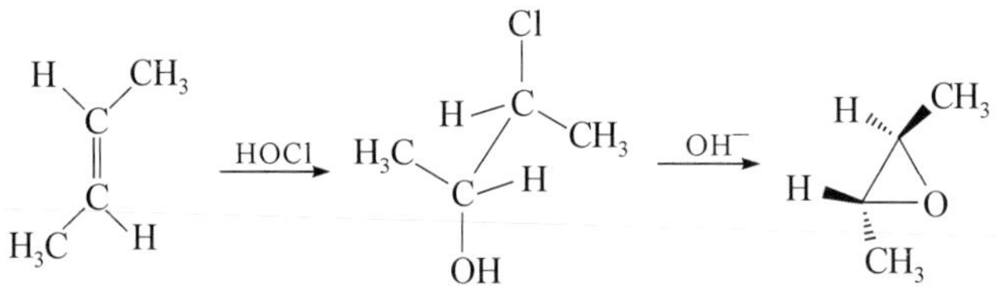

(*E*)　　赤式　　反式

碳-碳双键相邻的碳-氢键(烯丙位氢)对氧化和卤化是敏感的。烯丙位氢的氧化反应常用 SeO_2 和过酸酯作为氧化剂,产物为相应的 α,β-不饱和醇。例如:

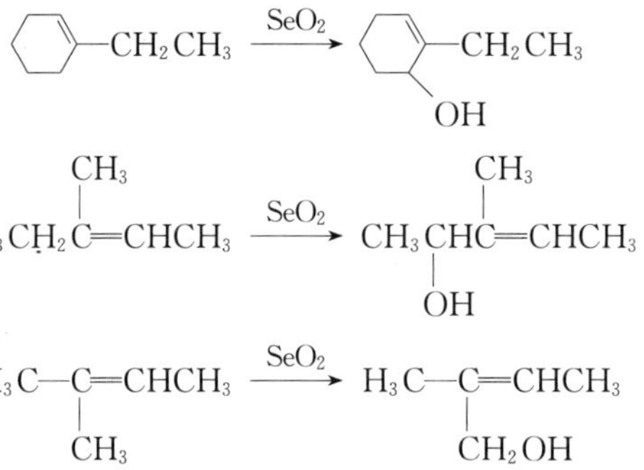

SeO_2 氧化烯丙位氢通常发生在取代基较多的双键碳原子的 α-位,其顺序为 CH>CH_2>CH_3。

N-溴代丁二酰亚胺(NBS)在光催化反应条件下,可使多种甾烯的亚甲基发生氧化,具有良好的区域选择性[3]。例如:

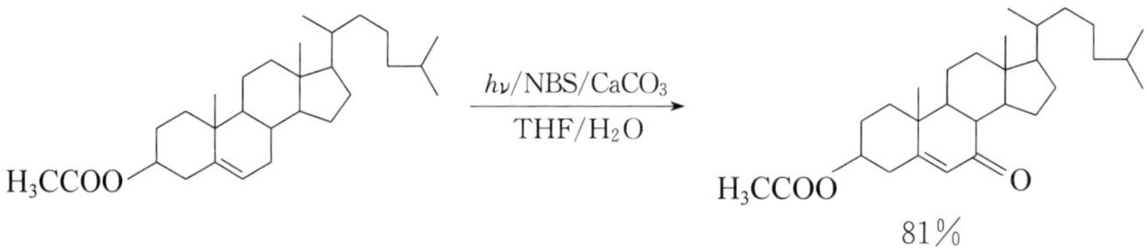

81%

用 NBS 进行溴化,因为反应涉及烯丙基自由基中间体,所以得到溴代烃的混合物。例如:

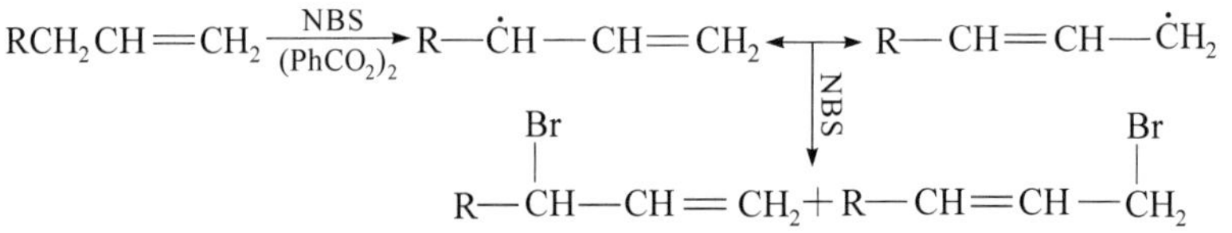

2.1.3 炔烃的官能团化

炔烃的官能团化主要是碳-碳三键的反应和炔氢的反应。碳-碳三键的反应包括:①炔烃与卤素、卤化氢、水、硼烷等发生亲电加成反应,且遵守马氏规则;②炔烃易与 HCN、R′COOH、

R'OH 等发生亲核加成反应。它们在合成上都有相当重要的意义。例如：

$$HOOC-C\equiv C-COOH \ + \ Br_2 \longrightarrow$$

（结构式，75%）

（环己基乙炔水合反应，91%）

$$HC\equiv CH \ + \ HCN \ \xrightarrow[\text{或 } 300\sim700\ ℃]{Cu_2Cl_2-NH_4Cl/HCl} \ CH_2=CH-CN$$

$$n\text{-}C_7H_{15}-C\equiv CH \ \xrightarrow[\text{② } (C_2H_5)_2SO_4]{\text{① } NaNH_2/NH_3(l)} \ n\text{-}C_7H_{15}-C\equiv C-C_2H_5$$

84%

现将它们的反应图示汇总，如图 2-2 所示。

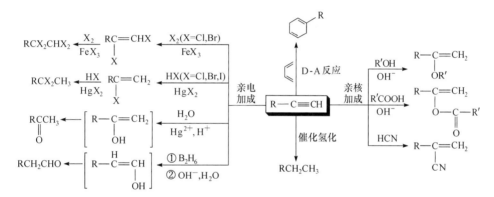

图 2-2　炔烃官能团化图示

炔键在适当条件下能发生位置异构。例如：

$$CH_3CH_2C\equiv CH \ \xrightarrow{NaOH/EtOH} \ CH_3C\equiv CCH_3$$

70%

$$CH_3(CH_2)_4C\equiv CCH_3 \ \xrightarrow[\triangle]{NaNH_2/三甲苯} \ CH_3(CH_2)_4CH_2C\equiv CH$$

80%

炔氢的反应参见第 4 章和第 5 章。

2.1.4　芳烃的官能团化

1. 芳环上的亲电取代反应

苯的特征反应是亲电加成-消去反应。反应的总结果是取代，这是苯环上引入官能团时应用最广的方法。反应图示如图 2-3 所示。

由于 Friedel-Crafts（傅瑞德尔-克瑞夫茨，简称 F-C）烷基化反应在多数情况下导致多烷基化，所以常通过酰基化后再还原间接合成。烯、醇和环丙烷可以代替卤代烷进行烷基化反应。活泼芳烃的酰基化反应是 Friedel-Crafts 反应的扩展，具有相当大的合成意义。

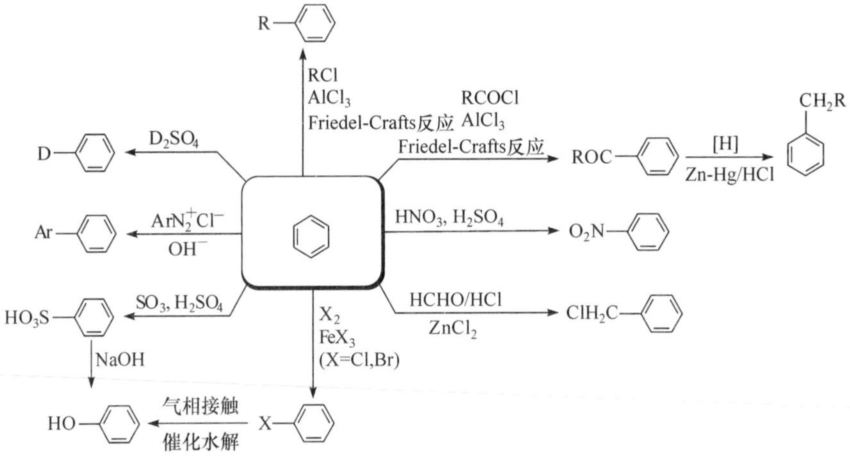

图 2-3 苯的特征反应图示

例如,Gattermann-Koch(加特曼-科赫)反应和 Hoesch(赫施)反应:

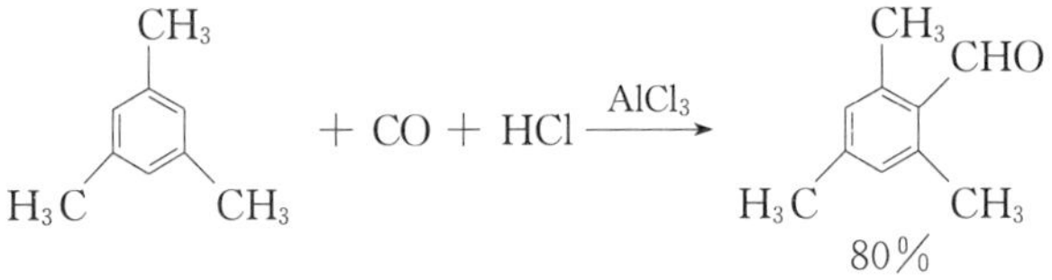

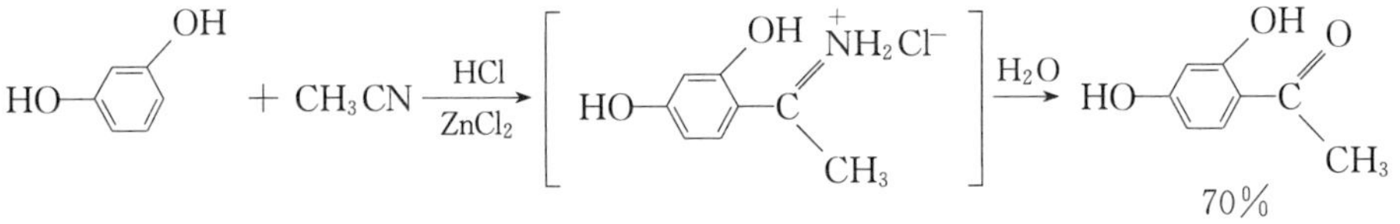

苯在 Lewis(路易斯)酸催化下,用卤素分子直接卤化只限于氯化和溴化,碘没有足够的活性使苯碘化。但近期研究报道,苯可以直接碘化:

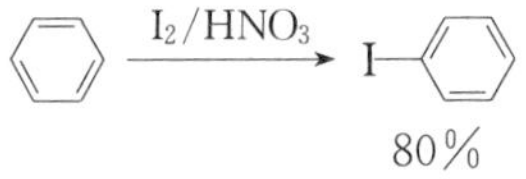

因为 I_2 在氧化剂作用下发生反应:

$$I_2 \xrightarrow{-2e^-} 2I^+$$

甲苯可以用氯化碘和氯化锌碘化。氟具有较高的反应活性,但氟化反应为强放热反应,反应难以控制,故氟化通过间接方法进行。近期有报道[4],在光的引发下,苯与氟氧三氟甲烷作用可生成氟代苯,反应式如下:

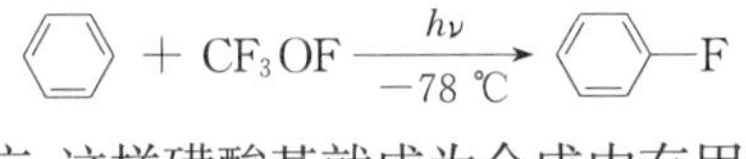

磺化是容易进行的可逆反应,这样磺酸基就成为合成中有用的封闭基团。例如:

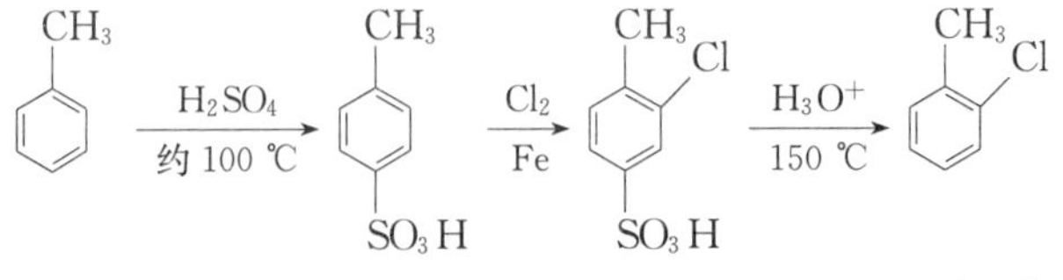

苯的芳基化涉及过氧化二苯酰或 N-硝基乙酰苯胺的自由基反应,芳基重氮盐在苯中碱分解的 Gomberg(冈伯格)反应或一级芳胺与亚硝酸烷基酯的反应最简单。

2. 侧链上的反应

烷基苯不仅可以在环上官能团化,也可以在侧链上官能团化,侧链上官能团化主要表现为苄基碳的卤化和氧化。

苄基位的卤化一般是自由基机理,卤化剂通常用氯或溴,也可以用次氯酸叔丁酯或磺酰氯,溴化用 N-溴代丁二酰亚胺。例如:

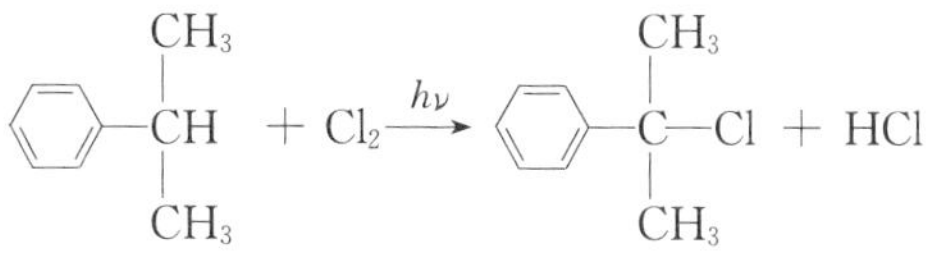

$$100\%$$

芳烃侧链的氧化可以合成芳醛或芳酸(见第 9 章)。

2.1.5　取代苯衍生物的官能团化

取代苯衍生物的反应通常是亲电取代反应[5],该反应有两点要注意:①环上已有一个以上的取代基时,最强的供电子基团控制进一步取代的位置;②为了尽量减少在氮原子上取代的可能性,取代前将芳胺转变成乙酰苯胺,以降低环对于亲电取代的活性。例如:

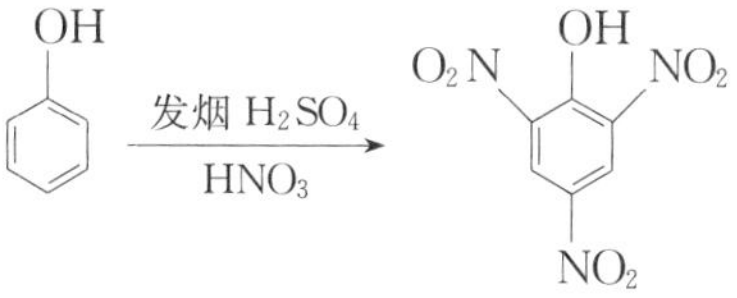

苯酚在碱性水溶液中卤代,无论卤素用量多少,均主要得到 2,4,6-三卤苯酚,若在下列反应条件下,可分别得到一溴苯酚和二溴苯酚。

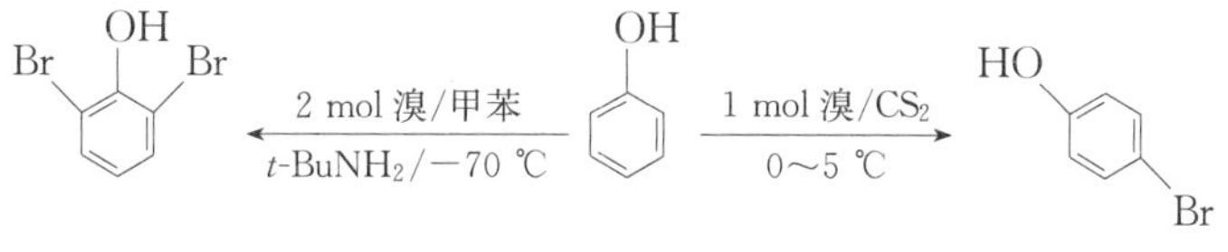

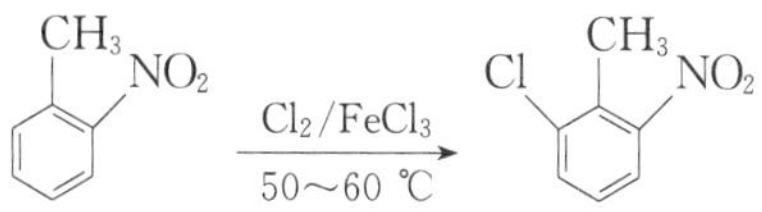

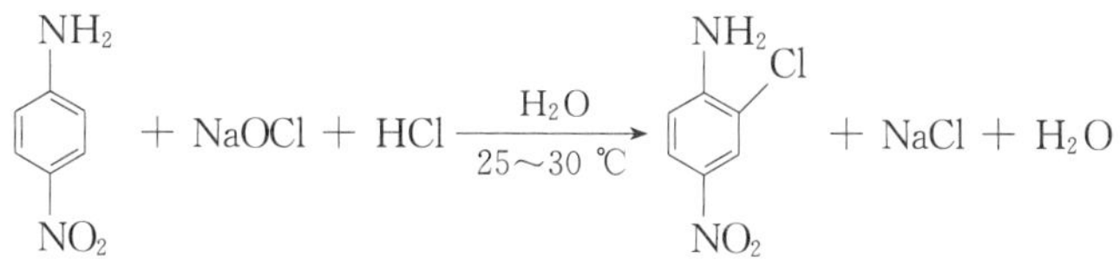

苯胺直接与溴水反应,不容易停留在一溴代或二溴代阶段,一溴代可以通过乙酰苯胺进行,反应完后可以通过酸性水解去保护。例如:

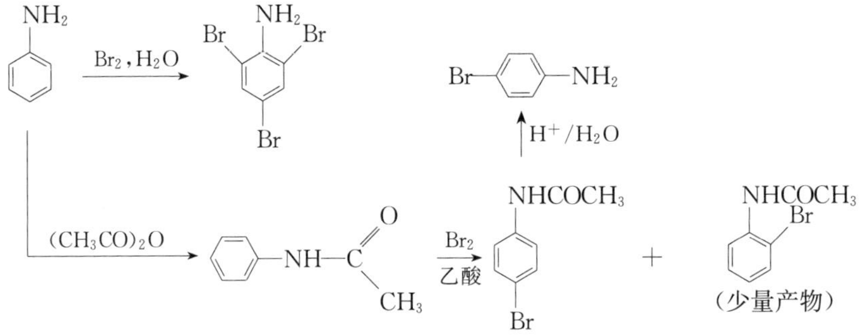

在 DMF 中用 NBS 将苯胺溴化,得到对溴苯胺:

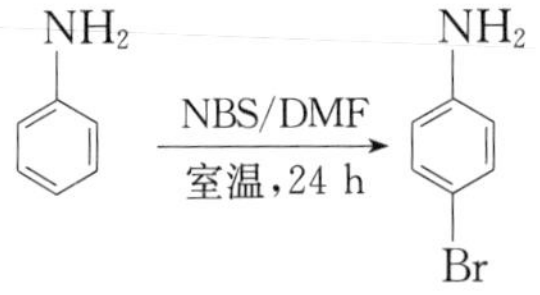

$$93\%$$

反应因无溴化氢产生,可避免多溴代副反应而得到高产率的单溴代产物。苯酚及高级芳烃进行溴代可收到同样好的效果。

硝基苯用次氯酸酐(Cl_2O)作氯化剂,在三氟甲基磺酸酐和 $POCl_3$ 存在下进行反应可得到产率很高的间氯硝基苯。

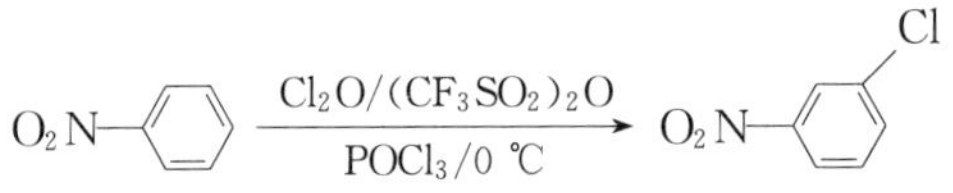

$$97\%$$

在自由基取代反应中,定位效应不很显著,如一取代苯的苯基化有三种异构体生成。例如:

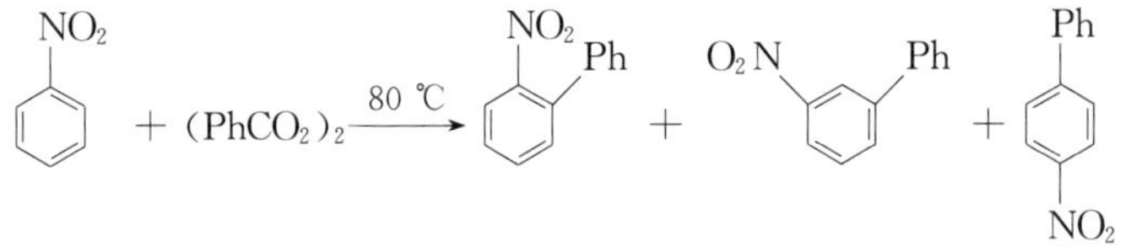

$$62\% \qquad 10\% \qquad 28\%$$

苯环上如有强吸电子基团(如硝基)和好的离去基团(如卤素)存在,能够促进亲核取代反应的发生。

2.1.6　简单杂环化合物的官能团化

简单五元杂环化合物呋喃、吡咯和噻吩均属于 π_5^6 富电子体系,比苯容易发生亲电取代反应。它们在合成中较为有用的反应分别如图 2-4～图 2-6 所示。可以看到,呋喃、吡咯、噻吩的亲电取代反应一般发生在 α-位,由于它们很容易被氧化,甚至能被空气氧化,所以一般不用硝酸直接硝化,而是用比较温和的非质子硝化剂——硝酸乙酰酯(CH_3COONO_2),同理用比较温和的磺化剂——吡啶·三氧化硫($C_5H_5N \cdot SO_3$)进行磺化。噻吩因其稳定性较好,故可用硫酸直接磺化。然而,当环上有吸电子基存在时,往往可用硝酸直接硝化,也可用发烟硫酸直接磺化。

六元杂环化合物吡啶是一个弱碱,并且具有较强的芳香性。与亲电试剂的反应都发生在氮原子的 β-位,而且比苯困难,但它进行亲核取代反应相对较为容易,而且反应发生在环碳的

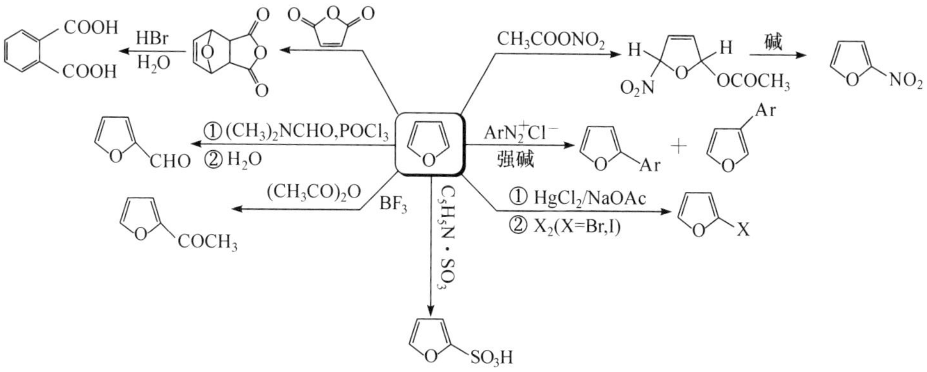

图 2-4　呋喃的亲电取代反应图示

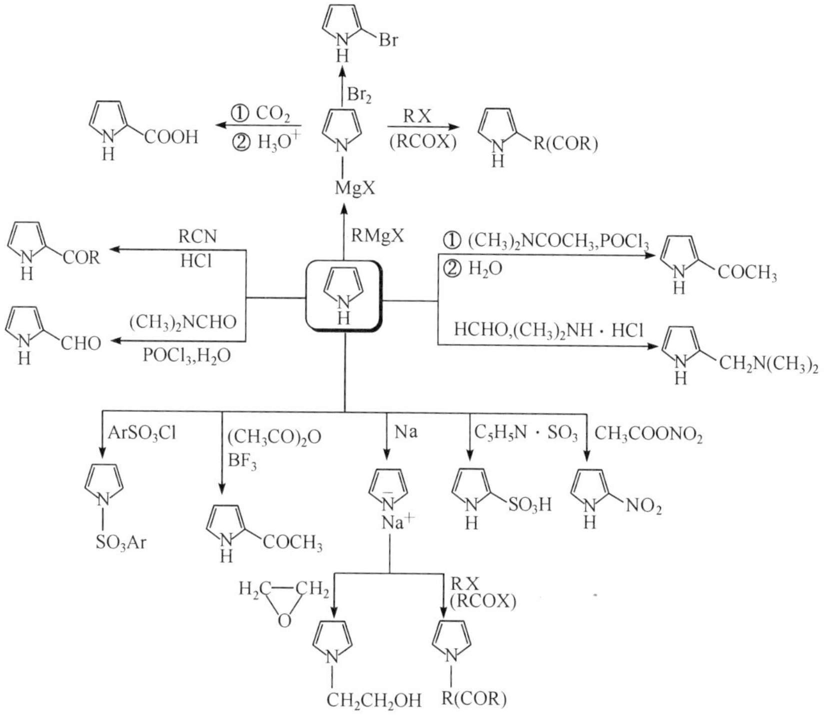

图 2-5　吡咯的亲电取代反应图示

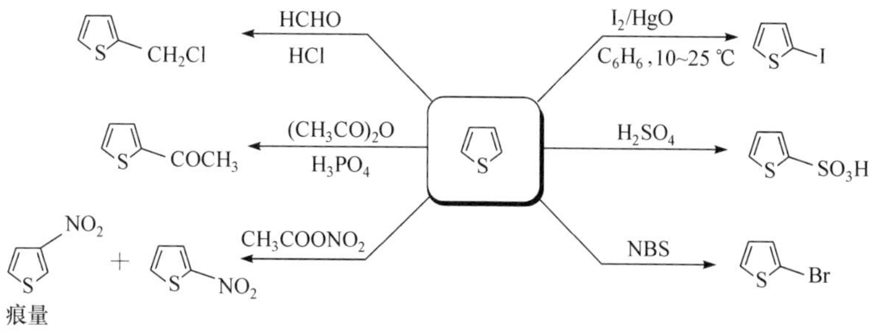

图 2-6　噻吩的亲电取代反应图示

α-位或γ-位。其在合成上较为重要的反应如图 2-7 所示。

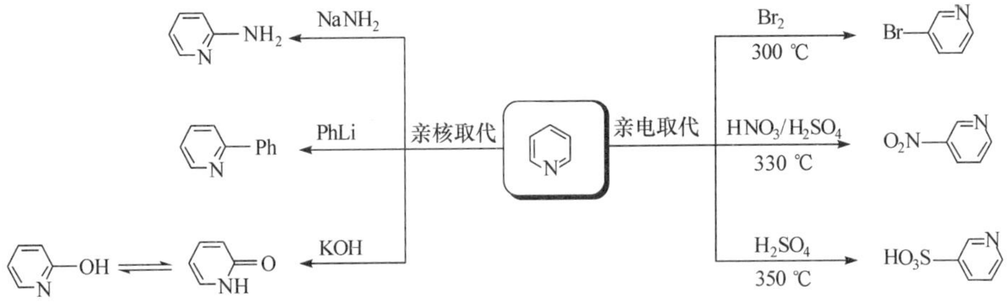

图 2-7 吡啶的取代反应图示

吡啶环碳的 β-位发生亲电取代反应较为困难,因为环上氮的吸电子诱导效应和共轭效应使环上电子云密度降低,削弱了它的亲核性。另外,反应在 Br$^+$、NO$_2^+$ 等强亲电介质中进行,容易形成吡啶盐,如果再发生亲电进攻,则形成双正离子,造成能量升高,因而反应比较困难。

吡啶环上的氮可与卤代烷、卤素、酰卤以及非质子的硝化剂、磺化剂反应,生成吡啶盐。这些盐可作为温和的烷基化、卤化、酰基化、硝化、磺化等试剂,如图 2-8 所示。

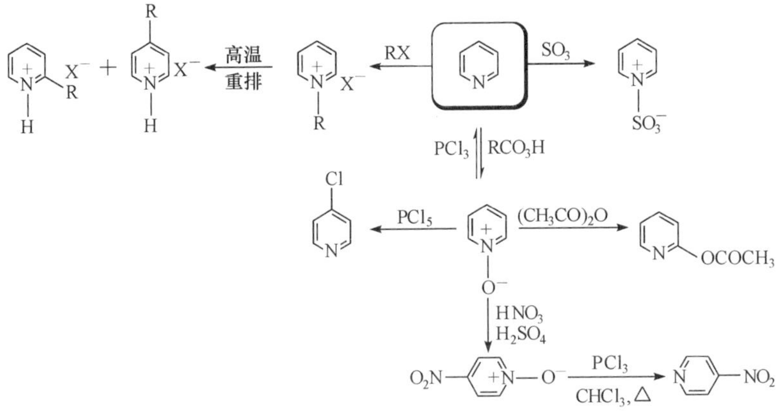

图 2-8 吡啶盐的反应图示

2.2 官能团的转换

在有机合成中,通过官能团之间的转换实现目标分子的合成具有普遍意义。

2.2.1 羟基的转换

醇羟基的卤代,经典的方法是用醇与氢卤酸作用。该方法因其常伴随消除、重排等副反应的发生而使其应用受到一定限制。现在,除三卤化磷、五卤化磷和卤化亚砜可作卤化试剂外,近期报道了一些反应条件温和、选择性好、副反应少、产率高的卤代新试剂,如 N-氯代丁二酰亚胺与三苯基膦、四溴化碳与三苯基膦、碘甲烷与亚磷酸酯等[6]。

醇和酸反应是合成酯的重要方法。为了使反应有利于酯的生成,可用过量的醇或酸,或利用共沸蒸馏等方法除去生成的水。采用三氟化硼-乙醚的络合物作催化剂可使芳酸、不饱和酸及杂环芳酸的酯化收到满意的效果。

醇与酰卤或酸酐的酯化通常要加入碱性试剂,以中和生成的酸,促进反应的进行。

在 OH⁻ 条件下,醇与 RX 等作用生成醚;在酸性条件下,醇与 3,4-二氢吡喃作用生成混合缩醛,用于保护羟基(见 7.1.1)。醇与醛、酮反应,在酸催化下生成缩醛(酮),用于保护羰基(见 7.1.2)。醇失水生成烯烃,可用多种 Brönsted(布朗斯特)酸和 Lewis 酸作催化剂促进反应的进行。

酚羟基可用酰卤或酸酐进行酯化,酚羟基烷基化和酰基化可采用与醇类似的方式。酚羟基转换为氨基是用 NH_4HSO_4 或 $(NH_4)_2SO_4$ 作为氨化试剂,以 $SnCl_4$ 为催化剂,在高温高压下完成。

醇、酚的官能团转换如图 2-9 所示。

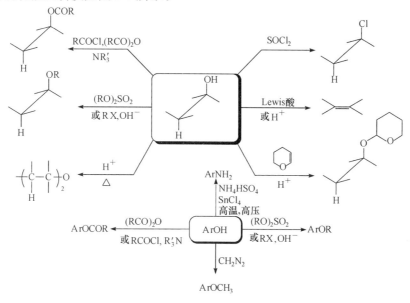

图 2-9 醇和酚羟基的转换图示

各类醇在稀土三氟甲基磺酸盐催化下可以有效地酰化,甚至位阻很大的 2,6-二叔丁基-4-甲基苯酚也可以高产率地酰化。

$$C_6H_{13}\text{—CH—OH} \xrightarrow[\text{室温,0.5 h}]{1\%Sc(OTf)_3,1.5 \text{ 倍量 } Ac_2O} C_6H_{13}\text{—CH—OAc}$$

97%

$$\xrightarrow[\text{室温,1 h}]{1\%Sc(OTf)_3,2.0 \text{ 倍量 } Ac_2O}$$

95%

当有 4-N,N-二甲基吡啶(DMAP)存在时,叔醇的酰化可以在 0 ℃下进行。

$$\xrightarrow[-20\text{ ℃,5.5 h}]{1\%Sc(OTf)_3,2.0 \text{ 倍量 } Ac_2O}$$

94%

在相转移催化剂作用下进行酰化反应,可利用酚羟基能与碱成盐的性质,达到酚羟基与醇羟基共存时选择性酰化酚羟基的目的。例如:

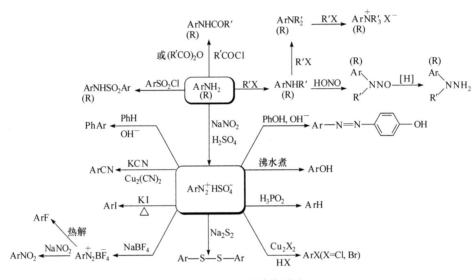

$$+ CH_3COCl \xrightarrow[\text{室温,30 min}]{NaOH/二噁烷/Bu_4\overset{+}{N}HSO_4^-}$$

90%

2.2.2 氨基的转换

氨基是碱性基团,它作为亲核试剂与卤代烷发生反应,得到胺和铵盐,与酰卤和酸酐作用得到酰胺。在氨基转换的反应中,伯芳胺转换为重氮盐的反应在合成上有重要意义。氨基转换的有关反应如图 2-10 所示。

图 2-10 氨基的转换图示

2.2.3 含卤化合物的转换

在卤代烷分子中,碳卤键能发生多种类型的反应。由于卤素是一个较好的离去基团,可与 H_2O、NH_3、RO^-、I^-、SH^-、CN^-、SCN^-、NO_2^- 和 $R'C\equiv C^-$ 等亲核试剂发生亲核取代反应,反应的同时常伴随与亲核取代反应竞争的消去反应,并且试剂碱性的增强、溶剂极性的减弱、反应温度的升高对消去反应有利。

卤代烷与金属(如锂、镁等)反应是制备有机锂化合物和有机镁化合物的重要方法。

在卤苯中,当卤素的邻位、对位有强吸电子基团时,可顺利发生亲核取代反应。卤素官能团转换如图 2-11 和图 2-12 所示。

烷基锂衍生物和 RMgX 具有特殊的合成意义,因为它们都是强碱。卤代芳烃可以生成芳基锂和 Grignard(格利雅)试剂。

2.2.4 硝基的转换

脂肪族硝基化合物合成意义较小,芳基硝基化合物容易生成又容易转换成其他含氮官能团(图 2-13),在合成上有重要应用价值。

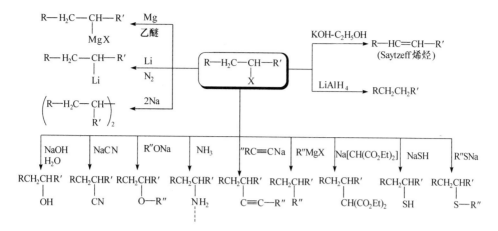

图 2-11　脂肪族卤化物的转换图示

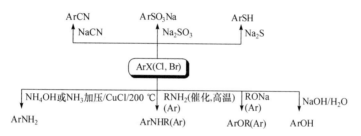

图 2-12　芳基卤化物的转换图示

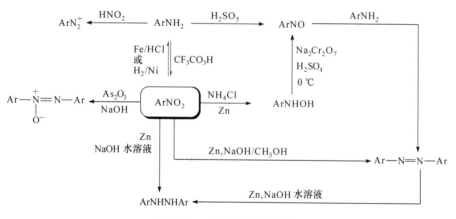

图 2-13　芳硝基的转换图示

芳香硝基化合物的还原,近期有以下报道[7,8]:

$$ArNH_2 \xleftarrow[\text{MeOH,回流}]{\text{Sm,}I_2\text{(催化量)}} ArNO_2 \xrightarrow[\text{微波辐射(MWI)}30\sim70\ W]{H_2NNH_2 \cdot H_2O/FeCl_3 \cdot 6H_2O} ArNH_2$$
$$60\%\sim95\%$$

2.2.5　氰基的转换

在一定反应条件下,氰基可以发生如图 2-14 所示的转换。

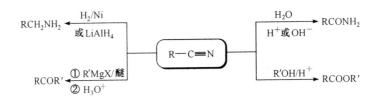

图 2-14　氰基的转换图示

2.2.6　醛和酮的转换

醛和酮可以发生缩合反应、亲核加成反应和还原反应等,生成各种化合物,在合成上具有重要应用价值(见第 3、4、6 章)。有关反应汇总如图 2-15 所示。

2.2.7　羧酸及其衍生物的转换

羧酸通过酸催化与醇反应转变为酯,对于甲酯,一种转变方法是使用重氮甲烷。但这一方法必须使用无水羧酸。重氮甲烷有毒、不稳定、不易存储,新的改进方法是使重氮甲烷在反应体系内部产生,一旦生成便立即反应,该方法是将 N-亚硝基-N-甲基脲溶于乙二醇二甲醚中,再滴入三乙胺,室温下即可产生重氮甲烷,并迅速与羧酸反应[6]。对于较复杂的酯,通过醇与酰卤或酸酐的反应,可得到满意的结果。合成立体位阻较大的酯,在 25%(质量分数)NaOH 和六甲基磷酰胺溶液中,酸的钠盐与卤代烷反应可顺利酯化[7~10]。例如:

$$\text{Me}_3\text{CCO}_2\text{H} \xrightarrow[\text{室温}]{25\%\text{NaOH/HMPT}} \text{Me}_3\text{CCO}_2\text{Na} \xrightarrow{\text{EtCHBr} \overset{\text{Me}}{|}} \text{Me}_3\text{CCO}_2\text{CHEt} \overset{\text{Me}}{|}$$
$$97\%$$

对于含有敏感性基团和结构复杂的酯的合成,另一个重要方法是在反应体系中加入 DCC 催化反应,还可以加入 4-二甲氨基吡啶(DMAP)、4-吡咯烷基吡啶(ppy)等催化剂增强反应活性,提高产率。反应可在室温下进行,在半合成抗生素及多肽类化合物的合成中有广泛应用。例如:

Barrett(巴雷特)等报道了用 Sc(OTf)₃ 和 Ln(OTf)₃ 催化酸和醇直接酯化的新方法[11],反应式如下:

$$\text{AcOH} + \text{ROH} \xrightarrow[\text{室温或回流}]{5\%(\text{摩尔分数})\text{Sc(OTf)}_3} \text{ROAc}$$
$$81\%\sim90\%$$

酰卤中最重要的是酰氯,制备酰氯最方便的方法是羧酸与 SOCl₂ 反应。酰氯与羧酸钠盐作用是制备混合酸酐的重要方法。制备脂肪、芳香和杂环羧酸的一个好的方法是利用酰氯与重氮甲烷作用,进而用湿氧化银处理,得到增加一个碳原子的羧酸。

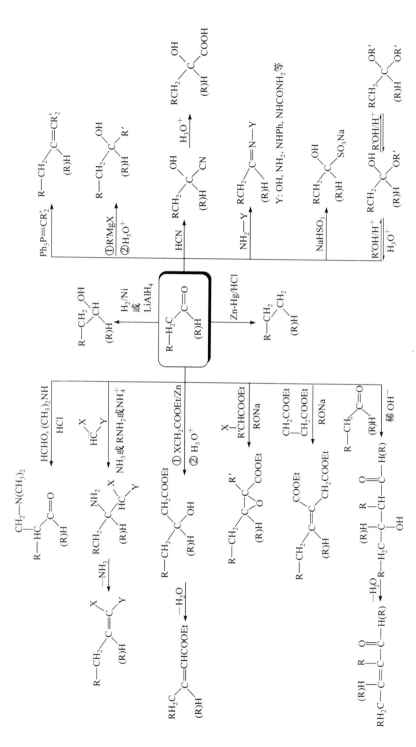

图 2.15　醛和酮羰基的转换图示

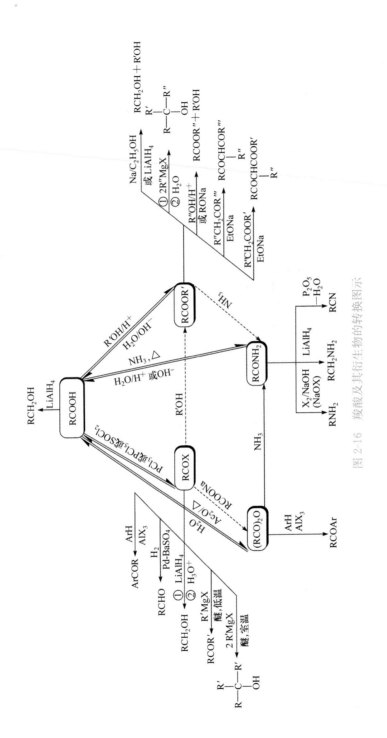

图 2-16 羧酸及其衍生物的转换图示

例如：

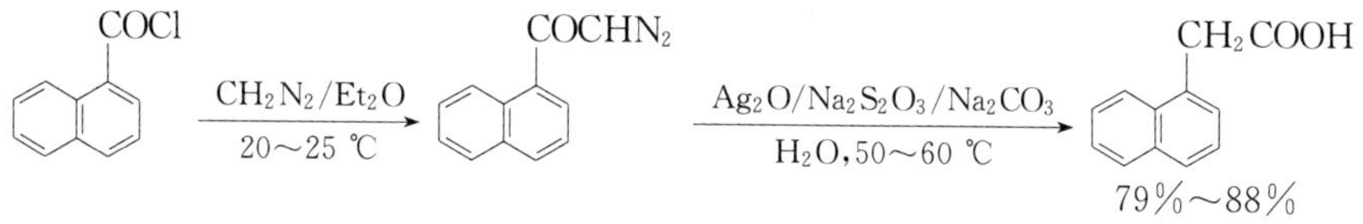

$$
\text{COCl} \xrightarrow[20\sim25\ ℃]{\text{CH}_2\text{N}_2/\text{Et}_2\text{O}} \text{COCHN}_2 \xrightarrow[\text{H}_2\text{O},50\sim60\ ℃]{\text{Ag}_2\text{O}/\text{Na}_2\text{S}_2\text{O}_3/\text{Na}_2\text{CO}_3} \text{CH}_2\text{COOH}
$$

$$79\%\sim88\%$$

羧酸与氨或胺直接反应是合成酰胺的重要方法。采用三苯基膦-多卤甲烷、四氯化钛、双环己基碳化二亚胺、三氟化硼-乙醚等可使这种反应条件温和,产率提高[12]。例如：

$$
\text{CH}_3\text{COOH} + \text{PPh}_3 + \text{CCl}_4 \xrightarrow[5\ ℃]{\text{THF}} [\text{CH}_3\text{COP}^+\text{Ph}_3\text{Cl}^-]
$$

$$
\xrightarrow{(\text{CH}_3)_3\text{CNH}_2} \underset{97\%}{\text{CH}_3\overset{\text{O}}{\underset{\|}{\text{C}}}\text{NHC}(\text{CH}_3)_3} + \text{PPh}_3 + \text{HCCl}_3
$$

用酰卤与氨或胺作用,可以迅速合成脂肪族或芳香族酰胺,产率达 $80\%\sim90\%$。

酰胺的一个有用的合成反应是用溴和碱处理时,可得到减少一个碳原子的胺,称为 Hofmann 酰胺降解反应。使羧酸及其衍生物转化为减少一个碳原子的胺的另一个方法是采用酰基叠氮化合物热分解重排,即 Curtius(柯提斯)反应。Hofmann 降解反应和 Curtius 反应都适用于脂肪胺、芳香胺和杂环胺的合成。

羧酸用叠氮酸处理生成胺,称为 Schmidt(施密特)反应(见 3.2.6)。羧酸及其衍生物在合成中的重要反应如图 2-16 所示。

参 考 文 献

[1]　麦凯 R K,史密斯 D M. 有机合成指南. 陈韶,丁辰元,岑仁旺译. 北京:科学出版社,1988
[2]　徐家业. 有机合成化学及近代技术. 西安:西北工业大学出版社,1997
[3]　隋晓锋,袁金颖,周密,等. 有机化学,2006,26(11):1518
[4]　Kollonitsch J,Barash L,Doldouras G A. J Am Chem Soc,1970,92:7494
[5]　唐培堃. 精细有机合成化学及工艺学. 天津:天津大学出版社,1993
[6]　黄宪,陈振初. 有机合成化学. 北京:化学工业出版社,1983
[7]　Banik B K,Mukhopadhyay C,Venkatraman M S,et al. Tetrahedron Lett,1998,39(40):7243
[8]　Vass A,Dudas J,Toth J, et al. Tetrahedron Lett,2001,42(32):5347
[9]　Zhang C R,Wang Y L,Wang J Y. J Chin Chem Soc,2004,51:569
[10]　Zhang C R,Wang Y L. Indian J Chem,2006,45B:510
[11]　Barrett A G M,Braddock D C. Chem Commun,1997,351
[12]　Barstow L E,Hruby V J. J Org Chem,1971,36(9):1305

第3章　酸催化缩合与分子重排

3.1　酸催化缩合反应

一般来说,缩合是指两个或两个以上分子经由失去某一简单分子(如 H_2O、HX、ROH、NH_3、N_2 等)形成较大的单一分子的反应。酸催化缩合反应包括芳烃、烯烃、醛、酮和醇等在催化剂无机酸或 Lewis 酸催化下,生成正离子并与亲核试剂作用,从而生成碳-碳键或碳-氮键等的反应。

3.1.1　Friedel-Crafts 反应

1. Friedel-Crafts 烷基化反应

芳烃的烷基化[1,2]可以用卤代烃、烯烃、醇、醚、醛和酮等作烷基化试剂,常用的催化剂是无机酸(如硫酸、盐酸等)和 Lewis 酸(如无水 $AlCl_3$、BF_3、$FeCl_3$、$ZnCl_2$、$SnCl_4$ 等),该反应常称为芳环上的亲电取代反应。反应过程中,在形成新的碳-碳键的同时,将烃基引入芳环上并失去简单分子。例如:

$$Me_2C{=}CH_2 \; + \; \text{（苯）} \xrightarrow{\text{FeCl}_3 \text{ 或 HF/BF}_3} \text{（苯）}{-}CMe_3 \; + \; HCl$$

$$\text{（苯胺）} + 2H_2C{=}CH_2 \xrightarrow[300\ ℃,6.5{\sim}7\ \text{MPa},115\ \text{min}]{\text{Et}_2\text{AlCl}} \underset{97.9\%}{\overset{89\%}{\text{（2,6-二乙基苯胺）}}}$$

$$CCl_3CHO + 2\ \text{（}苯{-}Cl\text{）} \xrightarrow{\text{H}_2\text{SO}_4} CCl_3CH({-}\text{（苯）}{-}Cl)_2 \; + \; H_2O$$

$$\underset{O}{CH_3\overset{\parallel}{C}CH_3} + 2\ \text{（}苯{-}OH\text{）} \xrightarrow{\text{H}_2\text{SO}_4} HO{-}\text{（苯）}{-}\underset{CH_3}{\overset{CH_3}{C}}{-}\text{（苯）}{-}OH \; + \; H_2O$$

三氟甲基磺酸盐能有效地使芳烃与苄醇、苄氯和烯丙醇进行 Friedel-Crafts 烃基化反应。

$$R{-}\text{（苯）} + R'CH_2OH \xrightarrow[115\ ℃]{10\%\text{Ln(OTf)}_3} R{-}\text{（苯）}{-}R'$$

$$90\%{\sim}100\%$$

Ln=Sc,Nd,Sm;　　Ln(OTf)₃＝三氟甲基磺酸盐

R=H,Me,MeO;　　R′=Ph, CH=CH₂

在芳环上引入氯甲基(—CH_2Cl)的反应称为 Blanc 氯甲基化反应。例如:

$$\text{（苯）} + HCHO + HCl \xrightarrow[60\ ℃]{\text{ZnCl}_2} \overset{CH_2OH}{\text{（苯）}} \xrightarrow{HCl} \text{（苯）}{-}CH_2Cl \; + \; H_2O$$

$$79\%$$

反应时，甲醛与氯化氢作用形成共振式中间体：

$$[CH_2C{=}\overset{+}{O}H]Cl^- \longleftrightarrow [CH_2\overset{+}{C}{-}OH]Cl^-$$

活泼性较小的芳香族化合物常用氯甲基醚试剂。例如：

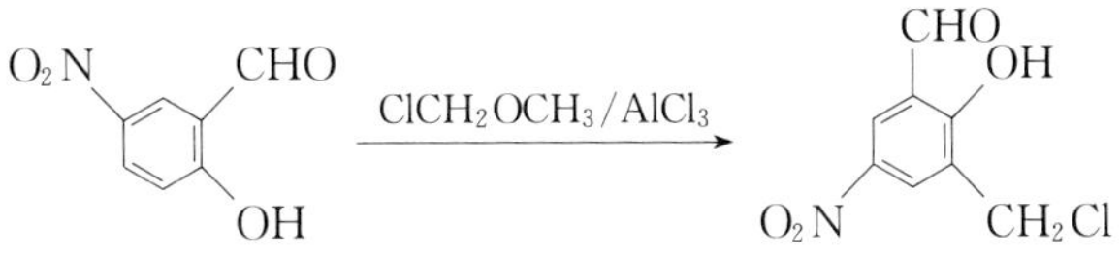

90%

反应机理：

$$CH_3OCH_2Cl + ZnCl_2 \longrightarrow CH_3{-}\ddot{O}(\rightarrow ZnCl_2){-}CH_2Cl \rightleftharpoons CH_3O\overset{-}{Z}nCl_2 + \overset{+}{C}H_2Cl$$

$$ArH + \overset{+}{C}H_2Cl \longrightarrow ArCH_2Cl + H^+$$

$$CH_3O\overset{-}{Z}nCl_2 + H^+ \longrightarrow CH_3\overset{+}{O}(H){-}\overset{-}{Z}nCl_2 \longrightarrow CH_3OH + ZnCl_2$$

氯甲基化反应在有机合成中非常重要，因为引入的—CH_2Cl 可以转化为—CH_2OH，—CH_2OR，—CH_2CN，—CHO，—CH_2NH_2(NR_2)及甲基，还可以延长碳链。

Friedel-Crafts 烷基化反应易生成多取代物。当所用的烷基化试剂的碳原子数为 3 个以上时，烷基往往发生异构化，其原因是碳正离子发生重排。此外，当芳环上连有吸电子基团(如—NO_2、—CN、—$COCH_3$ 等)时，烷基化反应很难发生，甚至不发生。

分子内 Friedel-Crafts 烃基化反应可用于芳环稠合。例如：

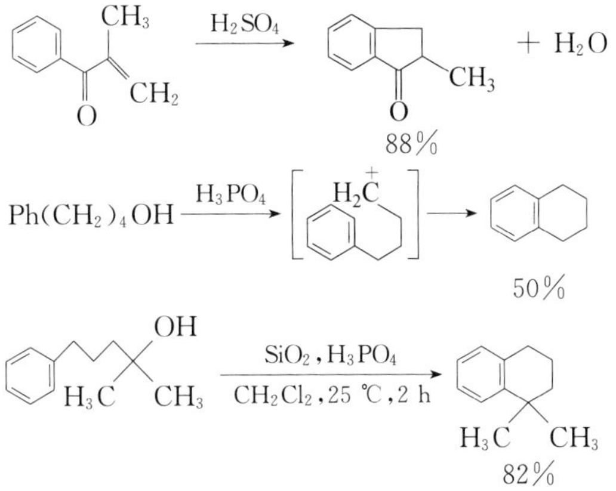

与芳烃类似，烯烃也能发生 Friedel-Crafts 烃基化反应，只是它的应用不如芳烃广泛。一个典型的例子是氯代叔丁烷和乙烯在 $AlCl_3$ 存在下，于−10 ℃反应得到新己基氯，产率 75%，反应式为

$$(CH_3)_3CCl + CH_2{=}CH_2 \xrightarrow[-10\ ℃]{AlCl_3} (CH_3)_3CCH_2CH_2Cl$$

反应机理可能为

$$(CH_3)_3CCl + AlCl_3 \longrightarrow (CH_3)_3C^+ + AlCl_4^-$$

$$(CH_3)_3C^+ + CH_2{=}CH_2 \longrightarrow (CH_3)_3CCH_2CH_2^+$$

$$(CH_3)_3CCH_2CH_2^+ + AlCl_4^- \longrightarrow (CH_3)_3CCH_2CH_2Cl + AlCl_3$$

酸催化下异丁烯和叔丁烷反应是制备高辛烷值汽油的一个较便宜的方法,反应式为

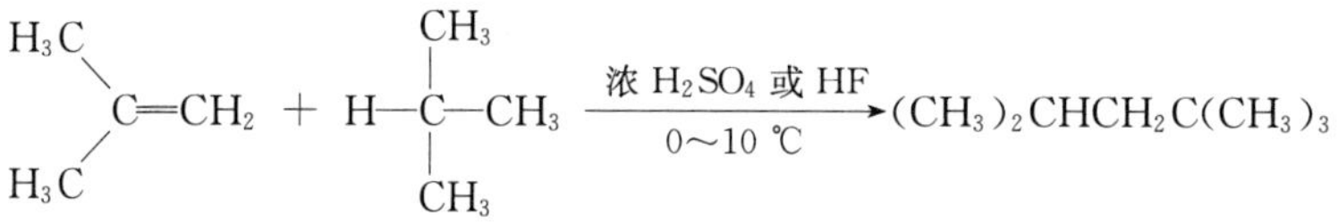

$$(CH_3)_2C{=}CH_2 + H{-}\underset{\underset{CH_3}{|}}{\overset{\overset{CH_3}{|}}{C}}{-}CH_3 \xrightarrow[0\sim10\ \text{°C}]{\text{浓 } H_2SO_4 \text{ 或 HF}} (CH_3)_2CHCH_2C(CH_3)_3$$

反应首先经过异丁烯二聚,最后一步是碳正离子从叔丁烷夺取负氢离子,反应式为

$$(CH_3)_2C{=}CH_2 \xrightarrow{H^+} (CH_3)_3\overset{+}{C} \xrightarrow{(CH_3)_2C{=}CH_2} (CH_3)_3CCH_2\overset{+}{C}(CH_3)_2$$

$$(CH_3)_3CCH_2\overset{+}{C}(CH_3)_2 + HC(CH_3)_3 \longrightarrow (CH_3)_3CCH_2CH(CH_3)_2 + (CH_3)_3\overset{+}{C}$$

2. Friedel-Crafts 酰基化反应

芳烃及其衍生物通过酰化反应[1,2]可以制得醛、酮、羧酸、胺等化合物,但主要用于酮和醛的合成。它在形成新的碳-碳键的同时将酰基引到芳环上。

1)用 Friedel-Crafts 反应合成酮

此反应常用羧酸衍生物酰卤和酸酐作酰化剂。例如:

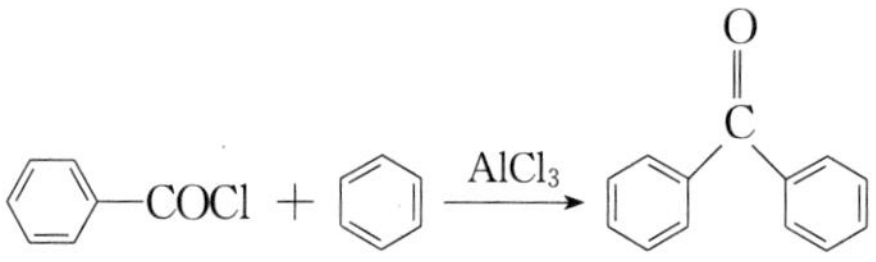

82%

采用中孔分子筛 MCM-41 负载三氯化铝催化 Friedel-Crafts 酰基化反应,可获得很高的产率。催化剂可过滤、活化,循环使用。

>90%

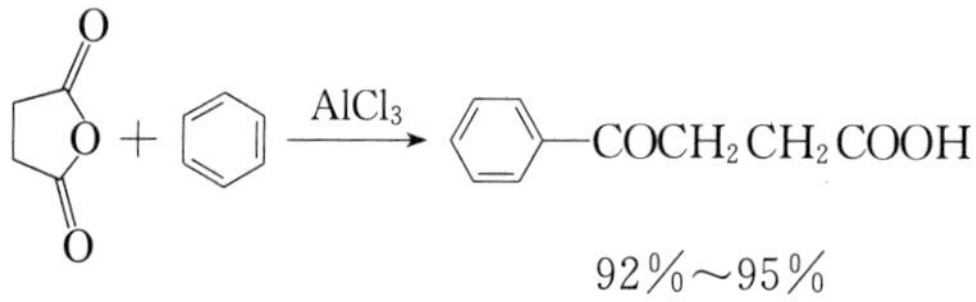

92%~95%

酰基是第二类定位基,因此在一般情况下只能引入一个酰基。但活性高的芳环可以引入两个酰基。例如:

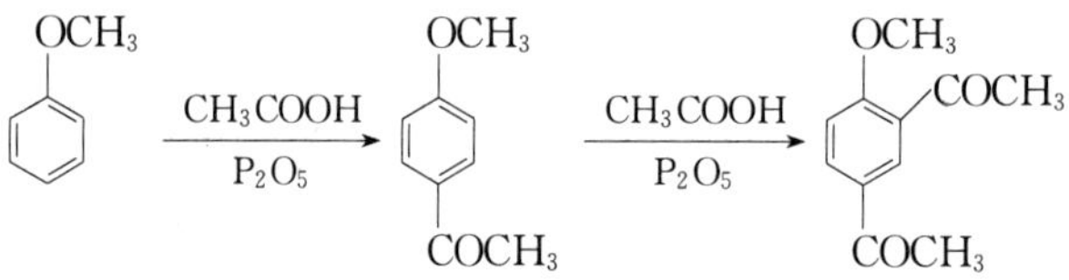

硝基苯不发生酰化反应,可以用作酰化反应的溶剂,而邻硝基苯甲醚则容易酰化。例如:

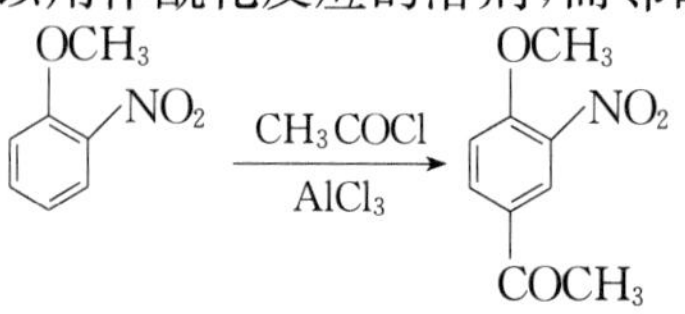

卤代芳烃的酰化反应比苯速率慢,产率不够高。例如:

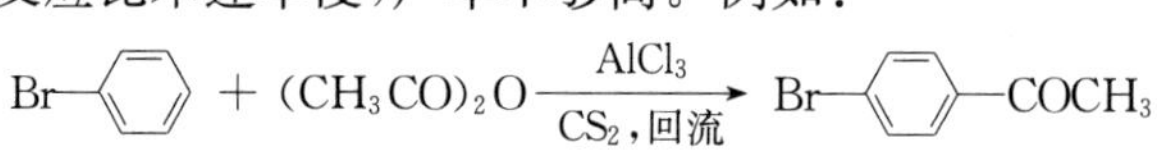

69%~79%

在活泼的芳环上发生酰化反应还有用腈或酰胺作酰化剂的酸催化反应。例如：

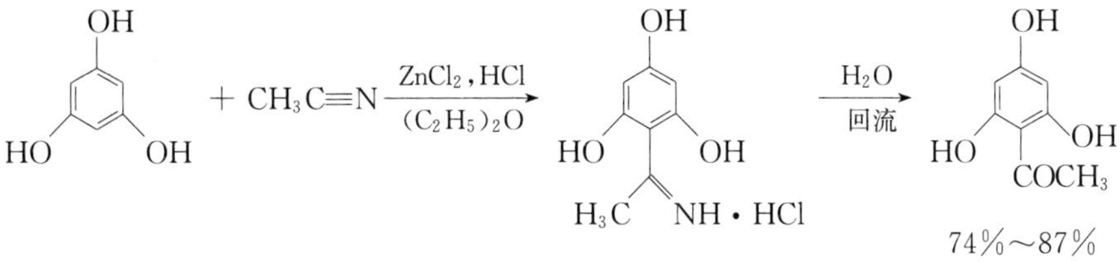

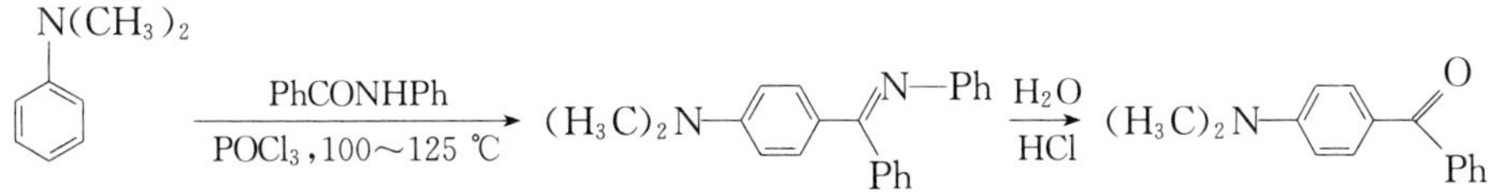

74%～87%

分子内的 Friedel-Crafts 酰基化反应同样是芳环上的亲电取代反应，一般用于芳环稠合。例如：

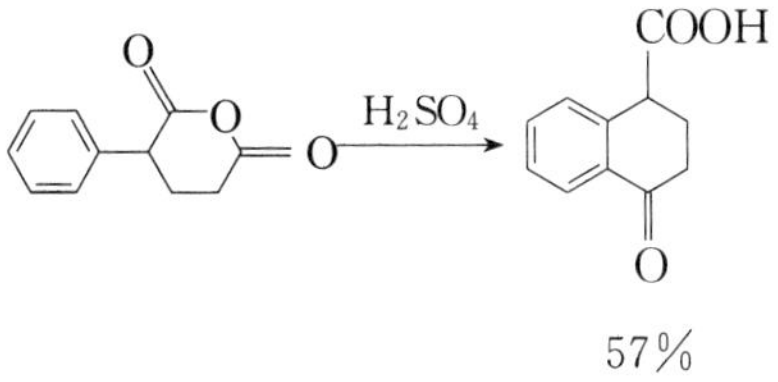

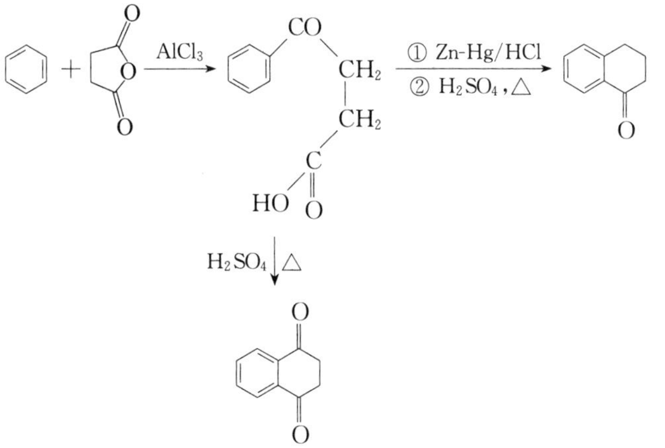

57%

在非常稀的溶液中进行反应也可以得到更大的环。例如：

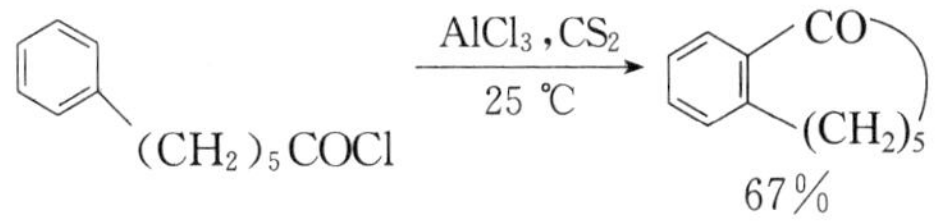

67%

烯烃的酰基化反应是通过酰氯或酸酐在 Lewis 酸作用下发生的，亲电部分是酰基正离子。例如：

酰基正离子与烯烃加成形成新的碳正离子，后者与亲核试剂作用形成 β-卤代酮，或失去一个质子形成不饱和酮。例如：

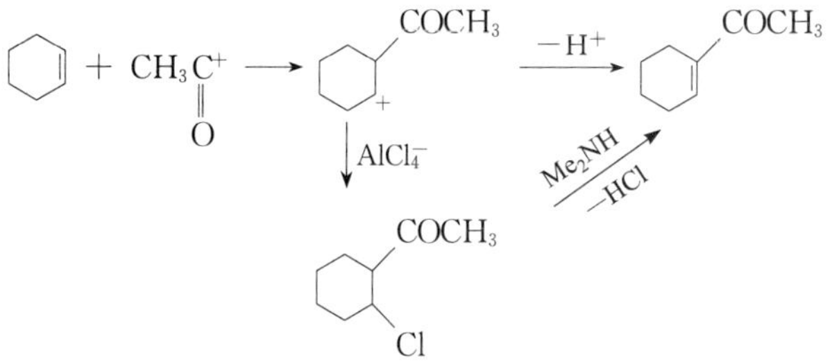

烯烃的酰基化反应在合成上最突出的例子是合成(±)硫辛酸(thioctic acid)，合成方法见习题 3-1(2)。硫辛酸主要用于治疗急性肝炎、肝硬化、肝昏迷、脂肪肝等疾病，也可用作糖尿病、视网膜黄斑病预防和辅助治疗药物。健康人可以从猪肝、马铃薯、菠菜、肉类等食物中补充硫辛酸。

2) Friedel-Crafts 反应合成醛

用甲酰氯作酰化剂进行 Friedel-Crafts 反应，可得到芳醛。但在常温下制备甲酰氯时，总是得到一氧化碳和氯化氢。实验证明，在三氯化铝和氯化亚铜存在的情况下，用一氧化碳和氯化氢的混合物可以使芳烃酰化得到芳醛。例如：

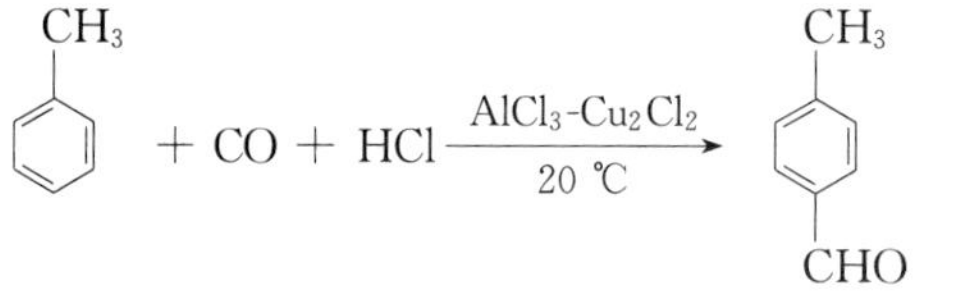

50%～55%

一氧化碳和氯化氢的等物质的量混合物可由甲酸和氯磺酸作用制得，反应式如下：

$$HCOOH + ClSO_3H \longrightarrow HCl + CO + H_2SO_4$$

上述反应有效的进攻试剂为 CO 与 HCl 在 Lewis 酸作用下所生成的甲酰基正离子，反应机理为

$$HCl + CO \longrightarrow HCOCl \xrightarrow{AlCl_3} HC^+{=}O + AlCl_4^-$$

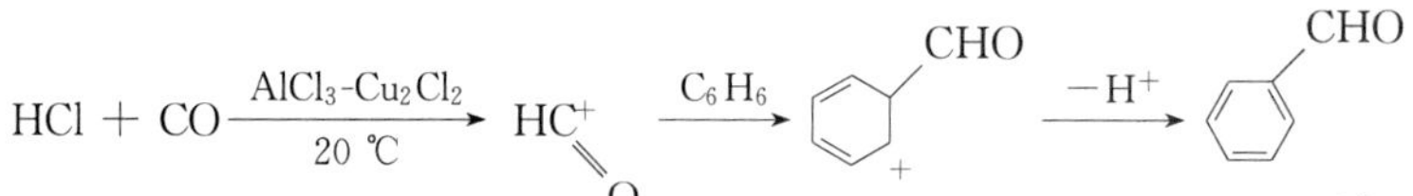

82.8%

甲酰氟在常温下是稳定的，可以用作酰基化剂。例如：

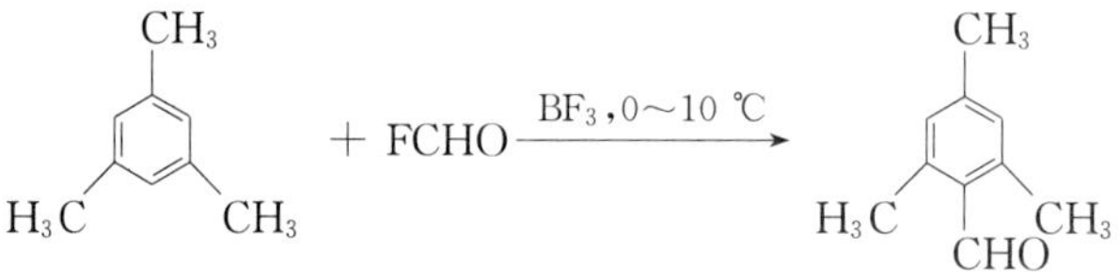

可以用氰氢酸与氯化氢或由甲基二氯甲基醚与四氯化钛作用制得的正离子作酰化剂，与酚、酚醚或活泼的芳环反应制得芳醛。例如：

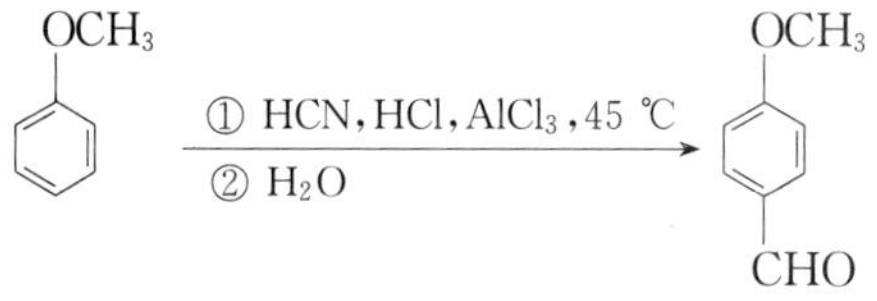

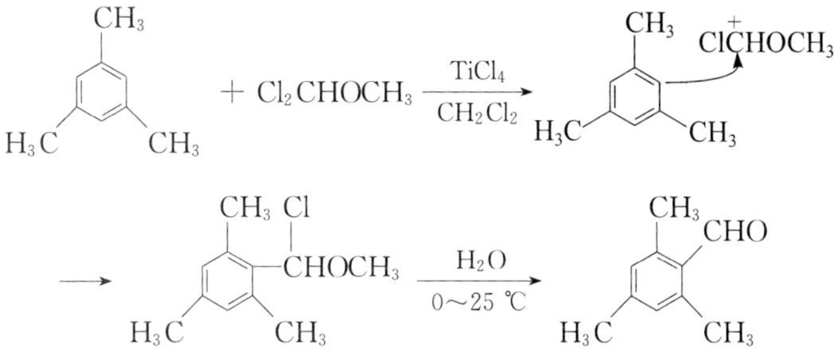

81%～89%

氢氰酸有剧毒，使用不便，可以用氰化锌代替。例如：

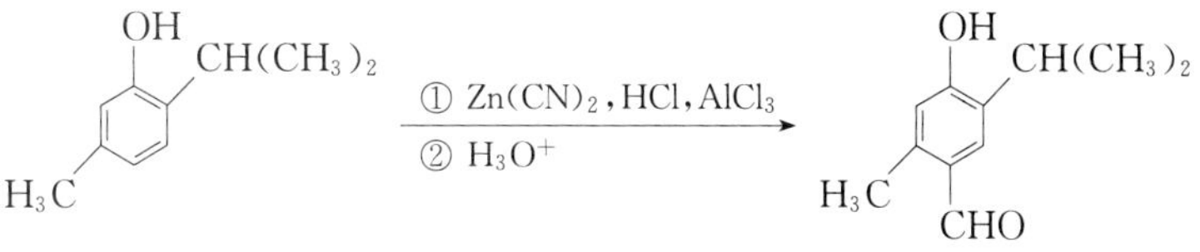

该反应机理是首先生成反应中间体 $HN{=}C^{+}HCl^{-}$，即

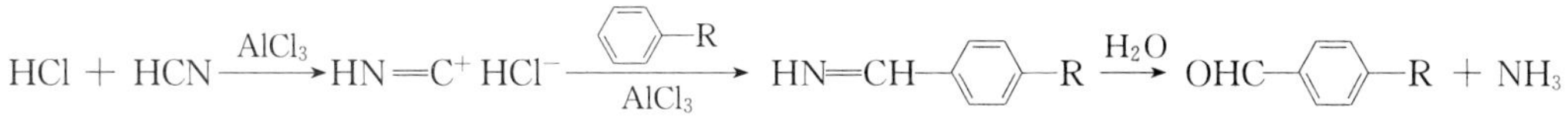

由于 $HN{=}CHCl$ 的反应活性不如 $HCOCl$，所以该反应只能将酰基引入酚、酚醚以及多烷基苯等芳环上有供电子基团的芳烃中。

3.1.2 醛或酮及其衍生物的反应

醛或酮用无机酸催化时，可以发生自身缩合或交叉缩合[3]，酸的作用有：①提高羰基对亲核试剂的加成活性；②促使羰基化合物的烯醇化。

1. 自身缩合

以乙醛和丙酮为例。乙醛在无机酸催化下缩合得到 β-羟基丁醛，进一步失水得到 α,β-不饱和丁醛，反应过程为

$$2CH_3CHO \xrightarrow{H^+} CH_3CH(OH)CH_2CHO \xrightarrow{-H_2O} CH_3CH{=}CHCHO$$

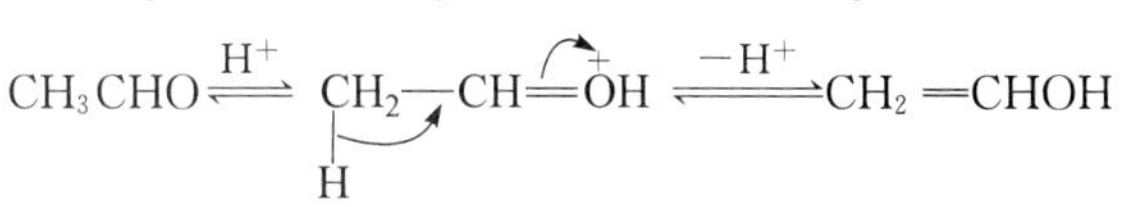

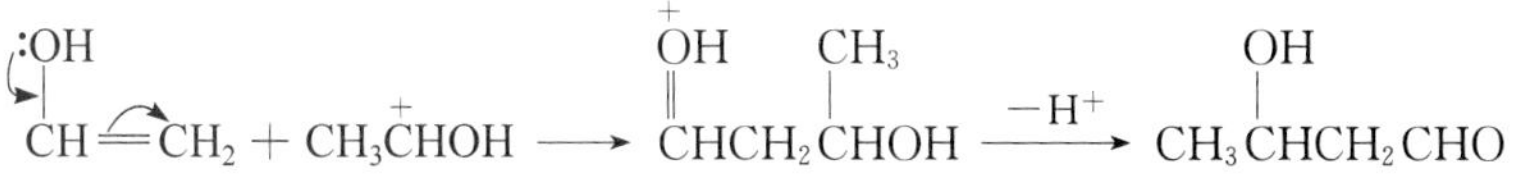

反应通过烯醇化结构对羰基碳发生加成作用，反应过程为

$$CH_3CHO \underset{}{\overset{H^+}{\rightleftharpoons}} CH_3CH{=}\overset{+}{O}H \longleftrightarrow CH_3C^{+}HOH$$

$$CH_3\underset{|}{\overset{OH}{C}}HCH_2CHO \overset{H^+}{\rightleftharpoons} CH_3\overset{\overset{+}{O}H_2}{C}HCH_2CHO \xrightarrow{-H_3O^+} CH_3CH{=}CHCHO$$

丙酮在无机酸催化下缩合得到异亚丙基丙酮，进一步缩合，最后得到双异亚丙基丙酮，反应过程为

$$2CH_3COCH_3 \xrightarrow{H^+} (CH_3)_2C{=}CHCOCH_3 \xrightarrow{CH_3COCH_3} (CH_3)_2C{=}CHCOCH{=}C(CH_3)_2$$

它的催化过程为

$$CH_3COCH_3 \underset{}{\overset{H^+}{\rightleftharpoons}} CH_3\overset{\overset{+}{O}H}{\underset{}{C}}CH_3 \longleftrightarrow CH_3\overset{OH}{\underset{}{\overset{+}{C}}}CH_3$$

$$CH_3COCH_3 \overset{H^+}{\rightleftharpoons} CH_3\overset{\overset{+}{O}H}{\underset{}{C}}{-}CH_2{-}H \xrightarrow{-H^+} CH_3\overset{OH}{\underset{}{C}}{=}CH_2$$

$$CH_3\overset{\ddot{O}H}{\underset{}{C}}{=}CH_2 + CH_3\overset{OH}{\underset{}{\overset{+}{C}}}CH_3 \longrightarrow CH_3\overset{\overset{+}{O}H}{\underset{}{C}}CH_2\overset{OH}{\underset{}{C}}(CH_3)_2 \xrightarrow{-H_3O^+} (CH_3)_2C{=}CHCOCH_3$$

$$(CH_3)_2C{=}CHCOCH_3 \overset{H^+}{\rightleftharpoons} CH_3\overset{\overset{+}{O}H}{\underset{}{C}}CH{=}C(CH_3)_2 \underset{}{\overset{-H^+}{\rightleftharpoons}} CH_2{=}\overset{OH}{\underset{}{C}}CH{=}C(CH_3)_2$$

$$CH_2{=}\overset{OH}{\underset{}{C}}CH{=}C(CH_3)_2 + CH_3\overset{OH}{\underset{}{\overset{+}{C}}}CH_3 \longrightarrow (CH_3)_2C{=}CHCH_2{-}\overset{OH}{\underset{}{C}}(CH_3)_2$$

$$\xrightarrow{-H_3O^+} (CH_3)_2C{=}CHCOCH{=}C(CH_3)_2$$

某些醛在酸催化下可直接环化。例如,乙醛用硫酸催化得三聚乙醛和少量四聚体,反应过程为

$$3CH_3CHO \xrightarrow{H_2SO_4}$$

（三聚乙醛结构式）

$$4CH_3CHO \xrightarrow{H_2SO_4}$$

（四聚乙醛结构式）

多聚乙醛用稀酸处理,乙醛立即游离出来。

2. 交叉缩合

含有 α-H 的羰基化合物和不含 α-H 的羰基化合物以 1∶1(物质的量比)在无机酸催化下缩合反应,可得产率高的单一产物。例如,苯乙酮和水杨醛的缩合反应为

（水杨醛 + 苯乙酮 $\xrightarrow{\text{无水 HCl}}$ 产物结构式）

两个羰基化合物之中一个羰基化合物在酸存在下烯醇化,另一个羰基则更加极化,经过加成,失水得到产物。例如:

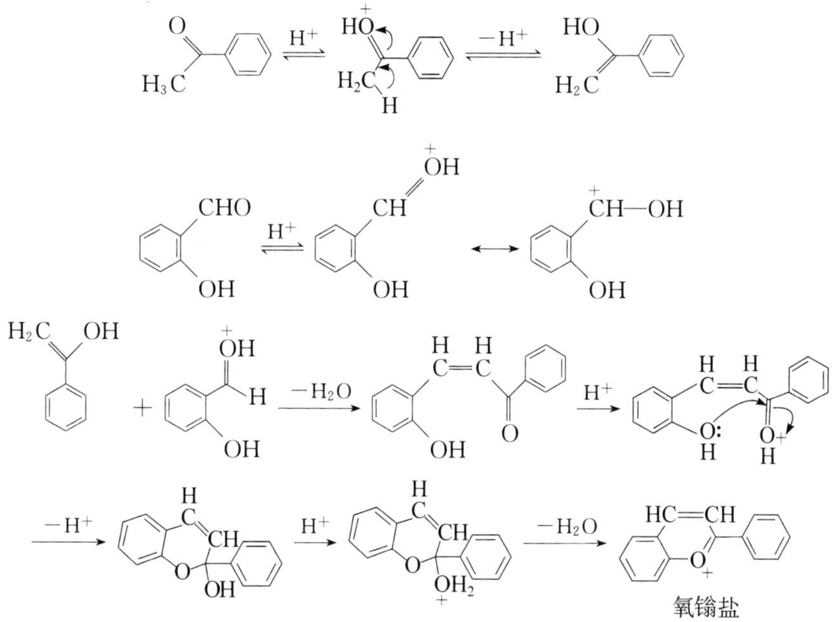

氧鎓盐是花色素及花色素苷的合成原料。

芳香醛与丙酮用 1%~5%(摩尔分数)的脯氨酸催化,于室温下反应,得到 β-羟基羰基化合物,产率 55%~93%[4,5],反应过程表示如下:

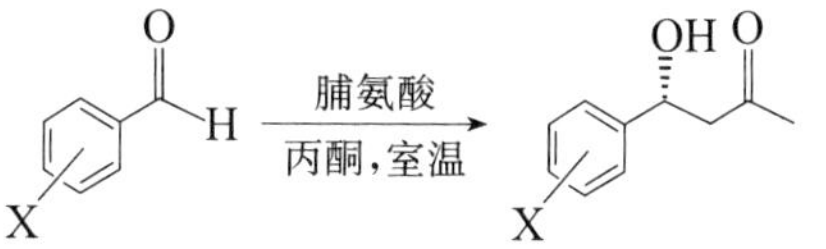

含有 α-H 的硝基化合物、氰基化合物在一定反应条件下也能发生缩合,生成 α,β-不饱和硝基化合物和 α,β-不饱和氰基化合物[6,7]。例如:

$$X{-}ArCHO + CH_3NO_2 \xrightarrow[100\ ℃,3\ h(\text{或}\ 70\ ℃,\text{过夜})]{HOAc+NH_4OAc} X{-}ArCH{=}CH{-}NO_2$$

X: CF_3、MeO、F、Cl

$$ArCHO + H_2C(CN)X \xrightarrow[3\sim6\ min]{NH_4OAc} ArCH{=}C(X){-}CN$$

88%~97%

X:CN、$CONH_2$

3. 酮与酰卤或酸酐的缩合

酮是具有相当大活性的羰基化合物,它能与酰卤或酸酐发生缩合反应,制备 1,3-二羰基化合物,用三氟化硼作催化剂以避免水对酸酐或酰卤的水解。例如:

$$CH_3COCH_3 \overset{BF_3}{\rightleftharpoons} CH_3\overset{O\cdots BF_3}{\overset{\|}{C}}CH_2{-}H \overset{-H^+}{\rightleftharpoons} CH_3\overset{O-B^-F_3}{\overset{|}{C}}{=}CH_2$$

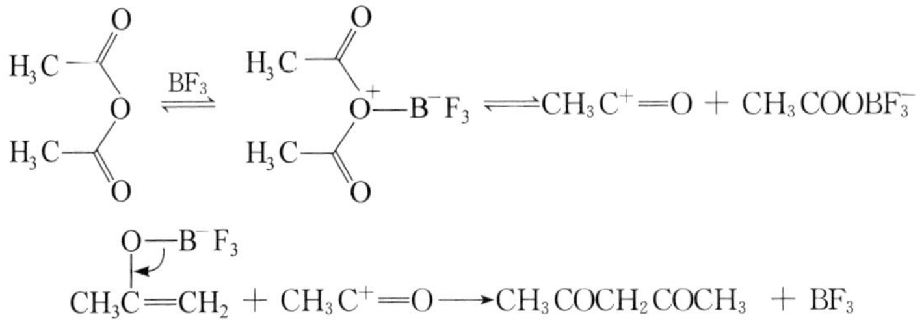

对于不对称酮的酰化,用三氟化硼作催化剂往往在次甲基上发生。例如:

$$CH_3COCH_2R + (CH_3CO)_2O \xrightarrow{BF_3} CH_3COCHCOCH_3$$

（产物上方标注 R）

3.1.3　Mannich 反应

1. Mannich 反应介绍

具有烯醇式或潜在烯醇式结构的化合物(如某些炔类化合物)与醛(通常为甲醛)在酸催化下,与第一、第二胺反应,生成胺甲基化衍生物的反应称为 Mannich(曼尼希)反应。该反应广泛用于有机合成。例如:

$$RCOCH_3 + CH_2O + Et_2N^+H_2Cl^- \xrightarrow[\text{水或乙醇}]{\text{室温}} RCOCH_2CH_2NEt_2 \cdot HCl + H_2O$$

反应一般在水、乙醇等溶剂中室温条件下进行。反应液经碱中和得到游离酮胺,是有机合成的重要中间体。例如:

$$RCOCH_2CH_2NEt_2 \cdot HCl \xrightarrow{NaOH} RCOCH_2CH_2NEt_2$$

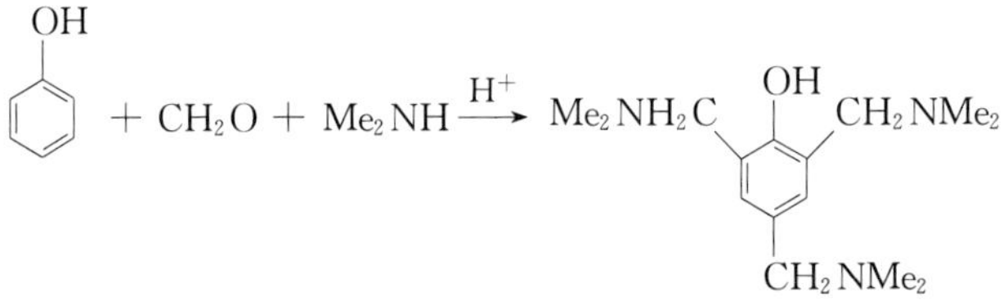

86%

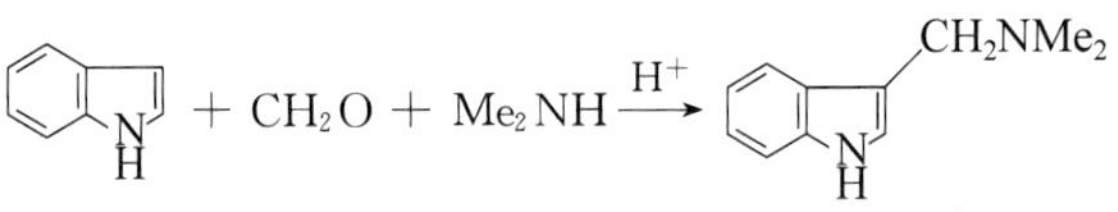

97%

$$(CH_3)_2CHCHO + CH_2O + Me_2NH \xrightarrow{H^+} (CH_3)_2CCH_2NMe_2$$

（产物上方标注 CHO）

除具有活泼氢(α-H)的醛、酮可发生 Mannich 反应外,其他化合物,如 β-二元酸、β-氰基酸、β-酮酸,甚至 α-甲基吡啶、β-萘酚、呋喃、吡咯及其衍生物也能发生 Mannich 反应。例如:

$$CH_3CH(COOH)_2 + CH_2O + Me_2NH \xrightarrow[-H_2O]{H^+} CH_3C(COOH)_2$$

（产物下方标注 CH_2NMe_2）

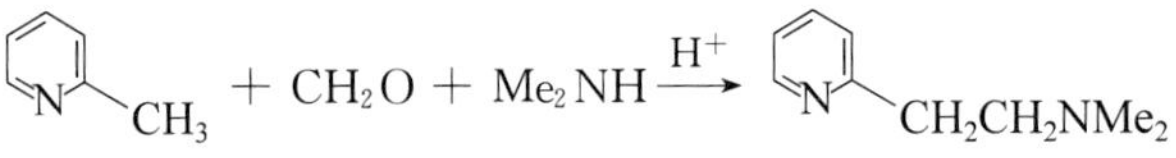

苯乙炔可发生 Mannich 反应：

$$PhC \equiv CH + CH_2O + Me_2NH \xrightarrow[-H_2O]{H^+} PhC \equiv CCH_2NMe_2$$

　　以苯乙酮为例，讨论 Mannich 反应机理。反应是在 H^+ 催化下进行的，酸的第一个作用是使甲醛羰基更加活化，并且催化了甲醛和胺的加成，反应过程表示如下：

$$CH_2O + H^+ \Longleftrightarrow CH_2 \overset{+}{=} OH \longleftrightarrow H_2\overset{+}{C}{-}OH$$

$$Me_2\overset{..}{N}H + CH_2\overset{+}{=}\overset{..}{O}H \longrightarrow Me_2\overset{+}{N}HCH_2OH \xrightarrow{-H_2O} [Me_2\overset{+}{N}=CH_2 \longleftrightarrow Me_2\overset{.}{N}C\overset{.}{H}_2]$$

酸的第二个作用是使含有活泼氢的化合物烯醇化。例如：

$$PhCOCH_3 \Longleftrightarrow PhC{-}CH_2 \Longleftrightarrow PhC=CH_2$$

烯醇化合物和甲醛、胺的加成脱水物进行加成反应。例如：

$$PhC=CH_2 + Me_2\overset{+}{N}=CH_2 \xrightarrow{-H^+} PhCOCH_2CH_2NMe_2 \xrightarrow{\triangle} PhCOCH=CH_2 + Me_2NH$$

从结果来看，Mannich 碱(酮胺)是作用物醛、活泼氢化合物和仲胺反应的脱水物。

　　用二烃基酮、芳醛和芳胺在一定条件下也能发生 Mannich 反应，合成相应的 Mannich 碱，产率达到 $61\% \sim 90\%$[8]，反应过程表示如下：

$$\underset{(1)}{RCOCH_3} + \underset{(2)}{ArCHO} + \underset{(3)}{Ar'NH_2} \xrightarrow[\substack{② 10\% \text{ NaHCO}_3 \\ ③ 0 \sim 20 ℃}]{① 浓 HCl} \underset{(4)}{RCOCH_2CH(Ar)NH(Ar')}$$

浓盐酸的用量是该反应成败的关键。1%(摩尔分数)的芳胺需用 0.25% 的浓盐酸。如果少，则反应速率降低；如果多，得不到产物(4)。温度也有影响，最佳温度为 $0 \sim 20 ℃$，升高温度提高反应速率，但得到深色产物。在回流温度下没有产物生成。降低反应温度，反应速率减慢，没有意义。

　　List(利斯特)发现各种酮和对甲氧基苯胺、对硝基苯甲醛在脯氨酸催化下均能发生 Mannich 反应，产率达 $94\% \sim 99\%$[9]。

　　2. Mannich 反应在合成上的应用

Mannich 反应在合成上有广泛的用途。

1) 制备 α,β-不饱和羰基化合物

　　在室温下，Mannich 碱及其盐酸盐是稳定的，加热能够消去氯化铵而得到末端烯键的 α,β-不饱和羰基化合物。例如：

$$RCOCH_3 + CH_2O + (CH_3)_2NH \cdot HCl \longrightarrow RCOCH_2CH_2\overset{+}{N}H(CH_3)_2Cl^- \xrightarrow{\triangle} RCOCH=CH_2 + H_2\overset{+}{N}(CH_3)_2Cl^-$$

$$RCOCH=CH_2 \xrightarrow{[H]} RCOCH_2CH_3$$

如果原料是酮，催化还原 α,β-不饱和羰基化合物可以得到比原料多一个碳原子的酮。

　　α,β-不饱和羰基化合物在碱的催化下与含有活泼氢的化合物反应将在第 4 章讨论。

2) Mannich 碱或季铵盐的转换

　　由类烯醇式芳香族化合物发生 Mannich 反应所得 Mannich 碱是苄基型化合物，对亲核取代反应十分敏感，利用这一性质将 Mannich 碱转变为其他基团(一般为季铵盐)，反应更容易

进行。例如：

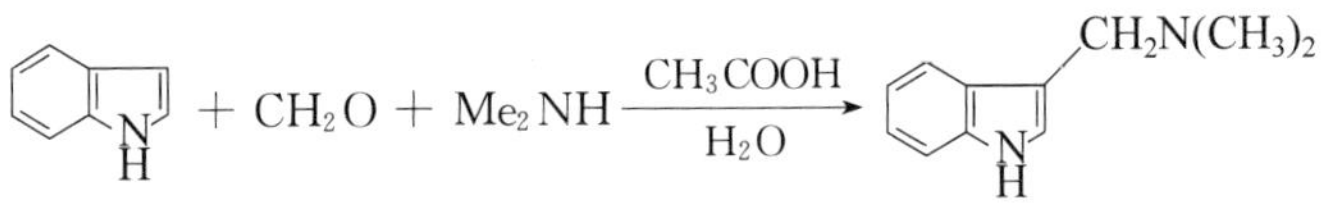

绿竹碱
95%

将绿竹碱用硫酸二甲酯甲基化，可制备多种化合物，若以氰根离子取代，然后水解可得 β-吲哚乙酸。例如：

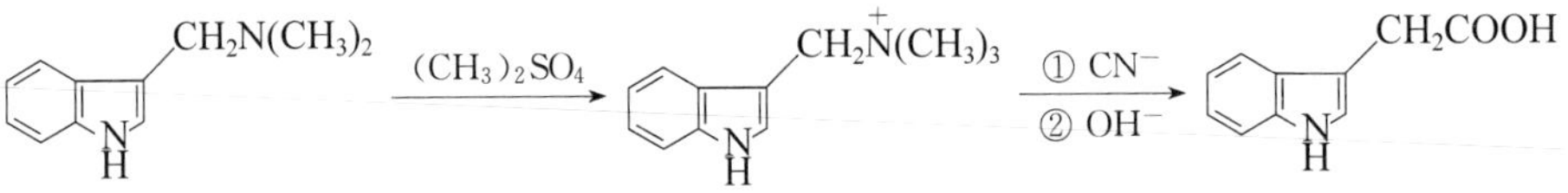

利用 Mannich 反应能在类烯醇式结构的分子中引入甲基。例如，7-羟基异喹啉的反应：

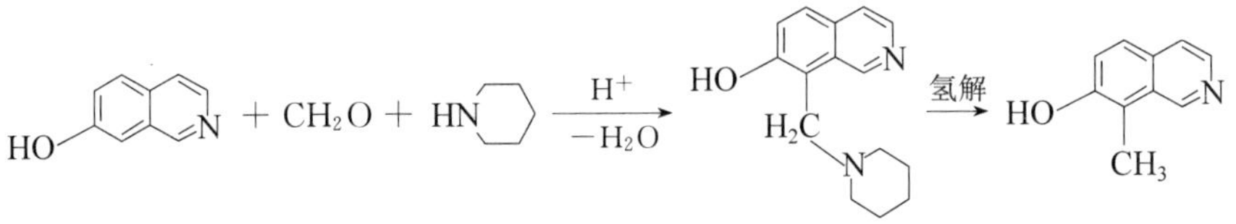

吲哚的 Mannich 季铵碱盐与乙酰氨基丙二酸酯作用，失去 $N(CH_3)_3$，经水解、酸化和脱羧，生成色氨酸，反应式如下：

$$CH_3CONHCH(COOEt)_2 \underset{H^+}{\overset{EtO^-}{\rightleftharpoons}} CH_3CONH\bar{C}(COOEt)_2$$

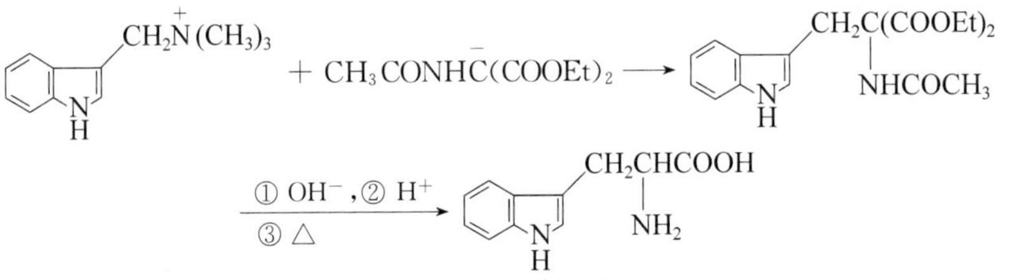

90%以上

色氨酸是人体必需的一种氨基酸，色胺［β-(2-氨基乙基)吲哚］和 5-羟色胺存在于哺乳动物的脑组织中。人脑中 5-羟色胺含量突然改变时，就会表现出神经异常的症状。

3）合成生物碱

Mannich 反应的一个特别重要的用途是合成生物碱。早期一个十分引人注目的例子是合成颠茄酮(托品酮)。将丁二醛、甲胺和 3-酮基-1，5-二羧酸钙的混合物在 pH 5～7 的条件下一步合成托品酮，产率达 40%。它包括两次 Mannich 反应，最后二元 β-酮酸自动脱羧而得产物，反应式如下：

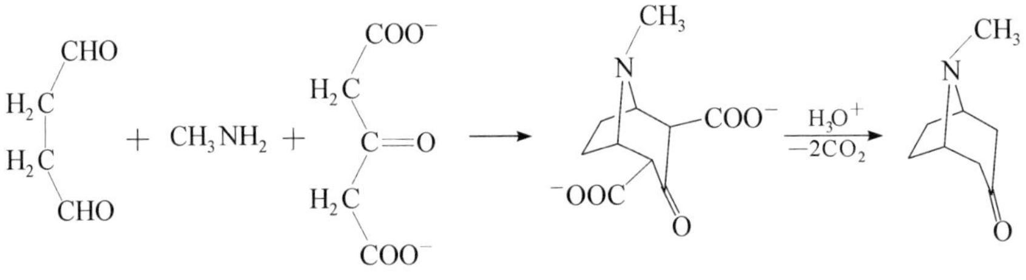

而早些时候(1903 年)，Willstatter(威尔斯坦特)是用环庚酮为起始原料，经过 14 步反应合成了托品酮，总产率为 0.75%。

托品酮具有镇痛、解毒和解除痉挛等作用。

托品酮经过羰基的还原,随后用 PhCH(CHO)CO₂H 进行酯化,再还原得颠茄碱,产率达 90%,反应式如下:

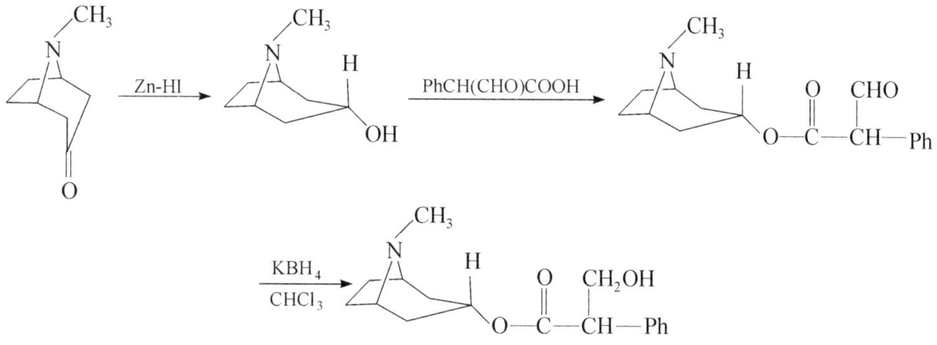

颠茄碱可以从植物中提取得到,常用于麻醉前给药,眼科中用作扩大瞳孔用药,抢救有机膦中毒用药。

具有麻醉作用的可卡因、假石榴碱和土透卡因等也是利用 Mannich 反应合成的。

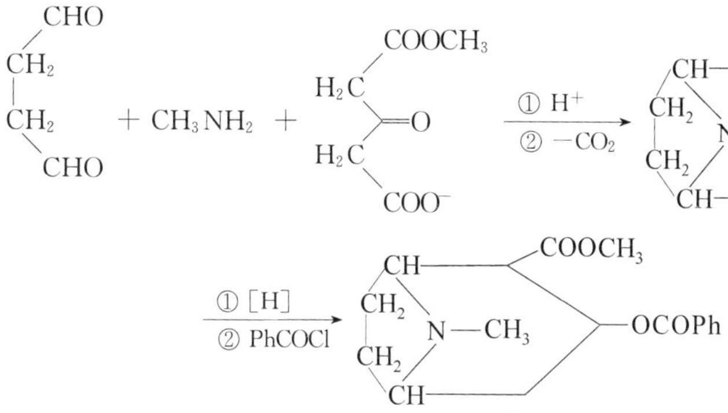

可卡因
80%

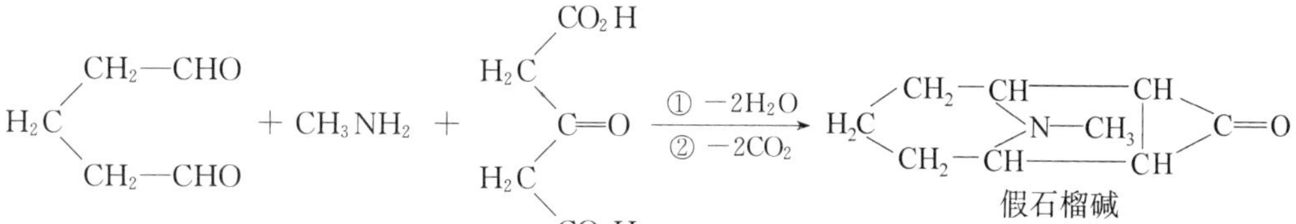

假石榴碱
68%

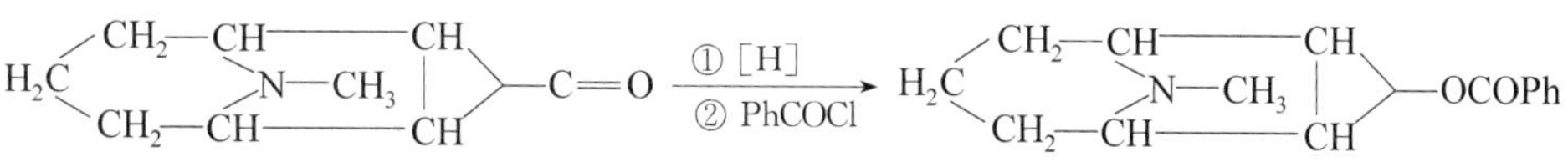

具有 $\overset{|}{N}-(\overset{|}{C})_n\overset{|}{C}-OCOAr$ 骨架结构的链状化合物有局部麻醉性。例如:

$$CH_3COCH_2CH_3 \ + \ CH_2O \ + \ (CH_3)_2NH \xrightarrow{-H_2O} \ \underset{\underset{CH_3}{|}}{CH_3COCHCH_2N(CH_3)_2} \xrightarrow{\text{还原}}$$

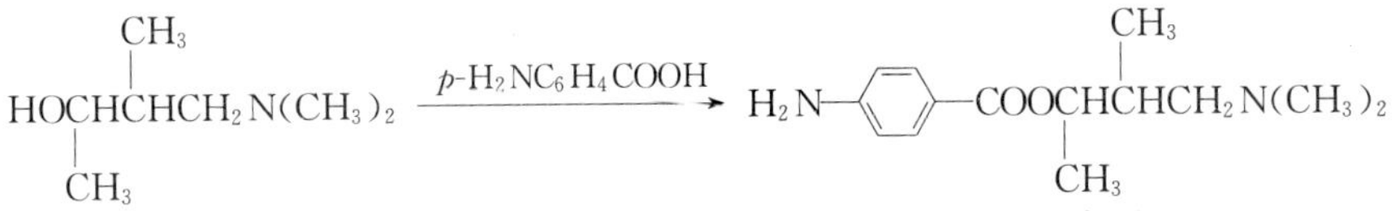

$$\underset{\overset{\displaystyle |}{CH_3}}{HOCHCHCH_2N(CH_3)_2} \xrightarrow{p\text{-}H_2NC_6H_4COOH} H_2N\text{—}C_6H_4\text{—}COOCHCHCH_2N(CH_3)_2$$

土透卡因

双官能团化合物二酮不发生 Mannich 反应,酮醛参加反应则生成 1-取代化合物。

3.1.4 烯胺

1. 烯胺的生成

烯胺(enamine)[10,11]是分子中氨基直接与双键碳原子相连的化合物。烯胺也称为 α,β-不饱和胺,烯胺分子中氮原子上有氢原子时容易转变为亚胺,与烯醇容易转变为羰基化合物相似。例如:

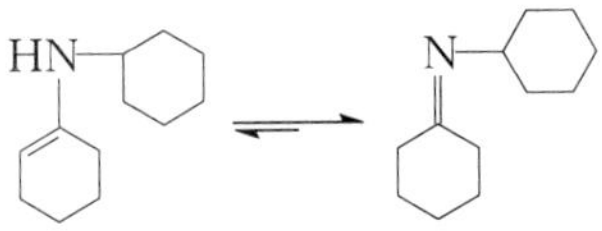

如果烯胺分子中氮原子上的两个氢都被烃基取代,则是稳定的化合物。

制备烯胺常用醛或酮与仲胺在脱水剂(如无水碳酸钾)存在下反应,加苯或甲苯、二甲苯把生成的水带出,并加入对甲基苯磺酸等作催化剂加热,用共沸蒸馏法除去生成的水。近年来,在制备烯胺时,加一个强失水剂(如四氯化钛)以迫使反应进行完全。烯胺的生成反应举例如下:

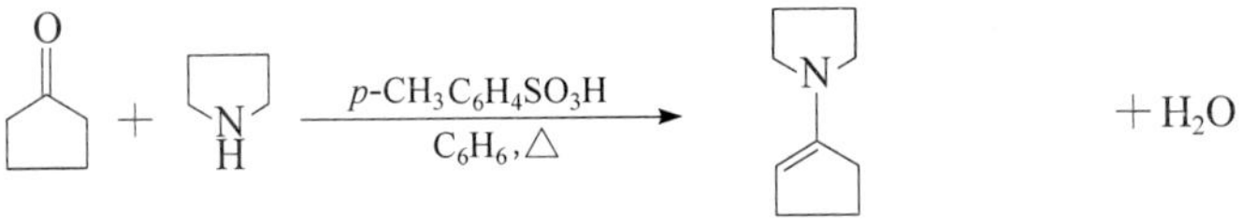

N-(1-环戊烯基)四氢吡咯
80%~90%

反应过程表示如下:

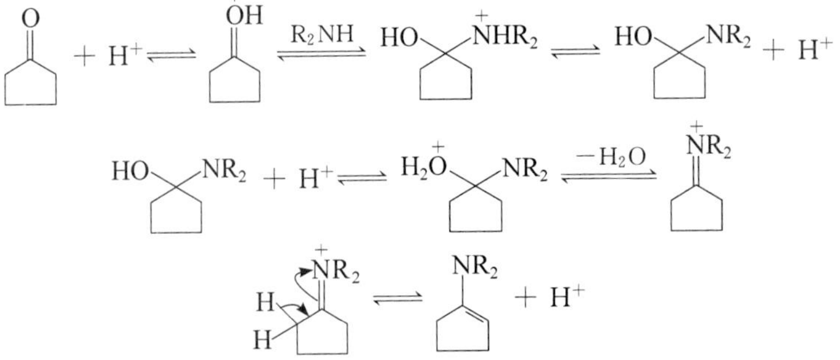

由于反应中每一步都是可逆的,烯胺与水能迅速水解而生成醛(酮),所以应用烯胺的反应必须在无水条件下进行。

在烯胺形成过程中,仲胺常为环状化合物,它们的反应活性降低次序为吡咯烷>吗啉>哌啶。它们的结构式如下:

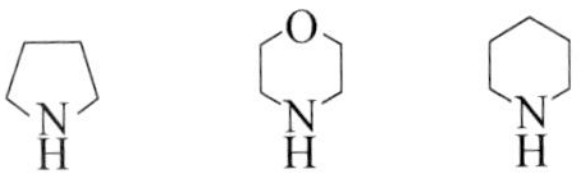

四氢吡咯 　　吗啉 　　哌啶

2. 烯胺在有机合成中的应用

由于烯胺的 β-碳原子(初始羰基化合物的 α-碳原子)上带有部分负电荷,因此可作为亲核试剂与卤代烃(如烯丙基卤、苄基卤、α-卤代酮、α-卤代腈等)、酰卤或亲电性烯烃反应。醛、酮直接烃基化容易得到混合物,而它们相应的烯胺则具有较好的区域选择性。例如,烯胺与活泼的卤代烃发生亲核取代反应,生成高产率的烃基化产物,即主要生成双键上取代基较少的烯胺,随后水解生成烃基化的酮。

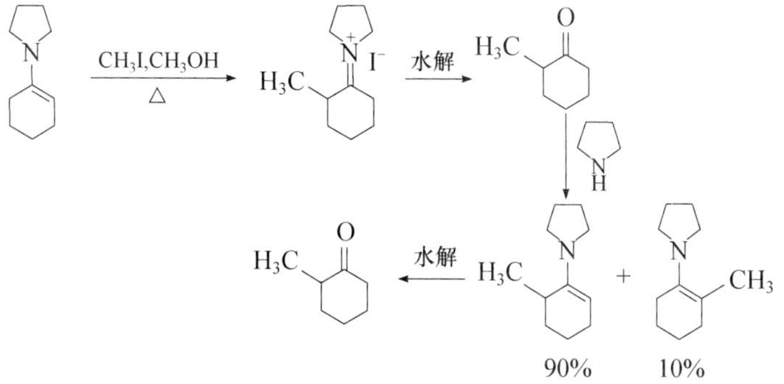

双键上取代基较多的烯胺,由于取代基与胺亚甲基之间的空间位阻妨碍了氮上孤对电子与双键 π 体系的共轭,因此其变得不稳定。

醛和酮的烯胺也能与亲电性的烯烃发生烷基化反应。例如,与 α,β-不饱和酮、酯和腈反应生成较高产率的一烷基化羰基化合物,这为碱催化的 Michael(迈克尔)加成反应提供了一种有用的补充方法。在这些反应中,N-烷基化是可逆的,通常得到的是较高产率的 C-烷基化产物。该反应也是在取代基较少的 α-碳原子上进行的。例如:

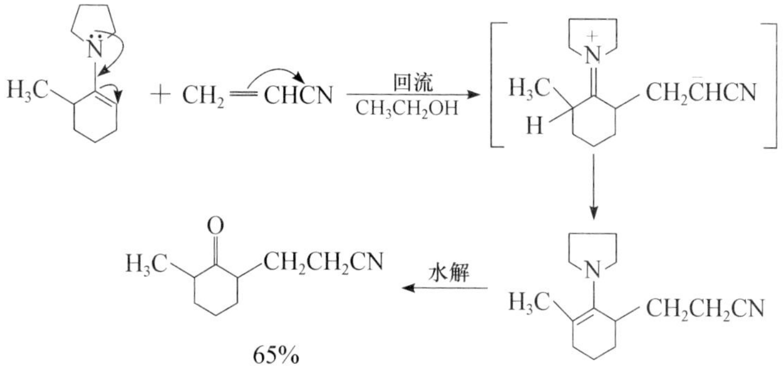

烯胺也容易与酰氯或酸酐反应,生成的产物经水解得到 β-二酮,是较高产率的 C-酰基化产物。例如,环己酮的吗啉烯胺和正庚酰氯反应生成 2-庚酰基环己酮,反应式如下:

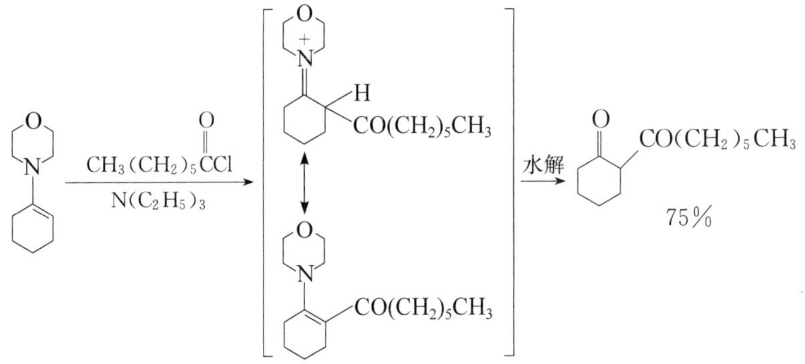

反应中通常加入三乙胺中和生成的氯化氢,因为氯化氢可能与烯胺结合,这就需要 2 mol 烯胺,反应式如下:

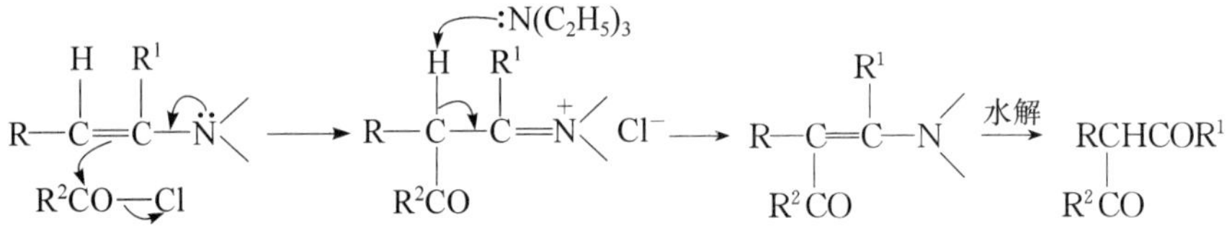

3.1.5 α-皮考啉反应

α-甲基吡啶在 Lewis 酸无水氯化锌存在下,形成一个类似烯醇的化合物,与醛作用,失水生成 α-取代乙烯吡啶,反应式如下:

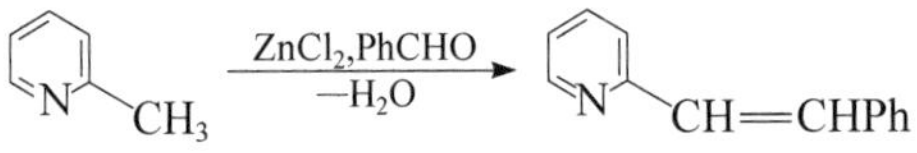

反应过程表示如下:

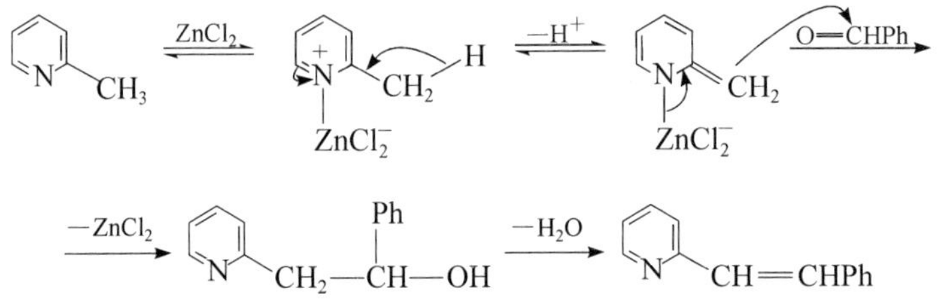

γ-甲基吡啶、甲基异喹啉、4-甲基喹啉、2-甲基喹啉可以发生同类反应,得到相应的化合物。例如:

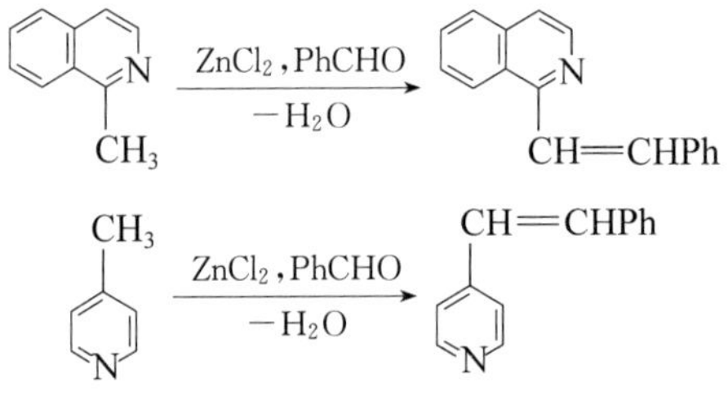

但是,其他的杂环化合物的甲基衍生物不能发生类似的反应,这是烯醇化的芳香稳定作用能失去太大的缘故。例如:

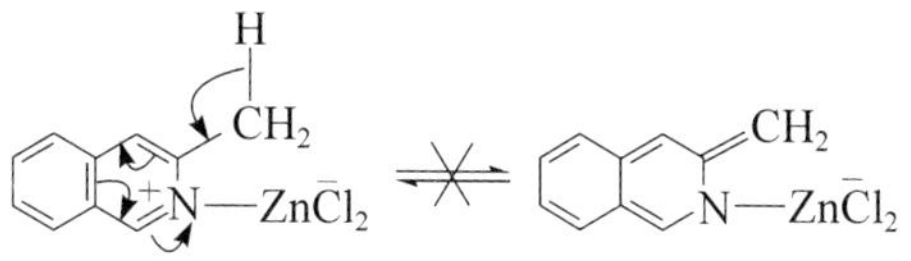

α-皮考啉反应一个特别有用的例子是合成以下感光材料：

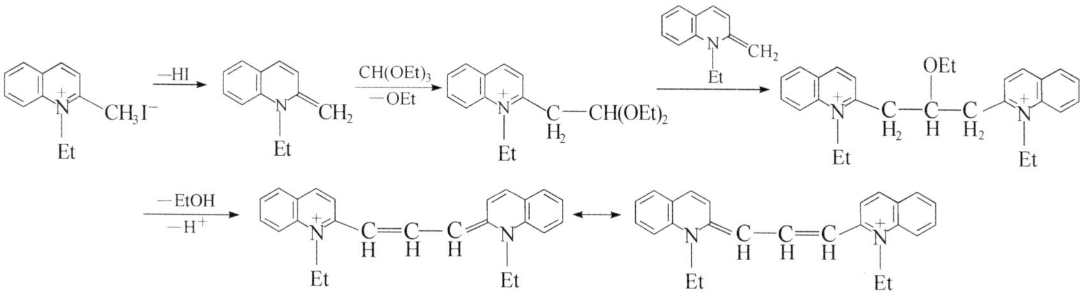

N-乙基-2-[3-(N-乙基-2-喹啉亚甲基丙烯基)]喹啉盐

3.1.6　Prins 反应

Prins(普林斯)反应[12]是甲醛(或其他醛)在酸催化剂作用下与烯烃加成得到 1,3-二醇，或缩醛化得环缩醛 1,3-二氧六环化合物，反应式如下：

$$CH_2O + H^+ \longrightarrow CH_2 = \overset{+}{O}H \longleftrightarrow \overset{+}{C}H_2OH$$

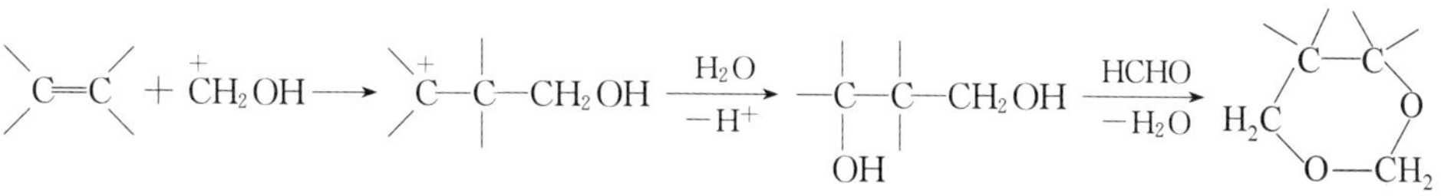

产物的结构取决于烯烃的结构和反应条件，如为对称烯烃，则 1,3-二醇为主要产物。例如：

$$CH_3CH = CHCH_3 + CH_2O \xrightarrow{H^+} CH_3CHCH(CH_3)CH_2OH$$
$$ \underset{OH}{|}$$

苯乙烯与 30%(体积分数)甲醛、浓硫酸回流可得 4-苯基-1,3-二氧六环，进一步还原开环生成醇：

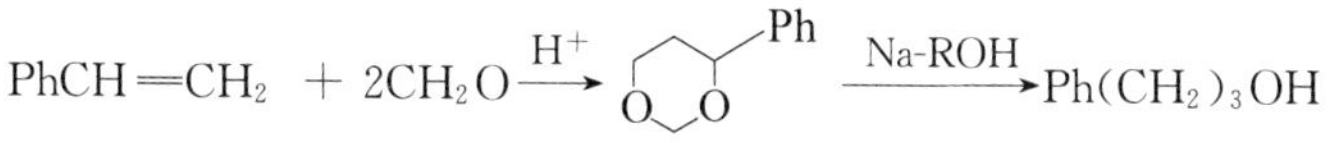

$$PhCH = CH_2 + 2CH_2O \xrightarrow{H^+} \text{(4-苯基-1,3-二氧六环)} \xrightarrow{\text{Na-ROH}} Ph(CH_2)_3OH$$

这样，Prins 反应提供较原来烯烃多一个碳原子醇的合成方法。

利用 Prins 反应可以合成一种广谱抗生素——氯霉素，反应式如下：

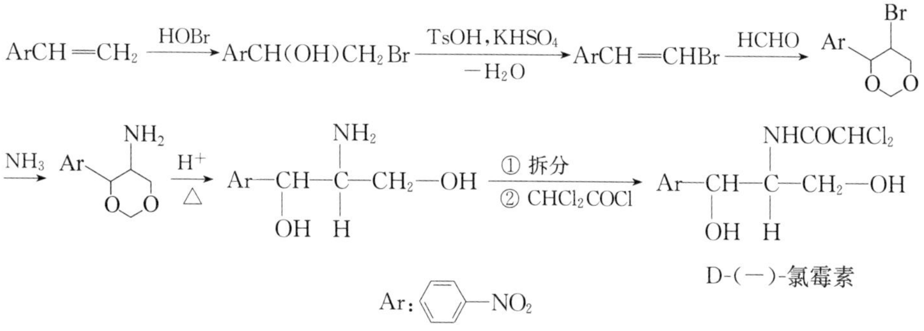

$$ArCH = CH_2 \xrightarrow{HOBr} ArCH(OH)CH_2Br \xrightarrow[-H_2O]{TsOH, KHSO_4} ArCH = CHBr \xrightarrow{HCHO}$$

$$\xrightarrow{NH_3} \xrightarrow[\triangle]{H^+} Ar-\underset{OH}{\underset{|}{CH}}-\overset{NH_2}{\underset{|}{\underset{H}{C}}}-CH_2-OH \xrightarrow[\text{② CHCl}_2\text{COCl}]{\text{① 拆分}} Ar-\underset{OH}{\underset{|}{CH}}-\overset{NHCOCHCl_2}{\underset{|}{\underset{H}{C}}}-CH_2-OH$$

$$\text{D-(—)-氯霉素}$$

$$Ar: \quad \underset{}{\text{(对硝基苯基)}} NO_2$$

氯霉素是一种唯一大规模用合成的方法生产的抗生素,但目前有的国家已不生产,因为它具有某些副作用。

3.2 酸催化分子重排

分子重排反应(molecular rearrangement reaction)是分子中的一个基团或原子从一个原子转移到另一个原子上,形成一个新的分子的反应。分子重排可分为分子间重排和分子内重排。在重排中,迁移原子或基团完全游离并脱离原来的分子,然后与其他部分连接,这种重排称为分子间重排。在这种重排中,迁移基团也可能来自不同分子。而分子内重排则与其他分子无关,迁移基团始终没有脱离原来的分子,仅从分子的一部分迁移至分子的另一部分。重排是一种复杂的有机化学现象。在有机合成中,一些重排经常是所需反应的竞争反应,合成中应加以避免,一些重排可提供巧妙的合成途径,应尽量加以利用。重排反应有多种类型,这里仅介绍一些酸催化重排反应[13]。

3.2.1 片呐醇-片呐酮重排

邻二叔醇又称片呐醇,在酸存在下,片呐醇脱水不是生成预期的烯烃产物,而是生成叔烷基酮。该反应称为片呐醇-片呐酮(pinacol-pinacolone)重排。重排机理如下:

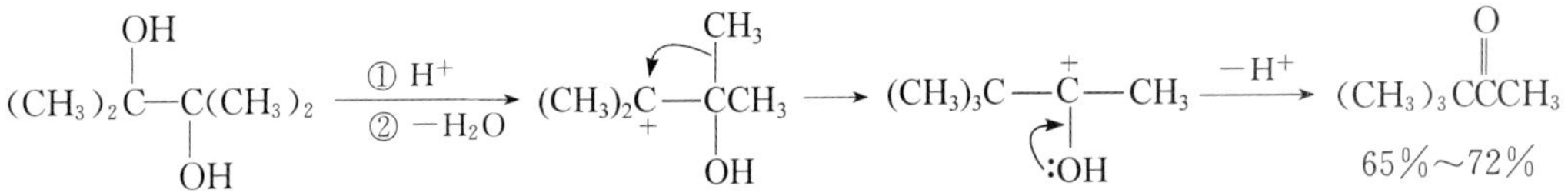

重排的动力是新形成的碳正离子更为稳定。当两个烃基不同时,一般是亲核性更强的基团或原子发生迁移。两个羟基所连的碳不同时,通常以生成更稳定的碳正离子占优势。基团迁移的活性大致为 Ar>R>H。例如:

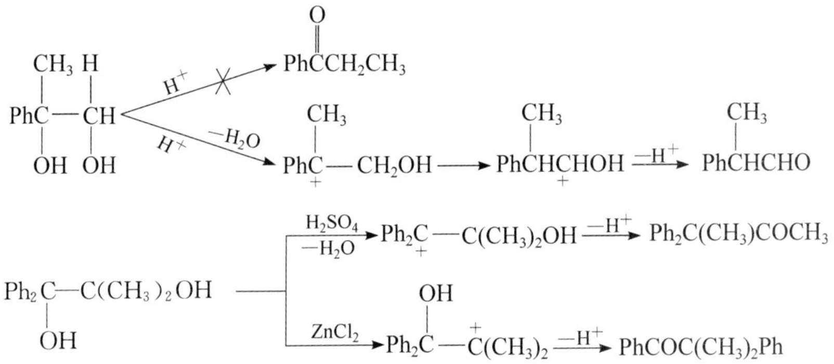

可能是 Lewis 酸更易与甲基连接的碳羟基结合的缘故。

具有环状结构的片呐醇,重排后可得环扩大产物。例如:

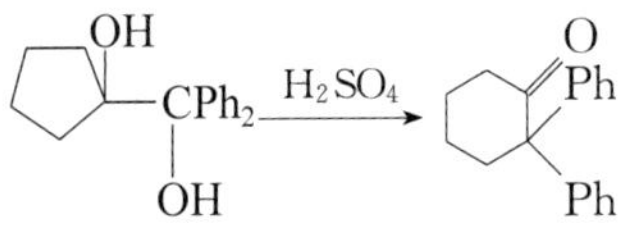

99%

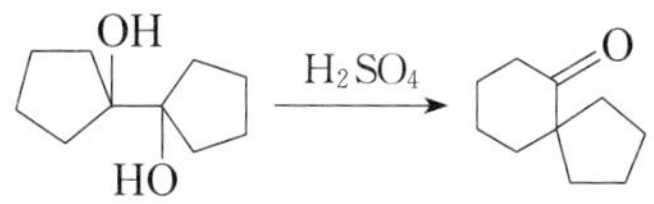

3.2.2　Beckmann 重排

酮肟在多磷酸、五氧化磷酸性催化条件下重排为酰胺的反应称为 Beckmann(贝克曼)重排。中间体为缺电子氮中心,称为氮宾正离子(nitrene cation),邻近的芳基或烷基转移到这个正电中心,造成邻碳的正电中心,然后发生水合、质子化而变成 N-取代的酰胺,反应过程表示如下:

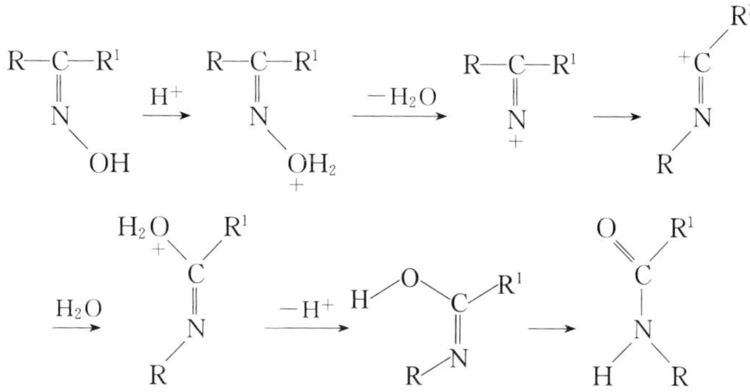

以上几步在实际体系中是连续同时发生的,转移基团 R 从背面(羟基从前面离去)进攻氮,反应产物具有立体专属性质。酮肟的烃基和羟基处于几何异构两种构型中,R^1 和羟基在一边的称为 Z 式,转移的总是在双键另一侧的烃基 R。如果有两个几何异构体的酮肟,如双环[4.3.0]壬酮肟经过重排生成的产物也有两种:

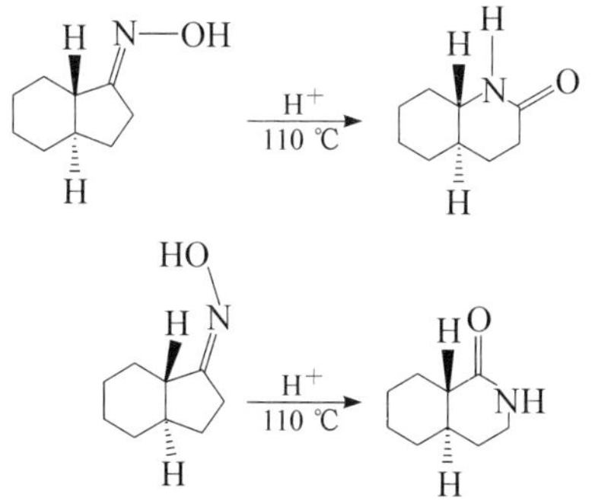

如果转移基团含有不对称碳原子,则该碳原子的构型始终保持不变。例如,当用 H_2SO_4 处理旋光活性的(＋)-α-苯乙基甲基酮肟时,形成 99.6% 光学纯的 N-α-苯乙基乙酰胺:

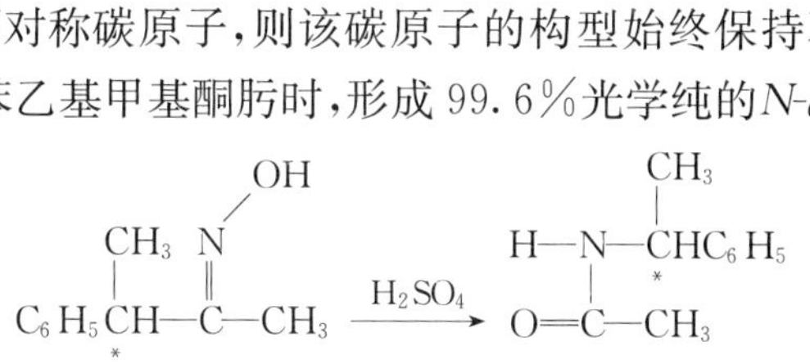

这一事实说明 R 基团的转移发生在分子内部,是碳氮的重排反应。

重排反应是一级反应,所以极性溶剂加速反应进行,溶剂的极性越强,重排反应进行得越快。反应介质的酸度与重排反应的速率也有关系,酸性越强越易使肟酯中离去负离子,因而重排速率越快。此外,转移基团上的取代基的性质对重排反应速率也有影响,吸电子基团的存在使重排速率降低,供电子基团则使重排速率加快。

Beckmann 重排反应不仅具有理论价值(如可以证明酮肟的结构),而且在合成上也有很大的应用价值,它可以合成己内酰胺、取代酰胺和 ω-氨基酸等重要合成中间体产品。

己内酰胺是生产尼龙-6 的原料,由环己酮肟经 Beckmann 重排制得。最近报道了在离子溶液中由环己酮制备环己酮肟和由环己酮肟重排制备己内酰胺的新方法[14,15],反应式如下:

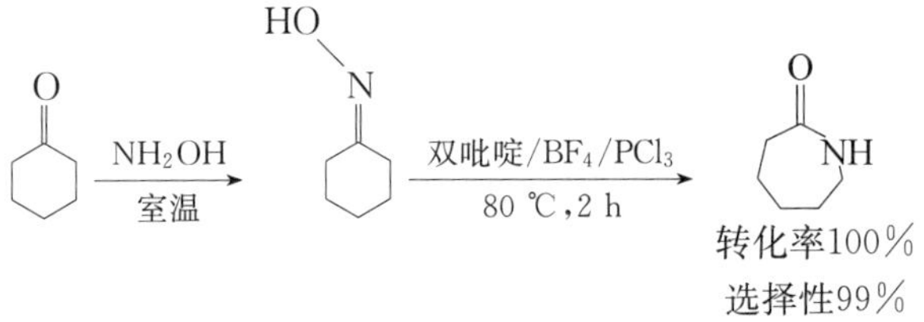

应用该反应可以合成一些难用一般方法制取的芳胺,并且得到满意的结果。例如,去氢松香酸甲酯不能用通常的方法引入—NH₂(先硝化再还原),因为在温和条件下进行硝化,得到 6,8-二硝基化合物。但若采用 F-C 酰基化反应,则可基本上得到 6-乙酰基衍生物(有 3%～4% 的 8-位异构体)。该衍生物与 NH₂OH·HCl 在吡啶中反应得到酮肟,重排生成 88% 的乙酰芳胺 ArNHCOCH₃(只有约 4% 的 ArCONHCH₃),水解后得到很高产率的 6-胺。

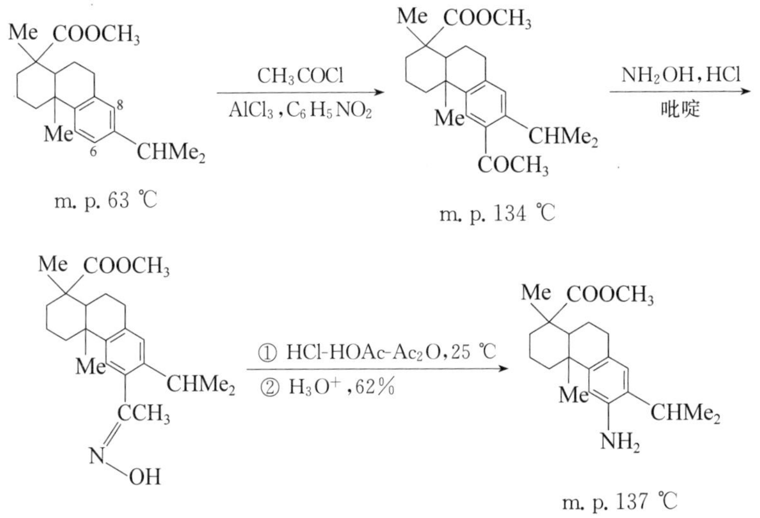

除此之外,采用微波辐射、无溶剂反应等方法,也能获得高产率的 Beckmann 重排产物(详见 11.2.1 和 11.4.1)。

3.2.3 烯丙基重排

烯丙基正离子的稳定性高,它的正电荷分散在 1,3-位上,作为中间体,它的稳定性与苄基相似。烯丙醇质子化和 3-氯丙烯离解均可得到烯丙基正离子:

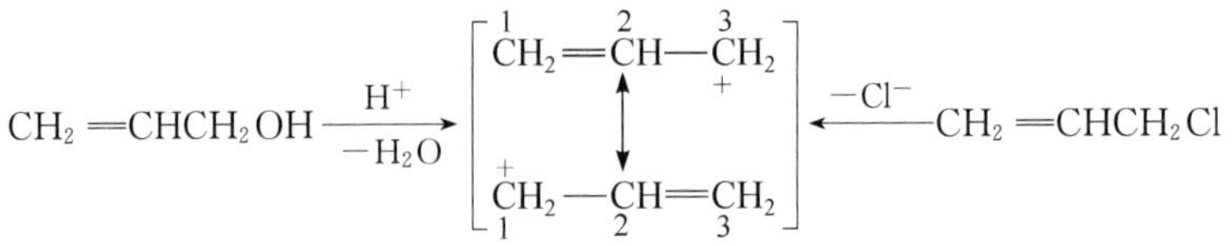

亲核试剂进攻烯丙基正离子的 C¹ 或 C³,机会是均等的,因而产物的双键发生位移。双键

从 1,2-位移至 2,3-位称为烯丙基重排。另外,烯丙基自由基也是比较稳定的。

亲核取代烯丙基通过 S_N1 机理,氯代-2-丁烯得到 2-丁烯-1-醇和3-羟基-1-丁烯两个产物:

$$CH_3CH\!=\!CHCH_2Cl \xrightarrow{Cl^-} [CH_3CH\!=\!CH\!-\!\overset{+}{C}H_2] \Longleftrightarrow [CH_3\!-\!\overset{+}{C}HCH\!=\!CH_2]$$

$$\downarrow H_2O \qquad\qquad\qquad \downarrow H_2O$$

$$CH_3CH\!=\!CH\!-\!CH_2\overset{+}{O}H_2 \qquad CH_3\!-\!CHCH\!=\!CH_2$$

$$\downarrow -H^+ \qquad\qquad\qquad \overset{+}{\underset{H_2O}{|}}$$

$$CH_3CH\!=\!CH\!-\!CH_2OH \qquad\qquad \downarrow -H^+$$

$$CH_3\!-\!\underset{OH}{\underset{|}{C}}HCH\!=\!CH_2$$

双分子亲核取代反应可以发生在两个核中心,一个是连有氯的碳,另一个是进攻烯丙基的双键碳,后者称为 S_N2' 取代反应。例如,3-氯代-1-丁烯和 1-氯代-2-丁烯与乙二胺的取代反应生成同一产物 N,N-二乙基巴豆胺,反应式如下:

$$(C_2H_5)_2\overset{\cdot\cdot}{N}H + CH_2\!=\!CH\!-\!\underset{|}{CH}\!-\!CH_3 \xrightarrow{苯} (C_2H_5)_2N\!-\!CH_2CH\!=\!CHCH_3$$

$$(C_2H_5)_2\overset{\cdot\cdot}{N}H + \underset{CH\!=\!CHCH_3}{\underset{|}{CH_2Cl}} \xrightarrow{苯} (C_2H_5)_2N\!-\!CH_2CH\!=\!CHCH_3$$

S_N2 是正常的双分子亲核取代反应,S_N2' 是反常的亲核取代反应,因为亲核试剂在攻击烯键碳时双键发生了移位,同时氯离开了另一碳原子。

由上可知,烯丙基化合物不是全部都发生 S_N2' 反应,而是发生 S_N2' 反应与正常的 S_N2 的竞争反应,当空间位阻较大,不利于发生 S_N2 反应时,则发生反常的 S_N2' 反应。

3.2.4　联苯胺重排

联苯胺(benzidine)重排是指氢化偶氮苯化合物重排成 $4,4'$-二氨基联苯的反应。例如:

$$\text{⬡}\!-\!NHNH\!-\!\text{⬡} \xrightarrow{H^+} H_2N\!-\!\text{⬡}\!-\!\text{⬡}\!-\!NH_2$$

氢化偶氮苯重排为 $4,4'$-二氨基联苯(联苯胺),动力学研究它是一个三级反应。

$$反应速率 = k[氢化偶氮苯][H^+]^2$$

推测反应速率取决于氢化偶氮苯二重质子化物的生成。这个双正离子然后发生 N—N 键均裂,生成自由基式的离子,分子内重排在对位偶联。偶联的立体化学是很特别的,一个想法是分子折叠成圆规尺的样子。例如:

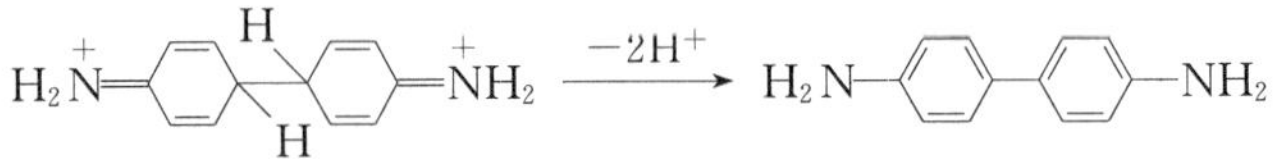

已经知道,两种不同的氢化偶氮苯在同一体系中发生重排时,反应不发生交叉重排,这说明联苯胺重排是分子内重排过程:

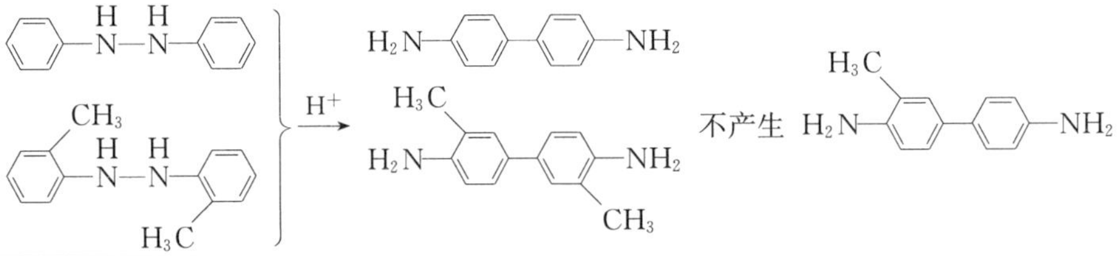

当对位有取代基时,重排可以发生在氨基的邻位。如果其中苯环只有一个对位被封闭,重排产物称为对半联苯胺,如果两个对位都被封闭,产物称为邻半联苯胺。例如:

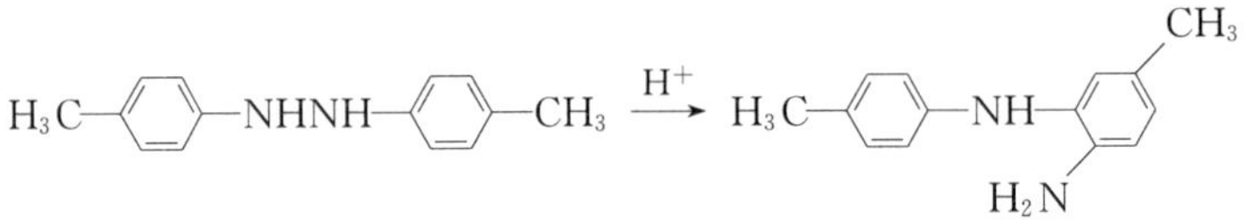

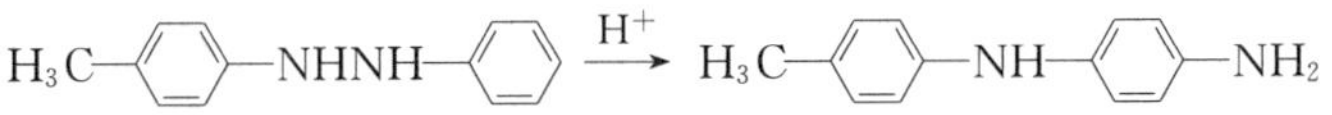

联苯胺重排是分子内重排,这种重排在理论上和实践上都提供了制备联苯胺的重要方法,特别是在染料工业上有重要用途。例如:

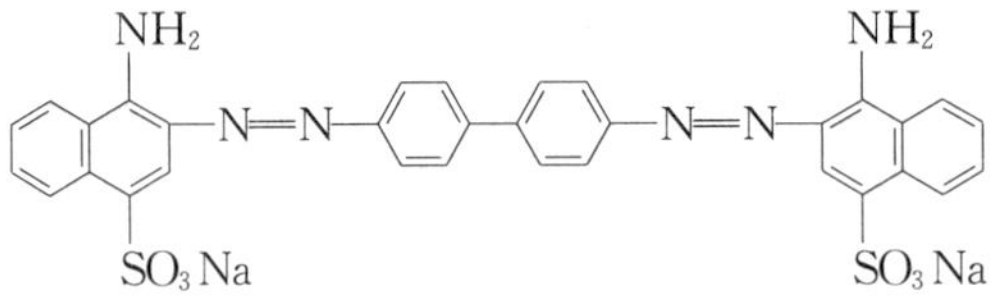

刚果红

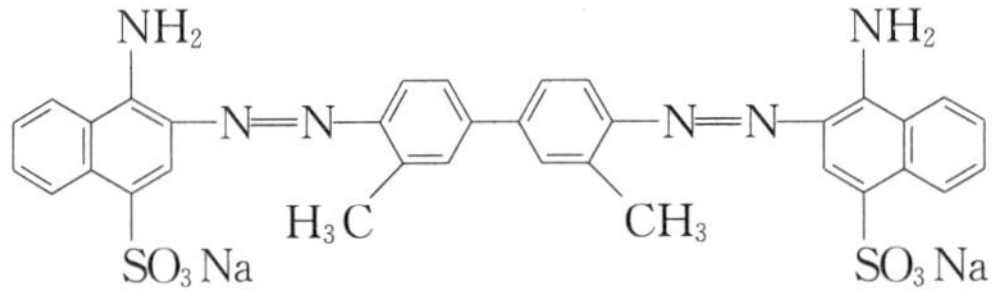

直接红

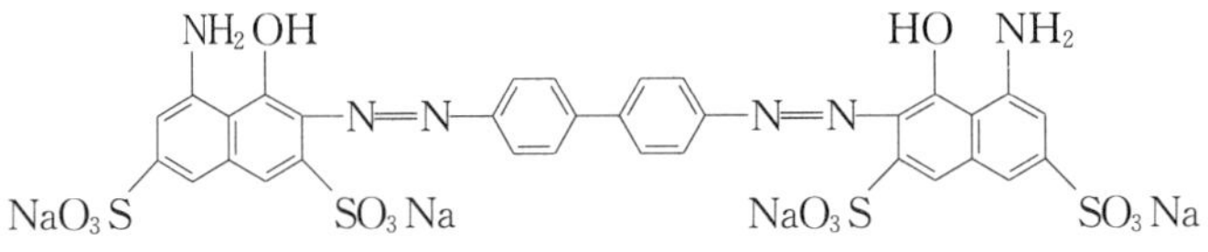

直接天蓝

3.2.5 Schmidt 重排

在强酸存在下,羧酸、酮、醛等与叠氮酸(HN_3)作用,生成伯胺、酰胺或腈的反应称为Schmidt 重排反应,总反应表示如下:

$$R—COOH + HN_3 \xrightarrow[C_6H_6]{H_2SO_4} R—NH_2 + CO_2 + N_2$$

例如:

$$CH_3(CH_2)_4COOH \xrightarrow[H_2SO_4]{HN_3} CH_3(CH_2)_4NH_2$$
$$70\% \sim 75\%$$

$$\underset{\underset{COOH}{\overset{COOH}{|}}}{CH_2} \xrightarrow[H_2SO_4]{HN_3} \underset{\underset{NH_2}{\overset{COOH}{|}}}{\underset{CH_2}{\overset{|}{}}}$$

$$C_6H_5COOH \xrightarrow[CHCl_3]{HN_3,\ H_2SO_4} C_6H_5NH_2$$

$$\text{邻-}C_6H_4(COOH)_2 \xrightarrow[H_2SO_4]{HN_3} \text{邻-}C_6H_4(COOH)(NH_2)$$

Schmidt 重排反应机理为

$$\underset{\overset{\parallel}{O}}{RC}{-}OH \underset{H_2SO_4}{\rightleftharpoons} \underset{\overset{+}{OH}}{RC}{-}OH \rightleftharpoons \underset{\overset{\parallel}{O}}{RC}{-}\overset{+}{OH_2} \longrightarrow R{-}\overset{+}{C}{=}O + H_2O$$

$$R{-}\overset{+}{C}{=}O + HN_3 \xrightarrow{-H^+} \underset{\overset{\parallel}{O}}{R}{-}\underset{}{C}{-}\underset{}{N}{-}\overset{+}{N}{\equiv}N \xrightarrow{-N_2} [R{-}\underset{\overset{\parallel}{O}}{C}{-}\ddot{N}:] \longrightarrow R{-}N{=}C{=}O \xrightarrow{H_2O} R{-}NH_2 + CO_2$$

此反应所用试剂 HN_3 具有毒性,且容易发生爆炸。$HN_3(4\%\sim10\%$ 的 $CHCl_3$ 或 C_6H_6 溶液)可通过 NaN_3 与浓 H_2SO_4 在 $CHCl_3$ 中作用得到。凡是对浓 H_2SO_4 不稳定的羧酸都适用此反应,并且反应的转化率一般都较高。具有旋光性的羧酸与 HN_3 作用时,得到具有旋光性的胺(构型保持不变)。

酮发生 Schmidt 重排反应得到取代酰胺,反应式如下:

$$\underset{\overset{\parallel}{O}}{RCR} + HN_3 \xrightarrow{H_2SO_4} RCONHR + N_2$$

$$\underset{\overset{\parallel}{O}}{RCR^1} + HN_3 \xrightarrow{H_2SO_4} \left\{ \begin{array}{l} RCONHR^1 \\ R^1CONHR \end{array} \right\} + N_2$$

反应机理为

$$\underset{\overset{\parallel}{O}}{RCR} + HN_3 \longrightarrow R{-}\underset{\underset{N{-}N{\equiv}\overset{+}{N}}{|}}{\overset{\overset{OH}{|}}{C}}{-}R \xrightarrow{-N_2} R{-}\underset{\underset{\ddot{N}:}{|}}{\overset{\overset{OH}{|}}{C}}{-}R \longrightarrow RN{=}\overset{\overset{OH}{|}}{C}R \rightleftharpoons RCONHR$$

重排反应速率为

二烷基酮＞烷基芳基酮＞二芳基酮

芳基烷基酮重排一般是芳基移位至氮原子上。例如:

$$C_6H_5COCH_3 + HN_3 \xrightarrow{H_2SO_4} \underset{77\%}{C_6H_5NHCOCH_3}$$

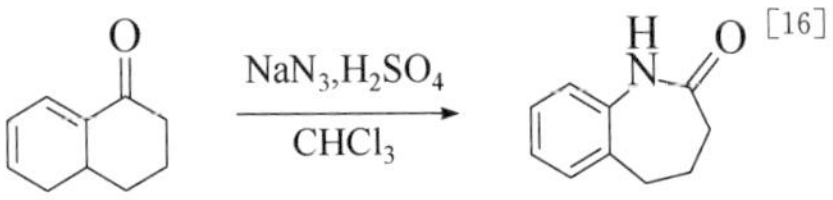

二烷基酮和环酮重排反应都较快。例如,环己酮重排得己内酰胺,对醌也可以发生这种反应,反应式如下:

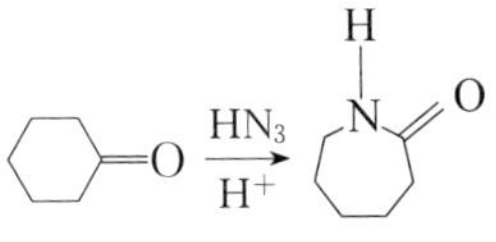

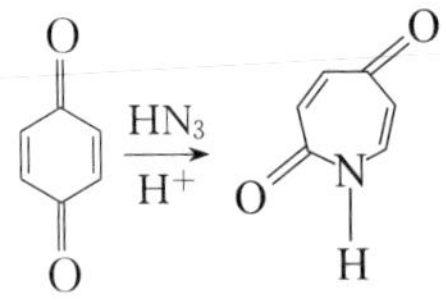

若 HN$_3$ 过量(2 mol 以上),则生成四唑产物。例如:

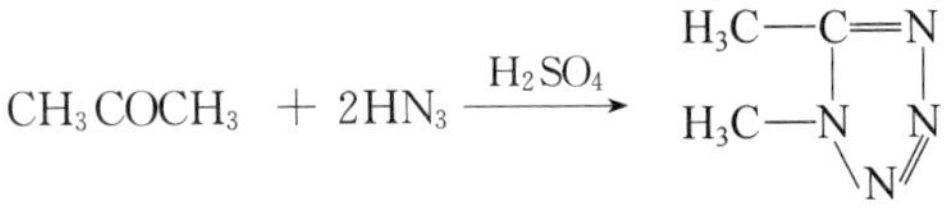

1,5-二甲基四唑

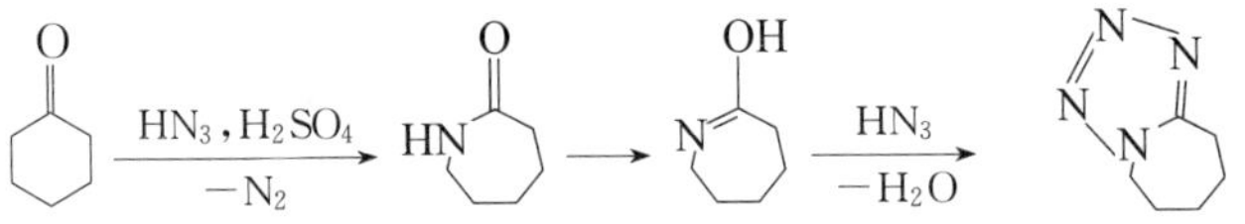

戊四唑
(用作强心剂)

醛发生 Schmidt 重排反应生成腈,反应式如下:

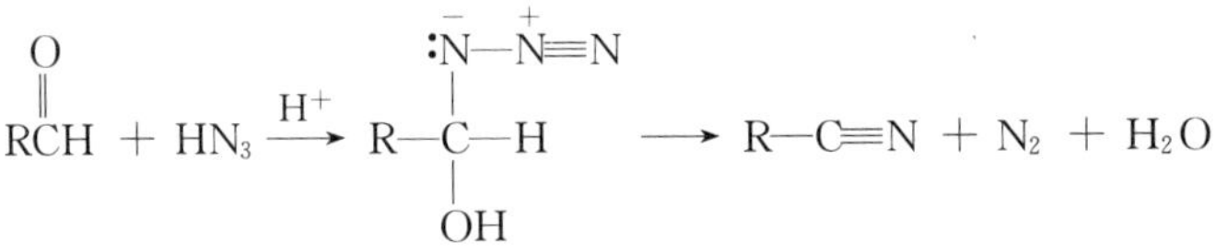

例如:

$$CH_3CHO \xrightarrow{HN_3} CH_3CN$$
$$64\%$$

$$C_6H_5CHO \xrightarrow[H_2SO_4]{HN_3} C_6H_5CN + C_6H_5NHCHO$$
$$70\% \qquad\qquad 30\%$$

HN$_3$ 过量也会生成四唑类化合物。例如:

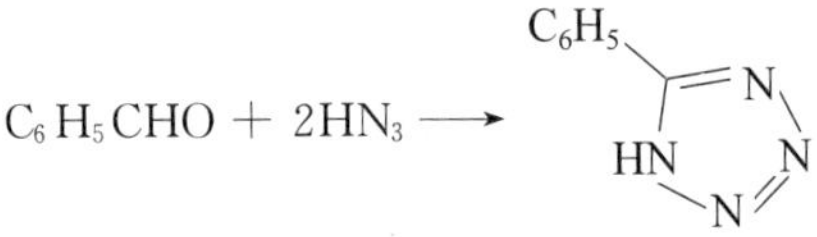

$$C_6H_5CHO + 2HN_3 \longrightarrow$$

近年来研究报道[17],分子间 Schmidt 重排也有好的效果。例如:

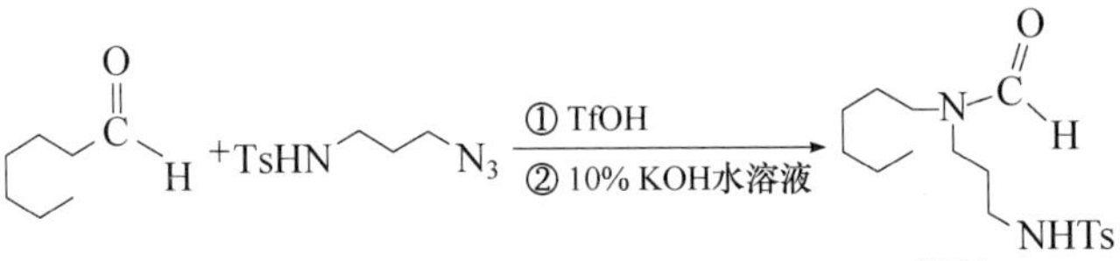

91%

3.2.6 氢过氧化物重排

烃类化合物用空气或 H_2O_2 氧化得到氢过氧化物。氢过氧化物在酸或 Lewis 酸作用下,发生 O—O 键断裂的同时,烃基从碳原子转移到氧原子上,称为氢过氧化物的重排反应,反应式为

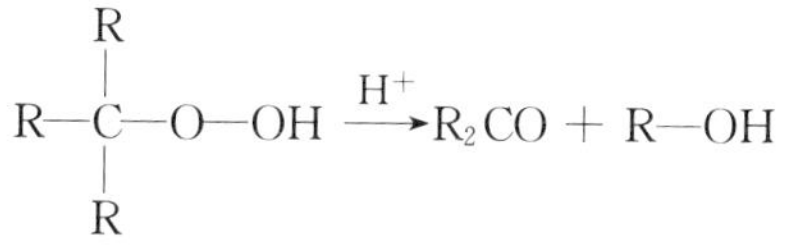

$$R{-}\underset{\underset{R}{|}}{\overset{\overset{R}{|}}{C}}{-}O{-}OH \xrightarrow{H^+} R_2CO + R{-}OH$$

R:烷基或芳基

其反应机理为

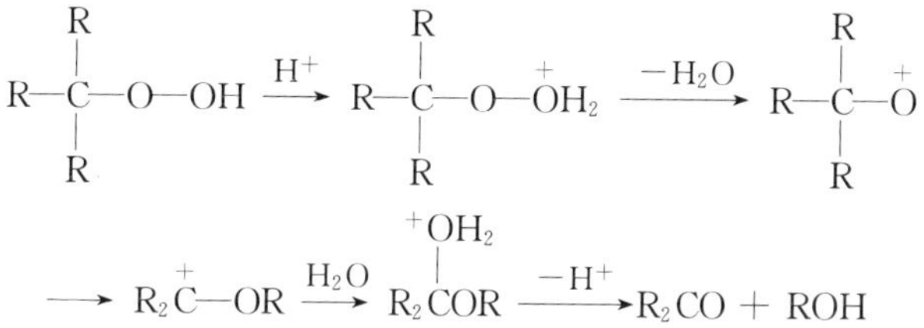

$$R{-}\underset{\underset{R}{|}}{\overset{\overset{R}{|}}{C}}{-}O{-}OH \xrightarrow{H^+} R{-}\underset{\underset{R}{|}}{\overset{\overset{R}{|}}{C}}{-}O{-}\overset{+}{O}H_2 \xrightarrow{-H_2O} R{-}\underset{\underset{R}{|}}{\overset{\overset{R}{|}}{C}}{-}\overset{+}{O}$$

$$\longrightarrow R_2\overset{+}{C}{-}OR \xrightarrow{H_2O} R_2\underset{\overset{+}{OH_2}}{\overset{|}{C}}OR \xrightarrow{-H^+} R_2CO + ROH$$

烷氧基碳正离子中间体已经被分离出来,其结构已为核磁共振谱证实。这种重排为 C—O 的重排,属于分子内重排反应。

在仲和叔氢过氧化物中,烷基之间移位的顺序为叔 R>仲 R>Pr≈H>Et≫Me。

当烷基和芳基同时存在时,则芳基优先移位。

伯氢过氧化物发生重排可能是氢原子移位生成醛,也可能是 R 移位得到甲醛和低一级的醇,这与 R 的具体结构有关。例如:

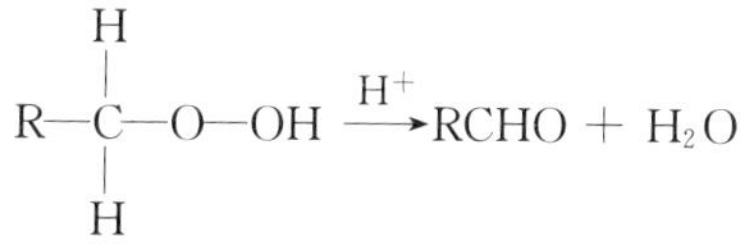

$$R{-}\underset{\underset{H}{|}}{\overset{\overset{H}{|}}{C}}{-}O{-}OH \xrightarrow{H^+} RCHO + H_2O$$

R:Me、Et

$$R{-}\underset{\underset{H}{|}}{\overset{\overset{H}{|}}{C}}{-}O{-}OH \xrightarrow{H^+} H_2CO + ROH$$

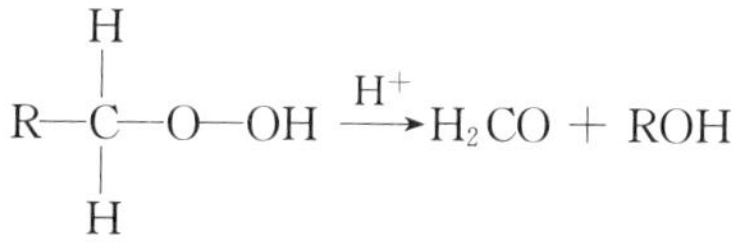

R:仲、叔烷基

工业上生产苯酚的异丙苯法就是应用氢过氧化物重排反应,反应式如下:

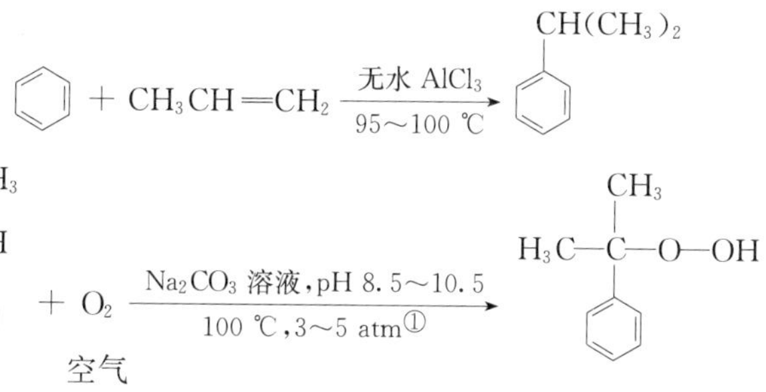

$$\text{空气}$$

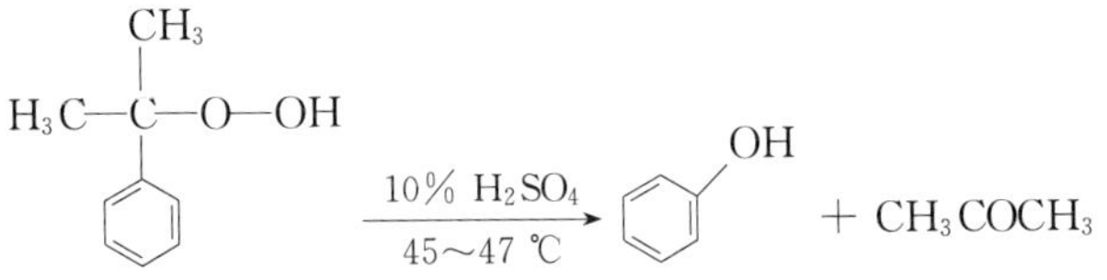

$$\xrightarrow[45\sim47\ ℃]{10\%\ H_2SO_4}$$

3.2.7 Fries 重排

酚酯(包括脂肪和芳香酸的酯)在 Lewis 酸的催化下受热,酰基从酚氧上重排到芳环碳上,生成邻或对羟基芳酮的反应称为 Fries 重排反应。

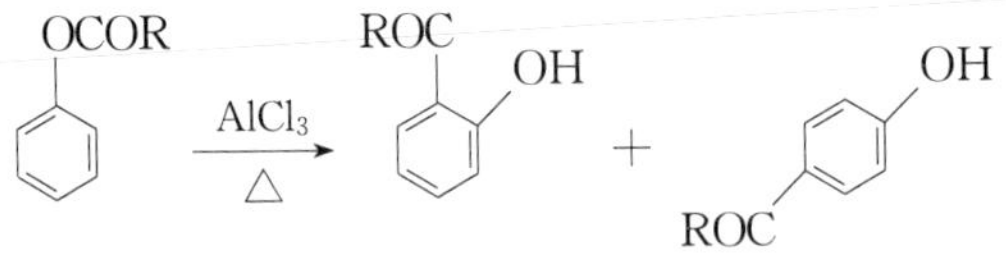

该反应是一个苯酚酰化的好方法。虽然一般情况下产物为邻位或对位的羟基酮,但适当控制条件,可使其中某种产物为主。例如,在低温(<100 ℃)主要得对位产物,在较高温度(>100 ℃)下则主要得邻位产物。例如:

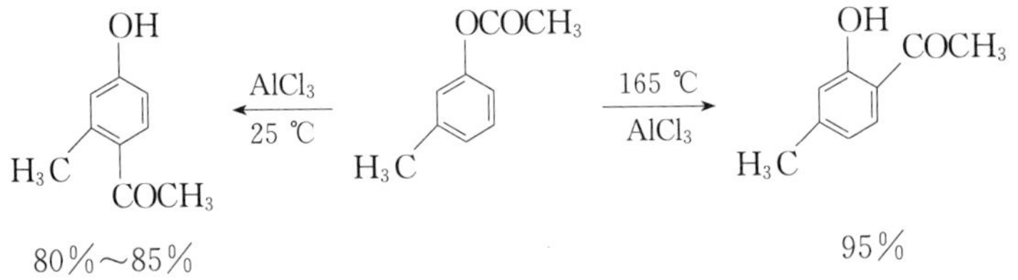

80%~85%   95%

关于 Fries 重排的机理目前还不完全清楚,有分子间重排和分子内重排两种说法。下面为分子间重排过程:

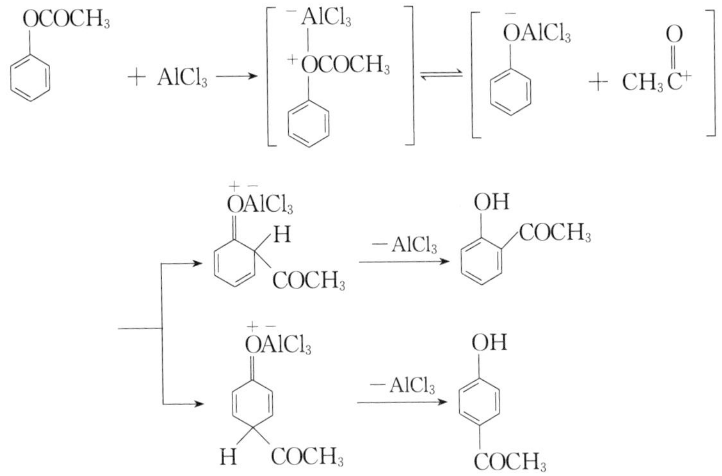

由此可见,Fries 重排实际上是 F-C 酰基化反应的一个特例,酰化剂在这里只不过含在起始物中而已。酚酯结构对重排影响很大,重排的活性为 $RCO>PhCH_2CO>PhCH_2CH_2CO>PhCO$,即脂肪酸酯较芳香酯容易重排,芳环上的间位定位基阻碍重排发生,邻、对位定位基则有利于重排。若芳环上仅有一个烷基,烷基位置直接影响产物结构,邻烷基主要得对羟基酮,对烷基、间烷基则主要得邻羟基酮。例如:

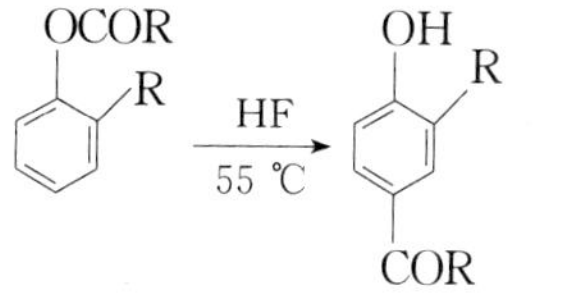

80%

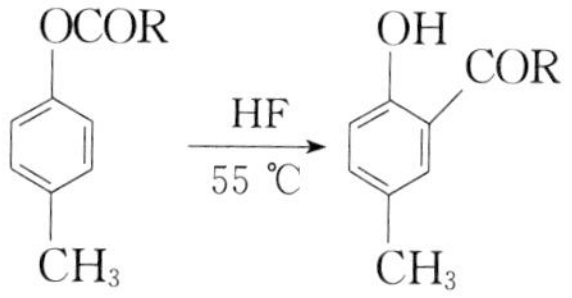

76%

酚类的磺酸酯也能发生类似的重排反应。例如：

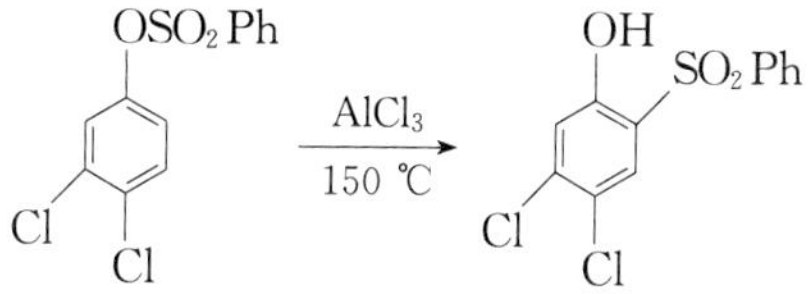

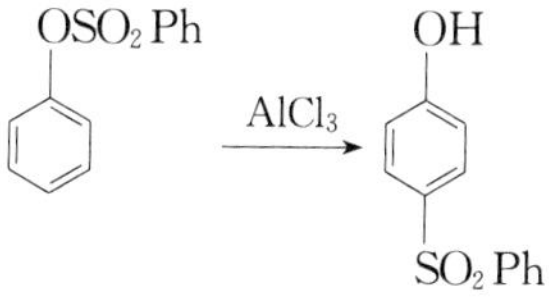

Fries 重排反应的一个重要应用是合成氯乙酰邻苯酚,后者是合成肾上腺素的中间体,反应式如下：

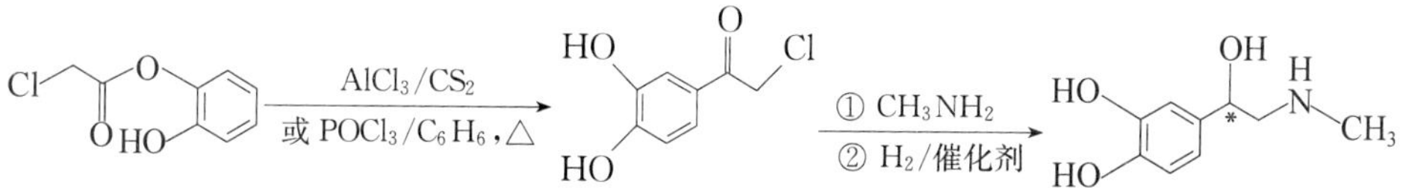

90%　　　　　　　　　外消旋肾上腺素

习　　题

3-1　写出下列反应的中间物和产物。

(1)

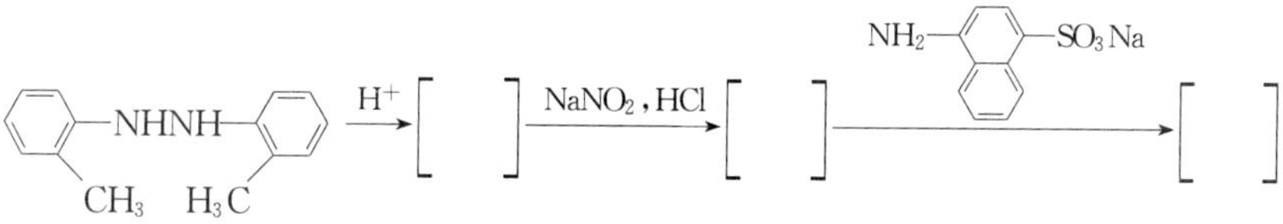

(2) 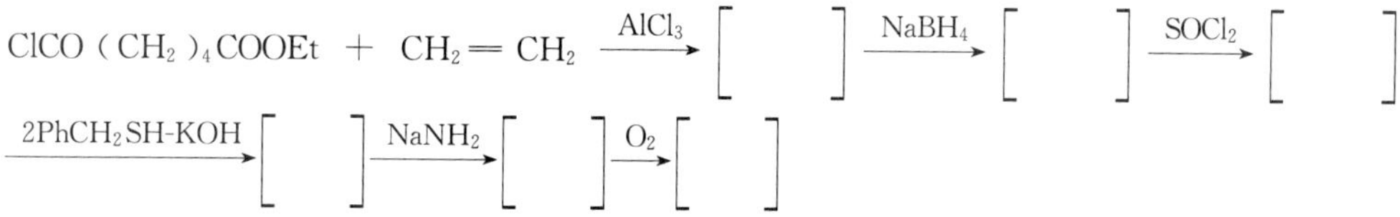 ClCO（CH$_2$）$_4$COOEt ＋ CH$_2$＝CH$_2$ $\xrightarrow{\text{AlCl}_3}$ [　] $\xrightarrow{\text{NaBH}_4}$ [　] $\xrightarrow{\text{SOCl}_2}$ [　]

$\xrightarrow{\text{2PhCH}_2\text{SH-KOH}}$ [　] $\xrightarrow{\text{NaNH}_2}$ [　] $\xrightarrow{\text{O}_2}$ [　]

(3)
　＋ CH$_3$C≡N $\xrightarrow[\text{Et}_2\text{O}]{\text{ZnCl}_2\text{,HCl}}$ [　] $\xrightarrow[\text{回流}]{\text{H}_2\text{O}}$ [　]

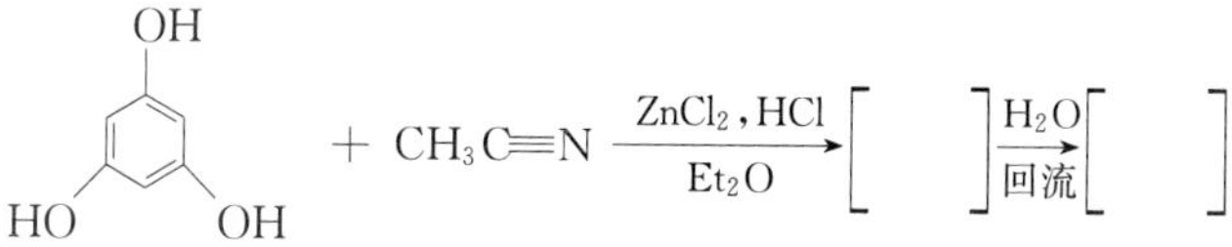

(4) （2-甲基环己酮）＋ 吡咯烷 $\xrightarrow{\text{TiCl}_4,\text{H}^+}$ [ ] $\xrightarrow[\text{EtOH,回流}]{\text{H}_2\text{C}=\text{CHCN}}$ [ ] $\xrightarrow{-\text{H}^+}$ [ ] $\xrightarrow{\text{水解}}$ [ ]

(5) （苯甲醚 OCH$_3$） $\xrightarrow[\text{P}_2\text{O}_5]{\text{CH}_3\text{COOH}}$ [ ] $\xrightarrow[\text{P}_2\text{O}_5]{\text{CH}_3\text{COOH}}$ [ ]

(6) （环己酮 O） $\xrightarrow{\text{H}_2\text{NOH}}$ [ ] $\xrightarrow{\text{H}_2\text{SO}_4}$ [ ] $\xrightarrow{\text{H}_2\text{O}}$ [ ]

3-2 写出下列反应的机理。

(1) （苯-CH$_2$COOH） $\xrightarrow{\text{HN}_3,\text{H}_2\text{SO}_4}$ （苯-CH$_2$NH$_2$）

(2) $\text{CH}_3\text{COCH}_3 \xrightarrow{\text{HN}_3,\text{H}_2\text{SO}_4} \text{CH}_3\text{CONHCH}_3 + \text{N}_2\uparrow$

(3) （环丁基-CH$_2$NH$_2$） $\xrightarrow{\text{HNO}_2}$ （环丁基-CH$_2$OH） ＋ （亚甲基环丁烷 CH$_2$） ＋ （环戊烯） ＋ （环戊醇 OH）

(4) （2-硝基芴酮肟 C=N-OH） $\xrightarrow{\text{HCl}}$ （NO$_2$ 取代的菲啶酮 HN-C=O）

(5) $n\text{-Bu}-\overset{\text{Et}}{\underset{\text{H}}{\text{C}^*}}-\overset{\text{Me}}{\underset{\text{N-OH}}{\text{C}}}$ $\xrightarrow{\text{H}_2\text{SO}_4,\text{Et}_2\text{O}}$ $n\text{-Bu}-\overset{\text{Et}}{\underset{\text{H}}{\text{C}^*}}-\text{NH}-\overset{\text{Me}}{\underset{\text{O}}{\text{C}}}$

(6) $\text{O}_2\text{N}-$（苯）$-\overset{\text{苯}}{\underset{\text{苯}}{\text{C}}}-\text{O}-\text{OH}$ $\xrightarrow{\text{H}^+}$ $\text{O}_2\text{N}-$（苯）$-\overset{}{\underset{\text{O}}{\text{C}}}-$（苯） ＋ （苯）$-\text{OH}$

(7) （1-甲基-2-甲基环己醇 OH,CH$_3$,CH$_3$） $\xrightarrow{\text{H}^+}$ （异丙基环戊烯 CH$_3$-CH-CH$_3$） ＋ （1,2-二甲基环己烯 CH$_3$,CH$_3$）

(8) （二烯二醇 OH） $\xrightarrow{\text{H}^+}$ （环己醇衍生物 OH）

3-3 用指定原料合成下列化合物（其他试剂任选）。

（1）OHCCH₂CH₂CHO 合成

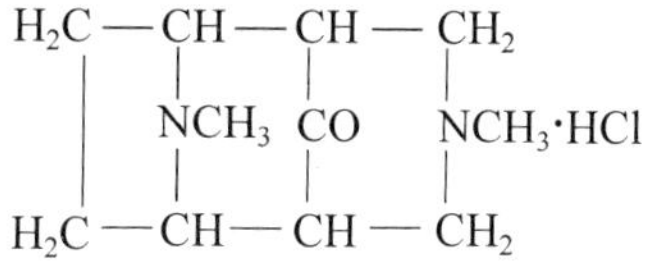

$$
\begin{array}{c}
H_2C-CH-CH-CH_2 \\
\quad | \quad NCH_3\ CO\ NCH_3\cdot HCl \\
H_2C-CH-CH-CH_2
\end{array}
$$

（2）ClCOCH₂CH₂ $\overset{O}{\overset{||}{C}}$ OEt 合成 HOOC(CH₂)₅CO(CH₂)₂COOH

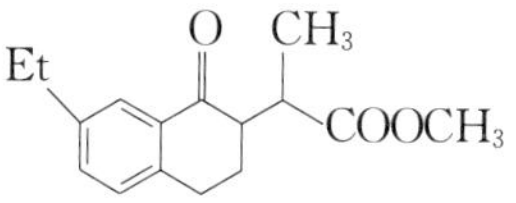

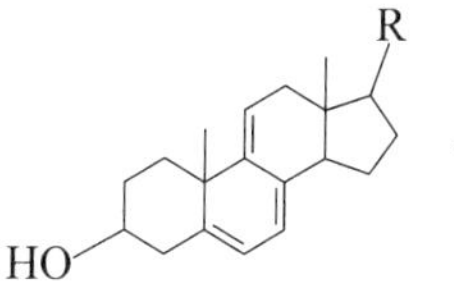

（3）（图）合成（图）

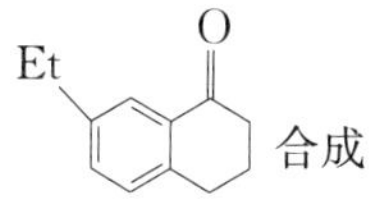

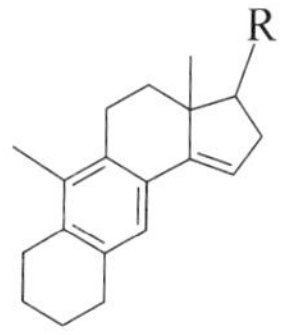

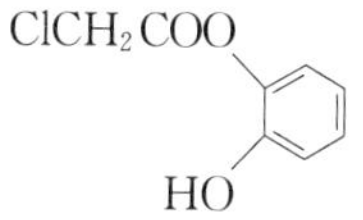

（4）（图）合成（图）

（5）（图）合成（图）

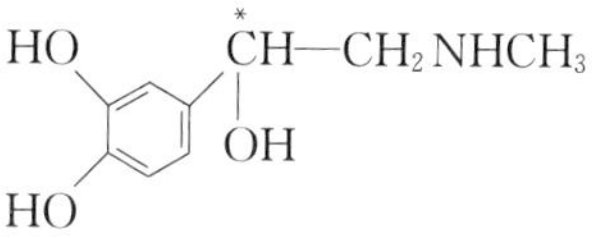

（6）PhCH=CH₂ 合成 PhCH₂CH₂CH₂OH

参 考 答 案

3-1

（1）（图）,（图）,

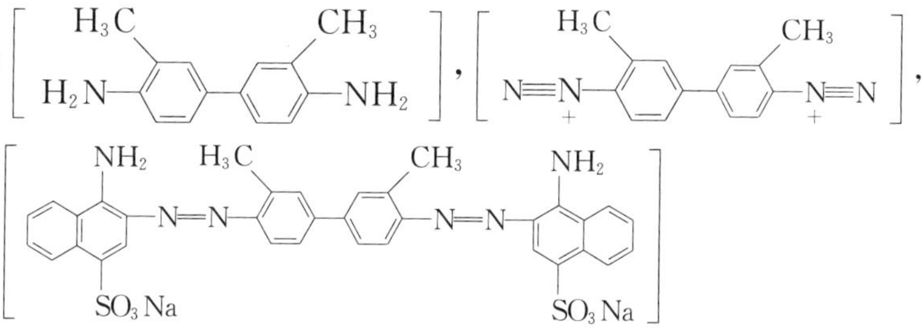

（图）

（2）［ClCH₂CH₂CO(CH₂)₄COOEt］,

$$
\begin{bmatrix}
ClCH_2CH_2CH(CH_2)_4COOEt \\
\quad\quad | \\
\quad\quad OH
\end{bmatrix},
$$

$$
\begin{bmatrix}
ClCH_2CH_2CH(CH_2)_4COOEt \\
\quad\quad | \\
\quad\quad Cl
\end{bmatrix},
\begin{bmatrix}
PhCH_2SCH_2CH_2CH(CH_2)_4COOEt \\
\quad\quad\quad\quad\quad | \\
\quad\quad\quad\quad\quad SCH_2Ph
\end{bmatrix},
$$

$$
\begin{bmatrix}
HSCH_2CH_2CH(CH_2)_4COOEt \\
\quad\quad\quad | \\
\quad\quad\quad SH
\end{bmatrix},
\begin{bmatrix}
CH_2-CH(CH_2)_4COOH \\
| \quad\quad | \\
CH_2 \quad S \\
\ \ \ \ S
\end{bmatrix}
$$

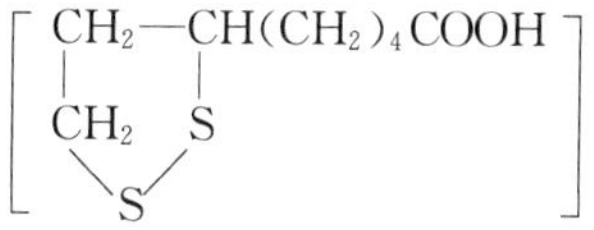

(3) $\left[\begin{array}{c}\text{OH} \\ \text{HO} \quad \text{OH} \\ \text{C} \\ \text{H}_3\text{C} \quad \text{NH} \cdot \text{HCl}\end{array}\right]$, $\left[\begin{array}{c}\text{OH} \\ \text{HO} \quad \text{OH} \\ \text{C} \\ \text{H}_3\text{C} \quad \text{O}\end{array}\right]$

(4)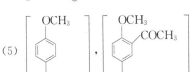

$\left[\begin{array}{c}\text{O} \\ \text{H}_3\text{C} \quad \text{CH}_2\text{CH}_2\text{CN}\end{array}\right]$

(5) $\left[\begin{array}{c}\text{OCH}_3 \\ \\ \text{COCH}_3\end{array}\right]$, $\left[\begin{array}{c}\text{OCH}_3 \quad \text{COCH}_3 \\ \\ \text{COCH}_3\end{array}\right]$

(6) $\left[\begin{array}{c}\text{N} \quad \text{OH}\end{array}\right]$, $\left[\begin{array}{c}\text{NH} \\ \text{O}\end{array}\right]$, $\left[\text{H}_2\text{N} \quad \text{COOH}\right]$

3-2

(1) $\begin{array}{l}\text{CH}_2\text{COOH}\end{array} \underset{\text{H}_2\text{SO}_4}{\rightleftharpoons} \begin{array}{l}\text{CH}_2-\overset{+}{\text{C}}-\text{OH}\\ \quad\quad\text{OH}\end{array} \rightleftharpoons \begin{array}{l}\text{CH}_2-\text{C}-\overset{+}{\text{OH}}_2\\ \quad\quad\text{O}\end{array} \rightarrow \begin{array}{l}\text{CH}_2-\overset{+}{\text{C}}\\ \quad\quad\text{O}\end{array} + \text{H}_2\text{O}$

$\begin{array}{l}\text{CH}_2-\overset{+}{\text{C}}\\ \quad\text{O}\end{array} + \text{HN}_3 \xrightarrow{-\text{H}^+} \begin{array}{l}\text{CH}_2-\text{C}-\overset{-}{\underset{..}{\text{N}}}-\overset{+}{\text{N}}\equiv\text{N}\\ \quad\text{O}\end{array} \xrightarrow{-\text{N}_2} \begin{array}{l}\text{CH}_2-\text{C}-\overset{..}{\text{N}}:\\ \quad\text{O}\end{array} \longrightarrow$

$\begin{array}{l}\text{H}_2\text{C}-\text{N}=\text{C}=\text{O}\end{array} \xrightarrow{\text{H}_2\text{O}} \begin{array}{l}\text{CH}_2\text{NH}_2\end{array} + \text{CO}_2$

(2) $\text{CH}_3\text{CCH}_3 + \text{HN}_3 \longrightarrow \begin{array}{l}\text{OH}\\\text{CH}_3\text{CCH}_3\\ \overset{-}{\underset{..}{\text{N}}}-\overset{+}{\text{N}}\equiv\text{N}\end{array} \xrightarrow{-\text{N}_2} \begin{array}{l}\text{OH}\\\text{CH}_3\text{CCH}_3\\ \overset{..}{\text{N}}:\end{array} \rightleftharpoons \begin{array}{l}\text{OH}\\\text{CH}_3\text{C}=\text{NCH}_3\end{array}$

$\rightleftharpoons \text{CH}_3\text{CONHCH}_3$

(3)

(4)

(5)

(6)

(7)

(8)

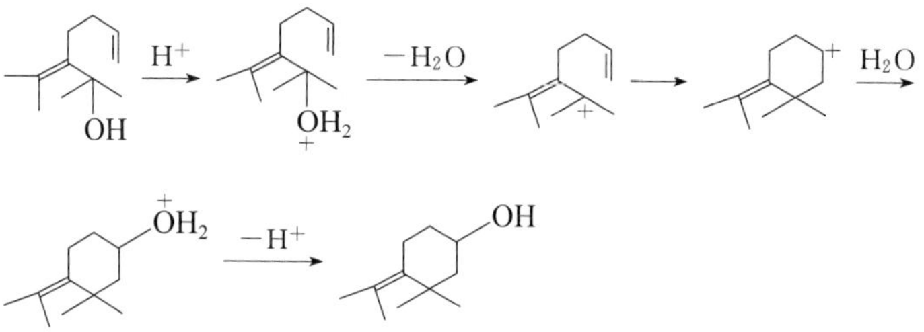

3-3

(1)

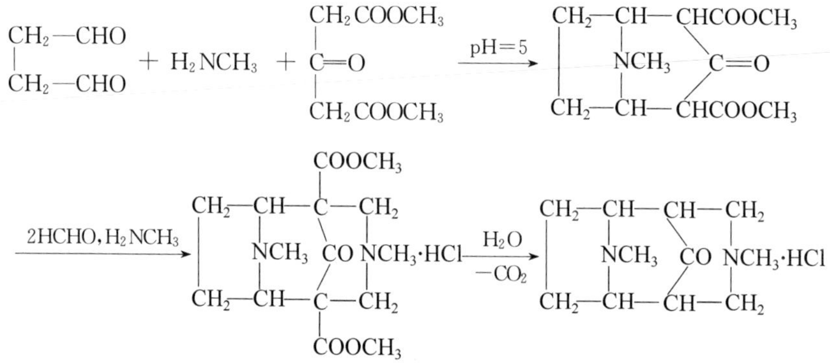

(2)

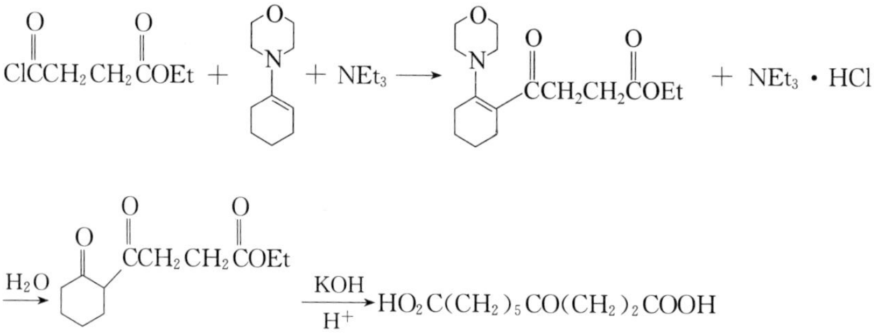

(3)

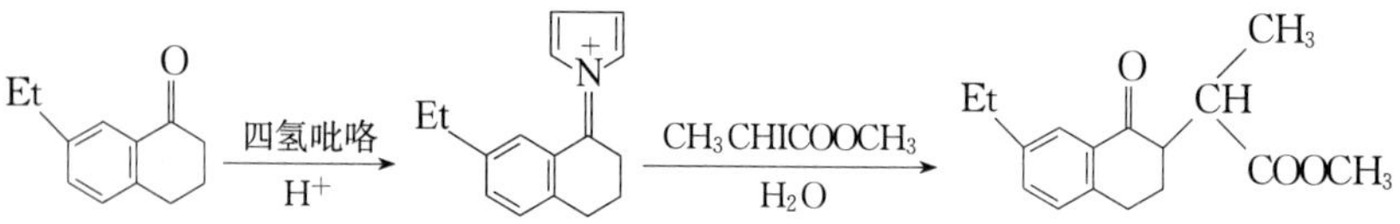

(4)

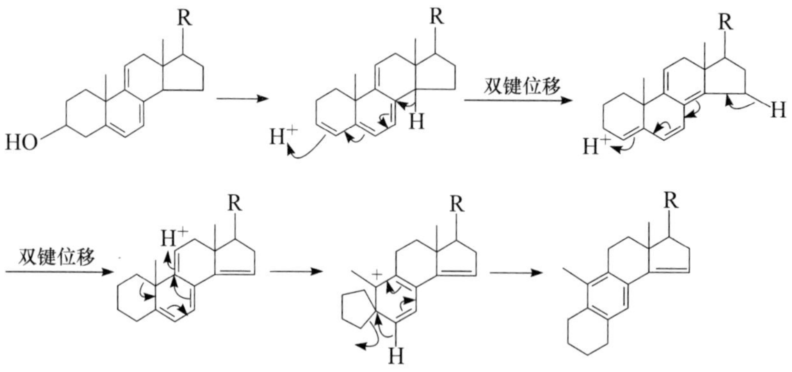

R:

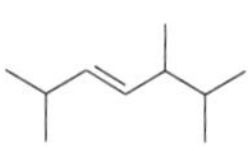

(5)

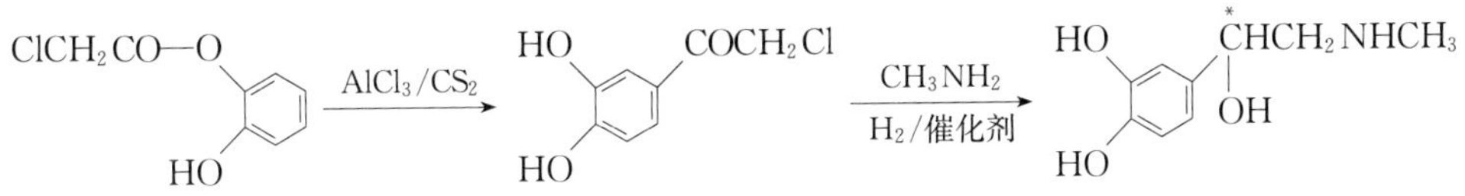

(6) 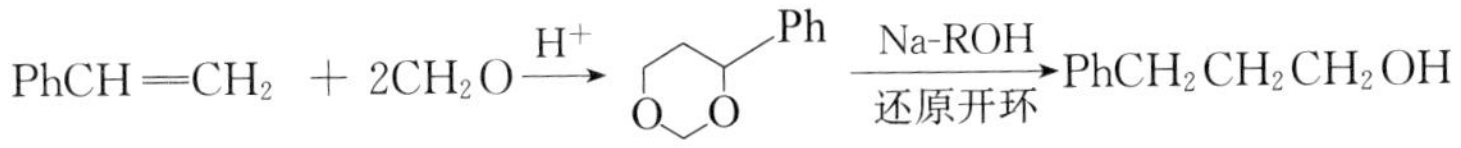 $PhCH=CH_2$ + $2CH_2O$ $\xrightarrow{H^+}$

$\xrightarrow[\text{还原开环}]{Na\text{-}ROH}$ $PhCH_2CH_2CH_2OH$

参 考 文 献

［1］ 顾可权,林吉文. 有机合成化学. 上海:上海科学技术出版社,1987

［2］ 徐家业. 有机合成化学及近代技术. 西安:西北工业大学出版社,1997

［3］ 麦凯 R K,史密斯 D M. 有机合成指南. 陈韶,丁辰元,岑仁旺译. 北京:科学出版社,1998

［4］ Kotrusz P,Kmentova I,Gotov B, et al. Chem Commun,2002,2510

［5］ 李经纬,徐利文,夏春谷. 有机化学, 2004,24(1):23

［6］ Liu J T,Yao C F. Tetrahedron Lett,2001,42(35): 6147

［7］ 屠树江,荣良策,高原,等. 有机化学,2002,22(5):364

［8］ Zou J H. Org Prep Proced Int,1996,28(5):618

［9］ List B,Pojarliev P,Biller W T, et al. J Am Chem Soc,2002,124(5): 827

［10］ Carruthers W. 有机合成的一些新方法. 3 版. 李润涛,刘振中,叶文玉译. 开封:河南大学出版社,1991

［11］ 胡宏纹. 有机化学(下册). 2 版. 北京:高等教育出版社,1992

［12］ 邢其毅,徐瑞秋,周政. 基础有机化学(下册). 北京:高等教育出版社,1984

［13］ 杜汝励. 分子重排反应. 北京:人民教育出版社,1981

［14］ Ren R X,Ou W. Tetrahedron Lett,2001,42(48): 8445

［15］ Peng J J,Deng Y Q. Tetrahedron Lett,2001,42(3): 403

［16］ Johnson P D,Aristoff P A,Zurenko G E,et al. Bioorg Med Chem Lett,2003,13:4197

［17］ Gu P, Sun J,Kang X-Y,et al. Org Lett,2013,15:1124

第4章 碱催化缩合与烃基化反应

碱催化缩合反应或碱催化烃基化反应是指含活泼氢的化合物在碱催化下失去质子形成碳负离子并与亲电试剂的反应。它们是用来增长碳链和合成环状化合物的一类反应。

4.1 羰基化合物的缩合反应

4.1.1 羟醛缩合反应

含有 α-H 的醛或酮在稀碱催化下生成 β-羟基醛或酮，或经脱水生成 α,β-不饱和醛或酮的反应称为羟醛缩合反应[1,2]，反应通式如下：

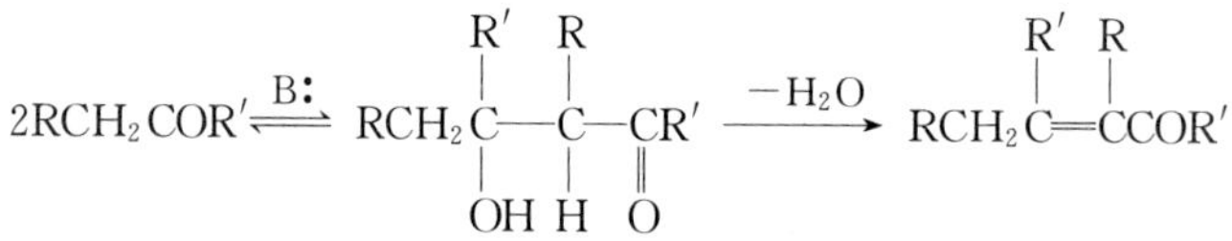

$$2RCH_2COR' \underset{}{\overset{B:}{\rightleftharpoons}} RCH_2\overset{\displaystyle R'}{\underset{\displaystyle OH}{C}}\overset{\displaystyle R}{\underset{\displaystyle H}{C}}\overset{\displaystyle}{\underset{\displaystyle O}{C}}R' \xrightarrow{-H_2O} RCH_2\overset{\displaystyle R'}{C}=\overset{\displaystyle R}{C}COR'$$

乙醛和丙酮分别用 NaOH 处理的自身缩合产物分别为 β-羟基丁醛和二丙酮醇。芳香醛和脂肪醛(酮)用碱处理混合缩合,生成 α,β-不饱和醛或酮的反应称为 Claisen(克莱森)-Schmidt 反应。利用该反应可以从山苍子油不经分离直接合成 α-紫罗兰酮,反应过程表示如下:

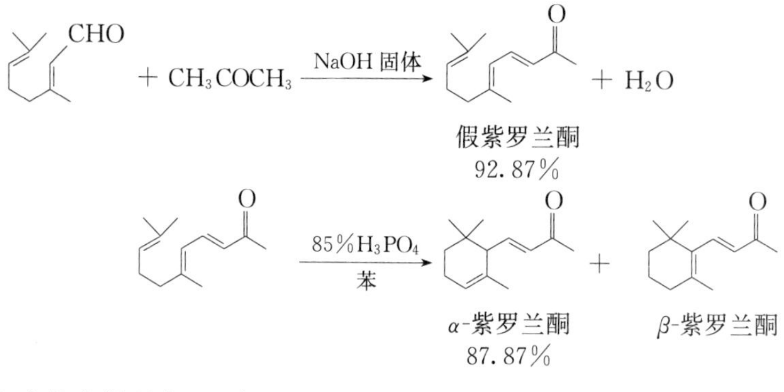

假紫罗兰酮
92.87%

α-紫罗兰酮 β-紫罗兰酮
87.87%

通常,不饱和产物中羰基与 β-碳原子上的较大基团处于反位,这主要是由空间效应和产物的稳定性决定的[1]。

这个反应可以推广为不含 α-H 的醛与含 α-H 的极性化合物(如硝基化合物、腈等)在碱存在下发生缩合反应。例如:

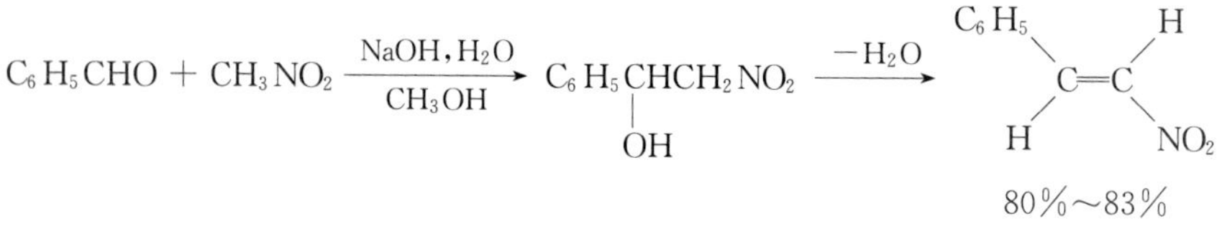

$$C_6H_5CHO + CH_3NO_2 \xrightarrow[CH_3OH]{NaOH,H_2O} C_6H_5\overset{\displaystyle}{\underset{\displaystyle OH}{C}}HCH_2NO_2 \xrightarrow{-H_2O} \overset{\displaystyle C_6H_5}{\underset{\displaystyle H}{}}\overset{\displaystyle}{C}=\overset{\displaystyle H}{\underset{\displaystyle NO_2}{}}C$$

80%~83%

$$C_6H_5CHO + C_6H_5CH_2CN \xrightarrow[\text{C}_2\text{H}_5\text{OH}]{\text{NaOC}_2\text{H}_5} C_6H_5\underset{\underset{OH}{|}}{CH}-\underset{\underset{C_6H_5}{|}}{CH}CN \xrightarrow{-H_2O}$$

（结构式：顺反烯烃）
$$83\% \sim 91\%$$

羟醛缩合在有机合成上有重要的应用,是增长碳链的有效方法。它在工业上的应用主要是将缩合生成的 α,β-不饱和羰基化合物加氢还原成醇。例如:

$$2CH_3CHO \xrightarrow[\triangle]{OH^-} CH_3CH=CHCHO \xrightarrow{H_2}_{Ni} CH_3CH_2CH_2CH_2OH$$

$$3HCHO + CH_3CHO \xrightarrow{OH^-} (HOCH_2)_3CCHO \xrightarrow[\text{浓 OH}^-]{\text{HCHO}} C(CH_2OH)_4 + HCOO^-$$

$$HCHO + CH_3CHO \xrightarrow{OH^-} \underset{\underset{OH}{|}}{CH_2}CH_2CHO \xrightarrow{\triangle} CH_2=CHCHO$$

这是工业生产制备丙烯酸的方法。

羟醛缩合反应还可以合成香料、驱虫剂等。

两种不同的含 α-H 的醛、酮缩合,通常可得到四种可能的缩合产物,但在合成上意义不大。

4.1.2　酯缩合反应

酯和 $R'CH_2COR''$ 型(含活性甲基或亚甲基)的羰基化合物在强碱作用下缩合,生成 β-羰基化合物的反应称为 Claisen 酯缩合反应[2],反应通式如下:

$$RCOOC_2H_5 + H-\underset{\underset{R'}{|}}{\overset{\overset{COR''}{|}}{CH}} \xrightarrow[-\text{EtOH}]{\text{碱}} R-\overset{\overset{O}{\|}}{C}-\underset{\underset{R'}{|}}{\overset{\overset{COR''}{|}}{CH}}$$

R、R′可以是 H、烃基、芳基或杂环基;R″可以是任意有机基团。该缩合反应在 RONa、NaNH$_2$、NaH 等强碱催化剂作用下进行。

以乙酸乙酯在乙醇钠作用下生成乙酰乙酸乙酯为例,其缩合反应机理如下:

$$C_2H_5O^-Na^+ + H-CH_2COOC_2H_5 \Longleftrightarrow C_2H_5OH + Na^{+\,-}CH_2COOC_2H_5$$

$$\overset{\overset{O}{\|}}{CH_3C}OOC_2H_5 + {}^-CH_2COOC_2H_5 \Longleftrightarrow CH_3\underset{\underset{OC_2H_5}{|}}{\overset{\overset{O^-}{|}}{C}}-CH_2COOC_2H_5 \xrightarrow{-C_2H_5O^-} \overset{\overset{O}{\|}}{CH_3C}-CH_2COOC_2H_5$$

$$\xrightarrow{C_2H_5ONa} \left[\overset{\overset{O}{\|}}{CH_3C}CH^-COOC_2H_5 \right]Na^+ + C_2H_5OH \xrightarrow{H_3O^+} \overset{\overset{O}{\|}}{CH_3C}CH_2COOC_2H_5$$
$$约80\%$$

Claisen 酯缩合是制取 β-酮酸酯和 1,3-二酮的重要方法,也是增长碳链的有效方法。该缩合可分为酯-酯缩合与酯-酮缩合两大类。酯-酯缩合可发生于相同的含 α-H 的酯或不同的酯之间,前者产物为单一的 β-酮酸酯,后者若两种酯均含 α-活泼氢,则可生成四种 β-酮酸酯的混合物,一般没有实用价值。如果其中一种酯为不含 α-H 的酯(常为甲酸乙酯、乙二酸二乙酯、苯甲酸乙酯等),则不同酯间的缩合仍可得到单一的 β-酮酸酯。例如:

$$CH_3COOC_2H_5 + HCOOC_2H_5 \xrightarrow{NaOC_2H_5} HCOCH_2COOC_2H_5$$

$$CH_3COOC_2H_5 \ + \ \underset{COOC_2H_5}{\overset{COOC_2H_5}{|}} \ \xrightarrow{NaOC_2H_5} \ \underset{COCH_2COOC_2H_5}{\overset{COOC_2H_5}{|}}$$

$$\text{Ph}-COOC_2H_5 \ + \ (CH_3)_2CHCOOC_2H_5 \ \xrightarrow{Ph_3CNa} \ \text{Ph}-COC(CH_3)_2COOC_2H_5$$

酯-酮缩合的反应机理与上述酯-酯缩合类似。在碱性催化剂作用下,酮比酯更容易形成碳负离子,则产物中混有酮自身缩合的副产物;若酯比酮更容易形成碳负离子,则产物中混有酯自身缩合的副产物。显然,不含 α-活泼氢的酯与酮间的缩合所得到的产物纯度更高。例如:

$$CH_3COOC_2H_5 \ + \ CH_3COCH_3 \ \xrightarrow{NaOC_2H_5} \ CH_3COCH_2COCH_3$$

$$PhCOOC_2H_5 \ + \ CH_3COPh \ \xrightarrow{NaOC_2H_5} \ \underset{62\%\sim71\%}{PhCOCH_2COPh}$$

$$\text{环己酮}=O \ + \ HCOOC_2H_5 \ \xrightarrow[Et_2O]{NaH} \ \underset{70\%\sim74\%}{\text{CHO取代的环己酮}}$$

4.1.3　Perkin 反应

芳香醛与脂肪酸酐在碱催化剂存在下加热,缩合生成 β-芳基丙烯酸的反应称为 Perkin(珀金)反应[2,3]。本反应仅适用于芳醛和不含 α-H 的脂肪醛。催化剂一般采用与脂肪酸酐相应的脂肪酸的钠盐或钾盐,有时使用三乙胺、碳酸钾等也能获得较好的产率。以苯甲醛和乙酸酐的反应为例,其反应机理表示如下:

$$CH_3\overset{O}{\overset{\|}{C}}-O-\overset{O}{\overset{\|}{C}}-CH_3 + CH_3COO^- \Longrightarrow \overset{-}{C}H_2COOCOCH_3 + CH_3COOH$$

$$PhCHO + \overset{-}{C}H_2COOCOCH_3 \Longrightarrow Ph\overset{O^-}{\overset{|}{C}}HCH_2COOCOCH_3 \xrightarrow{H^+} Ph\overset{OH}{\overset{|}{C}}HCH_2COOCOCH_3$$

$$\xrightarrow{-H_2O} PhCH=CHCOOCOCH_3 \xrightarrow{H_2O} PhCH=CHCOOH \ + \ CH_3COOH$$

由于酸酐的 α-H 不如醛、酮中的 α-H 活泼,所以反应往往需要较高的温度和较长的时间。如果芳醛环上连有吸电子基团(如—NO_2、—X 等),反应易于进行,且产率较高;如果芳醛环上连有供电子基团(如—CH_3、—NH_2 等),则反应难于进行,且产率较低。这些事实说明 Perkin 反应的亲核加成机理是合理的。例如:

$$PhCHO \ + \ (CH_3CO)_2O \ \xrightarrow{CH_3COONa} \ PhCH=CHCOOH$$

$$PhCHO \ + \ (CH_3CH_2CO)_2O \ \xrightarrow{CH_3COONa} \ PhCH=C(CH_3)COOH$$

$$\text{水杨醛} \ \xrightarrow[CH_3COONa]{(CH_3CO)_2O} \ \text{中间体} \ \xrightarrow{-H_2O} \ \underset{\text{香豆素}}{\text{香豆素}}$$

在乙酸盐(钠盐或钾盐)催化下,呋喃甲醛和乙酸酐反应得到 β-(2-呋喃基)丙烯酸,它的聚

合物具有极好的耐热性、耐磨性、耐放射性,在原子能工业上具有重要用途,反应式如下:

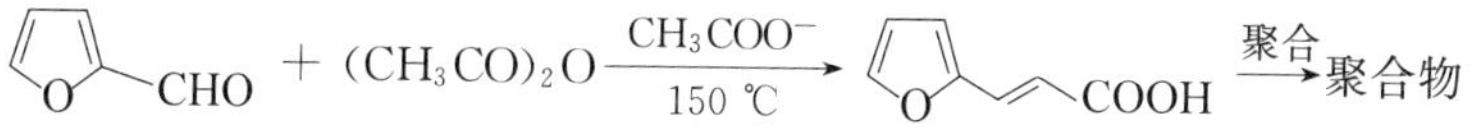

取代苯甲醛类和取代苯乙酸类化合物在三乙胺、乙酸酐存在下,加热发生缩合反应,生成相应的 α-苯基取代肉桂酸的双键为 E 型构型的产物。取代 α-苯基肉桂酸类化合物是合成具有潜在钾通道开放活性的心血管药物中间体。

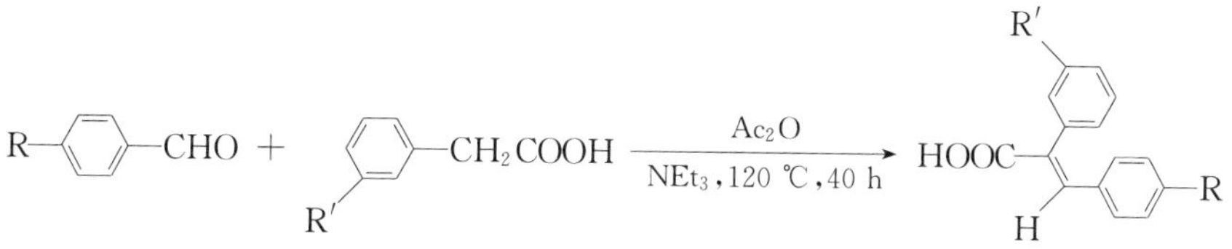

55.5%

芳醛与环状酸酐的反应为一种特殊形式的反应,也生成不饱和酸,只是烯键与羰基的相对位置因酸酐的不同而不同。例如,芳醛、丁二酸钠与丁二酸酐共热至 100 ℃可得 β,γ 不饱和羧,反应过程表示如下:

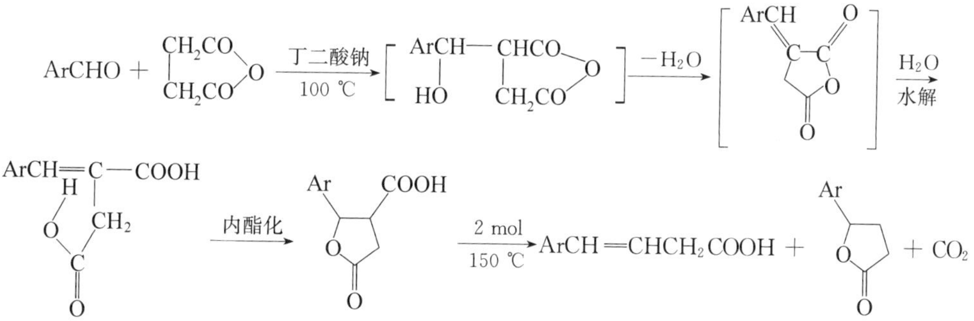

4.1.4 Stobbe 缩合

在碱存在下,酮与丁二酸酯的反应称为 Stobbe(斯陶伯)缩合[4]。该缩合反应的反应物更多的是采用酮而不是醛。常用的催化剂为 t-C$_4$H$_9$OK、RONa、NaH 等。例如:

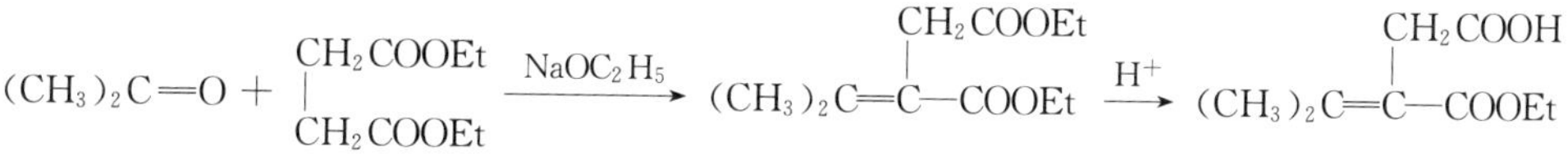

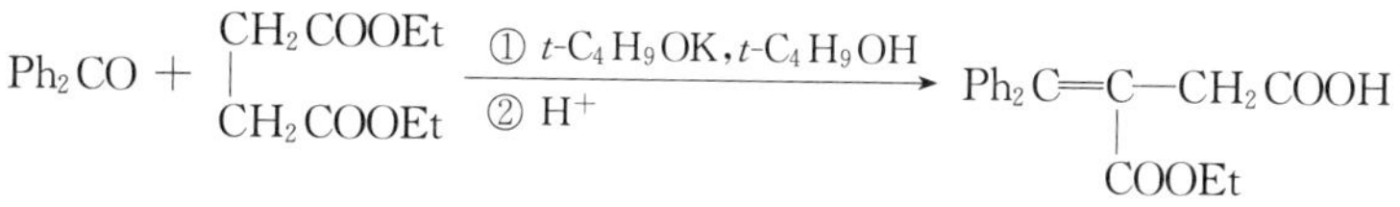

90%~94%

Stobbe 缩合是利用丁二酸酯中的活泼亚甲基在碱催化下形成碳负离子,然后与酮、醛的羰基发生亲核加成。其反应机理表示如下:

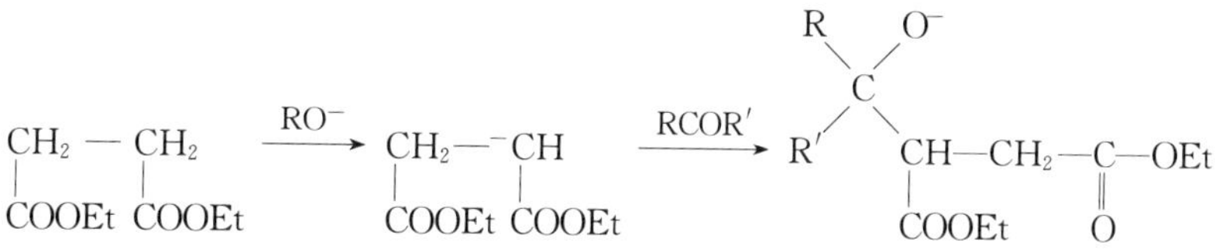

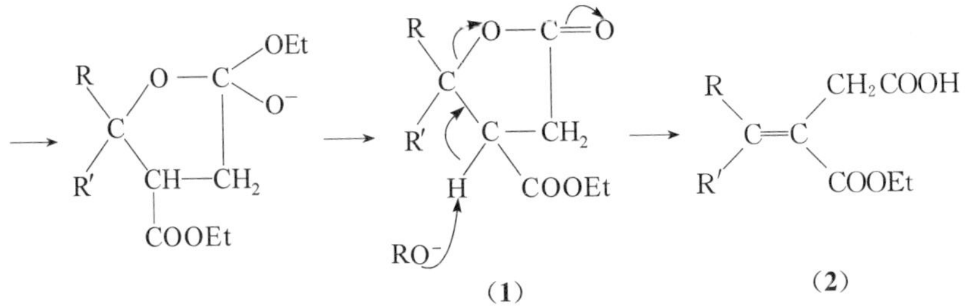

$$(1) \qquad\qquad (2)$$

反应过程中生成的中间体 γ-内酯（**1**）可分离出来，并证实在碱催化下（**1**）→（**2**）可实现定量转化。

Stobbe 缩合在有机合成上的应用在于其羧酸酯产物在强酸中加热水解可发生脱羧反应，得到比原来的酮或醛增加三个碳原子的不饱和羧酸。

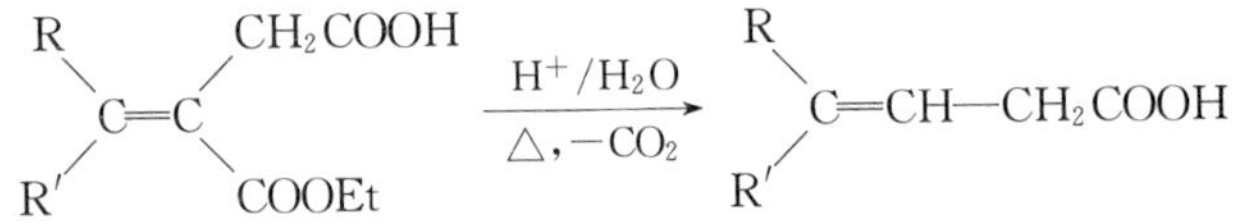

若以芳醛或芳酮为原料，则生成的不饱和羧酸经催化还原后，再经分子内的 Friedel-Crafts 反应可合成环己酮的稠环衍生物。例如，由苯甲醛合成 α-萘满酮：

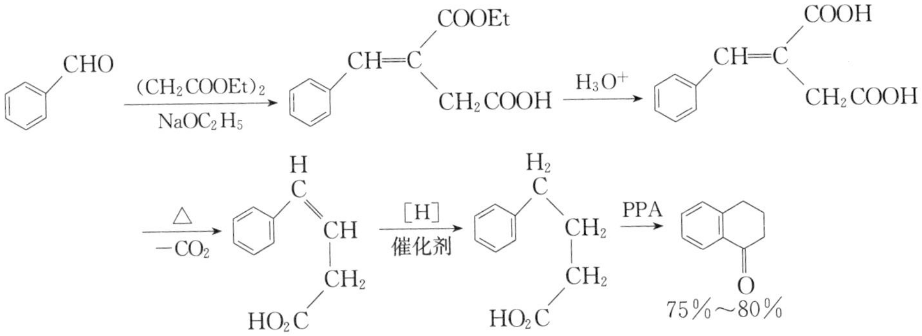

4.1.5 Knoevenagel-Doebner 缩合

醛、酮与含活泼亚甲基的化合物（如丙二酸、丙二酸酯、氰乙酸酯等）在缓和的条件下即可发生缩合反应，生成 α,β-不饱和化合物，称为 Knoevenagel-Doebner（脑文格尔-多布勒）缩合[1,4]。该缩合反应常用氨或胺（如吡啶、哌啶、二乙胺等有机碱）为催化剂。例如：

$$PhCHO + CH_2(COOH)_2 \xrightarrow[C_2H_5OH]{\text{哌啶}} PhCH=C(COOH)_2 \xrightarrow{-CO_2} PhCH=CHCOOH$$

$$RCHO + CH_2(COOEt)_2 \xrightarrow{Py} RCH=C(COOEt)_2 \xrightarrow[\text{② HCl}]{\text{① KOH}} \xrightarrow[\triangle]{150\sim200\ ^{\circ}C} RCH=CHCOOH + CO_2$$

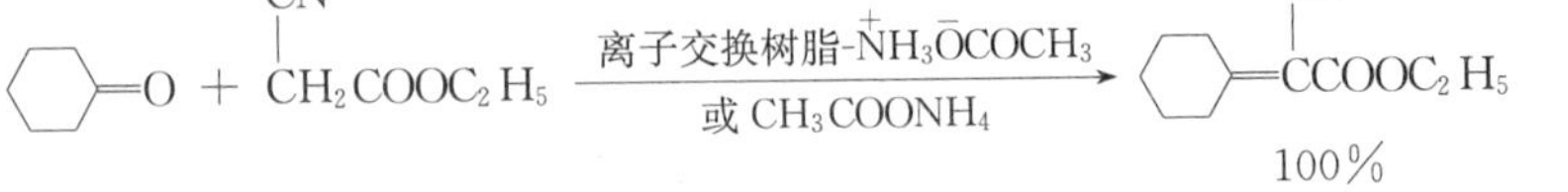

该反应的机理与 Stobbe 缩合类似，只是它是利用含活泼亚甲基的化合物在有机碱催化下形成碳负离子，然后与醛或酮的羰基发生亲核加成反应。以叔胺为例，用吡啶作催化剂时，反应按下列机理进行：

$$CH_2(COOEt)_2 + B \Longrightarrow BH^+ + {}^-CH(COOEt)_2 \xrightarrow{RCH=O} \overset{O^-}{RCHCH(COOEt)_2} \xrightarrow{BH^+}$$

$$B + RCHCH(COOEt)_2 \rightleftharpoons BH^+ + R-\overset{OH}{\underset{}{CH}}-\bar{C}(COOEt)_2 \longrightarrow RCH=C(COOEt)_2 + OH^-$$

以伯胺、仲胺或铵盐为催化剂时,虽可能仍按上述机理进行,但还可能由于醛或酮与这些碱形成加成产物[亚胺或 Schiff(席夫)碱],而后者也将成为该反应的中间体,因此情况更为复杂:

$$RCHO \overset{NH_4^+}{\rightleftharpoons} \underset{H}{\overset{R}{\underset{\overset{+}{N}H_2-H}{C}}}\text{OH} \rightleftharpoons \underset{H}{\overset{R}{C}}=\overset{+}{N}H_2 + H_2O$$

$$CH_2(COOEt)_2 \overset{-H^+}{\rightleftharpoons} \bar{C}H(COOEt)_2$$

$$\underset{H}{\overset{R}{C}}=\overset{+}{N}H_2 + \bar{C}H(COOEt)_2 \rightleftharpoons \underset{H}{\overset{R}{\underset{CH(COOEt)_2}{\overset{NH_2}{C}}}} \overset{H^+}{\longrightarrow}$$

$$\underset{H}{\overset{R}{\underset{\underset{H}{C(COOEt)_2}}{\overset{\overset{+}{N}H_3}{C}}}} \longrightarrow RCH=C(COOEt)_2 + NH_4^+$$

对于醛、酮发生的这类缩合反应,作为反应物之一的活泼亚甲基化合物若为丙二酸或丙二酸酯,并以吡啶和少量哌啶的混合物为催化剂,则称为 Knoevenagel-Doebner 缩合;若为氰乙酸酯,并以乙酸铵为催化剂,则称为 Cope(科普)缩合。

Doebner 主要在所使用的催化剂方面作了改进。他应用吡啶-哌啶混合物代替 Knoevenagel 原来采用的氨、伯胺、仲胺,从而减少了脂肪醛在进行缩合时生成的副产物——β,γ-不饱和酸,提高了 α,β-不饱和酸的产率。Doebner 改进法不仅使反应条件温和,反应速率加快,产品纯度和产率高,而且芳醛和脂肪醛均可获得较为满意的结果。例如:

$$n\text{-}C_6H_{13}CHO + CH_2(COOEt)_2 \xrightarrow[100\ ℃]{Py} \xrightarrow[-CO_2]{H_3O^+} n\text{-}C_6H_{13}CH=CHCOOH$$
$$75\%\sim85\%$$

(含有约5% β,γ-不饱和异构体)

$$C_6H_5CHO + CH_3CH(COOEt)_2 \xrightarrow[Py,100\ ℃]{\text{哌啶}} \xrightarrow{H_3O^+} \underset{H}{\overset{C_6H_5}{C}}=\underset{COOH}{\overset{CH_3}{C}}$$
$$96\%$$

一般来说,上述缩合反应的主要产物是体积大的基团彼此处于反位的烯酸。

利用 Knoevenagel-Doebner 反应合成 9-氧代-2E-癸烯酸。9-氧代-2E-癸烯酸是蜜蜂女王上颚的分泌物,称为女王物质——蜜蜂信息素,也叫蜜蜂的化学语言。该信息素的合成方法之一是以环庚酮为原料,经格氏反应、水解、脱水、臭氧解、Knoevenagel-Doebner 反应、脱羧而完成。这个方法称为 Babier 合成法,反应式如下:

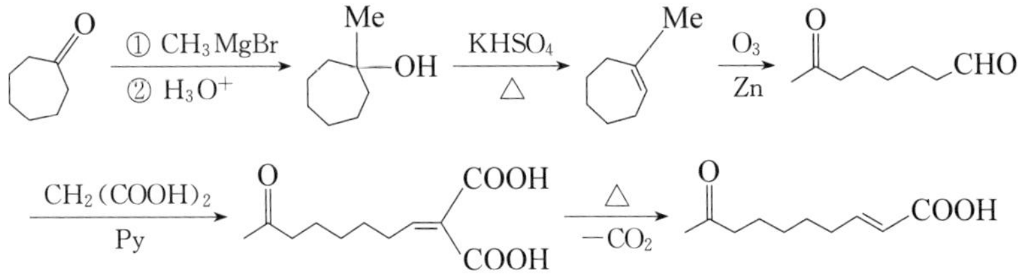

4.1.6 Darzen 反应

Darzen(达参)反应[2]也称缩水甘油酸酯缩合,它是醛或酮与 α-卤代酸酯类化合物缩合生成 α,β-环氧酸酯的反应。例如:

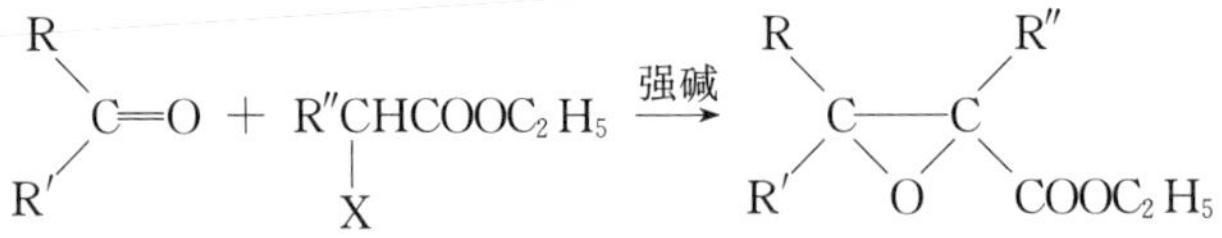

反应在强碱催化下进行,常用的碱催化剂为 t-C_4H_9OK、$RONa$ 和 $NaNH_2$ 等,其中以 t-C_4H_9OK 的催化效果为最佳。通常用氯代酸酯,有时也可用 α-卤代酮、α-卤代腈为反应物。此缩合对于大多数脂肪族和芳香族醛或酮均可得到令人满意的产率。产物 α,β-环氧酸酯经水解、脱羧可得到较原来的醛、酮增加至少一个碳原子的醛、酮。例如:

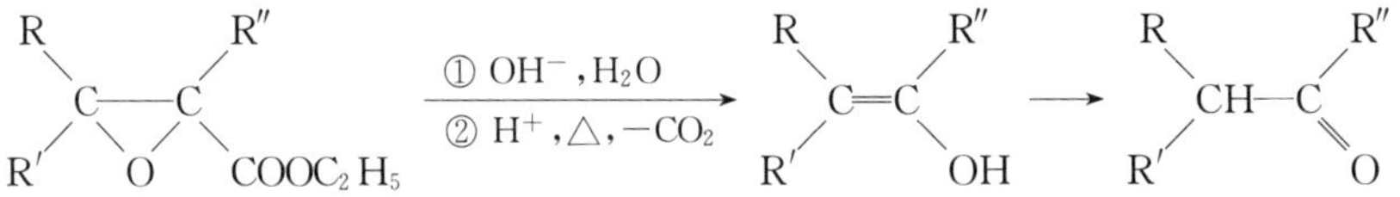

若用 α-氯代酸酯与醛或酮反应,再水解、脱羧,产物比原料醛或酮只增加一个碳原子。例如:

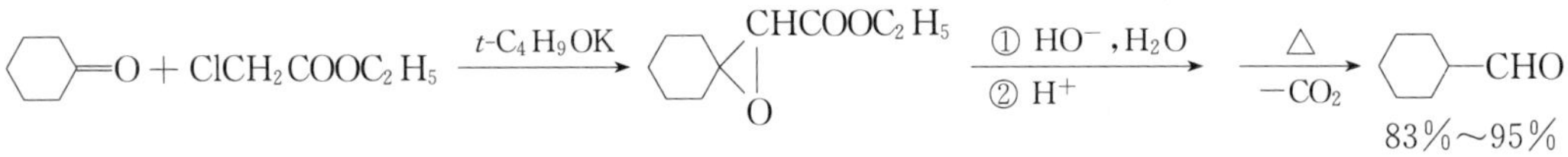

利用这个反应可合成解热镇痛药物布洛芬(brufen),反应过程表示如下:

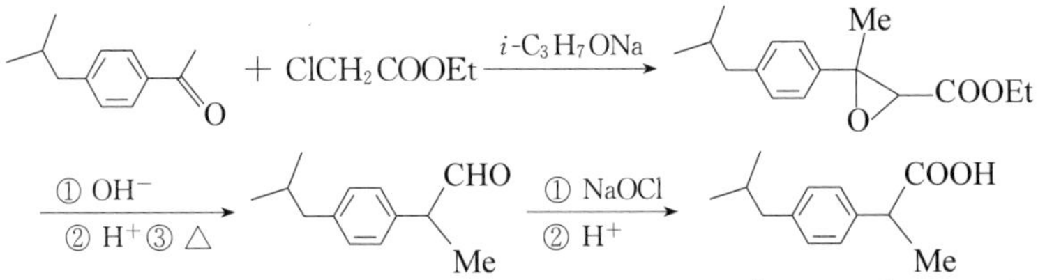

2-(4′-异丁基苯基)丙酸

Darzen 缩合的反应机理首先是在碱催化下 α-卤代酸酯生成碳负离子,然后与醛或酮的羰基发生亲核加成,由于加成物分子中—O^- 的邻基参与进行分子内的亲核取代,于是卤素作为离去基团离去,生成具有环氧基的化合物。

$$ClCH_2COOC_2H_5 + B \rightleftharpoons {}^-CHClCOOC_2H_5 + BH^+$$

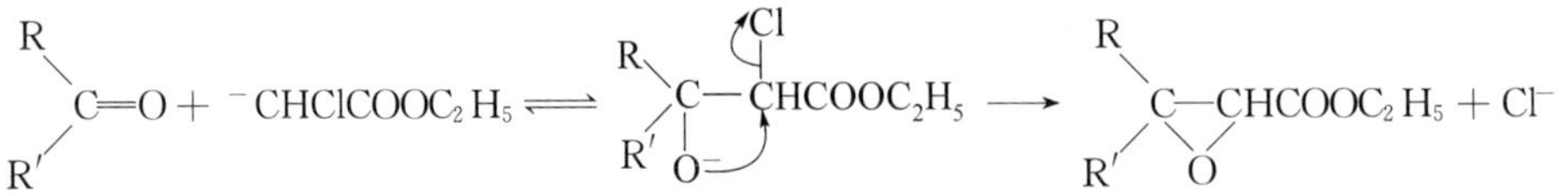

缩水甘油酸酯的构型有顺式和反式两种,在本缩合反应中,一般得到酯基与邻位碳原子上体积较大的基团处于反式的产物。

过去 Darzen 反应需要在无水条件下进行,最近有报道,采用相转移催化剂 TEBA,反应可在 50% 的 NaOH 水溶液中进行。例如:

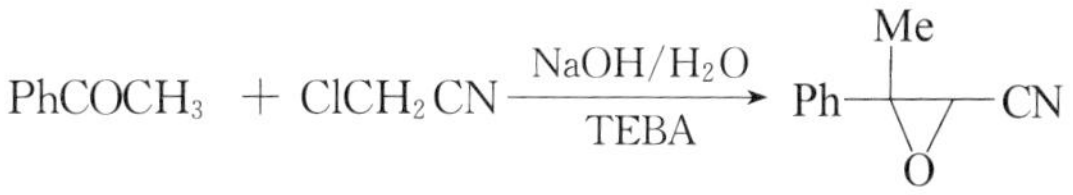

$$PhCOCH_3 \ + \ ClCH_2CN \xrightarrow[\text{TEBA}]{\text{NaOH}/H_2O} Ph \triangleleft CN$$

4.1.7 Dieckmann 缩合

Dieckmann(迪克曼)缩合[4] 可视为分子内的 Claisen 酯缩合,它可用于五至七元环的脂环酮类化合物的合成,也用于某些天然产物和甾体类化合物的合成。例如:

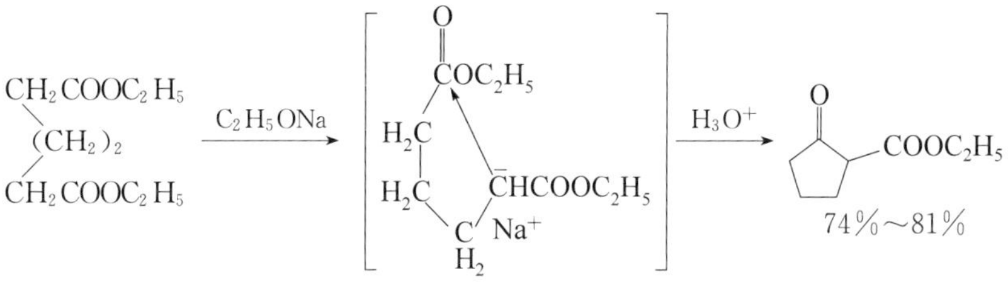

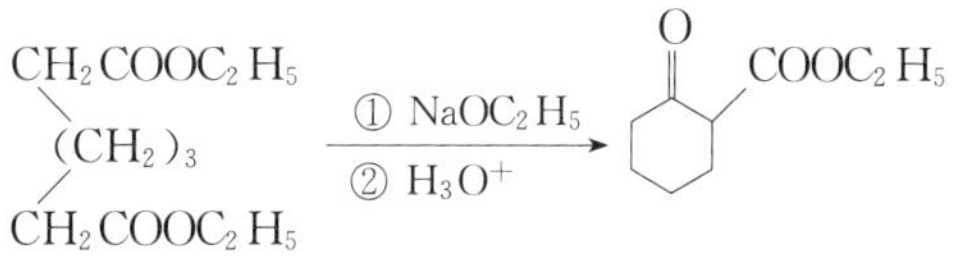

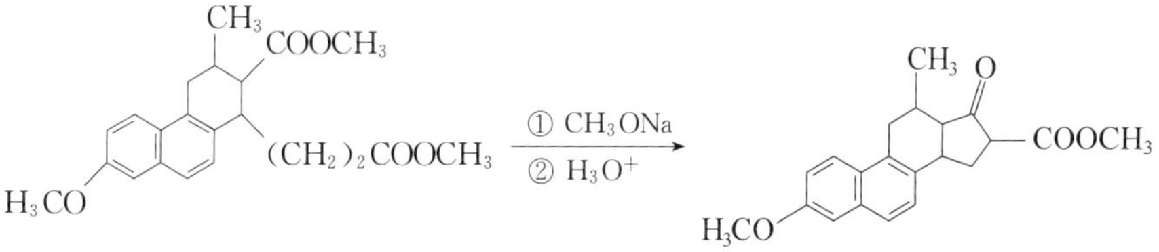

Dieckmann 缩合常用 C_2H_5ONa、C_2H_5OK、NaH 和 t-C_4H_9OK 等强碱为催化剂。若反应在高度稀释的溶液中进行,则可抑制二酯分子间的缩合,使其分子内缩合的概率增加,甚至可以合成更大环的环酮类化合物。

Dieckmann 缩合为可逆反应,其最好的证明是下列酮酯的异构化。例如:

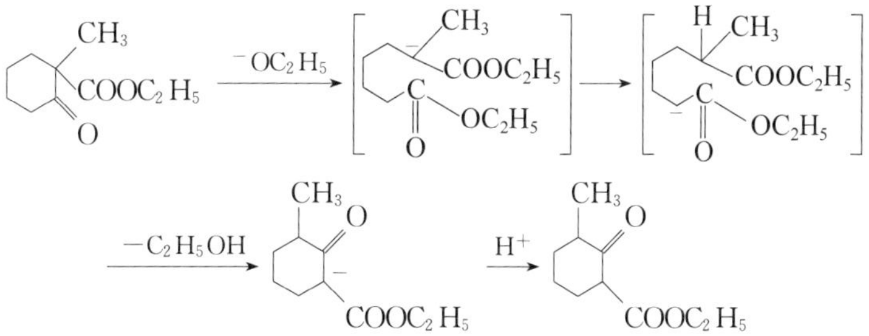

对称的二酯发生 Dieckmann 缩合时,无论哪一个 α-碳成为碳负离子,其闭环后形成的产物均相同。而不对称的二酯(如 α-甲基庚二酸二乙酯)缩合后,理论上应有两种产物生成。例如:

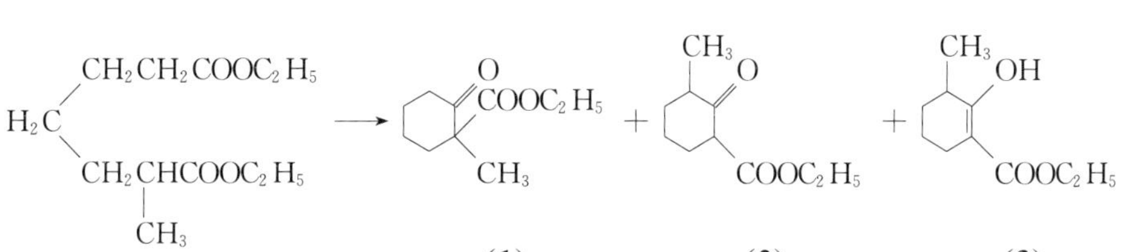

但实际上仅生成单一产物(**2**)。这是由于该缩合为可逆反应,而且作为烯醇离子其闭环方向趋向于使其变得稳定,所以优先生成产物(**1**)。

链较短的二元酸二乙酯不发生 Dieckmann 缩合,易发生分子间的成环缩合。Dieckmann 环化作用在许多天然产物合成中得到了应用。

4.2 碳原子上的烃基化反应

4.2.1 单官能团化合物的烃基化

醛、酮、腈、酯单官能团化合物的烃基化[5~9]要用比 EtO⁻ 更强的碱,才能使其顺利进行。这是由于在它们化合物的分子中 α-H 的酸性都较弱,与碱作用制备烯醇盐负离子,其容易与未作用的原料发生缩合副反应。在这种情况下,使用更强的碱,使醛、酮、腈和酯快速地、几乎定量地变为烯醇盐,再与烃化剂作用,这样可以获得较高产率的烃化产物。

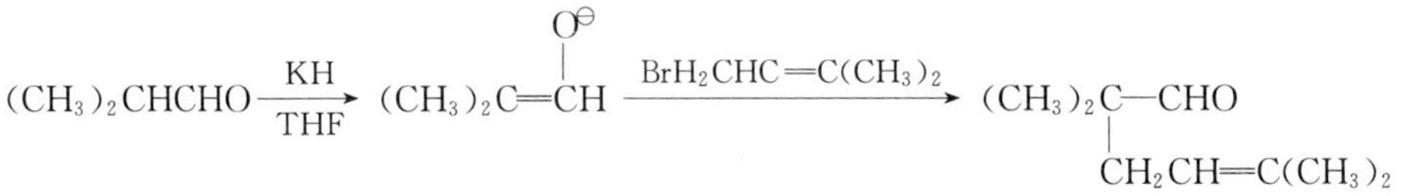

$$(CH_3)_2CHCHO \xrightarrow[THF]{KH} (CH_3)_2C=CH \xrightarrow[]{BrH_2CHC=C(CH_3)_2} (CH_3)_2C-CHO$$

88%

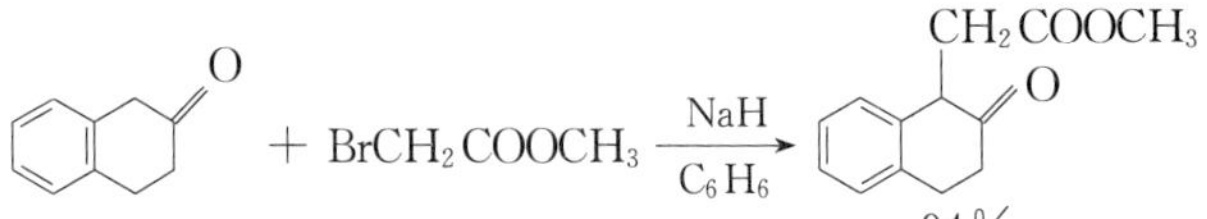

94%

腈在强碱二异丙基氨基锂作用下,也能生成相应的碳负离子,并进一步发生烷基化反应。

$$CH_3CN \xrightarrow[THF]{LDA} LiH_2CC≡N \xrightarrow[Me_3SiCl]{O} Me_3SiOCH_2CH_2CH_2C≡N$$

78%

$$PhCH_2CN + CH_3N(CH_2CH_2Cl)_2 \xrightarrow[C_6H_6]{NaNH_2} \cdots \xrightarrow[② EtOH/H^+]{① H_3O^+} \cdots ·HCl$$

$$PhCH_2CN + BrCH_2(CH_2)_2CH_2Br \xrightarrow[90\ ℃]{NaOH} \cdots \xrightarrow[]{OH^- 或 H^+/H_2O} \cdots$$

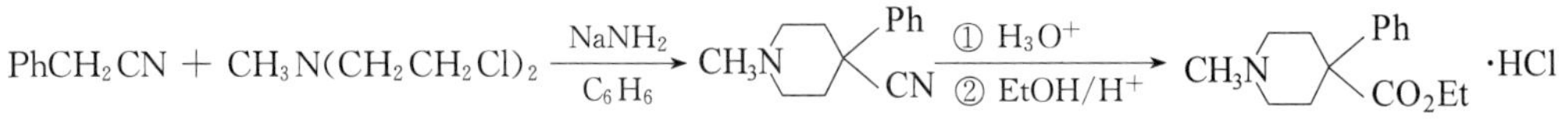

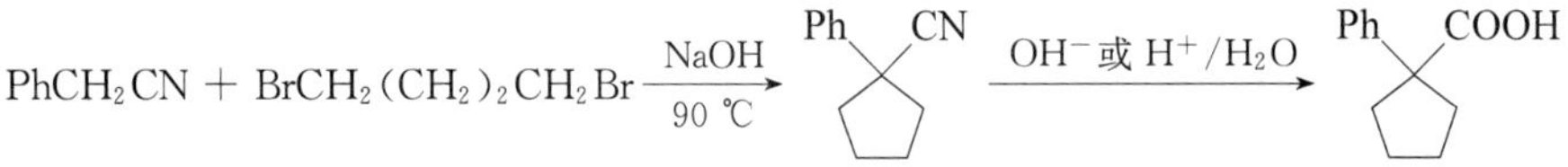

苯乙腈的烃化产物,前者为镇痛剂哌替啶(1-甲基-4-苯基哌啶-4-甲酸乙酯,俗称杜冷丁),后者是合成咳必清药物的中间体。

酯的烷基化反应不能用醇钠作碱,因为在醇钠的作用下,酯主要发生分子间的酯缩合反应。然而在低温下,用更强的碱(如氨基钠、二异丙基氨基锂等)作用,酯也可以发生直接烷基化反应。例如:

$$\bigcirc-COOCH_3 \xrightarrow[THF]{LDA} \bigcirc-COOCH_3 \xrightarrow[HMPA]{CH_3(CH_2)_6I} \cdots$$

9%

降樟脑用三苯甲钠和碘甲烷甲基化时,生成甲基化衍生物,这种甲基化衍生物进一步用甲基戊烯基氯烷基化时,则生成甲基戊烯基衍生物[10],反应过程表示如下:

（反应式，含结构图）

$$\text{(结构)} \xrightarrow[\text{Et}_2\text{O}]{\text{Ph}_3\text{CNa}} \text{(结构)} \xrightarrow{\text{CH}_3\text{I}} \text{(结构)} \xrightarrow[\text{②}\ (\text{CH}_3)_2\text{C}=\text{CH(CH}_2)_2\text{Cl}]{\text{①}\ \text{NaNH}_2,\text{THF}} \text{(结构)}$$

4.2.2　双官能团化合物的烃基化

在双官能团化合物的分子中含有两个活化基团，α-H 具有较强的酸性，烃基化作用可以在温和条件下进行[10,11]，产率一般较好。合成上最重要的双官能团化合物有丙二酸酯、乙酰乙酸乙酯、β-二酮及具有活性氢的活泼亚甲基化合物。它们可在醇钠和相应的无水醇溶剂中转变为烯醇式负离子，然后与烃基化试剂反应，生成单或双烃基化产物。

1. 丙二酸二乙酯的烃化

丙二酸二乙酯的烃化反应[1]常用乙醇钠作为碱性试剂，在无水乙醇溶液中进行。利用烃化丙二酸酯易水解、脱羧的特性，可制备一取代或二取代乙酸。例如：

$$\text{CH}_2(\text{COOC}_2\text{H}_5)_2 \xrightarrow[\text{②}\ \text{CH}_3(\text{CH}_2)_3\text{Br}]{\text{①}\ \text{NaOC}_2\text{H}_5/\text{C}_2\text{H}_5\text{OH}} \text{CH}_3(\text{CH}_2)_3\text{CH}(\text{COOC}_2\text{H}_5)_2$$
$$80\%\sim90\%$$

$$\text{CH}_2(\text{COOC}_2\text{H}_5)_2 \xrightarrow[\text{②}\ \text{CH}_3\text{CH}_2\text{CHBr}|\text{CH}_3]{\text{①}\ \text{NaOC}_2\text{H}_5/\text{C}_2\text{H}_5\text{OH}} \text{CH}_3\text{CH}_2\text{CHCH}(\text{COOC}_2\text{H}_5)_2|\text{CH}_3$$
$$83\%\sim84\%$$

取代丙二酸酯经水解、脱羧后变成一元羧酸，用这个方法可以使卤代烃分子中的碳链增长两个碳原子。例如：

$$\text{CH}_3(\text{CH}_2)_3\text{CH}(\text{COOC}_2\text{H}_5)_2 \xrightarrow[\text{H}_2\text{O}]{\text{KOH}} \text{CH}_3(\text{CH}_2)_3\text{CH}(\text{COOK})_2 \xrightarrow[\triangle]{\text{H}_2\text{SO}_4} \text{CH}_3(\text{CH}_2)_3\text{CH}_2\text{COOH}$$

取代丙二酸酯二次烃化得二取代丙二酸酯。例如：

$$\text{C}_2\text{H}_5\text{CH}(\text{COOC}_2\text{H}_5)_2 \xrightarrow[\text{②}\ (\text{CH}_3)_2\text{CHI}]{\text{①}\ \text{NaOC}_2\text{H}_5/\text{C}_2\text{H}_5\text{OH}} (\text{CH}_3)_2\text{CHC}(\text{COOC}_2\text{H}_5)_2|\text{C}_2\text{H}_5$$
$$46\%$$

二取代丙二酸酯经水解、脱羧后生成 α-取代羧酸。例如：

$$(\text{CH}_3)_2\text{CHC}(\text{COOC}_2\text{H}_5)_2|\text{C}_2\text{H}_5 \xrightarrow[\text{②}\ \text{H}_2\text{SO}_4,\triangle]{\text{①}\ \text{KOH},\text{H}_2\text{O}} (\text{CH}_3)_2\text{CHCHCOOH}|\text{C}_2\text{H}_5$$

丙二酸酯与 α,ω-二溴化物作用，可得脂环型羧酸。例如：

$$\text{CH}_2(\text{COOC}_2\text{H}_5)_2 + \text{BrCH}_2\text{CH}_2\text{CH}_2\text{Br} \xrightarrow{\text{C}_2\text{H}_5\text{O}^-} \begin{array}{c}\text{CH}_2-\text{C}(\text{COOC}_2\text{H}_5)_2\\|\qquad\quad|\\\text{CH}_2-\text{CH}_2\end{array}$$

$$\xrightarrow[\text{②}\ \text{H}_3\text{O}^+]{\text{①}\ \text{KOH}} \begin{array}{c}\text{CH}_2-\text{C}(\text{COOH})_2\\|\qquad|\\\text{CH}_2-\text{CH}_2\end{array} \xrightarrow[-\text{CO}_2]{\triangle} \begin{array}{c}\text{CH}_2-\text{CHCOOH}\\|\qquad|\\\text{CH}_2-\text{CH}_2\end{array}$$

在碱的作用下，丙二酸酯与碘作用将发生双分子偶联反应，得四元羧酸酯中间产物，经水解、脱羧生成丁二酸或其衍生物。

$$\text{RCH}(\text{COOC}_2\text{H}_5)_2 \xrightarrow[\text{②}\ \text{I}_2]{\text{①}\ \text{EtO}^-} \begin{array}{c}\text{RC}(\text{COOEt})_2\\|\\\text{RC}(\text{COOEt})_2\end{array} \xrightarrow[\text{③}\ \triangle,-\text{CO}_2]{\text{①}\ \text{HO}^-\ \text{②}\ \text{H}^+} \text{HOOCCHCHCOOH}|_{\text{R}}|_{\text{R}}$$

反应机理如下：

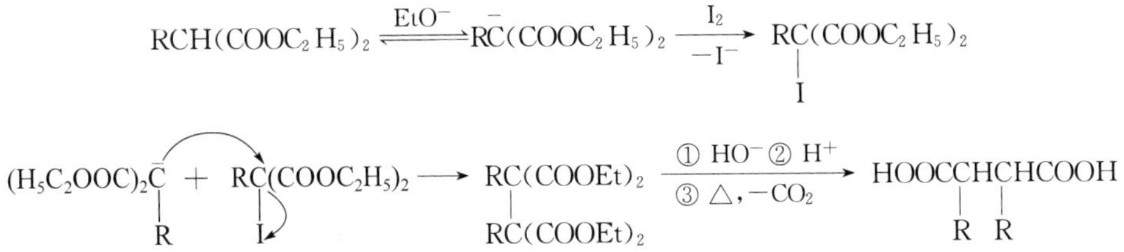

$$RCH(COOC_2H_5)_2 \xrightarrow{EtO^-} R\bar{C}(COOC_2H_5)_2 \xrightarrow[-I^-]{I_2} \underset{\displaystyle I}{RC(COOC_2H_5)_2}$$

$$(H_5C_2OOC)_2\bar{C}\underset{\displaystyle R}{} + \underset{\displaystyle I}{RC(COOC_2H_5)_2} \longrightarrow \underset{\displaystyle RC(COOEt)_2}{RC(COOEt)_2} \xrightarrow[\textcircled{3}\ \triangle,\ -CO_2]{\textcircled{1}\ HO^-\ \textcircled{2}\ H^+} \underset{\displaystyle R\ \ R}{HOOCCHCHCOOH}$$

丙二酸酯的单烃基衍生物溴化或氯化所得中间体可分离出来,用于合成 α-氨基酸。

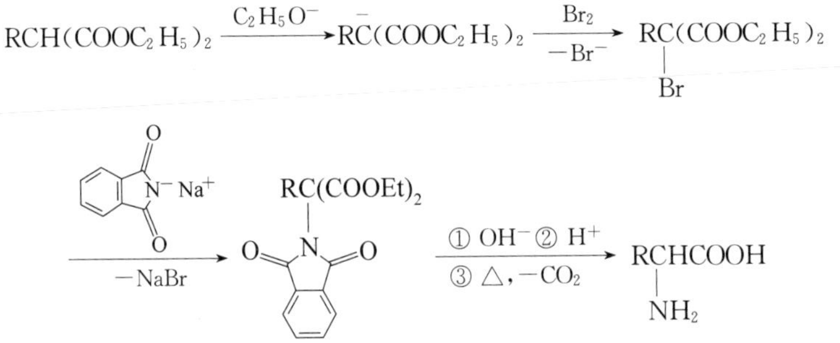

$$RCH(COOC_2H_5)_2 \xrightarrow{C_2H_5O^-} R\bar{C}(COOC_2H_5)_2 \xrightarrow[-Br^-]{Br_2} \underset{\displaystyle Br}{RC(COOC_2H_5)_2}$$

$$\xrightarrow{-NaBr} \xrightarrow[\textcircled{3}\ \triangle,\ -CO_2]{\textcircled{1}\ OH^-\ \textcircled{2}\ H^+} \underset{\displaystyle NH_2}{RCHCOOH}$$

应用丙二酸二乙酯可以合成 F-C 反应难以合成的酮。例如：

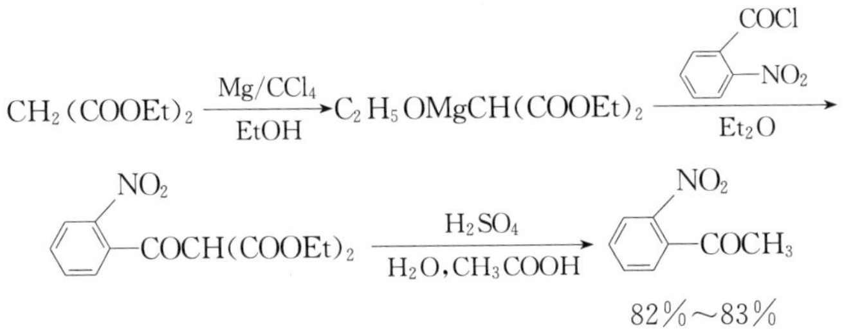

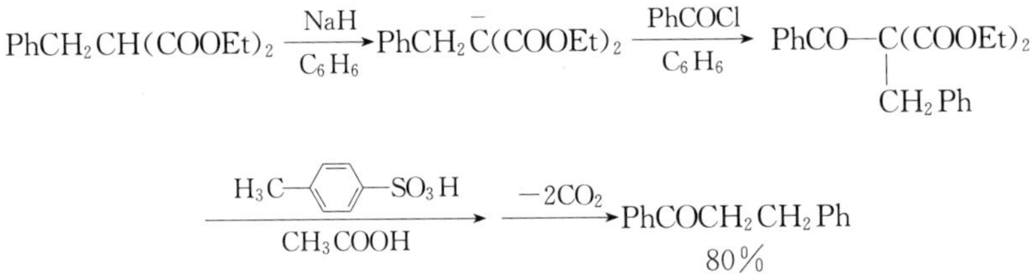

$$CH_2(COOEt)_2 \xrightarrow[EtOH]{Mg/CCl_4} C_2H_5OMgCH(COOEt)_2 \xrightarrow{Et_2O}$$

$$\xrightarrow[H_2O,CH_3COOH]{H_2SO_4} $$

$82\% \sim 83\%$

$$PhCH_2CH(COOEt)_2 \xrightarrow[C_6H_6]{NaH} PhCH_2\bar{C}(COOEt)_2 \xrightarrow[C_6H_6]{PhCOCl} \underset{\displaystyle CH_2Ph}{PhCO-C(COOEt)_2}$$

$$\xrightarrow[CH_3COOH]{} \xrightarrow{-2CO_2} PhCOCH_2CH_2Ph$$

80%

反应中使用少量的硫酸或对甲基苯磺酸的乙酸溶液是为了避免酯水解时影响酰基。

由丙二酸二乙酯、乙醇钠及溴乙烷合成的二乙基丙二酸二乙酯与尿素缩合可以制备常用催眠药物——二乙基丙二酰脲,又名巴比妥,反应过程表示如下：

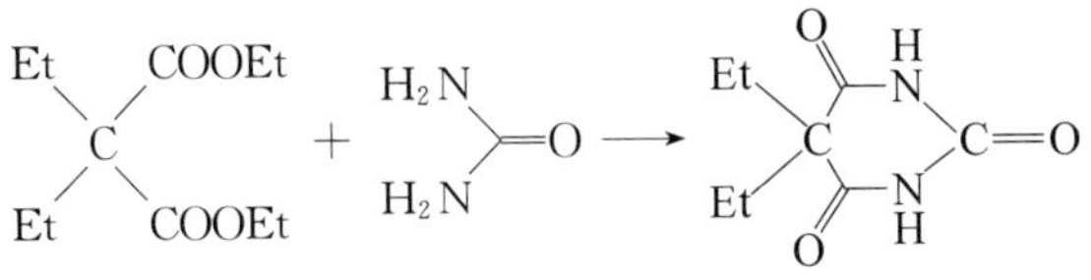

2. 乙酰乙酸乙酯的烃化

与丙二酸酯类似,乙酰乙酸乙酯在乙醇溶液中与乙醇钠作用生成烯醇盐,烯醇盐再与卤代烃反应生成单烃基化产物。例如：

$$CH_3COCH_2COOC_2H_5 \xrightarrow[C_2H_5OH]{C_2H_5ONa} CH_3C=CHCOOC_2H_5 \xrightarrow{CH_3(CH_2)_3Br} CH_3COCHCOOC_2H_5$$

$$\underset{O^-}{|} \qquad \underset{(CH_2)_3CH_3}{|}$$

$$69\% \sim 72\%$$

取代乙酰乙酸乙酯用稀碱水解,再酸化脱羧后生成甲基酮,称为成酮水解,产物比用作原料的卤代烃碳链增加三个碳原子。例如:

$$CH_3COCHCOOC_2H_5 \xrightarrow[②\ H^+,\triangle]{①\ 5\%NaOH} CH_3COCH_2(CH_2)_3CH_3$$

$$\underset{(CH_2)_3CH_3}{|} \qquad\qquad 52\% \sim 61\%$$

乙酰乙酸乙酯及其单取代物用浓碱进行水解时,发生乙酰基与 α-碳之间键的断裂,产物为乙酸或取代乙酸,这一过程称为成酸水解。例如:

$$CH_3COCHCOOC_2H_5 \xrightarrow[②\ H^+]{①\ 40\%NaOH} CH_3COOH + RCH_2COOH$$

$$\underset{R}{|}$$

一取代乙酰乙酸乙酯可以继续烃化,生成二取代乙酰乙酸乙酯。如果两个烃基不同,考虑空间效应,一般先引入大的烃基。例如:

$$CH_3COCH_2COOC_2H_5 \xrightarrow[②\ CH_3(CH_2)_3Br]{①\ NaOC_2H_5} \xrightarrow[②\ CH_3I]{①\ NaOC_2H_5} \overset{\overset{CH_3}{|}}{CH_3COCCOOC_2H_5}$$

$$\underset{(CH_2)_3CH_3}{|}$$

二取代的乙酰乙酸乙酯较难水解,碱的浓度增大,会发生乙酰基与 α-碳之间键的断裂生成酸。为了得到酮,可以在酸性溶液中进行水解。例如:

$$80\%$$

与丙二酸酯类似,乙酰乙酸乙酯及其衍生物也能与碘发生碱性缩合,产物经水解,脱羧生成 γ-二酮。例如:

$$CH_3COCHRCOOC_2H_5 \xrightarrow[②\ I_2]{①\ NaOC_2H_5} \begin{array}{c} CH_3COCRCOOC_2H_5 \\ CH_3COCRCOOC_2H_5 \end{array} \xrightarrow[②\ \triangle]{①\ H^+} CH_3COCHCHCOCH_3$$

$$\underset{R\ \ R}{|\ \ |}$$

与丙二酸酯不同,乙酰乙酸乙酯与 α,ω-二溴丙烷作用不能生成环丁烷衍生物,而是进行氧上的二次烃化,形成热力学上更稳定的六元环衍生物。例如:

$$CH_3COCH_2COOC_2H_5 + BrCH_2CH_2CH_2Br \xrightarrow{EtO^-} \quad H_3C-C \overset{\displaystyle COOEt}{\underset{\displaystyle O}{\overset{\displaystyle |}{\underset{\displaystyle |}{\overset{\displaystyle CH}{}}}} \cdots} \xrightarrow{EtO^-}$$

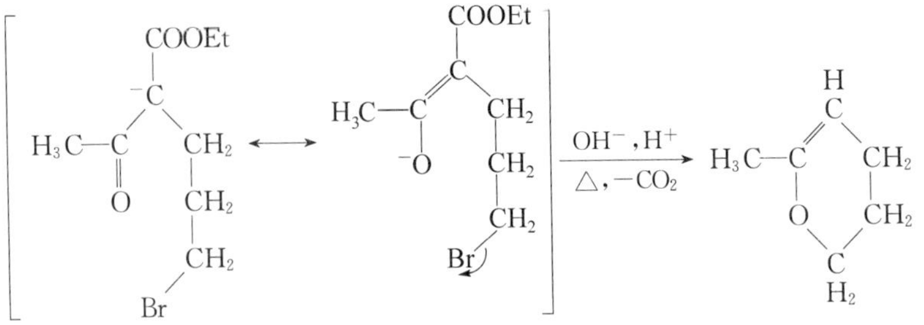

3. β-二酮的烃化

β-二酮的酸性较强(如 $CH_3COCH_2COCH_3$ 的 $pK_a = 9$),在乙醇加水或丙酮溶液中,用碱金属的氢氧化物或碳酸盐就可以使它们变成烯醇盐以进行烃化[1]。例如:

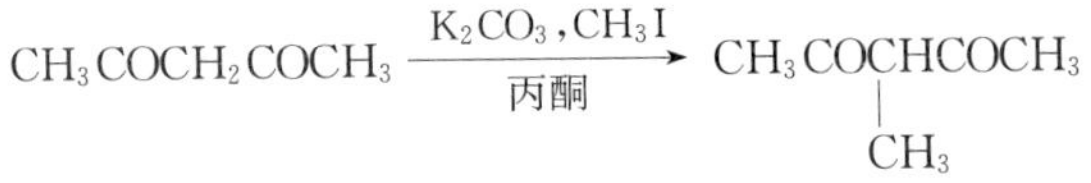

$$CH_3COCH_2COCH_3 \xrightarrow[\text{丙酮}]{K_2CO_3, CH_3I} CH_3COCHCOCH_3$$
$$\underset{\substack{| \\ CH_3}}{}$$
$$75\% \sim 77\%$$

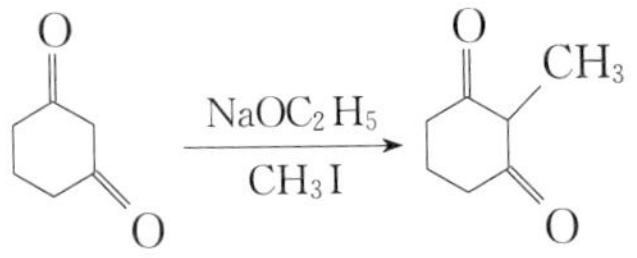

$$65\%$$

强碱可以使 β-二酮转变为二烯醇盐,二烯醇盐与卤代烃作用时,烃化常在甲基上发生。例如:

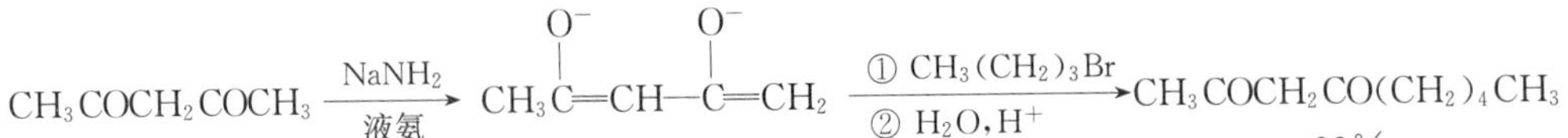

$$CH_3COCH_2COCH_3 \xrightarrow[\text{液氨}]{NaNH_2} CH_3\overset{O^-}{C}=CH-\overset{O^-}{C}=CH_2 \xrightarrow[\text{② } H_2O, H^+]{\text{① } CH_3(CH_2)_3Br} CH_3COCH_2CO(CH_2)_4CH_3$$
$$82\%$$

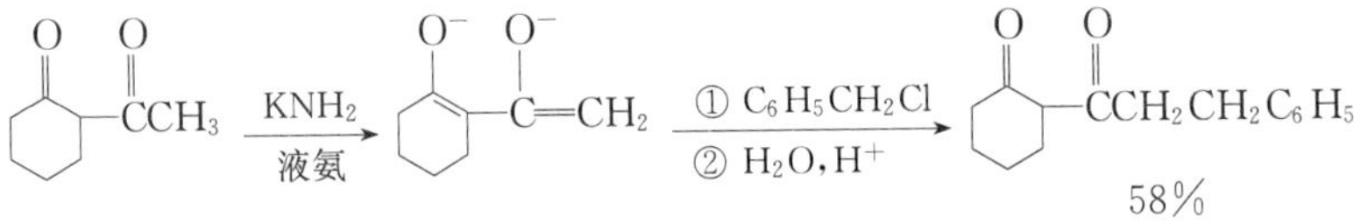

$$58\%$$

4.2.3 共轭加成反应

活泼亚甲基化合物的碳负离子对 α,β-不饱和化合物的亲核加成(1,4-加成)是活泼亚甲基化合物烃化的一种重要方法,该方法称为 Michael 反应[6]。

该反应常用的活泼亚甲基化合物为丙二酸酯类、乙酰乙酸酯类和 β-二酮类。常用的 α,β-不饱和化合物为丙烯酸酯类(RCH =$CHCOOR'$)、烃基乙烯基酮类($RCOCH$ =CHR')及丙烯腈类(RCH =$CHCN$)。反应所用的催化剂可以是有机碱(如乙醇钠、吡啶、哌啶、季铵盐等)或无机碱(如 $NaOH$、KOH 等)。例如:

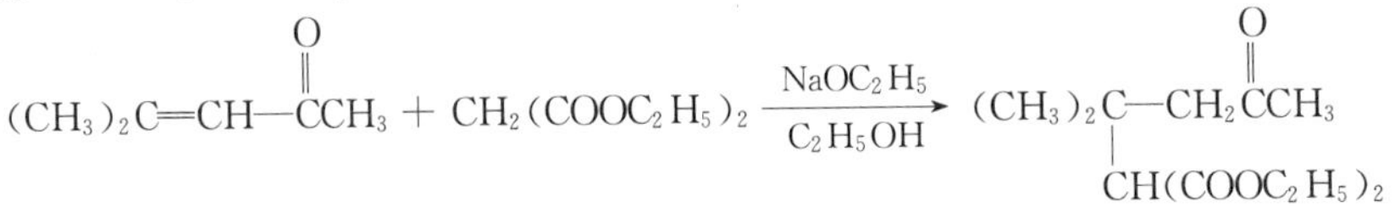

$$(CH_3)_2C=CH-CCH_3 + CH_2(COOC_2H_5)_2 \xrightarrow[C_2H_5OH]{NaOC_2H_5} (CH_3)_2C-CH_2CCH_3$$
$$\underset{CH(COOC_2H_5)_2}{}$$

$$C_6H_5CH=CHCC_6H_5 + CH_2(COOC_2H_5)_2 \xrightarrow{\text{六氢吡啶}} C_6H_5CH-CH_2CC_6H_5$$

位置：$\underset{CH(COOC_2H_5)_2}{|}$　98%

$$C_6H_5CH=CHCOOC_2H_5 + CH_2(COOC_2H_5)_2 \xrightarrow[C_2H_5OH]{NaOC_2H_5} C_6H_5CHCH_2COOC_2H_5$$

$\underset{CH(COOC_2H_5)_2}{|}$　约100%

$$CH_2=CHCC_6H_5 + \text{（环己酮）} \xrightarrow[C_2H_5OH]{NaOC_2H_5} \text{（产物）}$$

$$CH_2=CH-CN + CH_2(COOC_2H_5)_2 \xrightarrow[C_2H_5OH]{NaOC_2H_5} NCCH_2CH_2CH(COOC_2H_5)_2$$

57%～63%

　　Michael 反应与前面讨论的烃基化反应不同,该反应所用的碱是可以再生的,所以通常只需要催化量的碱即可。以丙二酸酯与异亚丙基丙酮反应为例,反应机理如下:

$$CH_2(COOC_2H_5)_2 + C_2H_5O^- \rightleftharpoons {}^-CH(COOC_2H_5)_2 + C_2H_5OH$$

$$(CH_3)_2C=CHCCH_3 + {}^-CH(COOC_2H_5)_2 \rightleftharpoons (CH_3)_2C-CH=C-CH_3$$

$\underset{CH(COOC_2H_5)_2}{|}$

$$\xrightleftharpoons[C_2H_5O^-]{C_2H_5OH} (CH_3)_2C-CH=C-CH_3 \rightleftharpoons (CH_3)_2C-CH_2-C-CH_3$$

（OH／O结构）　$\underset{CH(COOC_2H_5)_2}{|}$

　　α,β-不饱和酮的 Michael 反应加成产物可在过量催化剂、较长时间或较高反应温度下,进一步发生分子内 Claisen 缩合反应形成环状化合物,称为缩环反应。

$$(CH_3)_2C-CH_2C-CH_3 \xrightarrow[-C_2H_5O^-]{C_2H_5ONa} \text{（环状中间体）} \xrightarrow[2]{① KOH}{② H^+,\triangle} \text{（产物）}$$

67%～85%

　　双甲酮中的亚甲基受邻近两个羰基的影响十分活泼,可进一步发生 Michael 反应。例如:

$$\text{（双甲酮）} \xrightarrow[② HCHO,-H_2O]{① C_2H_5O^-} \text{（产物）}$$

$$\text{（双甲酮）} \xrightarrow[② (CH_3)_2C\cdots]{① C_2H_5O^-} \text{（产物）}$$

　　当控制一定的 pH 时,反应可定量进行。产物是具有固定熔点的结晶物,是一种分析试剂。

　　利用 Michael 反应可在活泼亚甲基碳上引入 β-位具有吸电子基团的烃基侧链。例如:

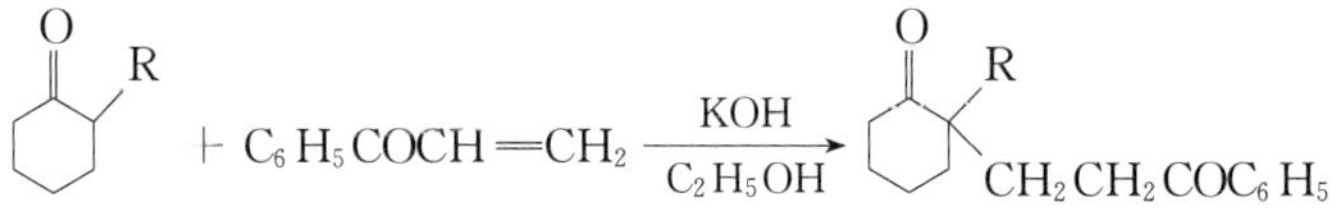

$$60\%\sim70\%$$

在 Michael 反应中,如果所用的活泼亚甲基化合物是环状化合物,则 Michael 加成发生分子内的羟醛型缩合反应,最后转变成一个六元环衍生物。这一过程称为 Robinson(鲁宾逊)增环反应。

环己酮和甲基乙烯基酮发生 Michael 加成反应后,再进行分子内羟醛缩合反应,得到六元环的 α,β-不饱和酮。

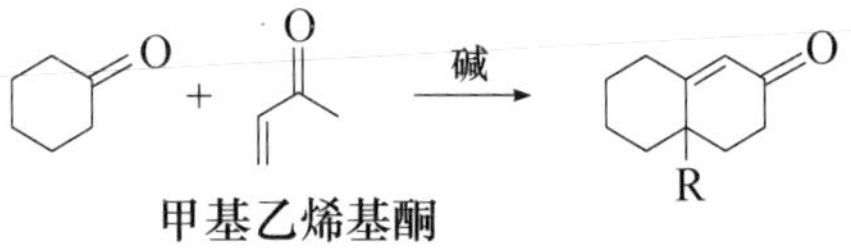

甲基乙烯基酮

反应机理如下:

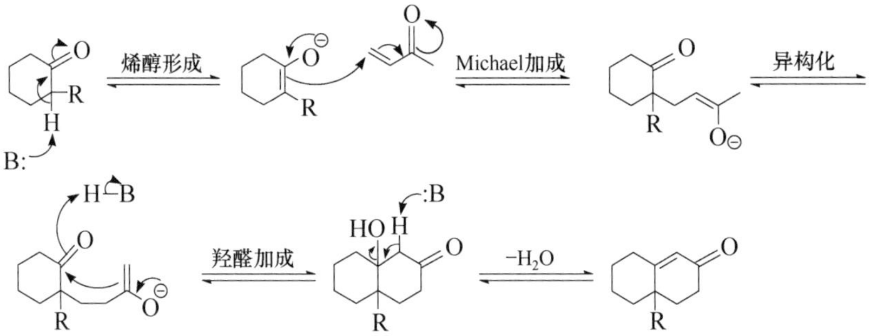

该反应在合成中经常被用来建立甾体化合物的稠环骨架。例如:

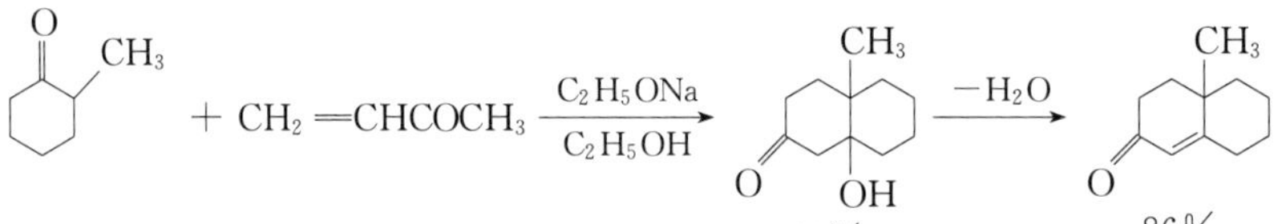

通过 Michael 加成得到的 α,β-不饱和酯或酮的烯醇盐也可以与醛进行加成。如果 Michael 加成产物是在与叔胺反应得到的,则称为 Baylis-Hillman(贝利斯-希尔曼)反应[12]。

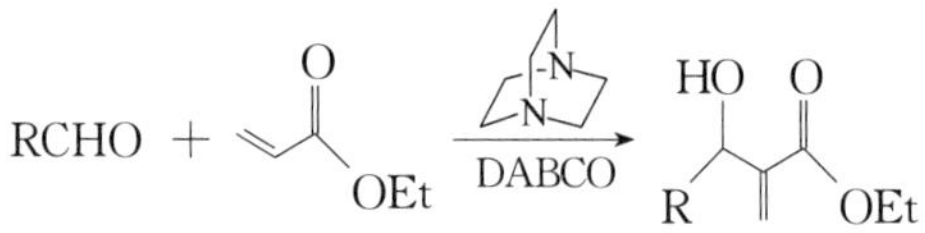

DABCO:1,4-二氮杂双环[2.2.2]辛烷

4.2.4 炔化合物的烃化

炔化合物(乙炔及其单取代衍生物)较烷烃、烯烃具有明显的酸性,在碱存在下形成碳负离子,可与卤代烃发生亲核取代反应,这是制备高级炔烃的重要方法之一。例如,乙炔与 α,β-碳上无支链的卤代烷反应,反应式如下:

$$HC{\equiv}CH \xrightarrow[\text{液氨}]{\text{钠}} HC{\equiv}CNa \xrightarrow[\text{液氨}]{BrCH_2(CH_2)_2CH_3} HC{\equiv}CCH_2(CH_2)_2CH_3$$

$$77\%$$

$$HO-\!\!-\!\!-C\!\!\equiv\!\!CH \xrightarrow[\text{THF/NH}_3]{2\text{LiNH}_2} HO-\!\!-\!\!-C\!\!\equiv\!\!CLi$$

$$\xrightarrow[\text{② 稀酸}]{\text{① Br}-\!\!-\!\!-\text{COOH ,}\triangle} HO-\!\!-\!\!-C\!\!\equiv\!\!C-\!\!-\!\!-COOH$$

利用这一反应合成油酸：

$$CH_3(CH_2)_7C\!\!\equiv\!\!CH + I\!\!-\!\!(CH_2)_7Cl \xrightarrow[\text{I}_2]{\text{NH}_2^-} CH_3(CH_2)_7C\!\!\equiv\!\!C(CH_2)_7Cl \xrightarrow[\text{② H}_2\text{O}]{\text{① CN}^-}$$

$$CH_3(CH_2)_7C\!\!\equiv\!\!C(CH_2)_7COOH \xrightarrow{\text{Lindlar 催化剂,H}_2} CH_3(CH_2)_7CH\!\!=\!\!CH(CH_2)_7COOH$$

这一反应广泛用于类胡萝卜素和多烯化学中间体的合成。例如,3-甲基-2-戊烯-4-炔-1-醇的合成,反应式如下：

$$CH_3COCH\!\!=\!\!CH_2 + HC\!\!\equiv\!\!CH \xrightarrow[\text{② H}^+]{\text{① NaNH}_2} CH_3\underset{\underset{OH}{|}}{\overset{\overset{CH=CH_2}{|}}{C}}-C\!\!\equiv\!\!CH \xrightarrow{\text{H}^+} HOCH_2CH\!\!=\!\!\underset{\underset{CH_3}{|}}{C}-C\!\!\equiv\!\!CH$$

利用乙炔的烃化反应可以合成橡胶单体——异戊二烯。例如：

$$HC\!\!\equiv\!\!CH + CH_3COCH_3 \xrightarrow[\text{95~100 ℃,加压}]{5\% \text{ NaOH}} H_3C\underset{\underset{OH}{|}}{\overset{\overset{CH_3}{|}}{C}}-C\!\!\equiv\!\!CH \xrightarrow[\text{② Al}_2\text{O}_3]{\text{① H}_2} H_2C\!\!=\!\!\underset{\underset{CH_3}{|}}{C}-CH\!\!=\!\!CH_2$$

$$\Big\downarrow \begin{array}{l}\text{① }-\text{H}_2\text{O}\\ \text{② H}_2\end{array}$$

$$H_2C\!\!=\!\!\underset{\underset{CH_3}{|}}{C}-CH\!\!=\!\!CH_2$$

合成有机玻璃单体——2-甲基丙烯酸甲酯。例如：

$$H_3C\underset{\underset{OH}{|}}{\overset{\overset{CH_3}{|}}{C}}-COOH$$

$$\Big\uparrow \begin{array}{l}\text{① O}_3\\ \text{② H}_2\text{O}_2\end{array}$$

$$HC\!\!\equiv\!\!CH + CH_3COCH_3 \xrightarrow[\text{95~100 ℃,加压}]{5\% \text{ NaOH}} H_3C\underset{\underset{OH}{|}}{\overset{\overset{CH_3}{|}}{C}}-C\!\!\equiv\!\!CH \xrightarrow{\text{H}_2} H_3C\underset{\underset{OH}{|}}{\overset{\overset{CH_3}{|}}{C}}-CH\!\!=\!\!CH_2$$

$$\xrightarrow[\text{或 KMnO}_4/\text{H}^+]{\text{O}_3,\text{H}_2\text{O}+\text{H}_2\text{O}_2(30\%)} H_3C\underset{\underset{OH}{|}}{\overset{\overset{CH_3}{|}}{C}}-COOH \xrightarrow{\text{CH}_3\text{OH}} H_3C\underset{\underset{OH}{|}}{\overset{\overset{CH_3}{|}}{C}}-COOCH_3 \xrightarrow[\text{−H}_2\text{O}]{\text{Al}_2\text{O}_3} CH_2\!\!=\!\!\underset{\overset{CH_3}{|}}{C}-COOCH_3$$

若用硫酸二甲酯或硫酸二乙酯为烃化剂,则可导入甲基或乙基。例如：

$$n\text{-}C_7H_{15}C\!\!\equiv\!\!CH \xrightarrow[\text{② (C}_2\text{H}_5)_2\text{SO}_4]{\text{① NaNH}_2/\text{NH}_3} \underset{84\%}{n\text{-}C_7H_{15}C\!\!\equiv\!\!CC_2H_5}$$

习　　题

4-1　完成下列转变。

(1) 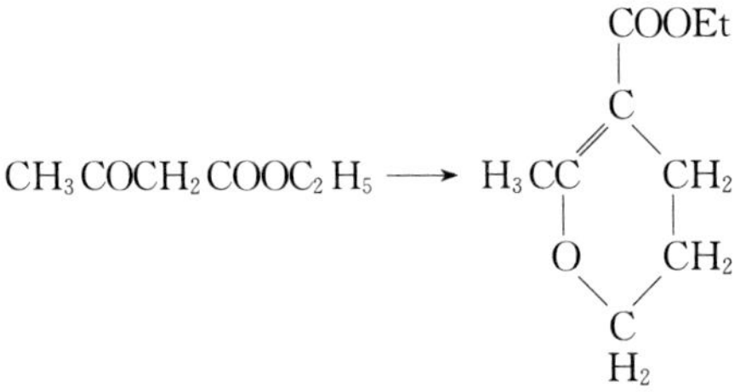 $CH_3COCH_2COOC_2H_5 \longrightarrow$

(2)

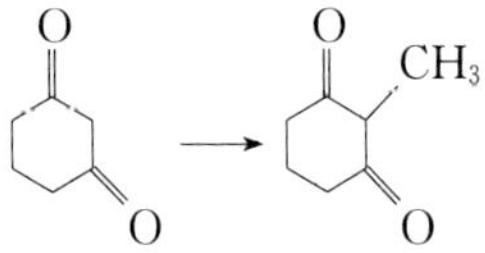

(3)

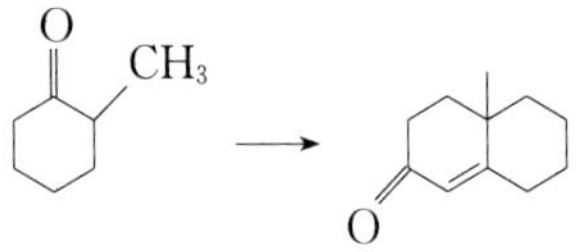

(4)

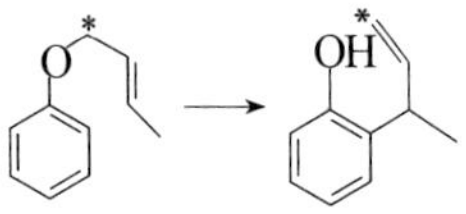

(5)

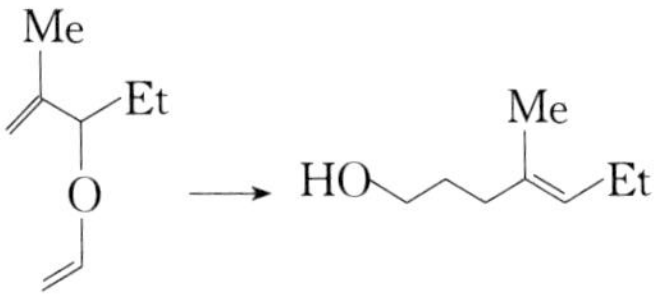

(6)

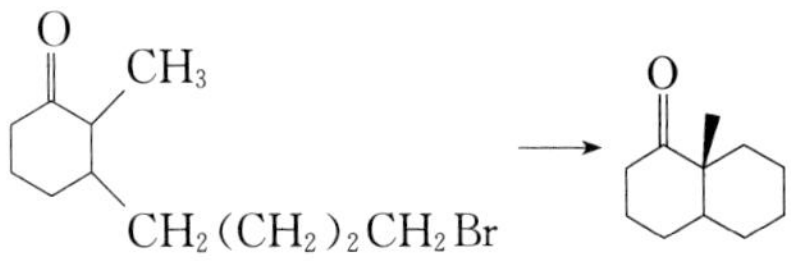

(7)

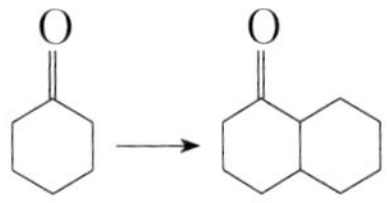

(8)

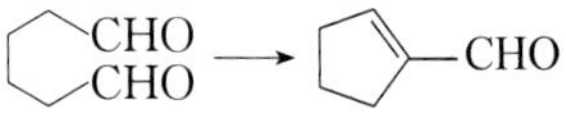

(9)

(10)

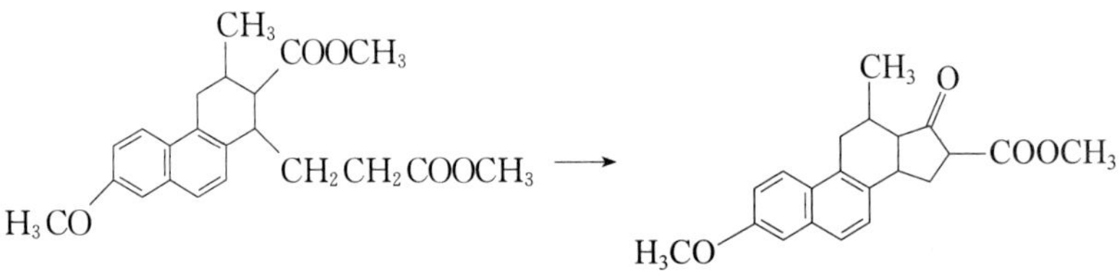

4-2 写出下列反应的中间物和产物。

(1)

$$\text{邻羟基苯甲醛} + (CH_3CO)_2O \xrightarrow{CH_3COONa} [\quad] \xrightarrow{H^+} [\quad] \xrightarrow{-H_2O} [\quad]$$

(2) $(CH_2)_4(COOEt)_2 \xrightarrow[100\sim110\ ℃]{EtONa} [\quad] \xrightarrow[\triangle,\ -CO_2]{H^+} [\quad]$

(3) $2EtOOC(CH_2)_2COOEt \xrightarrow[-EtOH]{EtONa} [\quad] \xrightarrow[-EtOH]{EtO^-} [\quad] \xrightarrow[-2EtOH]{185\sim195\ ℃} [\quad]$

(4) $Me_2C{=}CHCOCH_3 + CH_2(COOEt)_2 \xrightarrow{OEt^-} [\quad] \xrightarrow[-EtOH]{EtO^-} [\quad]$

$$\xrightarrow[\text{② } \triangle,\ -CO_2]{\text{① 水解}} [\quad] \xrightarrow[-H_2O]{EtO^-,\ HCHO} [\quad] \xrightarrow{\quad,\ EtO^-} [\quad]$$

(5)

$$\cdots + CH_3COCH_3 \xrightarrow{Ba(OH)_2} [\quad] \xrightarrow{H_2SO_4} [\quad]$$

$$\xrightarrow[BF_3]{HOAc} [\quad] \xrightarrow{BF_3} [\quad]$$

(6)

$$\xleftrightarrow{碱} [\quad] \xrightarrow{Me_2CO} [\quad] \rightleftharpoons [\quad] \xrightarrow{-H_2O} [\quad]$$

(7) $Br(CH_2)_3Br + CH_2(COOC_2H_5)_2 \xrightarrow[C_2H_5OH]{-OEt} [\quad] \xrightarrow[\text{② } H^+]{\text{① } KOH,H_2O} [\quad] \xrightarrow[-CO_2]{\triangle} [\quad]$

(8)

$$\xrightarrow[石油醚]{Na} [\quad] \xrightarrow[\text{② } H^+]{\text{① } HO^-,H_2O} [\quad] \xrightarrow[-CO_2]{\triangle} [\quad]$$

(9)

$$\xrightarrow{NaOEt} [\quad] \rightarrow [\quad] \xrightarrow{-EtOH} [\quad] \xrightarrow{H^+} [\quad]$$

(10) $HC{\equiv}CH \xrightarrow{NaNH_2} [\quad] \xrightarrow[-Br]{CH_3(CH_2)_3Br} [\quad] \xrightarrow[HCO_2H]{H_2O,HgSO_4} [\quad]$

4-3 用指定原料合成下列化合物(其他试剂任选)。

(1)

$$\text{苯基甲基酮} \quad 合成 \quad \text{甲基萘}$$

(2)

$$\cdots 合成 \cdots CH_2OH \quad (维生素 A)$$

（3）CH_3COCH_3，$HC{\equiv}CH$，CH_3COCH_2COOEt 和 $HC{\equiv}COEt$ 合成 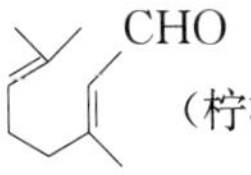 （柠檬醛）

（4）

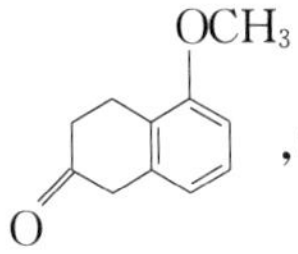

，$CH_3CH_2COCH_2CH_2N^+HEt_2I^-$ 合成

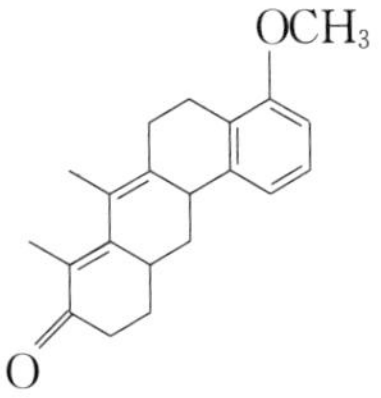

（5）

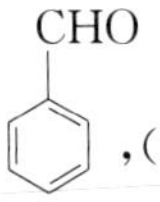

，$(CH_2COOEt)_2$ 合成

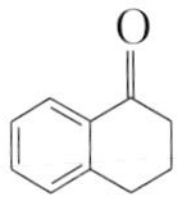

（6）$ClCH_2COOH$，$MeCl$ 合成 $MeCHCOOH$
$$\underset{NH_2}{|}$$

参 考 答 案

4-1

（1）$BrCH_2CH_2CH_2Br$，$\overline{O}Et$，$CH_3COCH(CH_2)_3Br$
$$\qquad\qquad\qquad\qquad\qquad\qquad\qquad\underset{COOEt}{|}$$

（2）EtO^-，CH_3I

（3）$CH_2{=}CHCOCH_3$，EtO^-，$EtOH$，

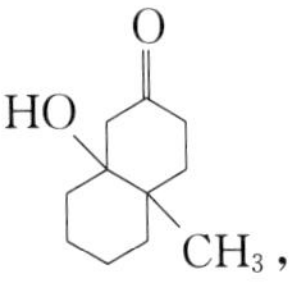

，$-H_2O$

（4）$>200\ ℃$，

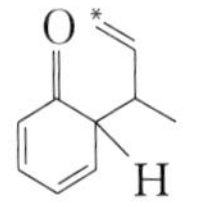

（5）$100\ ℃$

（6）新戊醇钠，回流

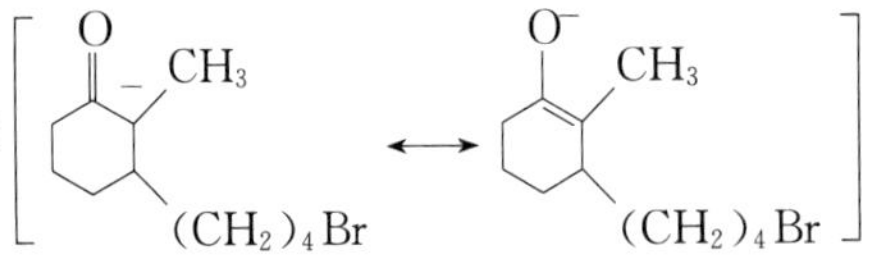

（7）

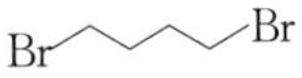

，$KOBu\text{-}t/t\text{-}BuOH$，$C_6H_6$，$\triangle$

（8）OH^-，H_2O，

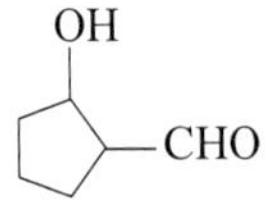

，$\triangle$，$-H_2O$

（9）KOH，$\triangle$

（10）$NaOCH_3$

4-2

（1）

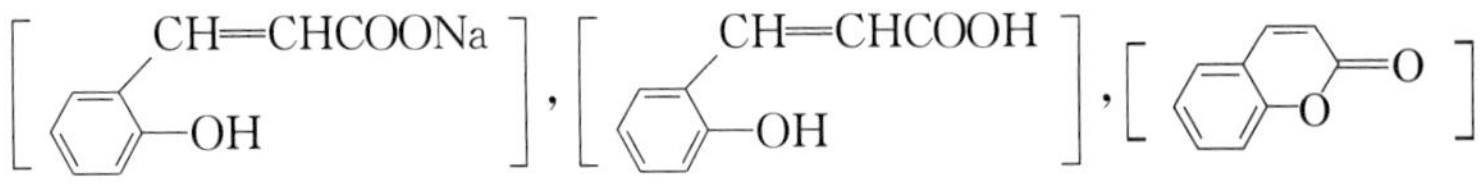

（2）$\left[\begin{array}{c}\text{环戊酮-COOEt}\end{array}\right]$，$\left[\begin{array}{c}\text{环戊酮}\end{array}\right]$

（3）$\left[\begin{array}{c}\text{COOEt}\\\text{CH}_2\text{CHCOCH}_2\text{CH}_2\text{COOEt}\\\text{COOEt}\end{array}\right]$，$\left[\begin{array}{c}\text{COOEt 环己二酮 COOEt}\end{array}\right]$，$\left[\begin{array}{c}\text{O}\quad\text{O}\end{array}\right]$

（4）$\left[\begin{array}{c}\text{Me}_2\text{CCH}_2\text{COCH}_3\\\text{CH(COOEt)}_2\end{array}\right]$，$\left[\begin{array}{c}\text{EtOOC}\end{array}\right]$，$\left[\begin{array}{c}\end{array}\right]$，$\left[\begin{array}{c}\end{array}\right]$，

$\left[\begin{array}{c}\text{O O O O}\end{array}\right]$

（5）$\left[\begin{array}{c}\text{OH O}\end{array}\right]$，$\left[\begin{array}{c}\text{O}\end{array}\right]$，$\left[\begin{array}{c}\text{O}\end{array}\right]$，$\left[\begin{array}{c}\text{O}\end{array}\right]$

（6）$\left[\begin{array}{c}\end{array}\right]$，$\left[\begin{array}{c}\text{CH}\\\text{Me}-\text{C}-\text{O}^-\\\text{Me}\end{array}\right]$，$\left[\begin{array}{c}\text{CH}\\\text{Me}-\text{C}-\text{OH}\\\text{Me}\end{array}\right]$，$\left[\begin{array}{c}\text{C}\\\text{C}\\\text{Me}\quad\text{Me}\end{array}\right]$

（7）$\left[\begin{array}{c}\text{COOEt}\\\text{COOEt}\end{array}\right]$，$\left[\begin{array}{c}\text{COOH}\\\text{COOH}\end{array}\right]$，$\left[\begin{array}{c}\text{—COOH}\end{array}\right]$

（8）$\left[\begin{array}{c}\text{NC}\\\text{NH}\end{array}\right]$，$\left[\begin{array}{c}\text{COOH}\\\text{O}\end{array}\right]$，$\left[\begin{array}{c}\text{O}\end{array}\right]$

（9）$\left[\begin{array}{c}\text{CH}_3\\\text{COOEt}\\\text{C}\\\text{O}\quad\text{OEt}\end{array}\right]$，$\left[\begin{array}{c}\text{H CH}_3\\\text{COOEt}\\\text{C}\\\text{O OEt}\end{array}\right]$，$\left[\begin{array}{c}\text{CH}_3\\\text{O}\\\text{COOEt}\end{array}\right]$，$\left[\begin{array}{c}\text{CH}_3\\\text{O}\\\text{COOEt}\end{array}\right]$

（10）$\left[\text{CH}\equiv\text{C}^-\right]$，$\left[\text{CH}\equiv\text{CCH}_2(\text{CH}_2)_2\text{CH}_3\right]$，$\left[\begin{array}{c}\text{O}\\\text{CH}_3\text{C}(\text{CH}_2)_3\text{CH}_3\end{array}\right]$

4-3

（1）$\left[\text{苯乙酮}\right]$ + $(\text{CH}_2\text{COOEt})_2$ $\xrightarrow{t\text{-BuOK},\,t\text{-BuOH},\,\text{酸化，脱水}}$ $\left[\begin{array}{c}\text{H}_3\text{C}\quad\text{COOEt}\\\text{CH}_2\\\text{COOH}\end{array}\right]$ $\xrightarrow[\text{HF}]{\text{环化}}$

$\left[\begin{array}{c}\text{CH}_3\quad\text{COOEt}\\\\\text{O}\end{array}\right]$ $\xrightarrow[\text{脱水}]{\text{还原}}$ $\left[\begin{array}{c}\text{CH}_3\end{array}\right]$

(2) [structure: 2,6,6-trimethylcyclohexenyl with CH=CH-CO-CH₃]
$\xrightarrow{\text{BrCH}_2\text{COOEt,Zn}}$ [structure with =C(CH₃)-COOEt] $\xrightarrow[\text{② CrO}_3,\text{Py}]{\text{① LiAlH}_4}$

[structure with CHO] $\xrightarrow[\text{Al}(i\text{-OCHMe}_2)_3]{\text{CH}_3\text{COCH}_3}$ [structure with CH=C(CH₃)-CH=CH-CO-CH₃] $\xrightarrow[\text{② LiAlH}_4]{\text{① BrCH}_2\text{COOEt,Zn}}$

[structure ending in CH₂OH]

(3) $\diagdown\!\!=\!\!O + CH\equiv CH \xrightarrow[\text{NH}_3]{\text{Na}}$ [structure: (CH₃)₂C(OH)C≡CH] $\xrightarrow[\text{Pd-BaSO}_4]{\text{H}_2}$ [structure —OH] $\xrightarrow[\text{烯丙基重排}]{\text{PBr}_3}$ [structure —Br] $\xrightarrow[\text{② H}^+,\triangle]{\text{① CH}_3\text{COCH}_2\text{COOEt}}$

[structure =O] $\xrightarrow[\text{EtMgBr}]{\text{CH}\equiv\text{COC}_2\text{H}_5}$ [structure: OEt, C≡C, OH] $\xrightarrow[cis\text{-还原}]{\text{H}_2,\text{Pd-BaSO}_4}$ [structure: OEt, OH] $\xrightarrow{\text{HCl}}$ [structure: CHO]

(4) [structure: OCH₃ naphthalenone, =O] $\xrightarrow{^-\text{OEt}}$ [structure: OCH₃, =O⁻] $\xrightarrow[\text{EtOH,EtO}^-,\triangle]{\text{CH}_3\text{CH}_2\text{COCH}_2\text{CH}_2\overset{+}{\text{N}}\text{HEt}_2\text{I}^-}$

[structure: OCH₃, =O, CH₂CH₂COCH₂CH₃] $\xrightarrow[\text{CH}_3\text{O}^-/\text{CH}_3\text{OH}]{\text{CH}_3\text{CH}_2\text{COCH}=\text{CH}_2}$ [structure: OCH₃, =O] $\longrightarrow$ [structure: OCH₃, =O]

(5) [structure: CHO phenyl] $+\text{CH}_2(\text{COOEt})_2 \xrightarrow[\text{EtOH}]{\text{NaOEt}}$ [structure: CH=C, CH₂, COOH, COOEt] $\xrightarrow{\text{H}^+}$ [structure: CH=C, CH₂, COOH, COOH]

$\xrightarrow[-\text{CO}_2]{\triangle}$ [structure: CH=CH, COOH, CH₂] $\xrightarrow{[\text{H}]}$ [structure: CH₂—CH₂, COOH, CH₂] $\xrightarrow{\text{PPA}}$ [structure: O, tetralone]

(6) $\text{ClCH}_2\text{COOH} \longrightarrow \text{ClCH}_2\text{COONa} \longrightarrow \text{NCCH}_2\text{COONa} \longrightarrow \text{HOOCCH}_2\text{COOH} \xrightarrow{\text{Ba(OH)}_2}$

$\text{CH}_2(\text{COO})_2\text{Ba} \longrightarrow \text{CH}_2(\text{COOH})_2 \longrightarrow \text{CH}_2(\text{COOEt})_2 \xrightarrow{\text{EtO}^-,\text{MeCl}} \text{MeCH}(\text{COOEt})_2$

$\xrightarrow[-\text{Br}^-]{\text{EtO}^-,\text{Br}_2} \text{MeCBr}(\text{COOEt})_2 \xrightarrow{\text{[phthalimide N}^-\text{Na}^+\text{]} \text{MeC(COOEt)}_2} \text{[phthalimide N structure]} \xrightarrow[\text{③ }\triangle,-\text{CO}_2]{\text{① HO}^- \text{② H}^+} \text{MeCHCOOH}$ (with NH₂)

参 考 文 献

[1]　House H O. 现代合成反应. 花文廷,李书润,王定基译.叶秀林校. 北京:北京大学出版社,1985

[2]　何欣,牟丽媛,朱莉亚,等. 有机化学,1999,19(1):40

[3]　倪宏志,邓润华. 化学世界,1996,8:399

[4]　顾可权,林吉文. 有机合成化学. 上海:上海科学技术出版社,1987

[5]　Posner G H,Lentz C M. J Am Chem Soc,1979,101:934

[6]　Cox M T,Heaton D W,Horbury J. J Chem Soc,Chem Commun,1980,799

[7]　Kuwajima I,Nakamura E,Shimizu M. J Am Chem Soc,1982,104:1025

[8]　Groenewegen P,Kallenberg H,Vendergen A. Tetrahedron Lett,1978,19(5):49

[9]　Williams T R, Sirvio L M. J Org Chem,1980,45:5082

[10]　Carruthers W. 有机合成的一些新方法.3 版.李润涛,刘振中,叶文玉译. 开封:河南大学出版社,1991

[11]　李天全. 有机合成化学基础. 北京:高等教育出版社,1992

[12]　Basavaiah D,Rao A J,Satyanarayana T. Chem Rev,2003,103:811

第 5 章 有机合成试剂

有机合成试剂包括元素有机试剂、金属有机试剂、过渡金属有机试剂以及稀土金属有机试剂等。它们具有许多特殊的反应性能,对它们的研究、开发和利用是当代有机合成的一个重要特征。有机合成试剂改变了传统的有机合成面貌,促进了有机合成化学理论和实践的发展,并开发了有机合成化学的一些新反应和新方法,在有机合成中占有重要地位。有机合成试剂包含的范围广泛,内容丰富,这里只介绍镁、锂、铜、硼、磷、硅等几种元素的原子和碳原子直接相连所形成的有机化合物,其中以有机镁化合物应用较为普遍。

5.1 有机镁试剂

有机镁化合物[1,2]是金属有机化合物中最重要的一类化合物,在有机合成上是非常重要的一类试剂。在 Grignard 试剂分子中,镁原子以共价键与碳原子相连。由于成键电子对移向电负性较大的碳原子,所以 Grignard 试剂中的烃基是一种高活性的亲核试剂,能发生加成、偶合和取代等反应。由于 Grignard 试剂在合成中的重要作用,试剂的发明者 Grignard 荣获1912 年诺贝尔化学奖。

5.1.1 Grignard 试剂的制备和结构

1. 用卤代烃制 Grignard 试剂

用无水乙醚或四氢呋喃作溶剂,卤代烃和镁反应生成 Grignard 试剂。

$$RX + Mg \xrightarrow[\text{或四氢呋喃}]{Et_2O} RMgX$$

当 R 为烷基、卤代活泼芳烃时,用无水乙醚作溶剂。例如:

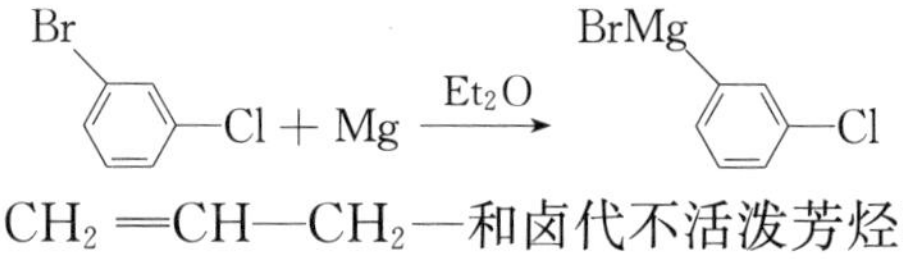

当 R 为 $CH_2{=}CH{-}$、$CH_2{=}CH{-}CH_2{-}$ 和卤代不活泼芳烃时,不用无水乙醚而是用四氢呋喃作溶剂,因为

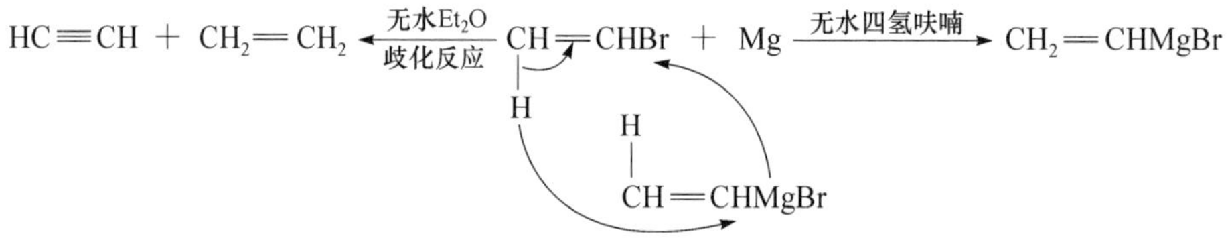

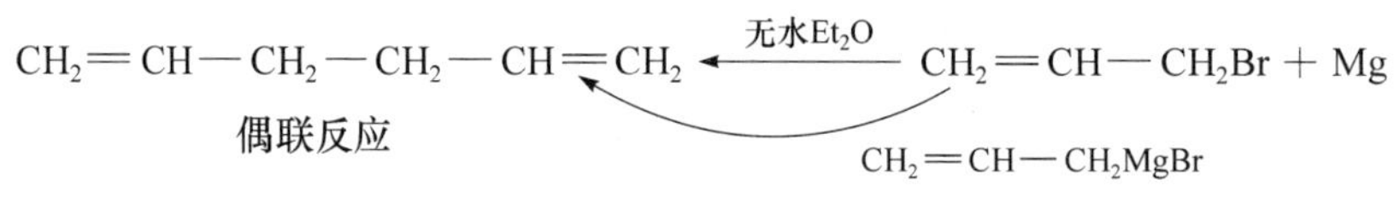

$$\xrightarrow{\text{无水四氢呋喃}} CH_2{=}CH{-}CH_2MgBr$$

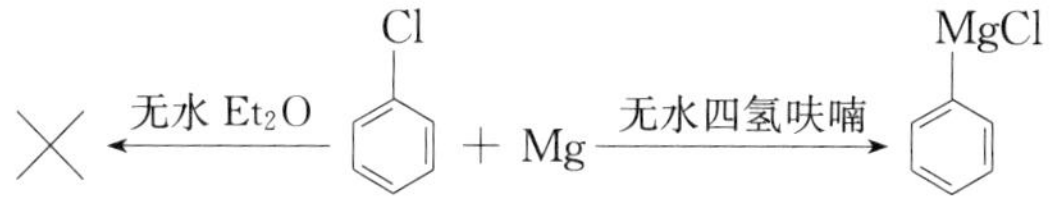

用四氢呋喃作溶剂可避免歧化反应和偶联反应的发生，因为四氢呋喃可与生成的Grignard试剂结合，抑制过渡态的生成：

过渡态　　　　溶剂与 Grignard 试剂结合

2. 用金属化法制 Grignard 试剂

当采用链状单取代末端炔烃或含有活泼氢的其他化合物时，用金属化法制备 Grignard 试剂，反应式如下：

$$RH + R'MgX \xrightarrow{Et_2O} RMgX + R'H$$

这里 R 的电负性大于 R′时，反应才能向产物的方向进行。例如：

$$RC{\equiv}CH + C_2H_5MgX \xrightarrow{Et_2O} RC{\equiv}CMgX + C_2H_6$$

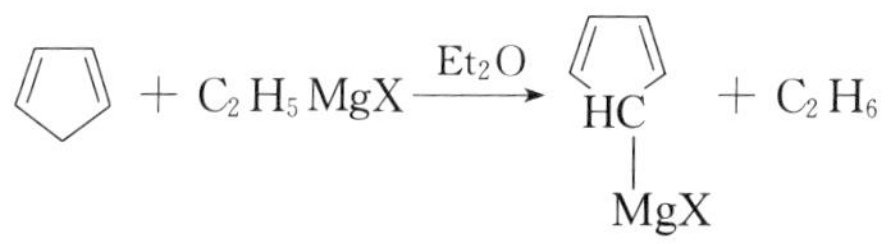

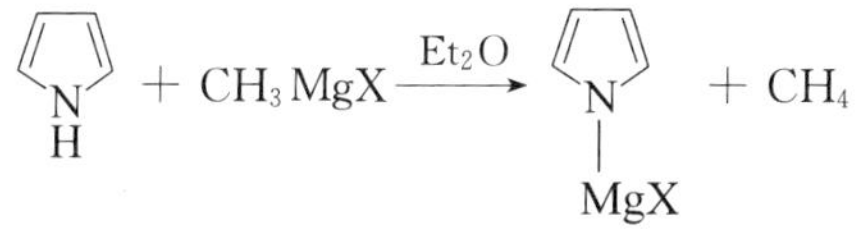

$$ROH + R'MgX \xrightarrow{Et_2O} ROMgX + R'H$$

在上述反应中—MgX 都移向电负性大的原子或基团，这可以用 Lewis 酸碱理论解释，即强的 Lewis 酸置换弱的 Lewis 酸。Grignard 试剂容易与水作用，也是这个道理。

3. Grignard 试剂的结构

Grignard 试剂中 C—Mg 键是共价键，而不是离子键。一般认为 Grignard 试剂的组成可用以下平衡表示：

$$2RMgX \rightleftharpoons R_2Mg + MgX_2 \rightleftharpoons R_2Mg \cdot MgX_2$$

在乙醚溶液中，Grignard 试剂的镁无论是以 RMgX、R_2Mg 或 MgX_2 哪种形式存在，都能与两分子的醚配位。

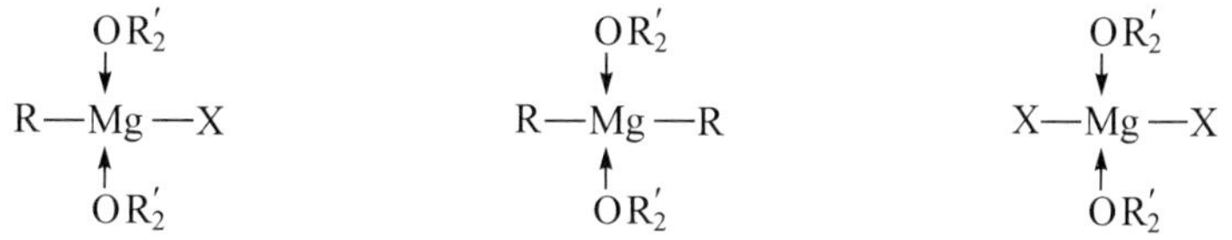

通过 X 射线衍射研究，还发现 Grignard 试剂的单体结构为：R—Mg—X。

5.1.2　Grignard 试剂的反应

根据 Grignard 试剂的结构特征,R 带部分负电荷,MgX 带部分正电荷,反应时 R 与作用物分子带部分正电性原子连接,MgX 与作用物分子带部分负电性原子连接。作用物分子可以是含有 $\diagdown C{=}O$、 $\diagdown C{=}S$、 $\diagdown S{=}O$、 $-N{=}O$、 $\diagdown C{=}N{-}$、 $-C{\equiv}N$ 的官能团化合物或环氧烷、卤代烃等化合物,进行亲核加成反应、亲核取代反应或偶联反应。

1. Grignard 试剂与羰基化合物的加成反应

在合成上,Grignard 试剂主要用于与羰基化合物反应以制备醇。Grignard 试剂与醛或酮的反应称为 Grignard 反应。反应结果,甲醛得伯醇,其他醛得仲醇,酮得叔醇。例如:

$$(CH_3)_2CHMgBr + CH_3\overset{O}{\underset{\|}{C}}H \xrightarrow{Et_2O} (CH_3)_2CH\overset{OMgBr}{\underset{|}{C}}HCH_3 \xrightarrow{H_3O^+} (CH_3)_2CH\overset{OH}{\underset{|}{C}}HCH_3$$
$$54\%$$

$$C_6H_5MgBr + (C_6H_5)_2C{=}O \xrightarrow{Et_2O} (C_6H_5)_3C{-}OMgBr \xrightarrow{H_3O^+} (C_6H_5)_3C{-}OH$$
$$91\%$$

Grignard 试剂与 α,β-不饱和醛作用一般主要生成 1,2-加成产物。例如:

$$C_2H_5MgBr + CH_3CH{=}CHCHO \xrightarrow[\textcircled{2}\,H_3O^+]{\textcircled{1}\,干醚} CH_3CH{=}CHCH\overset{}{\underset{|}{C}}H_2C_2H_5$$
$$\overset{}{\underset{OH}{}}$$
$$70\%$$

α,β-不饱和酮的结构不同,可能生成 1,2-加成和 1,4-加成的混合物,也可能主要生成 1,4-加成产物。例如:

$$C_2H_5MgBr + CH_3CH{=}CHCCH_3 \xrightarrow[\textcircled{2}\,H_3O^+]{\textcircled{1}\,干醚} CH_3CHCH_2{-}\overset{O}{\underset{\|}{C}}{-}CH_3 + CH_3CH{=}CHCCH_3$$

1,4-加成 38%　　　　　1,2-加成 41%

$$C_6H_5CH{=}CHCC(CH_3)_3 + C_2H_5MgBr \xrightarrow[\textcircled{2}\,H_3O^+]{\textcircled{1}\,干醚} C_6H_5CHCH_2\overset{O}{\underset{\|}{C}}C(CH_3)_3$$

1,4-加成 100%

以上 1,4-加成产物 100% 的例子主要原因是空间阻碍,因为亲核进攻 C^4 比进攻 C^2 容易得多。

Grignard 试剂与 α,β-不饱和酸酯作用主要生成 1,4-加成产物。例如:

$$C_6H_5MgBr + C_6H_5CH{=}CHCOC_2H_5 \xrightarrow[\textcircled{2}\,H_2O]{\textcircled{1}\,干醚} (C_6H_5)_2CHCH_2\overset{O}{\underset{\|}{C}}OC_2H_5$$

在催化量的铜盐存在下,Grignard 试剂与 α,β-不饱和酮或酯反应,生成 1,4-加成产物,产率良好。例如:

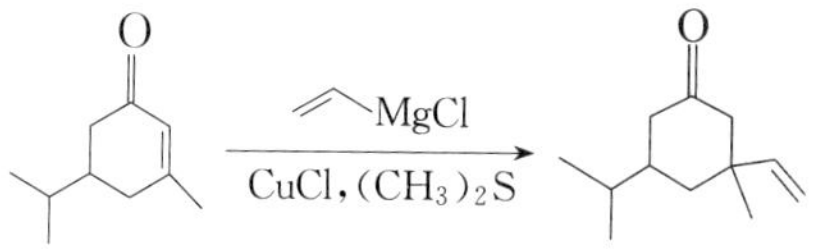

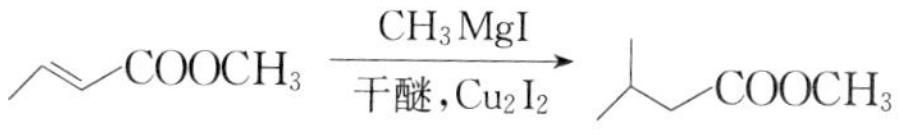

Grignard 试剂与羧酸衍生物作用生成醇。例如:

85%

75%

88%

Grignard 试剂与酰卤作用可使反应停留在生成酮的一步,反应式如下:

$$RCOCl + R'MgX \longrightarrow R\overset{\overset{OMgX}{|}}{\underset{\underset{R'}{|}}{C}}Cl \xrightarrow{H_2O} R\overset{O}{\overset{\|}{C}}R'$$

Grignard 试剂与二氧化碳作用生成羧酸,反应式如下:

$$(CH_3)_3CMgCl + O{=}C{=}O \longrightarrow (CH_3)_3C\overset{O}{\overset{\|}{C}}OMgCl \xrightarrow{H_2O} (CH_3)_3C\overset{O}{\overset{\|}{C}}{-}OH$$

干冰　　　　　　　　　　　　　　　　69%～70%

Grignard 试剂与腈作用也生成酮,反应式如下:

$$RCN \xrightarrow{R'MgX} R\overset{\overset{R'}{|}}{C}{=}NMgX \xrightarrow[-Mg(OH)X]{H_2O} R\overset{\overset{R'}{|}}{C}{=}NH \xrightarrow[HX]{H_2O} R\overset{O}{\overset{\|}{C}}{-}R' + NH_4X$$

酰亚胺

亚胺水解生成羰基化合物具有普遍意义,反应式如下:

$$CH_3MgX + \text{（含CN的菲环结构）} \xrightarrow[HX]{H_2O} \text{（含COCH}_3\text{的菲环结构）}$$
$$52\% \sim 59\%$$

2. Grignard 试剂与环氧化合物的反应

Grignard 试剂与环氧乙烷作用生成伯醇,碳链增加两个碳原子。例如,在香料工业中利用这个反应来合成苯乙醇,反应式如下:

$$C_6H_5MgBr + H_2C-CH_2 \xrightarrow{干醚} C_6H_5CH_2CH_2OMgBr \xrightarrow{H_3O^+} C_6H_5CH_2CH_2OH$$

$$C_4H_9MgBr + H_2C-CH_2 \xrightarrow{干醚} C_4H_9CH_2CH_2OMgBr \xrightarrow{H_3O^+} CH_3(CH_2)_4CH_2OH$$
$$60\%$$

Grignard 试剂与环氧丙烷作用生成仲醇,碳链上增加三个碳原子,反应式如下:

$$RMgX + CH_3-HC-CH_2 \longrightarrow CH_3CHCH_2 + CH_3CHCH_2$$
$$\underset{O^- \quad R}{} \quad \underset{R \quad O^-}{}$$
$$（1） \qquad （2）$$

该反应碳-氧键断裂产生(1)和(2)两种中间体,由于空间效应,一般经由(1)而得到仲醇,反应式如下:

$$RMgX + CH_3-HC-CH_2 \longrightarrow CH_3CHCH_2R \longrightarrow CH_3CHCH_2R$$
$$\underset{OMgX}{} \qquad \underset{OH}{}$$

Grignard 试剂与氧杂环丁烷作用生成伯醇,碳链增加三个碳原子,反应式如下:

$$RMgX + \square_O \xrightarrow{干醚} RCH_2CH_2CH_2OMgX \xrightarrow{H_3O^+} RCH_2CH_2CH_2OH$$

3. Grignard 试剂与卤代烃的偶联反应

Grignard 试剂与卤代烃作用是合成烃的重要方法,也是增长碳链的方法。Grignard 试剂与饱和一卤代烃作用制得的烃产率较低,但与烯丙基卤化物偶联,在室温下即可得到较高产率的末端烯烃。例如:

$$\text{（环己基）}-MgBr + CH_2=CH-CH_2Br \xrightarrow[室温]{Et_2O} \text{（环己基）}-CH_2CH=CH_2$$
$$70.5\%$$

$$CH_2=CHCH_2MgBr + CH_2=CHCH_2Br \longrightarrow CH_2=CHCH_2CH_2CH=CH_2$$
$$73\%$$

Grignard 试剂与乙烯基卤化物虽然也可发生偶联反应,但产率不高,然而在三氯化铁存在下即可顺利进行。例如:

$$n\text{-}C_6H_{13}MgBr + BrCH\!=\!CH_2 \xrightarrow[\text{THF,0 ℃}]{FeCl_3} n\text{-}C_6H_{13}CH\!=\!CH_2$$
$$83\%$$

合成末端烯烃的另一种方法是 Grignard 试剂与卤仿偶联。例如:

研究表明,该偶联反应可能是按卡宾机理进行的。例如:

$$RCH_2MgBr + CHBr_3 \longrightarrow :CHBr + RCH_2Br + MgBr_2$$

$$RCH_2MgBr + :CHBr \longrightarrow RCH_2CH: + MgBr_2$$

$$RCH_2CH: \longrightarrow RCH\!=\!CH_2$$

Grignard 试剂与四卤化碳作用则发生偶联反应,生成含有奇数碳原子的非末端烯烃。例如,由 1-溴丁烷合成 4-壬烯,反应式如下:

$$3CH_3(CH_2)_3MgBr + CF_2Br_2 \xrightarrow[-70\ ℃]{Et_2O} CH_3(CH_2)_2CH\!=\!CH(CH_2)_3CH_3$$
$$74\%$$

Grignard 试剂除发生上述反应外,还能与乙基原甲酸酯反应,经水解生成醛。

$$RMgX + \underset{EtO}{\overset{EtO}{CH\!-\!OEt}} \longrightarrow RCH(OEt)_2 \xrightarrow[-2EtOH]{H_2O/H^+} RCHO$$

菲基 Grignard 试剂和原甲酸酯反应制得 10-菲醛,反应式如下:

5.2　有机锂试剂

有机锂试剂[1,2]广泛应用于有机合成,多用作碱和亲核试剂。有机锂试剂能与大多数亲电试剂反应,该反应是进行亲核进攻还是发生夺氢作用取决于有机锂试剂、亲电试剂的结构及反应条件。由于有机锂试剂非常容易作为碱参与反应,所以在有机合成中的应用受到限制。有机锂试剂通常写为 R—Li。

5.2.1　有机锂试剂的制备

1. 卤代烷与金属锂反应

用相应的卤代烷与金属锂在无水乙醚中制备有机锂试剂。例如:

$$C_4H_9Cl + 2Li \xrightarrow[N_2]{\text{无水乙醚或己烷}} C_4H_9Li + LiCl$$

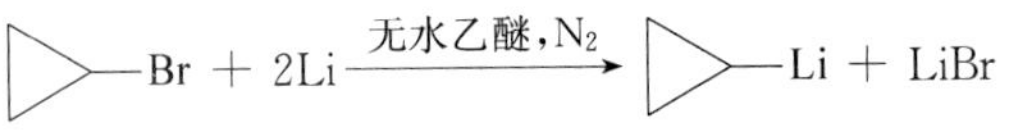

$$\triangleright\!\!-Br + 2Li \xrightarrow{\text{无水乙醚, } N_2} \triangleright\!\!-Li + LiBr$$

$$CH_3Br + 2Li \xrightarrow{\text{干冰, } N_2, Et_2O} CH_3Li + LiBr$$

2. 卤化物与正丁基锂交换反应

芳基卤、乙烯基卤化物与金属锂反应较难,因此通常采用卤化物交换法来制备相应的有机锂试剂,产率很好。例如:

$$CH_2=CHX + n\text{-}C_4H_9Li \xrightarrow{N_2, \text{无水 } Et_2O} CH_2=CH-Li + n\text{-}C_4H_9X$$

$$PhX + n\text{-}C_4H_9Li \xrightarrow{N_2, \text{无水 } Et_2O} PhLi + n\text{-}C_4H_9X$$

$$X：Br、I, \text{不包括 } Cl$$

卤化物和正丁基锂的交换反应之所以能够进行,是因为乙烯基或苯基的电负性大于正丁基。

3. 金属化反应

烃与 $n\text{-}C_4H_9Li$ 作用也可以制备有机锂试剂,烃中的氢原子被金属锂取代,称为金属化反应(夺氢反应)。例如:

$$n\text{-}C_4H_9C\equiv CH \xrightarrow[HMPT/C_6H_{12}]{n\text{-}C_4H_9Li} n\text{-}C_4H_9C\equiv CLi$$

$$(CH_3)_3CC\equiv CH \xrightarrow{n\text{-}C_4H_9Li} (CH_3)_3CC\equiv CLi$$

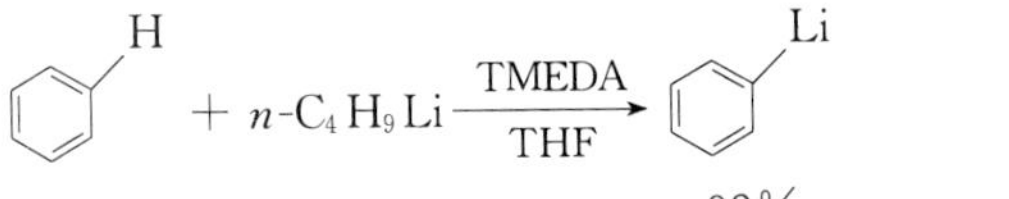

$$+ n\text{-}C_4H_9Li \xrightarrow[THF]{TMEDA} \quad 92\%$$

依据 Lewis 酸碱理论,其反应方向一般是强的 Lewis 酸置换弱的 Lewis 酸。反应中通常加入 N,N,N',N'-四甲基乙二胺(TMEDA)促进反应的进行,因为 TMEDA 与 $n\text{-}C_4H_9Li$ 中的 Li 发生螯合,成为螯合剂,以减弱有机锂试剂间的缔合,有利于金属化的进行,反应式如下:

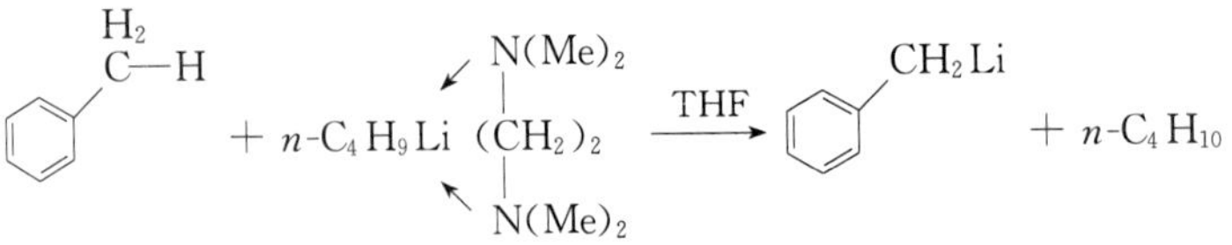

同理,利用金属化反应可以制备烃的相应锂试剂,反应式如下:

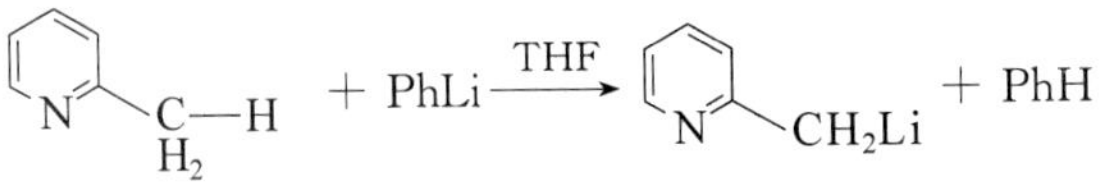

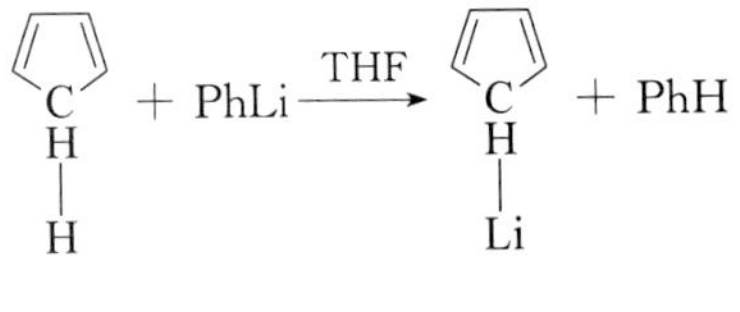

5.2.2 有机锂试剂的特征反应

有机锂试剂常以聚集体形式存在,有明显的碳-锂共价键特征。有机锂试剂中 $C^{\delta-}—Li^{\delta+}$,碳上具有部分负电荷,作为亲核试剂与 Grignard 试剂类似,可以与极性双键、卤代烃及活泼金属化合物反应。许多有机锂试剂参与的反应在乙醚溶液中进行。为避免碱性的有机锂试剂夺取溶剂乙醚中的氢,反应通常在低温(−78 ℃)下进行。

1. 有机锂试剂与羰基化合物反应

与 Grignard 试剂相比,有机锂试剂与羰基化合物反应时不易受空间阻碍的影响。例如,异丙基溴化镁和二异丙基酮的加成反应生成烯醇化产物和还原产物,而异丙基锂和二异丙基酮的加成反应则得到正常的三异丙基甲醇,反应式如下:

$$Me_2CHMgBr + (Me_2CH)_2C{=}O \xrightarrow{Et_2O} \underset{65\%}{(Me_2CH)_2CHOH} + \underset{35\%}{Me_2CH\overset{\displaystyle O}{\overset{\|}{C}}CHMe_2}$$

$$Me_2CHMgBr + (Me_2CH)_2C{=}O \not\longrightarrow (Me_2CH)_3C—OH$$

$$Me_2CHLi + (Me_2CH)_2C{=}O \xrightarrow{Et_2O} (Me_2CH)_3C—O—Li \xrightarrow{H^+/H_2O} (Me_2CH)_3C—OH$$

金刚烷酮与 C_2H_5Li 作用得三级醇,而与 C_2H_5MgBr 作用只得二级醇,反应式如下:

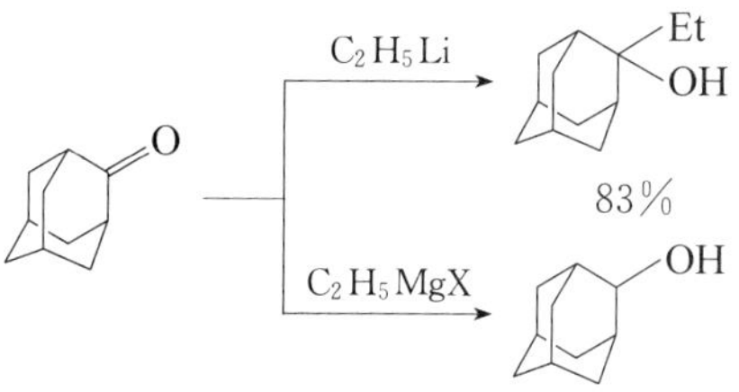

正戊基锂与 α,β-不饱和醛反应得到 1,2-加成产物,Corey 用该反应合成了前列腺素 F_2,反应式如下:

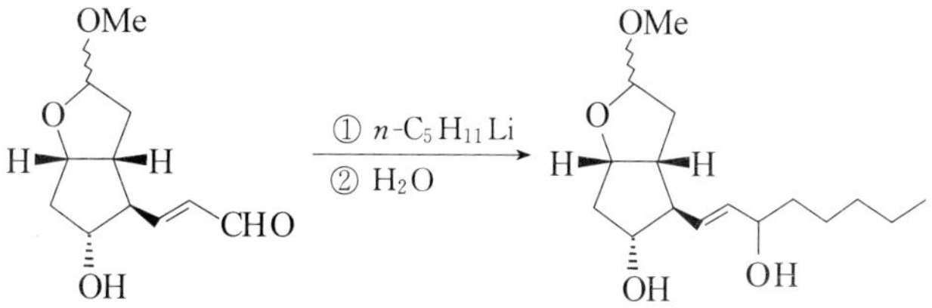

前列腺素F_2

有机锂试剂与 α,β-不饱和酮的加成是 1,2-加成占优势,而 Grignard 试剂与 α,β-不饱和酮的加成一般是 1,4-加成占优势。例如:

$$PhCH{=}CHCOPh \xrightarrow[1,4-]{PhMgX} Ph_2CHCH_2COPh$$

$$PhCH{=}CHCOPh \xrightarrow[1,2-]{PhLi} PhCH{=}CH\underset{\displaystyle OH}{\underset{|}{C}}Ph_2$$

2. 有机锂试剂与 CO_2、羧酸的反应

有机锂试剂与 CO_2 反应得到酮,而不是酸,反应式如下:

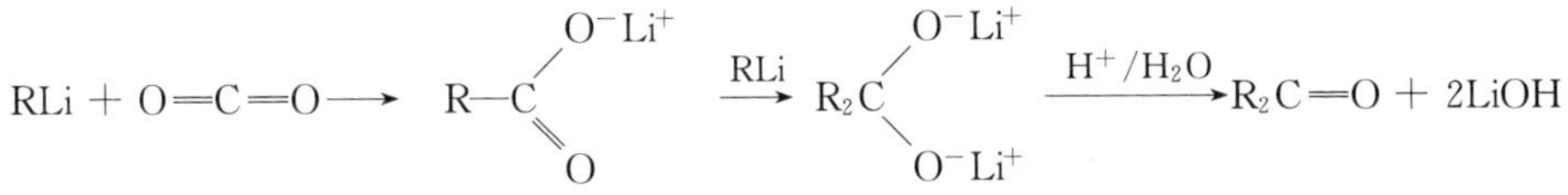

$$RLi + O{=}C{=}O \longrightarrow R{-}\underset{O}{\overset{O^-Li^+}{C}} \xrightarrow{RLi} R_2\underset{O^-Li^+}{\overset{O^-Li^+}{C}} \xrightarrow{H^+/H_2O} R_2C{=}O + 2LiOH$$

稳定的羧基阴离子

稳定的羧基阴离子的存在已得到证实。而 CO_2 与 Grignard 试剂反应得到羧酸,这可能是由于有机锂试剂比 Grignard 试剂具有更强的亲核性。

有机锂试剂与羧酸作用也转变为酮,反应通式如下:

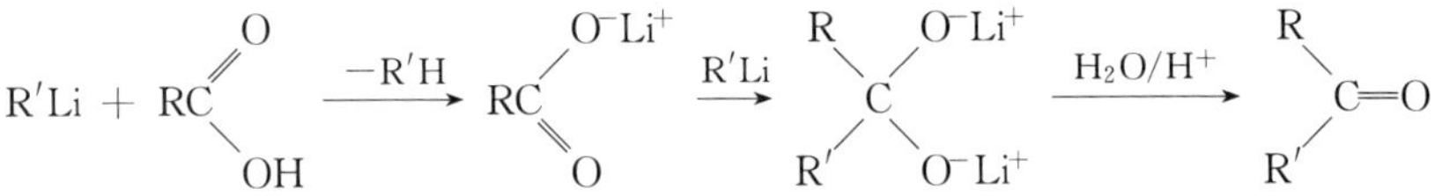

$$R'Li + RC\underset{OH}{\overset{O}{\diagdown}} \xrightarrow{-R'H} RC\underset{O}{\overset{O^-Li^+}{\diagdown}} \xrightarrow{R'Li} \underset{O^-Li^+}{\overset{R}{\underset{R'}{C}}}{\overset{O^-Li^+}{\diagup}} \xrightarrow{H_2O/H^+} \underset{R'}{\overset{R}{\diagup}}C{=}O$$

R′:饱和烃基或不饱和烃基
R:脂肪基、脂环基、芳香基、α,β-不饱和烃基

例如:

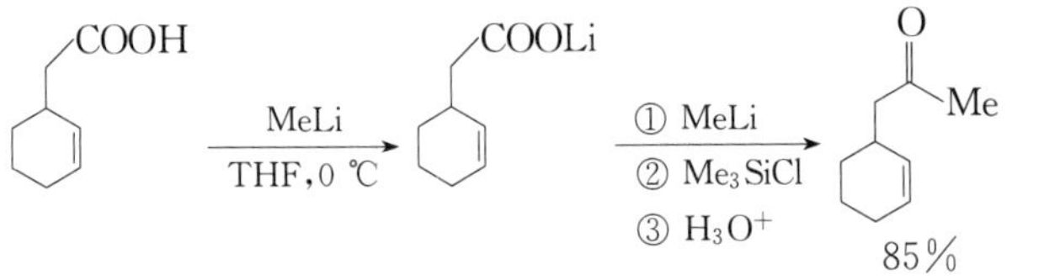

1 mol 甲基锂作为碱,夺氢生成羧酸锂盐,1 mol 甲基锂作为亲核试剂与该锂盐反应,再经后处理得到酮。

Grignard 试剂与羧酸作用生成的 RCOOMgX 羰基不活泼,不易再与 Grignard 试剂反应,因此不能用游离酸通过 Grignard 试剂合成酮。

3. 有机锂试剂与金属卤化物的反应

由于锂是电正性很高的金属,所以有机锂试剂可与某些电正性较低的金属卤化物在无水惰性溶剂中反应,以制备该金属的金属有机化合物。典型的反应有

$$4RLi + SnCl_4 \xrightarrow{N_2} R_4Sn + 4LiCl$$

$$2RLi + CuI \xrightarrow{N_2} R_2CuLi + LiI$$

$$RLi + CuI \xrightarrow{N_2} RCu + LiI$$

$$2RLi + HgCl_2 \xrightarrow{N_2} R_2Hg + 2LiCl$$

$$2RLi + (PEt_3)_2PtBr_2 \xrightarrow{N_2} (PEt_3)_2PtR_2 + 2LiBr$$

制得的相应金属有机化合物在有机合成上有重要应用。

4. 有机锂试剂与吡啶和三级酰胺的反应

芳香体系易发生亲电取代反应,不易发生亲核取代反应。有机锂试剂与 Grignard 试剂不同,C—Li 键比 C—Mg 键的可极化性大,它对芳香核的亲核反应是充分的。苯基锂与吡

啶在 0 ℃反应生成加成物,进一步反应得 2-苯基吡啶,反应式如下:

$$\text{吡啶} \xrightarrow[\text{Et}_2\text{O},0\ ℃]{\text{PhLi(RLi)}} \text{加成物(N-Li, Ph, H)} \xrightarrow{\text{O}_2\ \text{或硝基苯}} \text{2-苯基吡啶}$$
$$80\%$$

加成物在氧化剂(如空气、硝基苯等)作用下,得到吡啶的取代产物,也可以加热使环芳构化。总的结果是烷基(或芳基)负离子取代吡啶环上的负氢离子,这种反应在苯中较少见到,而在吡啶的 α-或 γ-位可以发生,特别是在 α-位。

有机锂试剂与三级酰胺反应可以生成醛或酮。例如:

$$CH_3(CH_2)_9Li + HCONMe_2 \longrightarrow CH_3(CH_2)_9CHO$$
$$60\%$$

$$H_3CO\text{—(苯环,2-Li,6-OCH}_3) + HCONMe_2 \longrightarrow H_3CO\text{—(苯环,2-CHO,6-OCH}_3)$$
$$62\%$$

$$CH_3(CH_2)_9Li + CH_3CONMe_2 \longrightarrow CH_3(CH_2)_9COCH_3$$
$$88\%$$

5. 炔基锂和烯基锂的反应

炔基锂[3]不仅化学性质活泼,而且在多种溶剂中都具有较好的溶解性,因此在炔烃的合成上显示出优越性。例如,5-十一炔的合成,其产率可达 90%,反应式如下:

$$n\text{-}C_4H_9C\equiv CH \xrightarrow[\text{HMPT/C}_6\text{H}_{14}]{n\text{-}C_4\text{H}_9\text{Li}} n\text{-}C_4H_9C\equiv CLi \xrightarrow[\text{HMPT},0\ ℃]{n\text{-}C_5\text{H}_{11}\text{Cl}} n\text{-}C_4H_9C\equiv CC_5H_{11}\text{-}n$$

用一般的炔化方法合成末端炔烃通常产率较低。但用乙炔单锂盐与乙二胺形成的络合物再进行烃化反应,则可得到产率较高的末端炔烃。例如:

$$HC\equiv CLi \cdot H_2NCH_2CH_2NH_2 + n\text{-}C_4H_9Br \xrightarrow{\text{DMSO}} n\text{-}C_4H_9C\equiv CH$$
$$88\%$$

炔基锂与有机硼烷反应,然后用碘处理,可合成高支链炔烃,且收到令人满意的效果。例如:

$$(CH_3)_3CC\equiv CH \xrightarrow{n\text{-}C_4\text{H}_9\text{Li}} (CH_3)_3CC\equiv C-Li \xrightarrow[\text{②} I_2]{\text{①}[(CH_3)_2CHCH_2]_3B} (CH_3)_3CC\equiv CCH_2CH(CH_3)_2$$
$$93\%$$

烯基化合物失去一个质子很困难($pK_a \approx 36$),更常用的是前面介绍的制备烯基锂化合物的方法,即利用正丁基锂或叔丁基锂与卤化烯烃进行锂卤素的交换反应,该交换反应是立体专一的。产物烯基的立体结构取决于底物烯基卤化物的立体结构。随后与亲电试剂反应的构型是保持的。例如:

如需制备具有特定立体结构的烯基化产物,这一特征就显得尤为重要[3]。

5.3　有机铜试剂

铜的有机化合物作为有机合成中的重要试剂是 20 世纪 60 年代后期发展起来的,包括有机铜(Ⅰ)试剂及有机铜锂试剂[2,4,5]。有机铜锂试剂一般表示为 R_2CuLi,这些试剂比著名的有机铜(Ⅰ)试剂更稳定,而且更活泼。R_2CuLi 是一种双金属络合物,它的溶解性好、活性高、选择性好,是有机合成中最常用的有机铜试剂。

5.3.1　有机铜试剂的制备

有机锂试剂与 CuI、氮气下在乙醚中反应即可制得有机铜(Ⅰ)试剂,反应式如下:

$$RLi + CuI \xrightarrow{N_2,Et_2O} RCu + LiI$$

2 mol 有机锂试剂与 CuI 在乙醚中反应制得有机铜锂试剂,反应式如下:

$$2RLi + CuI \xrightarrow{N_2,Et_2O} R_2CuLi + LiI$$

$$R:芳基、烯基、伯烷基等$$

利用这种方法很容易制得芳基、烯基、伯烷基铜化合物。仲烷和叔烷基铜化合物最好通过相应的锂化合物和一种可溶于醚的碘化亚铜衍生物(如三丁基膦或二甲基硫醚的络合物)来制备。例如:

$$CH_3Li + CuI \xrightarrow{Et_2O} CH_3Cu \xrightarrow{CH_3Li} Li(CH_3)_2Cu$$

$$2(CH_3)_3CLi + CuI(C_4H_9)_3P \xrightarrow{Et_2O} Li[(CH_3)_3C]_2CuP(C_4H_9)_3$$

最新的分光光度法研究证明,二甲基铜锂在乙醚中以二聚体 $[LiCu(CH_3)_2]_2$ 存在。

5.3.2　有机铜试剂的反应

1. 与 α,β-不饱和酮的共轭加成反应

有机铜锂试剂最有用的反应之一是它们对 α,β-不饱和酮进行共轭加成,生成相应的饱和酮的 β-衍生物,而在此条件下非共轭酮的羰基并不发生反应。它提供了在有机合成中向 α,β-不饱和酮的 β-位导入烷基、芳基、烯基、烯丙基、苄基的重要方法,并已成为标准的、专一性的、产率高的合成方法。其反应可能经过烯醇负离子中间体过程,表示如下:

$$\overset{+}{Li}RCu{-}R + {>}C{=}C{-}C{=}O \longrightarrow R{-}C{-}C{=}C{-}\overset{-}{O}Cu\overset{+}{R}Li \xrightarrow{H_2O}$$

$$R{-}C{-}C{=}C{-}OH \rightleftharpoons R{-}C{-}C{-}C{=}O$$

$$R:烷基、芳基、烯基、烯丙基、苄基$$

例如:

$$H_3C{-}HC{=}HC{-}\overset{\overset{O}{\|}}{C}{-}CH_3 + Me_2CuLi \longrightarrow Me_2CHCH_2COCH_3$$

94%

$$Me_2C\!=\!CHCOCH_3 + (CH_2\!=\!CH)_2CuLi \xrightarrow[\text{② } H_2O]{\text{① } Et_2O} CH_2\!=\!CHC(CH_3)_2CH_2COCH_3$$

72%

这一共轭加成对于具有位阻的化合物更为适用。例如：

98%

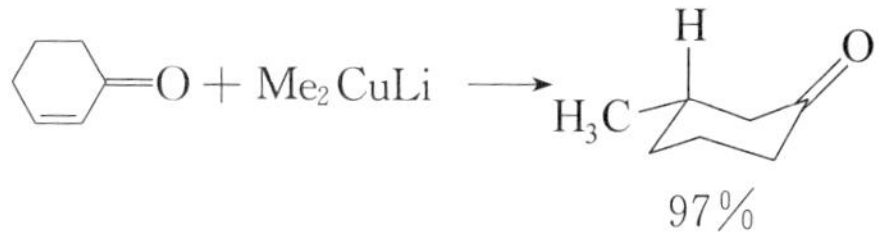

97%

对于多环体系的化合物,有机铜锂试剂的 1,4-加成反应是立体定向的,利用这一性质可进行许多天然产物的立体选择合成。例如：

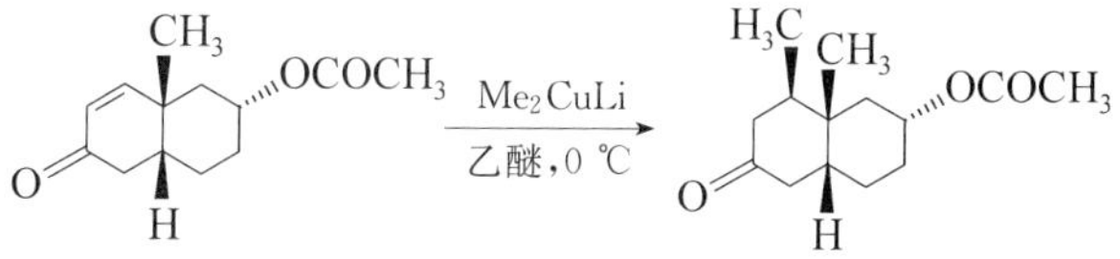

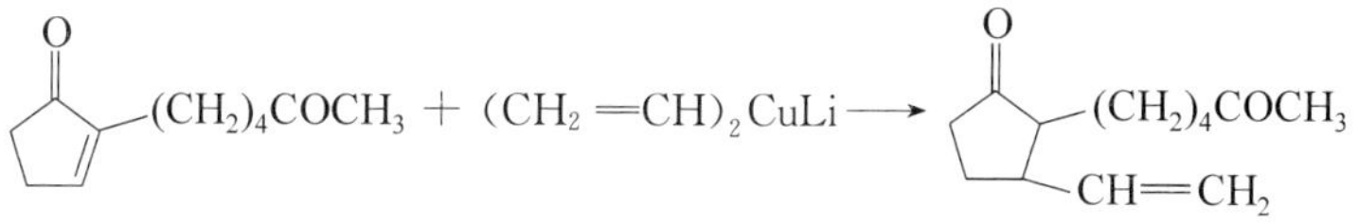

由于二烃基铜锂中的烃基可以是烷基、烯基、烯丙基和苄基、芳基等,反应物中带有 —CO—、—OH、—COOR、—CONR$_2$ 基团时不受影响,故在合成中应用很广。

关于有机基团从有机铜锂转移到共轭酮上的机理还不太清楚。但该试剂在与烯酮的反应中,R$_2$CuLi 中的 R 基发生转移,构型保持不变。

"通常"的有机铜锂对 α,β-不饱和醛的共轭加成在合成中是没有实际用处的。因为在发生共轭加成的同时,还有在羰基上反应的产物生成。然而,使用络合物 Me$_5$Cu$_3$Li$_2$ 能使这种共轭加成反应很有效。这种复合物是通过将适量的甲基锂加入碘化亚铜的乙醚悬浮液中形成的。它能将 α,β-不饱和醛有效地转化为 β-甲基醛。与 Me$_2$CuLi 不同,几乎没有进攻羰基的产物生成,甚至共轭加成能形成季碳原子。例如,环己叉基衍生物以 90% 的产率转化为 β-甲基醛,因为该产物脱羰基化后能形成许多天然产物中存在的偕二甲基结构,所以是有用的合成中间体。该过程表示如下：

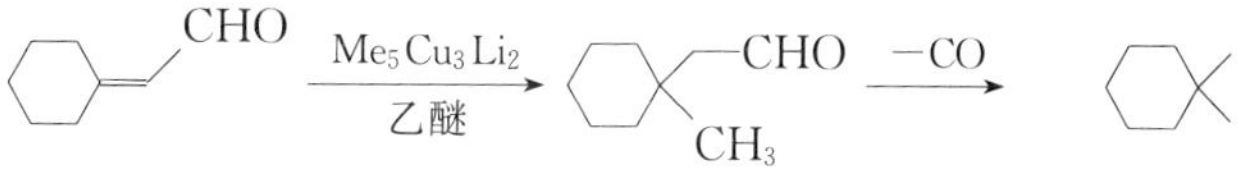

2. 与酰卤的作用

二烃基铜锂与酰卤反应[5]生成酮,但不是加成-消去反应机理,而是直接与酰卤的活泼卤素发生置换反应。酰卤分子中含有氰基、羧基、烷氧基、卤素等基团均无影响,这是铜试剂的又一特点。例如:

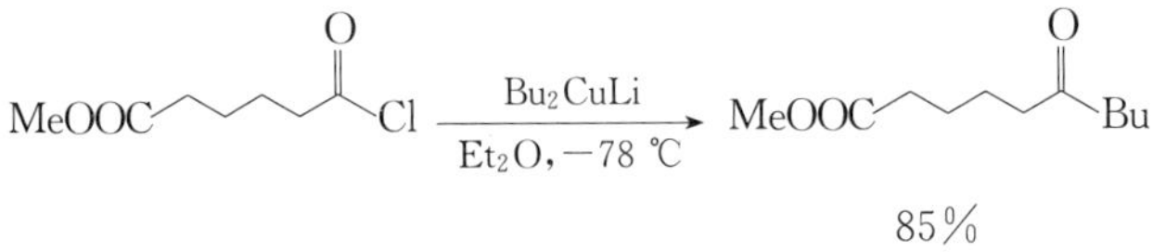

$$MeOOC\cdots CCl \xrightarrow[\text{Et}_2\text{O},\ -78\ \text{℃}]{\text{Bu}_2\text{CuLi}} MeOOC\cdots CBu$$

85%

$$CH_3(CH_2)_4CO(CH_2)_4COCl + Me_2CuLi \xrightarrow[\text{15 min}]{-78\ \text{℃}} CH_3(CH_2)_4CO(CH_2)_4COCH_3$$

95%

3. 与环氧化合物反应

与 Grignard 试剂、有机锂试剂类似,有机铜试剂能与环氧化合物反应,发生亲核开环,经水解得到醇。在环氧化合物中有羰基、酯基存在反应不受影响。例如,合成脱氧粗榧碱的反应式如下:

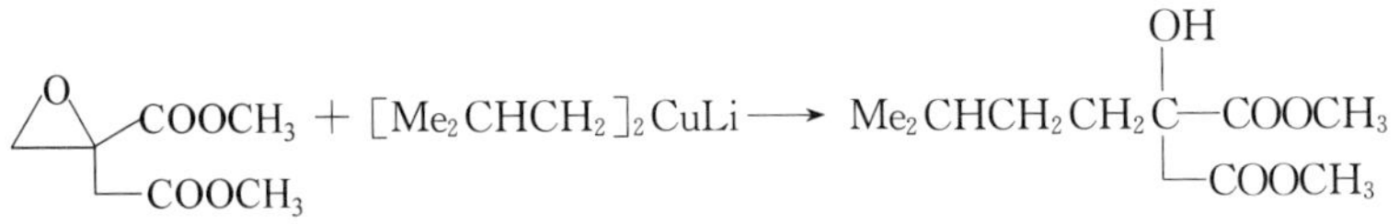

在 Cu(Ⅰ)存在下,碳负离子亲核试剂对 2,3-环氧醇的反应一般都选择优先进攻 C^2 位。例如:

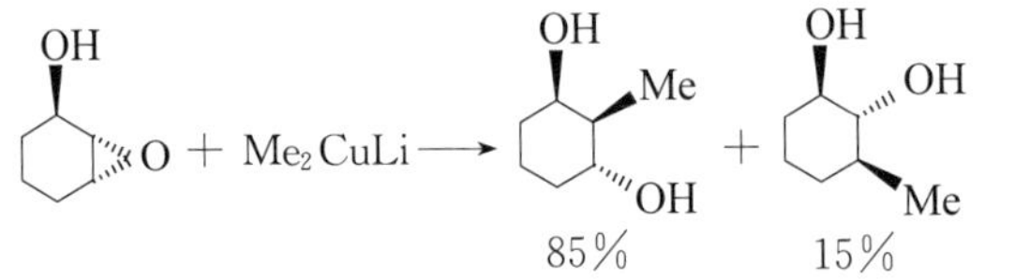

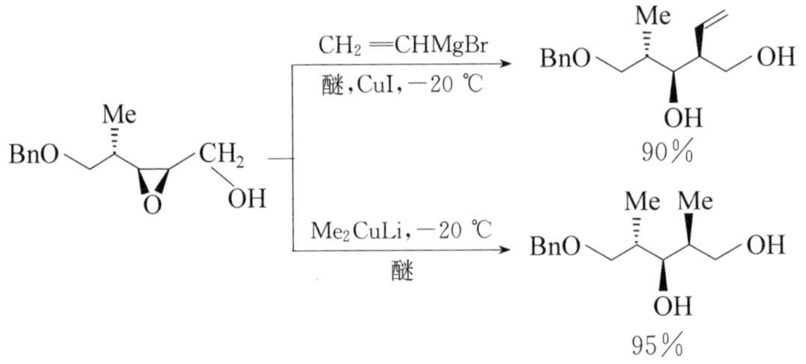

85%　　15%

90%

95%

有机铜试剂多数情况下进攻环氧化合物空间位阻小的碳原子,得到相应的醇。

4. 与卤代烃反应

与 Grignard 试剂类似,有机铜试剂也可与卤代烃反应[3],且具有以下优点:①有机铜试剂与烯丙基卤化物、乙烯基卤化物均能顺利反应;②无论是顺反异构的乙烯基卤化物与有机铜试剂反应,还是顺反异构的有机铜试剂与卤代烃反应,均可优先得到双键构型保持不变的产物,因此是一种新的立体选择性合成多取代烯烃的重要方法。例如:

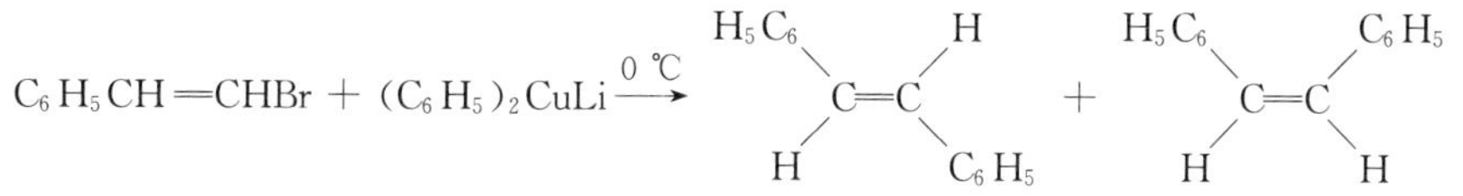

$$C_6H_5CH{=}CHBr + (C_6H_5)_2CuLi \xrightarrow{0\,^\circ C}$$

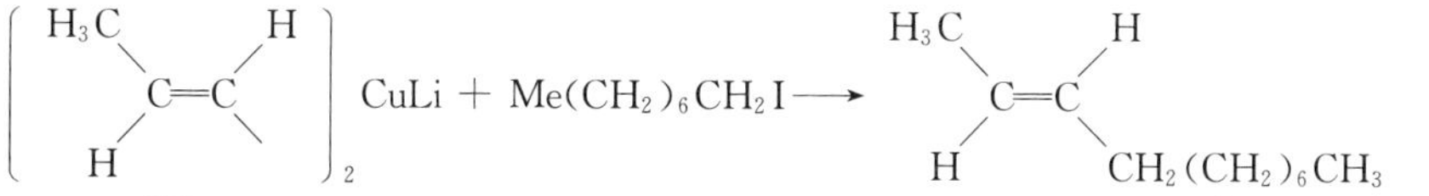

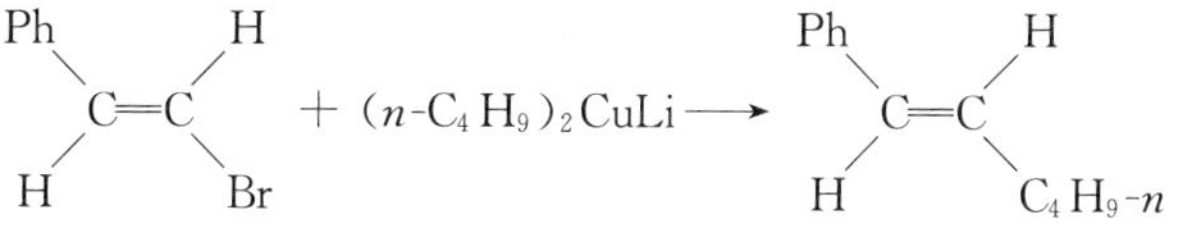

顺式　　　　　　　　　$<1\%$　　　　　　　73%
反式　　　　　　　　　90%　　　　　　　$<2\%$

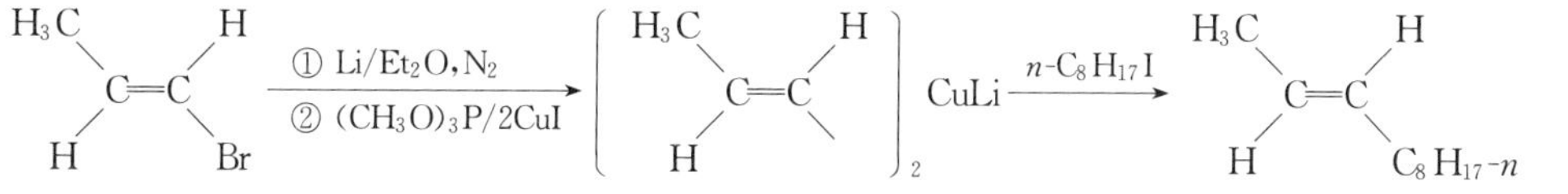

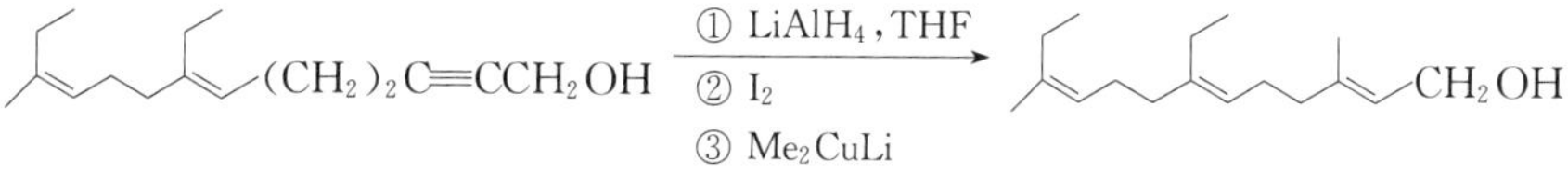

在这类醇中,原来存在于炔醇中的取代基构型保持,利用这种方法可解决许多合成问题。例如,上述三取代烯烃的立体选择性合成在保幼激素的合成中是关键的一步。这种合成保持原来的构型不变。

炔铜化合物可与芳卤、乙烯基卤顺利发生反应,广泛用于芳基炔烃、共轭炔烃的合成。例如:

$$Cl{-}HC{=}CH{-}I + CuC{\equiv}C{-}Ph \xrightarrow{C_5H_5N} Cl{-}HC{=}CH{-}C{\equiv}C{-}Ph$$

有机铜试剂也可与下列卤代烃、磺酸酯、羧酸酯发生烃化反应。例如:

$$(n\text{-}C_4H_9)_2CuLi + C_{10}H_{21}Br \longrightarrow C_{14}H_{30} + CuLiBr$$
$$80\%$$

$$(n\text{-}C_4H_9)_2CuLi + PhI \longrightarrow C_4H_9Ph + CuLiI$$
$$75\%$$

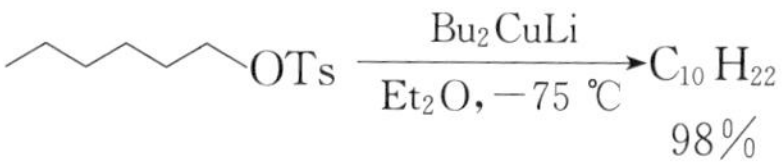

二烃基铜锂试剂作为亲核试剂有很高的选择性,卤代烃分子中含有羟基、羰基、酯基、酰胺基、氰基等在烃化条件下都不受影响。

5. 有机铜试剂的偶联反应

当加热有机铜试剂(有时甚至是室温)或二烃基铜锂试剂暴露在氧化剂(包括空气)中时,

发生偶联反应。例如：

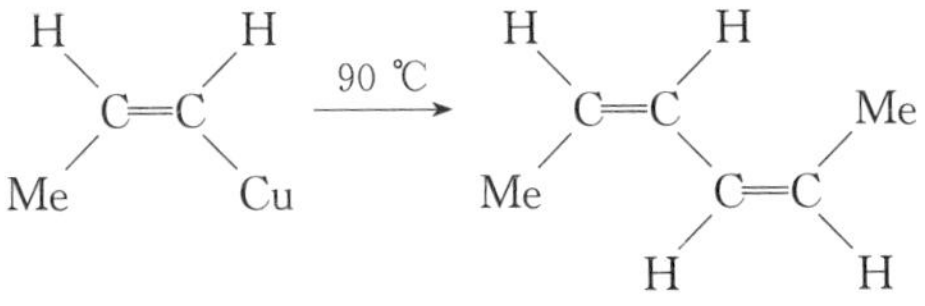

$$\underset{\underset{Me}{\overset{H}{\diagdown}}}{\overset{\overset{H}{\diagup}}{C=C}}\underset{Cu}{} \xrightarrow{90\ ℃} \cdots$$

84%

$$PhCH_2Cu \xrightarrow{25\ ℃} PhCH_2CH_2Ph$$

88%

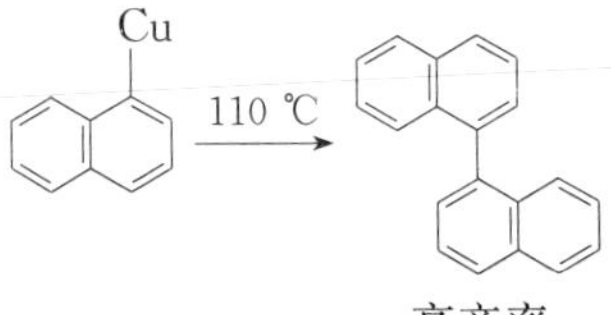

$$\xrightarrow{110\ ℃}$$

高产率

$$\left[\underset{Me}{\overset{H}{\diagdown}}C=C\underset{H}{\overset{}{\diagup}} \right]_2 CuLi \xrightarrow[-78\ ℃]{O_2} \cdots$$

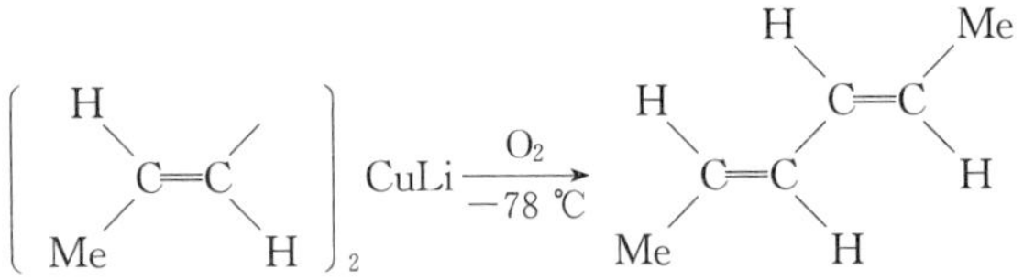

78%

$$Ph_2CuLi \xrightarrow[-78\ ℃]{O_2} Ph—Ph$$

75%

$$(C_2H_5CH)_2CuLi \xrightarrow[-78\ ℃]{O_2} C_2H_5CH—CH—C_2H_5$$
$$\underset{CH_3}{} \quad\quad \underset{CH_3}{} \ \underset{CH_3}{}$$

82%

这些偶联反应最简单的解释是单电子转移，从而发生自由基偶联，反应式如下：

$$R—Cu^I\ [\rightleftharpoons R^- + (Cu^I)^+] \longrightarrow R· + Cu^0$$

$$R· + R· \longrightarrow R—R$$

$$R—(Cu^I)^-\overset{|}{\underset{R}{}} \xrightarrow{O_2} R—(Cu^{II})—R[\rightleftharpoons R^- + (Cu^{II})^+R] \longrightarrow R· + Cu^{II}R$$

$$R· + R· \longrightarrow R—R$$

5.4　膦叶立德

5.4.1　膦叶立德的结构和制备

膦叶立德[6]是碳负离子的内鏻盐，结构为 $R_3P^+—C^-R^1R^2$。它的结构特征是含有一个半极性键，由于磷原子具有低能量的 3d 空轨道，而 α-碳上又具有孤电子对的 p 轨道，因此可以发生 d-pπ 共轭，分散 α-碳上的负电荷，使分子趋于稳定，故膦叶立德也可用 $R_3P=CR^1R^2$ 表示，用化学式表示如下：

$$R_3 \overset{+}{P} - \overset{-}{\underset{R^2}{\overset{R^1}{C}}} \longleftrightarrow R_3 P = \underset{R^2}{\overset{R^1}{C}}$$

制备膦叶立德最常用的方法是将三价磷化物与卤代烷作用生成的季𬭸盐用适当的碱处理,脱去 α-氢而得到,反应式如下:

$$\underset{R^2}{\overset{R^1}{\diagdown}}CHBr + R_3P \longrightarrow \underset{R^2}{\overset{R^1}{\diagdown}}CH\overset{+}{P}R_3 \overset{-}{Br} \overset{\text{碱}}{\longrightarrow} \underset{R^2}{\overset{R^1}{\diagdown}}C = PR_3$$

R 通常都是苯基,也可以是吸电子基团或烷基等。一般常用的碱性试剂是丁基锂、苯基锂的醚溶液,氨基钠的液氨溶液,氢化钠的四氢呋喃溶液,醇锂的醇溶液或二甲基甲酰胺溶液等。一般而言,制得的膦叶立德不需析离,让其保存在溶液中,再加入其他反应试剂即可进一步反应。若采用双相体系,不稳定膦叶立德也可用𬭸盐与氢氧化钠水溶液反应制得,因为此时不稳定膦叶立德一经制得立即转入有机相(如二氯甲烷)中,发生下一步反应。

卡宾或苯炔与膦作用,或二氯三苯基膦在三乙胺存在下与活性亚甲基化合物反应也可制得膦叶立德,反应式如下:

$$CH_2Cl_2 \xrightarrow{n\text{-}C_4H_9Li} :CHCl \xrightarrow{Ph_3P} Ph_3P = CHCl$$

$$\bigcirc + Ph_2PCH_3 \longrightarrow \underset{CH_3}{\overset{\overset{+}{P}Ph_2}{\bigcirc}} \longrightarrow Ph_3P = CH_2$$

$$Ph_3PCl_2 + H_2C\underset{Y}{\overset{X}{\diagdown}} \xrightarrow{Et_3N} Ph_3P = C\underset{Y}{\overset{X}{\diagdown}}$$

$$X、Y:CN,COR,COOR$$

5.4.2　膦叶立德的反应

膦叶立德的结构特征表明它是一类强亲核试剂,但与一般的碳负离子不同,绝大多数都稳定存在。膦叶立德具有特殊的化学活性,能发生多种有机反应[7],是有机合成的重要中间体,广泛用于碳-碳键的形成。

1. 与羰基化合物的反应

膦叶立德与醛、酮反应生成烯烃,该反应称为 Wittig(维悌希)反应或羰基烯化反应,是合成烯烃的极有价值的重要方法,反应通式表示如下:

$$R_3P = \underset{R^2}{\overset{R^1}{C}} + \underset{R^4}{\overset{R^3}{C}} = O \longrightarrow R^1R^2C = CR^3R^4 + R_3P = O$$

该反应条件温和、产率高,广泛用于取代乙烯基的合成。反应的第一个特点是高度的位置专一性。产物中所生成的双键位于原来羰基的位置,可以制得能量上不利的环外双键化合物。例如:

$$环己酮 + H_2C=PPh_3 \xrightarrow{DMSO} 亚甲基环己烷 + Ph_3P$$

亚甲基环己烷
86%

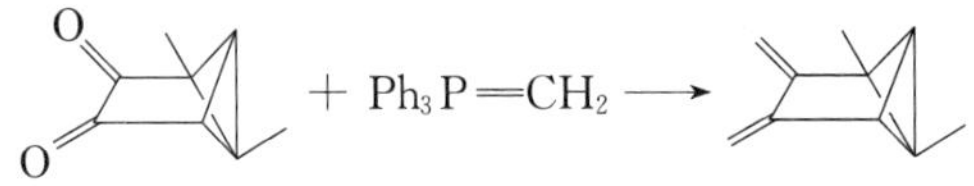

$$+ Ph_3P=CH_2 \longrightarrow$$

又如,维生素 D_2 的合成:

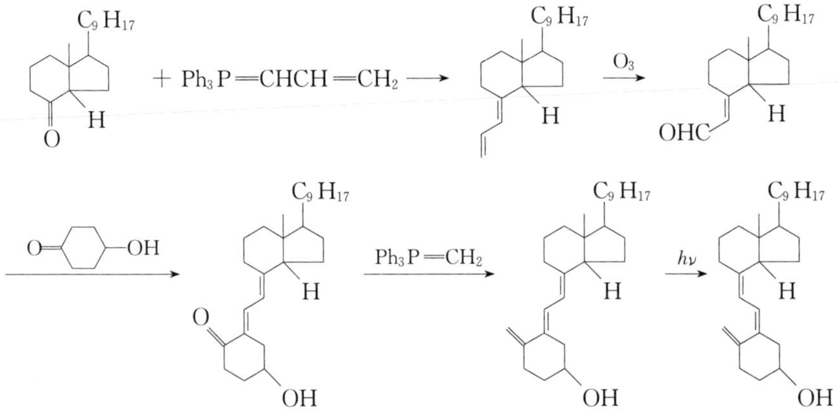

$$+ Ph_3P=CHCH=CH_2 \longrightarrow \xrightarrow{O_3}$$

$$\xrightarrow{} \xrightarrow{Ph_3P=CH_2} \xrightarrow{h\nu}$$

第二个特点是与 α,β-不饱和羰基化合物作用不发生 1,4-加成,因此双键位置比较固定,非常适合多烯类化合物和萜类化合物的合成。例如,维生素 A 的合成,反应式如下:

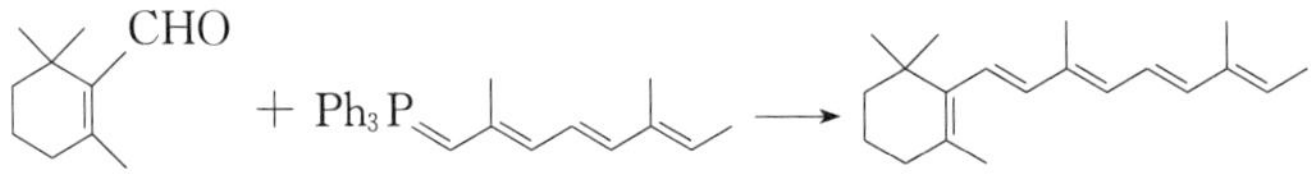

$$+ Ph_3P=CHCH=CHCH=CH \longrightarrow$$

维生素 A

第三个特点是反应具有很好的立体选择性。一般来说,在非极性溶剂中,共轭稳定的膦叶立德与醛(酮)反应优先生成反式烯烃,而不稳定的膦叶立德则优先生成顺式烯烃[2,8~10]。这一特点特别适合许多产物中双键的立体选择性合成。例如:

$$Ph_3P=CHCH_3 + CH_3COCHMe_2 \longrightarrow$$

90%

$$Ph_3P=CHCOOCH_3 + CH_3COCHMe_2 \longrightarrow$$

又如,甲基胭脂素的合成也是利用膦叶立德与二元醛反应,立体选择地形成两个反式烯键,反应式如下:

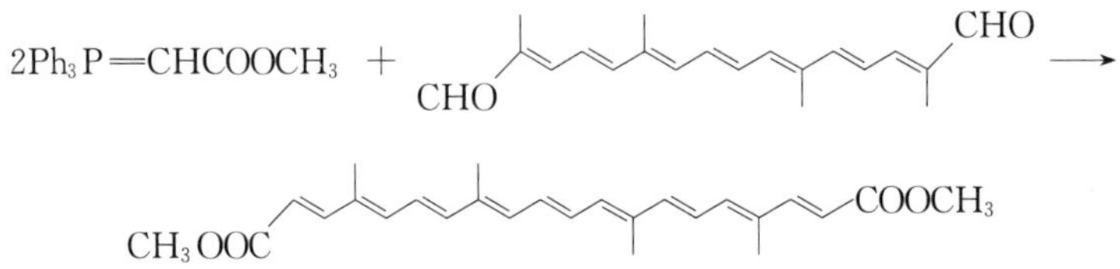

$$2Ph_3P=CHCOOCH_3 + OHC \cdots CHO \longrightarrow$$

$$CH_3OOC \cdots COOCH_3$$

Wittig 反应的立体化学与膦叶立德的种类及反应条件有关,如表 5-1 所示。

表 5-1　Wittig 反应的立体选择性

反应条件	稳定的膦叶立德	不稳定的膦叶立德
极性溶剂		
非质子性	低选择性,但以反式为主	选择性差,以顺式为主
质子性	生成顺式烯烃的选择性增加	生成反式烯烃的选择性增加
非极性溶剂		
无盐存在	高选择性地生成反式烯烃	高选择性地生成顺式烯烃
有盐存在	生成顺式烯烃的选择性增加	生成反式烯烃的选择性增加

Wittig 反应的机理首先是膦叶立德对羰基化合物进行亲核加成,形成内鎓盐,然后闭环形成四元环中间体,最后发生顺式消除形成烯烃,反应式如下:

$$2Ph_3P \quad \begin{matrix} R^1 \\ R^2 \end{matrix} \quad + \quad \begin{matrix} R^3 \\ R^4 \end{matrix} O \longrightarrow Ph_3\overset{+}{P} - \overset{\overset{R^1}{|}}{\underset{\underset{R^4}{|}}{C}} - R^2 \longrightarrow Ph_3P \quad \overset{R^1}{\underset{R^4}{C}} - R^2$$

内鎓盐　　　　四元环中间体

$$\longrightarrow R^1R^2C = CR^3R^4 + Ph_3P = O$$

在反应中加入氢溴酸,内鎓盐可以 β-羟基鎓盐的形式析离,并在低温下确实能析离获得四元环中间体,这是对上述机理的有力证明。

Wittig 试剂价格比较昂贵,一种改进的方法是用价格低廉的亚磷酸酯 $(RO)_3P$ 代替 PPh_3。亚磷酸酯与卤代烃反应,经 Arbuzov(阿尔布佐夫)重排生成烷基膦酸酯,烷基膦酸酯在强碱存在下与羰基化合物反应,高产率地生成烯烃及磷酸根,该方法称为 Wadsworth(沃兹沃思)合成法,反应机理如下:

$$PCl_3 + 3ROH \xrightarrow[-3HCl]{} P(OR)_3 \xrightarrow[-RCl]{R'CH_2Cl} (RO)_2\overset{O}{\overset{||}{P}} - CH_2R' \xrightarrow{CH_3ONa} (RO)_2\overset{\overset{HCR'}{}}{P} = O$$

$$(RO)_2\overset{HCR'}{P} = O + \begin{matrix} R^3 \\ R^4 \end{matrix}C = O \longrightarrow (RO)_2\overset{\overset{\bar{O}}{|}}{P} \overset{- CHR'}{\underset{- CR^3R^4}{|}} \longrightarrow R'CH = CR^3R^4 + (RO)_2\overset{\overset{\bar{O}Na^+}{}}{P} = O$$

R′:COOR、COR、CN 等

反应中生成的碳负离子 $(RO)_2POC^-HR'$ 具有与膦叶立德类似的性质,能与羰基化合物反应生成烯烃。由于含有 P 和 O 原子,所以该负离子又称 PO 试剂,故有人也称上述反应为 PO 反应,或称 Wittig-Horner(霍纳)-Wadsworth 反应。这一方法的优点有 $(RO)_3P$ 比 PPh_3 价格便宜、膦酸酯容易制备、膦酸酯碳负离子的亲核性比相应的膦叶立德强、操作手续简化,最突出的优点是膦酸酯碳负离子与醛或酮发生的立体化学反应受取代基的立体因素、电子效应及反应介质的影响较小,几乎立体专一性地生成反式产物,因此广泛用于天然产物的立体选择合成。例如:

$$\text{PhCH}_2\overset{\displaystyle\overset{O}{\|}}{\text{P}}(\text{OC}_2\text{H}_5)_2 \xrightarrow[\text{② ArCHO}]{\text{① NaOC}_2\text{H}_5} \overset{\displaystyle\underset{\text{Ph}}{\text{H}}}{}\text{C}=\text{C}\overset{\displaystyle\overset{\text{Ar}}{}}{\underset{\text{H}}{}}$$

利用 Wittig-Horner 反应能够很方便地合成色胺,反应式如下:

$$\begin{array}{c}\text{R}\\ \text{吲哚-N-Ac}\end{array} + \text{EtO}\overset{\displaystyle\overset{O}{\|}}{\underset{\text{OEt}}{\text{P}}}\text{CH}_2\text{CN} \xrightarrow{\text{NaH/THF/HMPT}} \begin{array}{c}\text{R}\quad\text{CH}_2\text{CN}\\ \text{吲哚-N-Ac}\end{array}$$

$$\xrightarrow[\text{NaOH}]{\text{MeOH}} \begin{array}{c}\text{R}\quad\text{CH}_2\text{CN}\\ \text{吲哚-N-H}\end{array} \xrightarrow[\text{NaOH/MeOH}]{\text{H}_2/\text{Raney Ni}} \begin{array}{c}\text{R}\quad\text{CH}_2\text{CH}_2\text{NH}_2\\ \text{吲哚-N-H}\end{array}$$

前列腺素的重要中间体反式烯酮内酯就是利用这种反应合成的,反应式如下:

$$\text{C}_5\text{H}_{11}\text{COCH}_2\overset{\displaystyle\overset{O}{\|}}{\text{P}}(\text{OCH}_3)_2 + \underset{\text{ArCOO}}{[内酯-CHO]} \xrightarrow{\text{碱}} \underset{\text{ArCOO}\ \text{H}}{[内酯]}\text{C}=\text{C}\overset{\text{H}}{\underset{\text{COC}_5\text{H}_{11}}{}}$$

2. 酰化反应

　　膦叶立德与酰卤或其类似物在苯溶液中作用[6]是制备酰基膦叶立德的实用方法。酰基膦叶立德是有机合成的重要中间体,将其加热水解或者用锌-乙酸还原裂解可制得酮,进行高温裂解可得到炔,反应式如下:

$$\text{Ph}_3\text{P}=\text{CHR} + \text{R}'\text{COCl} \longrightarrow \left[\begin{array}{c}\text{Ph}_3\overset{+}{\text{P}}-\text{CHR}\\ \text{O}=\overset{\displaystyle|}{\text{C}}-\text{R}'\end{array}\right]\text{Cl}^- \xrightarrow{\text{Ph}_3\text{P}=\text{CHR}} \begin{array}{c}\text{Ph}_3\text{P}=\text{CR}\\ \text{O}=\overset{\displaystyle|}{\text{C}}-\text{R}'\end{array} + [\text{Ph}_3\overset{+}{\text{P}}\text{CH}_2\text{R}]\text{Cl}^-$$

$$50\%\sim93\%$$

$$\text{R}-\text{C}\equiv\text{C}-\text{R}' \xleftarrow{\triangle} \begin{array}{c}\text{Ph}_3\text{P}=\text{C}-\text{R}\\ \text{O}=\overset{\displaystyle|}{\text{C}}-\text{R}'\end{array} \xrightarrow[\text{或 Zn/CH}_3\text{COOH}]{\text{H}_2\text{O}} \text{RCH}_2\text{COR}'$$

$$74\%\sim93\%$$

　　采用酰卤进行酰化反应的缺点是有一分子膦叶立德转变为鳞盐,若改用羧酸酯或硫代羧酸酯作酰化剂则可避免这一缺点,反应式如下:

$$\text{Ph}_3\text{P}=\text{CHR} + \text{R}'\text{COSEt} \longrightarrow \begin{array}{c}\text{Ph}_3\text{P}=\text{CR}\\ \text{O}=\overset{\displaystyle|}{\text{C}}-\text{R}'\end{array} + \text{EtSH}$$

$$76\%\sim93\%$$

$$\begin{array}{c}\text{COOC}_2\text{H}_5\\ (\text{CH}_2)_n\overset{\displaystyle|}{}\\ \text{C}=\text{PPh}_3\\ \text{H}\end{array} \longrightarrow \begin{array}{c}\overset{O}{\|}\\ \text{C}\\ (\text{CH}_2)_n\diagup\ \diagdown\\ \text{C}=\text{PPh}_3\end{array} + \text{EtOH}$$

$$41\%\sim84\%$$

　　若采用氯甲酸甲酯对膦叶立德进行 C-酰化反应,生成 α-烷氧羰基膦叶立德,水解可合成羧酸酯,反应式如下:

$$Ph_3P{=}CHR + ClCOOR' \longrightarrow Ph_3P{=}CR \quad + [Ph_3\overset{+}{P}CH_2R]Cl^-$$
$$\underset{COOR'}{|}$$
$$75\% \sim 96\%$$
$$\downarrow H_2O$$
$$RCH_2COOR' + Ph_3PO$$

若将制得的 α-烷氧羰基膦叶立德再用酰氯进行 C-酰化,可以合成丙二烯衍生物。例如:

$$Ph_3P{=}\underset{COOEt}{\overset{R}{C}} + R'CH_2COCl \longrightarrow \left[Ph_3\overset{+}{P}{-}\underset{COOEt}{\overset{R}{C}}{-}COCH_2R' \right]Cl^-$$

$$Ph_3P{=}\underset{COOEt}{\overset{R}{C}} \longrightarrow \left[Ph_3\overset{+}{P}{-}\underset{COOEt}{\overset{R}{C}}{-}\overset{\overset{\bar{O}}{|}}{C}{=}CHR' \right] \longrightarrow R'CH{=}C{=}\underset{COOEt}{\overset{R}{C}}$$
$$51\% \sim 80\%$$

3. 偶联反应

具有 α-氢的膦叶立德与氧作用能发生偶联反应,提供了一类合成对称烯烃的方法。

$$Ph_3P{=}CHR + O_2 \longrightarrow RCH{=}CHR + Ph_3PO$$
$$60\% \sim 72\%$$

膦叶立德的偶联反应是制备环烯的良好方法。例如:

$$(CH_2)_n\begin{matrix}CH{=}PPh_3 \\ CH{=}PPh_3\end{matrix} \xrightarrow{O_2} \begin{cases} (CH_2)_n\begin{matrix}CH \\ \| \\ CH\end{matrix} \quad (n=3,4,5) \\ 52\% \sim 68\% \\ \\ (CH_2)_n\begin{matrix}CH{=}CH \\ CH{=}CH\end{matrix}(CH_2)_n \\ 52\% \end{cases}$$

没有 α-氢的膦叶立德与氧反应生成酮,这是因为膦叶立德与氧反应的速率大于膦叶立德与酮进一步反应的速率。控制氧的用量使氧化反应进行一半即停止供氧,此时生成的酮与未反应的膦叶立德作用可得到烯烃,反应式如下:

$$Ph_3P{=}\underset{Et}{\overset{CH_3}{C}} + O_2 \longrightarrow \underset{Et}{\overset{CH_3}{C}}{=}O + Ph_3PO$$

$$\underset{Et}{\overset{CH_3}{C}}{=}O + Ph_3P{=}\underset{Et}{\overset{CH_3}{C}} \longrightarrow Et{-}\underset{CH_3}{\overset{}{C}}{=}\underset{CH_3}{\overset{}{C}}{-}Et + Ph_3PO$$
$$57\%$$

5.5 有机硼试剂

有机硼试剂主要包括硼烷和烃基硼烷,由于硼是元素周期表中第二周期ⅢA族元素,电子构型为 $1s^2 2s^2 2p^1$,故硼与碳一般形成三价化合物,其外层仅有 6 个电子,所以有机硼试剂是高度缺电子的亲电试剂。这种试剂能够发生各种反应,合成多种化合物。其中有些反应在有机合成上具有重要价值[11,12]。

5.5.1 硼氢化反应

烃基硼烷是由硼烷 BH_3 [通常以气态二聚体二硼烷(B_2H_6)存在]对烯烃或炔烃的加成得到,这个反应称为硼氢化反应,反应通式如下:

$$\text{C=C} + \text{H—B} \xrightarrow{室温} \text{H—C—C—B}$$

$$\text{—C≡C—} + \text{H—B} \xrightarrow{室温} \text{C=C} \longrightarrow \text{—CH}_2\text{—CH}$$

该反应几乎在任何情况下室温就能迅速地进行,只有位阻特别大的烯烃才不反应。对单取代或双取代的乙烯加成时,生成三烷基硼化物;三取代的烯烃通常只生成二烷基硼化物;四取代的乙烯只形成一烷基硼化物。这主要是由于立体阻碍的影响。例如:

$$n\text{-C}_4\text{H}_9\text{CH}=\text{CH}_2 + B_2H_6 \longrightarrow n\text{-C}_4\text{H}_9\text{CH}_2\text{CH}_2\text{BH}_2 \xrightarrow{n\text{-C}_4\text{H}_9\text{CH}=\text{CH}_2}$$

$$(n\text{-C}_4\text{H}_9\text{CH}_2\text{CH}_2)_2\text{BH} \xrightarrow{n\text{-C}_4\text{H}_9\text{CH}=\text{CH}_2} (n\text{-C}_4\text{H}_9\text{CH}_2\text{CH}_2)_3\text{B}$$

$$(CH_3)_2\text{C}=\text{CHCH}_3 + B_2H_6 \longrightarrow [(CH_3)_2\text{CH—CH—}]_2\text{BH}$$
（上式中间基团带有 CH_3 支链）

$$(CH_3)_2\text{C}=\text{C}(CH_3)_2 + B_2H_6 \longrightarrow (CH_3)_2\text{CH—C}(CH_3)_2\text{BH}_2$$

硼烷对不对称烯烃的加成,硼原子可以加到双键的任何一个碳原子上,生成两种不同产物。然而,实际上在没有强活性邻位取代基的情况下,反应是高立体选择性的,生成的产物主要是硼原子连接在取代基较少的碳原子上[4,13]。例如:

这种加成反应的选择性还与电子效应有关。例如:

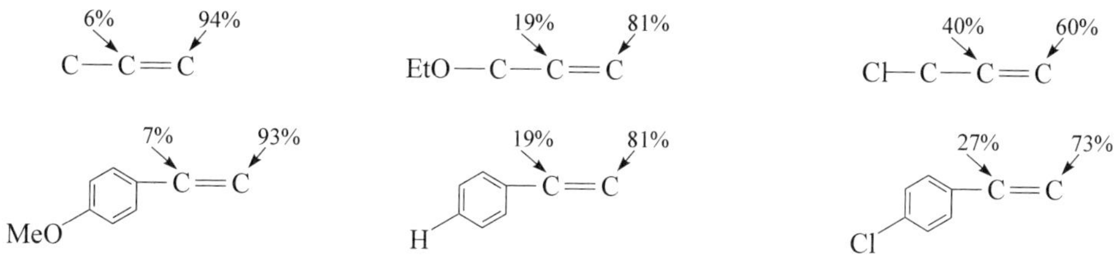

人们普遍认为,硼氢化反应是一个协同过程,是通过四元环过渡态进行的。

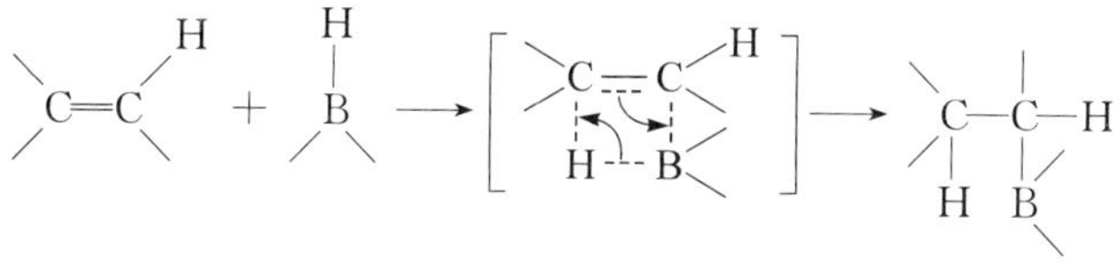

该过渡态是由极性硼氢键对碳-碳双键加成形成的,在硼氢键中,硼原子显正电性,反应的立体化学(B 和 H 的顺式加成)和极性取代基有间接效应都支持了这种机理。

5.5.2　硼烷的反应

硼氢化反应在合成中的应用在于形成的烷基硼化物通过进一步反应能转化为各种其他产物[3,6,14]。例如,在适当的条件下,硼化物可氧化成醇或羰基化合物;当水解(质子分解)时硼原子可被氢原子取代生成烃;与 CO 发生羰基化反应;与 α,β-不饱和化合物的 1,4-共轭加成反应以及偶联反应和异构化反应等。

1. 氧化反应

烃基硼烷的氧化反应通常用碱性过氧化氢作为氧化剂。因为在该反应条件下许多官能团都不发生反应,所以通过这种方法能将各种取代烯烃、炔烃转化为醇或羰基化合物。反应基本上是定量进行的。反应总的结果相当于水对双键或炔键按反马氏规则进行加成。例如:

$$RCH{=}CH_2 \xrightarrow{BH_3 \cdot THF} (RCH_2CH_2)_3B \xrightarrow[NaOH]{H_2O_2} RCH_2CH_2OH$$

$$CH_2{=}CHCH_2COOC_2H_5 \xrightarrow{BH_3 \cdot THF} \diagdown BCH_2CH_2CH_2COOC_2H_5 \xrightarrow[NaOH]{H_2O_2} HOCH_2CH_2CH_2COOC_2H_5$$

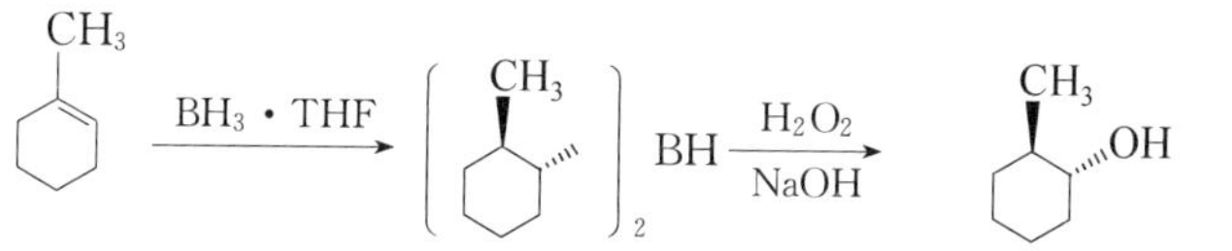

(E)-2-甲基环己醇

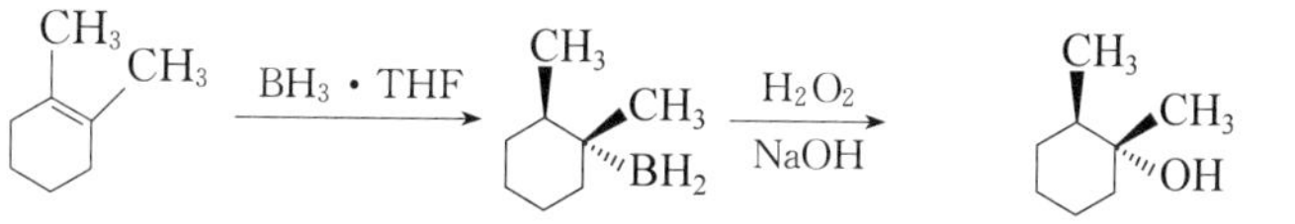

(E)-1,2-二甲基环己醇

通常认为在碳-碳键氧化成醇的过程中构型保持不变,而且在反应过程中,烷基发生分子内转移,由硼原子上转移到氧原子上。机理如下:

$$R_3B \xrightarrow{HOO^-} R_2B-O-OH \xrightarrow{-OH} R_2B-O-R \xrightarrow{OH^-} R_2B-O-R$$

$$\longrightarrow R_2B-O^- + R-OH \longrightarrow 3ROH + B(OH)_3$$

末端炔烃与乙硼烷的加成产物为双硼烷,双硼烷在碱性条件下氧化成醇,反应式如下:

$$RC\equiv CH \xrightarrow{BH_3 \cdot THF} RCH_2CH\left(B\diagdown\right)_2 \xrightarrow[\textcircled{2}\ H_2O_2,OH^-]{\textcircled{1}\ NaOH} RCH_2CH_2OH$$

末端炔烃与位阻较大的二(1,2-二甲基丙基)硼烷或1,1,2-三甲基丙基硼烷作用可得到单烃基硼烷,经氧化可得醛。例如:

$$CH_3(CH_2)_5C\equiv CH \xrightarrow{(C_5H_{11})_2BH} CH_3(CH_2)_5CH=CHB(C_5H_{11})_2 \xrightarrow{H_2O_2,NaOH} CH_3(CH_2)_5CH_2CHO$$
$$70\%$$

链中三键的硼氢化一般得到单烃基硼烷,经氧化得到酮。例如:

$$C_2H_5C\equiv CC_2H_5 \xrightarrow{(C_5H_{11})_2BH} \underset{B(C_5H_{11})_2}{C_2H_5C=CHC_2H_5} \xrightarrow{H_2O_2,NaOH} C_2H_5COC_3H_7$$
$$68\%$$

2. 质子分解反应

硼氢化-质子分解反应通常是在质子酸中回流进行的。当烯烃或炔分子中存在某些对催化氢化敏感的基团时,该方法可实现双键或三键的选择性反应,还原烯烃生成相应的饱和烃,还原炔烃生成相应的烯烃。例如:

$$\diagup\!\!\diagdown SMe \xrightarrow[\textcircled{2}\ EtCOOH]{\textcircled{1}\ BH_3 \cdot THF} \diagup\!\!\diagup SMe$$
$$78\%$$

$$n\text{-}C_4H_9CH=CH_2 \xrightarrow{BH_3 \cdot THF} (C_4H_9CH_2-CH_2)_3B \xrightarrow[\text{回流}]{\text{丙酸}} C_4H_9CH_2CH_3$$
$$\text{不分离} \qquad\qquad 91\%$$

$$C_2H_5C\equiv CH \xrightarrow{BF_3 \cdot THF} C_2H_5CH=CHB\diagdown \xrightarrow[\text{回流}]{\text{丙酸}} C_2H_5CH=CH_2$$
$$80\%$$

$$Et-C\equiv C-Et \xrightarrow{(C_5H_{11})_2BH} \underset{H}{\overset{Et}{\diagdown}}C=C\underset{B(C_5H_{11})_2}{\overset{Et}{\diagup}} \xrightarrow[25\ ℃]{CH_3COOH} \underset{H}{\overset{Et}{\diagdown}}C=C\underset{H}{\overset{Et}{\diagup}}$$
$$(Z) \quad 99\%$$

质子分解反应可能通过下列过程:

$$\underset{C_2H_5}{\overset{R_2B\diagdown R}{\underset{O}{\diagdown}}}C-O-H \longrightarrow R_2BOCOC_2H_5 + RH \longrightarrow 3RH$$

二取代炔烃的硼氢化-质子分解反应生成顺式烯烃。为了避免生成的烯基硼烷继续硼氢化,使用具有位阻的硼烷可以达到预期效果,因为具有位阻的硼烷和一取代、二取代炔烃都只生成一硼氢化产物,经酸解而得到顺式烯烃。例如:

$$C_2H_5C{\equiv}CC_2H_5 \xrightarrow[\text{二甘醇二甲醚}]{(C_5H_{11})_2BH} \begin{array}{c} Et \quad Et \\ C{=}C \\ H \quad B \end{array} \xrightarrow[25\,℃]{CH_3COOH} \begin{array}{c} Et \quad Et \\ C{=}C \\ H \quad H \end{array}$$

约100%

二取代的共轭二炔烃和 1,1,2-三甲基丙基硼烷反应后质子分解得到共轭顺式二烯烃。
例如：

$$R^1{-}C{\equiv}C{-}C{\equiv}C{-}R^2 \; + \; (CH_3)_2CH{-}C(CH_3)_2BH_2 \xrightarrow{AcOH}$$

56%～79%

3. 羰基化反应

烃基硼烷和一氧化碳的反应称为羰基化反应。乙二醇或某些金属氢化物(如硼氢化锂)可促进该反应。这可能是因为一氧化碳容易与烃基硼负离子作用。生成的初始产物连续经过三次重排,生成硼酸酯衍生物,后者与溶剂乙二醇反应生成类似环状缩醛的中间体,最后碱性过氧化氢氧化得三烃基甲醇,反应过程如下：

$$R_3B + CO \xrightleftharpoons{\text{乙二醇或}LiBH_4} R{-}\overset{R}{\underset{R}{B^-}}{-}\overset{+}{C}{=}O \longleftrightarrow R{-}\overset{R}{\underset{R}{B^-}}{-}C{\equiv}\overset{+}{O} \xrightarrow{R\text{迁移}} R{-}\overset{R}{\underset{R}{B}}{-}\overset{O}{\underset{}{C}}{-}R$$

$$R_2\overset{O}{\underset{}{C}}{-}BR \longrightarrow R_3C{-}B{=}O \xrightarrow[OH]{OH} R_3C{-}B\overset{O}{\underset{O}{\diagdown}} \xrightarrow[NaOH]{H_2O_2} R_3COH$$

80%

当有金属氢化物存在时,仅发生一次转移,氧化后得醛,若被 $LiBH_4$ 还原则生成伯醇,反应式如下：

$$R_2B\overset{O}{\underset{}{C}}{-}R \begin{cases} \xrightarrow[NaOH]{H_2O_2} RCHO \\ \xrightarrow{LiBH_4} RCH_2OH \end{cases}$$

如果反应体系中有水存在,则硼杂环氧化物中间体水解成邻二醇,后者经氧化生成酮。例如：

$$R_2\overset{O}{\underset{}{C}}{-}BR \xrightarrow[\text{约}100\,℃]{H_2O} R_2\overset{OH\,OH}{\underset{}{C}}{-}BR \xrightarrow[NaOH]{H_2O_2} R_2CO$$

$$\bigcirc \xrightarrow{(BH_3)_2} (\bigcirc)_3B \xrightarrow[100\,℃]{CO,H_2O} (\bigcirc)_2C{-}B\bigcirc \xrightarrow{H_2O}$$

$$\left(\begin{array}{c}\\\end{array}\right)_2 \overset{}{\underset{OH}{C}} - \overset{}{\underset{OH}{B}} - \begin{array}{c}\\\end{array} \xrightarrow[\text{NaOH,H}_2\text{O}]{\text{H}_2\text{O}_2} \begin{array}{c}\\\end{array}\overset{O}{\overset{\|}{C}}\begin{array}{c}\\\end{array} + \begin{array}{c}\\\end{array}-\text{OH}$$

90%

硼氢化-羰基化在有机合中有广泛用途。当硼原子上的三个烃基不同时,基团迁移的能力为伯>仲>叔。因此选择适当的三烃基硼进行羰基化,可优先生成伯烃基酮。例如:

$$\left(\begin{array}{c}\\\end{array}\right)_2 \text{BCH}_2\text{CH}_2\text{CH}_2\text{CH}_3 \xrightarrow[\text{② H}_2\text{O}_2\text{,OH}^-]{\text{① CO}} n\text{-C}_4\text{H}_9\text{CO}\begin{array}{c}\\\end{array}$$

72%

$$[(\text{CH}_3)_2\text{CHC}(\text{CH}_3)_2]_2\text{B}(\text{CH}_2)_3\text{COOC}_2\text{H}_5 \xrightarrow[\text{② H}_2\text{O}_2\text{,OH}^-]{\text{① CO}} (\text{CH}_3)_2\text{CHC}(\text{CH}_3)_2\overset{O}{\overset{\|}{C}}(\text{CH}_2)_3\text{COOC}_2\text{H}_5$$

84%

通常硼烷中含有位阻较大的基团时不易向碳原子上转移,合成上利用这一性质与具有 α,ω-双键的烯烃反应,可制得环状的烃基硼烷,经羰基化和氧化得所需的混合酮。反应总的结果相当于羰基取代了位阻较大的基团。利用这种方法可以制备稠环酮。例如:

$$(\text{CH}_3)_2\text{CHC}(\text{CH}_3)_2\text{BH}_2 + \begin{array}{c}\\\end{array} \longrightarrow \begin{array}{c}\\\end{array} \xrightarrow[\text{② H}_2\text{O}_2\text{,OH}^-]{\text{① CO,H}_2\text{O}} \begin{array}{c}\\\end{array}$$

4. 共轭加成反应

有机硼烷在氧存在下很容易与许多 α,β-不饱和羰基化合物发生 1,4-加成反应,在 β-位发生烷基化。β-位即使有取代基产率也好。例如:

$$\text{R}_3\text{B} + \begin{array}{c}\\\end{array} \xrightarrow{\text{O}_2} \text{R}\begin{array}{c}\\\end{array}$$

$$\text{R}_3\text{B} + \begin{array}{c}\\\end{array} \xrightarrow{\text{O}_2} \text{R}\begin{array}{c}\\\end{array}$$

$$\text{R}_3\text{B} + \begin{array}{c}\\\end{array} \xrightarrow{\text{O}_2} \text{R}\begin{array}{c}\\\end{array}\text{OH}$$

$$\text{R}_3\text{B} + \begin{array}{c}\\\end{array} \xrightarrow{\text{O}_2} \text{R}\begin{array}{c}\\\end{array}\text{OH}$$

$$\text{R}_3\text{B} + \begin{array}{c}\\\end{array}\overset{\text{Br}}{\text{H}} \xrightarrow{\text{O}_2} \text{R}\begin{array}{c}\overset{\text{Br}}{\\}\end{array}\text{CHO}$$

$$\text{R}_3\text{B} + \begin{array}{c}\\\end{array} \xrightarrow{\text{O}_2} \begin{array}{c}\\\text{R}\end{array}$$

$$R_3B + \underset{O}{\overset{OEt}{\underset{\|}{C}}}\diagup \xrightarrow{O_2} \times$$

$$R_3B + \diagup\!\!\diagup CN \xrightarrow{O_2} \times$$

该反应被认为按自由基机理进行,烃基硼中的烃基自由基加成到羰基 β-位。立体化学表明,烃基在反应中构型保持不变。其过程如下:

$$R_3B \xrightarrow{\text{引发剂}} R\cdot \xrightarrow{CH_2=CHCOR'} RCH_2CH=\overset{R'}{\underset{}{C}}-O\cdot \xrightarrow{R_3B} RCH_2CH-\overset{R'}{\underset{}{C}}-OBR_2 \xrightarrow{H_2O} RCH_2CH_2COR'$$

利用 α,ω-二烯进行硼氢化反应可得环状硼烷。环状硼烷与 α,β-不饱和羰基化合物反应,可在不饱和羰基化合物的 β-位引入环硼烷的碳链,脱硼可得相应的 β-烃基羰基化合物;若经 H_2O_2-OH^- 氧化,则得羟基取代的羰基化合物。例如:

$$\overset{\text{(五元环)}}{BH} + CH_2=CHCOCH_3 \xrightarrow{ROH} \underset{ROBH}{(CH_2)_6COCH_3} \begin{array}{l} \xrightarrow{RCOOH} CH_3(CH_2)_5COCH_3 \\ \xrightarrow[OH^-]{H_2O_2} \underset{OH}{CH_2(CH_2)_5COCH_3} \end{array}$$

如果要在 α,β-不饱和羰基化合物的 β-位引入结构复杂的烃基,可用相应的烯烃作原料,与环硼烷进行硼氢化反应,再与 α,β-不饱和羰基化合物发生 1,4-共轭加成。例如:

$$(CH_3)_2C=C(CH_3)_2 + HB\overset{CH_3}{\underset{CH_3}{\diagdown}} \longrightarrow (CH_3)_2CHC(CH_3)_2-B\overset{CH_3}{\underset{CH_3}{\diagdown}}$$

$$\xrightarrow{CH_2=CHCOCH_3} (CH_3)_2CHC(CH_3)_2CH_2CH_2COCH_3$$

5. 偶联反应

末端炔烃与位阻较大的硼烷加成,然后在 I_2-NaOH 作用下发生亲核重排和偶联反应[4]得到顺式烯烃。例如:

$$C_4H_9-C\!\equiv\!CH \xrightarrow{(C_5H_{11})_2BH} \underset{B(C_5H_{11})_2}{\overset{C_4H_9}{\diagdown\!\!\diagup}} \xrightarrow{I_2\text{-NaOH}} \underset{(Z)\quad 99\%}{\overset{C_4H_9\qquad C_5H_{11}}{\diagup\!\!\diagdown}}$$

反应机理如下:

硼原子上的一个烷基转移到相邻碳原子上的过程是立体专一的,得到 (Z)-1,2-二取代烯烃。

氯化硼烷与末端炔的硼氢化产物在相同条件下偶联,可得顺,反-共轭二烯烃。例如:

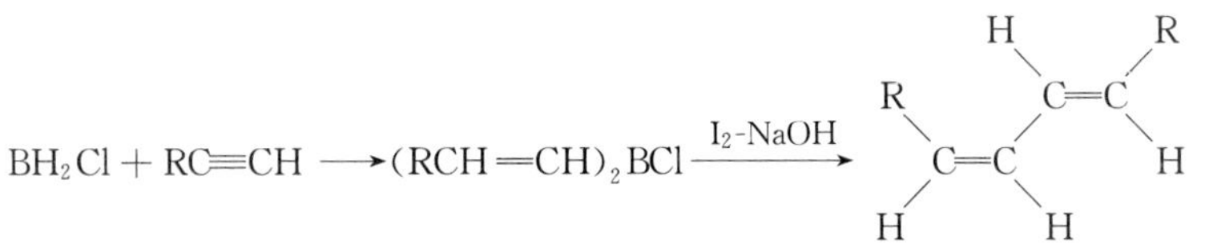

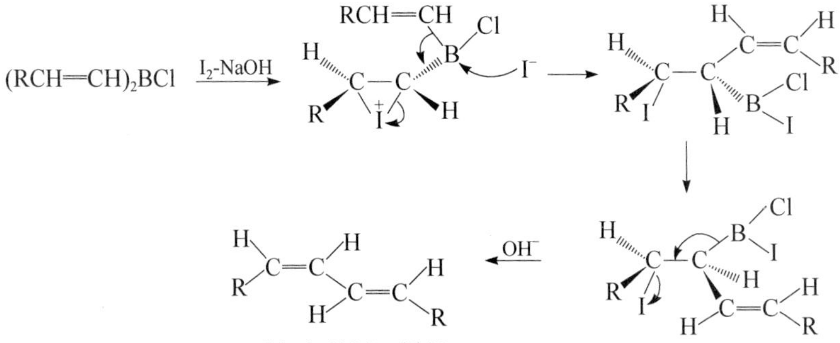

$$BH_2Cl + RC\equiv CH \longrightarrow (RCH=CH)_2BCl \xrightarrow{I_2\text{-NaOH}}$$

关键步骤是烯烃迁移,而且基团从硼原子上迁移到相邻的碳原子上,构型保持不变。

如果用立体阻碍较大的 1,1,2-三甲基丙基硼烷作试剂,依次与炔卤化物和末端炔进行硼氢化反应后偶联,可得反,反-共轭二烯烃。例如:

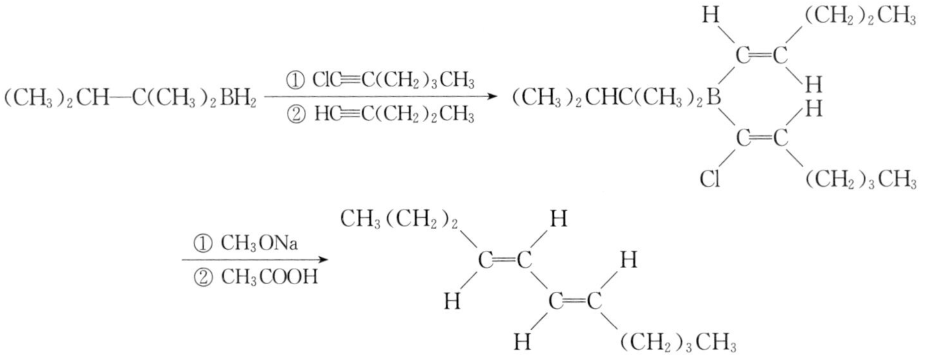

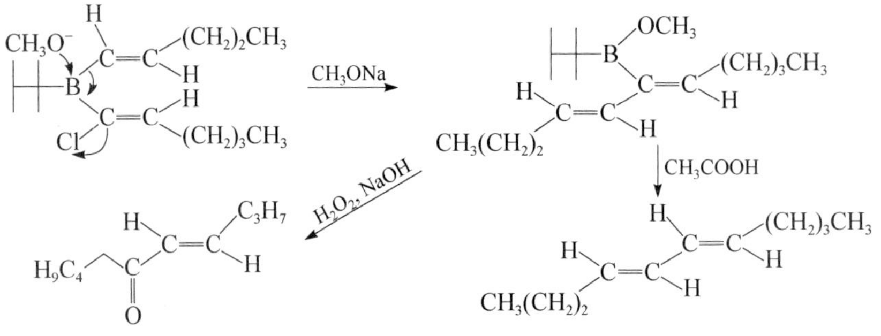

1,1,2-三甲基丙基-二烯基硼在甲醇钠的作用下形成一个中间体,该中间体进行质子分解生成相应的 E,E-二烯,若用碱性过氧化氢氧化,生成 α,β-不饱和酮。

6. 异构化反应

在较高温度下,有机硼烷会发生异构化[13],硼原子倾向于迁移到分子中空间阻碍较小的位置。例如:

$100\sim200\ ^{\circ}\mathrm{C}$

$\mathrm{H_2O_2}\ |\ \mathrm{NaOH}$

95%

$\mathrm{H_2O_2}\ |\ \mathrm{NaOH}$

50%　　　50%

该反应提供了链内烯烃合成一级醇的有效途径。甚至碳骨架相同的多种烯烃异构体都能通过异构化转变成相同的一级醇。例如,不含 1-癸烯的多种癸烯混合物可以转变为 1-癸醇,各种十四烯混合物转变为 1-十四醇等。

这种异构化被认为是经过连续的消除-加成反应进行的。

$$\mathrm{R-\underset{\underset{B}{|}}{C}-C-C} \rightleftharpoons \mathrm{R-C=C-\underset{\underset{B}{|}}{\overset{\overset{H}{|}}{C}}} \rightleftharpoons \mathrm{R-\underset{\underset{B}{|}}{C}-C-C} \rightleftharpoons \mathrm{R-C=\underset{\underset{B}{|}}{\overset{\overset{H}{|}}{C}}-C} \rightleftharpoons \mathrm{R-C-\underset{\underset{B}{|}}{C}-C}$$

硼原子在末端位置占优势,这是因为末端空间效应较小。

7. 置换反应

当活性相近或活性更高的烯烃存在时,烃基硼烷中的烃基可以部分或全部被置换。例如:

$$\mathrm{RCH_2CH_2} \rightleftharpoons \mathrm{RCH=CH_2} \xrightarrow{\ \mathrm{R'CH=CH_2}\ } \mathrm{R'CH_2CH_2} + \mathrm{RCH=CH_2}$$

$$\xrightarrow{\ \mathrm{HB}\ } \xrightarrow[\triangle]{\text{异构化}} \xrightarrow{\ \mathrm{RCH=CH_2}\ } + \mathrm{RCH_2CH_2}$$

这种反应可以实现用其他方法难以进行的转化,调节反应物的浓度可以改变反应的方向。如果新生成的烯烃易挥发,可以在反应过程中蒸出,以使置换反应顺利地进行。

链内烯烃在热力学上较稳定,因此在通常的异构化条件下,加热或加催化剂等末端烯烃易变为链内烯烃,而相反的过程却不容易。但是利用硼氢化、烃基硼烷的异构化以及置换反应可实现这一反向异构化,从而得到末端烯烃。这在有机合成上是一个很有价值的方法。

总之,有机硼烷是一种具有多种反应性的有机合成试剂和中间体。由烯烃的硼氢化,经过适当的反应可转变为多种化合物,可广泛地用于有机合成。这类反应近年来发展很快,引人注目。

5.6　有机硅试剂

有机硅化合物[14]最初仅作为醇的保护基团而引入有机合成,随着有机硅化学的迅速发展,有机硅化合物作为合成试剂已普遍受到重视,许多有机硅化合物(如芳基硅烷、乙烯基硅烷等)具有多种反应性能,能够发生多种类型的反应,广泛用于有机合成。

5.6.1　有机硅化合物的结构特征

硅化物和碳化物类似,一般均为四价,但硅原子的电子结构为 $3s^2 3p^2 3d^0$,它的 3p 轨道能量较高,不能与碳的 2p 轨道有效重叠。因此,含 Si—C 键的化合物均不稳定。硅原子具有 3d 空轨道,可以形成配位键,如 SiF_6^{2-}。以下一些结构特征决定了有机硅化合物在有机合成中获得广泛的应用。

（1）从硅原子、碳原子与其他原子结合成键的相对强度来看：

$$Si—O(键能:370\sim450\ kJ/mol) \qquad C—O(键能:350\sim360\ kJ/mol)$$
$$Si—F(键能:540\sim570\ kJ/mol) \qquad C—F(键能:440\sim450\ kJ/mol)$$
$$Si—C(键能:230\sim320\ kJ/mol) \qquad C—C(键能:348\ kJ/mol)$$
$$Si—H(键能:290\sim320\ kJ/mol) \qquad C—H(键能:414\ kJ/mol)$$

Si—O 键及 Si—F 键比 C—O 键及 C—F 键强,而 Si—C 键及 Si—H 键比 C—C 键及 C—H 键弱,这就可以引起许多热力学有利的反应。

（2）由于 $Si^{\delta+}—C^{\delta-}$ 及 $Si^{\delta+}—O^{\delta-}$ 都是极性键,硅原子易被亲核试剂进攻,故 Si—C 键及 Si—O 键易发生异裂,使含硅基团极易离去,发生多种形式的消去反应及取代反应,反应机理如下：

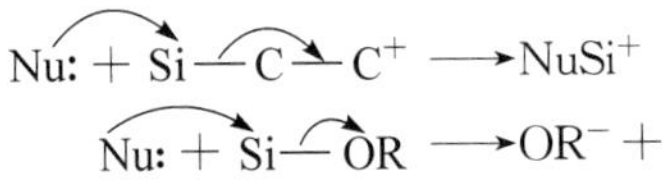

$$Nu: + Si—C—C^+ \longrightarrow NuSi^+$$
$$Nu: + Si—OR \longrightarrow OR^- + NuSi^+$$

（3）硅原子具有 3d 空轨道,可与相邻的 α-碳负离子形成 d-π 共轭,使碳负离子稳定,从而使得硅原子或碳原子上能发生多种类型的烃化反应、酯化反应和缩合反应等。

（4）硅原子的另一特性是它形成的 Si—C 键可以稳定相邻的碳正离子,这一现象与 C—H 键的超共轭效应相似。显然可见,β-硅基取代的卤代烃易发生 S_N1 反应,烯基硅烷易发生亲电加成反应,硅基芳烃易发生亲电取代反应,这都是因为硅基稳定了反应中间体 β-碳正离子。

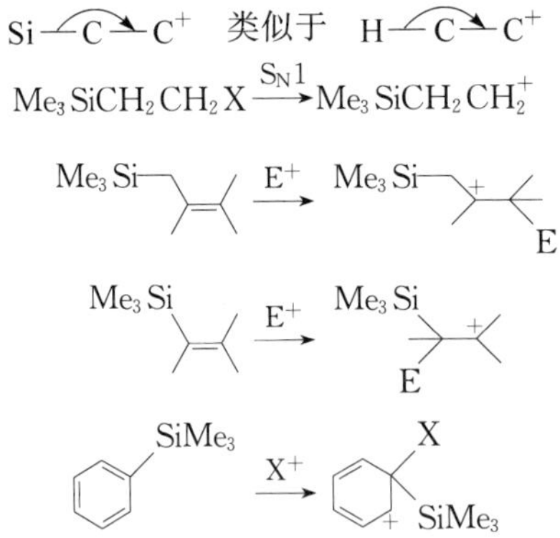

$$Si—C—C^+ \quad 类似于 \quad H—C—C^+$$
$$Me_3SiCH_2CH_2X \xrightarrow{S_N1} Me_3SiCH_2CH_2^+$$

5.6.2　芳基硅烷

1. 芳基硅烷的制备

芳基硅烷可由芳基金属化合物与三烃基氯硅烷反应制得。

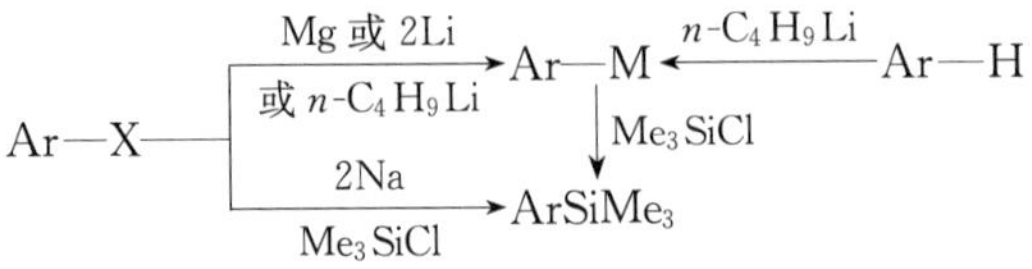

芳卤与三烃基硅基金属化合物的反应也可制得芳基硅烷。

$$Me_3Si—SiMe_3 + MY \qquad MY:MeLi、MeONa、MeOK$$

$$\downarrow -Me_3SiY$$

$$Ar—X + Me_3SiM \longrightarrow Ar—SiMe_3 + MX$$

在二氯化镍催化下,三烃基硅基铝与芳卤反应也可制备芳基硅烷,反应式如下:

$$C_6H_5Br + (Me_3Si)_3Al \xrightarrow{Ni(PPh_3)_2Cl_2} C_6H_5SiMe_3$$
$$81\%$$

在环戊二烯基二羰基钴存在下,双炔与乙炔基硅烷进行环加成反应是合成芳基硅烷的另一种重要方法。例如:

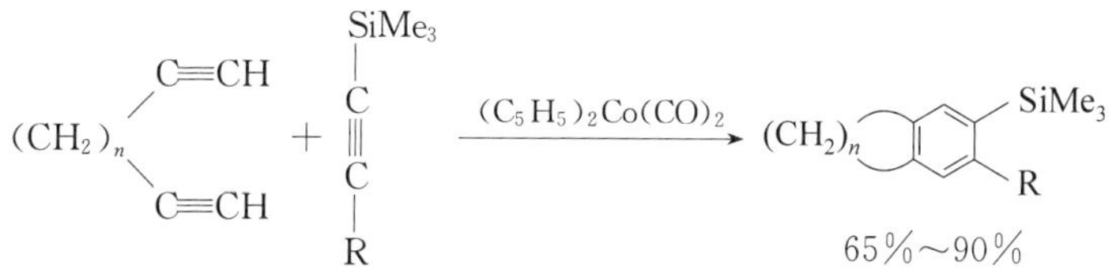

2. 芳基硅烷的亲电取代反应

芳基硅烷最重要的性质是芳硅键可被多种亲电试剂取代,反应式如下:

$$Ar—SiR_3 + E^+X^- \longrightarrow Ar—E + XSiR_3$$

反应机理与芳香族亲电取代反应类似,按加成-消除机理进行。反应过程中形成稳定的硅基 β-碳正离子(**3**)。例如:

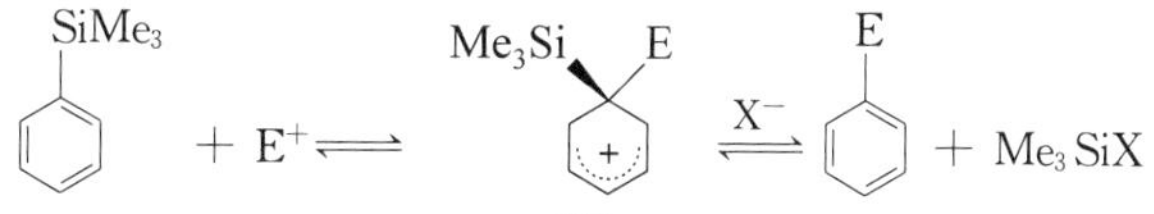

芳烃的氢也可被亲电试剂取代,是上述反应的竞争反应,反应式如下:

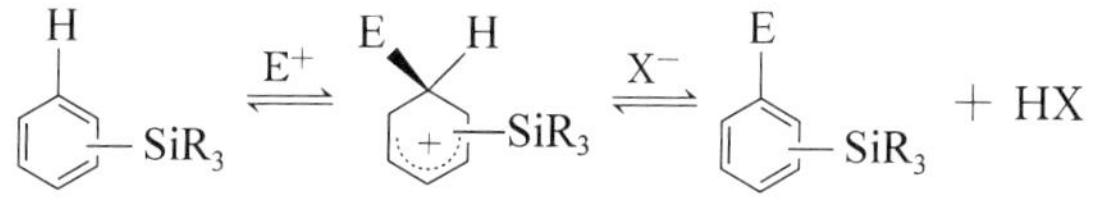

取代反应的第一步是速率的决定步骤,由于硅稳定的 β-碳正离子(**3**)比碳正离子(**4**)易于形成,对绝大多数亲电试剂而言,硅基被取代的速率比氢快,通常的卤代、磺化、硝化、Friedel-Crafts 反应均是如此。由于亲电试剂是取代原来的硅基,所以产物单一,更适合具有特殊位置的取代芳烃。例如:

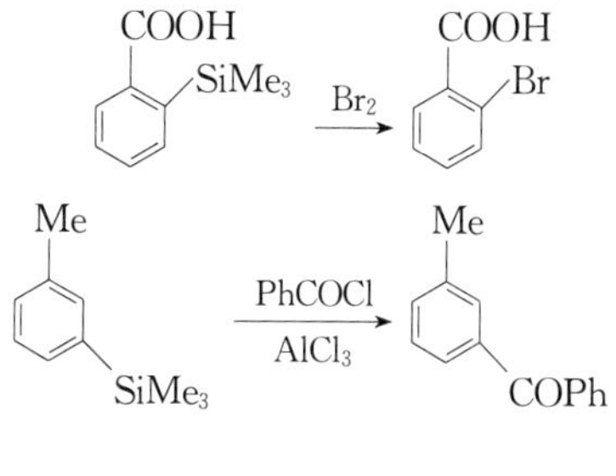

由于双三甲基硅基取代苯易由 α,ω-二炔与三甲基硅烷乙炔反应制得,它可以发生多种取代反应,合成双取代衍生物[15],反应过程表示如下:

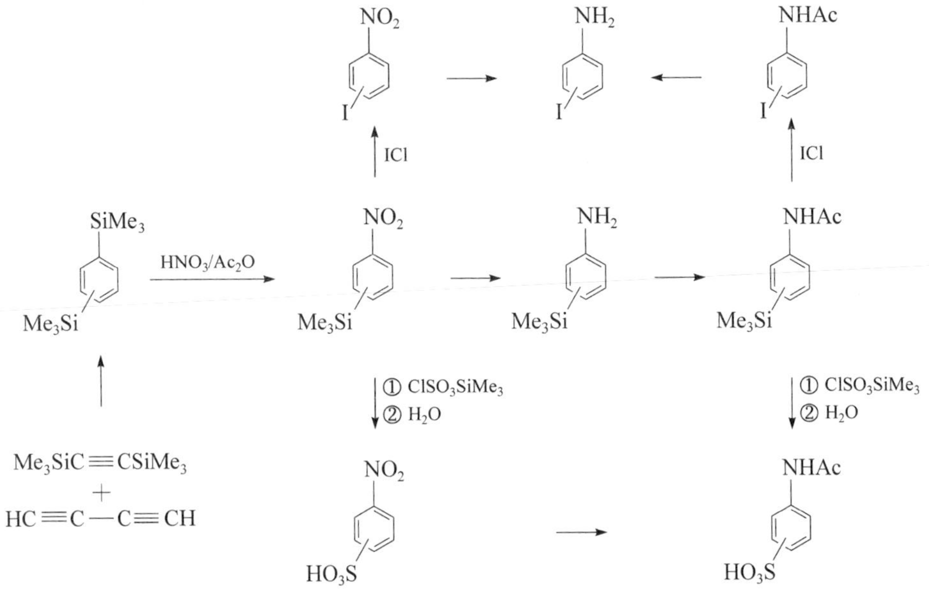

以上反应均是—$SiMe_3$ 被取代,但在某些特殊情况下也可发生氢被优先取代的反应。例如,间甲氧基苯基硅烷(**5**)进行 Friedel-Crafts 反应虽然得到—$SiMe_3$ 被取代的产物,但溴代时则生成氢被取代的产物。这表明在溴代反应中—OMe 的定位效应大于—$SiMe_3$ 使碳正离子稳定的效应,反应式如下:

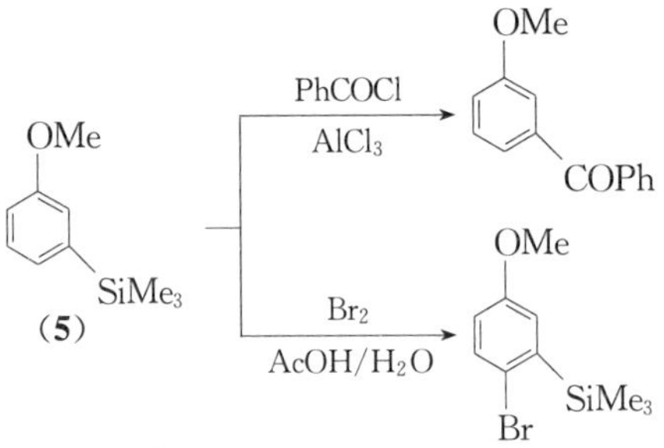

低温硝化或用硝酸铜作硝化剂均使芳环的氢优先被取代,芳基硅烷的重氮盐的反应也是氢优先被取代,反应式如下:

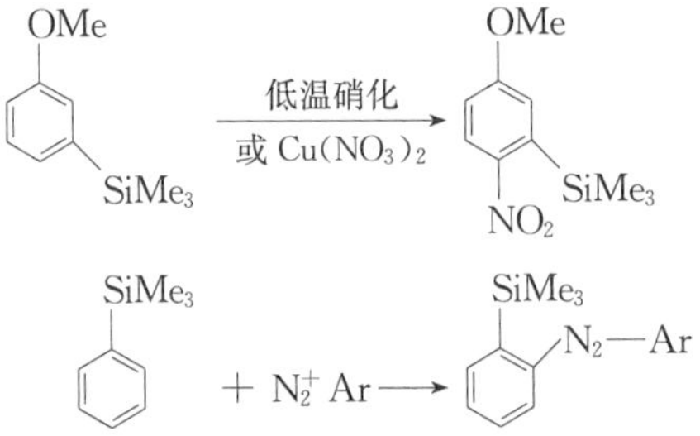

上述讨论均侧重于合成芳香取代产物,但芳基硅烷与多种强酸反应合成三甲硅酯则是侧重于利用硅基部分。例如:

$$Ar—SiMe_3 + HX \longrightarrow Me_3SiX + Ar—H$$

$$X: C_nF_{2n-1}SO_3 \text{、} C_nF_{2n-1}CO_2 \text{、} F_2P(O)O$$

虽然对碳的亲核进攻而引起 C—Si 的断裂没有亲电试剂对碳进攻而引起 C—Si 键的断裂容易发生,但当—SiMe$_3$ 的邻位有易离去基团时,则易发生由亲核进攻而引起的 C—Si 键断裂,并伴随消去离去基团。例如,芳基硅烷(**6**)在氟负离子作用下可发生消除,生成苯炔[16],反应式如下:

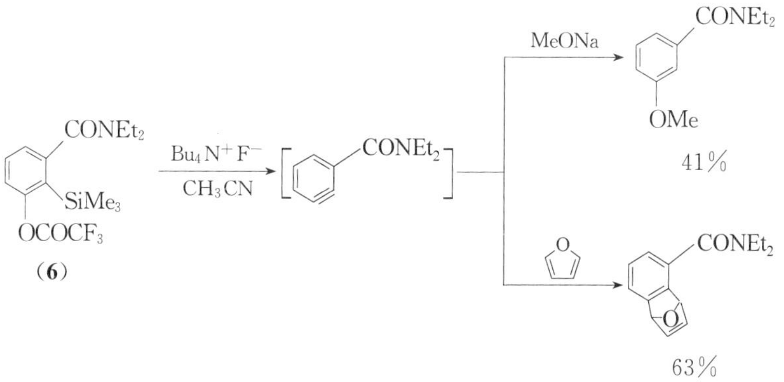

5.6.3 乙烯基硅烷

1. 乙烯基硅烷的制备

乙烯基硅烷是有机合成的重要中间体。制备乙烯基硅烷的方法很多,介绍如下:

1)由末端炔烃制备

在氯铂酸或其他过渡金属催化下,三烃基硅烷对末端炔烃发生立体专一的顺式加成,生成 E 型乙烯基硅烷。若将末端炔烃先制得炔基三烷基硅烷,再进行部分催化氢化-质子解反应,可制得 Z 型乙烯基硅烷。E 型乙烯基硅烷进行光异构化反应则生成 Z 型乙烯基硅烷,反应式如下:

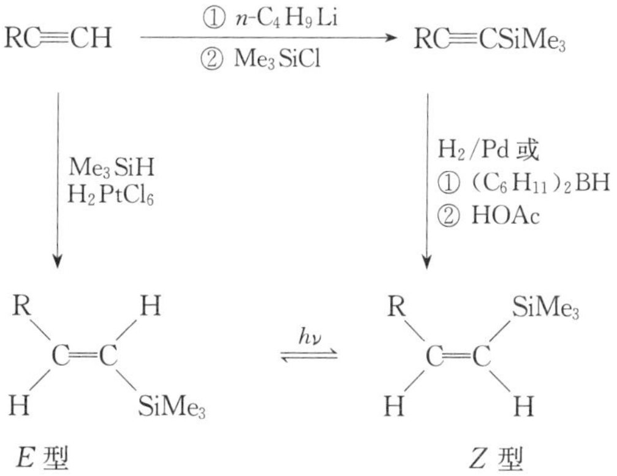

2)由炔基硅烷制备

炔基硅烷发生铝氢化-质子解反应也可生成乙烯基硅烷,但铝氢化反应的立体化学与溶剂的性质及 Lewis 碱存在与否有关。例如:

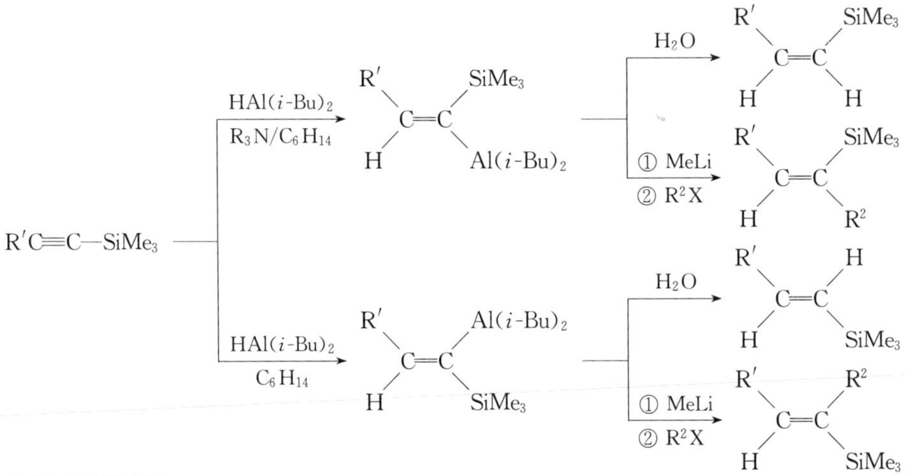

3) 由炔基锂制备

将炔基锂与三烃基硼烷反应,首先制得炔基硼化锂,再用三甲基氯硅烷处理,则发生烃基由硼转移到碳上的亲核重排,生成 E 型乙烯基硼烷。最后质子解,即合成 E 型 1,2-二取代乙烯基硅烷,反应式如下:

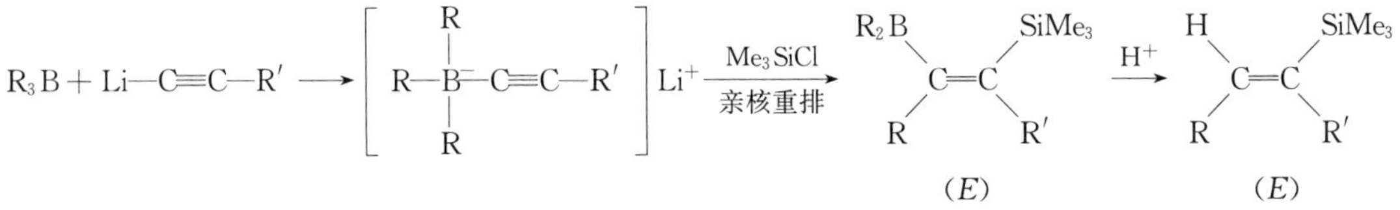

在 NaOH 存在下,E 型 1,2-二取代乙烯基硅烷与 I_2 反应,则可引起第二个烃基转移,从而生成三取代乙烯基硅烷,反应式如下:

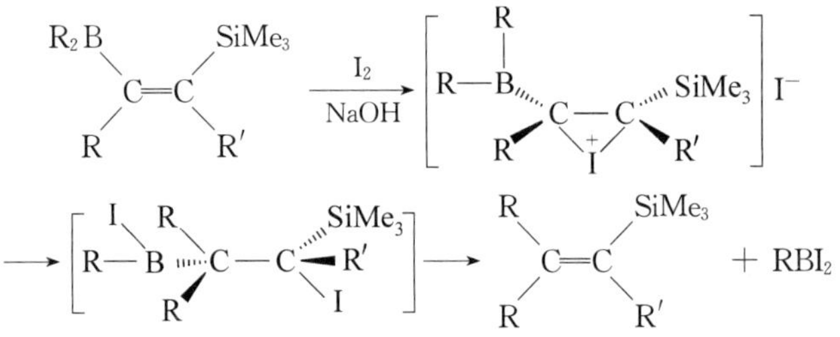

2. 乙烯基硅烷的反应

乙烯基硅烷可以发生许多区域选择和立体选择性反应。

1) 亲电取代反应

乙烯基硅烷进行亲电取代反应的主要特征是亲电试剂区域专一地导入原来与—SiR_3 相连的碳上,反应式如下:

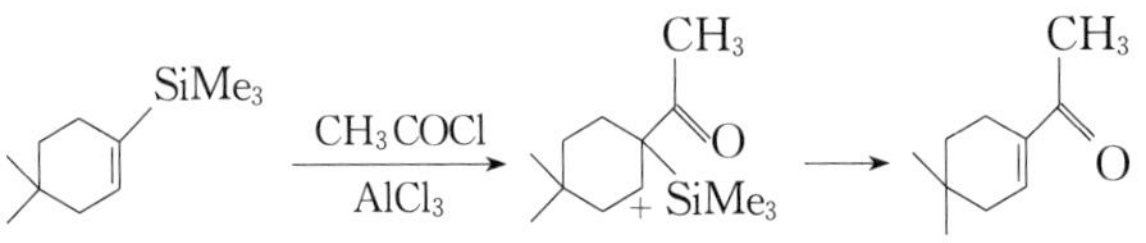

这是由于亲电试剂加在与—$SiMe_3$ 相连的碳上可以形成硅基稳定的 β-碳正离子,反应式如下:

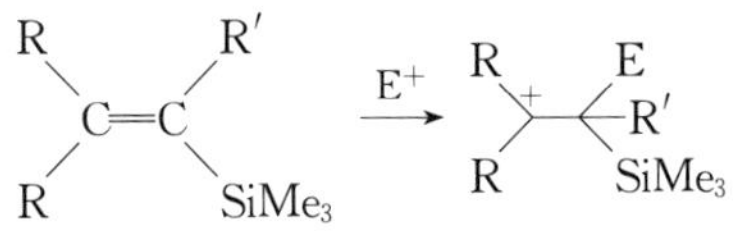

如果 α-位带有能稳定 α-碳正离子的取代基,亲电试剂也可进攻 β-碳原子。例如,亲电试剂易于进攻 α-硅氧基乙烯基硅醚的 β-碳,就是因为硅氧基能稳定 α-碳原子,反应式如下:

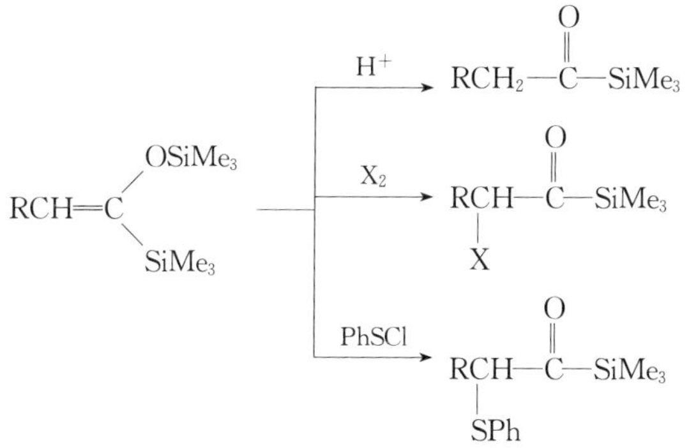

乙烯基硅亲电取代反应的另一重要特征是反应具有立体专一性。例如,乙烯基硅烷的质子解反应均为构型保持,反应式如下:

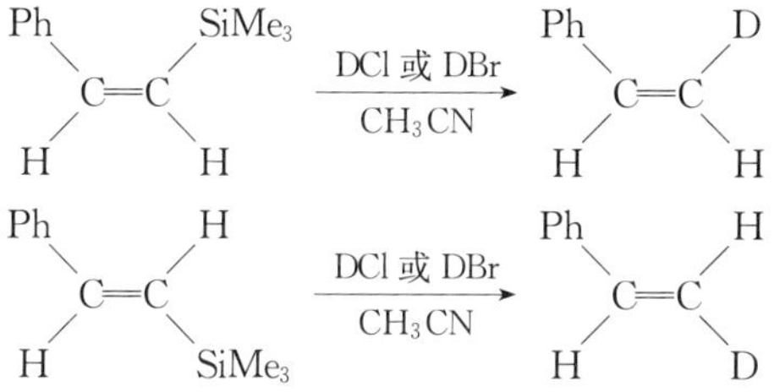

这是由于 D^+ 进攻加成时,碳-碳单键发生旋转,使硅基能稳定形成的 β-碳正离子。如按相反方向旋转,就必须克服苯基与—$SiMe_3$ 的重叠过程,能量上不利,反应式如下:

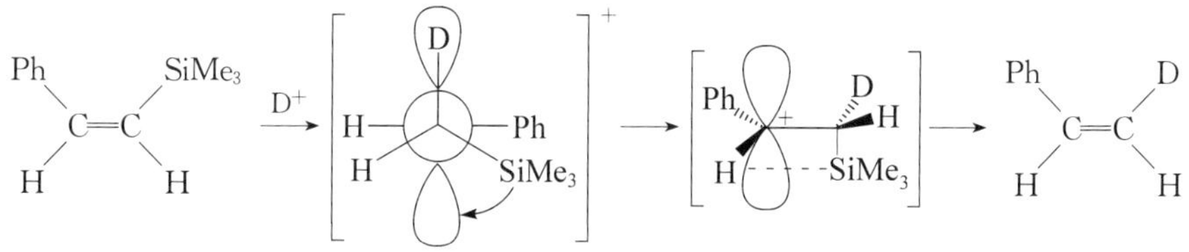

乙烯基硅烷进行 Friedel-Crafts 酰化反应也是构型保持。若用二氯甲基甲醚作酰化剂则可进行甲酰化,若用磺酰氯则可发生磺酰化反应。

1,2-双取代乙烯基硅烷溴代反应的立体化学与 2-单取代乙烯硅烷类似,若先与溴反应然后用甲醇钠处理,可得构型逆转产物;若在 $AlCl_3$ 存在下用溴化氰处理,则得到构型保持产物,反应式如下:

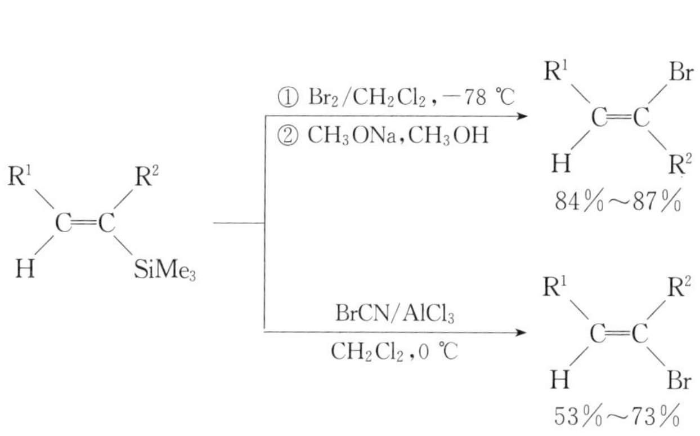

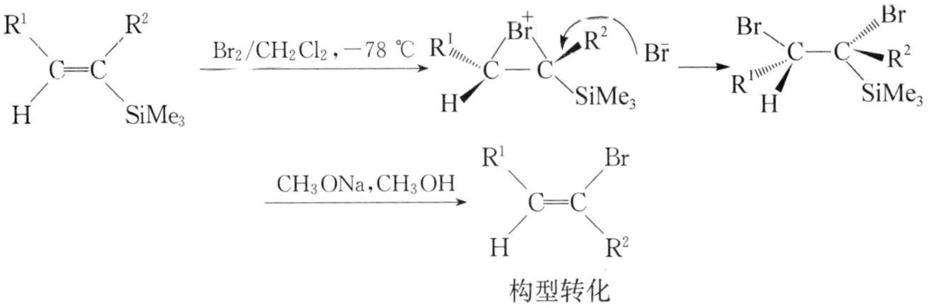

构型转化

用强碱作试剂有利于消去反应的进行。

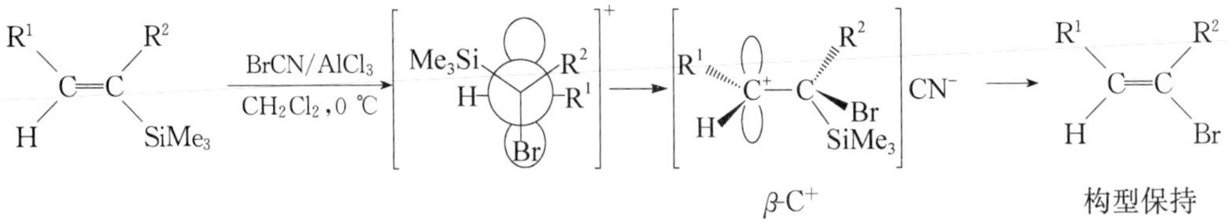

β-C$^+$ 构型保持

2）加成反应

乙烯基硅烷的亲电取代反应可按加成-消除两步机理进行，但有些反应也可停止在加成反应阶段。例如，乙烯基硅烷发生硼氢化反应，生成 α- 和 β-羟基硅烷，其中以 α-羟基硅烷为主，但 β-羟基硅烷的生成具有立体专一性。乙烯基硅烷也可发生汞化反应，反应具有良好的区域选择性，但非立体专一性，反应式如下：

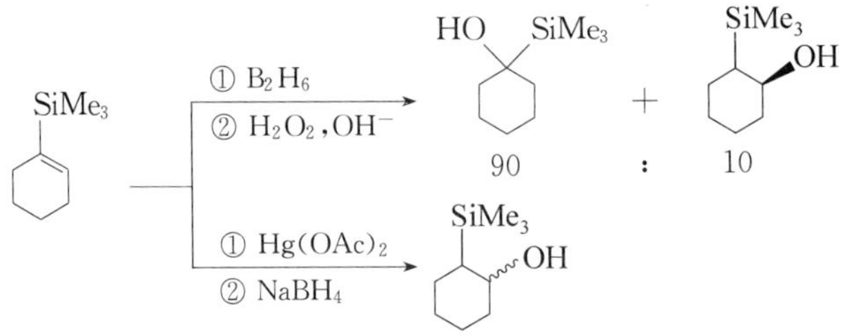

乙烯基硅烷与金属有机试剂加成，可生成 α-硅基稳定的碳负离子，是一类重要的有机硅试剂[17]。例如：

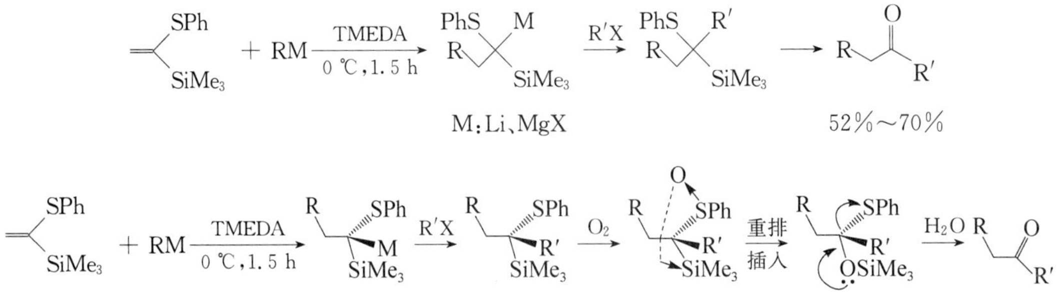

M：Li、MgX   52%～70%

β-羰基取代乙烯基硅烷与二烃基铜锂发生共轭加成，产物可发生下列转变，从而提供一种高取代的 α,β-不饱和酮的合成方法[18]，反应式如下：

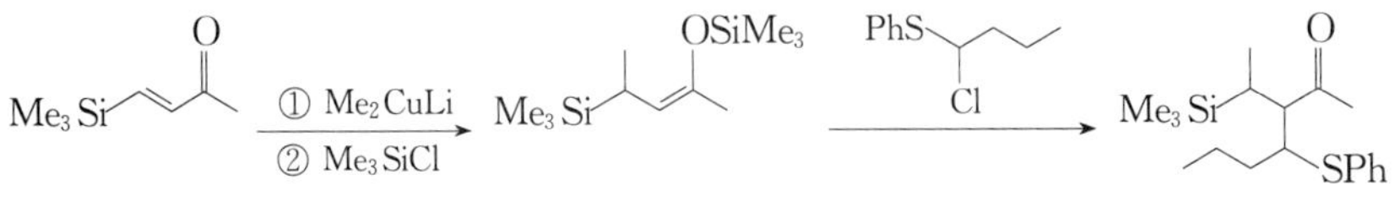

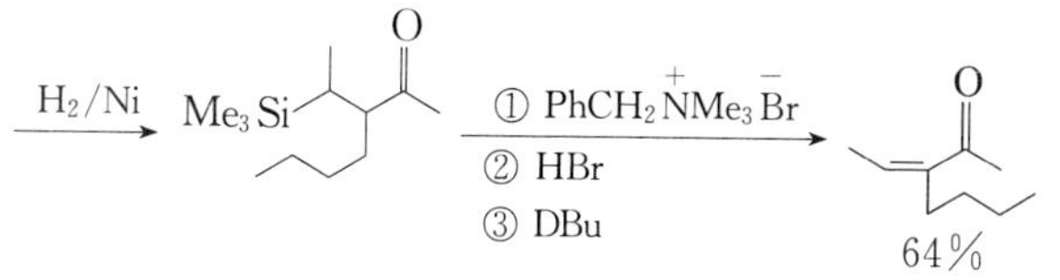

3) 环加成反应

乙烯基硅烷可发生多种环加成反应,带有吸电子取代基的乙烯基硅烷是良好的亲双烯体系,而 2-三甲基硅基及 1-三甲基硅基-1,3-丁二烯均是有效的双烯体系。反应具有良好的立体选择性和区域选择性。例如:

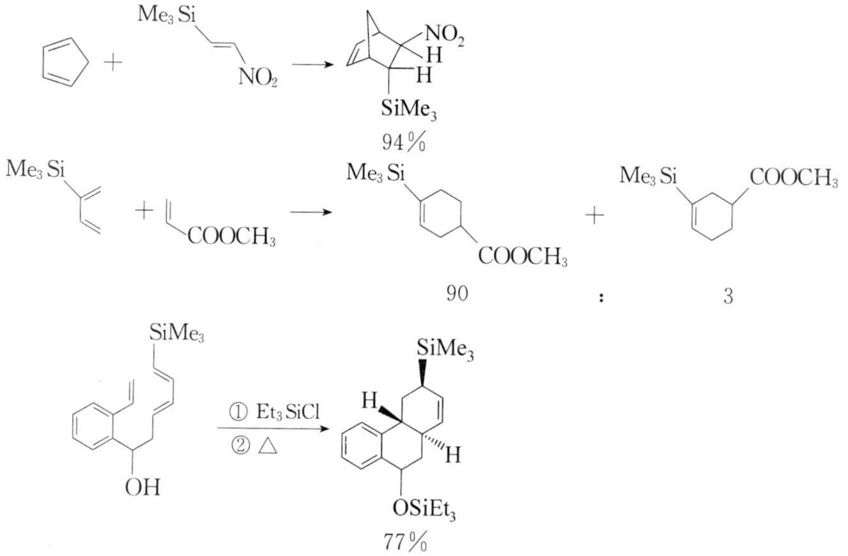

乙烯基硅烷也是亲偶极体系,与氧化亚胺发生 1,3-偶极环加成反应,加成物用 HF 处理,可转化为 α,β-不饱和醛,反应式如下:

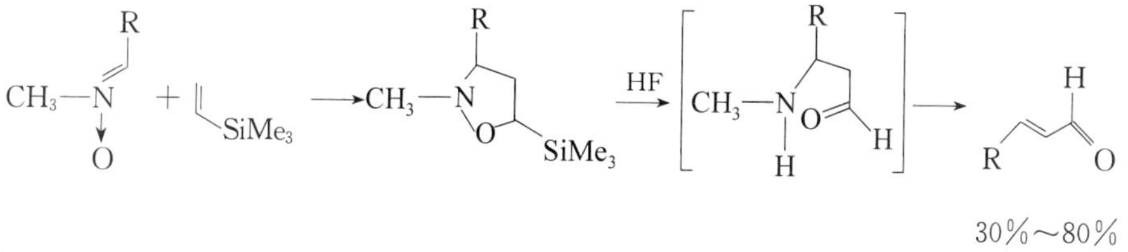

乙烯基硅烷与卡宾发生 Simmon-Smith(西蒙-史密斯)反应,是合成环丙基硅烷的重要方法,反应式如下:

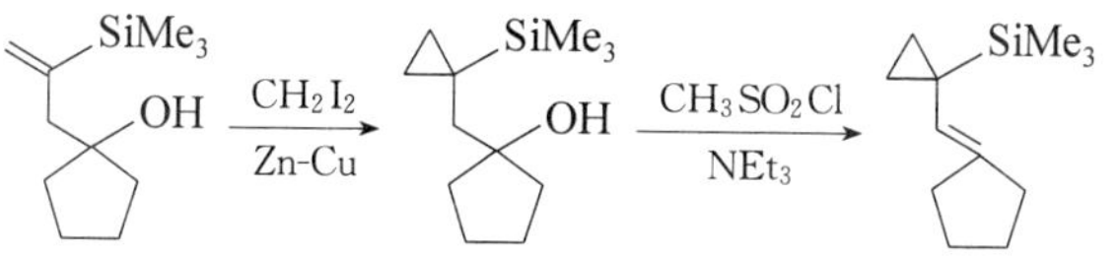

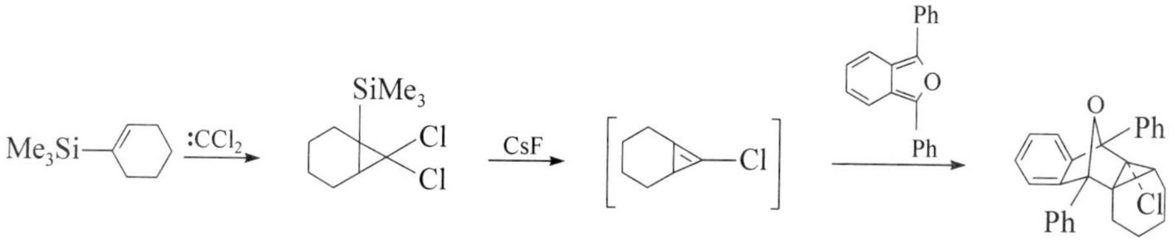

4) 氧化反应

乙烯基硅烷可被多种氧化剂氧化成 α,β-环氧硅烷[19]，其中以间氯过氧苯甲酸（MCPBA）应用最广，反应式如下：

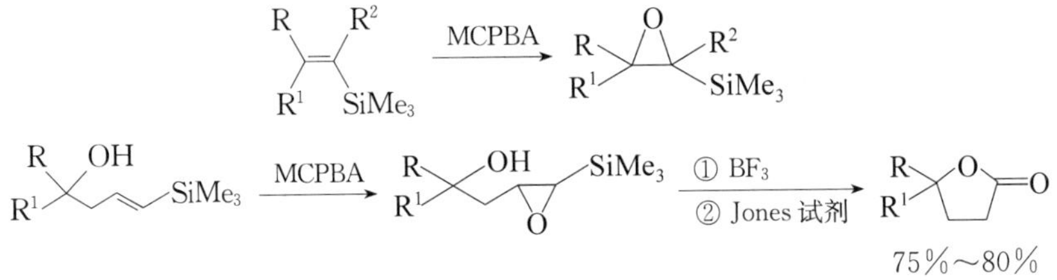

α,β-环氧硅烷是重要的合成中间体，它易于转化为羰基化合物，形成的羰基既可以是原来环氧硅烷的 α-碳，也可以是 β-碳，在酸催化下，α,β-环氧硅烷首先发生反式水解，然后反式消除硅基，形成的羰基为原来环氧硅烷的 α-碳原子。反应式如下：

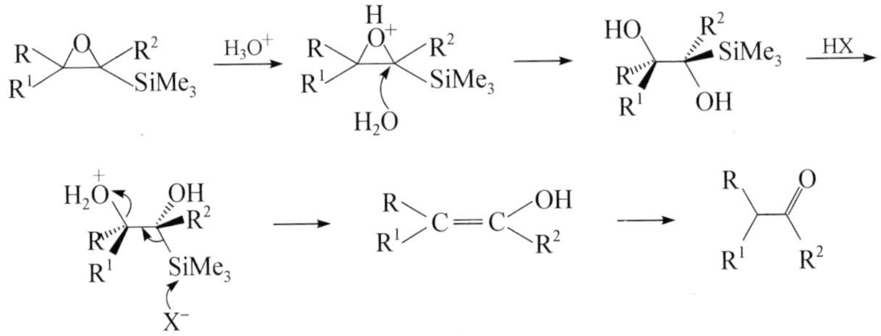

α,β-环氧硅烷转化为羰基化合物，形成的羰基在 β-碳原子上：

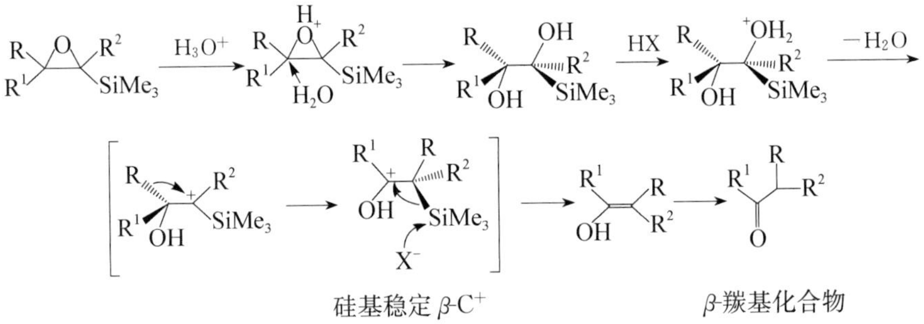

硅基稳定 β-C$^+$ 　　　　　　β-羰基化合物

若将 α,β-环氧硅烷用氢化锂铝还原开环，再经重铬酸氧化，可生成不含硅基的羰基化合物，利用此法经下列转变，则可提供一种羰基 1,2-转移的有效方法[20]，反应式如下：

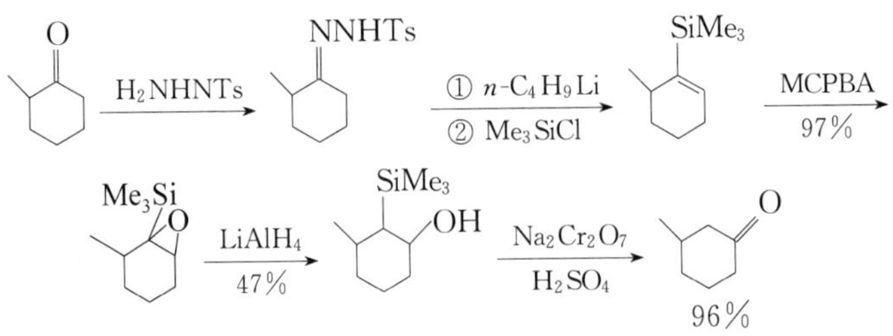

5.6.4　烯醇硅醚

由于烯醇硅醚[4,6,14,21]结构的特殊性，它可作为保护基或各种亲电取代反应的中间体，用于一般情况下难以合成的有机化合物的合成，而且反应均具有良好的区域专一性。

1. 烯醇硅醚的制备

烯醇硅醚的制备方法如下[22]：

烯醇硅醚可以直接由三甲基氯硅烷与酯的烯醇锂作用或与羧酸作用或与醛在三级胺作用下在温和的条件下制得。硅原子的亲电性非常强，它选择与电负性强的组分结合。因而它与烯醇化物的氧原子结合的速率非常快，以至于醛都不会发生自缩合反应。

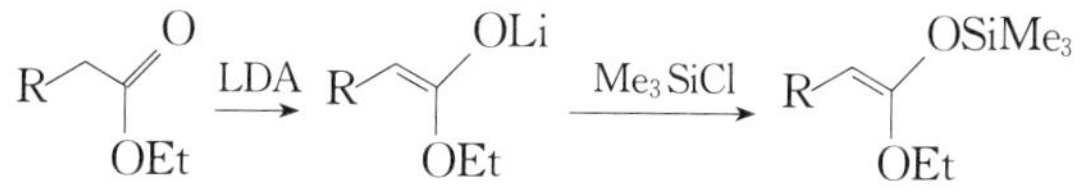

酯的烯醇硅醚

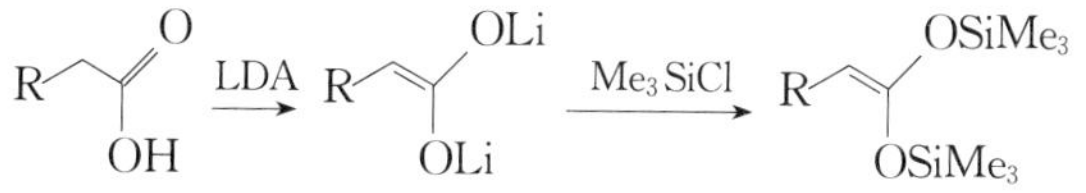

酸的烯醇硅醚

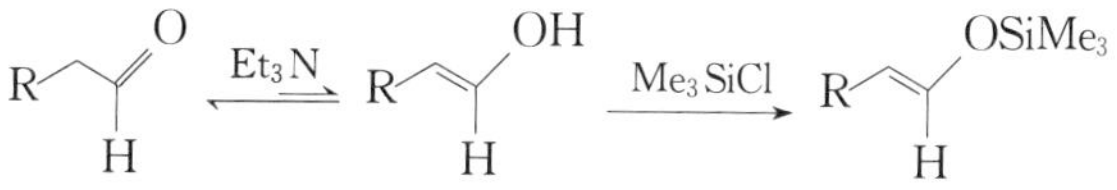

醛的烯醇硅醚

LDA（二异丙基氨基锂），由二异丙基胺与正丁基锂在干燥的四氢呋喃中制备。

酮与三甲基氯硅烷在三乙胺存在下反应生成烯醇硅醚。例如：

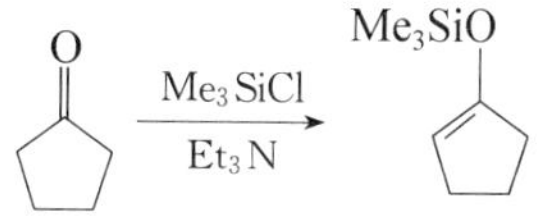

烯丙醇与三甲基氯硅烷反应可得到烯丙醇硅醚，此醚在钌盐存在下发生异构化，并高产率地生成烯醇硅醚，反应式如下：

烯醇硅醚是热力学稳定的化合物，它们的活性远远弱于烯醇锂，甚至比烯胺活性还低。烯醇硅醚很容易被酸或甲醇水解，因而通常是需要时才进行制备。

2. 烯醇硅醚的反应

由于烯醇硅醚双键的富电子性能，它极易接受亲电试剂的进攻，亲电试剂区域专一性地进攻 C=C 而产生被三甲基硅氧基所稳定的碳正离子，与亲电组分相伴存在的亲核性负离子进攻这一中间体的硅而生成 α-取代酮。该反应在有机合成中有广泛的应用。这一过程可用反应式表示如下：

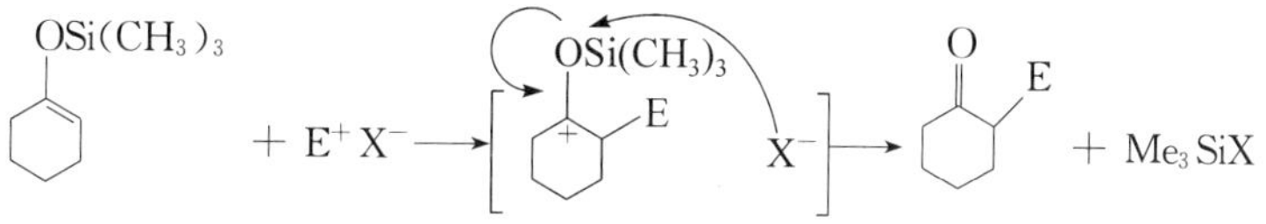

1) α-位的烃化或酰化反应

烯醇硅醚在催化剂的存在下,与卤代烷或酯类化合物反应,得到酮基 α-位取代的产物[22,23]。例如:

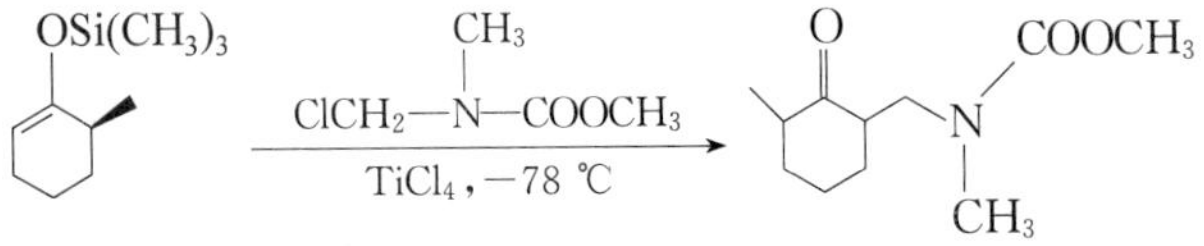

催化剂一般为 TiCl₄、ZnBr₂ 等。例如:

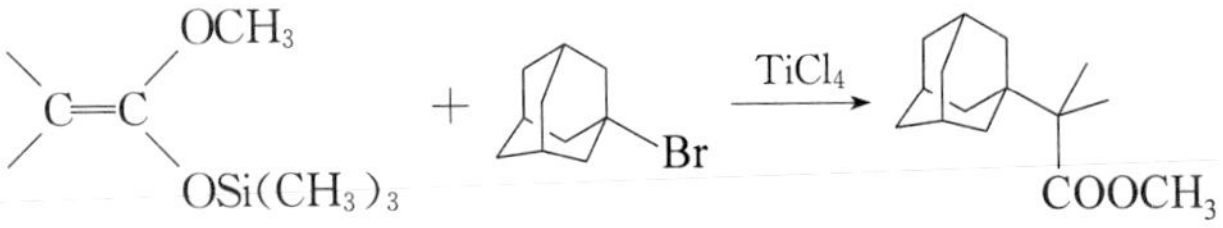

此反应在核苷的合成中取得了很大成功。

氯甲基醚也可使烯醇硅醚烃化,生成的甲氧基甲基化产物进一步消除,提供了 α-位亚甲基化的另一途径,反应式如下:

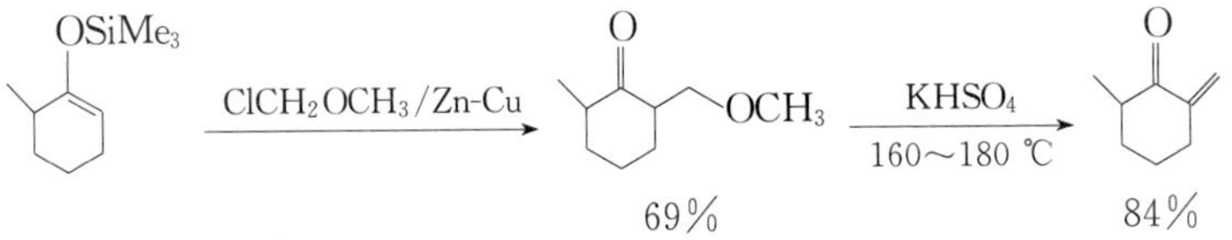

不对称酮形成的烯醇硅醚都可以与 MeCOCl 及 TiCl₄ 发生区域专一的酰基化反应,生成两个 1,3-二酮产物,产率都很高。

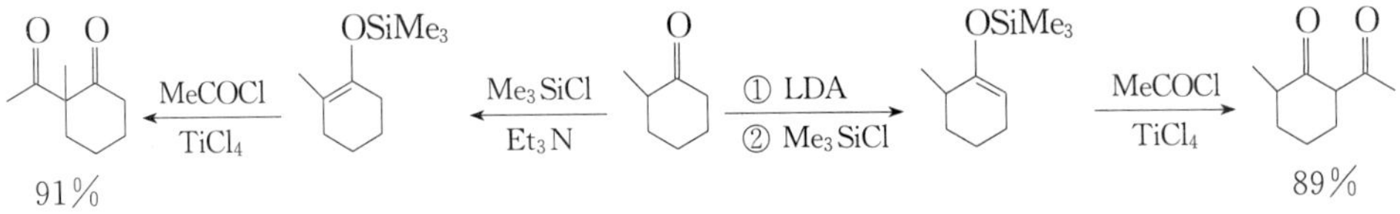

2) α-位的卤化反应

卤化试剂(如 NBS、Br₂、I₂ 等)都能很容易地进入烯醇硅醚的 α-位[24],具有很强的选择性,反应式如下:

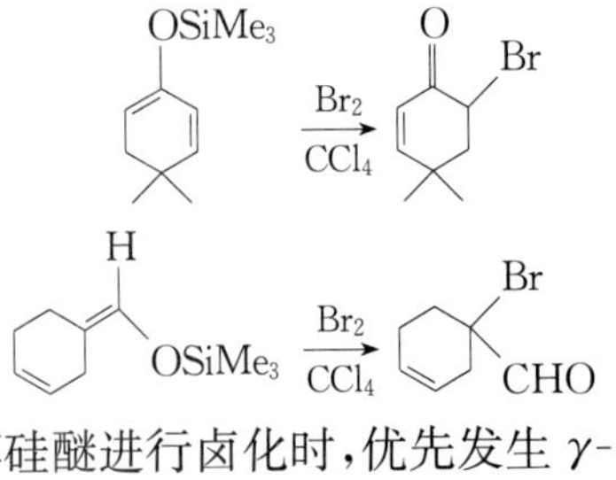

乙酰乙酸甲酯形成的烯醇硅醚进行卤化时,优先发生 γ-卤化[25],反应式如下:

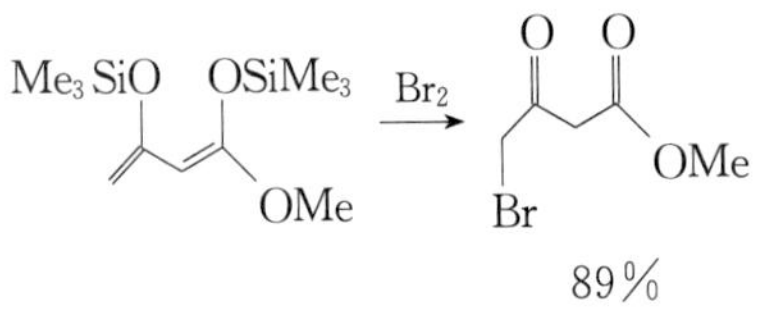

三甲硅基烯醇醚相继用乙酸银-碘和氟化三乙胺处理,生成 α-碘代酮,而碘并不能直接与三甲硅基烯醇醚反应,反应式如下:

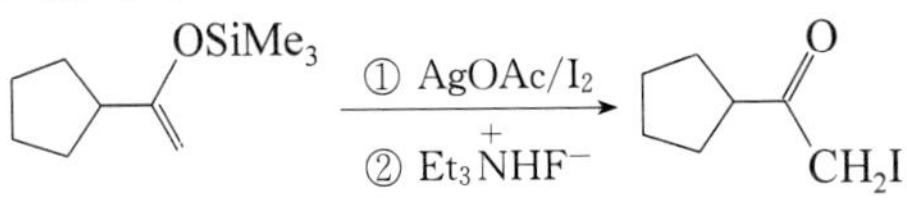

3) α-位的硝化和亚硝化反应

在温和的硝化试剂和亚硝化试剂作用下,烯醇硅醚能发生硝化反应,硝基进入 α-位,反应式如下:

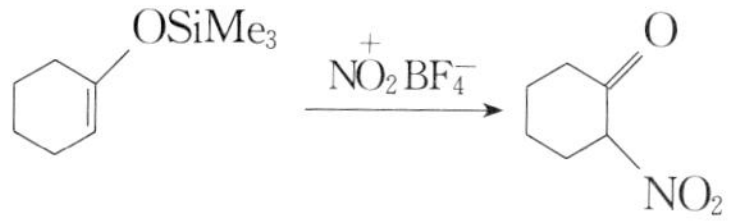

亚硝酰氯与三甲硅基烯醇醚反应,产生 α-亚硝基羰基物中间体,后者异构化为 α-羟亚氨基酮,反应式如下:

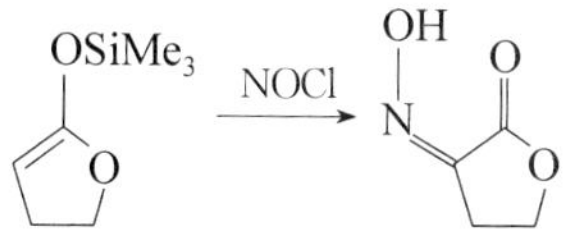

4) 酯化反应

烯醇硅醚与酰氯反应可制得 β-酮基取代产物。例如:

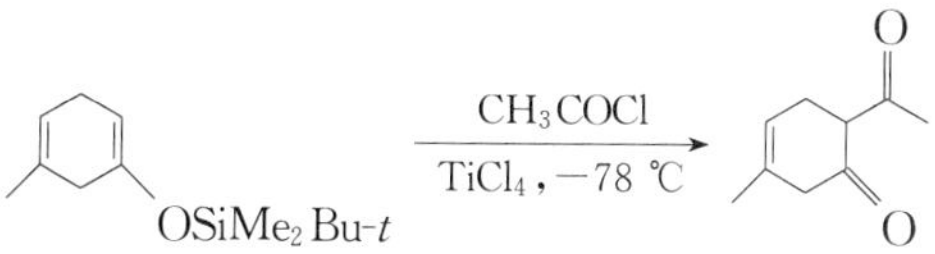

丙二酸二乙酯的负离子与三甲基氯硅烷反应得到的烯醇硅醚再与酰氯反应,最后生成酰基取代的丙二酸二乙酯,反应式如下:

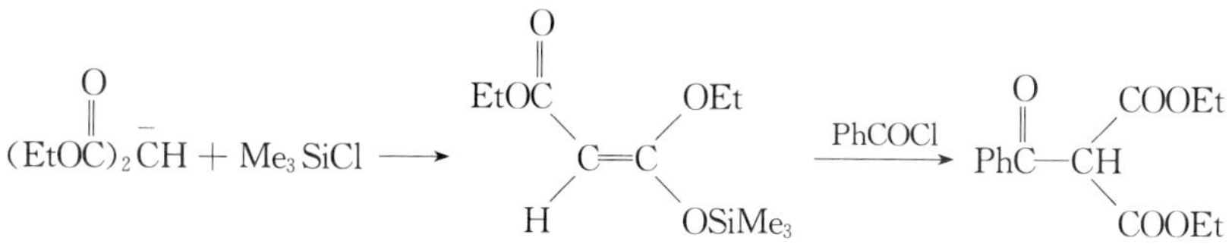

5) 羟醛缩合反应

烯醇硅醚与亲电试剂反应[22]时最好是在路易斯酸(通常是 TiCl₄)的催化下进行。如两种醛,一种带支链,另一种不带支链,它们都能很简单地转化为相应的烯醇硅醚,与两种不同的可烯醇化的醛反应能以很高产率得到羟醛缩合产物,而不会发生这四种醛中任何一种的自身缩合反应或者它们之间错误形式的交叉缩合反应。

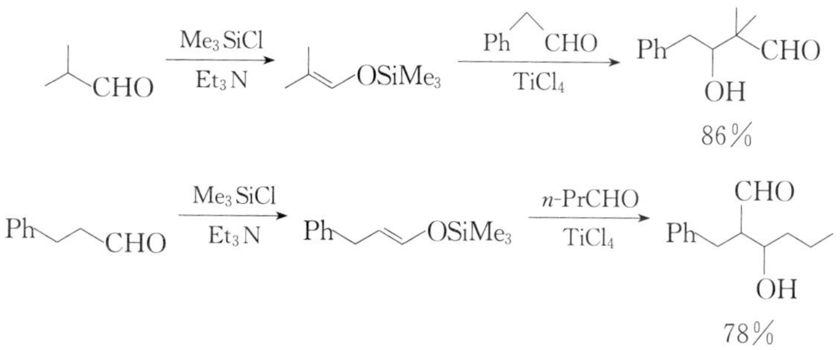

酯和酮的烯醇硅醚与可烯醇化的醛和酮在路易斯酸的催化下,也能有效地发生羟醛缩合反应,同样有着完全的区域选择性。例如,烯醇硅醚与可烯醇化的酮反应得到含有两个邻近的四级碳中心的羟醛缩合产物,产率很高。

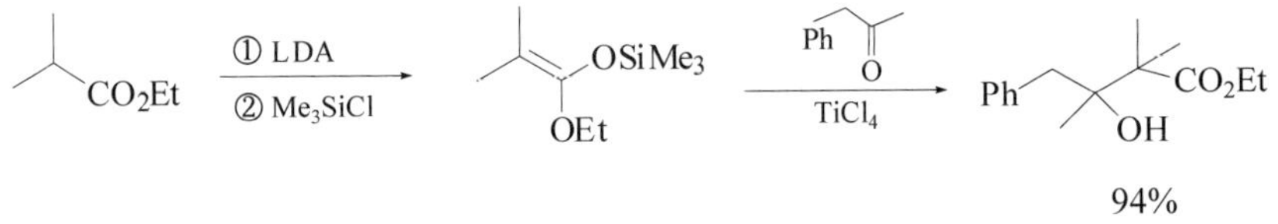

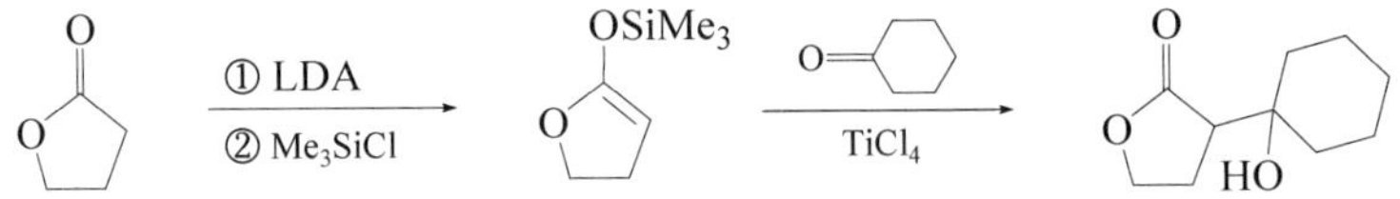

反应过程可能是 TiCl₄ 首先与烯醇硅醚作用,产生三甲基氯硅烷和三氯钛基的烯醇醚,后者再与醛或酮反应生成交叉的羟醛缩合产物,反应式如下:

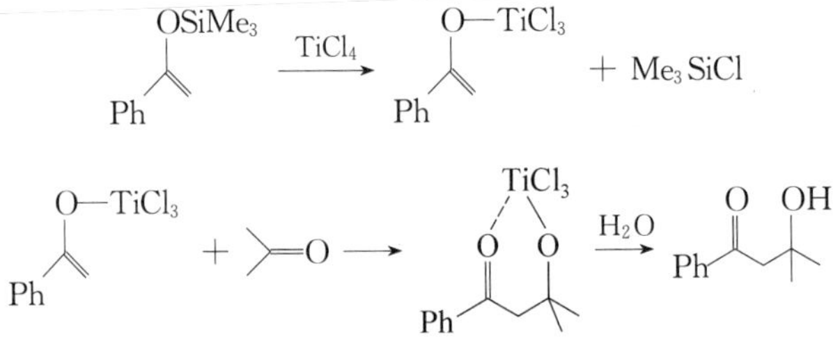

甲醛(三聚甲醛)与烯醇硅醚之间的交叉羟醛缩合也是成功的。例如:

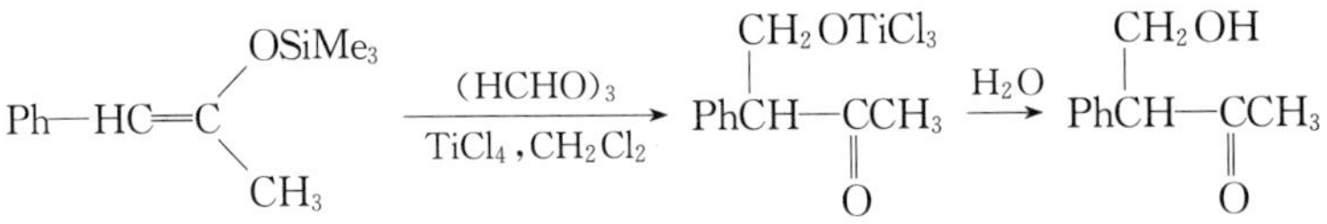

6) Michael 反应

在 TiCl₄ 的催化下,烯醇硅醚能与很多共轭体系发生加成反应,生成 ω-酮基取代物。该反应可用于制备 1,5-二羰基化合物。例如:

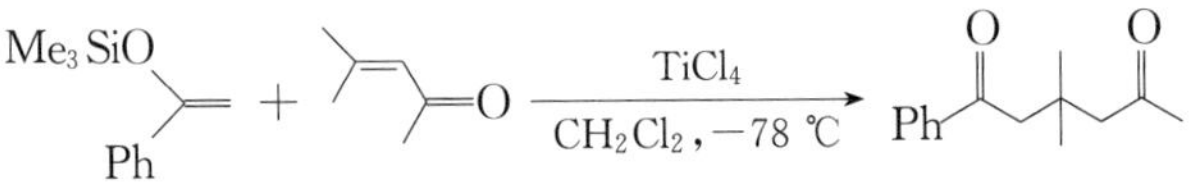

与缩醛、缩酮一样,烯醇硅醚也可与 α,β-不饱和羰基化合物的缩合物发生共轭加成反应,生成 5-羰基缩醛或缩酮。例如:

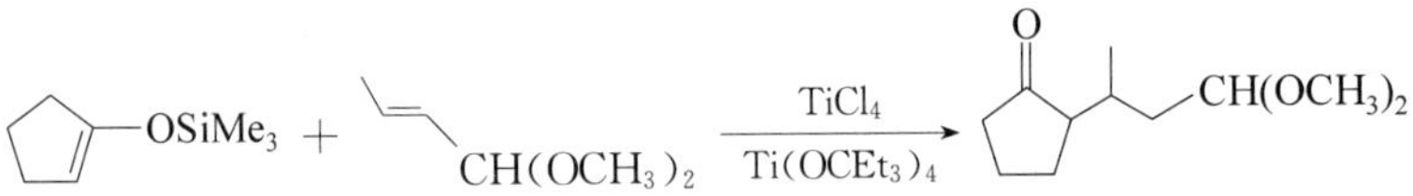

7) 氧化反应

烯醇硅醚双键选择性氧化反应也常应用于有机合成。例如,烯醇硅醚在氧化银的作用下,通过自由基反应可得到 1,4-二酮,反应式如下:

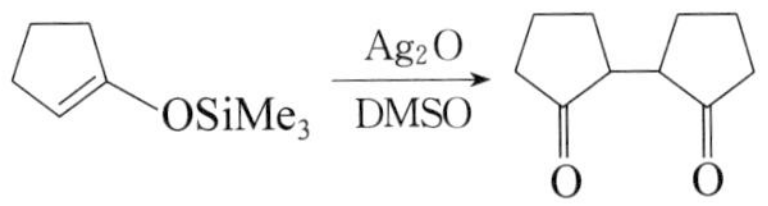

该反应可能涉及银(Ⅰ)的烯醇盐中间体,一个电子从烯醇负离子转移给银(Ⅰ),生成烯醇基和银(0),烯醇基再二聚生成 1,4-二酮类产物,反应式如下:

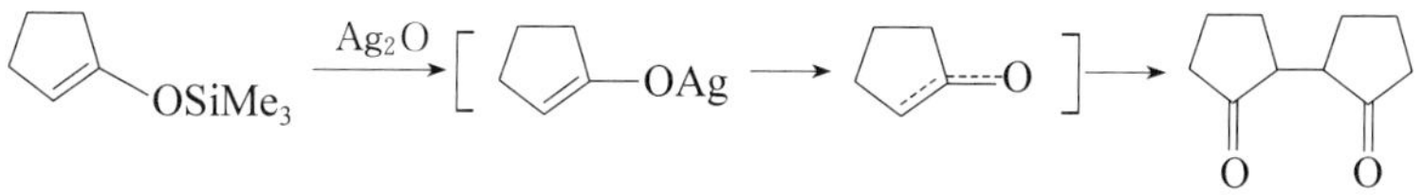

烯醇硅醚在四乙酸铅的作用下,首先生成 α-位乙酰氧基取代物,然后水解,此反应可用于制备 α-羟基酮,反应式如下:

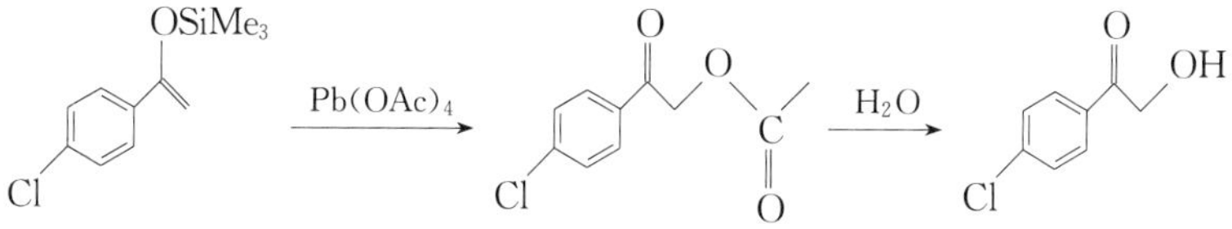

烯醇硅醚与 MCPBA 反应时,首先生成环氧化合物,再水解得 α-羟基酮[26],反应式如下:

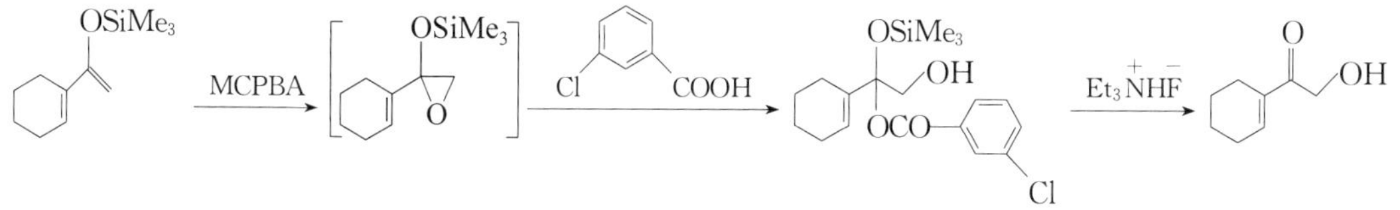

8) [2+2]环加成反应

烯醇硅醚的双键在光催化下能与 α,β-不饱和酮、酯、腈等发生环加成反应[27],生成环丁烷衍生物,然后水解,环丁烷被破环,生成 α-位共轭加成产物。例如:

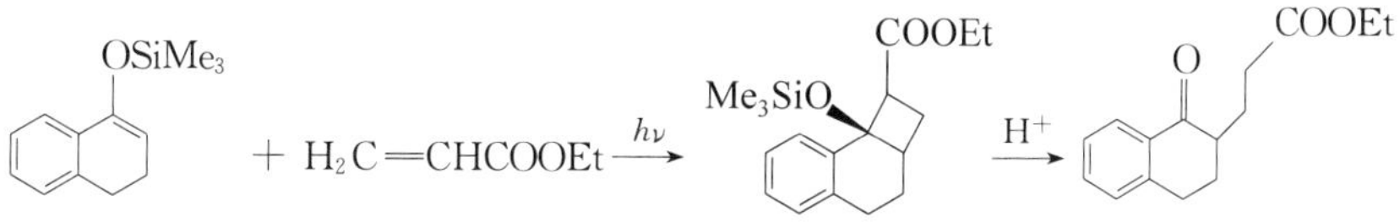

9) [4+2]环加成反应

烯醇硅醚可作为双烯组分与多种亲双烯组分发生 Diels-Alder 反应。利用此反应可制得许多环状化合物,特别是天然有机化合物基本骨架结构的形成。例如:

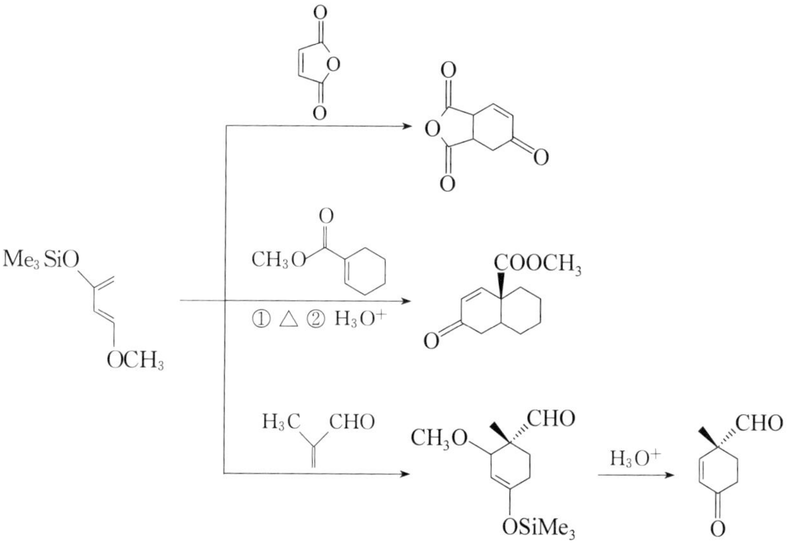

5.6.5　酰基硅烷

酰基硅烷($RCOSiR_3$)自 1957 年首次报道以来,由于其在有机合成中的重要性,受到相关工作者的密切关注。

1. 酰基硅烷的制备[28,29]

酰基硅烷通过酰基衍生物醛、酯、酰胺、酰卤、硅醇、α-吡啶硫化物、取代硅衍生物等制备。例如：

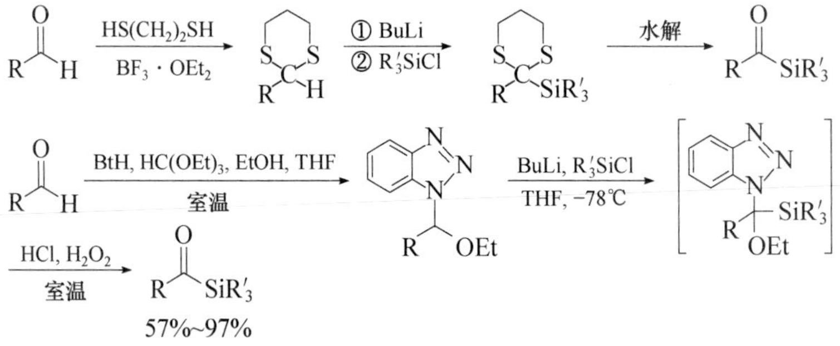

R: 芳基，杂环芳基，取代烃基，链烯基等

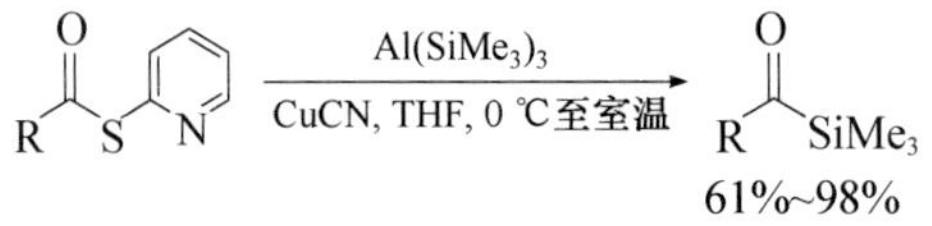

R: C$_9$H$_{19}$, Ph, PhHC=CH, Ph(CH$_3$)CH等

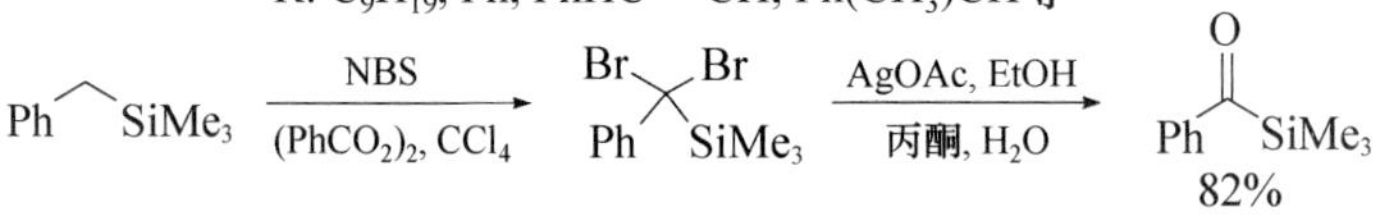

从烯丙醇合成 α,β-不饱和酰基硅烷：

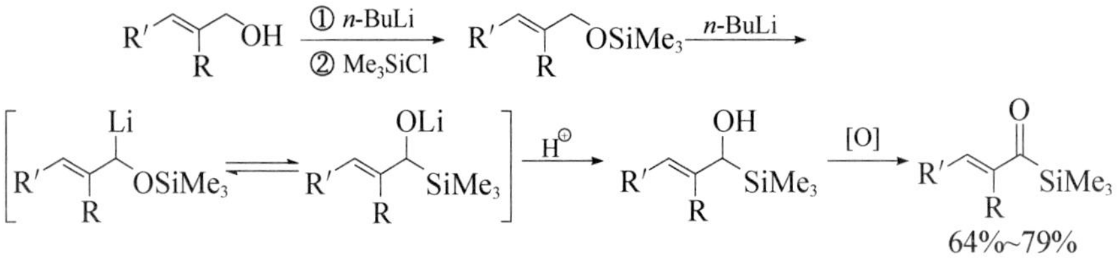

2. 酰基硅烷的反应[29]

酰基硅烷在一定条件下转化为相应的化合物。例如，钯催化酰基硅烷醇解制醛。

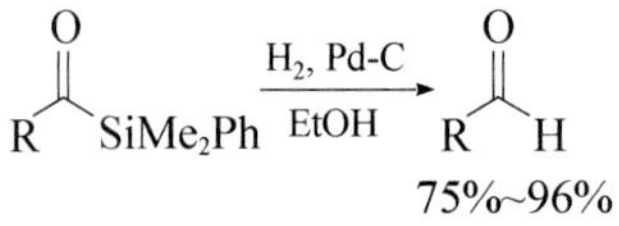

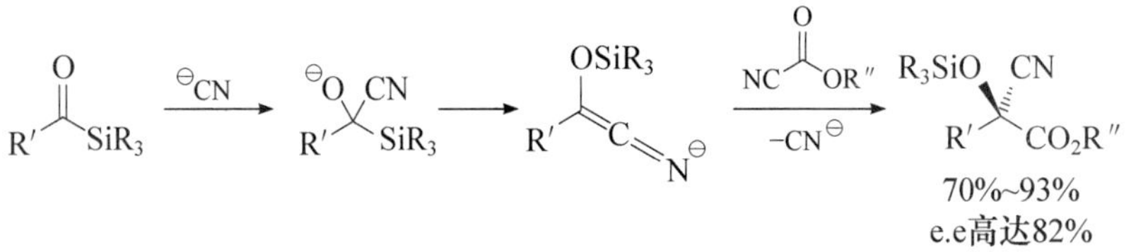

CN⁻阴离子催化的酰基硅烷反应：

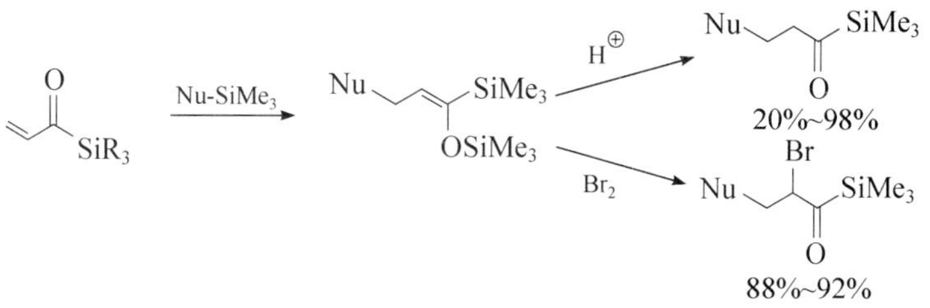
Nu-SiMe₃
H⊕
Br₂
20%~98%
88%~92%

Nu：咪唑基(1, 3-二氮杂茂环), SPh, SMe, Br, N_3

氨甲酰硅烷与酰氯反应：

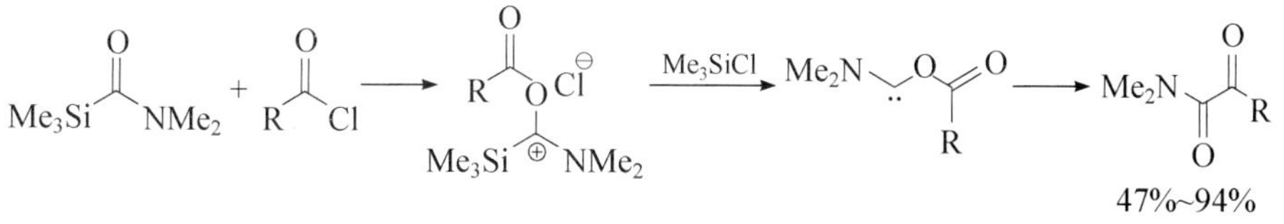
Me₃SiCl
47%~94%

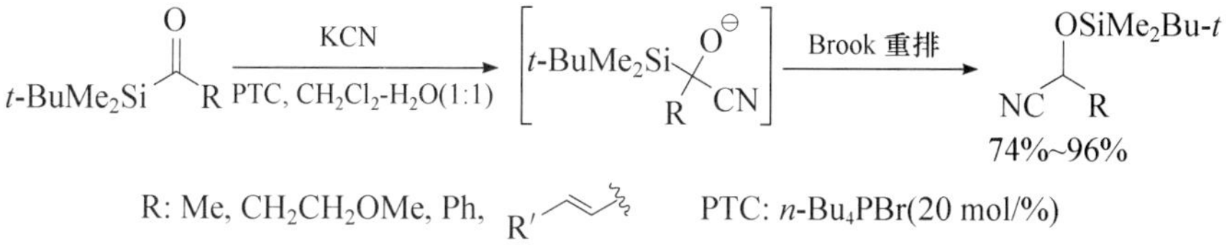
KCN
PTC, CH₂Cl₂-H₂O(1:1)
Brook 重排
74%~96%
R: Me, CH₂CH₂OMe, Ph,
PTC: n-Bu₄PBr(20 mol/%)

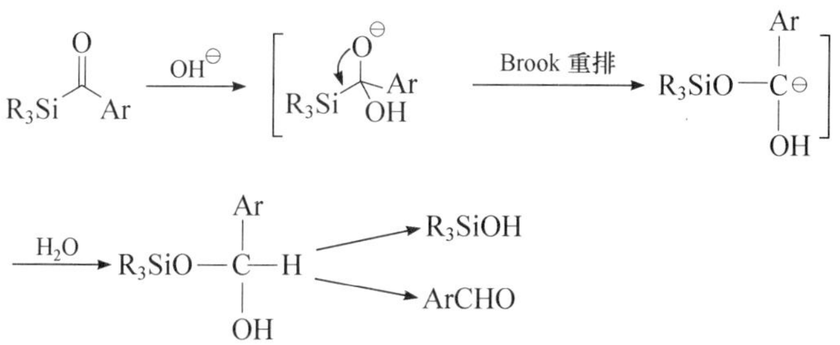
OH⊖
Brook 重排
H₂O
R₃SiOH
ArCHO

酰基硅烷在微量碱促进下，经 Brook（布鲁克）重排生成醇和醛。

3．光诱导反应[30]

例如：

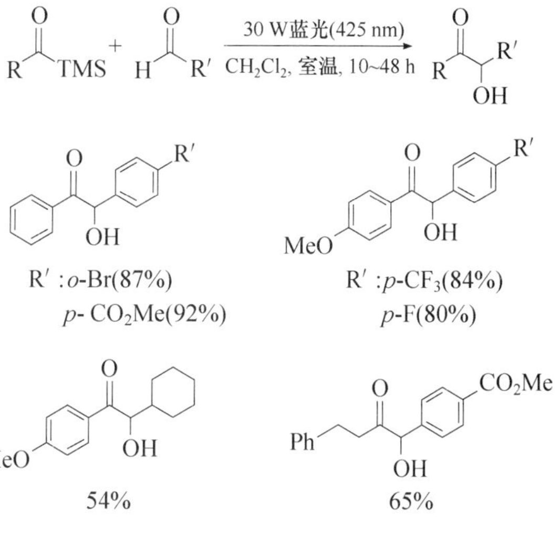
30 W蓝光(425 nm)
CH₂Cl₂, 室温, 10~48 h
R′ :o-Br(87%)
p- CO₂Me(92%)
R′ :p-CF₃(84%)
p-F(80%)
54%
65%

反应机理如下：

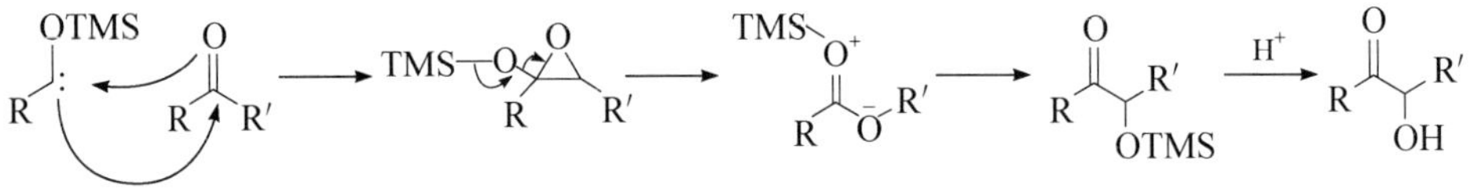

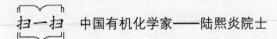

TMS: 三甲硅基

光诱导分子内硅氧碳烯合成苯偶姻。

扫一扫　中国有机化学家——陆熙炎院士

习　题

5-1　写出实现下列化合物转换的方法。

(1) 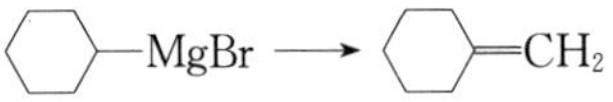 ⬡—MgBr ⟶ ⬡=CH$_2$

(2) ⬡—MgBr ⟶ ⬡—CH$_2$CH=CH$_2$

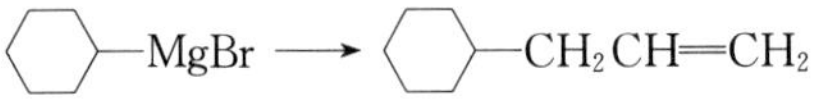

(3) C$_2$H$_5$MgBr ⟶ 苯基—CO—Et

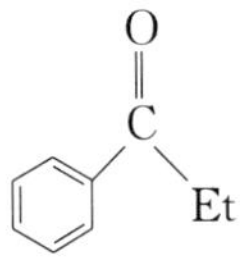

(4) H$_2$C=CHBr ⟶ n-C$_6$H$_{13}$CH=CH$_2$

(5)  ⬡—MgBr ⟶ ⬡—CHO

(6) 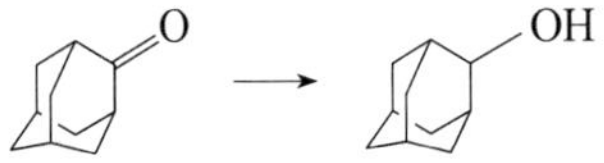 金刚烷酮 ⟶ 金刚烷醇

(7) 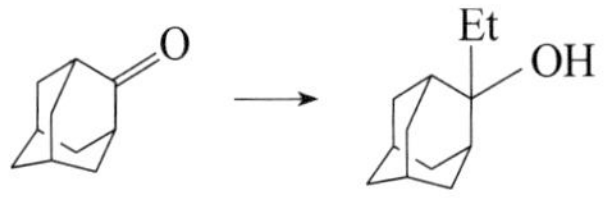 金刚烷酮 ⟶ 金刚烷（Et）（OH）

(8) 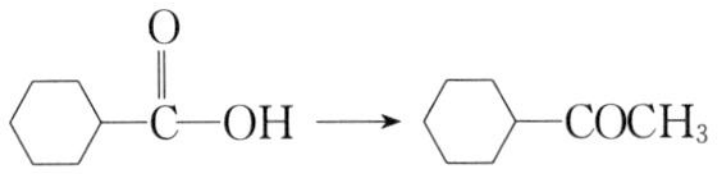 环己基—CO—OH ⟶ 环己基—COCH$_3$

(9) 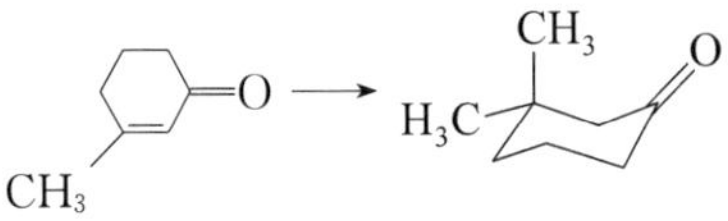 3-甲基环己烯酮 ⟶ 3,3-二甲基环己酮

(10) n-C$_4$H$_9$Br ⟶ n-C$_4$H$_9$C≡CH

(11) C$_6$H$_5$CH=CHBr ⟶ （E/Z 二苯乙烯混合物）

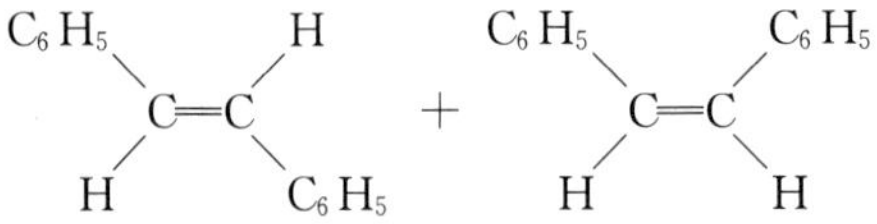

(12) CH$_3$(CH$_2$)$_6$CH$_2$I ⟶ （烯烃产物）

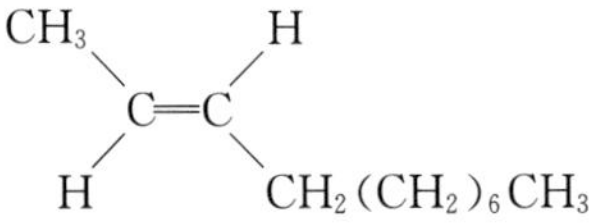

(13)

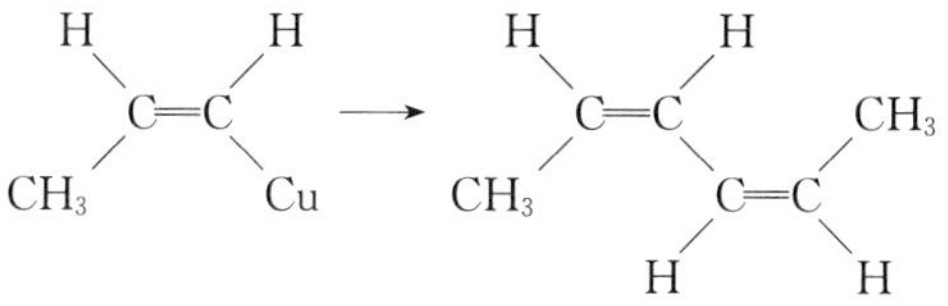

(14)

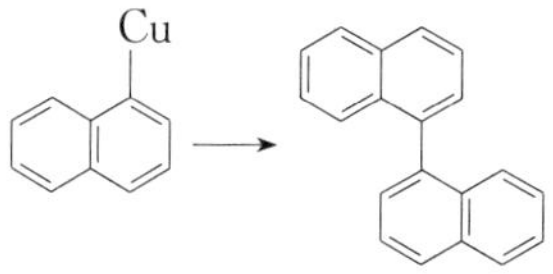

(15)

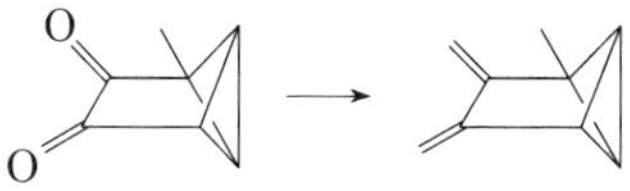

(16)

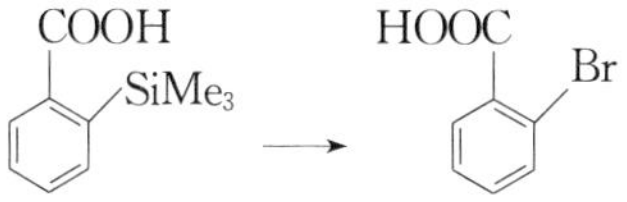

(17)

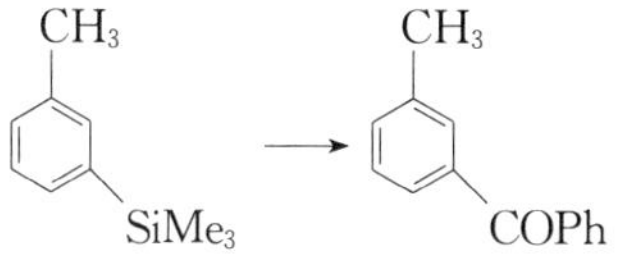

(18)

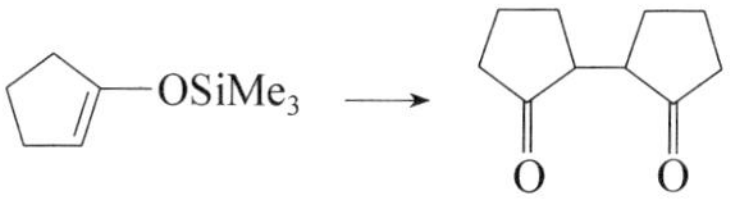

(19)

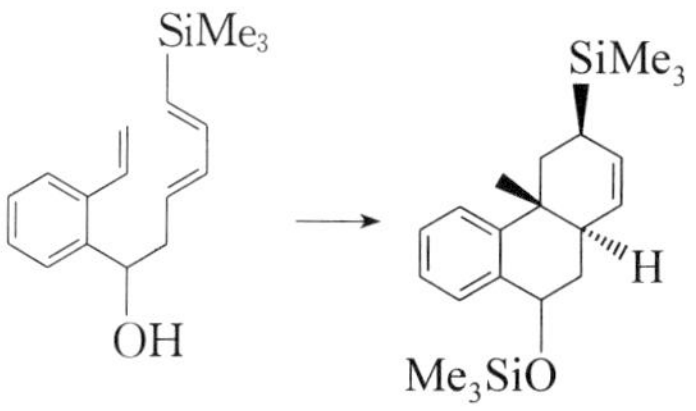

(20)

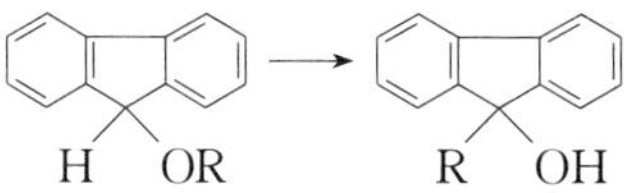

5-2　写出下列反应的中间物和产物。

(1) CH_3MgBr + (EtO)(EtO)CH—OEt ⟶ [　] $\xrightarrow{H^+/H_2O}$ [　]

(2) $MeLi$ + O=C=O ⟶ [　] $\xrightarrow{RLi}$ [　] $\xrightarrow{H^+/H_2O}$ [　]

(3) $PhLi$ + Ph—C(OH)=O ⟶ [　] $\xrightarrow{PhLi}$ [　] $\xrightarrow{H^+/H_2O}$ [　]

(4) 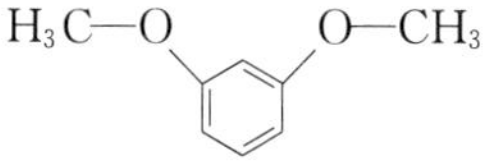 (1,3-二甲氧基苯) + $n\text{-}C_4H_9Li$ $\xrightarrow[\text{THF}]{\text{TMEDA}}$ [　] $\xrightarrow{HCONMe_2}$ [　]

(5) $CH_3(CH_2)_9Cl$ + $2Li$ $\xrightarrow[N_2]{\text{无水乙醚或己烷}}$ [　] $\xrightarrow{CH_3CONMe_2}$ [　]

(6) $n\text{-}C_4H_9C\equiv CH \xrightarrow[\text{HMPT}/C_6H_{14}]{n\text{-}C_4H_9Li} [\quad\quad] \xrightarrow[\text{HMPT},0\ ℃]{n\text{-}C_5H_{11}Cl} [\quad\quad]$

(7) 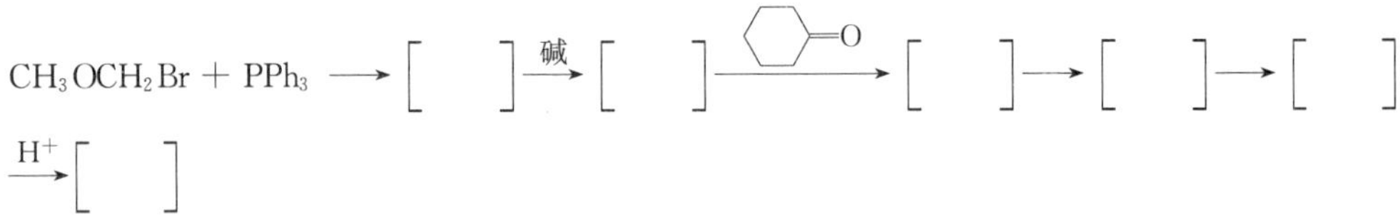 $CH_3OCH_2Br + PPh_3 \longrightarrow [\quad\quad] \xrightarrow{\text{碱}} [\quad\quad] \xrightarrow{\text{(环己酮)}} [\quad\quad] \longrightarrow [\quad\quad] \longrightarrow [\quad\quad]$

$\xrightarrow{H^+} [\quad\quad]$

(8) $CH_3C\equiv CCH_3 + B_2H_6 \longrightarrow [\quad\quad] \xrightarrow{H_2O_2,\ OH^-} [\quad\quad]$

(9)

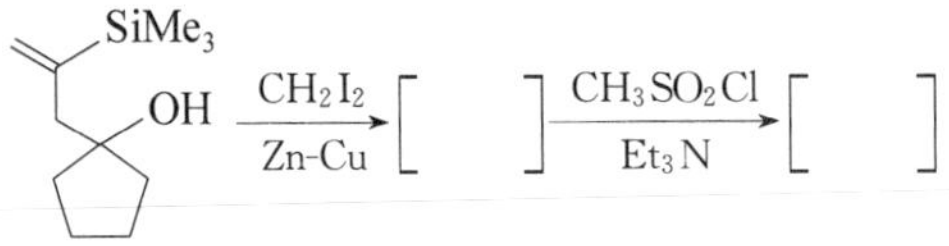

(10)

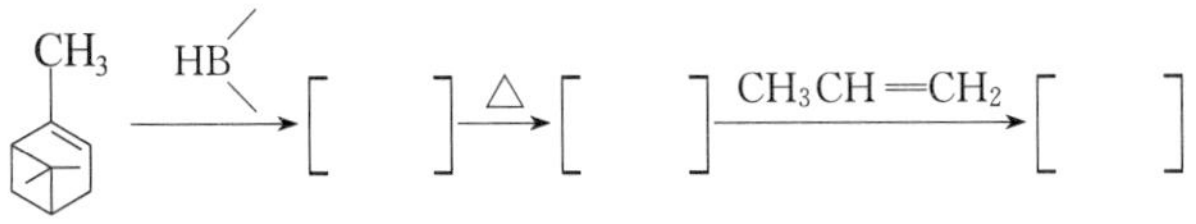

5-3 用指定的原料合成下列化合物(其他试剂任选)。

(1) $n\text{-}C_4H_9Cl$ 合成 $Me_3CC\equiv CCH_2CHMe_2$

(2)

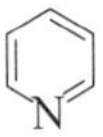

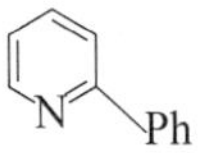

(3)

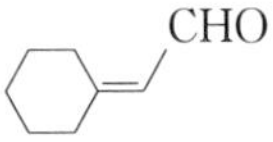

(4) $CH_3C\equiv CH$ 合成 $CH_3CH_2CH_2OH$

(5) 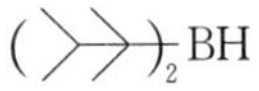 $(\text{\quad})_2BH$ 合成 CH_3CH_2CHO

(6) Me_3B 合成 Me_3COH

(7)

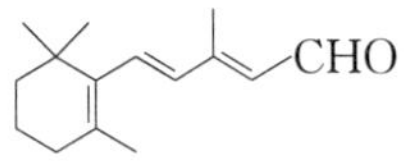

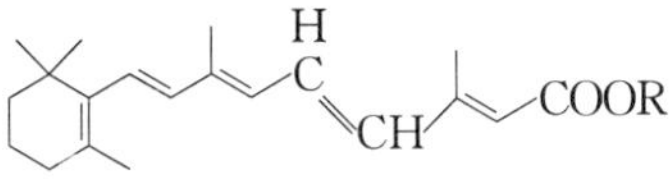

(8) $BrCH_2CH_2CH_2Br$ 合成

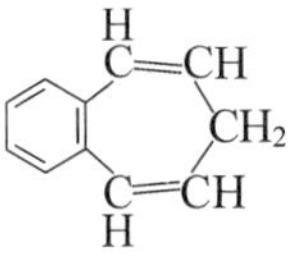

(9)

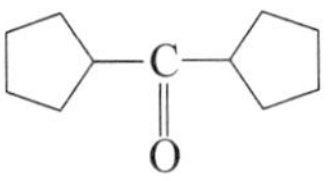

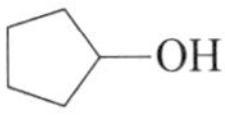

(10)

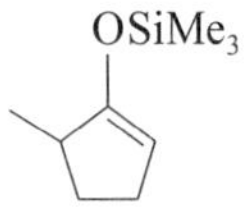

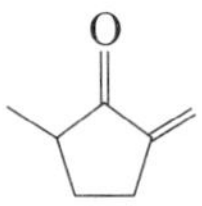

(11) 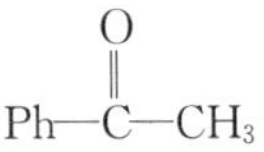 $Ph-\overset{O}{\underset{\|}{C}}-CH_3 + EtO_2CH_2CH_2COOEt$ 合成

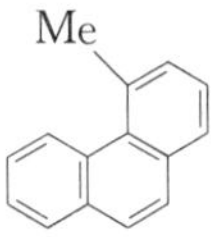

(12)

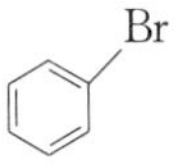

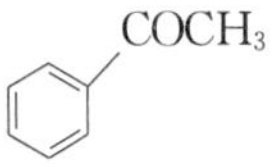

(13) $PhCHO$ 合成 $Ph_2CHCH_2COOCH_3$

(14) $CH_3CH_2CH_2CH=CHCH_3$ 合成 $CH_3CH_2CH_2CH_2CH_2CH_2OH$

(15) ![甲基环己酮] 合成 ![甲基环己酮]

参 考 答 案

5-1

(1) $CHBr_3$

(2) $CH_2\!\!=\!\!CH\!\!-\!\!CH_2Br$，$Et_2O$，室温

(3) ![苯基腈]，H_2O/H^+

(4) $n\text{-}C_6H_{13}MgBr$，$FeCl_3$，THF，0 ℃

(5) $CH(OEt)_3$

(6) CH_3MgBr

(7) $EtLi$

(8) $2CH_3Li$

(9) Me_2CuLi

(10) $HC\!\!\equiv\!\!CLi \cdot H_2NCH_2CH_2NH_2$，$DMSO$

(11) Ph_2CuLi

(12) $\left[\begin{array}{c} \underset{H}{\overset{CH_3}{C}}\!\!=\!\!\underset{}{\overset{H}{C}} \end{array} \right]_2 CuLi$

(13) 90 ℃

(14) 110 ℃

(15) $Ph_3P\!\!=\!\!CH_2$

(16) Br_2

(17) $PhCOCl$，$AlCl_3$

(18) Ag_2O，$DMSO$

(19) ① Me_3SiCl ② △

(20) $PhLi/THF/H_3O^+$

5-2

(1) $[CH_3CH(OEt)_2]$，$[CH_3CHO]$

(2) $\left[Me\!\!-\!\!\underset{O}{\overset{O^-Li^+}{C}} \right]$，$\left[\underset{Me}{\overset{Me}{C}}\!\!\underset{O^-Li^+}{\overset{O^-Li^+}{}} \right]$，$[Me_2CO]$

(3) $\left[Ph\!\!-\!\!\underset{O}{\overset{O^-Li^+}{C}} \right]$，$\left[\underset{Ph}{\overset{Ph}{C}}\!\!\underset{O^-Li^+}{\overset{O^-Li^+}{}} \right]$，$[Ph_2C\!\!=\!\!O]$

(4) $\left[CH_3O\underset{}{\overset{Li}{\bigcirc}}OCH_3 \right]$，$\left[CH_3O\underset{}{\overset{CHO}{\bigcirc}}OCH_3 \right]$

(5) $[CH_3(CH_2)_9Li]$，$[CH_3(CH_2)_9COCH_3]$

(6) $[n\text{-}C_4H_9C\!\!\equiv\!\!CLi]$，$[n\text{-}C_4H_9C\!\!\equiv\!\!CC_5H_{11}\text{-}n]$

(7) $[CH_3OCH_2P^+Ph_3Br^-]$，$[CH_3OCH\!=\!PPh_3]$，$Ph_3P^+\!-\!CHOCH_3$，O^-（环己基），

$\left[\begin{array}{c} Ph_3P\!-\!CHOCH_3 \\ | \\ O\!-\!(环己基) \end{array}\right]$，$[Ph_3P\!=\!O + (环己基)\!=\!CHOCH_3]$，$[(环己基)\!-\!CHO]$

(8) $\left[\begin{array}{c} CH_3 \\ | \\ CH_3CH\!=\!C\!-\!B\!< \end{array}\right]$，$[CH_3CH_2COCH_3]$

(9) $\left[\begin{array}{c} \text{(环丙基)SiMe}_3 \\ \text{OH} \end{array}\right]$，$\left[\begin{array}{c} \text{(环戊叉环丙基)SiMe}_3 \end{array}\right]$

(10) $\left[\begin{array}{c} CH_3 \\ \text{B}< \end{array}\right]$，$\left[\begin{array}{c} CH_2\!-\!B< \end{array}\right]$，$\left[\begin{array}{c} CH_2 \end{array}\right]$

5-3

(1) $n\text{-}C_4H_9Cl + 2Li \xrightarrow{Et_2O, N_2} n\text{-}C_4H_9Li \xrightarrow{Me_3CC\equiv CH} Me_3CC\equiv CLi$

$\xrightarrow[\text{② } I_2]{\text{① }(Me_2CHCH_2)_3B} Me_3CC\equiv CCH_2CHMe_2$

(2) （吡啶）$+ PhLi \xrightarrow[0\,℃]{Et_2O}$ （中间体）$\xrightarrow[\triangle]{O_2 \text{ 或硝基苯}}$ （2-苯基吡啶）

(3) （环己叉乙醛）$+ Me_5Cu_3Li_2 \xrightarrow{Et_2O}$ （取代环己基甲醛）$\xrightarrow{-CO}$ （1,1-二甲基环己烷）

(4) $CH_3C\equiv CH + B_2H_6 \longrightarrow CH_3CH_2\!-\!CH\!-\!B \xrightarrow[\text{② }H_2O_2/OH^-]{\text{① NaOH}} CH_3CH_2CH_2OH$

(5) $CH_3C\equiv CH + (\text{ })_2BH \longrightarrow CH_3CH\!=\!CH\!-\!B(\text{ })_2 \xrightarrow[\text{② }H_2O_2/OH^-]{\text{① NaOH}} CH_3CH_2CHO$

(6) $Me_3B \xrightarrow[\text{乙二醇}]{CO} Me_3\bar{B}\!-\!\overset{+}{C}\!=\!O \xrightarrow{Me\,迁移} CH_3\!-\!\overset{CH_3}{\underset{CH_3}{\overset{|}{B}}}\!\underset{|}{\overset{\|}{C}O} \longrightarrow (CH_3)_2C\!-\!BCH_3$（环氧）

$\longrightarrow (CH_3)_3C\!-\!B\!=\!O \xrightarrow{\text{OH-OH}} (CH_3)_3C\!-\!B(\text{二氧环}) \xrightarrow[\text{② NaOH}]{\text{① }H_2O_2} (CH_3)_3COH$

(7) （取代环己烯基二烯醛）$+ Ph_3P\!=\!CH$（取代） $\longrightarrow$ （共轭多烯酯 COOR）

(8) $BrCH_2CH_2CH_2Br + PPh_3 \longrightarrow Ph_3P\!=\!CHCH_2CH\!=\!PPh_3 \xrightarrow{\text{（邻苯二甲醛）}}$ （苯并环庚三烯）

(9)

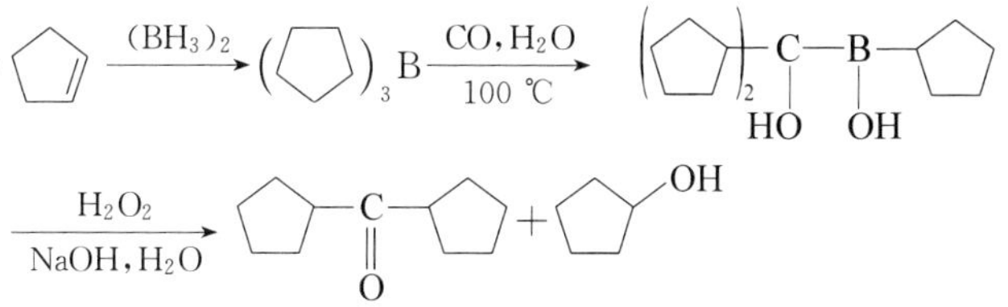

(10)

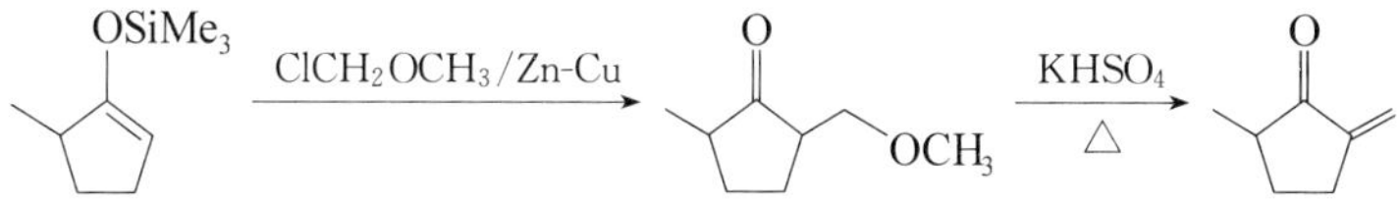

(11)

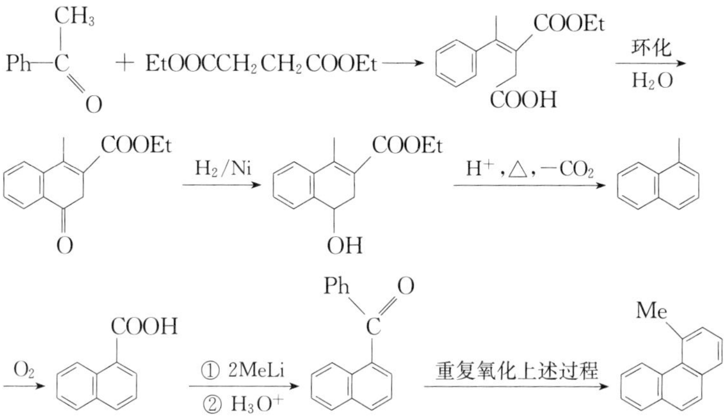

(12)

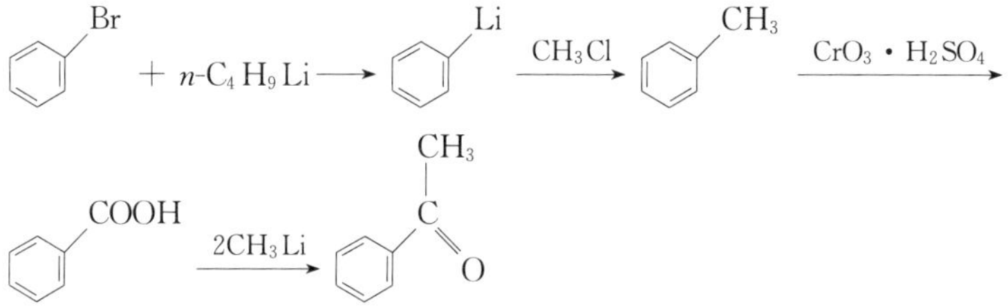

(13) $PhCHO + CH_2(COOH)_2 \xrightarrow{C_5H_5N} \underset{OH}{PhCHCH(COOH)_2} \xrightarrow{-H_2O} PhCH = C(COOH)_2$

$\xrightarrow{-CO_2} PhCH = CHCOOH \xrightarrow{CH_3OH} PhCH = CHCOOCH_3 \xrightarrow{Ph_2CuLi} Ph_2CHCH_2COOCH_3$

(14) $CH_3CH_2CH_2CH = CHCH_3 \xrightarrow[\text{② 异构化}]{\text{① 硼氢化}} CH_3(CH_2)_4CH_2OH$

(15)

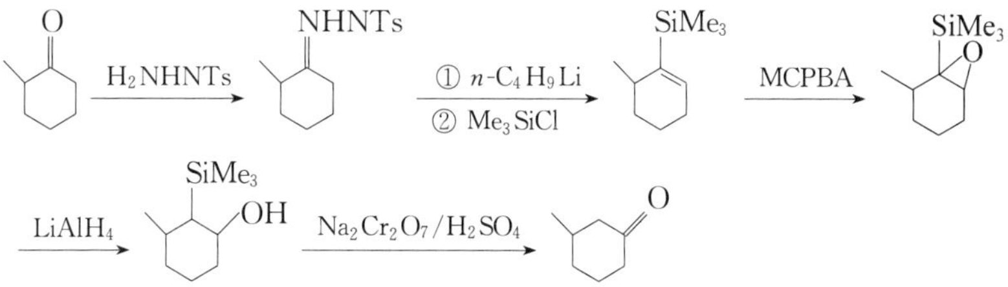

参 考 文 献

[1]　袁翰青,应礼文. 化学重要史实. 北京:人民教育出版社,2002

[2]　Carruthers W,Coldham I. 当代有机合成方法. 王全瑞,李志铭译. 荣国斌校. 上海:华东理工大学出版社,2006

[3]　Clayden J. Organolithiums:Selectivity for Synthesis. London:Elsevier,2002

［4］　Carruthers W. 有机合成的一些新方法. 3 版. 李润涛,刘振中,叶文玉译. 开封:河南大学出版社,1991

［5］　Dieter R K. Tetrahedron,1999,55:4177

［6］　张滂. 有机合成进展. 北京:科学出版社,1992

［7］　Heldeweg R F,Hogeveen H,Schudde E P. J Org Chem,1978,43(10):1912

［8］　Loupy A,Sogadji K,Seyden-Penne J. Synthesis,1977,126

［9］　Baumann M, Hoffmann W. Synthesis, 1977, 681

［10］　Leonand J,Mohialdin S, Swain P A. Synth Commun,1989,19:3529

［11］　Brown H C,Kramer G W,Levy A B, et al. In Organic Syntheses Via Boranes. New York:Wiley,1975

［12］　Cragg G L. Organoboranes in Organic Synthesis. New York:Maral Dekker,1973

［13］　李良助,林垚,宋艳玲,等. 有机合成原理和技术. 北京:高等教育出版社,1992

［14］　黄耀曾,钱长涛,等. 金属有机化合物在有机合成中的应用. 上海:上海科学技术出版社,1990

［15］　Hillard R L,Vollhardt K P C. J Am Chem Soc,1977,99:4058

［16］　Shankaran K,Snieckus V. Tetrahedron Lett,1984,25:2827

［17］　Kocienski P J. Tetrahedron Lett,1980,21:1559

［18］　Fleming I. Chem Soc Rev,1981,10:83

［19］　Ager D J. Synthesis,1984:384

［20］　Morizawa Y,Oda H,Oshima K,et al. Tetrahedron Lett,1984,25:1163

［21］　余孝其. 化学试剂,1992,14(1):29

［22］　Wyatt P,Warren S. 有机合成——策略与控制. 张艳,王剑波,等译. 北京:科学出版社,2009

［23］　Mukaiyama T, Kobayashi S,Shoda S I. Chem Lett,1984,9:1529

［24］　Shono T,Nishiguchi I,Komamura T, et al. J Am Chem Soc,1979,101(4):984

［25］　Blanco L,Amice P,Conia J M. Synthesis,1976,3:194

［26］　Rubottom G M,Gruber J M. J Org Chem,1976,41(8):1396

［27］　Pak C,Okamoto H,Sakurai H. Synthesis,1978,8:589

［28］　Patrocinio A F,Morgan P J S,Braz J. J Chem Soc,2001,12(1):25

［29］　Zhang H-J,Priebbenow D L,Bolm C. Chem Soc Rev,2013,42:8540

［30］　Hong W P,Lim H N,Shin I. Org Chem Front,2023,10:819

第 6 章　逆合成分析法与合成路线设计

20 世纪 60 年代,Corey 在总结前人和他自己成功合成多种复杂有机分子的基础上,提出了合成路线设计及逻辑推理方法,创立了由合成目标逆推到合成所用的起始原料的方法——逆合成分析法。该方法现在已成为合成有机化合物特别是合成复杂分子的具有独特体系的有效方法。

6.1　逆合成分析法

6.1.1　逆合成分析法概念

有机合成是利用一种或数种结构较简单的原料经一步或数步有机化学反应得到既定目标产物的过程。这一过程可表示如下:

$$原料 \xrightarrow{反应} 中间物 \xrightarrow{反应} 目标分子(产物)$$

逆合成分析法[1,2]是将合成目标经过多种逆合成操作转变成结构简单的前体,再将前体按同样方法进行简化,反复进行直到得出与市售原料结构相同为止。其整个过程可表示如下:

$$目标分子 \xrightarrow{官能团转换} 另外的目标分子 \xrightarrow{逆合成转变} 前体(合成子)$$

$$\xrightarrow{逆合成转变} 前体的前体 \cdots\cdots \Longrightarrow 原料$$

对于结构复杂的化合物,可能有多个前体及多个前体的前体,因此产生多条逆合成路线(图 6-1)。

图 6-1　多路线逆合成分析示意图

图 6-1 中,A、B、C 可以是目标分子的一级前体或另外的目标结构,E、F、G 等为二级前体,其余类推。

1. 合成子

根据 Corey 的定义,合成子是指分子中可由相应的合成操作生成该分子或用反向操作使其降解的结构单元。一个合成子可以大到接近整个分子,也可以小到只含一个氢原子。分子的合成子数量和种类越多,问题就越复杂。例如:

$$C_6H_5COCHCOOCH_3 \Longrightarrow$$
$$|$$
$$CH_2CH_2COOCH_3$$

(a) C_6H_5 (b) C_6H_5CO (c) $COOCH_3$

(d) $C_6H_5COCHCOOCH_3$ (e) $CH_2CH_2COOCH_3$

(f) CH_3OCOCH_2 (g) OCH_3

$$|$$
$$CH_2$$
$$|$$
$$CHCOOCH_3$$

在这些结构单元中,只有(d)和(e)是有效的,称为有效合成子。因为(d)可以修饰为 $C_6H_5COC^-HCOOCH_3$,(e)可以修饰为 $CH_2{=\!=}\overset{+}{C}H_2COOCH_3$。识别这些有效合成子特别重要,因其与分子骨架的形成有直接关系。而识别的依据是有关合成的知识和反应,也就是说有效合成子的产生必须以某种合成的知识和反应为依据。

亲电体和亲核体相互作用可以形成碳-碳键、碳-杂原子键及环状结构等,从而建立起分子骨架。例如:

$$-\!\!\overset{|}{C}\!\!-\!M + X\!\!-\!\!\overset{|}{C}\!\!- \longrightarrow -\!\!\overset{|}{C}\!\!-\!\!\overset{|}{C}\!\!- + MX$$

$$-\!\!\overset{|}{C}\!\!-\!MgX + {>\!\!=\!\!O} \longrightarrow -\!\!\overset{|}{C}\!\!-\!\!\overset{|}{C}\!\!-\!OH$$

若将上述反应中的亲电体、亲核体提出来,则上述反应简化为

$$-\!\!\overset{|}{C}\!\!:^- + {}^+\overset{|}{C}\!\!- \longrightarrow -\!\!\overset{|}{C}\!\!-\!\!\overset{|}{C}\!\!-$$

$$-\!\!\overset{|}{C}\!\!:^- + {}^-O\!\!-\!\!\overset{|}{C}{}^+ \longrightarrow -\!\!\overset{|}{C}\!\!-\!\!\overset{|}{C}\!\!-O^-$$

再将上述式子反向,便得到将目标分子简化为亲电体、亲核体基本结构单元的方法,从而也就产生了相应的合成子。在这类合成子中,带负电的称为给予合成子(donor synthon),简称为 d 合成子;带正电的称为接受合成子(acceptor synthon),即 a 合成子。与合成子相应的化合物或能起合成子作用的化合物称为等价试剂。依照官能团和活性碳原子的相对位置将合成子进行编号分类。

$$\overset{\textstyle X}{\underset{\textstyle FG\ \alpha\ \ \beta}{-\overset{|}{C}\overset{1}{-}\overset{|}{C}\overset{2}{-}\overset{|}{C}\overset{3}{-}\overset{|}{C}\overset{4}{-}\overset{|}{C}\overset{5}{-}}}$$

X:杂原子
FG:官能团

如果官能团本身的碳原子 C^1 具有活性,则该试剂为 a^1 或 d^1 合成子;如果 α-碳原子 C^2 是反应中心,则称其为 a^2 或 d^2 合成子;如果 β-碳原子 C^3 是反应部位,则相应地称为 a^3 或 d^3 合成子等。官能团中电负性的杂原子也能与电子接受体合成子形成共价键,这种情况称为 d^0 合

成子。没有官能团的烷基合成子称为烷基化合成子。常见合成子及其关系[2]如表 6-1 和表 6-2 所示。

表 6-1　常见合成子和等价试剂

合成子简称	合成子	等价试剂	官能团
d^0	CH_3S^-	CH_3SH	$-C-S-$
d^1	$^-C\equiv N$	KCN	$-C\equiv N$
	$H_2\overset{-}{C}-NO_2$	CH_3NO_2	$-C-NO_2$
d^2	$H_2\overset{-}{C}-CHO$	H_3C-CHO	$-CHO$
	$H_2\overset{-}{C}-COOEt$	CH_3COOEt	$-COOEt$
a^0	$^+PMe_2$	Me_2PCl	$-PMe_2$
a^1	$H_3C-\overset{OH}{\underset{}{C^+}}-CH_3$	Me_2CO	$\rangle=O$
a^2	$H_2\overset{+}{C}-\overset{O}{\underset{}{C}}-CH_3$	$Br-CH_2-\overset{O}{\underset{}{C}}-CH_3$	$\rangle=O$
a^3	$H_2\overset{+}{C}=C(\overset{\bar{O}}{OR})-\overset{H}{}$	$H_2C=CH-COOR$	$\overset{O}{\underset{O-R}{C}}$

表 6-2　a 合成子和 d 合成子转换

转换类型	化学反应
$a^1 \longrightarrow d^1$ （交换杂原子）	(a)$\overset{Br}{\underset{H}{C}}$ $\xrightarrow[-HBr]{Ph_3P}$ (d)$-C-\overset{+}{P}Ph_3$
	$-\overset{(a)}{C}-X$ $\xrightarrow[-MX]{Mg\ 或\ 2M}$ $-\overset{(d)}{C}-MgX$,　$-\overset{(d)}{C}-M$
	$\overset{O}{\underset{H}{(a)}}$ $\xrightarrow[-H_2O]{HS(CH_2)_3SH\ \ H^+}$ (d) $\langle S \rangle$
$a^1 \longrightarrow d^1$ （加成）	$Ar-\overset{O}{\underset{}{\overset{(a)}{C}}}H$ $\xrightarrow{CN^-}$ $Ar-\overset{OH}{\underset{CN}{\overset{(d)}{C}}}$
$d^2 \longrightarrow a^2$ （取代）	$\overset{H}{\underset{}{}}\overset{(d)}{C}\overset{O}{\underset{}{C}}$ $\xrightarrow[-HBr]{Br_2}$ $\overset{Br}{\underset{}{}}\overset{(a)}{C}\overset{O}{\underset{}{C}}$

构建分子骨架除亲电体和亲核体相互作用外，还有自由基反应和协同反应，它们生成的产

物可依据各自的反应拆开成相应的自由基合成子(r 合成子)和电中性非自由基合成子(e 合成子),如表 6-3 所示。

表 6-3　r 合成子和 e 合成子

合成子简称	合成子	反应和试剂
r	R·	$2RCOO^- \xrightarrow{-e^-} 2RCOO· \xrightarrow{-CO_2} 2R· \longrightarrow R{-}R$
	·RCOOR′	$2RCOOR′ \xrightarrow{Na} ·RCOOR′ \xrightarrow[-2R′O^-]{Na}$
e	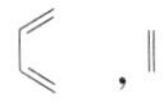	

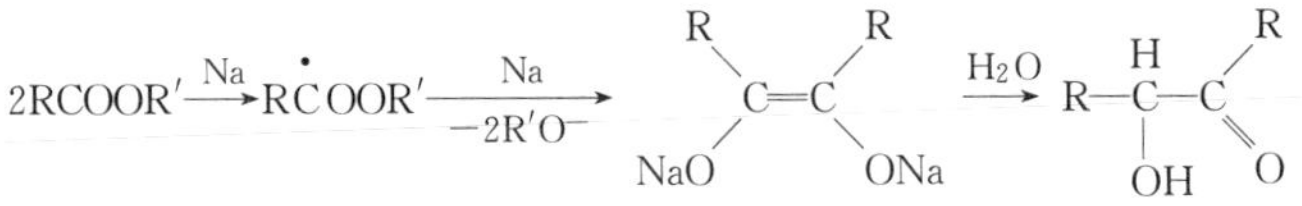

2. 逆合成转变

逆合成转变[3]是产生合成子的基本方法。这一方法是将目标分子通过一系列转变操作加以简化,每一步逆合成转变都要求分子中存在一种关键性的子结构单元,只有这种结构单元存在或可以产生这种子结构时,才能有效地使分子简化,Corey 将这种结构称为逆合成子(retron)。例如,当进行醇醛转变时要求分子中含有—C(OH)—C—CO—子结构,下面是一个逆醇醛转变的具体实例:

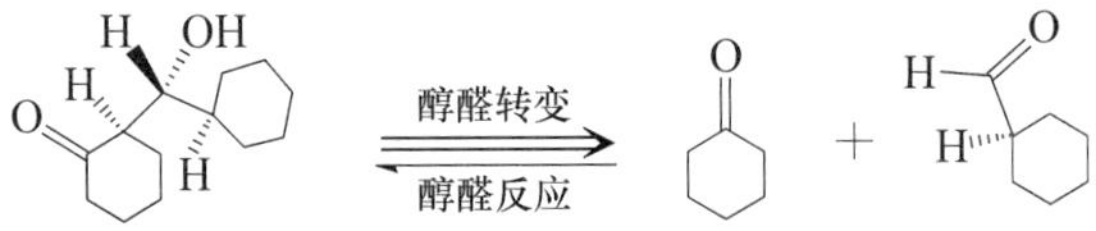

上式中的双箭头表示逆合成转变,和化学反应中的单箭头含义不同。

常用的逆合成转变法是切断法(disconnection,缩写 dis)。它是将目标分子简化的最基本的方法。切断后的碎片即为各种合成子或等价试剂。究竟怎样切断,切断成何种合成子,则要根据化合物的结构、可能形成此键的化学反应以及合成路线的可行性来决定。一个合理的切断应以相应的合成反应为依据,否则这种切断就不是有效切断。逆合成分析法涉及以下基本知识(表 6-4～表 6-6)。

表 6-4　逆合成切断

变换类型	目标分子	合成子	试剂和反应条件
一基团切断 (异裂) 逆Grignard变换	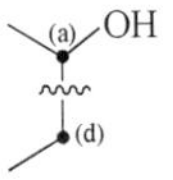	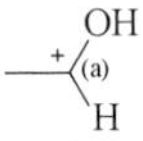 $+$ $C_2H_5^{\ominus}(d)$	CH_3CHO $+$ $EtMgBr$ ① 0℃(THF) ② NH_4Cl/H_2O

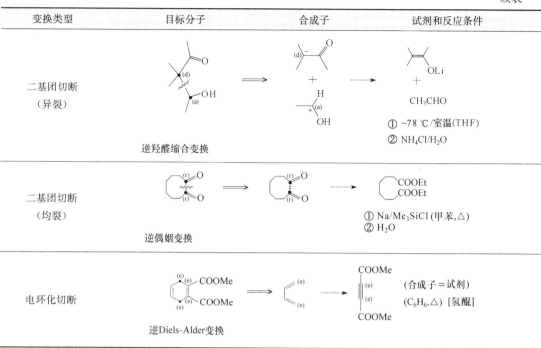

变换类型	目标分子	合成子	试剂和反应条件
二基团切断 （异裂） 逆羟醛缩合变换			① −78 ℃/室温（THF） ② NH₄Cl/H₂O
二基团切断 （均裂） 逆偶姻变换			① Na/Me₃SiCl（甲苯,△） ② H₂O
电环化切断 逆Diels-Alder变换			（合成子＝试剂） （C₆H₆,△）[氢醌]

注:虚线箭头表示合成子与等价试剂之间的关系; ⌇ 表示切断。

表 6-5 逆合成连接

变换类型	目标分子	试剂和反应条件
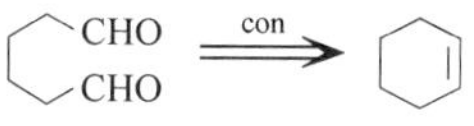 连接 逆臭氧解变换	CHO—CHO ⟶con⟶ ⬡	O₃/Me₂S CH₂Cl₂,−78 ℃
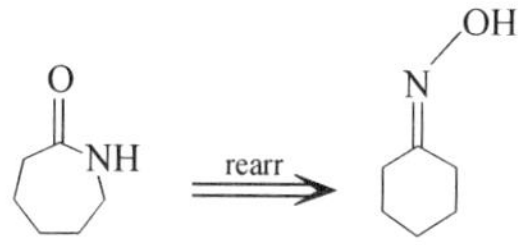 重排 逆 Beckmann 变换	⟶rearr⟶	H₂SO₄,△

注:con(connection)连接;rearr(rearrangement)重排。

表 6-6 逆合成转换

变换类型	目标分子	试剂和条件
官能团转换 （FGI）	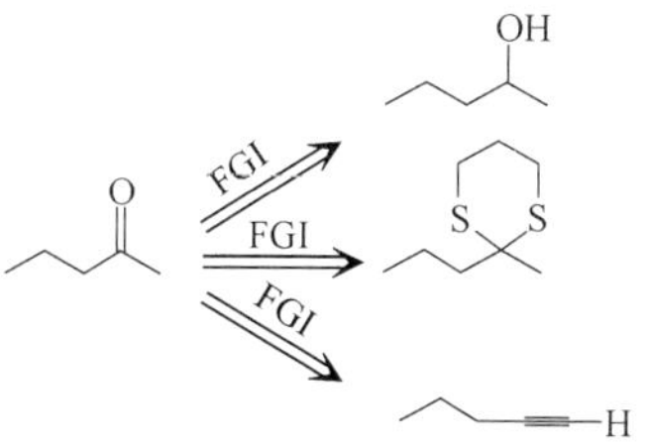	CrO₃/H₂SO₄/CH₃COCH₃ HgCl₂/CH₃CN HgCl₂（aq H₂SO₄）

变换类型	目标分子	试剂和条件
官能团引入（FGA）	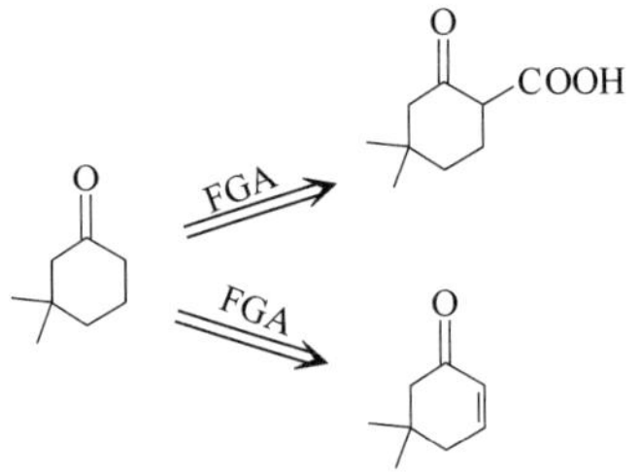	PhNH$_2$,△ H$_2$[Pd-C](EtOH)
官能团除去（FGR）	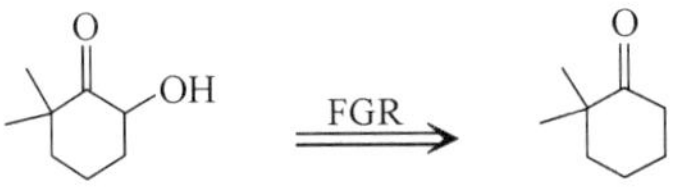	① LDA(THF),−25 ℃ ② O$_2$,−25 ℃ ③ I$^-$,H$_2$O

注:FGI (functional group interconversion);FGA (functional group addition);FGR (functional group removal)。

逆合成分析法虽然涉及以上各方面,但并不意味着每一个目标分子的逆分析过程都涉及各个过程。

例如,2-丁醇的两种切断转变如下:

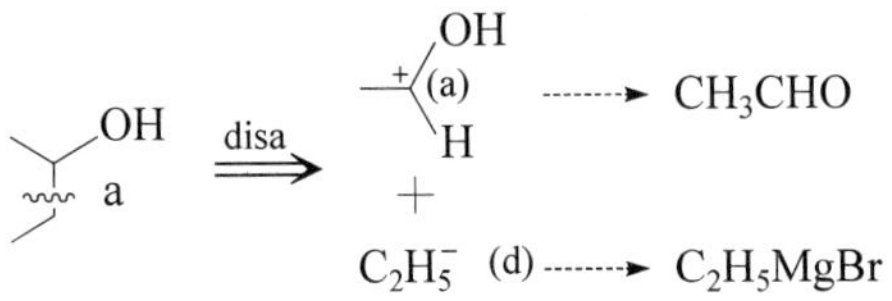

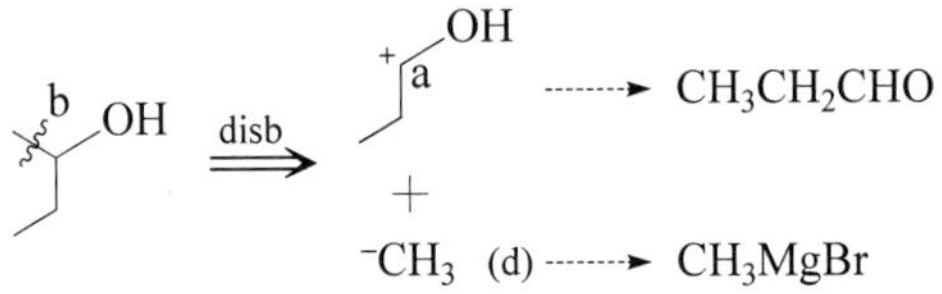

第一种切断得到的原料来源方便,故称为较优路线。

对于叔醇的切断转变:

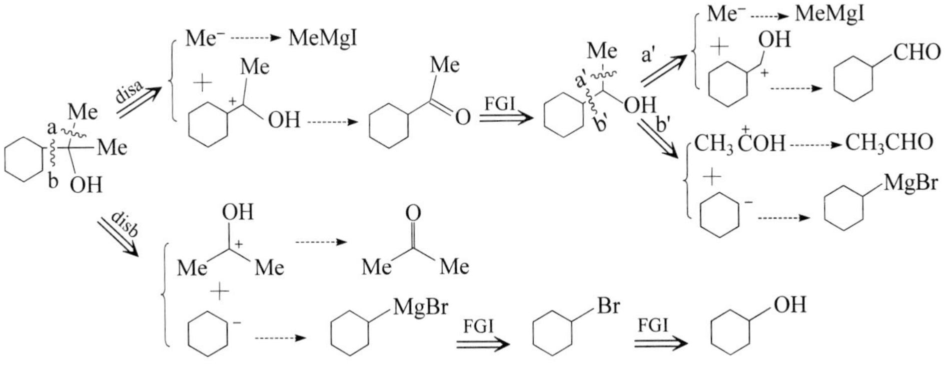

显然,disb 的逆合成路线比 disa 短,原料也比较容易得到,其相应的合成路线为

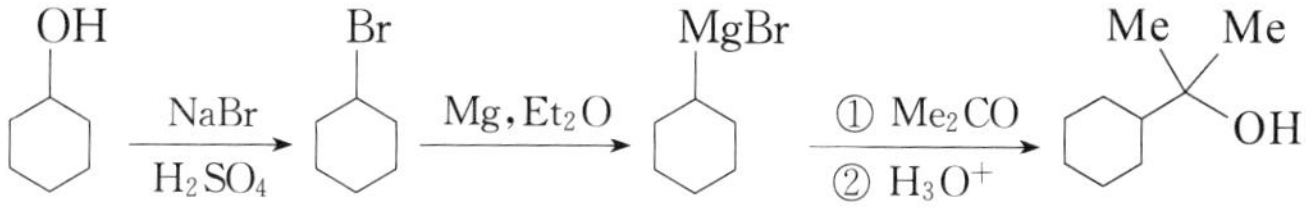

6.1.2　逆合成分析法分析

将目标分子通过一系列逆合成操作使之简化,最终得出与市售原料结构相同的分子。如何进行逆合成操作? 这里介绍根据目标分子的结构特征,用与其相应的理论、知识和反应进行逆合成操作的一般方法[4],掌握这些方法对初学者是很重要的。

1. 逆合成分析法的一般策略

1) 在不同部位将分子切断

分子切断部位的选择是否合适,对合成的成败有决定性的影响。当分子有一个以上可供切断的部位时,更多的情况是在某一部位切断比其他部位优越,甚至改在其他部位切断会导致合成的失败。因此,必须尝试在不同部位将分子切断,以便从中选择最合理的合成路线。

例 6-1　对 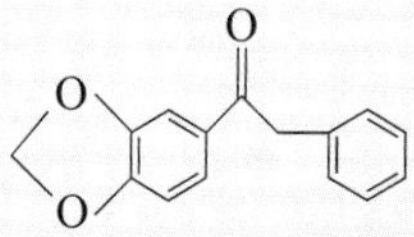 (3,4-甲二氧苯基苄基甲酮)的逆合成分析(以下简称分析)。

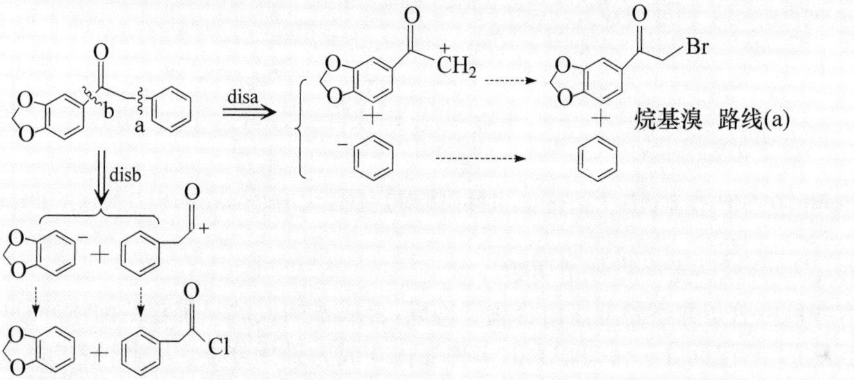

显然路线(b)优于路线(a)。

例 6-2　对 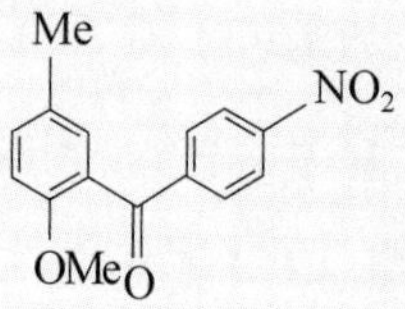 (4-硝基苯基-2-甲氧基-5-甲基苯基甲酮)的分析。

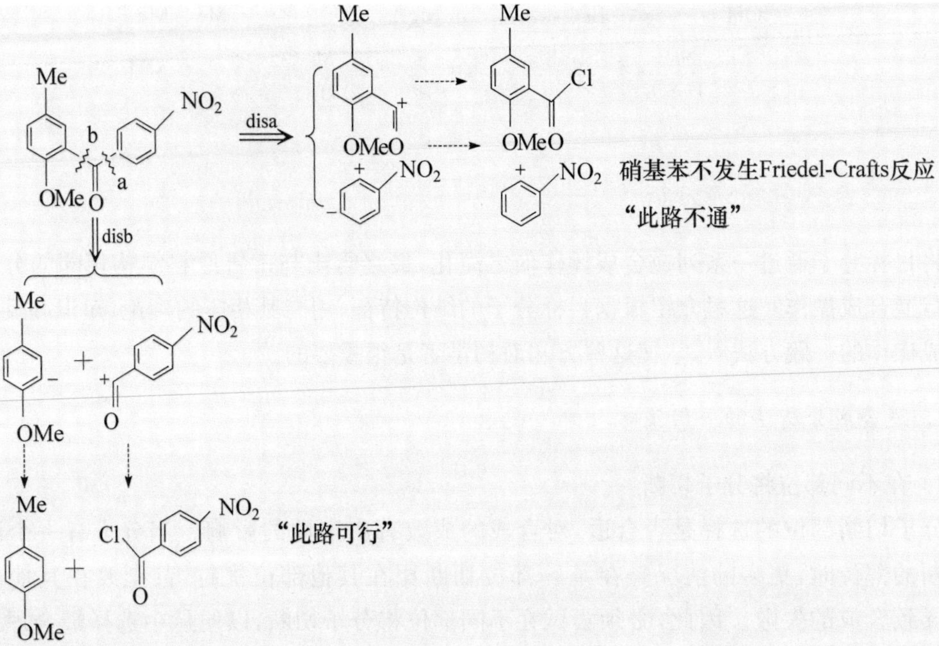

例 6-3 对 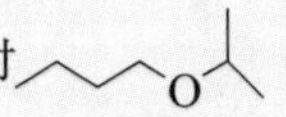 的分析。

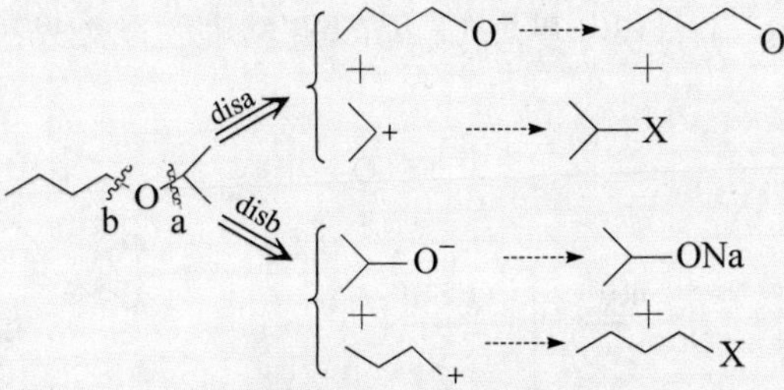

在醇钠存在下，烷基卤脱去卤化氢，其倾向是仲烷基卤大于伯烷基卤，因此应选择 b 处切断。

2）在逆合成转变中将分子切断

有些目标分子并不是直接由合成子构成，合成子构成的只是它的前体，而这个前体在形成后，又经历了不包括分子骨架增大的多种变化才成为目标分子。因此，应先将目标分子变回到那个前体，然后进行切断。

例 6-4 对 $CH_3\underset{\displaystyle OH}{\underset{|}{C}}HCH_2CH_2OH$ 的分析。

$$\underset{\text{1,3-丁二醇}}{CH_3\underset{OH}{CH}CH_2CH_2OH} \Longrightarrow CH_3\underset{OH}{CH}\text{-}\S\text{-}CH_2CHO \Longrightarrow \left\{\begin{array}{l} CH_3\overset{OH}{CH^+} \dashrightarrow CH_3CHO \\ \quad + \qquad\qquad\quad + \\ {}^-CH_2CHO \dashrightarrow CH_3CHO \end{array}\right.$$

例 6-5　对 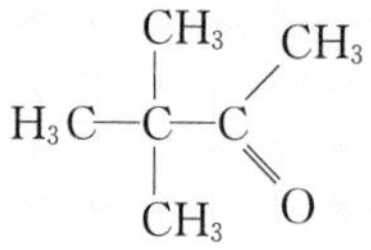
$$\underset{\underset{CH_3}{|}}{\overset{\overset{CH_3}{|}}{H_3C-\overset{|}{C}-\overset{CH_3}{\underset{O}{||}}C}}$$
的分析。

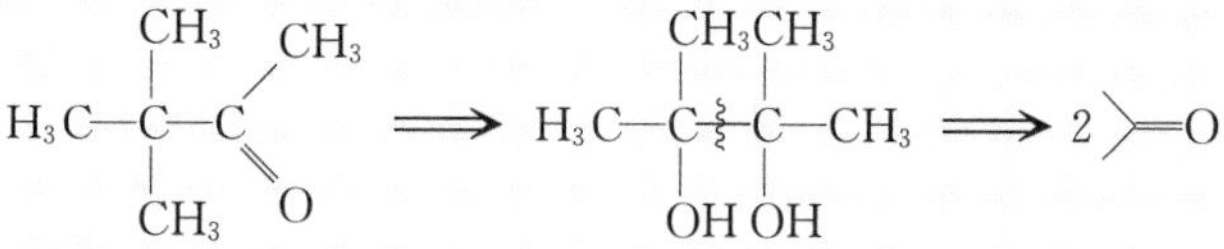

注意片呐醇重排前后结构的变化：

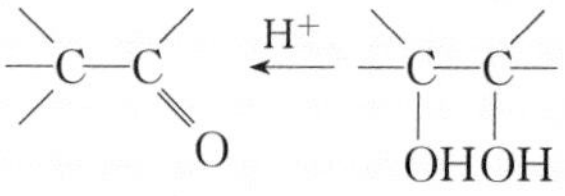

就可以解决 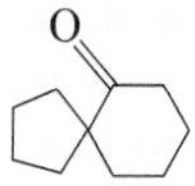
的合成问题，如下所示：

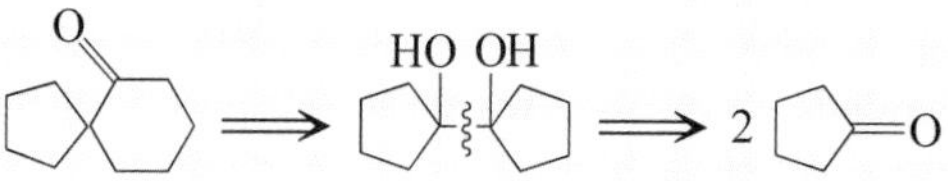

合成：

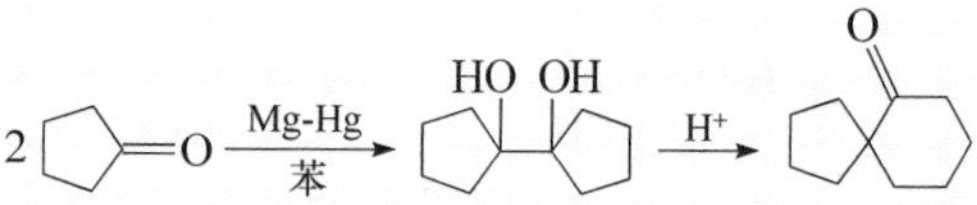

3）加入基团帮助切断

有些目标分子要加入某些基团（或官能团）才能切断，从而找出正确的合成路线。

例 6-6　对 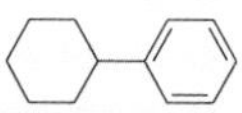
的分析。

这是一个惰性的目标分子，当在环己基中引入羟基后，便可进行下一步的切断：

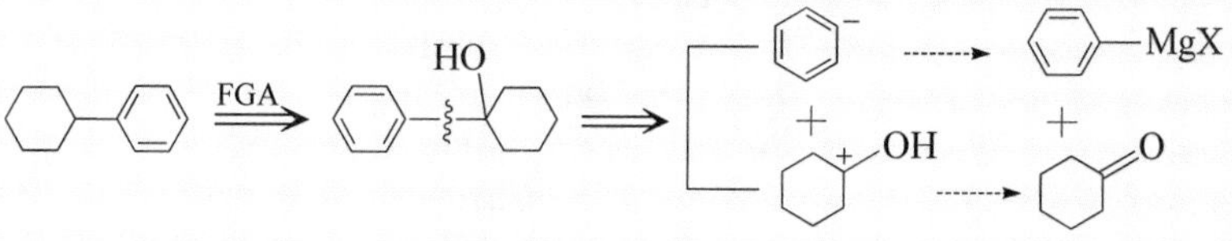

合成：

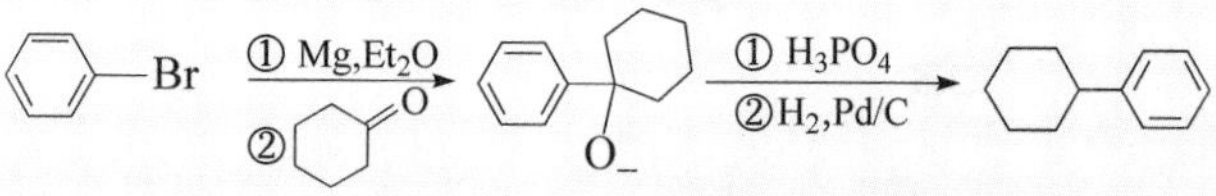

在进行逆合成转变时，可以省去亲核体和亲电体过程，对逆合成转变进一步简化。

例 6-7　对 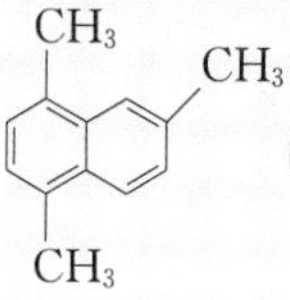
的分析。

在目标分子中加入 >=O,使分子活化,从而便于切断:

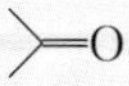

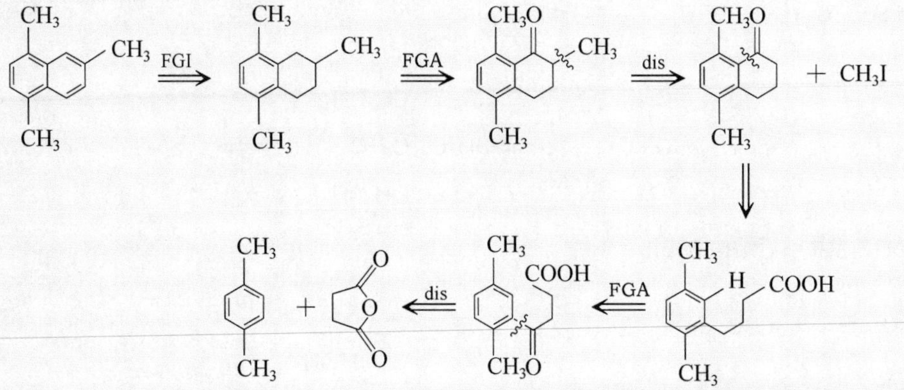

合成:

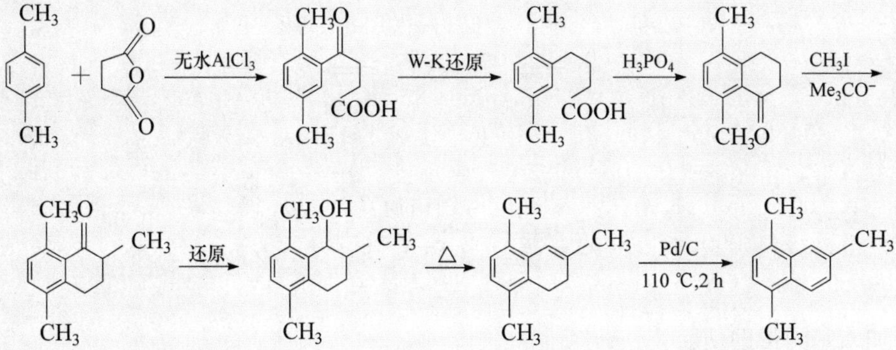

例6-8 对 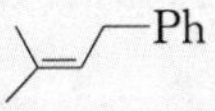 的分析。

在目标分子中引入羟基帮助切断:

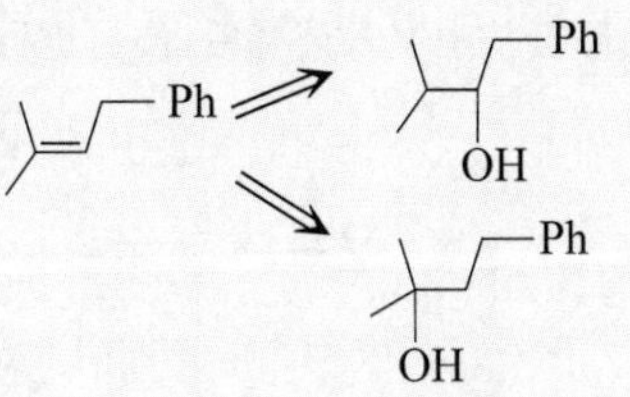

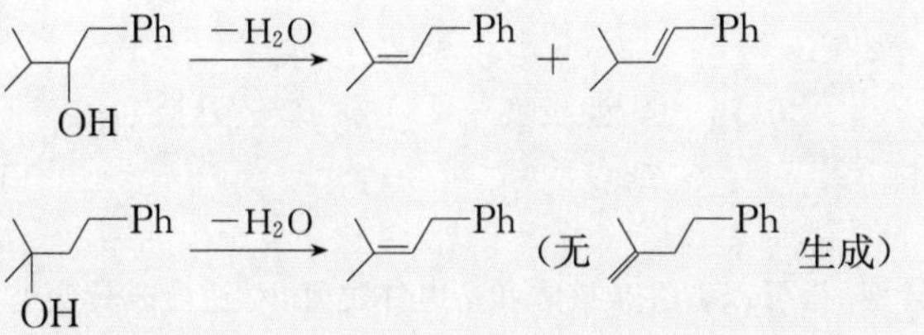

因此,选用 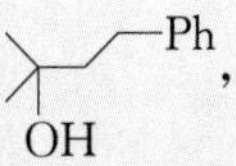 ,再作以下切断:

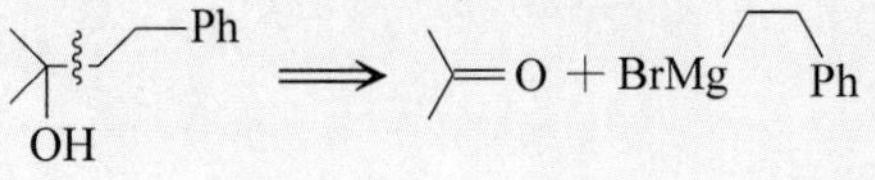

合成：

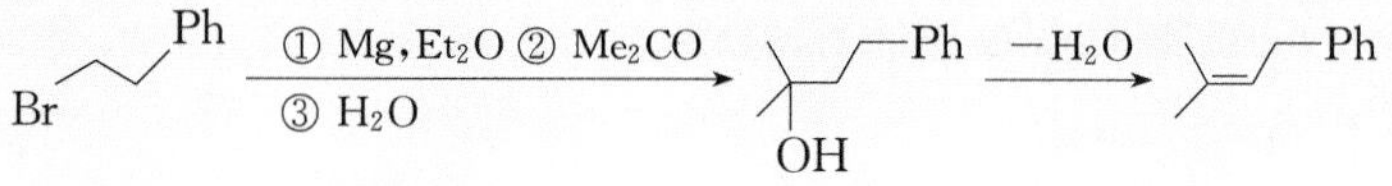

例 6-9 对 $H_3C-N\text{（哌啶）}=O$ 的分析。

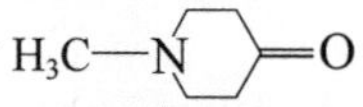

在目标分子中引入酯基帮助切断。例如，*N*-甲基哌啶酮的切断：

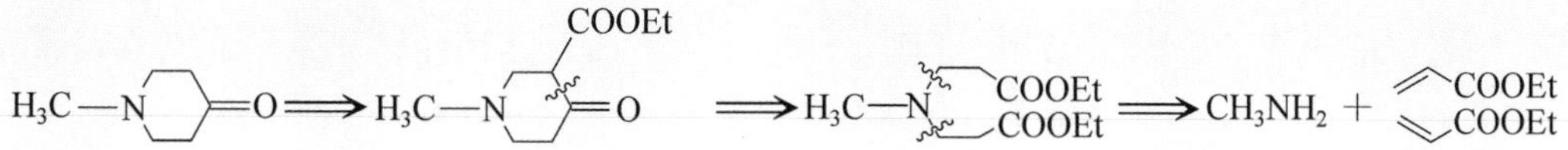

利用 Michael 反应进行合成。

例 6-10 对 $\overset{OH}{\underset{OH}{R\diagup\diagdown R'}}$ 的分析。

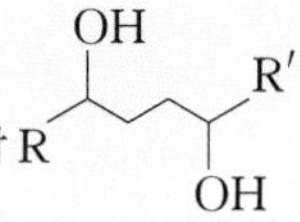

在目标分子中引入三键帮助分析：

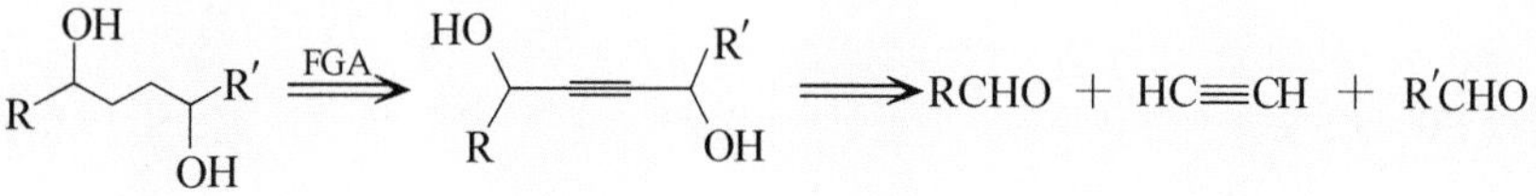

4) 在杂原子两侧切断

碳原子与杂原子形成的键是极性共价键，一般可由亲电体和亲核体之间的反应形成，对分子框架的建立及官能团的引入也可起指导作用，所以目标分子中有杂原子时可考虑选用这一策略。

例 6-11 对 $\langle Ph \rangle-O-CH_2CH_2CH_2CH=CH_2$ 的分析。

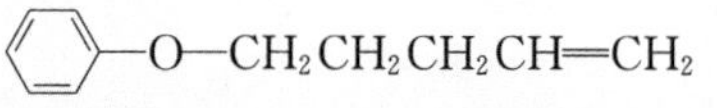

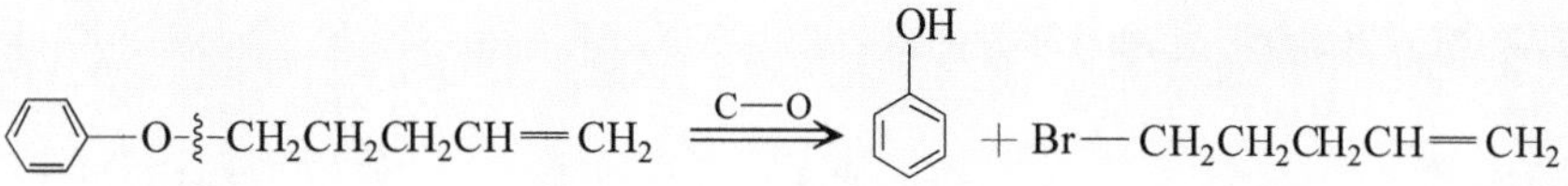

例 6-12 对 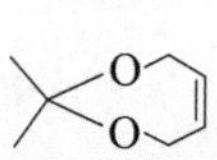 的分析。

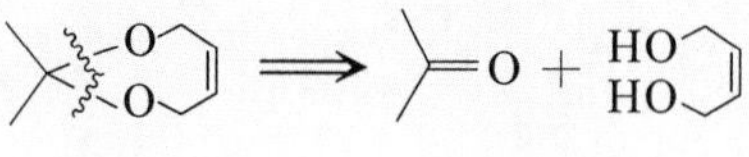

丁烯二醇必须具有顺式构型，方可进一步切断：

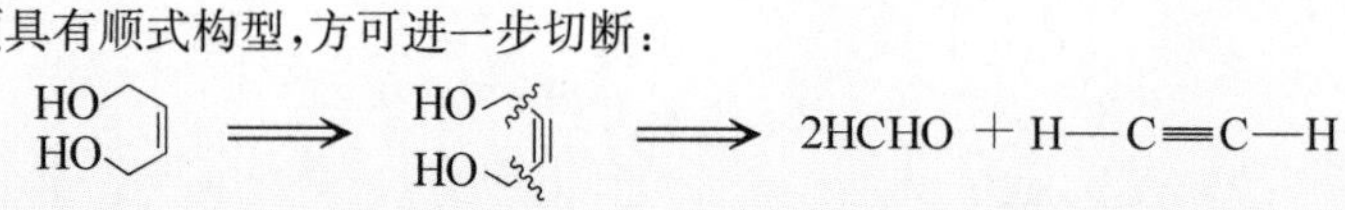

合成：

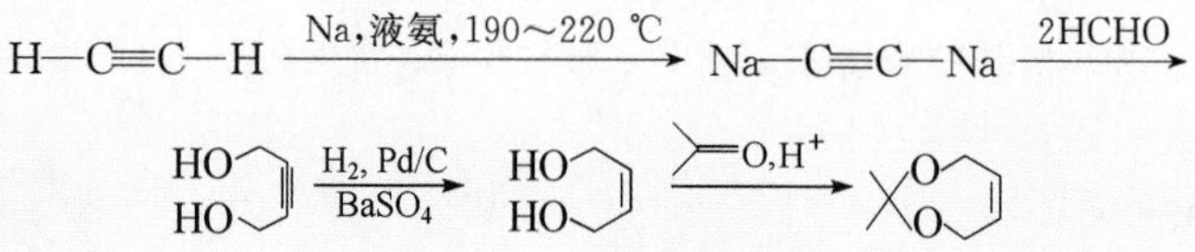

例 6-13 对 $\begin{array}{c}CH_3\\ \\ \text{—}OCH_2CHCH_3\cdot HCl\\ CH_3 \quad NH_2\end{array}$ 的分析。

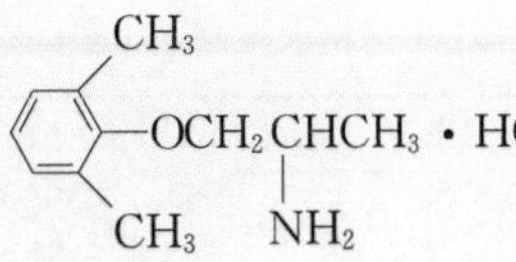

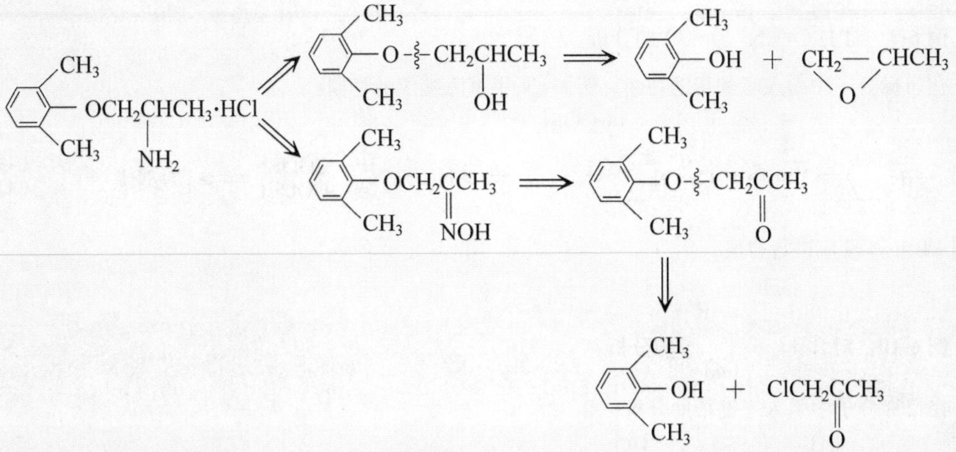

合成有以下两种方法。

方法一：

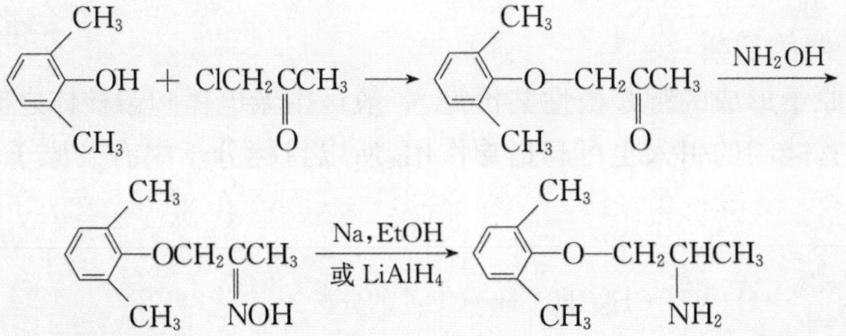

此法较成熟,但氯丙酮为催泪剂,操作不方便。

方法二：

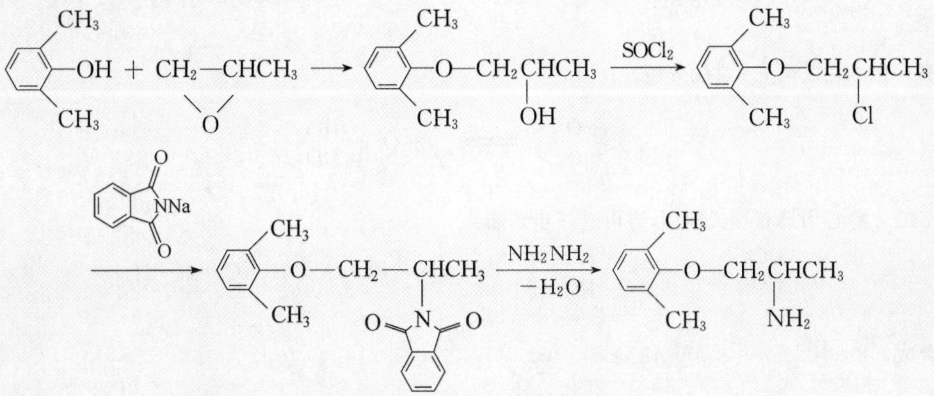

目标物 1-(2,6-二甲苯氧基)异丙胺盐酸盐是一种抗心律失常用药。

例 6-14 对 $\begin{array}{c}N(CH_2CH_2CH_3)_2\\ O_2N\text{—}NO_2\\ CF_3\end{array}$ 的分析。

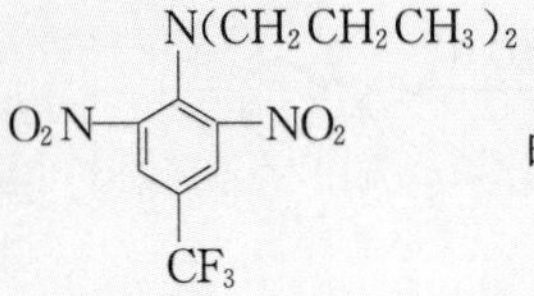

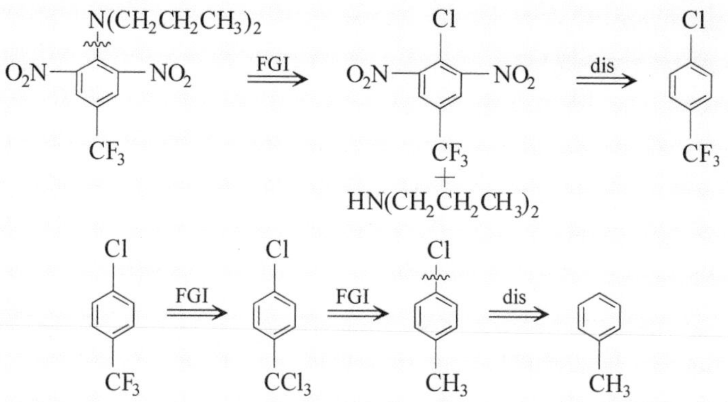

目标分子中苯环上有三个吸电子基团,其氨基可由卤代苯的亲核取代反应引入。在对氯三氟甲基苯中氯原子是第一类定位基,三氟甲基是强间位定位基,硝基可顺利引入既定位置。经卤素交换反应可将—CCl_3 转变为—CF_3,而—CCl_3 可以从—CH_3 的彻底卤代得到。甲基和三氟甲基是两类不同性质的定位基,因此要在甲基阶段引入对位氯原子。

合成:

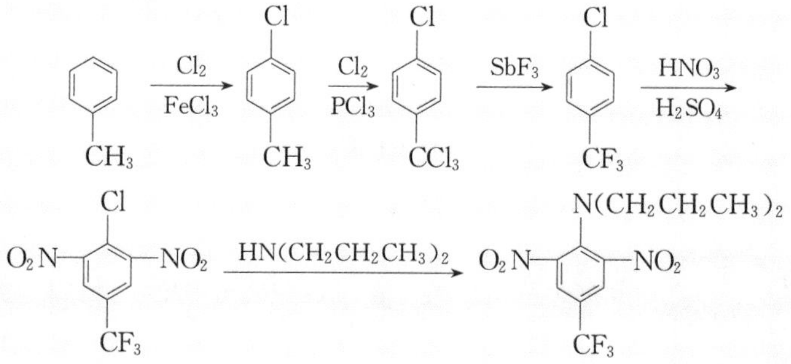

苯环侧链氯代是自由基反应。

5)围绕官能团处切断

官能团是分子最活跃的地方。

例 6-15　对

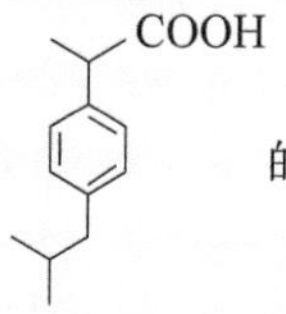

的分析。

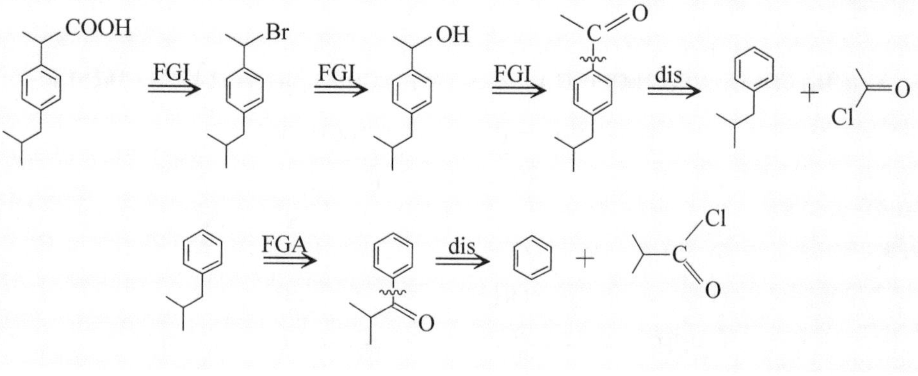

合成：

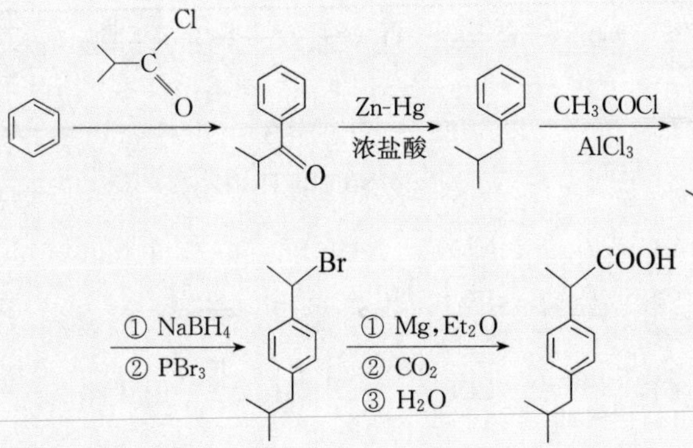

例 6-16 对 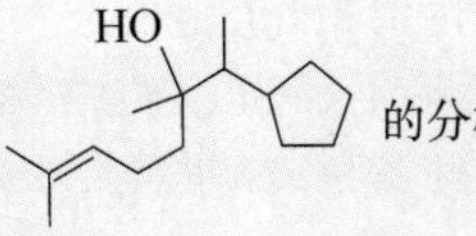 的分析。

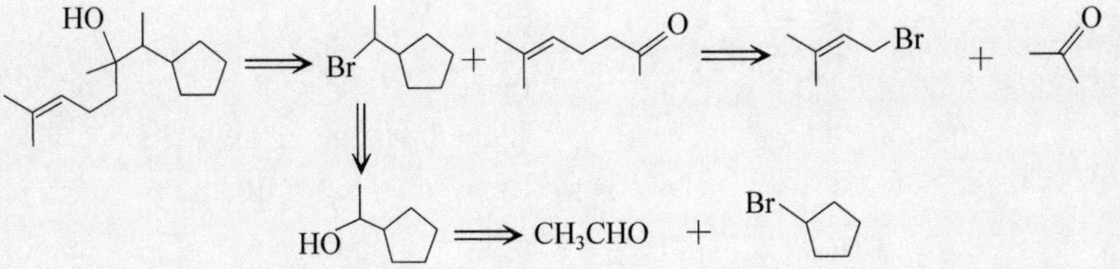

合成：

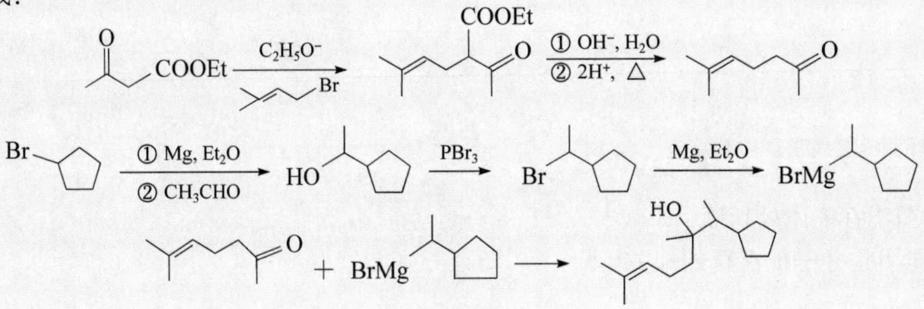

6）变不对称分子为对称分子

某些目标分子表面看起来是不对称的，实际上是潜在的对称分子。例如：

$$(CH_3)_2CHCH_2\overset{\overset{\displaystyle O}{\|}}{C}CH_2CH_2CH(CH_3)_2 \Longrightarrow (CH_3)_2CHCH_2\text{-}\wr\text{-}C{\equiv}C\text{-}\wr\text{-}CH_2CH(CH_3)_2$$

$$\Longrightarrow -C{\equiv}C- \;+\; 2\underset{\underset{\displaystyle Br}{|}}{C}H_2CH(CH_3)_2$$

因为

$$-\overset{\overset{\displaystyle O}{\|}}{C}-CH_2- \longleftrightarrow -\overset{\overset{\displaystyle OH}{|}}{C}{=}CH- \Longrightarrow -C{\equiv}C- \;+\; HOH$$

合成：

$$H—C\equiv C—H \xrightarrow[\text{② } NaNH_2/(CH_3)_2CHCH_2Br]{\text{① } NaNH_2/(CH_3)_2CHCH_2Br} (CH_3)_2CHCH_2—C\equiv C—CH_2CH(CH_3)_2$$

$$\xrightarrow[Hg^{2+},H_2SO_4]{H_2O} (CH_3)_2CHCH_2\overset{\overset{\textstyle O}{\|}}{C}CH_2CH_2CH(CH_3)_2$$

7) 利用分子的对称性进行切断

一些目标分子常含有一定的对称因素，如对称面、对称中心等。在逆合成分析过程中，注意利用这些因素可以使问题简化。例如，对颠茄酮的合成，考虑其对称因素，在对其进行逆合成分析时成对地切断一些对称键，可得以下结果：

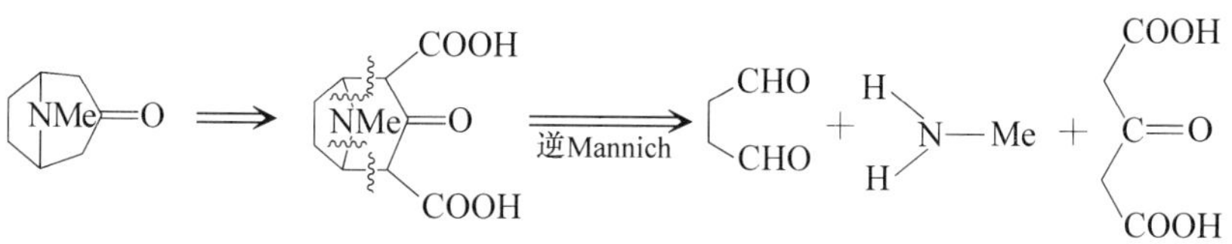

这正是 Robinson 的合成方法。

Corey 在合成番木瓜碱时就利用了这一策略。番木瓜碱是一种具有药理活性的大环内酯类生物碱，利用其分子的对称性切断后得到两个完全相同的前体——番木瓜酸[5]。由番木瓜酸合成番木瓜碱是很方便的，成对切断示意如下：

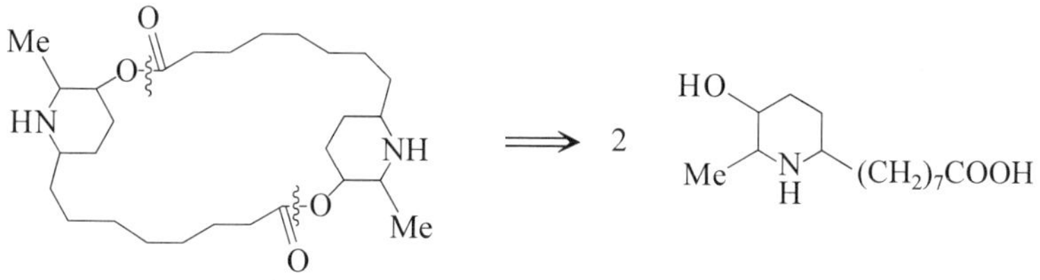

番木瓜碱　　　　　　　　　　　　番木瓜酸

鹰爪豆碱的分子也具有对称性，如果在中心的亚甲基上引入羰基，然后在两侧对称地利用反 Mannich 切断，便可将分子高度简化，反应过程表示如下[6]：

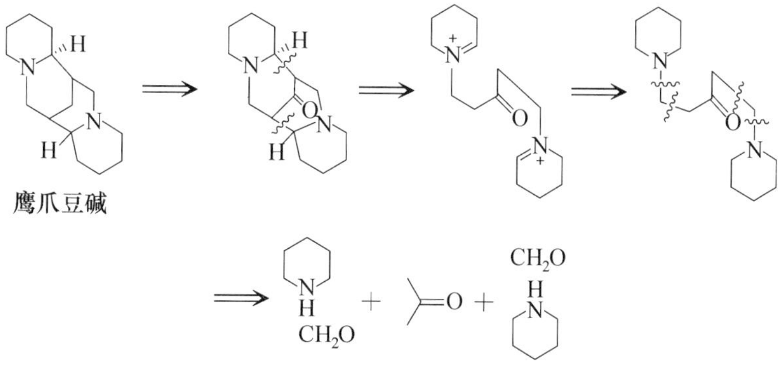

鹰爪豆碱

这样便推出了三种基本原料：哌啶、甲醛和丙酮，其合成反应都是经典的标准反应，一般是容易实现的。

从表面上看，普梅雷尔酮(Pummerer's ketone)分子中并不存在对称因素，但经切断后得到的两个自由基均出自同一前体：

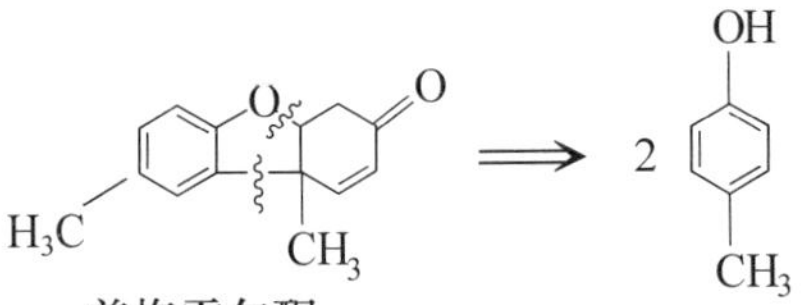

普梅雷尔酮

Corey 将其称为潜对称因素[7]。

2. 几种重要类型目标化合物的简化

1) β**-羟基羰基化合物和** α,β**-不饱和化合物的切断**

β-羟基羰基化合物可用醇醛型缩合反应来制备。只要注意其形成前后分子结构的变化，就可以得出切断的方法。例如：

$$CH_3CHO + CH_3CHO \longrightarrow CH_3\overset{\beta}{C}H - \overset{\alpha}{C}H_2CHO$$
$$| \atop OH$$

例6-17

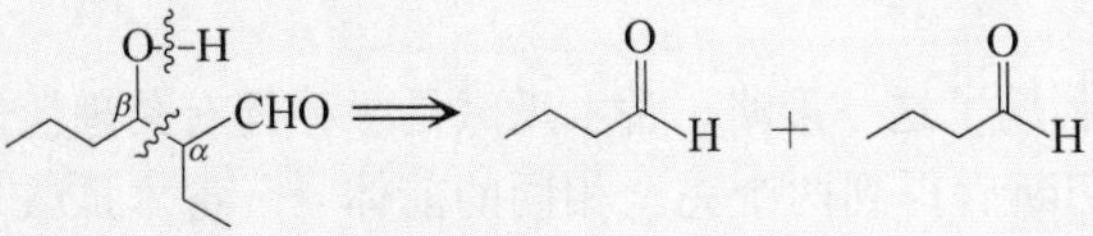

β-羟基醛(酮)切断有以下规律：①切断 α,β-键；②切断 β-C 上的氧-氢键，OH 中的氢变为 α-C 上的氢；③β-C 及其上的 OH 中的氧变为羰基。例如：

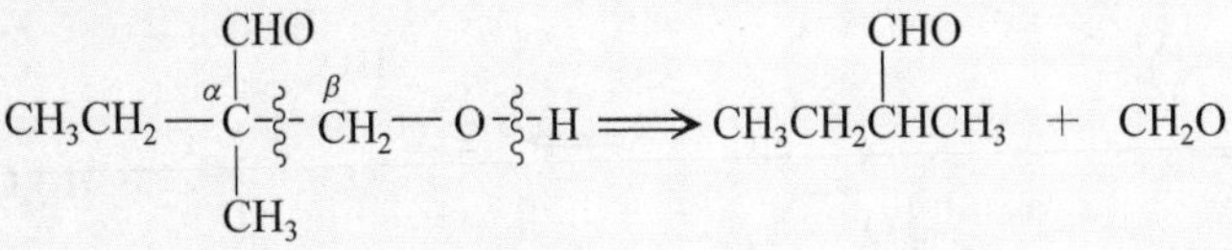

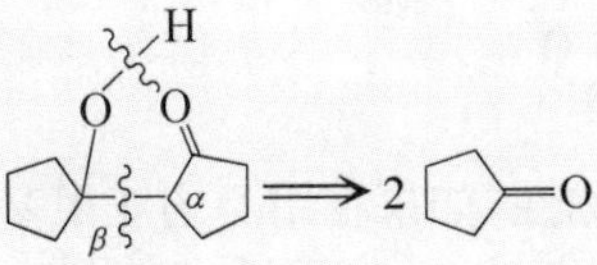

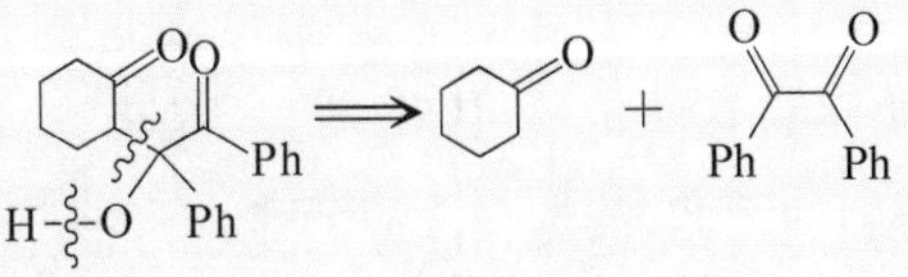

合成：

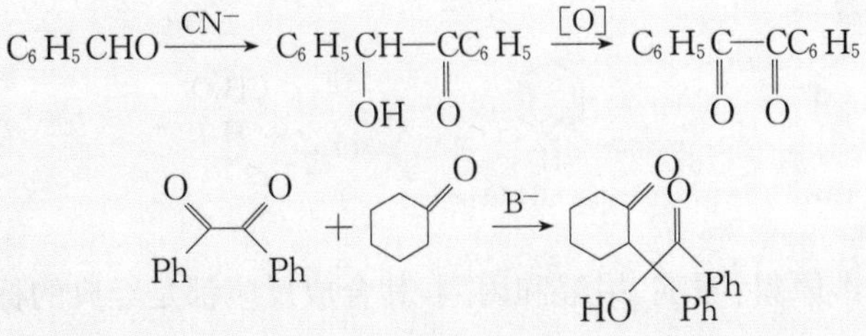

β-羟基醛(或酮)易脱水生成 α,β-不饱和醛(或酮)。这种易于脱水的特性与 β-羟基醛(或酮)分子中的 α-氢原子具有活泼性，以及脱水后形成 π-π 共轭体系密切相关。

例 6-18 $\beta\!>\!=\!=\!C\!-\!C\!- \Longrightarrow\ >\!=\!O\ +\ H_2C\!-\!C\!-$

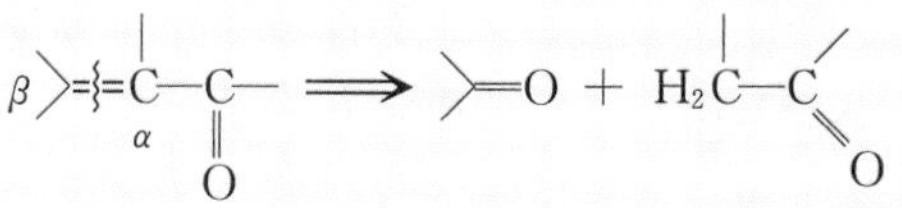

对这类化合物有以下切断规律：①切断 α,β-烯键；②α-C 上加两个氢；③β-C 变为羰基。例如：

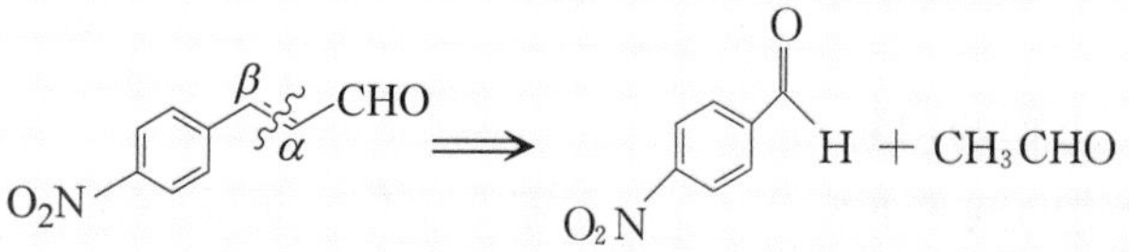

$$O_2N{-}C_6H_4{-}CH{=}CH{-}CHO \Longrightarrow O_2N{-}C_6H_4{-}CHO\ +\ CH_3CHO$$

$$C_6H_5CH{=}CHCOCH{=}CHC_6H_5 \Longrightarrow 2C_6H_5CHO\ +\ CH_3COCH_3$$

合成：

$$2C_6H_5CHO + CH_3COCH_3 \xrightarrow[90\%\sim94\%]{10\%NaOH,20\sim25\ ℃} C_6H_5CH{=}CHCOCH{=}CHC_6H_5 + 2H_2O$$

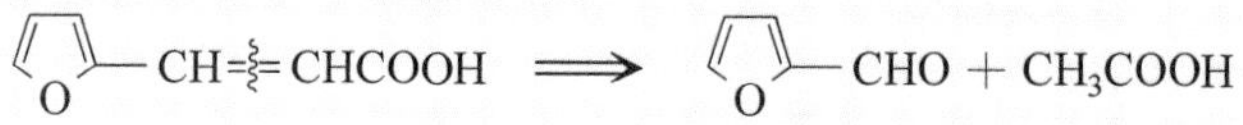

$$\text{(呋喃)}{-}CH{=}CHCOOH \Longrightarrow \text{(呋喃)}{-}CHO\ +\ CH_3COOH$$

合成：

$$\text{(呋喃)}{-}CHO + H_2C(COOH)_2 \xrightarrow[91\%\sim92\%]{\text{吡啶},100\ ℃,2\ h} \text{(呋喃)}{-}CH{=}CHCOOH + H_2O + CO_2$$

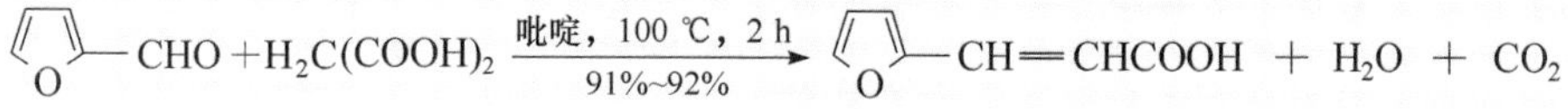

对于 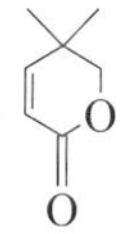 (4,4-二甲基-5-烯-2-内酯)类化合物的简化,可根据下列反应予以切断。

γ-和 δ-羟基酸受热易脱水形成内酯：

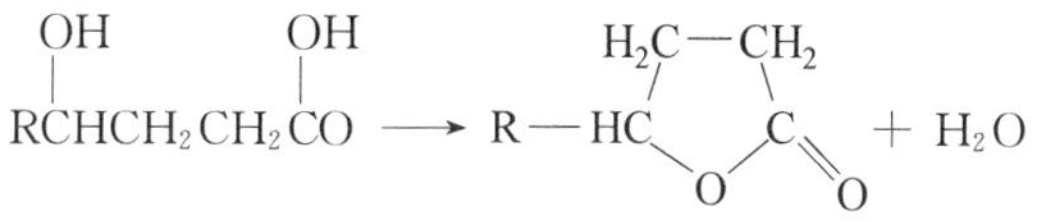

$$RCHCH_2CH_2CO(OH)(OH) \longrightarrow \text{(γ-内酯)} + H_2O$$

γ-酸　　　　　　γ-内酯

$$RCHCH_2CH_2CH_2CO(OH)(OH) \longrightarrow \text{(δ-内酯)} + H_2O$$

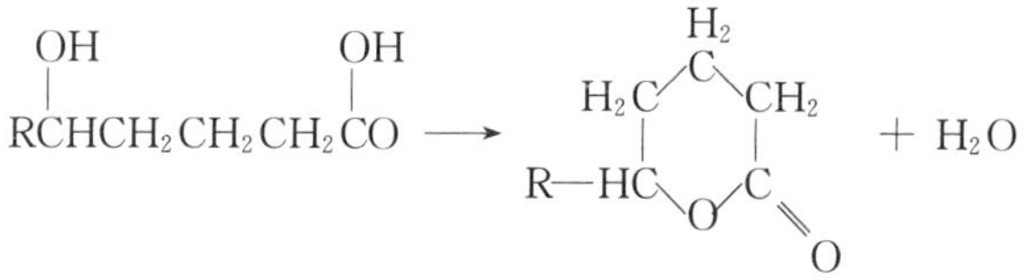

δ-酸　　　　　　δ-内酯

当 γ-或 δ-羟基酸的钠盐酸化时会自动生成内酯,特别是前者。当内酯与过量强碱回流时,转变为酸的碱金属盐。

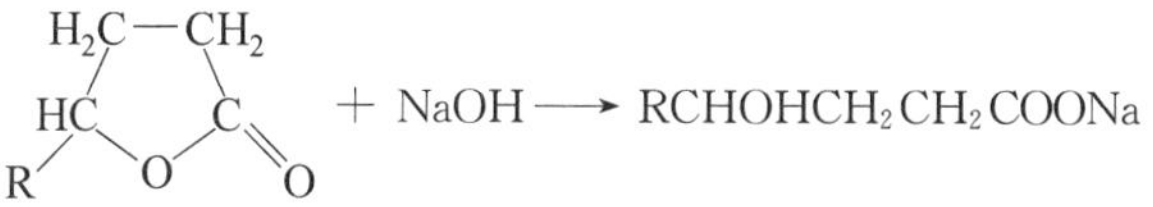

$$\text{(γ-内酯)} + NaOH \longrightarrow RCHOHCH_2CH_2COONa$$

据此,对上述内酯就有切断的办法了。

例 6-19

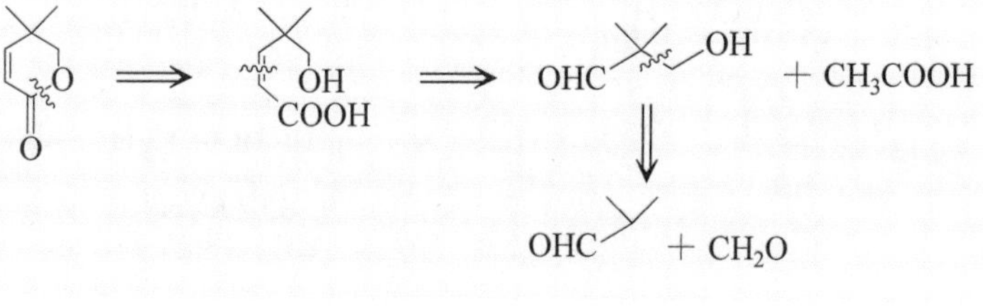

$$\Longrightarrow\ \ \ \ _{COOH}^{OH} \Longrightarrow OHC{-}{-}OH\ +\ CH_3COOH$$

$$\Downarrow$$

$$OHC{-}\ +\ CH_2O$$

合成：

$$OHC \xrightarrow[K_2CO_3]{CH_2O} OHC\text{—}OH \xrightarrow[NH_3,C_2H_5OH,100\ ℃]{CH_2(COOH)_2} $$

环化和脱羧自动发生。

2）1,3-二羰基化合物的切断

1,3-二羰基化合物的制备通常用 Claisen 缩合反应。根据该缩合反应的特点,可作以下切断。

例 6-20 $H_3C\text{—}\overset{H_2}{C}\text{—}CO\overset{\rule{0pt}{1em}}{\vdots}\overset{H}{C}\text{—}COOC_2H_5 \Longrightarrow 2CH_3CH_2COOC_2H_5$
$\qquad\qquad\qquad\qquad\qquad\underset{CH_3}{|}$

酯分子内缩合称为 Dieckmann 环化。

例 6-21

不同酯间的缩合产物同样能用切断法对分子简化。

例 6-22 $H_3C\overset{a}{\vdots}\underset{b}{CH}\overset{COOC_2H_5}{\underset{COOC_2H_5}{\big|}}$

$$H_3C\overset{a}{\vdots}CH\overset{COOC_2H_5}{\underset{COOC_2H_5}{\big|}} \Longrightarrow CH_3Br + H_2C\overset{COOC_2H_5}{\underset{COOC_2H_5}{\big|}}$$

$$H_3C\text{—}CH\underset{b}{\overset{COOC_2H_5}{\underset{COOC_2H_5}{\big|}}} \Longrightarrow CH_3CH_2COOC_2H_5 + \overset{COOC_2H_5}{\underset{COOC_2H_5}{|}}$$

例 6-23 $Ph\text{—}CH\underset{a,b}{\overset{COOC_2H_5}{\underset{COOC_2H_5}{\big|}}}$

切断 a 法：

$$Ph\text{—}CH\overset{COOC_2H_5}{\underset{COOC_2H_5}{\big|}} \Longrightarrow PhCH_2COOC_2H_5 + \overset{COOC_2H_5}{\underset{COOC_2H_5}{|}}$$

合成：

$$C_6H_5CH_2COOC_2H_5 + \overset{COOC_2H_5}{\underset{COOC_2H_5}{|}} \xrightarrow{C_2H_5ONa} \overset{C_6H_5CHCOOC_2H_5}{\underset{COCOOC_2H_5}{|}} + C_2H_5OH$$

$$\downarrow \triangle$$

$$\overset{C_6H_5CHCOOC_2H_5}{\underset{COOC_2H_5}{|}} + CO$$

$$80\% \sim 85\%$$

切断 b 法：

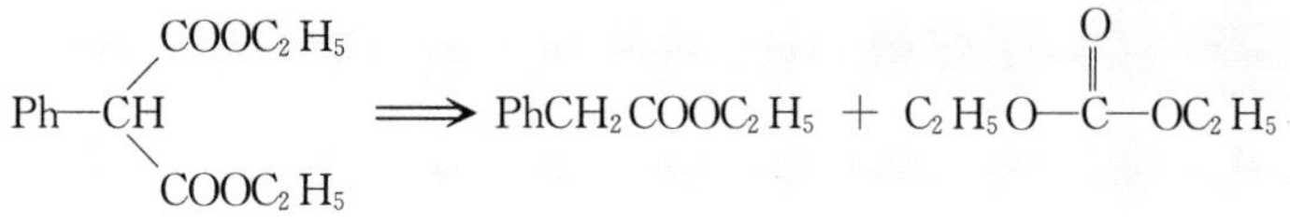

$$PhCH(COOC_2H_5)_2 \Longrightarrow PhCH_2COOC_2H_5 + C_2H_5O-\overset{\overset{\displaystyle O}{\|}}{C}-OC_2H_5$$

合成：

$$PhCH_2COOC_2H_5 + C_2H_5O-\overset{\overset{\displaystyle O}{\|}}{C}-OC_2H_5 \xrightarrow{C_2H_5ONa} PhCH(COOC_2H_5)_2 + C_2H_5OH$$

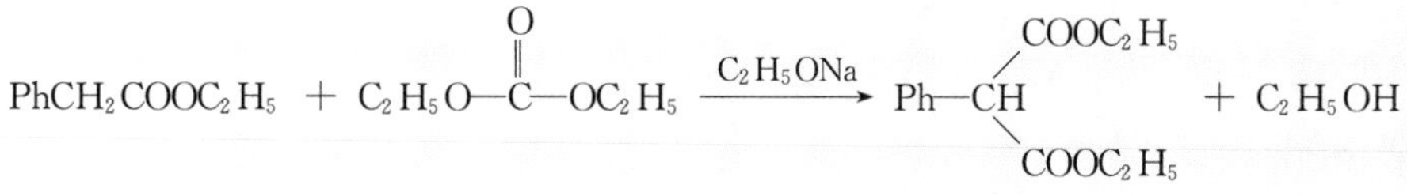

86%

例 6-24 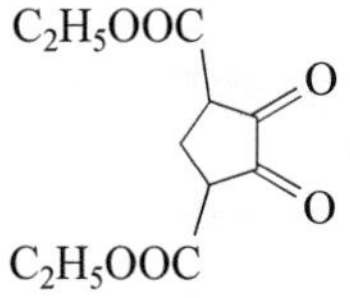 （4,5-二氧代环戊烷-1,3-二羧酸二乙酯）

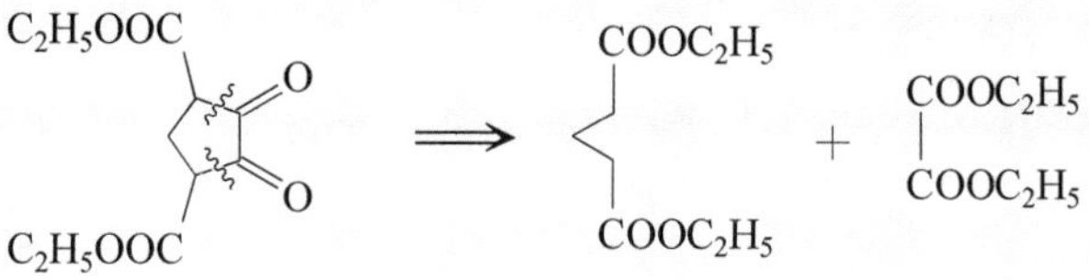

$$\Longrightarrow$$

例 6-25 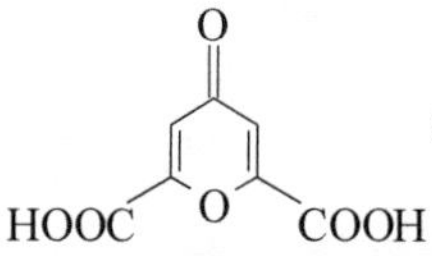 （最初从草本植物白屈菜中分离出来的白屈菜酸）

切断：

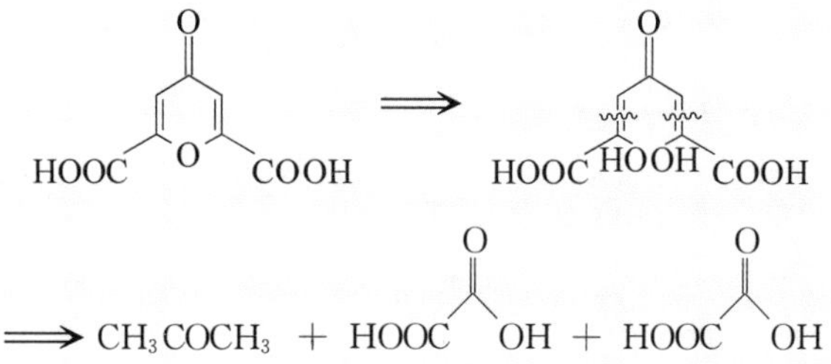

$$\Longrightarrow$$

$$\Longrightarrow CH_3COCH_3 + HOOC-OH + HOOC-OH$$

合成：丙酮不能与乙二酸缩合，但乙二酸二乙酯却能与丙酮发生 Claisen 反应，反应式如下：

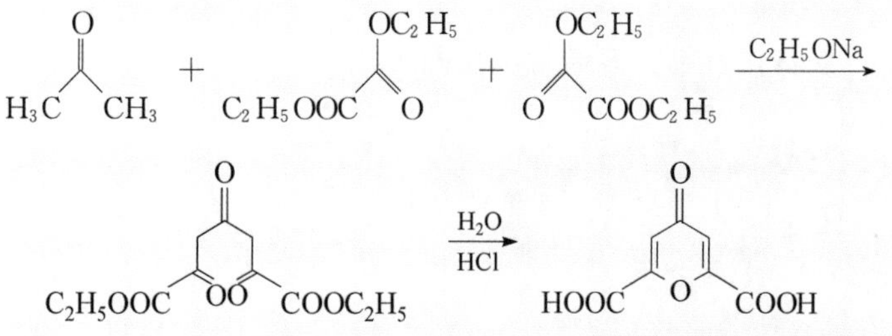

$$H_3C-CH_3 + C_2H_5OOC-O + O-COOC_2H_5 \xrightarrow{C_2H_5ONa}$$

$$\xrightarrow[HCl]{H_2O}$$

76%~79%

例 6-26 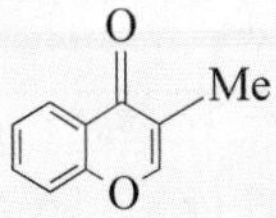 （3-甲基色酮）

切断：

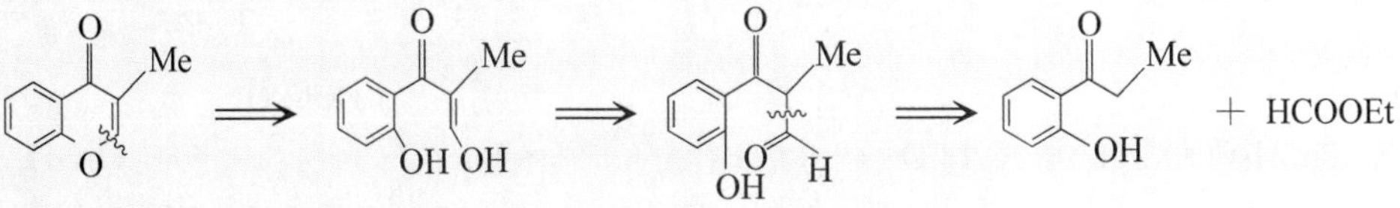

合成：

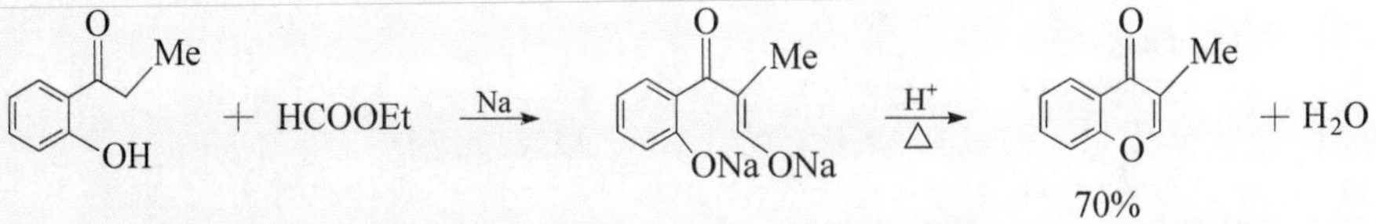

3) 1,5-二羰基化合物的切断

Michael 缩合也称为 Michael 反应,是合成 1,5-二羰基化合物的重要反应,是含有活泼氢化合物在 α,β-不饱和羰基化合物上的共轭加成反应。用通式表示如下：

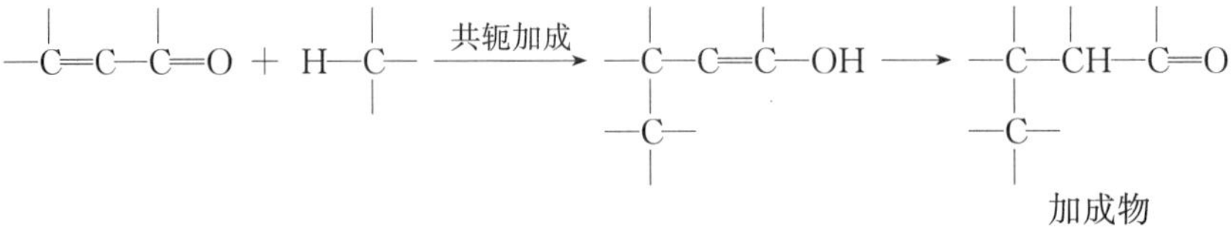

例如：

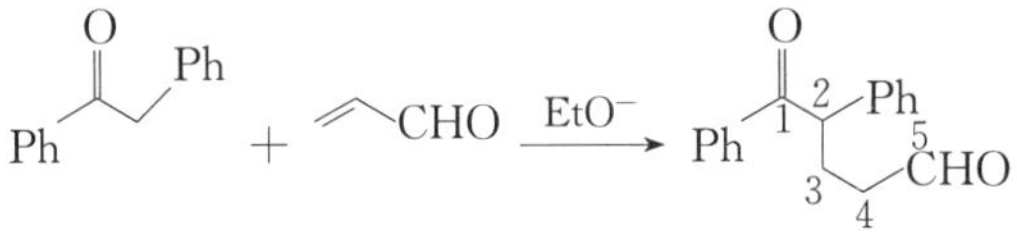

从缩合前后分子结构的变化可以看出,1,5-二羰基化合物可以在两个不同的部位切断：

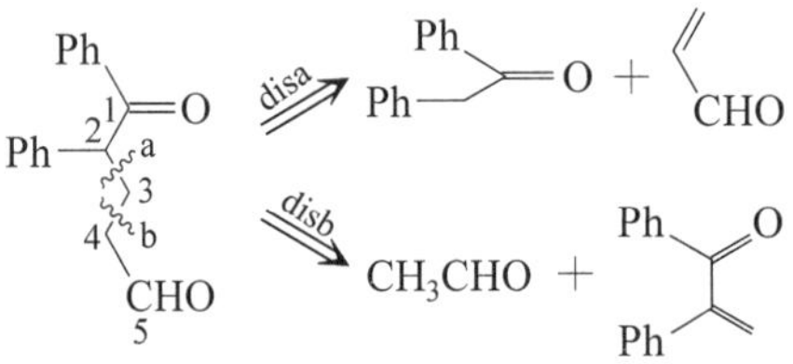

这样对 1,5-二羰基化合物就有通常的切断方法了。

例 6-27 合成 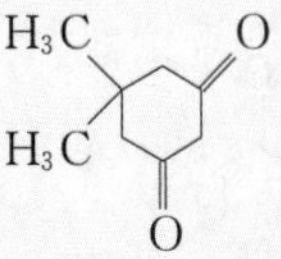 （5,5-二甲基-1,3-环己二酮）。

切断：

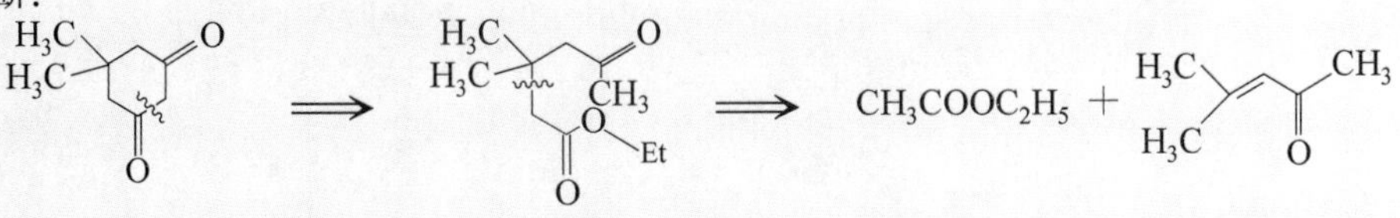

合成：

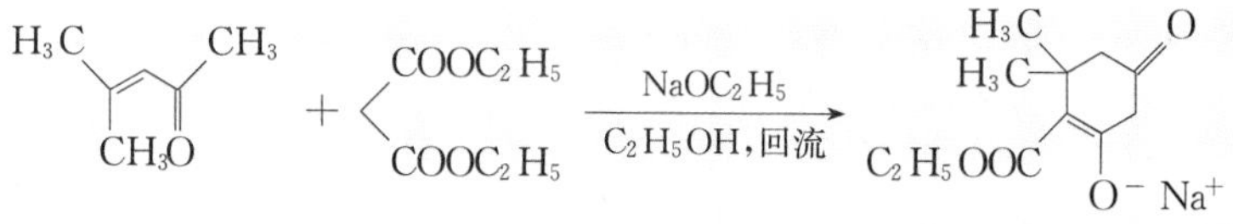

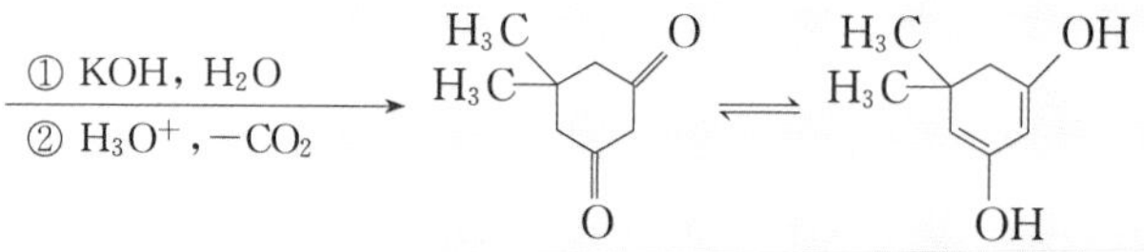

67%~85%

例 6-28 合成 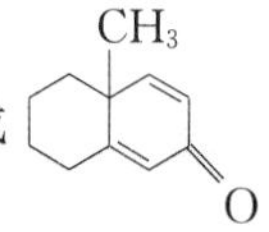 （10-甲基-$\Delta^{1,9,3,4}$-六氢-2-萘酮）。

切断：

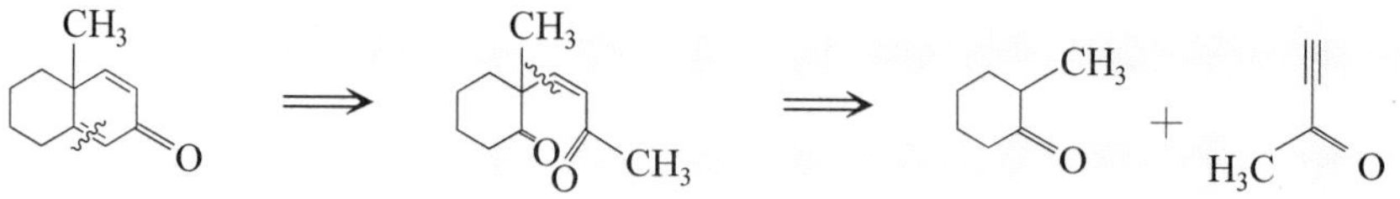

合成：

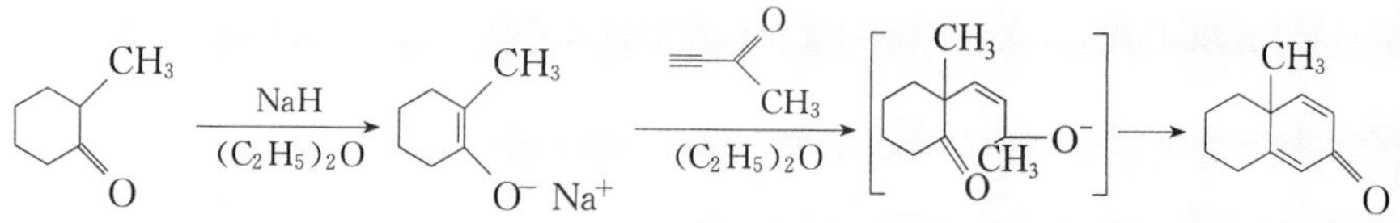

例 6-29 合成 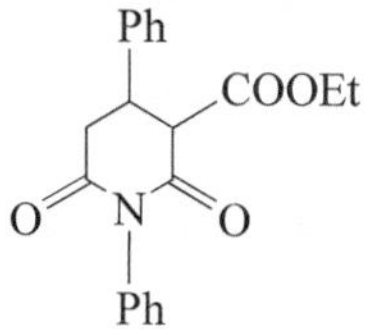 （1,4-二苯基-2,6-二氧代哌啶-3-羧酸乙酯）。

切断：

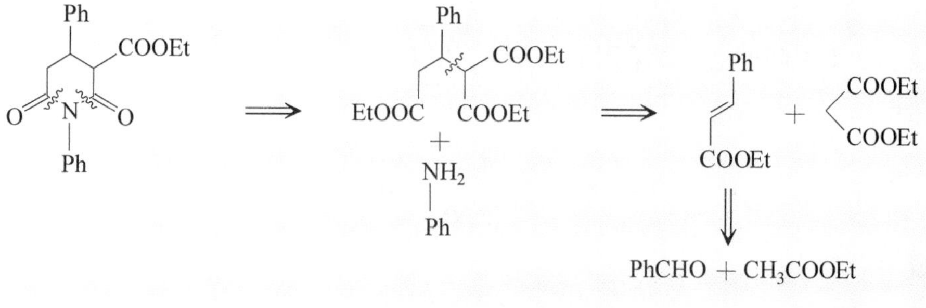

PhCHO + CH$_3$COOEt

合成：

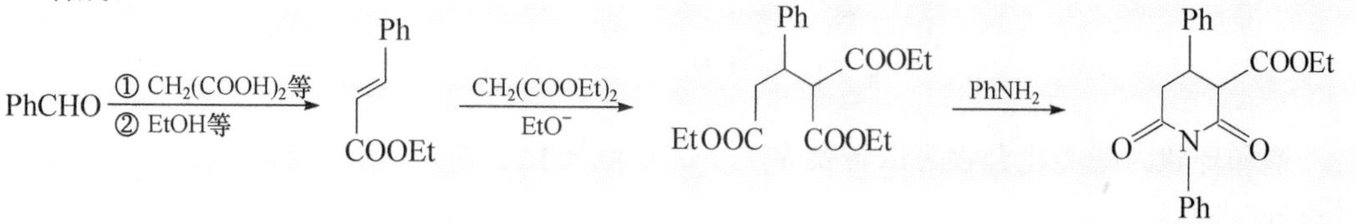

4) 1,4 和 1,6-二官能团化合物

1,4-二官能团化合物的常见形式有 ，，，

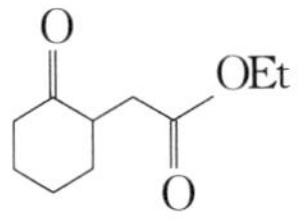

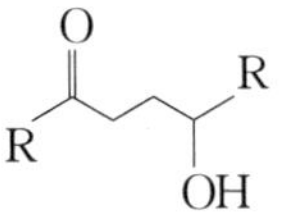

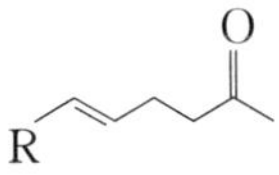

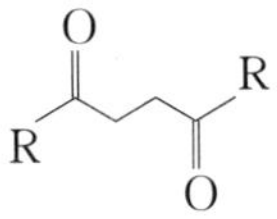

等。

合成 1,4-二官能团化合物一般采用 α-溴代羰基化合物与烯醇类负离子的亲核取代反应，据此可以对 1,4-二官能团化合物进行逆合成分析。

例 6-30 对 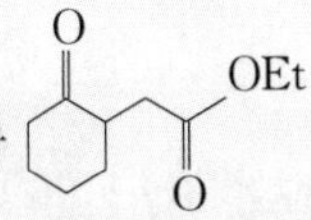 的简化并合成。

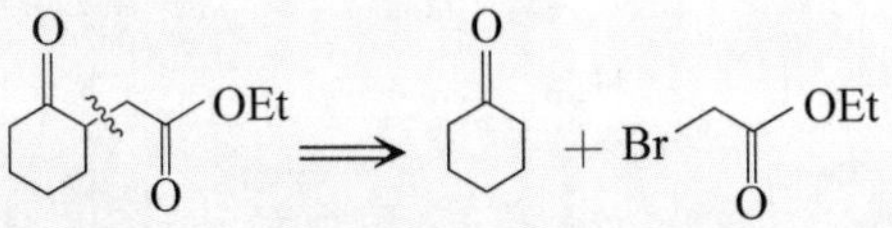

由于溴乙酸乙酯中的 α-碳上的氢比环己酮中的 α-碳上的氢具有更强的酸性，在醇钠的作用下，溴乙酸乙酯负离子优先形成，它作为亲核试剂进攻环己酮上的羰基碳原子进行 Darzen 反应，形成 α,β-环氧酸酯，这不是我们所希望发生的反应。一个有效的合成目标物的方法是将环己酮变为烯胺，进而合成所需的目标化合物。

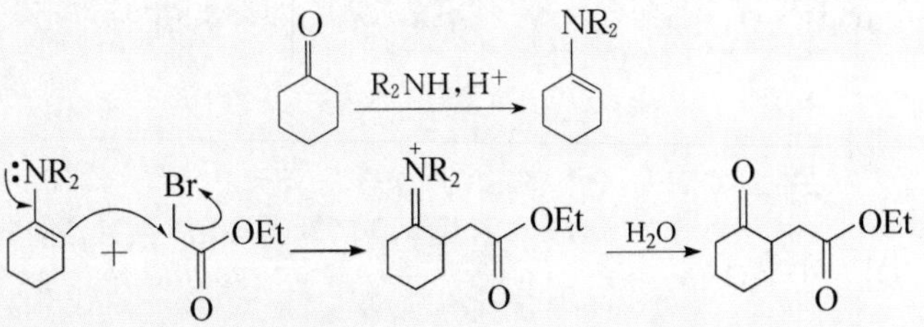

这里，是烯胺进攻活泼的 α-羰基卤化物，而不是羰基本身。

合成 α,β-不饱和酮也可以采用上述方法。例如：

切断：

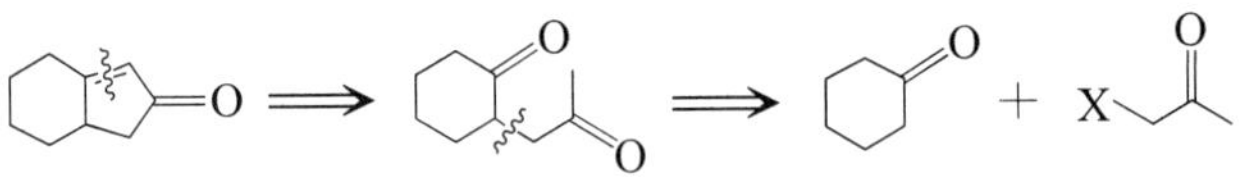

合成：

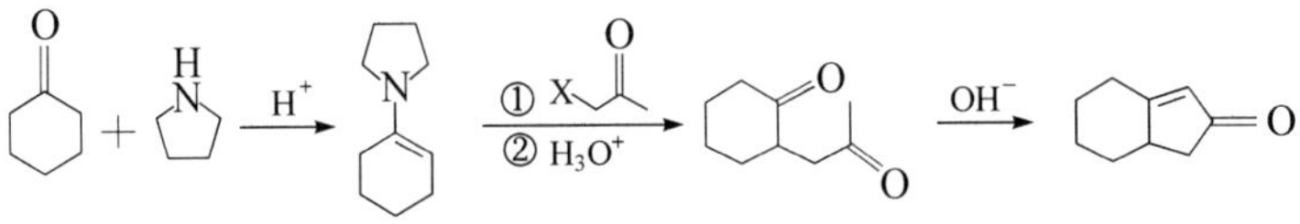

饱和环状内酯类化合物可以转换为 1,4-二官能团化合物，在该化合物分子中引入三键对其拆分。例如：

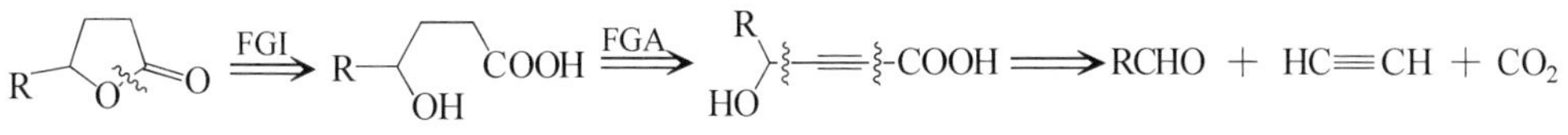

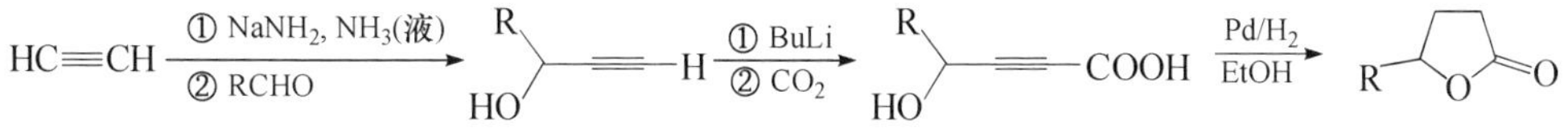

γ-羟基丁酸极易自动环合成内酯。

γ-羟基羰基化合物可进行以下拆分：

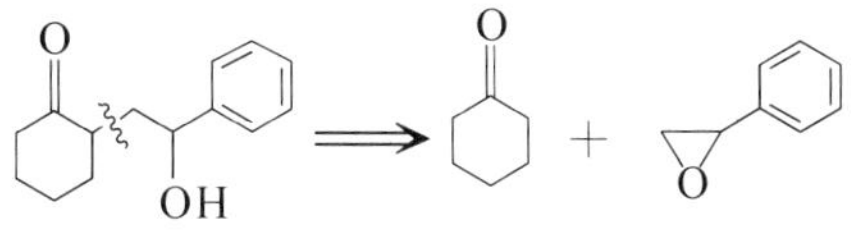

合成：

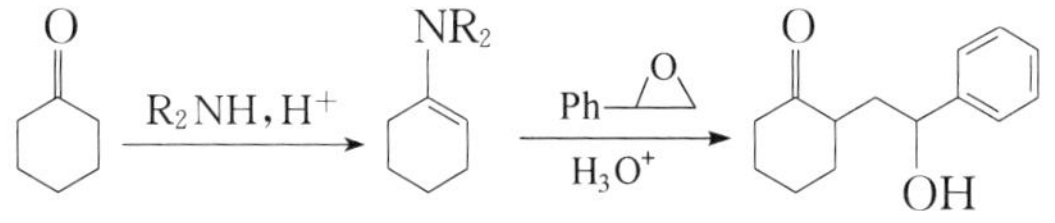

取代 5-烯-2-酮是 1,4-二官能团化合物,它的逆合成分析和合成可以如下进行：

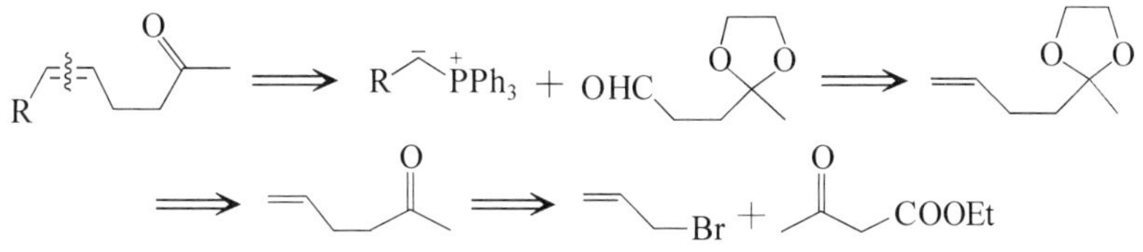

用缩酮保护酮羰基,增加 Wittig 反应的选择性。

合成：

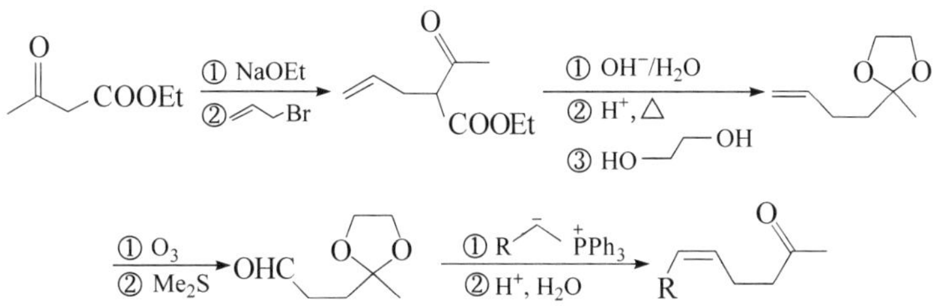

在温和条件下,环己烯衍生物可被氧化裂解生成 1,6-二羰基化合物,环己烯衍生物可以通过 Diels-Alder 反应制得 1,6-二羰基化合物,可以据此对 1,6-二官能团化合物进行分析与合成。

例 6-31

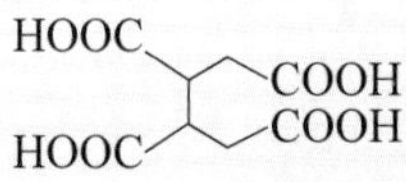

分析：

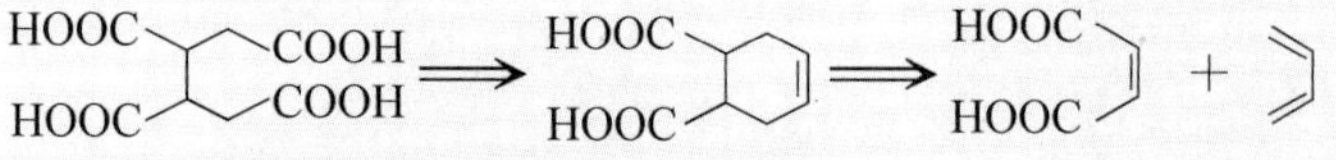

在 Diels-Alder 反应中,顺丁烯二酸酐是最好的亲双烯体试剂。

合成：

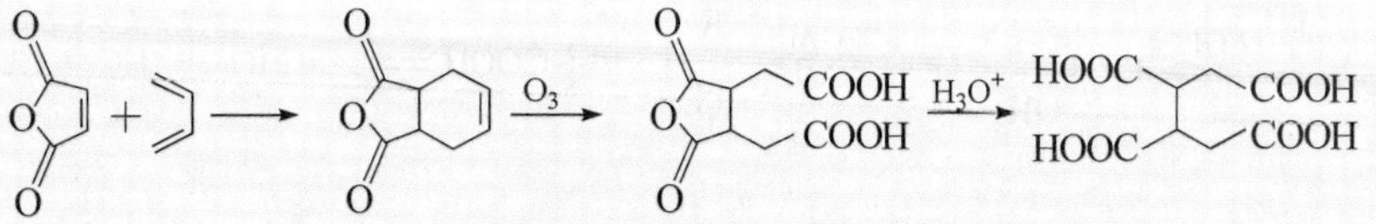

另一个例子：

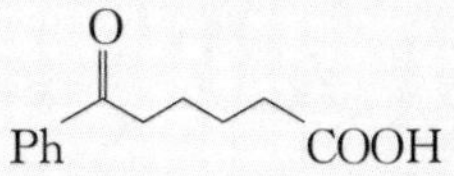

分析：

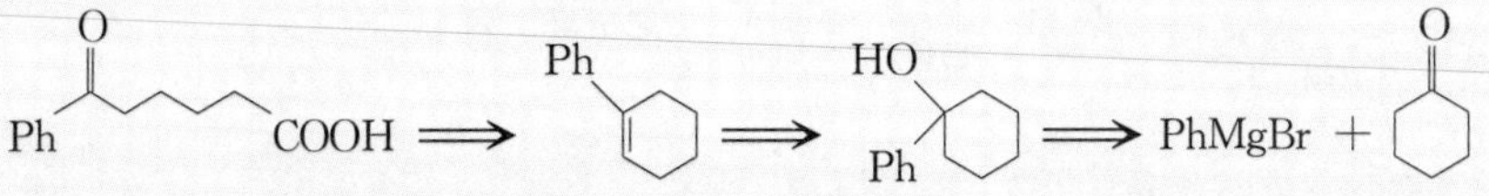

合成：

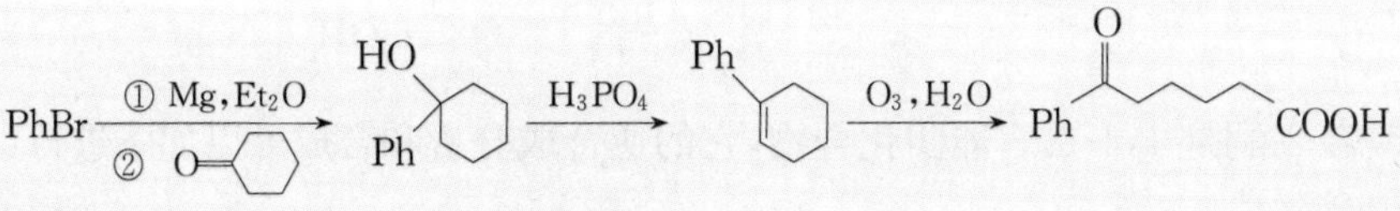

Birch(伯奇)反应(见 10.2 节)能够制备环己二烯化合物,环己烯衍生物可被氧化裂解生成 1,6-二羰基化合物,据此对 4-甲基-6-羟己烯-3-酸-1-甲酯分析、合成如下：

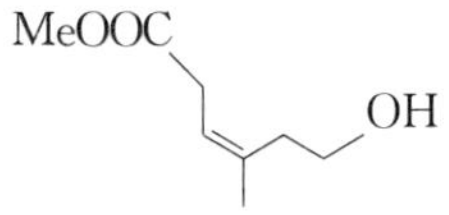

分析：

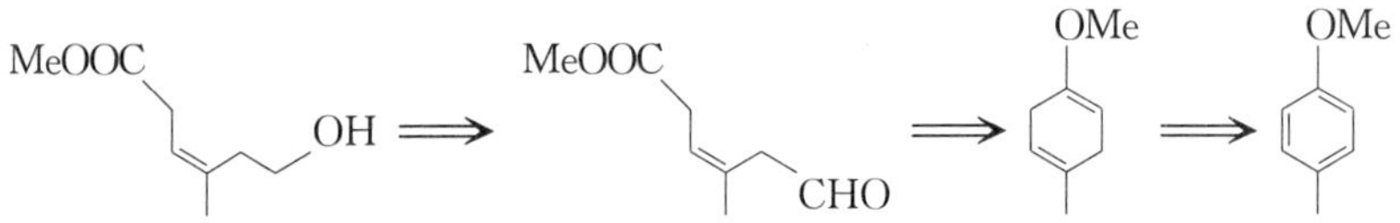

合成：

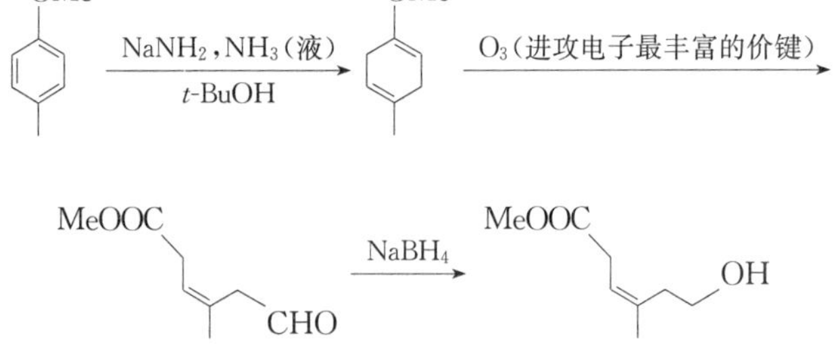

5) 环加成反应

反应：

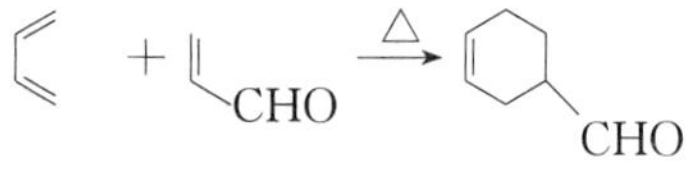

切断：

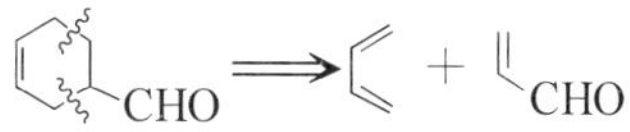

Diels-Alder 反应在六元环的合成中具有特别重要的意义,该反应在加热条件下进行。若亲双烯体双键上带有吸电子基团,反应可以在温和条件下进行。反应具有顺式加成、内侧加成和生成邻、对位产物的特点,具有很好的选择性。

顺式加成：

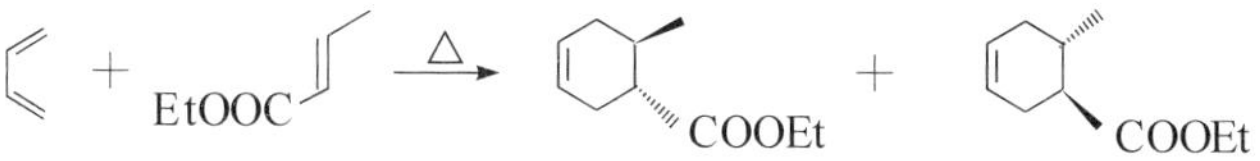

产物为等量的对映异构体。

内侧加成：

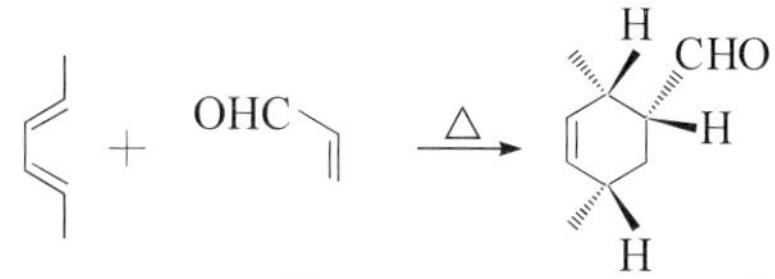

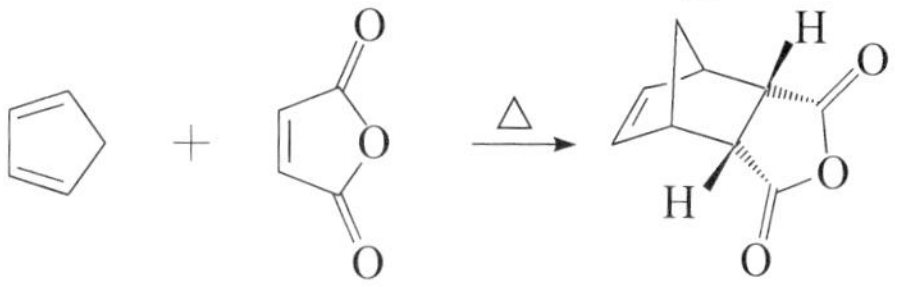

邻、对位产物：

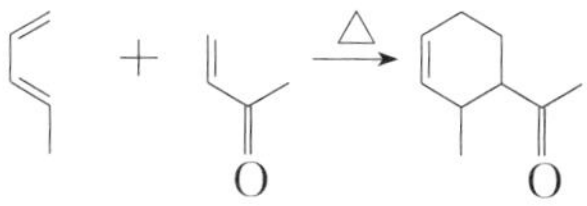

例 6-32

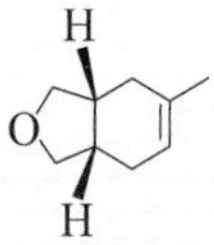

方法一：

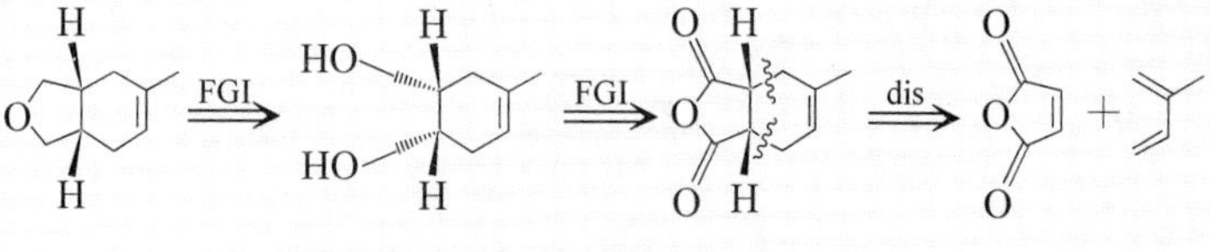

方法二：

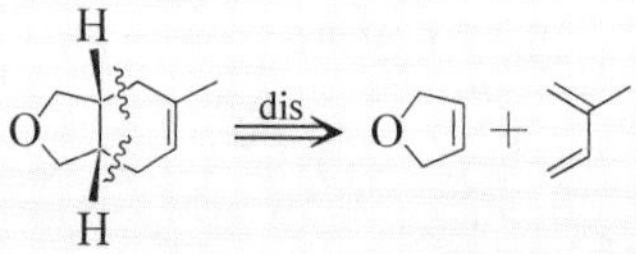

方法一可利用易得的马来酸酐和异戊二烯为原料合成目标物,而方法二由于亲双烯体的双键上的取代基吸电子能力不强,反应条件苛刻。因此,方法一优于方法二。

合成：

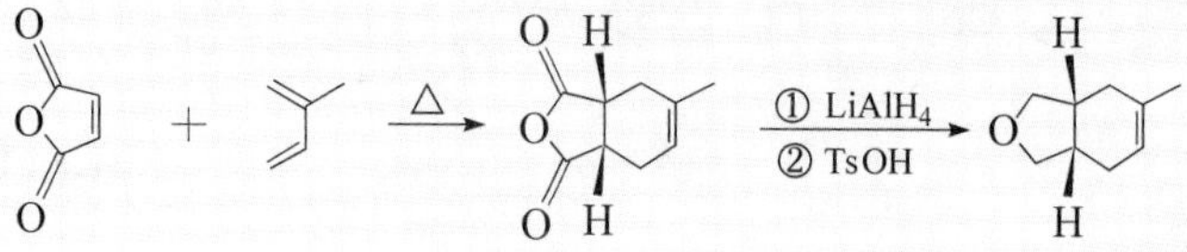

[2+2]环加成在面对面情况下,热反应是禁阻的,光反应是允许的,反应生成四元环化合物。

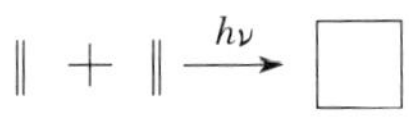

$$\| + \| \xrightarrow{h\nu} \square$$

例 6-33

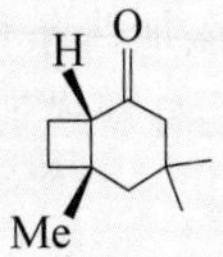

切断:

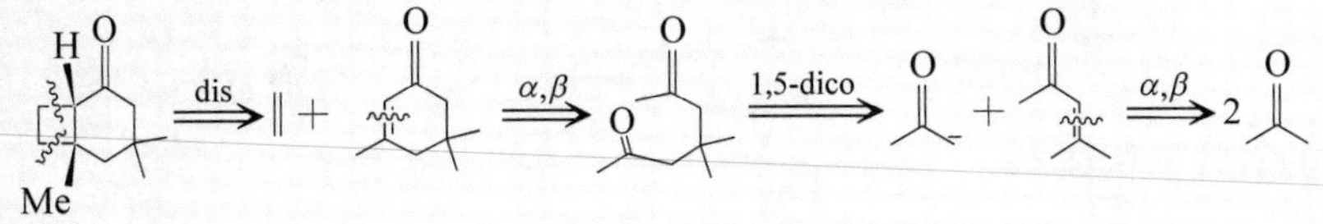

合成:

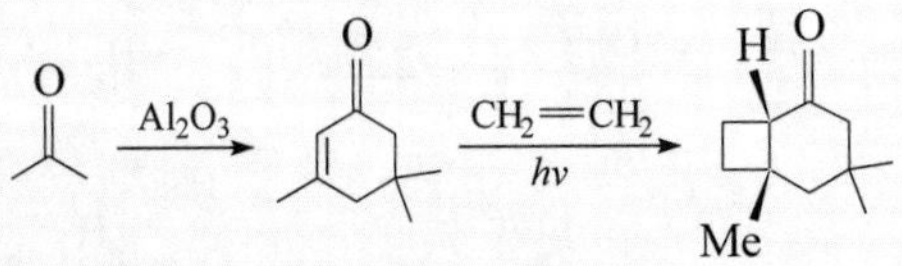

6.2　合成路线设计

对目标分子进行逆合成分析,能够为我们提供一种或几种目标分子的合成路线(原料路线),选择最优路线合成目标分子的过程称为合成路线设计。

6.2.1　合成路线设计实例

例 6-34　试对镇痛剂杜冷丁作切断分析,并设计合成路线。

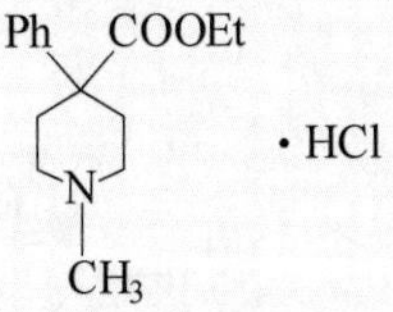

切断:

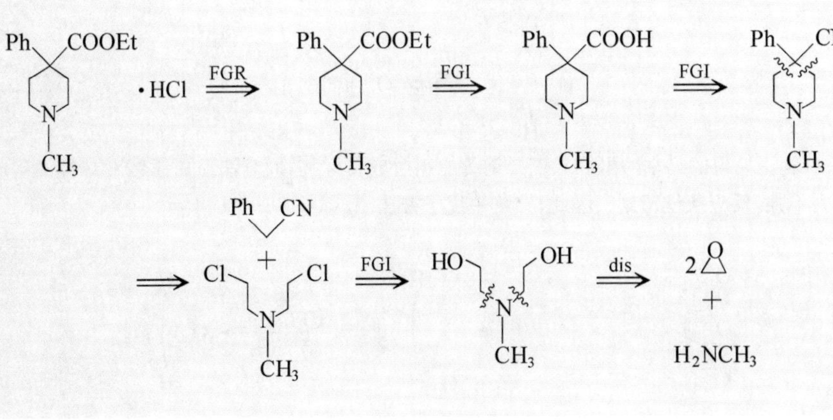

合成：

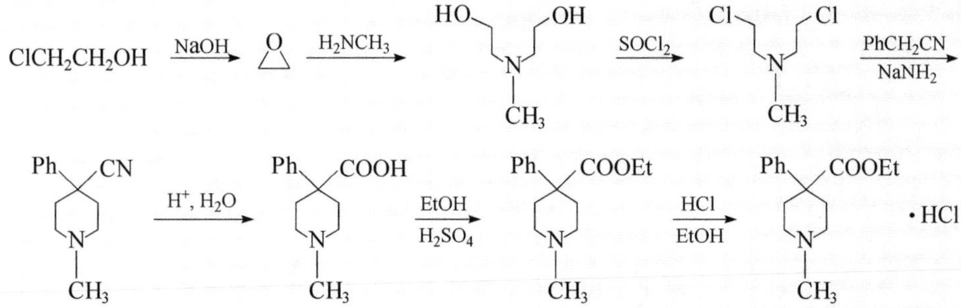

例 6-35　试对下列多烯化合物作切断分析，并设计合成路线。

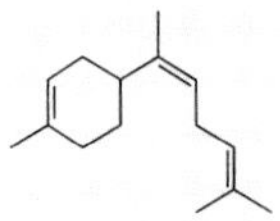

切断：

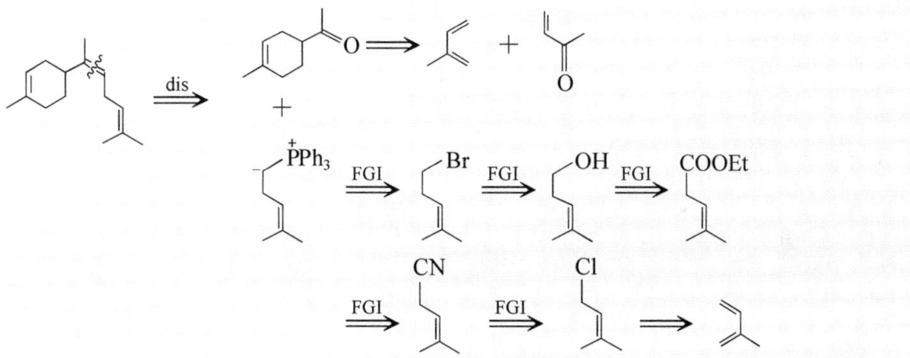

　　目标分子有三个双键，切断中间的双键将分子分为大小差不多的两部分。进一步转变或切断就容易了。

合成：

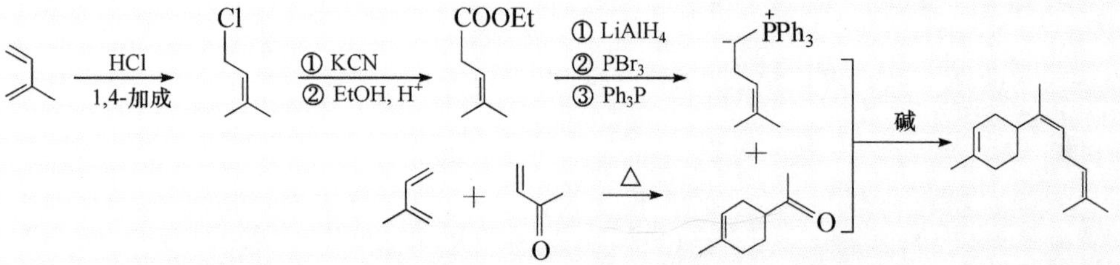

例 6-36　试对下列稠环化合物作切断分析，并设计合成路线。

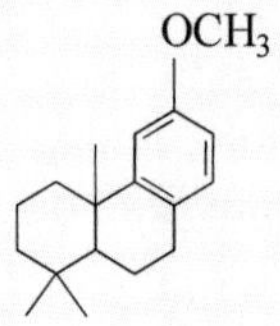

切断：

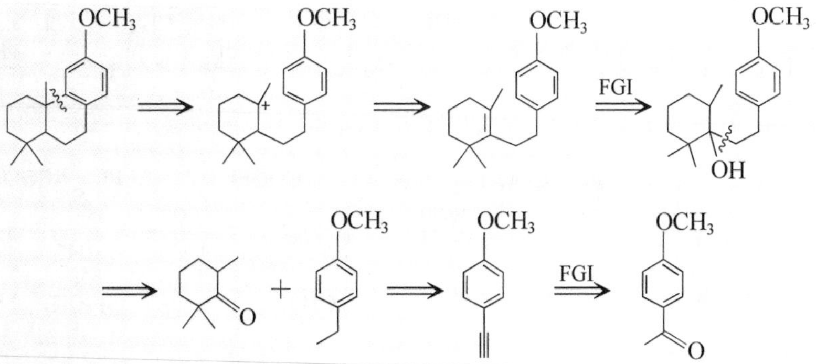

OCH₃ ⟹ OCH₃ ⟹ OCH₃ ⟶ FGI ⟶ OCH₃

OH

⟹ O + OCH₃ ⟹ OCH₃ ⟶ FGI ⟶ OCH₃

O

合成：

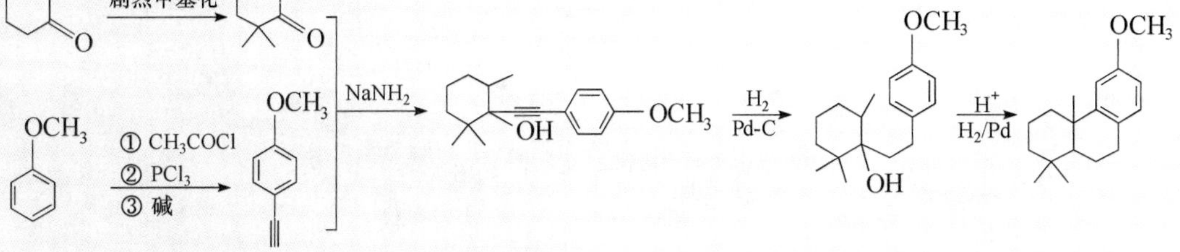

O ⟶ 剧烈甲基化 ⟶ O

OCH₃ ⟶ ① CH₃COCl ② PCl₃ ③ 碱 ⟶ OCH₃

⟶ NaNH₂ ⟶ OCH₃

OH

OCH₃ ⟶ H₂/Pd-C ⟶ OCH₃

OH

OCH₃ ⟶ H⁺ H₂/Pd ⟶ OCH₃

其中炔键的形成过程如下：

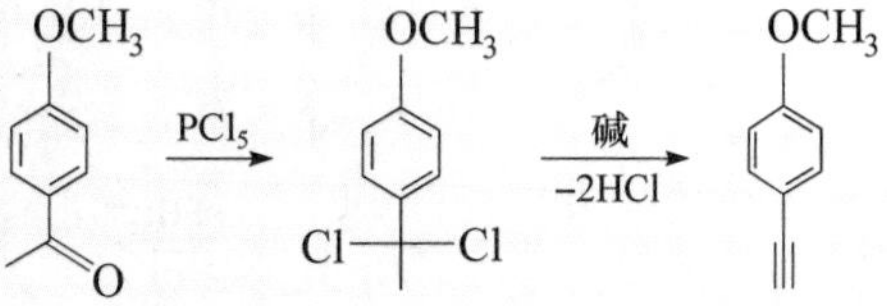

OCH₃ ⟶ PCl₅ ⟶ OCH₃ ⟶ 碱 −2HCl ⟶ OCH₃

O   Cl Cl

例 6-37 试对下列桥环化合物作切断分析，并设计合成路线。

切断：

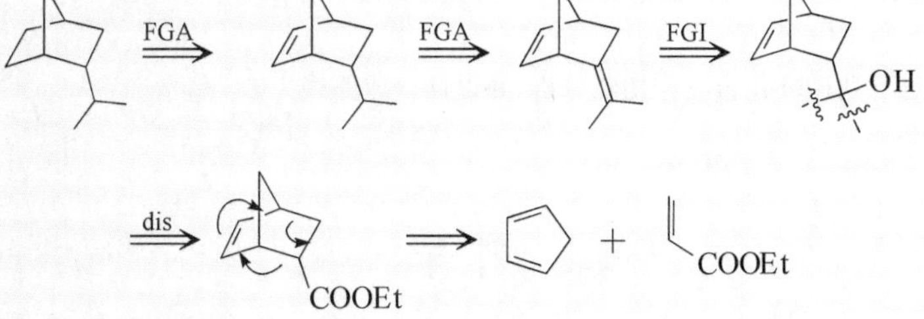

⟶ FGA ⟶ ⟶ FGA ⟶ ⟶ FGI ⟶ OH

⟹ dis ⟹ + COOEt

COOEt

合成：

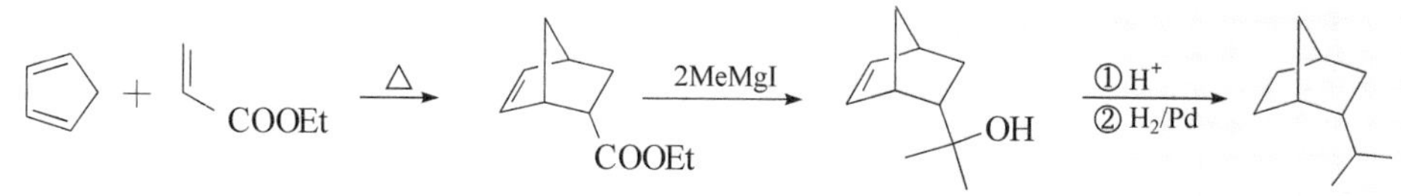

例 6-38 试对 2-茉莉酮作切断分析,并设计合成路线。

2-茉莉酮是一个 α,β-不饱和环戊酮,侧链上带有一个五碳的顺式烯烃和一个甲基,有多种切断和多种合成路线。

切断一：

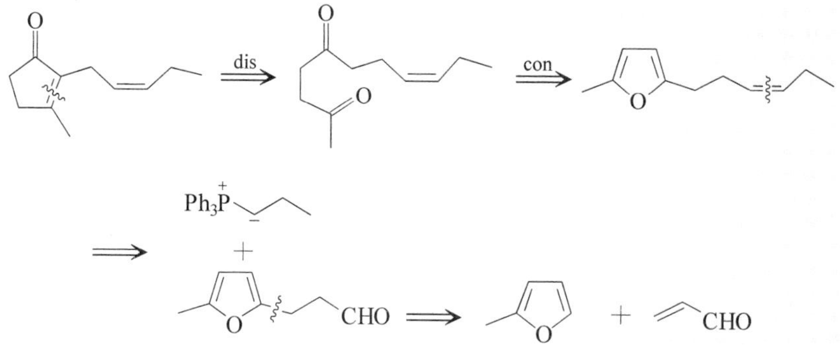

合成一：

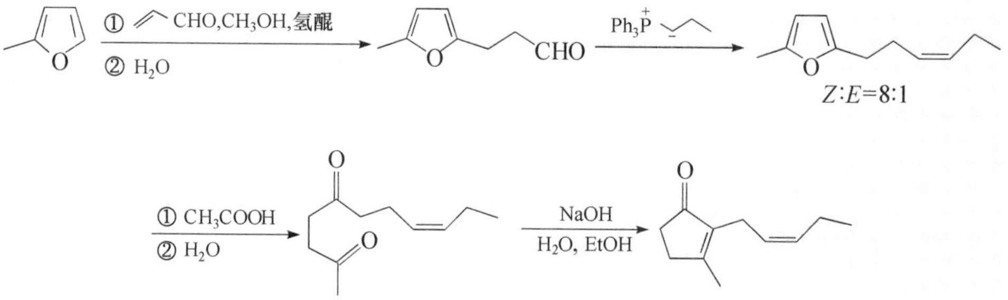

切断二：

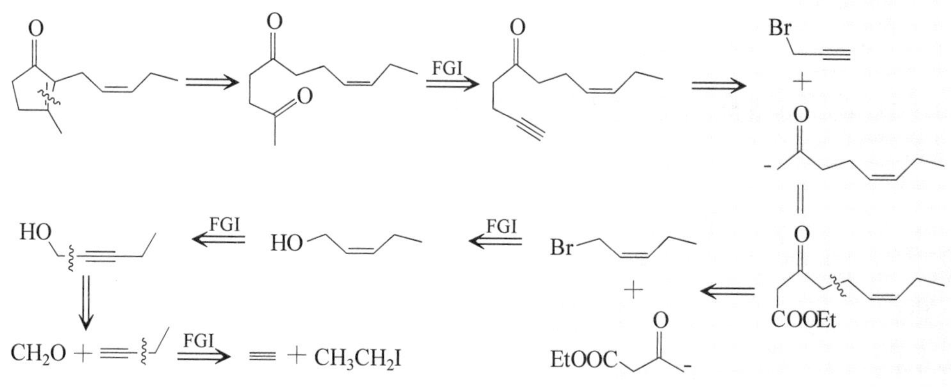

合成二：

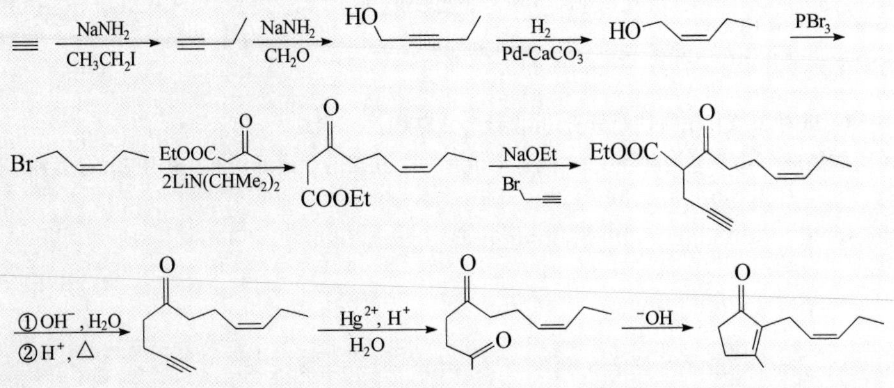

切断三：

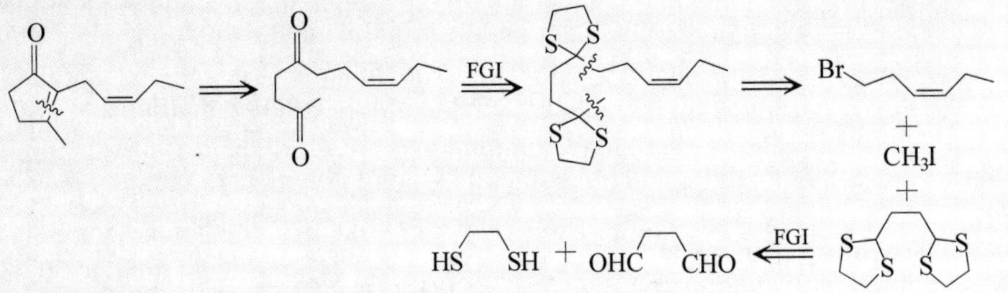

在目标物简化中，对1,4-二酮羰基采用硫代缩酮保护以改变其极性。

合成三：

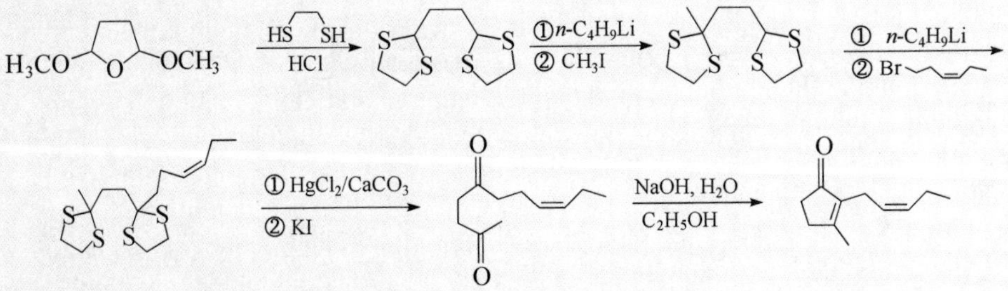

例 6-39 试对非甾体雌激素己烯酚作切断分析，并设计合成路线。

切断一：

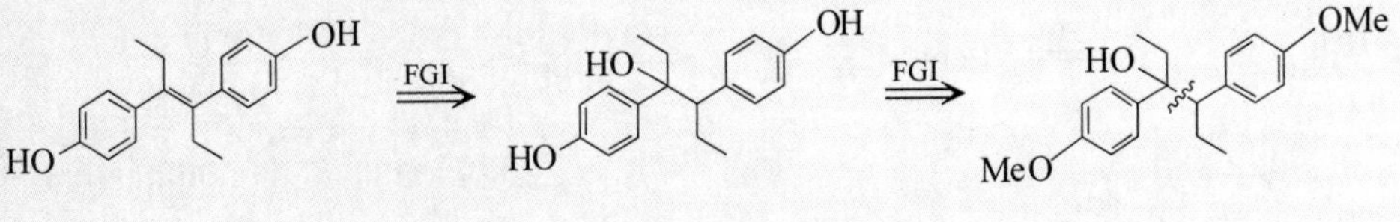

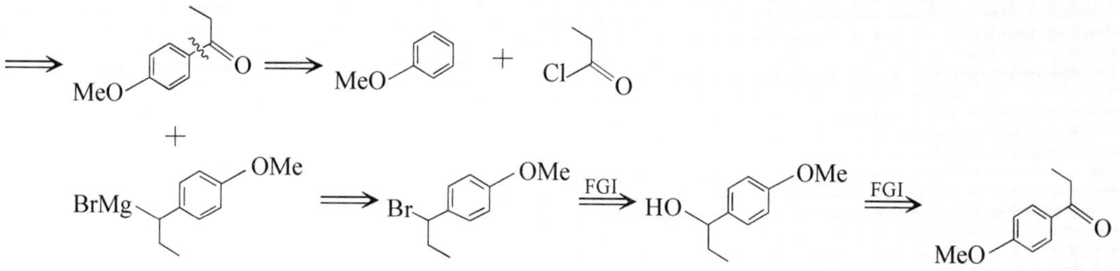

合成一：

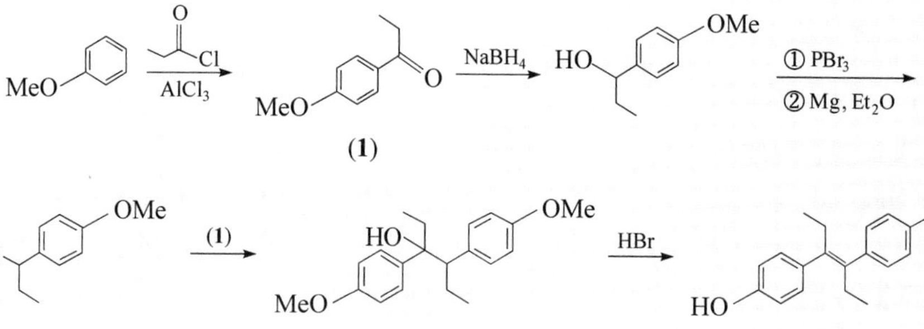

切断二：

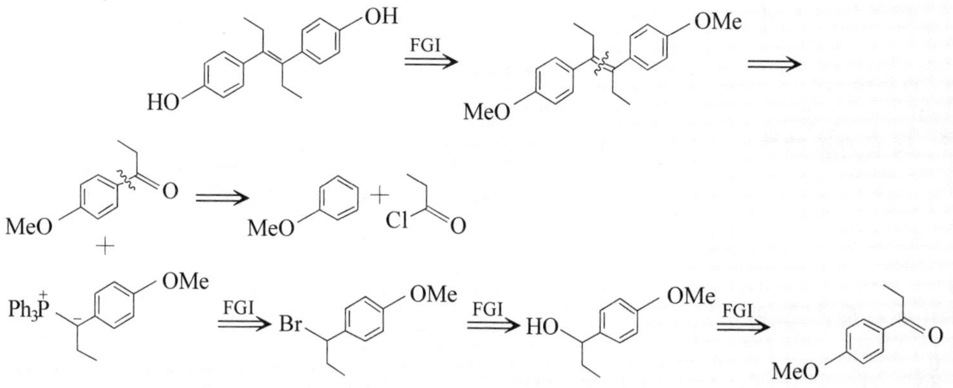

合成二：

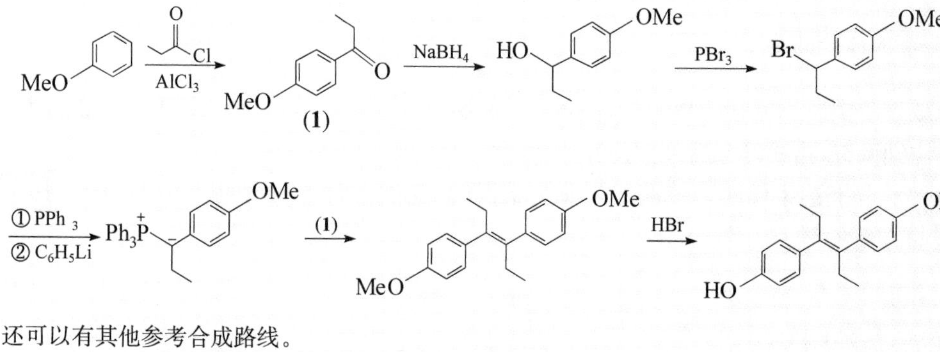

还可以有其他参考合成路线。

　　从上述切断分析和路线设计可以进一步感受到,熟悉易得的起始原料和熟悉有机合成反应对于切断分析和合成路线设计都是十分重要的,对于掌握逆合成分析法的作用更是不言而喻。

6.2.2 合成路线的评价

目标物的合成可能有多种合成路线,其可行性及优劣可根据下列原则进行评价。

1. 总体考察

应当考虑是否符合原子经济学说和环境友好的要求,在该前提下,尽可能采用收敛型合成路线。

由原料 A 经不同路线得到产物 G 的分析表示如下:

(1) A —→ B —→ C —→ D —→ E —→ F —→ G

(2) 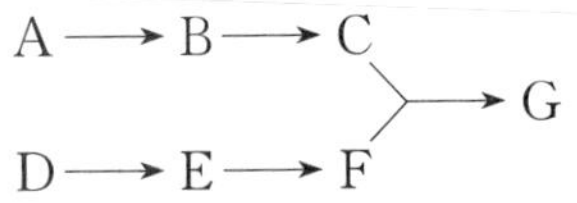 A —→ B —→ C
$$\quad\quad\quad\quad\quad\searrow$$
$$\quad\quad\quad\quad\quad\quad\quad\quad G$$
D —→ E —→ F $\nearrow$

(1)为直线型合成路线,经 6 步反应得到产物,假如每步反应的产率为 90%,则总产率为 54%。(2)为收敛型合成路线,其总产率为 73%。可见收敛型路线比直线型优越。

合成路线一般是越短越好,最好是一步完成。即使是由多步构成的合成路线,最好不将中间体分离出来,在同一反应器中连续进行,这就是逐渐引起人们重视的"一锅合成法"(one-pot synthesis)。

2. 原料价廉易得

原料价廉易得是选择合成路线的重要依据。

3. 反应的选择性

应当采用反应选择性好的合成路线,一般副反应少的路线产率相应也高,"三废"量也会减少。

4. 反应条件温和或易于控制

反应条件包括溶剂的选择、温度的高低和控制、加热方式、压力、催化剂的选择、作用物比及作用物添加顺序等。

5. 整个过程的安全性

合成过程中所用原料或溶剂是否易燃易爆,反应是否急剧放热,作用物有无腐蚀性和毒性等都应作详细调查,路线确定后,对每种危险因素应有相应的防范措施。

全部符合上述条件的合成路线是非常难得的,这些条件只能是相对的。但我们应当积极朝着这些方面去努力工作。

习　题

6-1　完成下列化合物的逆合成转变。

(1)

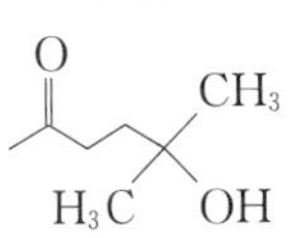

(2) 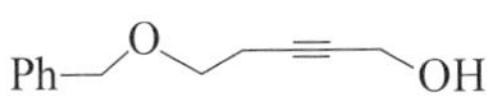 Ph—O—CH₂—C≡C—OH

（3）$C_6H_5CH{=}CHCOCH{=}CHC_6H_5$

（4）

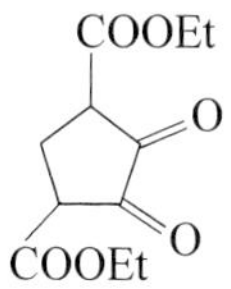

（5）

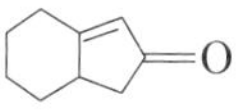

（6）

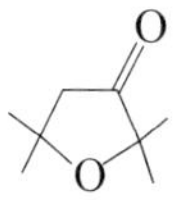

（7）

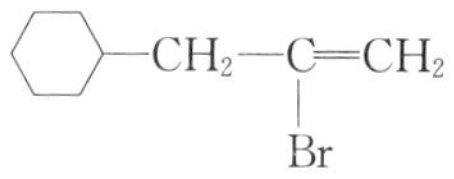

（8）

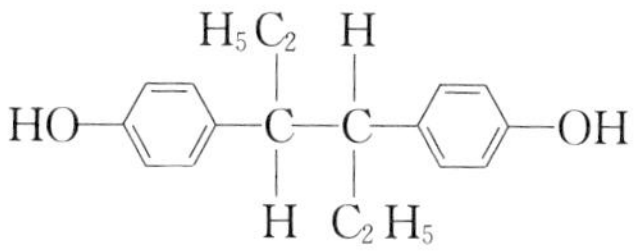

（9）

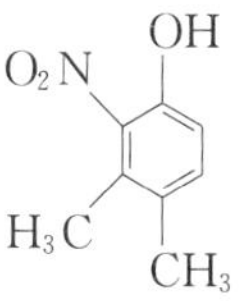

（10）

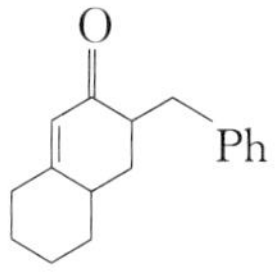

6-2　借助逆合成分析法合成下列化合物。

（1）

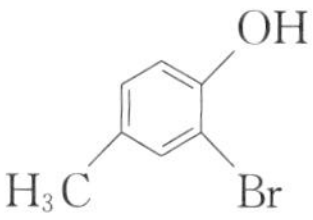

（2）

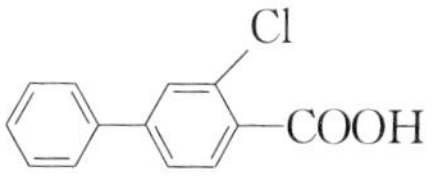

（3）

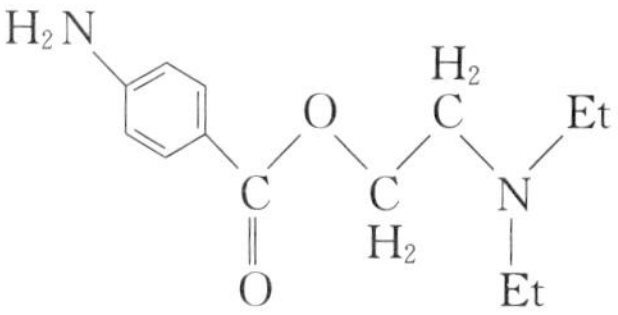

（4）

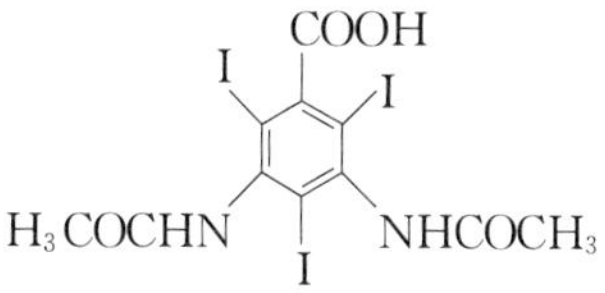

（5）

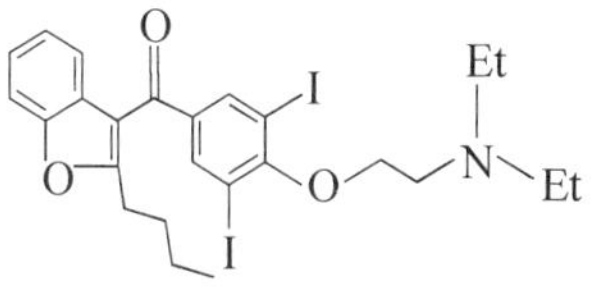

（6）

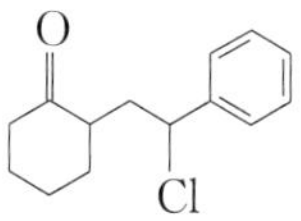

参 考 答 案

6-1

（1）分析：

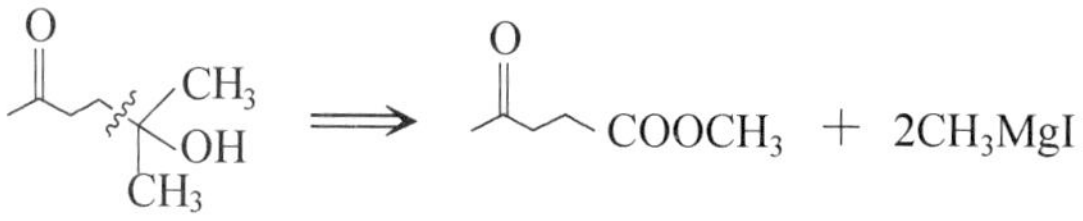

合成：

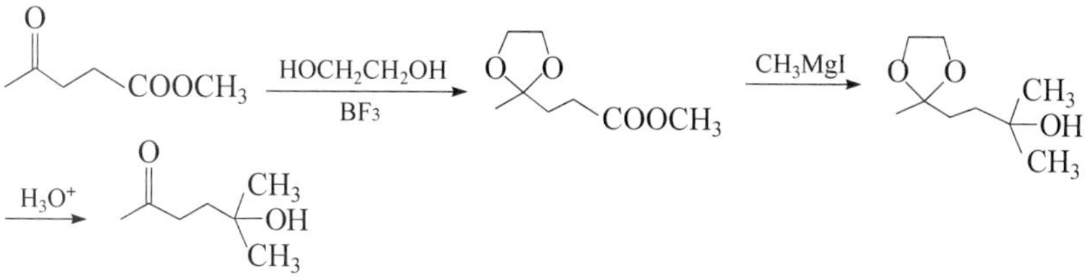

（2）分析：

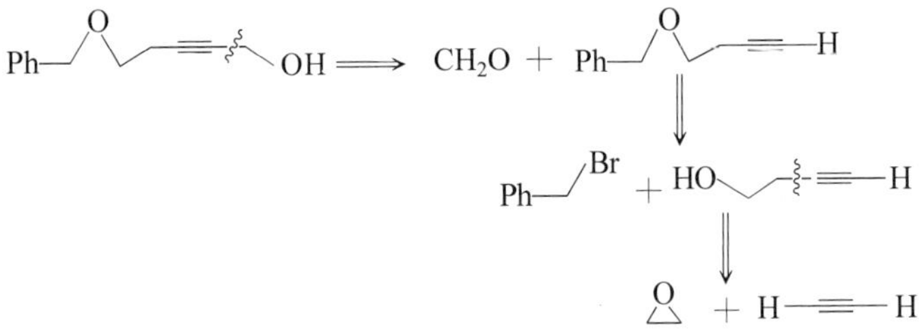

$$Ph\diagup O \diagdown CH_2-C\equiv C-CH_2-OH \Longrightarrow CH_2O + Ph\diagup O \diagdown CH_2-C\equiv C-H$$

$$\Downarrow$$

$$Ph-CH_2Br + HO-CH_2-C\equiv C-H$$

$$\Downarrow$$

$$\triangle\!\!\!\!O + H-C\equiv C-H$$

合成：

$$H-C\equiv C-H \xrightarrow[\text{液氨}, \triangle\!O]{Na,} HO-CH_2-C\equiv C-H \xrightarrow{Ph-CH_2Br} Ph-CH_2-O-CH_2-C\equiv C-H$$

$$\xrightarrow{Na, \text{液氨}, CH_2O} Ph-CH_2-O-CH_2-C\equiv C-CH_2-OH$$

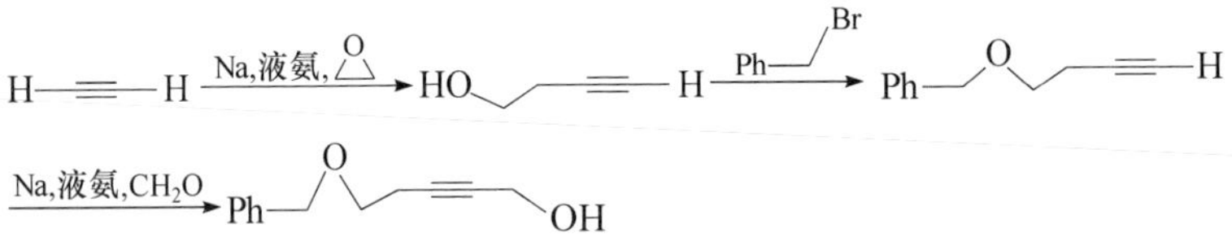

（3）分析：

$$C_6H_5CH\!=\!CHCOCH\!=\!CHC_6H_5 \Longrightarrow 2C_6H_5CHO + CH_3COCH_3$$

合成：

$$2C_6H_5CHO + CH_3COCH_3 \xrightarrow[20\sim25\ ℃]{10\%NaOH} C_6H_5CH\!=\!CHCOCH\!=\!CHC_6H_5$$

（4）分析：

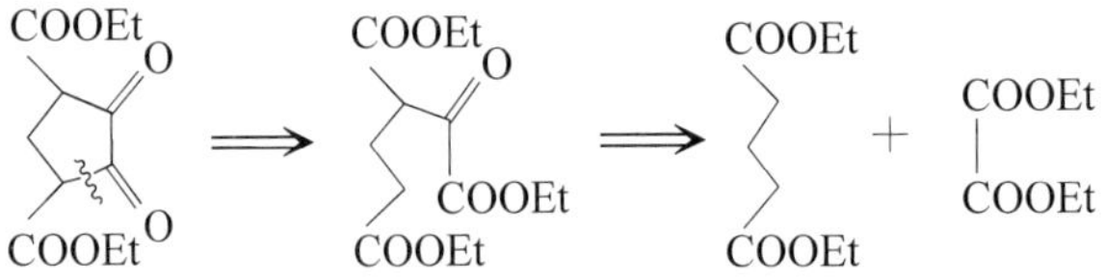

（结构式反应分析）

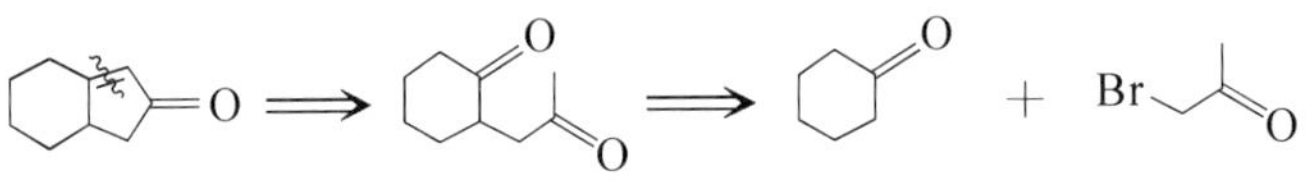

合成：

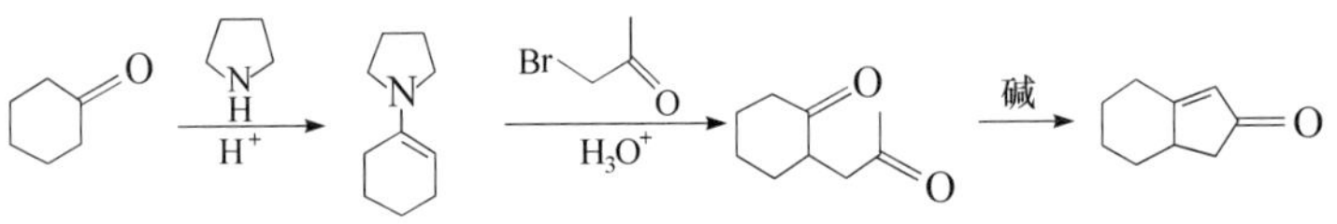

（结构式反应：EtONa, −EtOH；EtONa, −EtOH）

（5）分析：

（结构式反应分析）

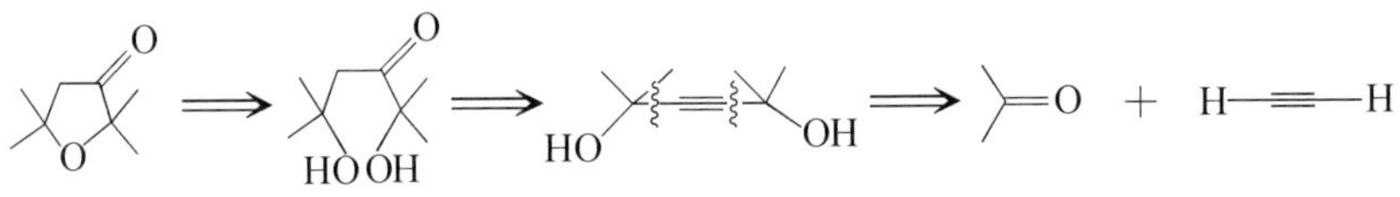

合成：

（环己酮 + 吡咯烷 $\xrightarrow[H^+]{N\text{ H}}$ 烯胺 $\xrightarrow[H_3O^+]{Br\text{-}CH_2COCH_3}$ 二酮 $\xrightarrow{\text{碱}}$ 双环烯酮）

（6）分析：

（结构式反应分析）

$$\Longrightarrow \quad HO\!-\!\cdots\!-\!OH \Longrightarrow \quad C\!=\!O + H-C\equiv C-H$$

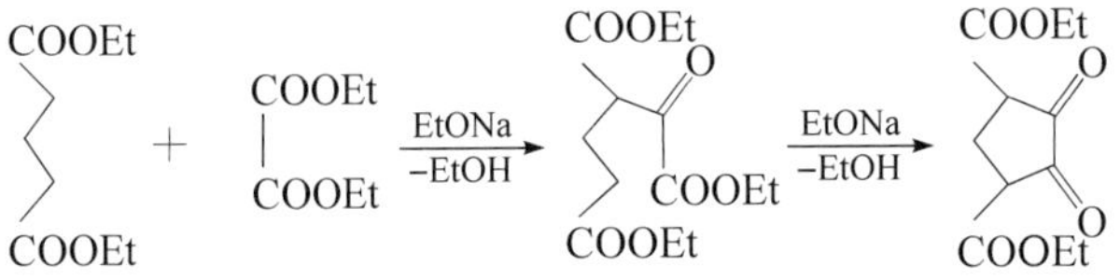

合成：

$$H-C\equiv C-H \xrightarrow[2\ C=O]{\text{碱}} HO\!-\!C\equiv C\!-\!OH \xrightarrow[Hg^{2+}]{H_2O, H_2SO_4} \text{（内酯）}$$

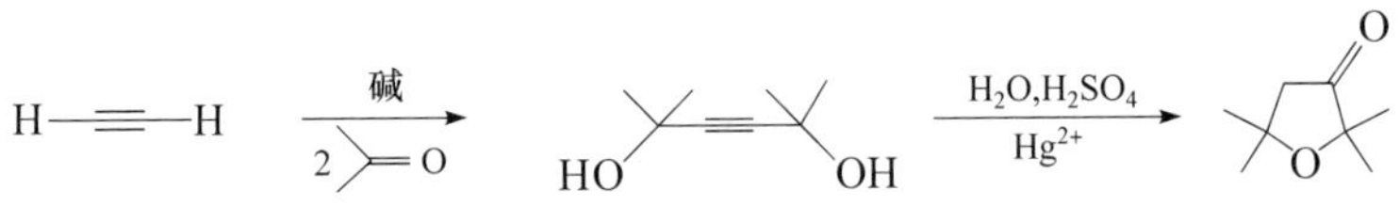

(7) 分析：

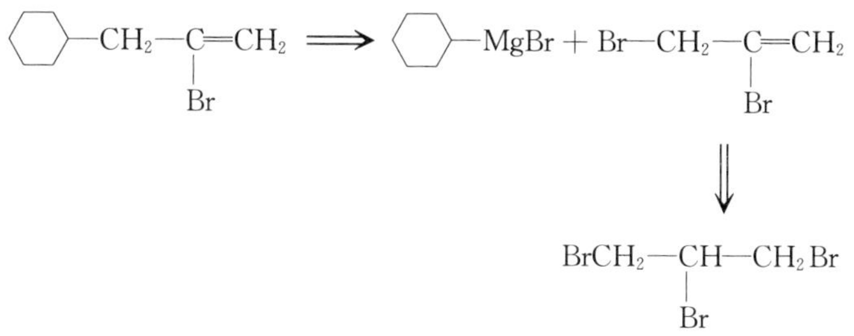

合成：

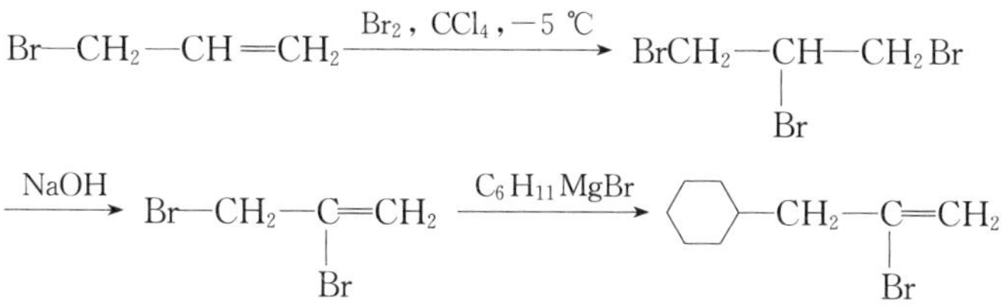

(8) 分析：

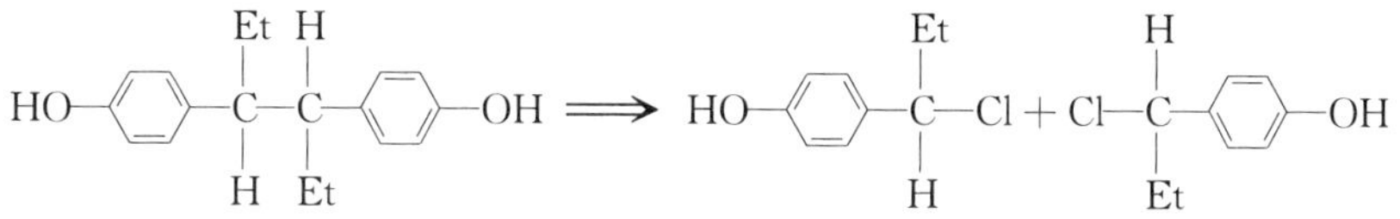

合成：

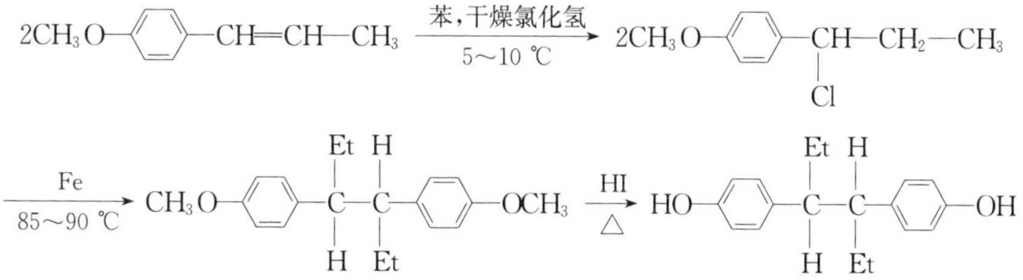

$$2CH_3O-\!\!\!\langle\ \rangle\!\!\!-CH=CH-CH_3 \xrightarrow[5\sim10\ ℃]{苯,干燥氯化氢} 2CH_3O-\!\!\!\langle\ \rangle\!\!\!-\underset{Cl}{\underset{|}{CH}}-CH_2-CH_3$$

(9) 分析：

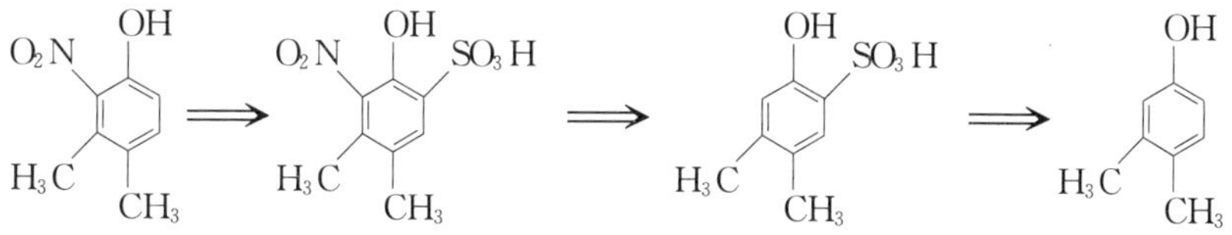

合成：

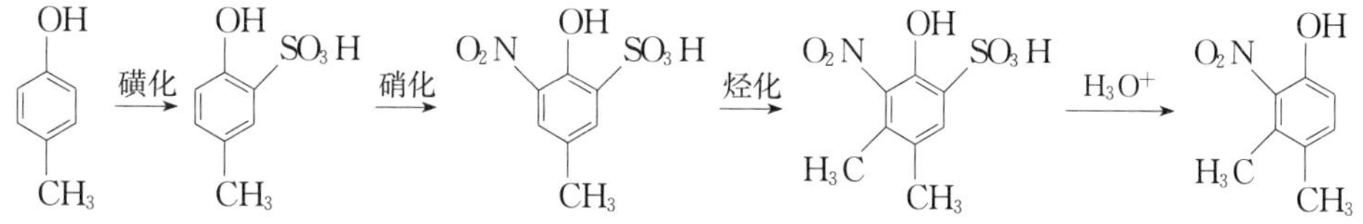

(10) 分析：

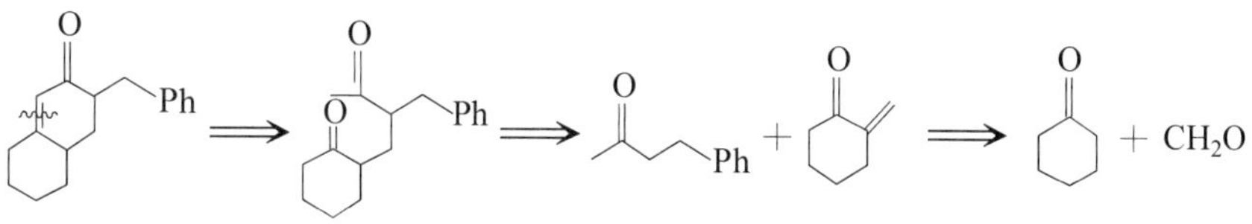

合成：

6-2

（1）分析：

合成：

（2）分析：

合成：

（3）分析：

合成：

（4）分析：

合成：

（5）分析：

合成：

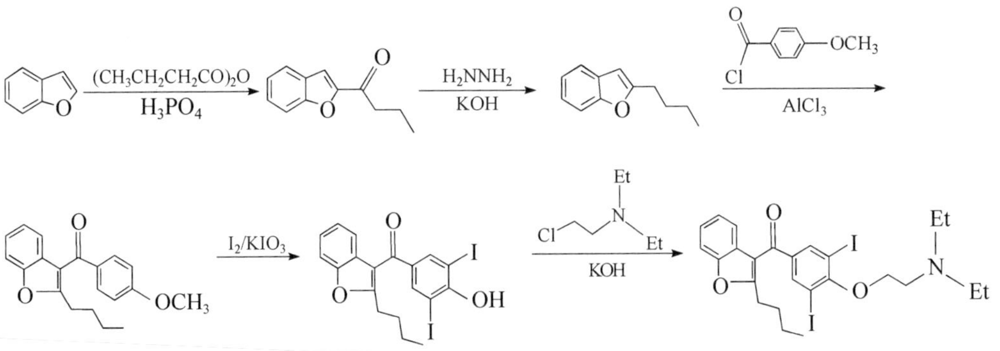

（6）分析：

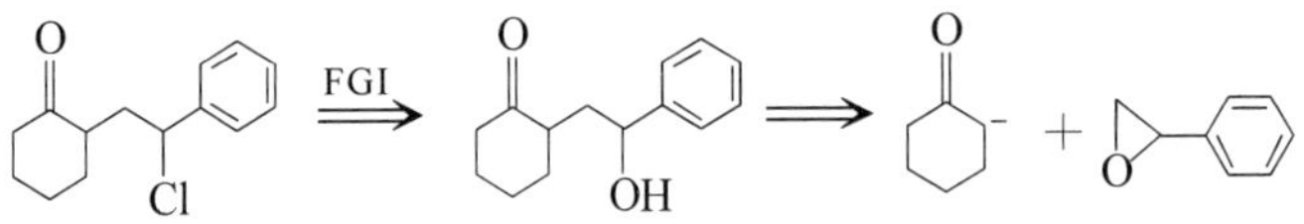

合成：

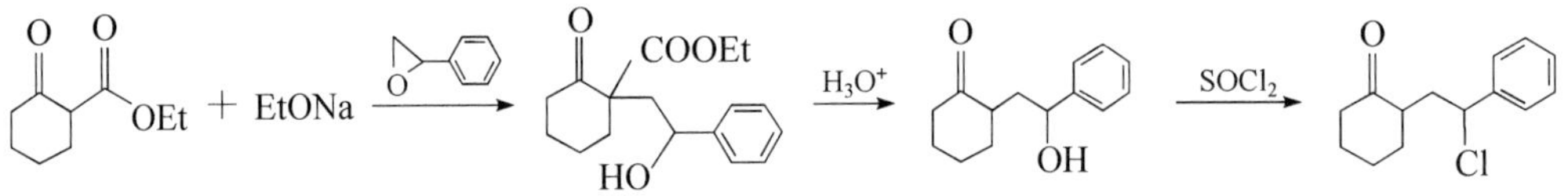

参 考 文 献

[1]　徐家业. 有机合成化学及近代技术. 西安:西北工业大学出版社,1997
[2]　富尔赫林 J,彭茨林 G. 有机合成. 韩长日,杜建新,宋小平译. 北京:化学工业出版社,1990
[3]　Corey E J. Angew Chem Int Ed Engl,1991,30(5):455
[4]　嵇耀武. 有机物合成路线设计技巧. 北京:科学出版社,1984
[5]　Corey E J,Nicolaou K C,Melvin L S. J Am Chem Soc,1975,97:654
[6]　张滂. 有机合成进展. 北京:科学出版社,1992
[7]　Corey E J. Pure Appl Chem,1967,14:19

第7章 基团的保护与反应性转换

基团的保护与基团的反应性转换是指在化合物分子中,为使其特定基团或位置发生预期反应,其他基团或位置进行暂时性保护或暂时性极性改变,待反应完成生成新化合物所采取的一种策略。

7.1 基团的保护和去保护

在有机合成中,不少反应物分子内往往存在不止一个可发生反应的基团,在这种情况下,不仅常使产物复杂化,而且有时还会导致所需反应的失败。例如,在作用物分子中含有氨基、羟基或羧基的酮与 Grignard 试剂反应制备醇,由于Grignard试剂一开始就被这些基团的活泼氢所分解,反应不能实现。这就要采用基团的保护策略,即将作用物分子中不希望作用的敏感基团转变为能经受所要发生反应的结构,待反应完成后,可在无损分子其余部分的温和条件下除去保护基,重新释放出原来的基团。这样保护基团可使分子的敏感部位免受破坏,是在反应缺乏位置选择时一种应变的有效方法。例如:

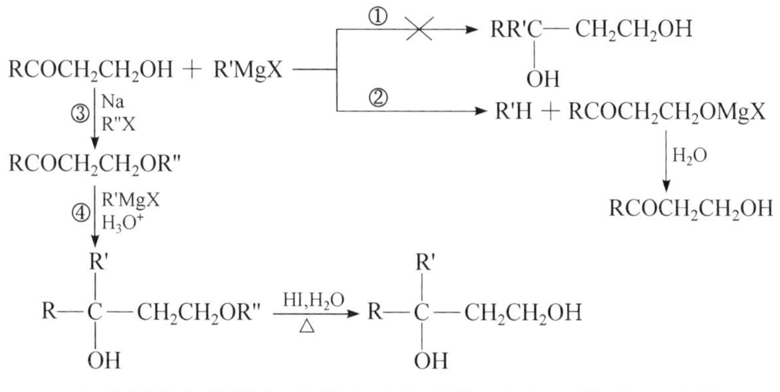

利用生成对 Grignard 试剂稳定的烷氧基的方法保护羟基后,预期的反应就可顺利进行。这里烷氧基就是羟基的保护基。保护基就是在反应中将作用物分子中不希望发生反应的敏感基团转变为能经受住所要发生反应的基团。

在选择保护基团时,需要考虑以下因素:①该基团应该是在温和条件下引入;②在化合物中其他基团发生转化所需要的条件下是稳定的;③在温和条件下易于除去。

基团的保护和去保护在现代有机合成特别是在复杂分子的合成中有不可替代的作用,对多官能团底物某一特定位置的保护以及某一特定位置的反应和去保护,从根本上讲仍然是化学或区域选择性反应。目前合成工作中,约有 40% 的工作量是从事保护和去保护的操作,现今合成学界仍不断努力寻找理想的保护基,包括改善上、下保护基团的条件和产率以及保护基团的稳定性和专一性。

以下介绍一些常见基团的保护和去保护方法。

7.1.1 羟基的保护

1. 醇羟基的保护

醇羟基易氧化,也易脱水,能分解 Grignard 试剂和其他金属有机化合物,还可以发生氧烃基化和酯化反应。因此,在合成某些化合物时,为阻止上述反应的发生,需要将醇羟基保护起来[1,2]。常用的保护基团如表 7-1 所示。

表 7-1 醇羟基的保护和去保护方法

保护基		试 剂	去保护
缩 写	结构式		
Ac	$\underset{CH_3}{\overset{O}{\parallel}}\!-C-OR$	Ac$_2$O/Py(DMAP) 4-(二甲基氨基)吡啶	CH$_3$ONa/CH$_3$OH K$_2$CO$_3$/CH$_3$OH NH$_3$/CH$_3$OH
Tceoc	Cl$_3$C$\diagup$O$\underset{O}{\overset{O}{\parallel}}$OR	TceocCl/Py	Zn-Cu/AcOH
Tbeoc	Br$_3$C$\diagup$O$\underset{O}{\overset{O}{\parallel}}$OR	TbeocBr/Py	Zn-Cu/AcOH
Bn	C$_6$H$_5$CH$_2$OR	PhCH$_2$Cl/KOH PhCH$_2$Cl/Ag$_2$O	H$_2$-Pd Na-NH$_3$
Me$_2$Bu^{t}Si	(结构式)	Me$_2$Bu^{t}SiCl	Bu$_4$N$^+$F$^-$ H$_2$O/AcOH
ThP	(结构式) = DHP	AcOH/H$_2$O 0.1 mol/L HCl
Me	CH$_3$OR	Me$_2$SO$_4$/NaOH Me$_2$SO$_4$/Ba(OH)$_2$	BBr$_3$ BCl$_3$

注:Tceoc 为三氯乙氧羰基;Tbeoc 为三溴乙氧羰基;Bn 为苄基;ThP 为四氢吡喃基;Py 为吡啶。

从表 7-1 可知,保护醇羟基可采用将其转化为醚、混合缩醛或缩酮以及酯类的方法。

1) 醚类衍生物

(1) 甲醚。

用生成甲醚的方法保护羟基是经典方法。该方法通常用硫酸二甲酯在 NaOH 或 Ba(OH)$_2$ 存在下,于 DMF 或 DMSO 溶剂中进行。简单的甲醚衍生物可用 BCl$_3$ 或 BBr$_3$ 处理脱去甲基。近年发现,用 BF$_3$/RSH 溶液与甲醚溶液一起放置数天,可脱去甲基。

$$ROH \xrightarrow[NaOH]{Me_2SO_4} ROMe \xrightarrow{BF_3/RSH} ROH$$

脱去甲基保护基也可以使用 Me$_3$SiI 等 Lewis 酸,根据软硬酸碱理论,氧原子与硼或硅原子(较硬的共轭酸)结合,而以溴离子、氟离子或碘离子(较软的共轭碱)将甲基(较软的共轭酸)除去。表示如下:

$$\underset{Me_3Si-I}{\overset{R\diagdown O \diagup CH_3}{}} \longrightarrow CH_3I + ROSiMe_3 \xrightarrow{H_2O} ROH + Me_3SiOH$$

该方法的优点是条件温和,保护基容易引入,且对酸、碱、氧化剂或还原剂都很稳定。这种方法一般用于单糖环状结构的经典测定。

（2）三甲基硅醚。

醇的三甲基硅醚对催化氢化、氧化、还原反应稳定，广泛用于保护糖、甾族类及其他醇的羟基。它的一个重要特点是可以在非常温和的条件下引入和脱去保护基，但因其对酸、碱都很敏感，只能在中性条件下使用，反应过程表示如下：

$$ROH + Me_3SiCl(Me_3SiNHSiMe_3) \longrightarrow ROSiMe_3 \xrightarrow[\triangle]{\text{醇}/H_2O} ROH$$

（3）苄醚。

苄基醚在碱性条件下通常是稳定的，就是对氧化剂（如过碘酸、四乙酸铅）、$LiAlH_4$ 和弱酸也是稳定的。在中性溶液中室温下它们能很快被催化氢解，常用钯催化氢解或者与金属钠在液氨（或醇）中脱保护。该方法广泛用于糖及核苷酸中醇羟基的保护[1]。例如：

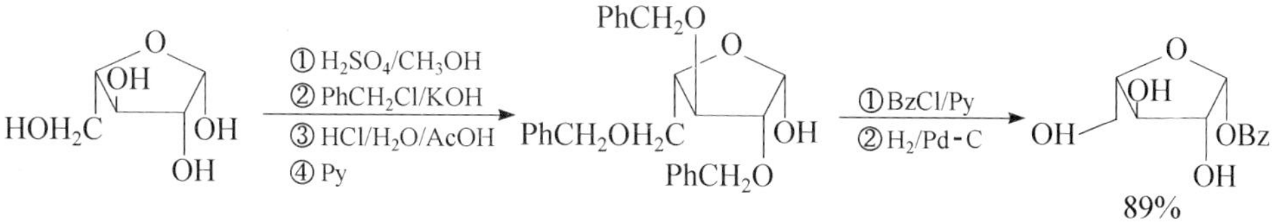

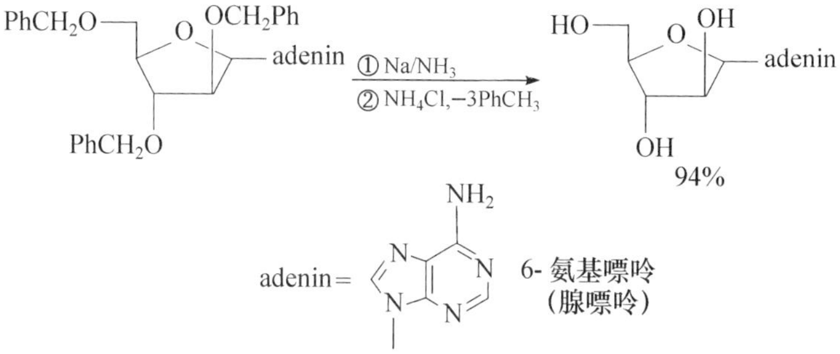

（4）三苯甲基醚。

三苯甲基醚在糖、核苷和甘油酯化学中广泛地用来保护一级羟基，它的最大优点是在多羟基化合物中选择性地保护伯醇羟基。通常将醇与近计算量的氯代三苯甲烷放在吡啶溶液中室温或高于室温反应来制备三苯甲基醚。一级醇三苯甲基化所需的时间在 100 ℃约为 1 h，而立体阻碍大的醇反应要慢些。例如，甲基-α-D-吡喃葡萄糖苷可以转化为它的 6-O-三苯甲基醚，产率很高，反应式如下：

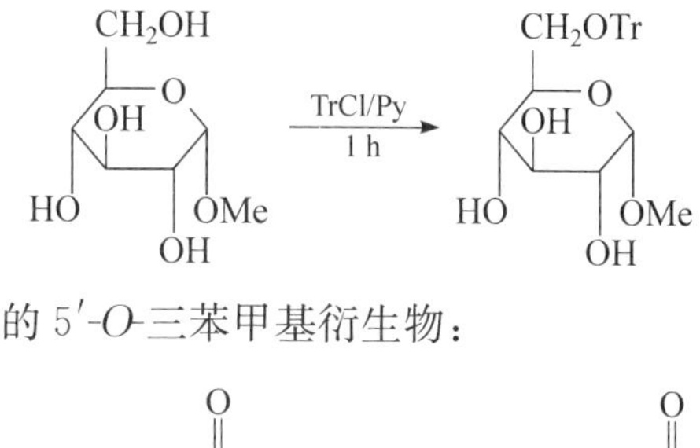

又如，尿核苷可以转化为它的 5′-O-三苯甲基衍生物：

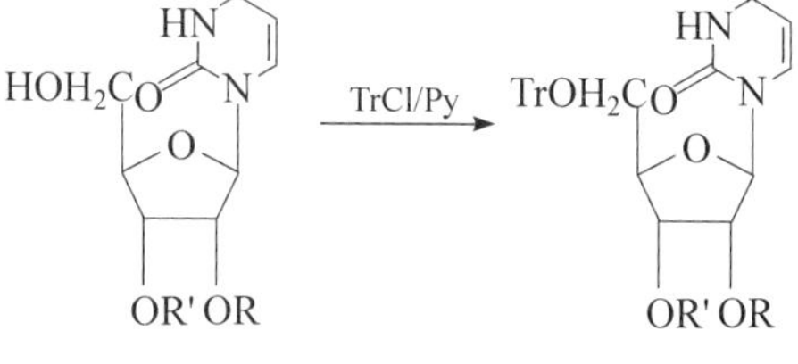

三苯甲基只在甾体化学中有些保护二级羟基的例子。

三苯甲基醚通常易成结晶,它们是疏水的,并且溶于许多非羟基的有机溶剂。三苯甲基醚对碱和其他亲核试剂稳定,但在酸性介质中不稳定。下列试剂常用于除去三苯甲基保护基:80%乙酸(在回流温度),$HCl/CHCl_3$ 和 HBr(计算量)/AcOH 在 0 ℃,将三苯甲醇吸收在硅胶柱子上,几小时即可脱醚。

2) 缩醛和缩酮衍生物

(1) 四氢吡喃醚[3~6]

3,4-二氢-2H-吡喃能对醇类发生酸催化加成,生成四氢吡喃醚。从化学结构来看,四氢吡喃醚是一种缩醛型混合醚,因此对碱、Grignard 试剂、烷基锂、氢化铝锂、烃化剂和酰化剂均稳定,广泛地用于炔醇类、甾体类、核苷酸以及糖、甘油酯、环多醇和肽类,是一种有效的羟基保护试剂。缺点是不能用于在酸性介质中进行的反应。此外,若用于旋光性醇,由于引入一个新的手性中心,将生成非对映异构体的混合物,分离困难,造成产率降低。然而它在室温条件下即能进行催化水解。例如:

$$HC \equiv CCH_2OH \xrightarrow{\text{O/H}^+} \quad \xrightarrow{\text{CH}_2\text{C} \equiv \text{CH}} \xrightarrow[\text{THF}]{C_2H_5MgBr}$$

$$\xrightarrow{\text{CH}_2\text{C} \equiv \text{CMgBr}} \xrightarrow[\text{②H}_3\text{O}^+]{\text{①CO}_2} HOCH_2C \equiv CCOOH$$

该法已用于粮仓昆虫信息素的全合成:

$$ThPO(CH_2)_8 \quad COOBu\text{-}t \xrightarrow[\text{②H}_2\text{O}]{\text{①Me}_3\text{SiCl/NaI}} HO(CH_2)_8 \quad COOH$$

在非质子溶剂中,Me_3SiCl/NaI 可使伯、仲醇的 ThP 醚转变为三甲基硅醚,在该反应条件下,叔丁酯也被同样水解。

Namboodiri 等研究报道醇和酚在 $AlCl_3 \cdot 6H_2O$ 催化下,无溶剂四氢吡喃化以及它们被 $AlCl_3 \cdot 6H_2O$ 催化恢复获得了令人满意的结果[7]。

$$ROH + \quad \xrightarrow[\text{30 ℃}]{AlCl_3 \cdot 6H_2O} RO \quad \xrightarrow[\text{CH}_3\text{OH}]{AlCl_3 \cdot 6H_2O} ROH + \quad$$

(2) 缩醛和缩酮。

在多羟基化合物中,同时保护两个羟基通常使用羰基化合物丙酮或苯甲醛与醇羟基作用,生成环状的缩醛(酮)来实现。例如,丙酮在酸催化下可与顺式 1,2-二醇反应生成环状的缩酮;而苯甲醛在酸性催化剂(如 HCl、H_2SO_4、p-$CH_3C_6H_4SO_3H$、无水 $ZnCl_2$ 等)存在下可与 1,3-二醇反应生成环状的缩醛:

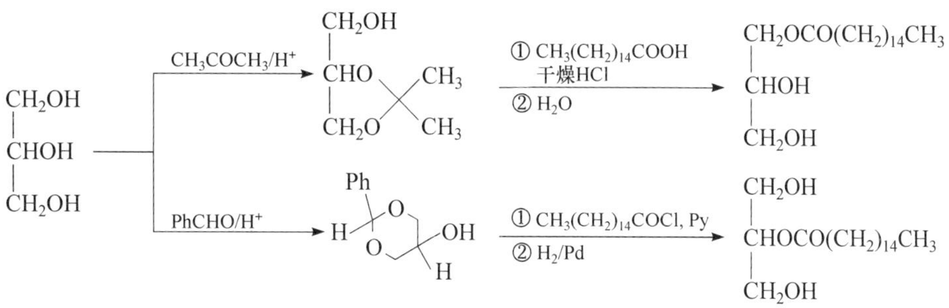

环状缩醛(酮)在绝大多数中性及碱性介质中都是稳定的,对铬酸酐/吡啶、过碘酸、碱性高锰酸钾等氧化剂,氢化铝锂、硼氢化钠等还原剂,以及催化氢化也都是稳定的。因此,环状缩醛(酮)是非常有用的保护基,广泛用于甾类、甘油酯和糖类、核苷等分子中 1,2- 及 1,3-二羟基的保护。由于环状缩醛(酮)对酸性水解极为敏感,故用作脱保护基的方法。

3) 羧酸酯类衍生物

(1) 乙酸酯。

由于乙酸酯对 CrO$_3$/Py 氧化剂很稳定,故广泛用于甾类、糖、核苷及其他类型化合物醇羟基的保护。其乙酰化反应通常使用乙酸酐在吡啶溶液中进行,也可用乙酸酐在无水乙酸钠中进行。对于多羟基化合物的选择性酰化只有在一个或几个羟基比其他羟基的空间位阻小时才有可能。用乙酸酐/吡啶于室温下反应,可选择性地酰化多羟基化合物中的伯、仲羟基而不酰化叔羟基。采用氨解反应或甲醇分解反应能去保护基。例如:

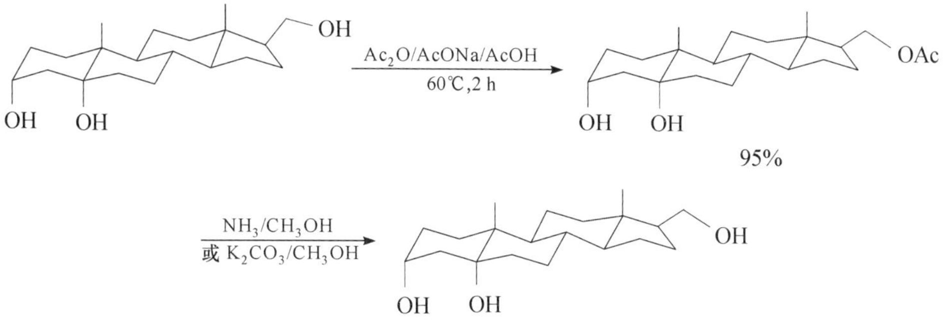

(2) 三氯乙基氯甲酸酯。

2,2,2-三氯乙基氯甲酸酯与醇作用,可生成 2,2,2-三氯乙氧羰基或 2,2,2-三溴乙氧羰基保护基,该保护基可在 20 ℃被 Zn-Cu/AcOH 顺利地还原分解,然而它对于酸和 CrO$_3$ 是稳定的。这种保护法在类脂、核苷酸的合成中得到广泛应用。例如:

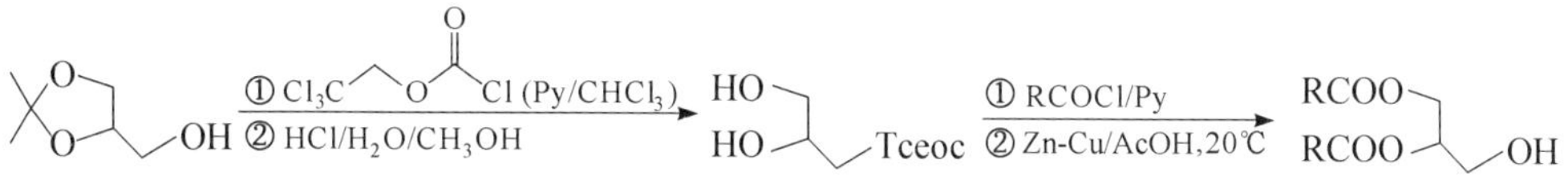

关于其他羧酸酯类保护基此处不予介绍。

2. 酚羟基的保护

酚羟基和醇羟基有许多类似的性质,因此应用于二者的保护基也类似。酚的保护基也可分为醚、酯及缩醛三类,现将常用的酚羟基保护基及其去保护方法列于表 7-2。

表 7-2　酚羟基的保护与去保护

酚羟基保护基	去保护基的条件
—OCH₃	浓 H₂SO₄,室温;浓 HCl,封管加热;HCl(HBr)乙酸水溶液,回流;HI,回流;浓 HNO₃,CrO₃,Ce₂(SO₄)₃,H₂SO₄;AlBr₃,BCl₃,BBr₃,POCl₃/ZnCl₂;CH₃MgI,MgI₂,LiI/2,4,6-三甲基吡啶,回流;NaOMe/MeOH-DMSO,NaOH
—OCH(CH₃)₂	HBr,回流
—OC(CH₃)₃	HCl-CH₃OH,60 ℃;CF₃COOH,室温
—OCH₂Ph	H₂/Pd-C,HCl/AcOH,Na-C₄H₉OH
—OCH₂OCH₃	H₂SO₄/AcOH
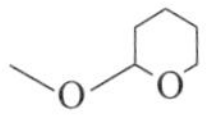 （四氢吡喃基结构式）	与酸的水溶液回流
—OCH₂COPh	Zn-AcOH,室温
—OSi(CH₃)₃	H₂O;含水甲醇,回流
—OCOCH₃	碱的水溶液或碱的含水醇溶液,HCl,氨水或氨水的醇溶液
—OCOPh	碱的水溶液或碱的含水醇溶液,HCl
—OCO₂CH₃	碱的水溶液或碱的含水醇溶液
—OCO₂CH₂CH₃	碱的水溶液或碱的含水醇溶液
—OCO₂CH₂CCl₃	Zn-MeOH,回流;Zn-AcOH,搅拌 1～3 h
—SO₂Ar	碱的水溶液或碱的醇溶液

例如:

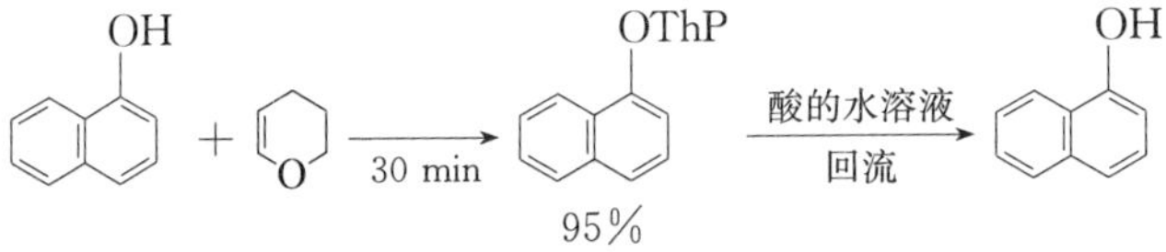

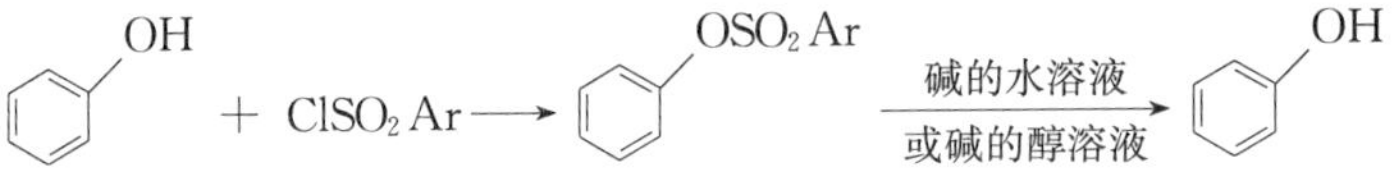

7.1.2　羰基的保护

羰基具有多种反应性能,能与多种亲核试剂发生亲核加成等反应,因而在有机合成中占有极其重要的位置。由于羰基活泼,所以在许多反应中需要对羰基进行保护。这里除介绍一些传统的保护与去保护方法外[2],还介绍一些新方法[8]。

1. 缩醛(酮)类保护基团

将羰基转化为缩醛(酮)是最经典的保护羰基的方法,虽然理论上来说这类化合物可以有许多种,但在实际应用中最常见的主要是甲醇或乙二醇所形成的缩醛(酮)。

Porta 等使用催化量的 TiCl₄ 在 MeOH 溶液中将醛(酮)、1,3-二酮转化为相应的缩合物[9]。当底物分子中含有不同类型的羰基时,醛羰基比酮羰基优先反应,非共轭的酮羰基比

α,β-共轭的酮羰基优先反应。Kaneda 小组[10]发现 Ti^{4+}-蒙脱土(Ti^{4+}-mont)作为非均相催化剂,可以高效地将羰基化合物转化为相应的乙二醇缩醛(酮),具有反应时间短、产率高(90%左右)、后处理简单(滤去催化剂即可)等优点。例如:

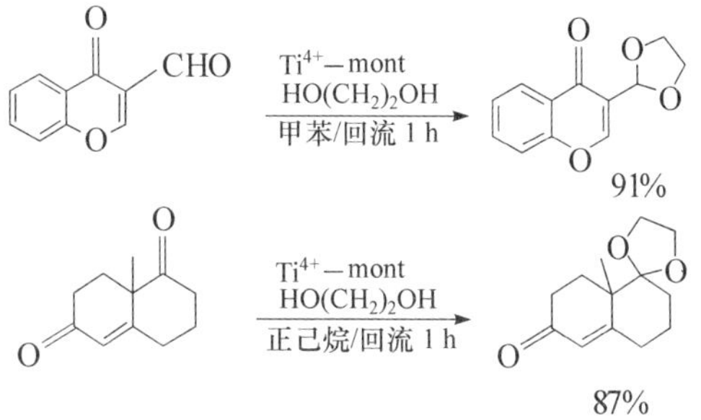

91%

87%

Yoon 等[11]发现癸硼烷(decaborane,$B_{10}H_{14}$)在原甲酸三甲(乙)酯存在下,在甲(乙)醇中能有效地催化羰基化合物的缩醛(酮)化反应。除二苯酮外,其他底物反应的产率都在 90%以上,室温下大多数反应几分钟就可以完成。苯环上带有硝基、羟基等不受影响。缩醛(酮)化合物在 THF-H_2O 体系中可以顺利去保护,反应式如下:

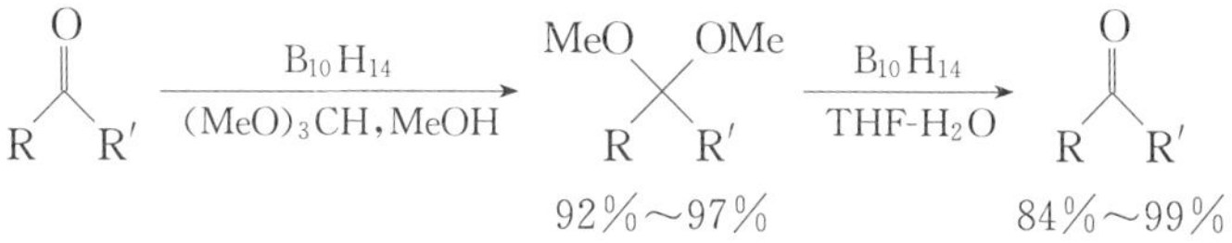

92%～97%   84%～99%

Yuang 等用 0.1%(摩尔分数)$RuCl_3 \cdot H_2O$ 催化,在室温下可以将醛顺利转化为甲醇、乙醇、丙醇、丁醇、乙二醇、丙三醇等的缩醛,而酮在相应的条件下则不反应[12],反应式如下:

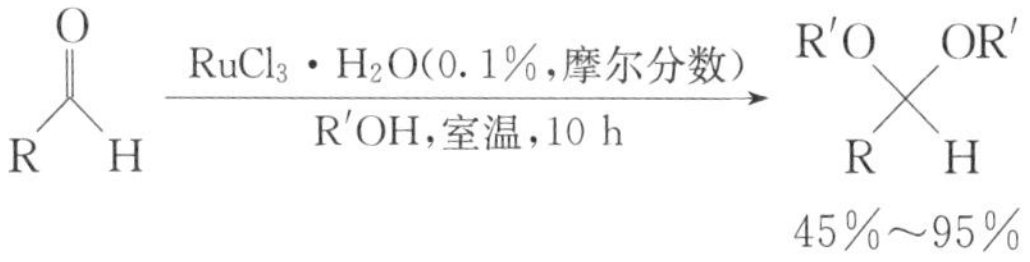

45%～95%

Ranu 等[13]采用 $InCl_3$ 作催化剂,于环己烷溶液中在回流条件下与甲醇或乙(丙)二醇反应,高产率地得到缩醛(酮),反应式如下:

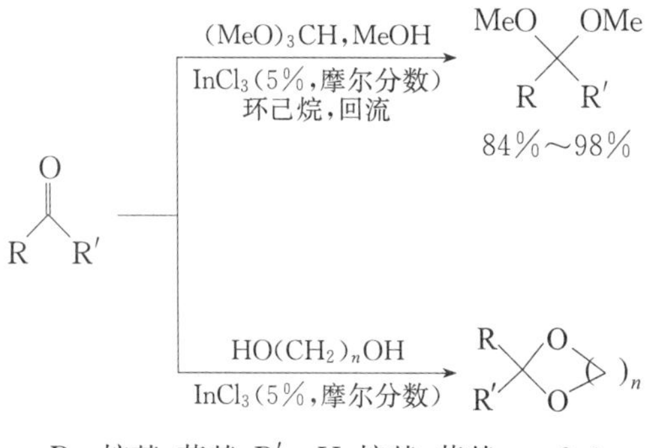

84%～98%

84%～95%

R=烷基,芳基;R'=H,烷基,芳基;n=2,3

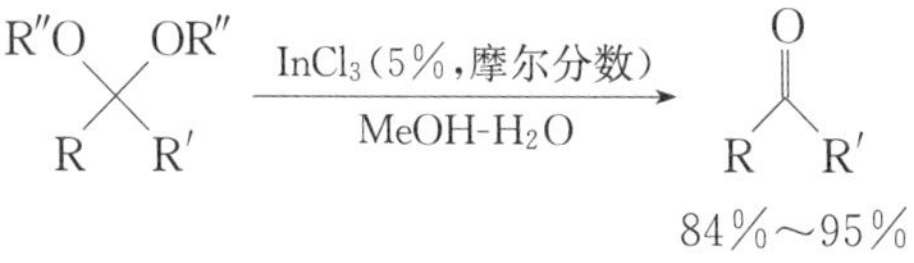

Banik 等[14]用 5%(摩尔分数)的碘在乙二醇中反应,脂肪族的醛(酮)都能很好地形成相应的缩醛(酮)。芳香族的醛(酮)活性稍差,但形成的缩醛(酮)的产率较高,反应式如下:

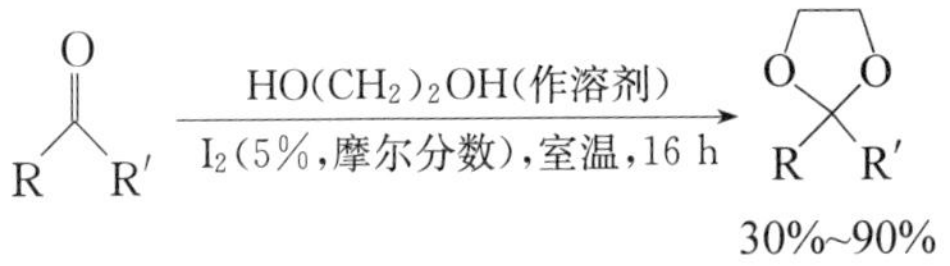

30%~90%

胡跃飞等[15]用 10%(摩尔分数)的单质碘在丙酮溶液中高效地实现了缩醛(酮)的水解,反应式如下:

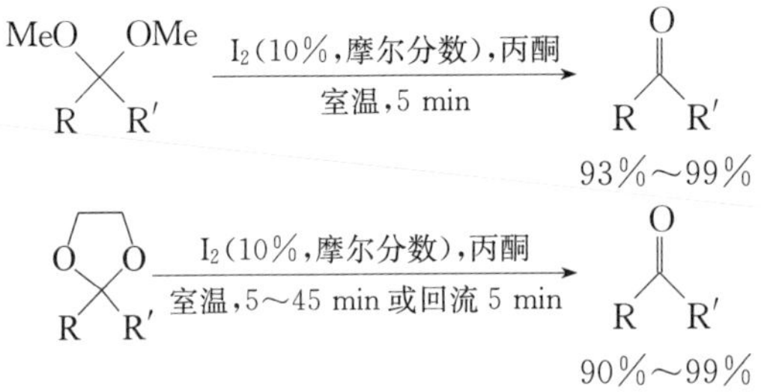

93%~99%

90%~99%

乙二醇和醛、酮在环己烷中用催化量的 $FeCl_3 \cdot 6H_2O$ 催化可得到满意的结果[9],反应式如下:

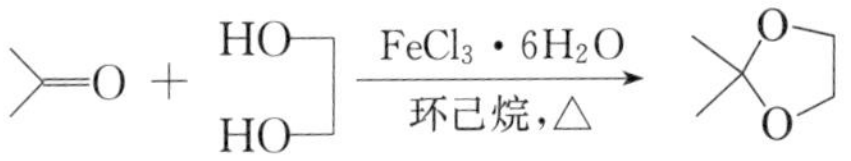

下列条件下也能达到去保护的目的[16]:

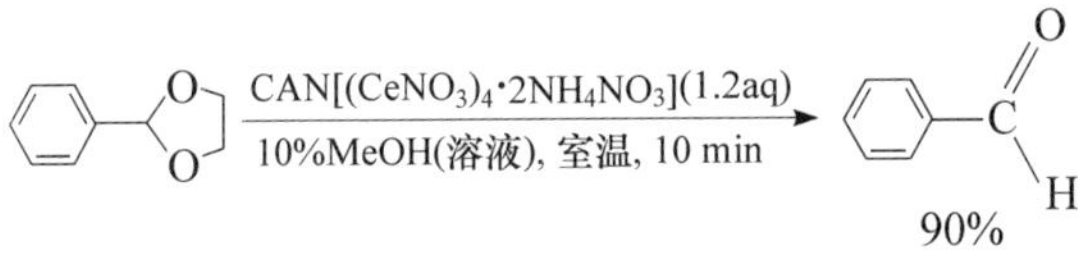

90%

羰基化合物的结构差异造成生成环状缩醛(酮)的难易程度按下列顺序递减:醛>非环酮及环己酮>环戊酮>α,β-不饱和酮>α-单取代及二取代酮>芳香酮。酸性条件下,去保护的难易与形成的难易是一致的。但位阻很高的酮很难形成缩酮,一旦形成缩酮,就需要在强烈条件(用无机酸煮沸)下才能去保护。因此,通过控制反应条件可以选择性地保护多羰基化合物中位阻小的羰基;同样,通过控制 pH 也可选择性地水解多缩醛(酮)中位阻小的羰基。例如:

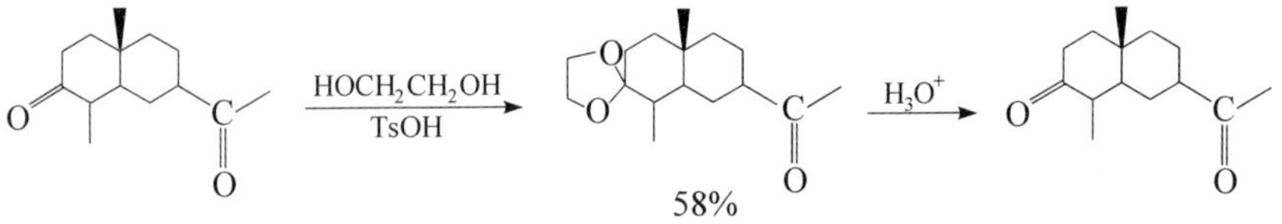

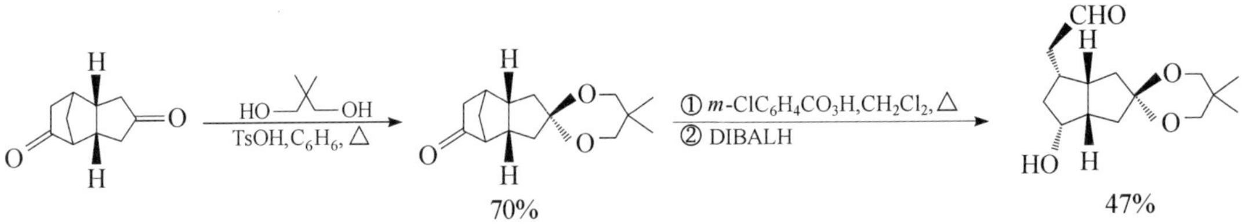

58%

70%   47%

2. 烯醇醚和烯胺衍生物

1) 烯醇醚和硫代烯醚

在天然产物的合成中,烯醇醚和硫代烯醚是保护羰基的常用方法。一般是将 α,β-不饱和酮与原甲酸酯[$CH(OMe)_3$]或[$CH(OEt)_3$]或 2,2-二甲氧基丙烷在酸催化下,以相应的醇或二氧六环为溶剂进行反应,从而使其转化为稳定的烯醇醚。同理,若用活泼的硫醇,则可得到相应的烯醇硫醚。饱和酮在此条件下难以反应,故利用这一差异可选择性地保护 α,β-不饱和酮[10]。例如:

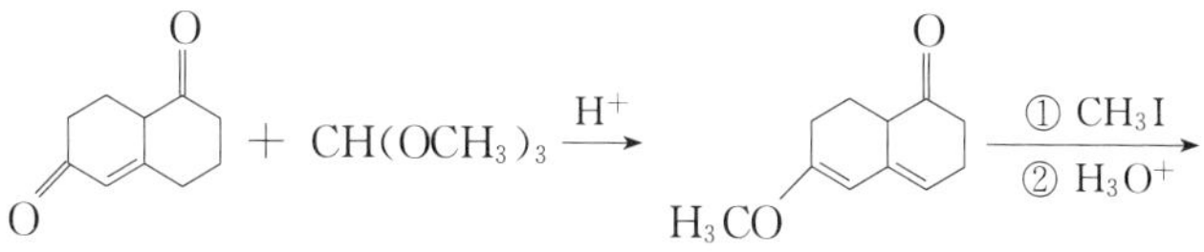

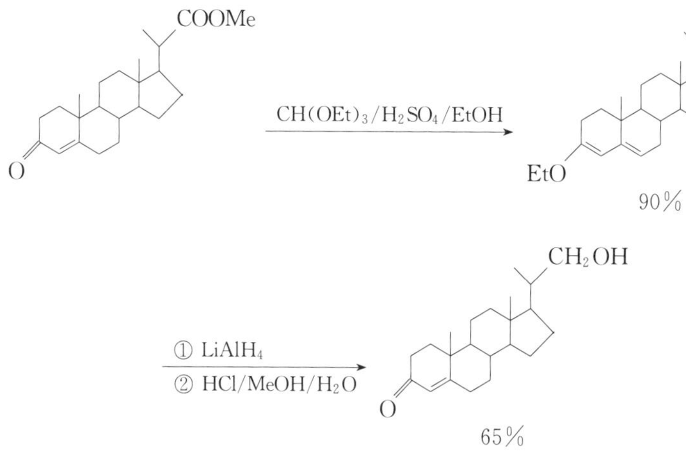

2) 烯胺

烯胺在合成上应用很多,但作为酮的保护基仅限于甾体类化合物。羰基化合物与环状仲胺在苯中加热回流,蒸出生成的水和苯形成的恒沸物,即可得到相应的烯胺。烯胺对 $LiAlH_4$、Grignard 试剂及其他金属有机试剂稳定。待反应完成后,用稀酸处理可脱去保护。例如:

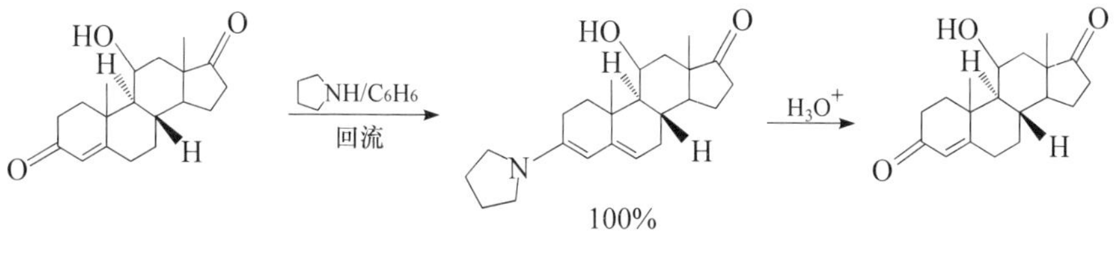

3. 硫缩醛(酮)类保护基团

将羰基转化为硫缩醛(酮)也是一种经典的保护羰基的方法,其中最常见的是羰基与甲(乙)硫醇或乙(丙)二硫醇所形成的硫缩醛(酮)。与缩醛(酮)类保护基团相比,硫缩醛(酮)类保护基的主要优点是较易形成,而且可以通过氧化等非酸性、比较温和的条件下除去。

用硅胶负载的硫酸氢钠($NaHSO_4 \cdot SiO_2$)作为催化剂,在非均相体系中进行羰基硫缩醛(酮)化反应,具有成本低、反应快、污染小等优点[17],反应式如下:

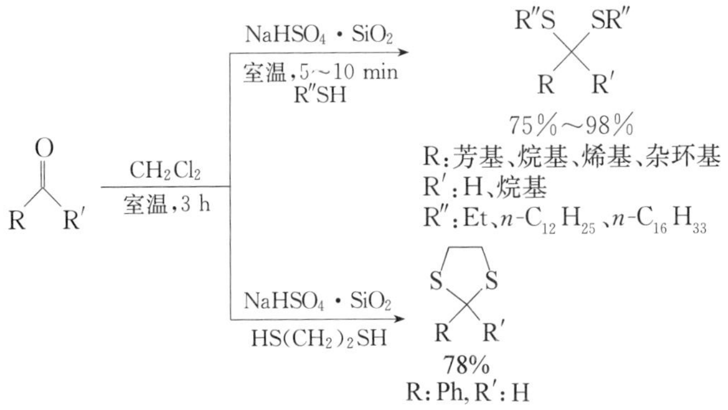

用 $NiCl_2 \cdot 6H_2O$ 作催化剂能有效地催化醛的硫缩醛化反应（CH_2Cl_2-MeOH/室温，$0.75 \sim 40$ h，产率 $75\% \sim 96\%$）。当醛（酮）羰基共存时，反应优先发生在醛羰基上[18]。例如：

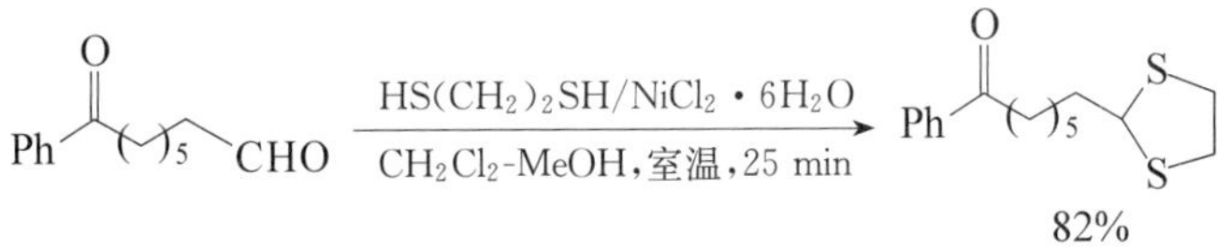

Kamal 等[19] 报道 $FeCl_3 \cdot 6H_2O$ 试剂能在 15 min 之内高效地脱去乙硫醇或丙二硫醇的硫缩醛（酮），并且用 $FeCl_3 \cdot 6H_2O$ 的酸性实现"一锅煮"亚胺关环。例如：

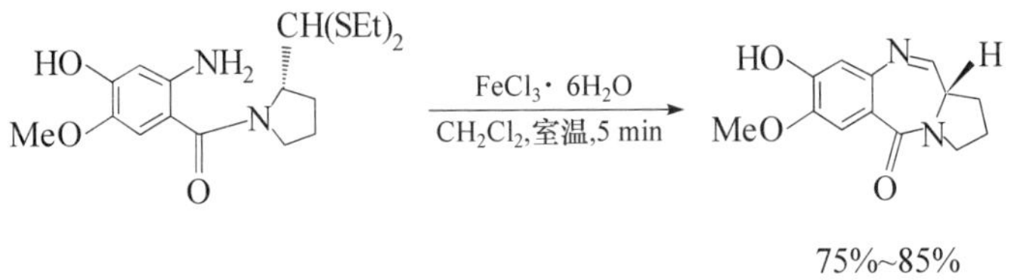

Yadav 等[20] 发现醛羰基上的乙二硫醇保护基可以用 $CeCl_3 \cdot 7H_2O$-NaI 在乙腈溶液中回流数小时顺利脱去而得到相应的醛。该方法的特点是在中性条件下反应，烯丙基、炔丙基、苯乙烯基等基团均不受影响，反应式如下：

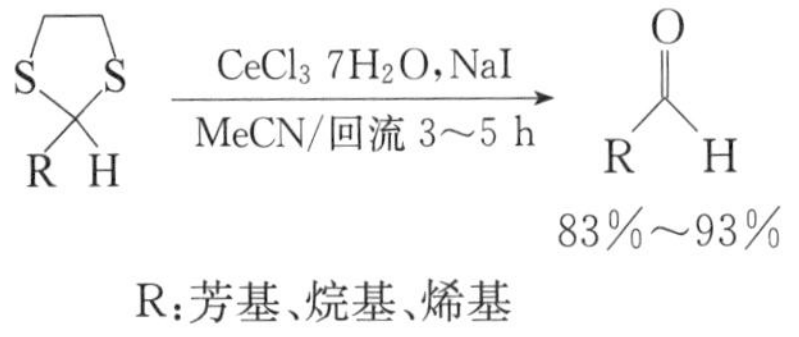

丙二腈与羰基缩合生成二氰乙烯基衍生物是目前唯一的对酸稳定、对碱敏感的羰基保护基。该保护基提供了对碱敏感的羰基化合物的保护方法，利用这一特性可以解除保护基重新释放出羰基。例如：

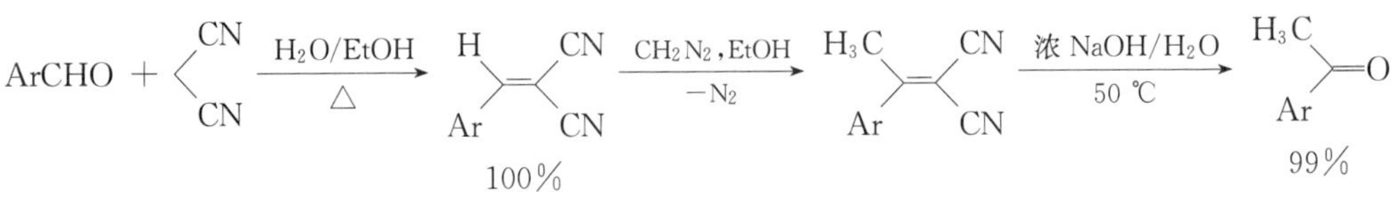

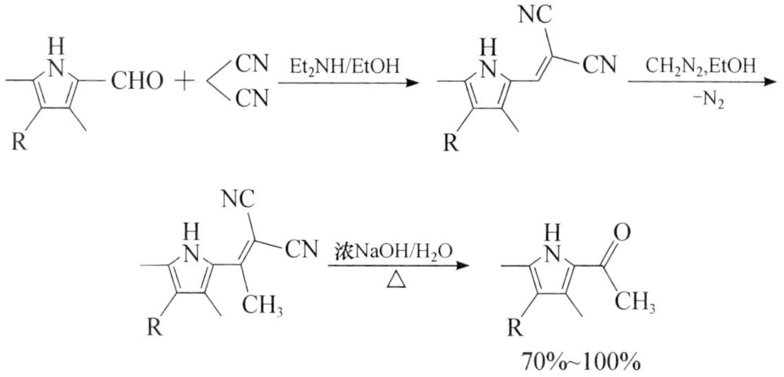

$$R: COOEt、CH_2CH_2COOH、Et$$

7.1.3　氨基的保护

伯胺和仲胺很容易被氧化,也容易发生烷基化、酰化及与醛酮羰基的亲核加成反应。因此,在合成中经常需要将氨基保护起来[1]。由于多肽合成的需要,开发了许多种类的氨基保护基。现将常用的氨基保护基列于表 7-3。

表 7-3　氨基的保护与去保护

保护基		试　剂	去保护
缩　写	结构式		
Tfac	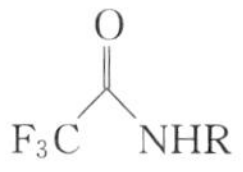	$(F_3CCO)_2O,Py$	$Ba(OH)_2,NaHCO_3$ $NH_3/H_2O,HCl/H_2O$ $NaBH_4/MeOH$
Boc(t-Box)	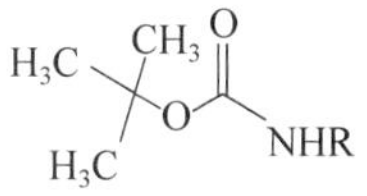	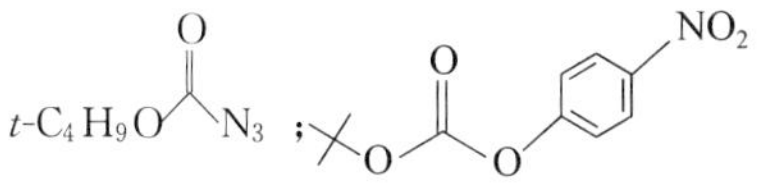	$TFA/CHCl_3,HF/H_2O$
Tceoc	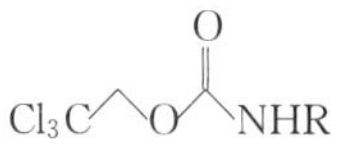	TceocCl	Zn/AcOH 阴极电解还原
Cbz("Z")	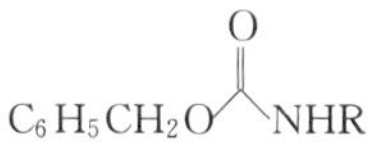	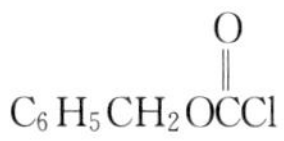	HBr/AcOH H_2/Pd
Phth	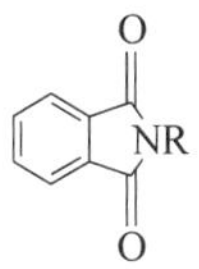	PhthNCOOEt	HBr/AcOH N_2H_4/H_2O

氨基通过酰化转变为酰胺是保护氨基的一种常用方法。一般伯氨基的单酰化保护已能够防止氧化及烃化等反应。例如:

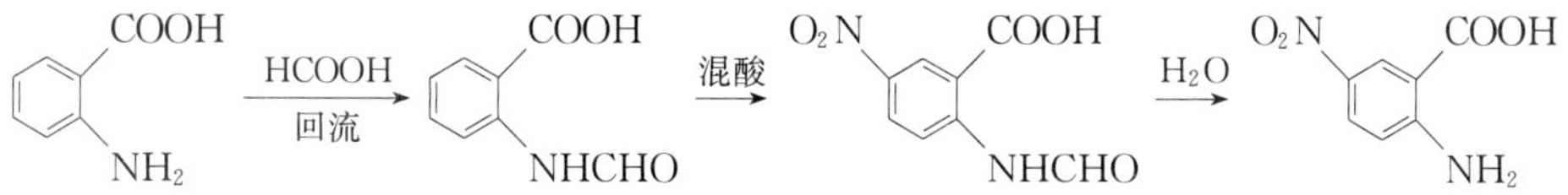

这种方法可以使—NH₂免受氧化,降低氨基活性,有利于对位异构体生成。常用的简单酰基及其稳定性次序为苯甲酰基>乙酰基>甲酰基。

然而,在多肽合成中,一般不用甲酰基和乙酰基,而用结构较为复杂的三氟乙酰基(Tfac)、叔丁氧羰基(t-Box、Boc)、三氯乙氧羰基(Tceoc)、苄氧羰基 Cbz("Z")以及邻苯二甲酰基

(Phth)作氨基的保护基团。因为简单的酰基稳定性较差,难以对氨基提供完全保护,另外,在酸性或碱性条件下脱去甲酰基和乙酰基可能对多肽键中的酰胺键产生不利的影响。

表 7-3 所列的氨基保护基其主要特点是能在温和条件下脱去保护基。例如,三氟乙酰基与氨基形成的酰胺,由于三个氟原子强吸电子效应的影响,羰基的亲电性显著提高,在弱碱条件下即可脱去保护基,胸腺嘧啶核苷的合成便是一例:

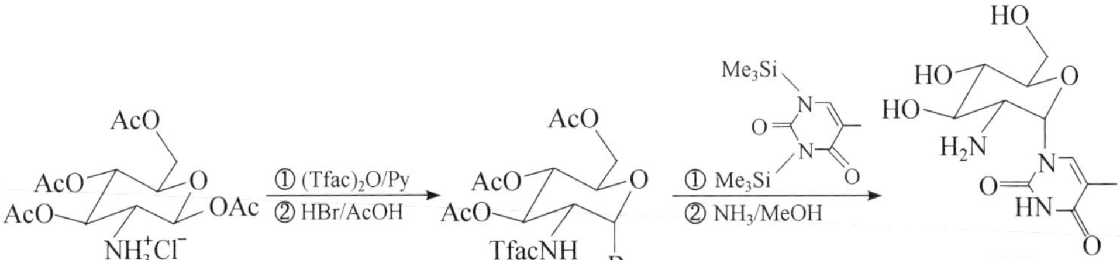

叔丁氧羰基保护基可由叠氮酸叔丁酯或混合碳酸酯(如叔丁基对硝基苯基碳酸酯)与胺反应来制备。该保护基对氢解、金属钠/液氨、碱分解、肼解等条件稳定;而在中等强度的酸(HBr/AcOH、F_3CCOOH 等)中即可脱去保护,因而广泛用于多肽合成。类似的还有三卤乙氧羰基(Tbeoc、Tceoc)和苄氧羰基。例如:

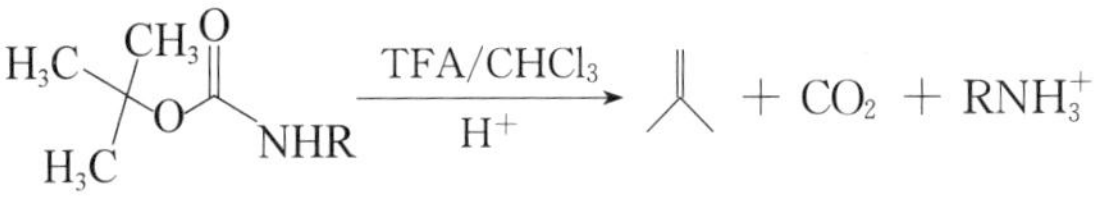

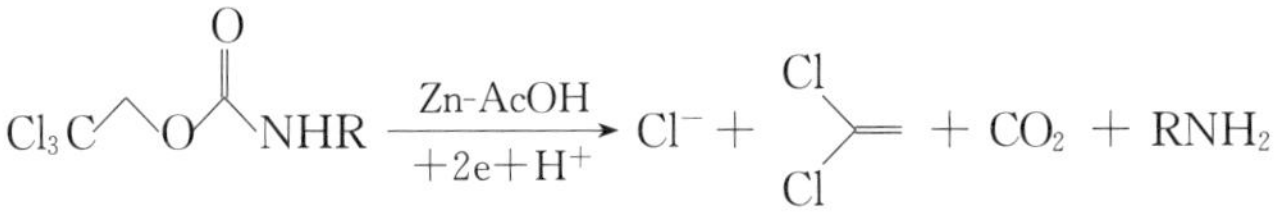

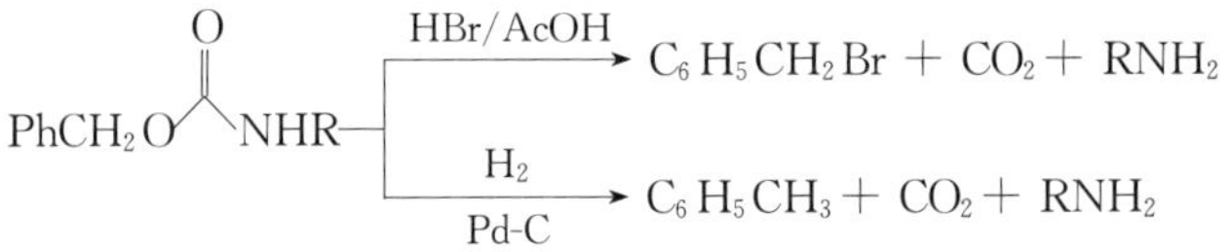

如果使用叠氮甲酸叔丁酯则必须严格控制 pH,因为曾经报道过制备叠氮甲酸叔丁酯时发生猛烈爆炸。基于此,有人又找到了容易制备的水溶性叔丁氧羰基新试剂(**1**),(**1**)与氨基酸或肽盐迅速反应,生成高产率的叔丁氧羰基保护基的产物[16],反应式如下:

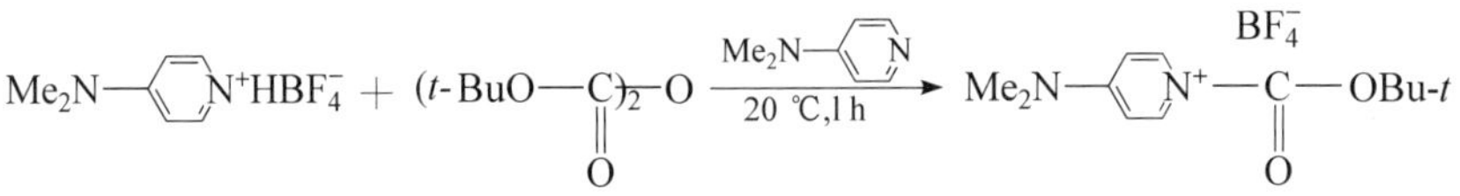

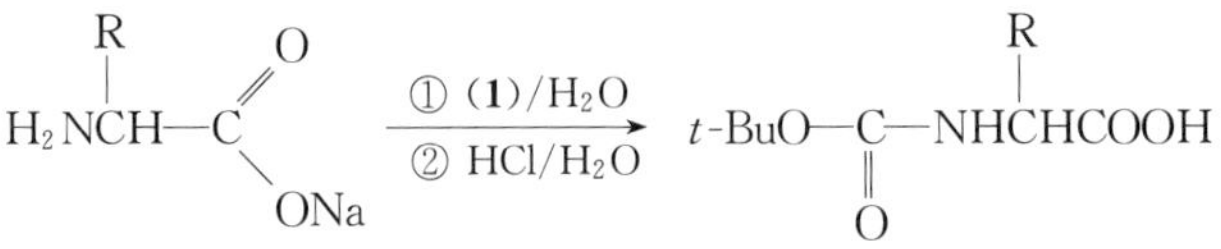

胺与乙氧羰基邻苯二甲酰亚胺反应可以制备胺的邻苯二甲酰类衍生物。这类保护基对酸、碱性还原、催化氢化都很稳定,但容易被亲核试剂脱去保护基,最常用的脱保护试剂是肼:

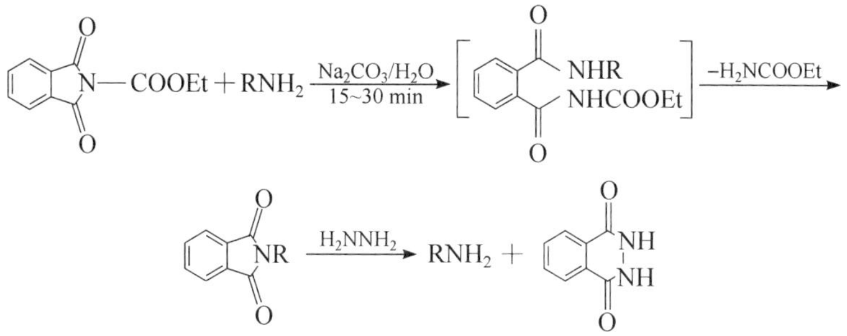

对于仲胺也可以通过类似方法达到保护和去保护的目的。氯甲酸苄酯与仲胺发生 *N*-取代酰化反应，起保护作用，反应式如下：

$$C_6H_5CH_2OCOCl + R_2NH \longrightarrow C_6H_5CH_2OCONR_2$$

利用苄基的 C—O 键易氢解，然后脱保护，反应式如下：

$$C_6H_5CH_2OCONR_2 \xrightarrow{H_2/Pd} C_6H_5CH_3 + \left[HO\overset{O}{\overset{\|}{C}}NR_2 \right] \longrightarrow CO_2 + HNR_2$$

Wang 等[21]报道了各种胺（芳香胺、脂肪胺、杂环胺）和苯甲酰氯在无溶剂条件下微波促进选择性保护氨基的方法。与传统方法相比，该方法具有操作简单、反应时间短、产率高、选择性好等优点。

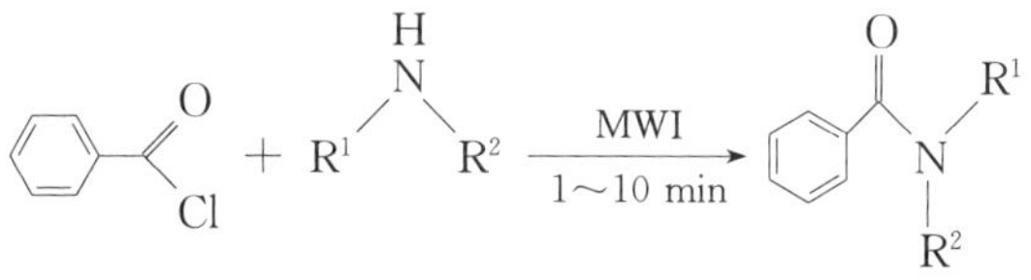

58%～95%

R^1：H、Ph、Bu 等；

R^2：4-ClC_6H_4、4-$O_2NC_6H_4$、Ph、PhCO、2-吡啶基、4-吡啶基、2-嘧啶基、6-嘌呤基、正丁基、1,3-2-噻唑基、C_7H_{15}等

7.1.4　羧基的保护

羧基的保护和去保护所用的反应与羟基、氨基保护中使用的反应类似。羧基被保护后生成的最重要的衍生物是叔丁基、苄基、甲基和三甲硅基酯，它们可分别被三氟乙酸、氢解和强酸、强碱或三甲基碘硅烷作用脱去保护。例如：

$$R—COOH \xrightarrow{MeOH,H^+} R—COOMe \xrightarrow[\text{或 } Me_3SiI]{OH^-,H_2O} R—COOH$$

$$R—COOH \xrightarrow{t\text{-}BuOH,H^+} R—COOBu\text{-}t \xrightarrow{H^+,H_2O} R—COOH$$

$$R—COOH \xrightarrow{PhCH_2OH,H^+} R—COOCH_2Ph \xrightarrow[Pd\text{-}C]{H_2} R—COOH$$

$$R—COOH \xrightarrow{Me_3SiCl} R—COOSiMe_3 \xrightarrow[H_2O]{Na_2CO_3} R—COOH$$

为了使羧基免受金属有机试剂的进攻和防止酯保护基中羰基的 α-烯醇化作用，利用 2,6,7-三氧杂二环[2.2.2]辛原酸酯的形成来保护羧基是可取的，反应式如下：

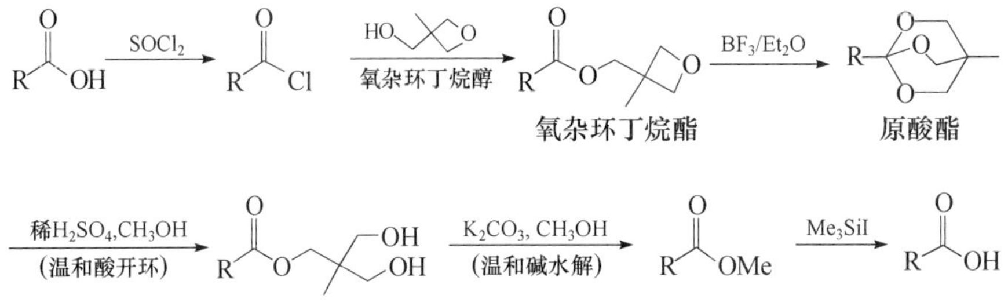

7.1.5 碳-氢键的保护

1. 乙炔衍生物活泼氢(—C≡C—H)的保护

末端炔烃(RC≡C—H)的炔氢可与活泼金属、强碱、强氧化剂以及金属有机化合物反应，故在某些合成中需要对其进行保护[1]。

三烷基硅烷基(如 Me_3Si—、Et_3Si—)是常用的炔氢保护基。炔烃转变为Grignard试剂后再与三甲基氯硅烷作用，能够引入三烷基硅烷基进行保护。该保护基对金属有机试剂、氧化剂稳定，用硝酸银可以除去保护基。例如：

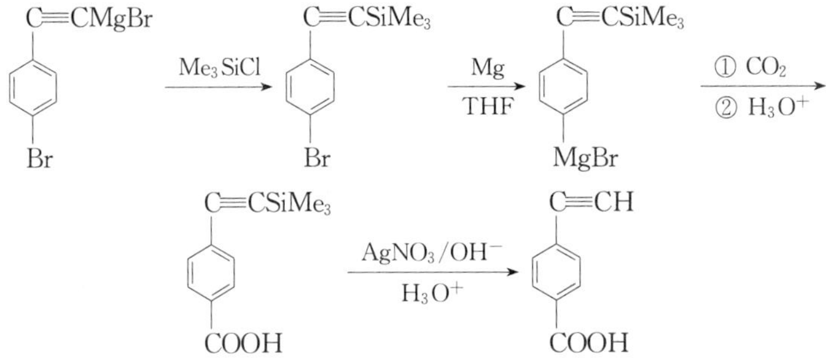

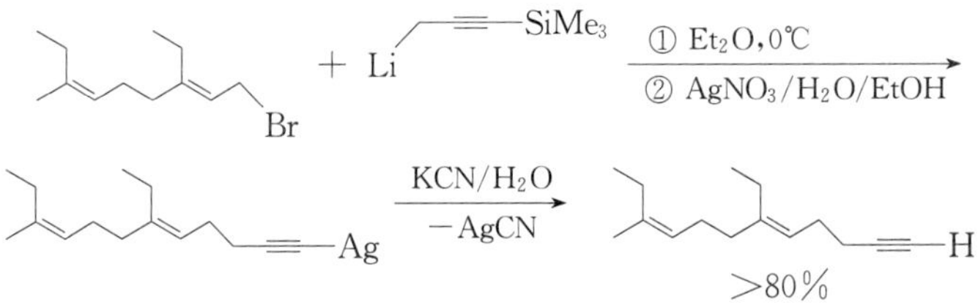

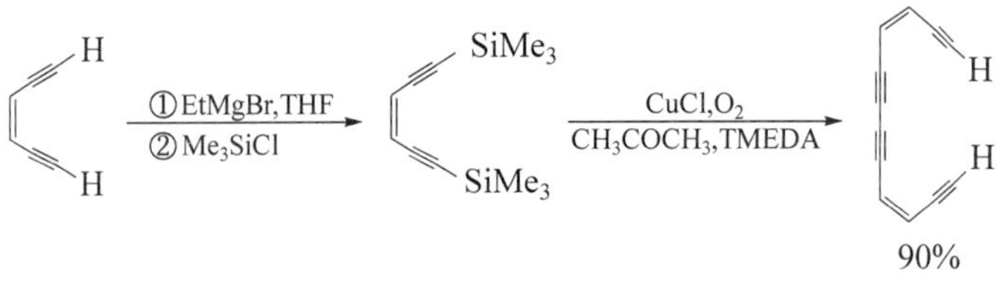

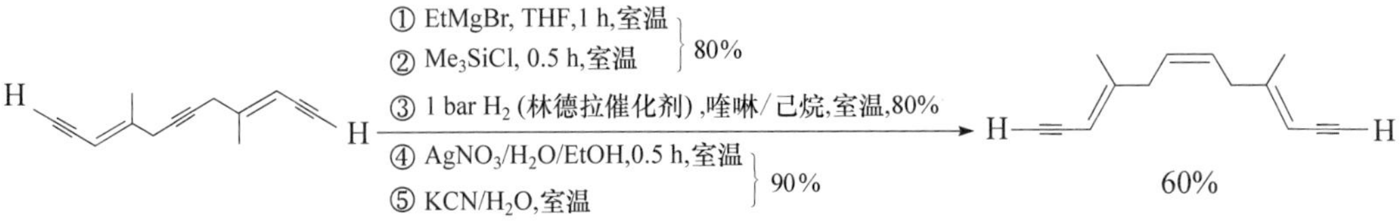

2. 芳烃中 C—H 键的保护

简单芳香族化合物的合成通常用亲电取代反应来完成,新引入基团将进入芳环上电子密度最高的位置。若想得到不同位置的取代物,必须首先将最活泼的位置保护起来,然后进行所希望的取代反应,最后脱去保护基[1]。常用的保护基有间位定位基(如—COOH、—NO$_2$、—SO$_3$H)及邻、对位定位基(如—NH$_2$、—X 等)。

1) 间位定位基

羧基、硝基、磺酸基为强吸电子基团,只有当芳环上有强供电子基团(如氨基、甲氧基、羟基等)时方可使用。例如:

以羧基为保护基:

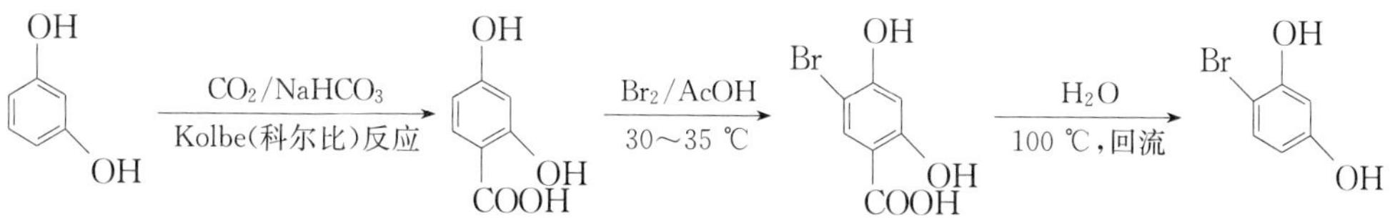

以磺酸基为保护基:

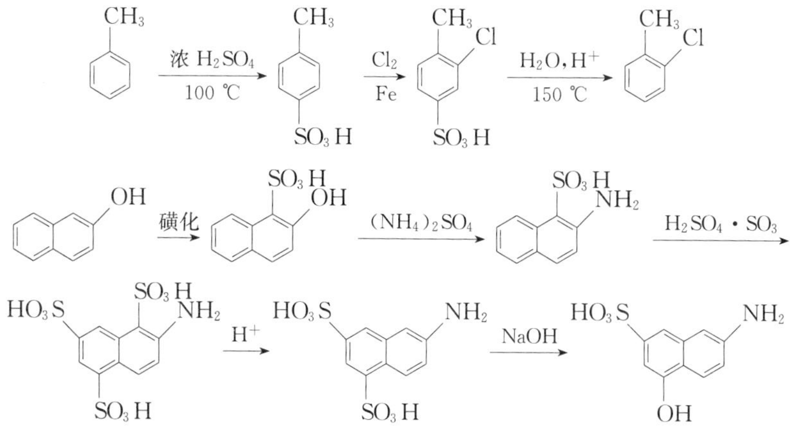

以硝基为保护基:

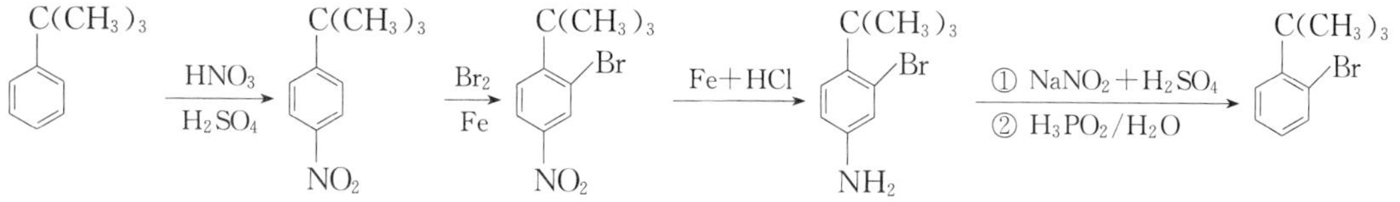

2) 邻、对位定位基

以叔丁基为保护基:

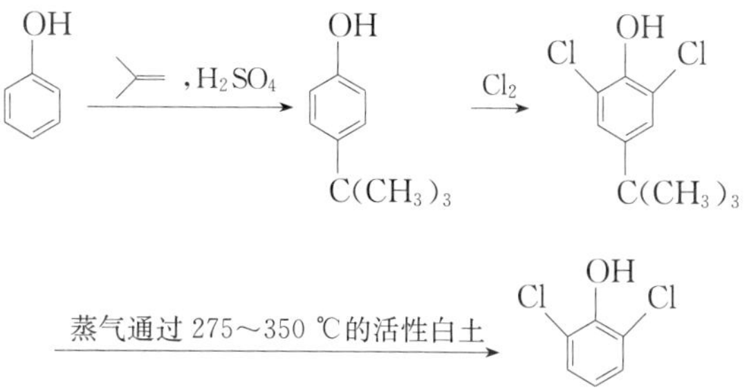

以卤素为保护基:该保护基广泛用于指定位置的关环。它可以保护羟基(或甲氧基)的对位,引导关环发生在羟基的邻位。例如,原小檗碱类生物碱的合成:

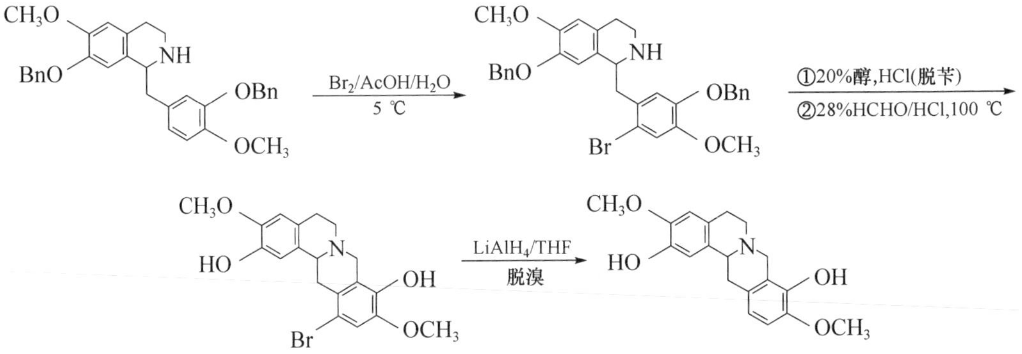

3. 脂肪族化合物 C—H 键的保护

脂肪族化合物 C—H 键的保护一般是指保护特定位置的 C—H 键[1]。例如,有一个 α-取代基的不对称酮,若想使其在有取代基的 α-碳上进行烃化反应,就必须将另一个 α-位活泼亚甲基保护起来,待指定部位的烃化反应完成后再将保护基脱除,反应式如下:

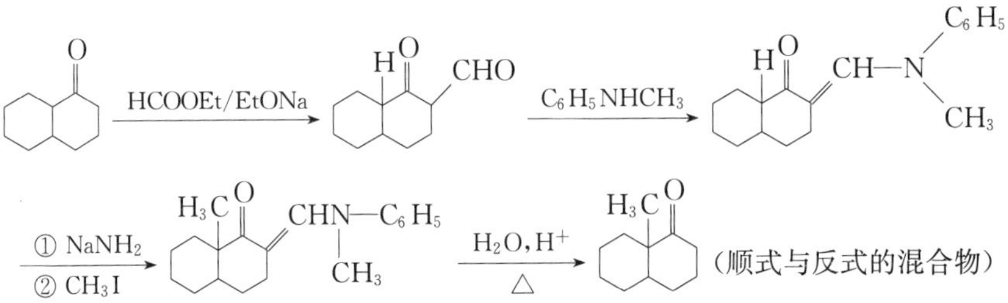

7.2 基团的反应性转换

基团的反应性转换[1,22~24]在学习逆合成分析法时已经提及,a 合成子和 d 合成子可以相互转换,即在反应过程中有机化合物中某个原子或原子团的反应特性(亲电性或亲核性)发生了暂时转换。这一过程是早就知道的,然而形成反应性转换的一般概念并为人们所重视却是近年来的事情。这个概念具有极大的重要性,它使我们开阔思路,不仅要考虑一个基团固有的反应性的重要表现,还引导我们去研究它的可能转换。反应性转换过程使得合成路线与经典方法相比有了全新的途径。反应性转换在大量的有机合成机理中都有涉及,打破了传统上对该分子的反应性理解,不仅有利于提高反应的原子经济性,而且可以进一步丰富有机反应,提高有机合成技巧。

7.2.1 羰基化合物的反应性转换

1. 羰基(C[1])的反应性转换

羰基是极性的基团,其中碳呈正电性,在反应中表现为亲电的特性,与各种亲核试剂反应形成碳-碳键或碳与其他原子的键,是构筑有机分子较为重要的官能团。如果它的反应性能够转换,不仅能与亲核试剂反应,还能与亲电试剂反应,可以想象,羰基在有机合成中的作用将会进一步扩大。事实上,羰基反应性转换在有机合成中越来越显示出它的重要性,近年来发展很快,逐渐成为一个独立的合成方法。

羰基的反应性转换有多种形式,这里介绍几种常见形式。

1) 金属酰基化合物

金属酰基化合物[25,26]可由多种途径制取。其中酰羰基的反应性是反常的。例如,由四羰基镍或四羰基铁与芳基锂作用制得的酰基镍或酰基铁化合物:

$$ ArLi + Ni(CO)_4 \longrightarrow \left[\underset{}{Ar\overset{O}{\overset{\|}{C}}-Ni(CO)_3} \right]^{-} Li^{+} $$

(**2**)

酰基镍化合物的结构可表示为

$$ \left[\underset{CO-Ni\overset{\displaystyle\overset{Ar}{C}=O}{\underset{CO}{\diagdown}}}{\overset{CO}{}} \right]^{-} Li^{+} $$

其中酰羰基的反应性翻转了,成为一个亲核试剂。它与酸作用生成醛;与氯化苄作用生成酮;而酮再与它进一步作用生成羟基酮;与 α,β-不饱和羰基化合物作用则发生 Michael 加成反应,生成 1,4-二羰基化合物:

$$ (\mathbf{2}) + H^{+} \longrightarrow Ar\overset{O}{\overset{\|}{C}}H $$

$$ (\mathbf{2}) + ClCH_2Ph \longrightarrow Ar\overset{O}{\overset{\|}{C}}-CH_2Ph \xrightarrow{(\mathbf{2})} Ar\overset{O}{\overset{\|}{C}}-\underset{Ar}{\overset{O^{-}}{\overset{\|}{C}}}-CH_2Ph $$

$$ (\mathbf{2}) + C=C-\overset{O}{\overset{\|}{C}} \longrightarrow Ar\overset{O}{\overset{\|}{C}}-\overset{}{C}-\overset{H}{\overset{\|}{C}}-\overset{O}{\overset{\|}{C}} $$

从中可以看到芳酰基类似于负离子 $ArCO^{-}$ 参加反应。

2) 烯醇衍生物

烯醇衍生物[27]的一般形式为醛首先转变为烯醇衍生物,再金属化。后者实际上是一个潜在的酰基,与亲电试剂 E^{+} 反应,然后水解生成酮,反应过程表示如下:

$$ \overset{Y}{\underset{H}{CH-C}}\overset{O}{} \longrightarrow \overset{Y}{\underset{H}{C=C}} \longrightarrow \overset{Y}{\underset{}{C=C_-}} \xrightarrow{E^{+}} \overset{Y}{\underset{E}{C=C}} \xrightarrow{H_2O} \overset{O}{\underset{E}{CH-C}} $$

烯醇衍生物 $C=C\overset{SPh}{\underset{Li}{}}$ 有很好的亲核性,与 D_2O、CO_2、CH_3I、醛和酮等反应可生成相应的产物,产率很高。在氯化汞存在下酸性水解,生成羰基化合物。

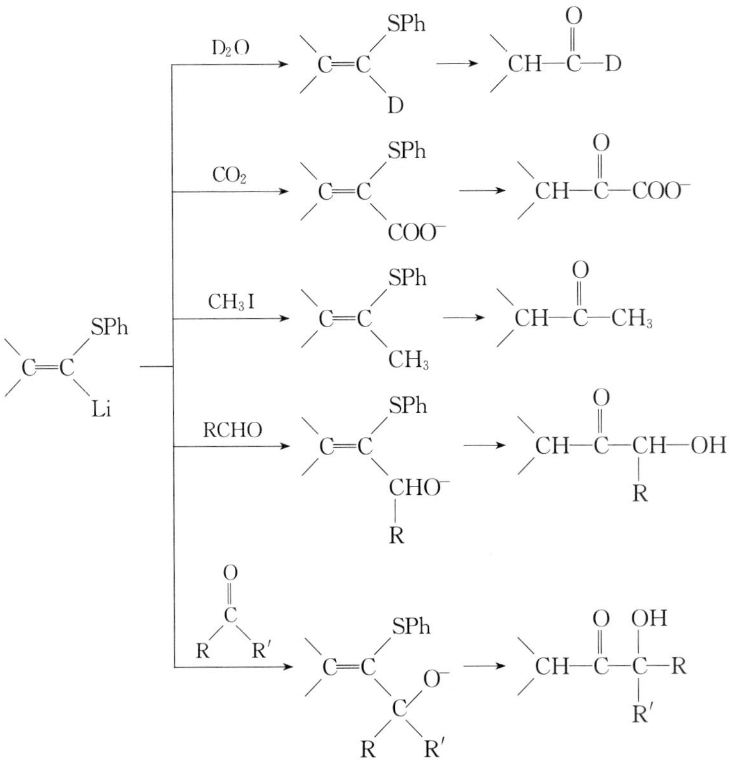

3）缩醛衍生物

缩醛衍生物[28]的一般形式是醛首先转变成缩醛型化合物，再金属化，与亲电试剂 E^+ 反应，生成物水解得羰基化合物，反应过程表示如下：

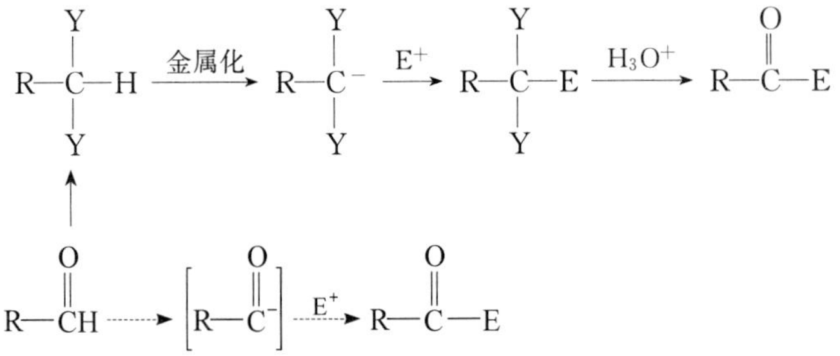

常见的缩醛型化合物有（**3**）、（**4**）和（**5**）形式，可由下列方法合成：

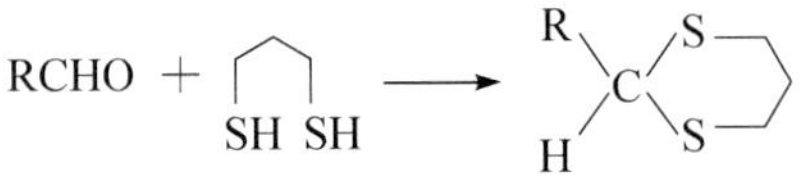

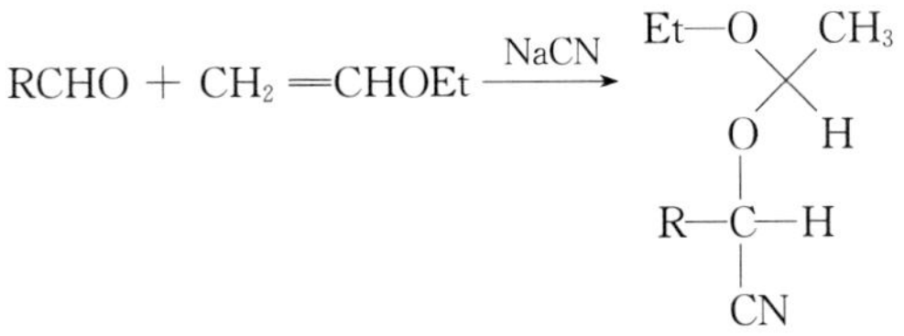

$$RCHO + (CH_3)_3SiCN \xrightarrow[\triangle]{ZnI_2} R-\underset{\underset{CN}{|}}{\overset{\overset{OSi(CH_3)_3}{|}}{C}}-H$$

$$(5)$$

醛羟腈三甲硅醚

例如：

$$R-\underset{\underset{CN}{|}}{\overset{\overset{OSi(CH_3)_3}{|}}{C}}-H \xrightarrow[\text{THF}, -78\,℃]{(i\text{-PrO})_2NLi} R-\underset{\underset{CN}{|}}{\overset{\overset{OSi(CH_3)_3}{|}}{C}}-Li^+ \xrightarrow{R'X} R-\underset{\underset{CN}{|}}{\overset{\overset{OSi(CH_3)_3}{|}}{C}}-R' \xrightarrow{H_2O} R-\overset{\overset{O}{\|}}{C}-R'$$

醛羟腈三甲硅醚经碱处理，与烷基卤代烃反应，水解，高产率地制备混合酮，如表 7-4 所示。

表 7-4　醛羟腈三甲硅醚与 R'X 反应制备酮

R	(5)的产率/%	R'X	酮的产率/%
苯基	96	CH_3	98
		i-C_3H_7	95
吡啶基	91	CH_3	84
		i-C_3H_7	80
呋喃基	98	CH_3	92
		i-C_3H_7	80
H_3C—呋喃基	75	CH_3	89

4）Stetter 反应

醛在催化剂作用下与 α,β-不饱和酮、α,β-不饱和酯和 α,β-不饱和腈加成，分别生成 1,4-二酮、4-羰基羧酸酯和 4-羰基腈的反应称为 Stetter(施泰特)反应[29~32]，反应通式如下：

$$R-\overset{\overset{O}{\|}}{C}-H + \underset{}{C}\!\!=\!\!C-X \longrightarrow R-\overset{\overset{O}{\|}}{C}-\overset{}{C}-CH-X$$

X：COR'、COOR'、CN

这又是一个羰基反应性转换的类型。它是在安息香缩合反应的基础上发展起来的，其反应过程是芳香醛或杂环芳醛在氰负离子的作用下形成亲核性的负离子，参加 Michael 加成反应，反应式如下：

$$Ar-\underset{\underset{CN}{|}}{\overset{\overset{OH}{|}}{C}}^- + \underset{}{C}\!\!=\!\!C-\overset{\overset{O}{\|}}{C}-R \longrightarrow Ar-\underset{\underset{CN}{|}}{\overset{\overset{OH}{|}}{C}}-\overset{}{C}-\overset{}{C}\!\!=\!\!\overset{\overset{O^-}{|}}{C}-R \longrightarrow Ar\overset{\overset{O}{\|}}{C}-\overset{}{C}-CH_2-\overset{\overset{O}{\|}}{C}-R$$

反应条件与安息香缩合完全相同，但是并不发生安息香缩合，而是获得很好的 Stetter 反应的结果。其关键在于安息香缩合是可逆的，而 Stetter 反应是不可逆的。因此，还可以用安息香缩合产物 α-羟基酮为起始物进行 Stetter 反应。

以氰化物为催化剂的 Stetter 反应不适用于脂肪醛。由生物化学可知，在缓冲溶液中维生素 B_1 能促进脂肪醛发生安息香缩合反应。维生素 B_1 的作用在于其中的噻唑季铵盐在碱的作用下转变成叶立德,发挥 CN^- 那样的作用。Stetter 将这样的反应条件运用到各种醛,使其发生 Michael 加成,从而取得了很大成功[33]。示意如下:

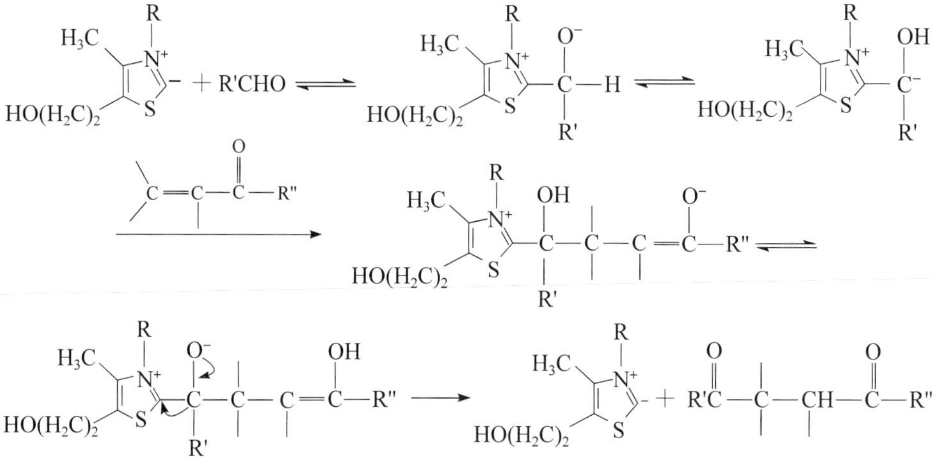

经过广泛的研究发现,除维生素 B_1 外,多种噻唑及其衍生物都有催化活性,常用的则是 $R=CH_3$、C_2H_5 和 CH_2Ph 三种,因为它们可以从维生素生产厂获得更便宜的原料。

Stetter 反应操作简便,产率很高,因此应用十分广泛,主要用于 1,4-二羰基化合物及相应多羰基化合物的合成。

2. C^2 的反应性转换

羰基化合物 α-碳(C^2)的典型反应是容易发生 E^2 反应,当它发生反应性转换后则易进行 Nu^2 反应。

C^2 反应性转换的经典方法是醛(酮)的 α-卤代反应,然后将形成的 α-卤代衍生物与亲核试剂发生反应。例如:

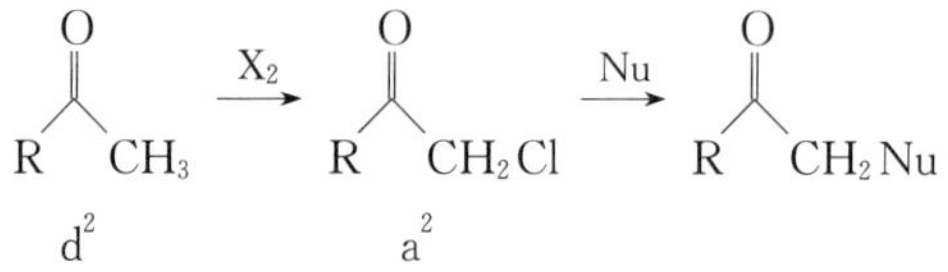

为了避免亲核试剂进攻羰基碳的副反应发生,可将羰基转换为缩醛(酮)。例如:

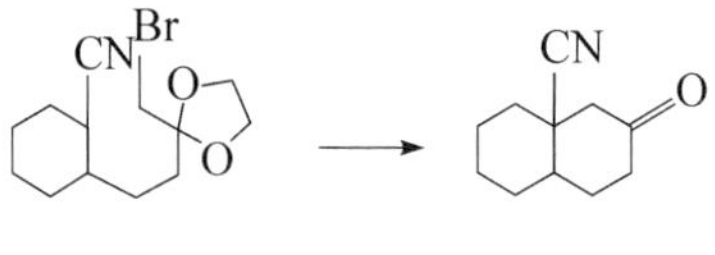

3. 不饱和醛的反应性转换

Burstein 等[34]报道了 α,β-不饱和醛与芳香醛(酮)在催化剂作用下生成 γ-丁内酯的反应,反应式如下:

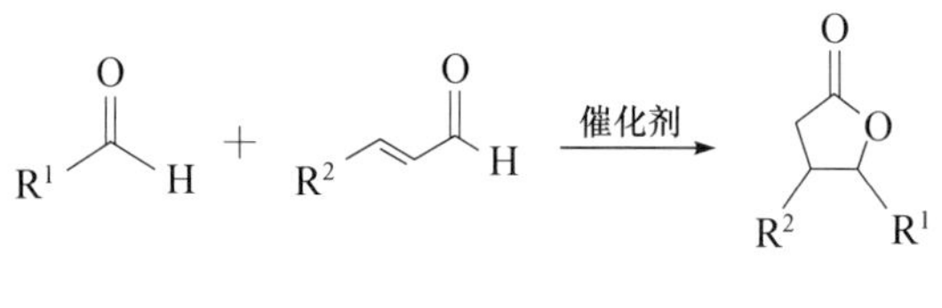

催化剂: 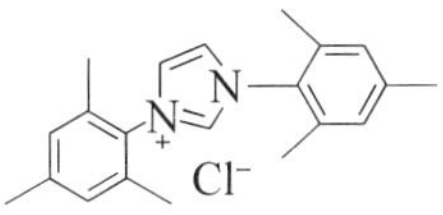

反应机理如下：

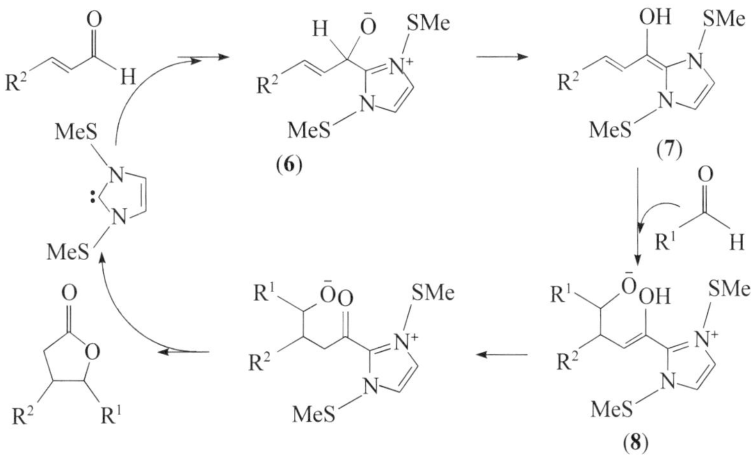

MeS:2,4,6,-三甲苯基

由反应机理看出，从共轭不饱和羰基化合物出发到加成催化剂分子生成化合物(**6**)的过程中，C^1 电子云密度增大，由亲电中心转化成为亲核中心，即为极性转换过程。化合物经过分子内氢转移生成(**7**)，然后 C^1 亲核进攻羰基化合物中的碳正中心，生成化合物(**8**)，(**8**)经历氢转移及脱去催化剂分子的过程，生成最终产物。

酮也可以作为该反应的亲电试剂与 α,β-不饱和醛反应，并且得到很好的产率，从而大大扩大了该反应的适用范围。

7.2.2　氨基化合物的反应性转换

氨基化合物在反应中通常形成亚铵离子(immonium ion)而使氨基的 α-碳原子带正电荷，从而能与各种亲核试剂进行反应[35,36]，如 Mannich 反应等，反应式如下：

$$(CH_3)_2\ddot{N}H + H_2C{=}O \rightleftharpoons H_2C(OH)\ddot{N}(CH_3)_2 \underset{+H_2O,\,-H^+}{\overset{H^+,\,-H_2O}{\rightleftharpoons}} (CH_3)_2\overset{+}{N}{=}CH_2$$

$$C_6H_5C(=O){-}CH_3 \rightleftharpoons C_6H_5C(OH){=}CH_2 \xrightarrow{H_2C=\overset{+}{N}(CH_3)_2}$$

$$C_6H_5C(=O){-}CH_2CH_2\overset{+}{N}H(CH_3)_2 \xrightarrow{-H^+} \underset{\text{Mannich碱}}{C_6H_5C(=O){-}CH_2CH_2N(CH_3)_2}$$

Seebach 发现，仲胺的亚硝基化，如果其 α-碳原子上有氢原子，当用有机锂试剂处理进行金属化作用时，形成的锂化物的 α-碳原子带负电荷，它能与多种亲电试剂(卤代烷、醛、酮、α,β-不饱和醛酮等)发生 E 反应。最后，生成的产物脱去氨基氮原子上的亚硝基，反应式如下：

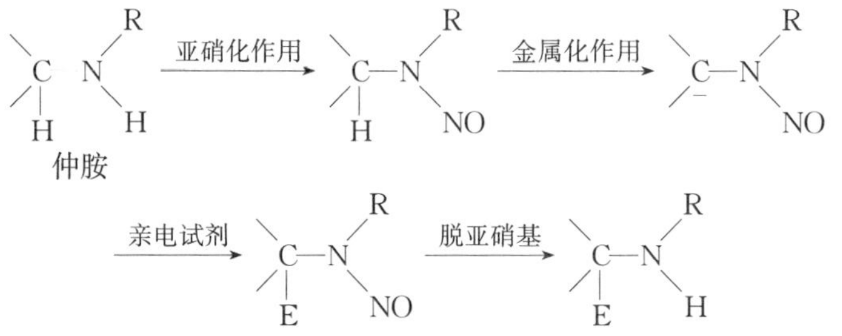

这样完成了仲胺的 α-碳原子的亲核反应。例如：

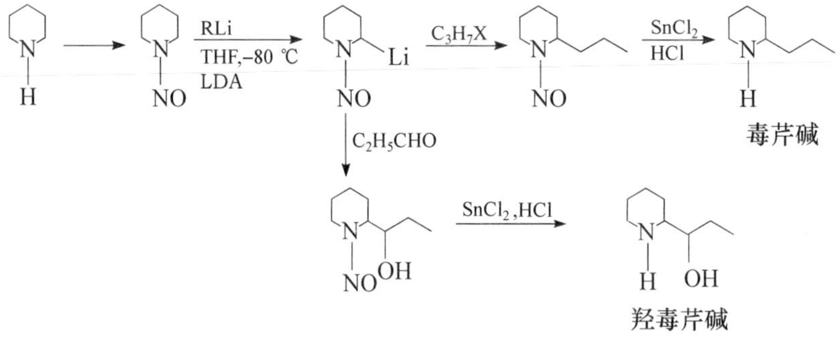

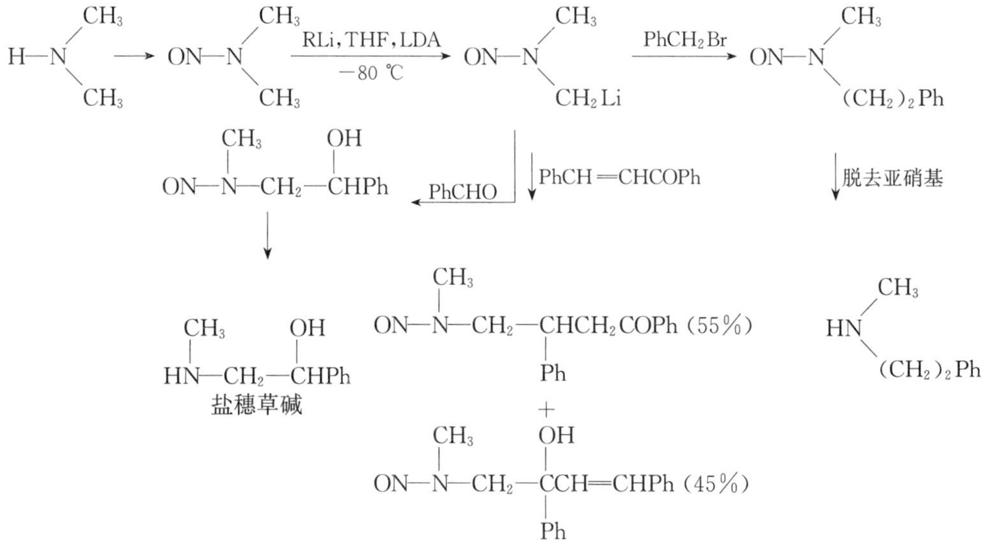

用二卤代烷进行烷基化作用时，能形成环状化合物，反应式如下：

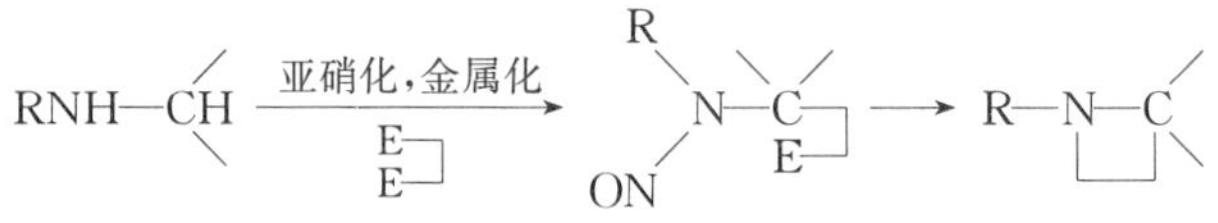

例如：

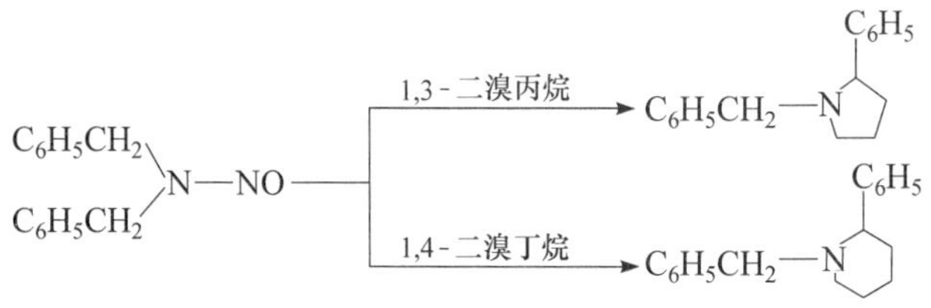

7.2.3 烃类化合物的反应性转换

1. 芳香族化合物的反应性转换

通过将芳香族化合物与金属配合的办法,可以实现芳香族化合物的可逆反应性转换[27],即使芳香烃环由亲核性变为亲电性。这是因为芳香烃与金属配合以后,由于电子效应和立体效应的影响,芳香配体部分发生很大的变化,因而能发生原来不能发生的亲核反应,反应后可以很方便地将配合的金属除去,得到不带金属的芳香族化合物。与芳香族化合物配合的金属刚好起到既易于引入又容易除去的活化原子团的作用。进行反应的条件温和,为有机合成提供了方便。

常用的芳香配体有 Ph—、Ar—、稠环芳香烃或杂环化合物;配合的金属大多数是 Cr、Pd、Rh,在少数情况下为 Fe、Mn 等。一芳香烃三羰基铬是目前芳香烃金属配合化合物在有机合成中常用的主要试剂。该试剂制备方法简便,具有一定的稳定性和反应性能,在反应完成后除去配合的金属也有方便可靠的方法。一苯三羰基铬配合物的结构如下:

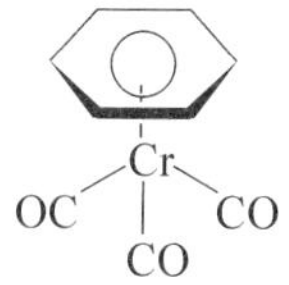

其制备方法如下:用相应的芳香族化合物与六羰基铬$[Cr(CO)_6]$在惰性溶剂(通常用 $CH_3OCH_2CH_2$—O—$CH_2CH_2OCH_3$)中回流数小时,六羰基铬中的三个羰基被芳香烃置换而得到一芳香烃三羰基铬,产物用有机溶剂重结晶后通常为黄色或橙黄色晶体。当芳环上带有各种不同取代基时,也能用这种方法制备相应的三羰基铬配合物。当取代基为供电子基团[如—OCH_3、—NH_2、—$N(CH_3)_2$]时,产率均在 80% 以上。反应完成后除去配合的金属不影响芳环上所带的各种官能团,常用碘或四价铈盐等氧化剂除去配合的金属[37,38]。

一芳香烃三羰基铬的主要特征是:①芳香烃和三羰基铬的配位使芳核上电子云密度降低,有利于发生亲核取代反应;②使芳核上其他原子、基团、侧链的性质都发生变化。例如,侧链 α-H 酸性增强,与芳香核共轭的乙烯基和与羰基共轭的乙烯基相似,易发生 Michael 反应,在不对称合成中其立体效应能发挥作用。一芳香烃三羰基铬的亲核取代反应简单举例如下:

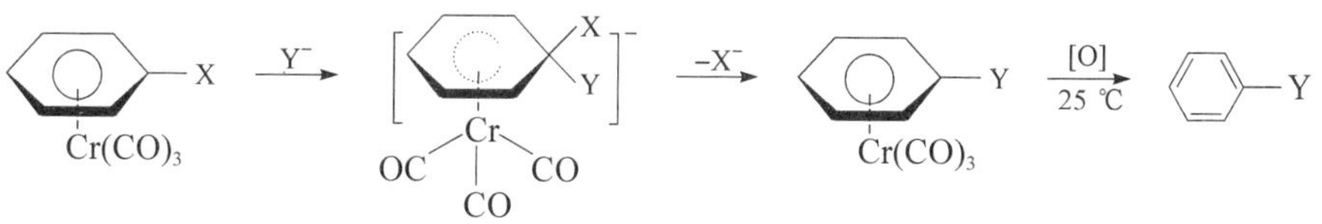

X:卤素;Y:H^-、N^-、氧负离子、硫负离子、磷负离子、碳负离子等

这是加成-消除反应机理。

卤素取代的一芳香烃三羰基铬配合物与碳负离子反应,氧化得到取代卤素位置的产物。例如:

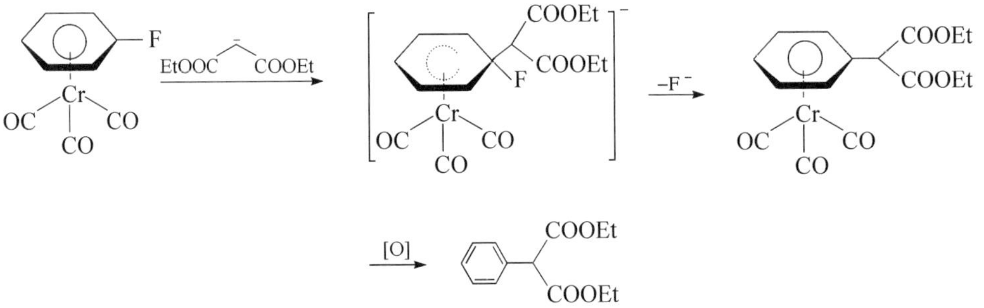

当芳香烃金属配合物与碳负离子加成时,是一种氧化型的亲核取代反应,不是取代芳香核上的卤素,而是取代芳香核上的氢,成为碳负离子向芳香核上引入侧链的方法。例如:

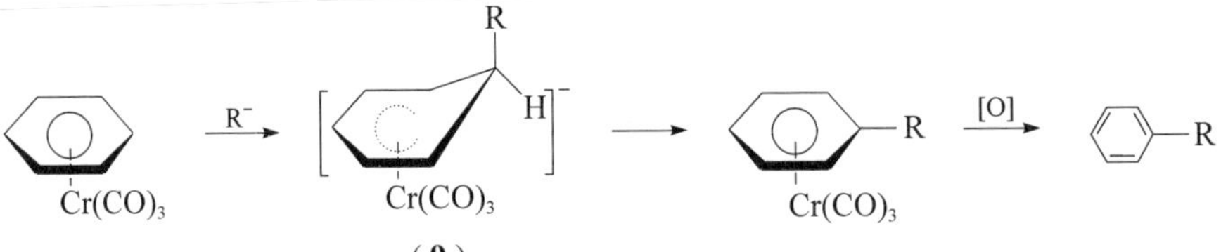

(9)

R:CN、COOR 等

负离子(**9**)为立体专一性的,亲核试剂进入配合金属的反面,当芳香核上具有取代基时,其定位效应有自己的特点。当原有取代基为—OCH₃ 时,R⁻ 进入—OCH₃的间位,有少量邻位产物,没有对位取代的产物,其比例为邻位 3%～10%、间位90%～100%、对位 0%。R 不同时,三者的比例有所不同,但基本情况同上。一芳香烃三羰基铬可使芳香核侧链上的 α-H 酸性增强,在碱的作用下容易形成碳负离子而与亲电试剂作用。例如:

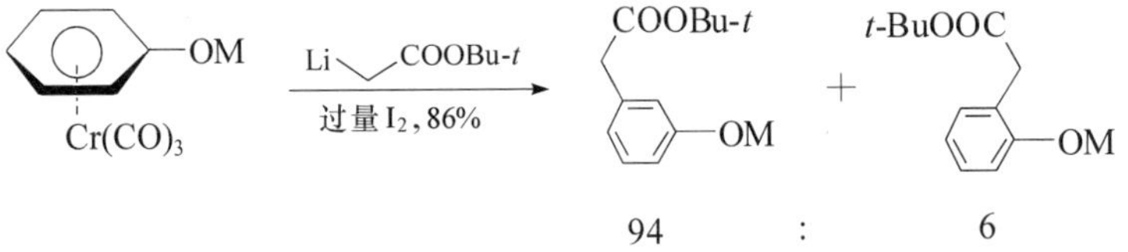

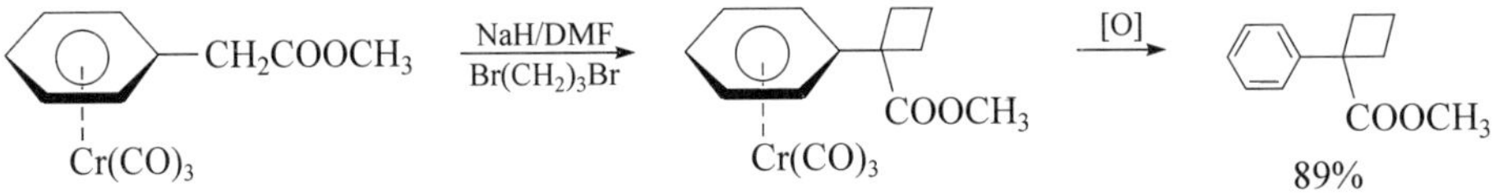

94 : 6

89%

通常,芳香核侧链上的共轭双键容易发生亲电加成反应,当芳香核与三羰基铬配合后,芳香烃三羰基铬的芳香核侧链上能发生共轭双键的亲核加成作用,引入的烷基都在反面,因而得到立体选择性的芳香体系。例如:

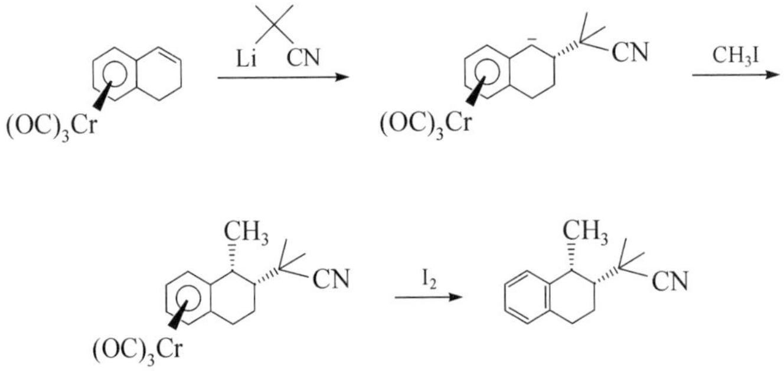

由于氮原子的吸电子作用,吡啶环不能发生 Friedel-Crafts 反应。将吡啶转变为吡啶氯化铜配合物 Py_2CuCl_2(**10**)在乙醚回流温度下与金属钠发生强烈反应,形成棕红色的中间配合物(**11**),其结构为吡啶负离子一价铜配合物,反应式如下:

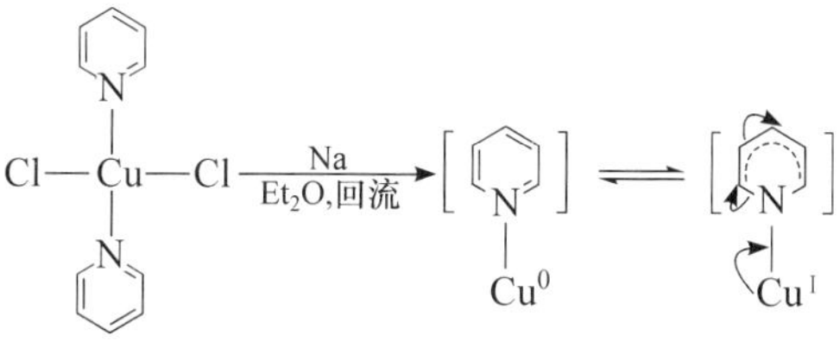

$$
Cl-Cu-Cl \xrightarrow[Et_2O,回流]{Na} \left[\begin{array}{c} \\ N \\ | \\ Cu^0 \end{array} \right] \rightleftharpoons \left[\begin{array}{c} \\ N \\ | \\ Cu^I \end{array} \right]
$$

(10)　　　　　　　　　　　　　　　**(11)**

由于配合物中铜离子 π 电子的反馈作用增加了吡啶环上电子云密度分布,所以能发生吡啶原来不能进行的某些亲电取代反应(如烷基化和酰基化反应)。例如:

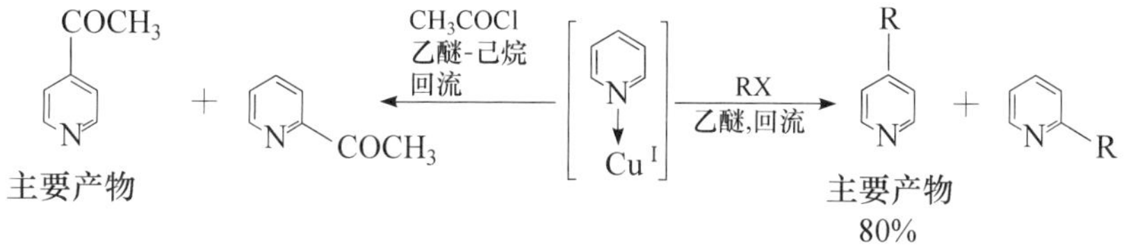

主要产物　　　　　　　　　　　　　　　　　　　　　主要产物
　　　　　　　　　　　　　　　　　　　　　　　　　　80%

2. 烯烃的反应性转换

烯烃分子中的碳-碳双键具有较高的电子云密度,作为电子给予体,容易发生亲电加成反应。当烯烃分子中碳-碳双键上的不饱和碳原子被强吸电子的原子或原子团(如—X、—CF$_3$、—CN、—CHO 等)取代后,碳-碳双键必定受强吸电子的原子或基团的影响而改变极性,作为电子受体而能发生亲核加成反应[27]。例如:

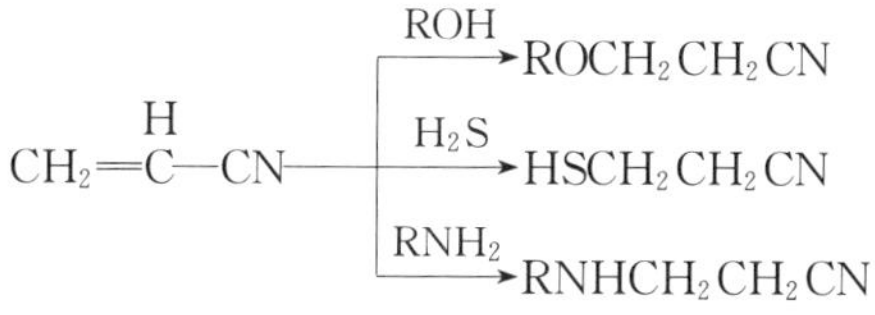

$$
CH_2=\overset{H}{\underset{}{C}}-CN \quad
\begin{array}{l}
\xrightarrow{ROH} ROCH_2CH_2CN \\
\xrightarrow{H_2S} HSCH_2CH_2CN \\
\xrightarrow{RNH_2} RNHCH_2CH_2CN
\end{array}
$$

$$
CH_2=\overset{H}{\underset{}{C}}-CF_3 + ROH \longrightarrow ROCH_2CH_2CF_3
$$

应用某一试剂改变双键的极性,待发生反应引入所需要的官能团后又很容易除去,这样的试剂常选用金属有机化合物。例如,二羰基环戊二烯铁与烯烃配合后形成具有 π-烯烃结构的正离子,改变了双键的极性,能发生亲核加成反应,其结构和反应式如下:

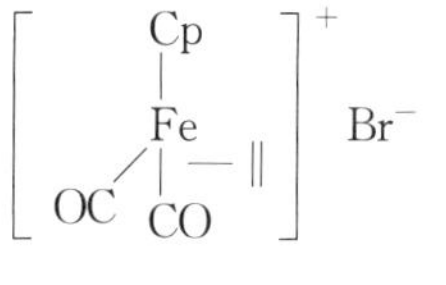

$$
\left[\begin{array}{c} Cp \\ | \\ Fe-\| \\ | \\ OC \quad CO \end{array} \right]^+ Br^- \qquad (Cp=环戊二烯基)
$$

$$
Cp(CO)_2Fe^+-\| + Nu^- \longrightarrow (CO)_2Fe\begin{array}{c} CH_2CH_2Nu \\ | \\ Cp \end{array}
$$

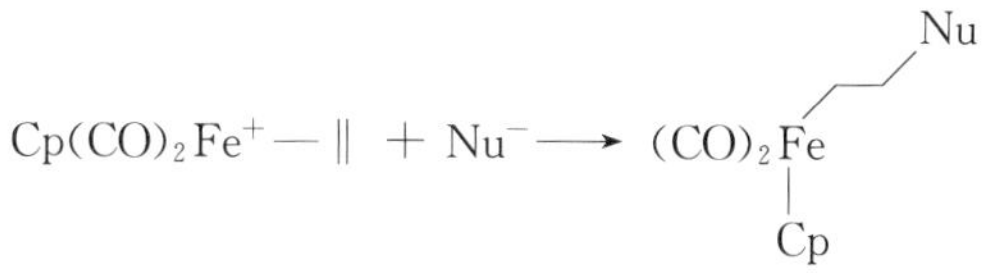

如果亲核试剂为烯胺,则 $(CO)_2Fe(\pi-C_5H_5)(\pi-C_2H_4)$ 与其反应而得到碳链增长的产物 $C-C-C-C=\overset{+}{N}\diagdown$。分子内有亲核原子团也能发生反应,反应式如下:

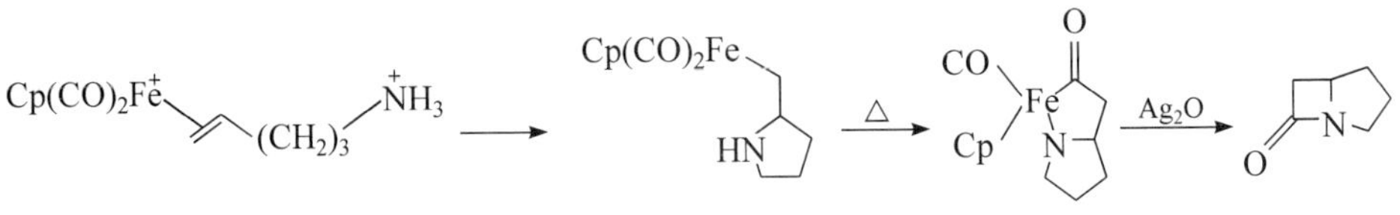

Wacker 将乙烯氧化成乙醛是大家都熟悉的反应,是乙烯的双键与氯化钯(Ⅱ)配合,经过与水的亲核加成作用,再氧化形成醛,反应式如下:

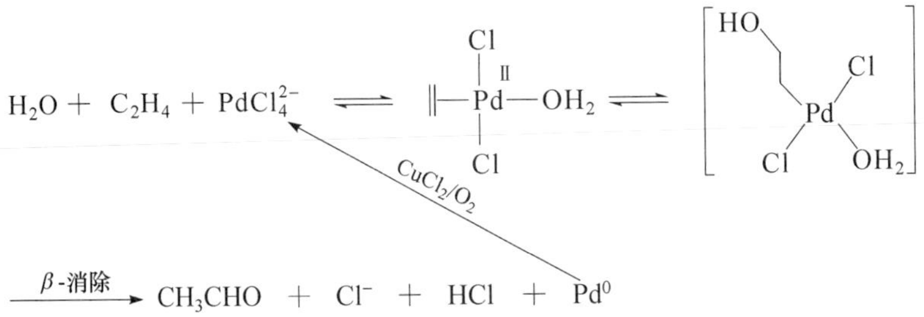

习　题

7-1　完成下列转变。

(1)

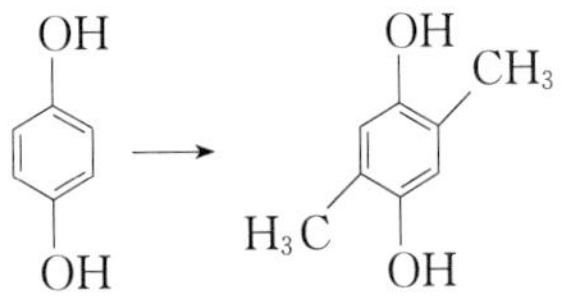

(2)

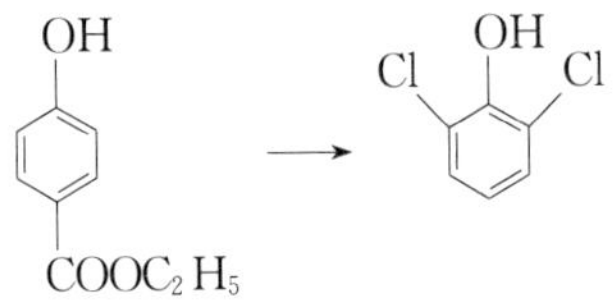

(3)

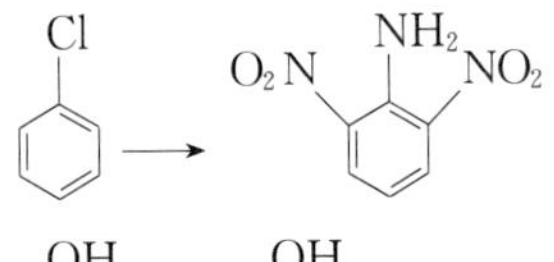

(4)

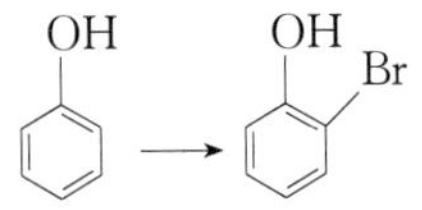

(5)

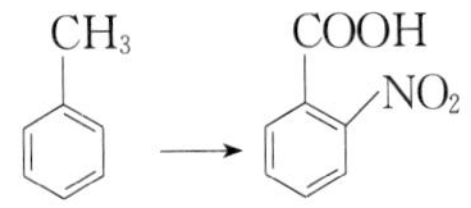

(6)

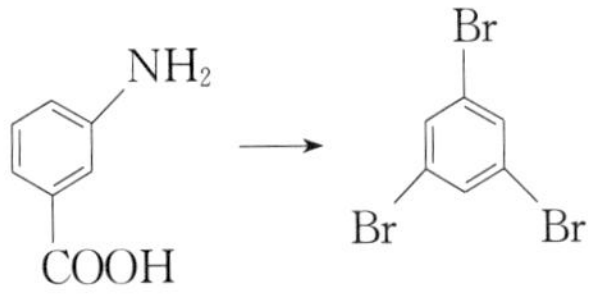

(7)

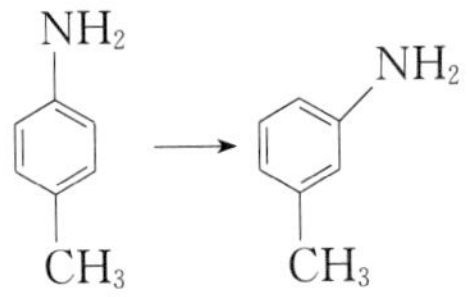

(8)

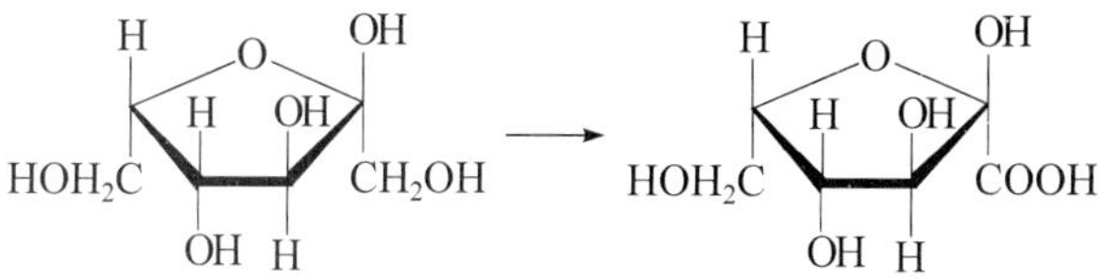

(9) $H_2C=\overset{\overset{\displaystyle H}{|}}{C}-CHO \longrightarrow \underset{\underset{\displaystyle OH}{|}}{CH_2}-\underset{\underset{\displaystyle OH}{|}}{\overset{\overset{\displaystyle H}{|}}{C}}-CHO$

(10) $H_2NCH_2CH_2CHO \longrightarrow H_2NCH_2CH_2COOH$

(11) $CH_3CHO \longrightarrow CH_3COCH_3$

(12)

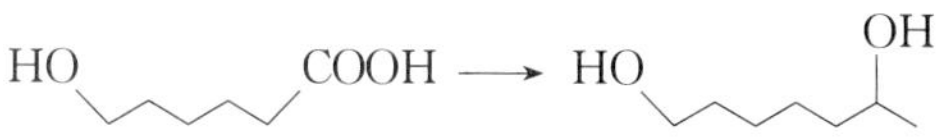

(13)

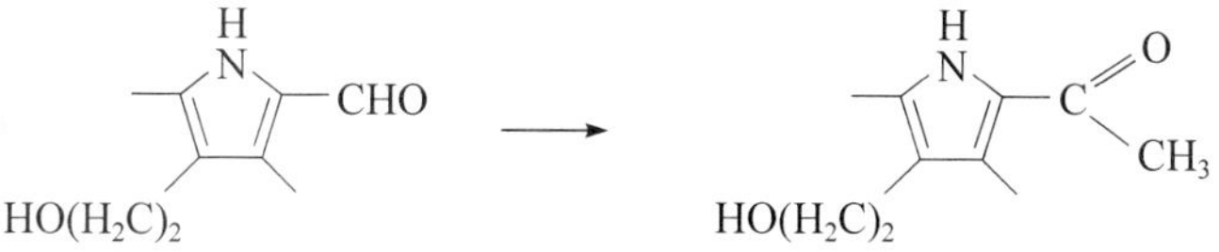

(14) $C_6H_5CHO \longrightarrow C_6H_5COCH(OH)C_6H_5$

(15) $PhCHO \longrightarrow C_6H_5COCH_2C_6H_5$

7-2 写出下列反应的中间物和产物。

(1)

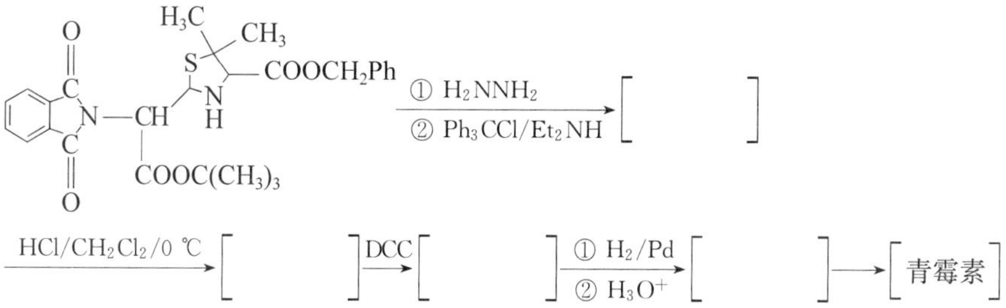

(2)

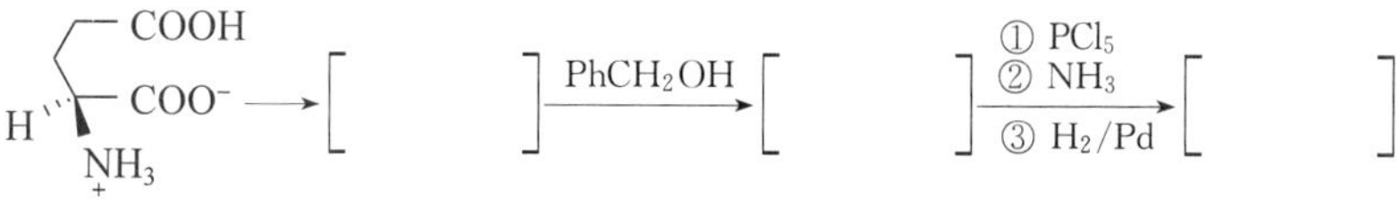

(3)

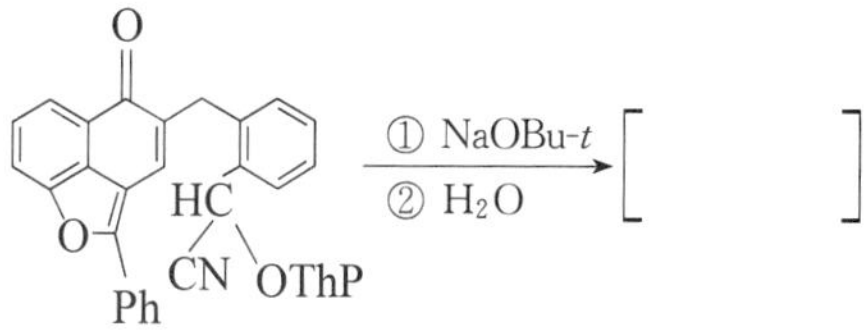

(4) $Me_2NH + H_2C=O \Longrightarrow \left[\quad\right] \overset{H^+,-H_2O}{\underset{+H_2O,-H^+}{\rightleftarrows}} \left[\quad\right]$

$PhCOCH_3 \Longrightarrow Ph\overset{\overset{\displaystyle OH}{|}}{C}=CH_2 \longrightarrow \left[\quad\right] \overset{-H^+}{\longrightarrow} \left[\quad\right]$

(5)

$\overset{HNO_2}{\underset{H_3PO_2}{\longrightarrow}} \left[\quad\right]$

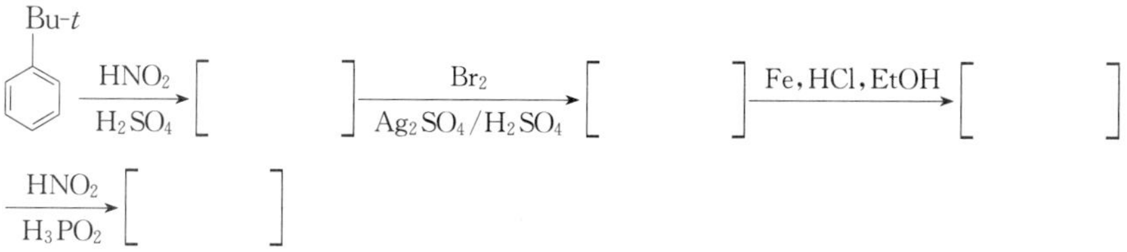

7-3 用指定原料合成下列化合物(其他试剂任选)。

(1) ![结构式] 合成 ![结构式]

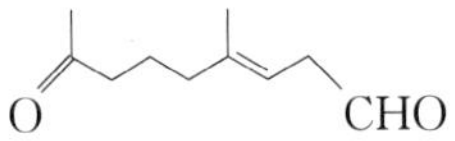

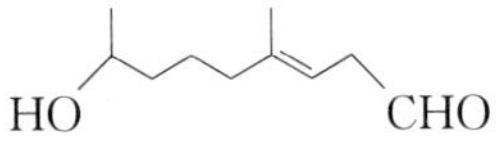

(2) BrCH₂CH₂CHO 合成 ![环戊酮结构]

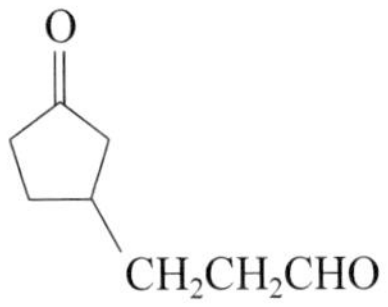

(3) CH₃CHO 合成 H₃C—C(=O)—CH(CH₃)₂

(4) PhCHO 合成 ![四苯基环戊二烯酮结构]

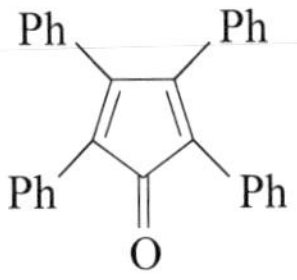

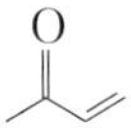

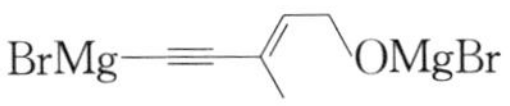

(5) ![甲基乙烯基酮] 合成 BrMg—C≡C—C(CH₃)=CH—CH₂OMgBr

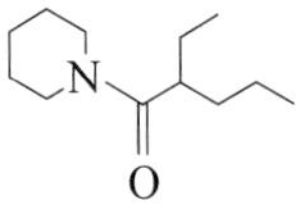

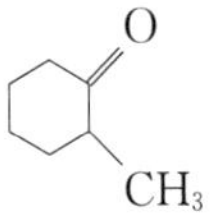

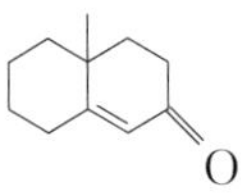

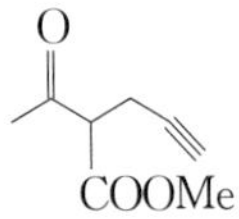

(6) ![溴代物] 合成 ![酰胺结构]

(7) ![2-甲基环己酮] 合成 ![十氢萘酮结构]

(8) ![结构式 COOMe] 合成 ![烯酮结构]

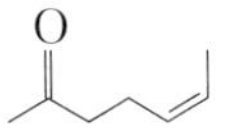

(9) p-BrC₆H₄C≡CH 合成 p-HOOCC₆H₄C≡CH

(10) ![乙酰乙酸甲酯 COOCH₃] 合成 ![环戊基丙基苯结构]

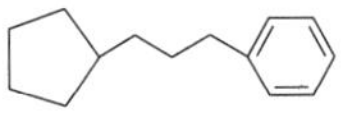

参考答案

7-1

(1) CH₂O, Me₂NH, H₂/Pd-C

(2) SO₂Cl₂, H₂O, KOH/HCl, △, PhNMe₂

(3) H₂SO₄/KNO₂, NH₄OH, H₂SO₄/H₂O

(4) H₂SO₄, NaOH, Br₂, H₂SO₄

(5) 浓 H₂SO₄, HNO₃-H₂SO₄, 50％H₂SO₄△, K₂Cr₂O₇/H₂SO₄

(6) Br₂/HCl,① HNO₂② H₃PO₂,△, PhNMe₂

(7) Ac₂O, HNO₃-H₂SO₄, C₂H₅OH,温热 SnCl₂

(8) Me₂C=O/H⁺,① KMnO₄/OH⁻②H⁺/H₂O

(9) C₂H₅OH/HCl, KMnO₄, 0.05 mol/L H₂SO₄

(10) Ac₂O, KMnO₄

(11) HSCH₂CH₂CH₂SH, CH₃Li, CH₃X, Hg⁺/H₂O

(12) Me₃SiCl(Et₃N), SOCl₂, Me₂CuLi 或 Me₂Cd, NaBH₄, H₃O⁺

(13) $CH_2(CN)_2(Et_2NH/EtOH)$，$CH_2N_2(EtOH)$，$NaOH(浓)$

(14) CN^-，C_6H_5CHO

(15) $HSCH_2CH_2CH_2SH(HCl,CHCl_3)$，$n\text{-}C_4H_9Li(THF,-10\ ℃)$，$PhCH_2Br$，$Hg^{2+}/H_3O^+$

7-2

(1)
$$\left[Ph_3C-NH-CH\begin{matrix}\\COOCMe_3\end{matrix}\overset{S}{\underset{NH}{}}COOCH_2Ph\right], \left[Ph_3C-NH-CH\begin{matrix}\\COOH\end{matrix}\overset{S}{\underset{NH}{}}COOCH_2Ph\right]$$

$$\left[Ph_3C-NH-CH\overset{S}{\underset{\underset{O}{N}}{}}CO_2CH_2Ph\right], \left[H_2N-CH\overset{S}{\underset{\underset{O}{N}}{}}COOH\right], \left[青霉素\right]$$

(2)
$$\left[\underset{NHCOOCH_2Ph}{\overset{O}{\underset{H}{}}\overset{O}{}}\right], \left[H\begin{matrix}COOH\\COOCH_2Ph\\NHCOOCH_2Ph\end{matrix}\right], \left[H\begin{matrix}CONH_2\\COO^-\\\overset{+}{N}H_3\end{matrix}\right]$$

(3)
结构图 $R_1:CN$；$R_2:OThP$

(4)
$$\left[H_2C\begin{matrix}OH\\NMe_2\end{matrix}\right], \left[Me_2\overset{+}{N}=CH_2\right], \left[C_6H_5\overset{O}{C}CH_2CH_2\overset{+}{N}\overset{H}{M}e_2\right],$$

$$\left[C_6H_5\overset{O}{C}CH_2CH_2NMe_2\right]$$

(5)
$$\left[\underset{NO_2}{\overset{Bu\text{-}t}{}}\right], \left[\underset{NO_2}{\overset{Bu\text{-}t}{}}Br\right], \left[\underset{NH_2}{\overset{Bu\text{-}t}{}}Br\right], \left[\overset{Bu\text{-}t}{}Br\right]$$

7-3

(1) $O\!=\!\!\cdots\!\!CHO \xrightarrow{CH_3OH/H^+} O\!=\!\!\cdots\!\!CH(OMe)_2$

$\xrightarrow{NaBH_4} HO\!\cdots\!CH(OMe)_2 \xrightarrow{H_3O^+} HO\!\cdots\!CHO$

(2) $Br(CH_2)_2CHO \xrightarrow{HO(CH_2)_2OH} Br(CH_2)_2CH\overset{O}{\underset{O}{}} \xrightarrow{Mg} BrMg(CH_2)_2CH\overset{O}{\underset{O}{}}$

$\overset{O=\!\!\bigcirc}{\xrightarrow{H_3O^+}} O\!=\!\!\bigcirc\!\!CH_2CH_2CHO$

(3) $CH_3CHO \xrightarrow[EtOCH=CH_2]{CN^-} \begin{matrix}CH_3\\O-CH-OC_2H_5\\CH_3-CH\\CN\end{matrix} \xrightarrow{LDA} \begin{matrix}CH_3\\O-CH-OC_2H_5\\CH_3-C^-\\CN\end{matrix}$

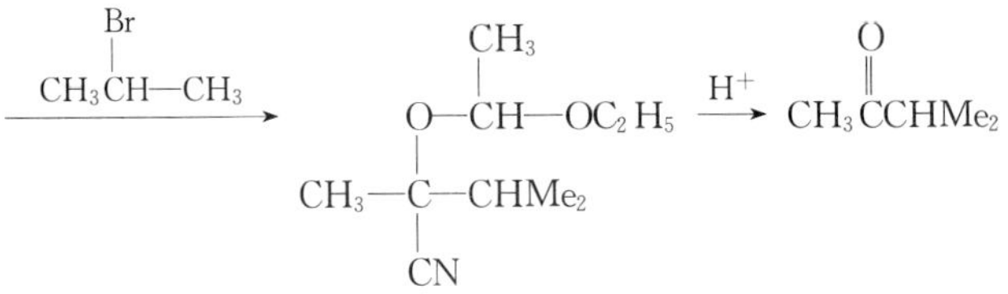

(4) 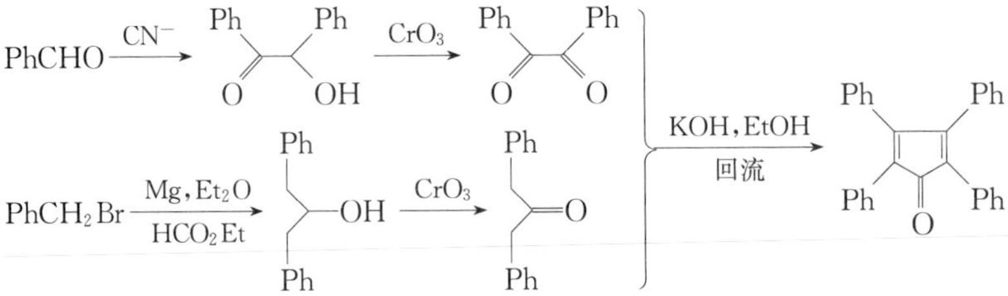

(5) 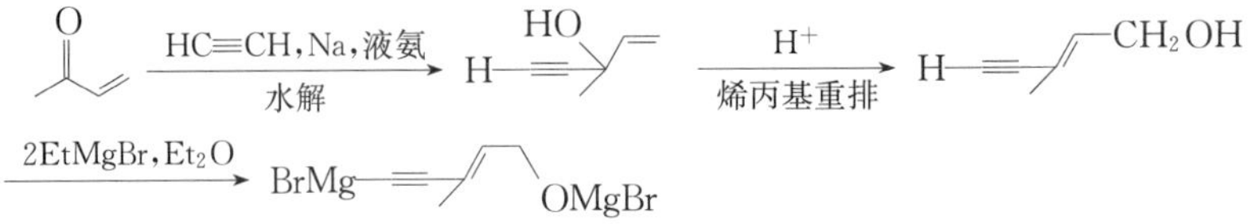

(6) 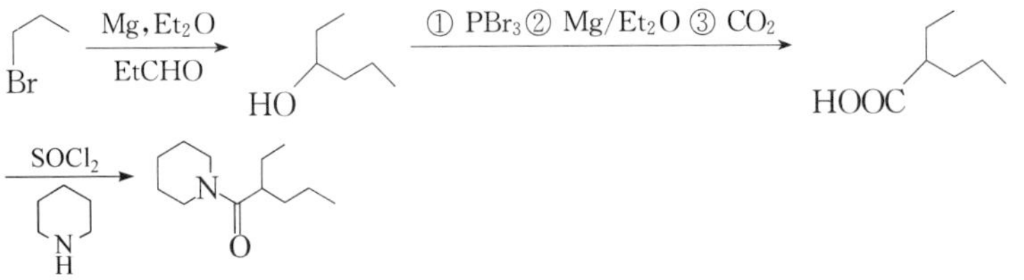

(7) 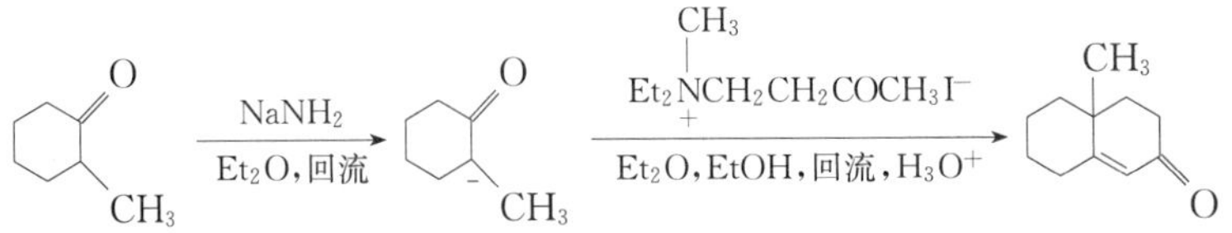

(8) 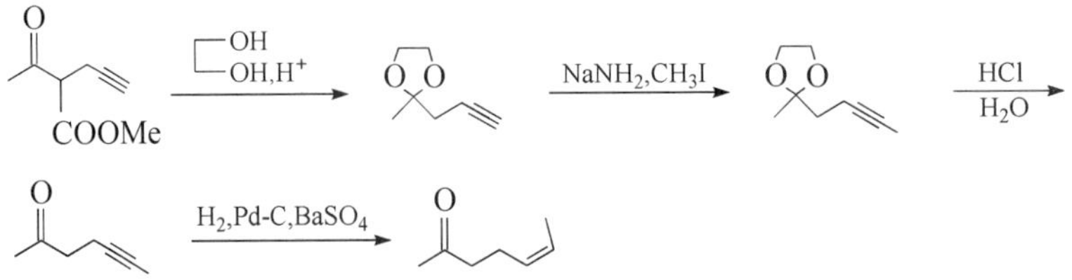

(9) p-$BrC_6H_4C \equiv CH \xrightarrow{RMgBr}$ p-$BrC_6H_4C \equiv CMgBr \xrightarrow{Me_3SiCl}$ p-$BrC_6H_4C \equiv CSiMe_3$

$\xrightarrow{Mg,\ THF}$ p-$BrMgC_6H_4C \equiv CSiMe_3 \xrightarrow{CO_2,\ H_3O^+}$ p-$HOOCC_6H_4C \equiv CSiMe_3$

$\xrightarrow{OH^-,\ H_3O^+}$ p-$HOOCC_6H_4C \equiv CH$

(10) 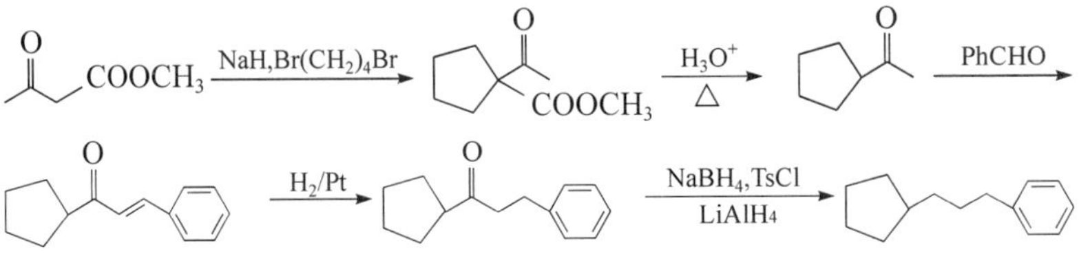

参考文献

[1] 富尔赫林 J,彭茨林 G. 有机合成. 韩长日,杜建新,宋小平译. 北京:化学工业出版社,1990

[2] Greene T W,Wuts P G M. 有机合成中的保护基. 华东理工大学有机化学教研组译. 荣国斌校. 上海:华东理工大学出版社,2004

[3]　吕柏. 化学试剂,1999,2:87

[4]　李朝军,李纪生,陈德恒. 化学通报,1989,5:37

[5]　Nambiar K P,Mitra A. Tetrahedron Lett,1994,35(19):3033

[6]　Ranu B C,Saha M. J Org Chem,1994,59:8269

[7]　Namboodiri V V,Varma R S. Tetrahedron Lett,2002,43(7):1143

[8]　何敬文,伍贻康. 有机化学,2007,5:576

[9]　俞善信. 化学试剂,1994,16(5):258

[10]　Kawabata T,Mizugaki T,Ebitani K,et al. Tetrahedron Lett,2001,42:8329

[11]　Lee S H,Lee J H,Yoon C M. Tetrahedron Lett,2002,43:2699

[12]　Qi J Y,Ji J X,Yueng C H,et al. Tetrahedron Lett,2004,45:7719

[13]　Ranu B C,Jana R,Samanta S. Adv Synth Catal,2004,346:446

[14]　Banik B K,Chapa M,Marguez J,et al. Tetrahedron Lett,2005,46:2341

[15]　Sun J,Dong Y,Cao L,et al. J Org Chem,2004,69:8932

[16]　Nair V,Nair L G,Balagopal L,et al. Indian J Chem Sec B,1999,38(11):1234

[17]　Das B,Ramu R,Reddy M,et al. Synthesis,2005,250

[18]　Khan A T,Mondal E,Sahu P R,et al. Tetrahedron Lett,2003,44:919

[19]　Kamal A,Laxman E,Reddy P S M M. SynLett,2000,10:1476

[20]　Yadav J S,Reddy B V S,Raghavendra S,et al. Tetrahedron Lett,2002,43:4679

[21]　Li Y Q,Wang Y L,Wang J Y. Russ J Org Chem,2008,44(3):358

[22]　Bott K. Angew Chem Int Ed Engl,1979,18:259

[23]　于海珠,傅尧,刘磊. 有机化学,2007,27(5):545

[24]　王乃兴. 有机化学,2004,24(3):350

[25]　Ryang M,Tsutsumi S. Synthesis,1971,2:55

[26]　Sawa Y,Ryang M,Tsutsumi S. J Org Chem,1970,35:4183

[27]　俞凌翀,刘志昌. 极性转换及其在有机合成中的应用. 北京:科学出版社,1991

[28]　Hertenstein U,Hünig S,Öller M. Chem Ber,1980,113(12):3783

[29]　Stetter H,Kuhlmann H. Synthesis,1975,379

[30]　Stetter H,Kuhlmann H. Tetrahedron Lett,1974,51-52:4505

[31]　Stetter H,Schreckenberg M. Angew Chem Int Ed Engl,1973,12:81

[32]　Stetter H,Schreckenberg M,Wiemann K. Chem Ber,1976,109:541

[33]　Stetter H,Schlenker W. Tetrahedron Lett,1980,21(36):3479

[34]　Burstein C,Glorius F. Angew Chem Int Ed Engl, 2004,43:6205

[35]　Seebach D,Enders D. Angew Chem Int Ed Engl,1975,14:15

[36]　Zolfigol M A,Zebarjadian M H,Chehardoli G,et al. J Org Chem,2001,66(10):3619

[37]　Semmelhack M F,Hall H T. J Am Chem Soc,1974,96:7091

[38]　Card R J,Trahanovsky W S. Tetrahedron Lett,1973,39:3823

8.1.1 不对称合成反应的意义

不对称合成反应是近年来有机化学中发展最为迅速也是最有成就的研究领域之一。它泛指一类反应由于手性反应物、试剂、催化剂以及物理因素(如偏振光)等造成的手性环境,反应物的前手性部位在反应后变为手性部位时形成的立体异构体不等量,或在已有的手性部位上一对立体异构体以不同速率反应,从而形成一对立体异构体不等量的产物和一对立体异构体不等量的未反应原料[1]。

研究不对称合成反应具有十分重要的实际意义和重大的理论价值。对于不对称化合物而言,制备单一的对映体是非常重要的,因为对映体的生理作用往往有很大差别。例如,(＋)-抗坏血酸具有抗坏血病的功能,而(－)-抗坏血酸则无此活性[2];(R)-天冬酰胺是甜的,(S)-天冬酰胺是苦的;L-四咪唑是驱虫剂,D-四咪唑有毒且不能驱虫;3-氯-1,2-(S)-丙二醇是在研究中的男性节育剂,而(R)-异构体是有毒的[3];(－)-氯霉素有疗效,而(＋)-氯霉素却无药效[4]等。在手性合成反应出现之前,人们用通常的方法合成不对称化合物,由于两种构型形成的机会均等,得到的产物是外消旋体,为了得到其中具有生理活性的异构体,需要利用繁杂的方法将外消旋体拆分。然而,这无形中相当于将反应获得的一半产物在大多数情况下白白地废弃。从理论上讲,含有 n 个手性中心的分子如果不含某些对称元素,则应该存在 2^n 个立体异构体,如果合成中不采取任何立体控制办法,即使每步反应产率为 100%,实际每步有效产率也只有50%,经多步反应后,总效率将急剧下降。近年来,外消旋体拆分有研究报道称在反应体系中加入另一种催化剂,可以发生催化异构化反应,单一活性化合物的产率可达到 80%～90%,原子经济性有了很大提高[5]。因而可以认为,手性合成反应的发现使药物合成和有机合成进入了一个崭新的阶段。这类反应还广泛应用于有机化合物分子构型的测定和阐明有机化学反应的机理以及研究酶的催化活性等领域,实际上大大丰富了有机化学、药物化学、有机合成化学和化学动力学,具有广泛的应用前景。

8.1.2 不对称合成中的立体选择性和立体专一性

研究不对称合成需要区别两个基本概念:立体选择性和立体专一性。

立体选择性反应一般是指反应能生成两种或两种以上立体异构体产物(有时反应只生成一个立体异构体),但其中仅一种异构体占优势的反应。例如:

烯烃的加成反应:

(单一的立体异构体)

羰基的还原反应：

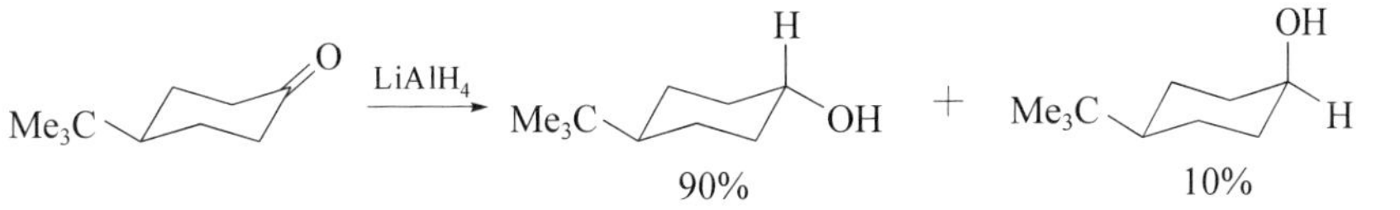

这些反应都具有很高的立体选择性。Power 等[6]利用大位阻的 Lewis 酸来制造过渡态中额外的空间因素而使反应的选择性发生扭转，具有很好的创意，反应过程表示如下：

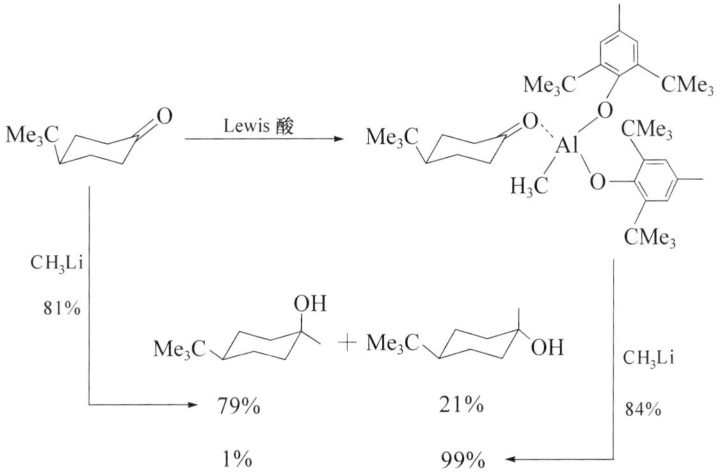

立体专一性反应是指由不同的立体异构体得到立体构型不同的产物的反应，反映了反应底物的构型与反应产物的构型在反应机理上立体化学相对应的情况。以顺反异构体与同一试剂加成反应为例，若两异构体均为顺式加成，或均为反式加成，则得到的必然是立体构型不同的产物，即由一种异构体得到一种产物，由另一种异构体得到另一种构型的产物。如果顺反异构体之一进行顺式加成，而另一异构体则进行反式加成，得到相同的立体构型产物，称为非立体专一性反应。例如，溴对2-丁烯的加成反应，反式异构体给出 meso-2,3-二溴丁烷，而顺式底物则生成(±)-2,3-二溴丁烷，反应式如下：

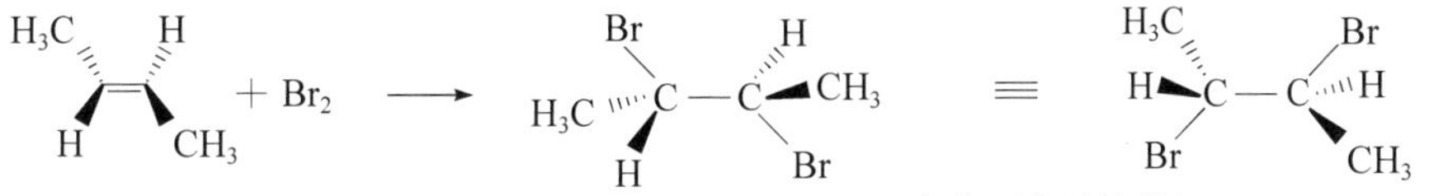

赤式（内消旋体）

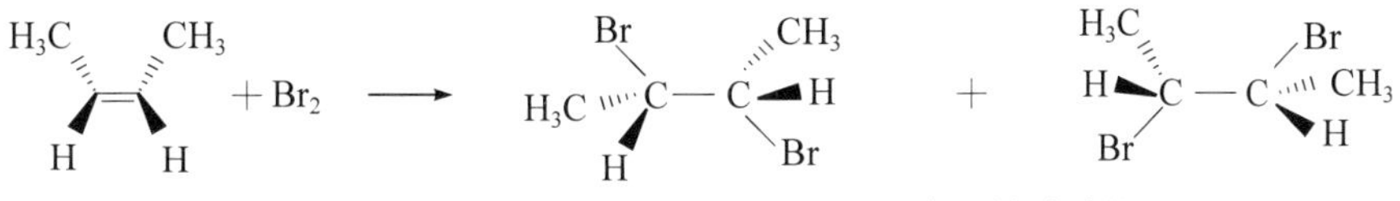

苏式（外消旋体）

在消去反应和取代反应中同样可以举出立体专一性反应的实例：

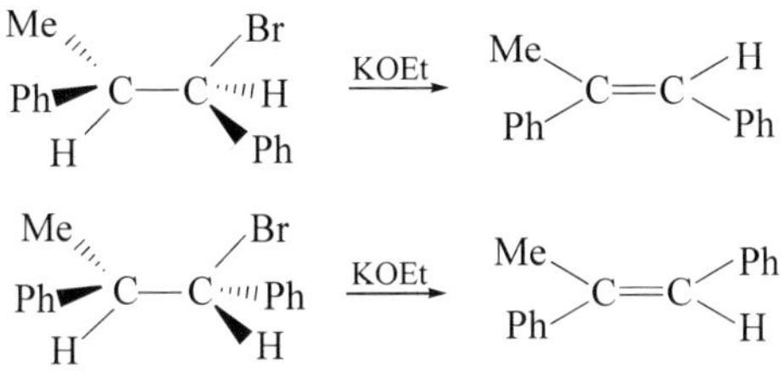

$$\underset{\underset{\text{Me}}{\overset{\text{Me(CH}_2)_5}{|}}{\text{C}}}{\overset{\text{H}}{|}}\text{—OSO}_2\text{C}_6\text{H}_4\text{-Me-}p \quad \xrightarrow{\text{AcO}^-} \quad \text{MeCOO—}\underset{\underset{\text{Me}}{|}}{\overset{\overset{\text{H}}{|}}{\text{C}}}\text{—CH}_2(\text{CH}_2)_4\text{CH}_3$$

$$\underset{\underset{\text{H}}{\overset{\text{Me(CH}_2)_5}{|}}{\text{C}}}{\overset{\text{Me}}{|}}\text{—OSO}_2\text{C}_6\text{H}_4\text{-Me-}p \quad \xrightarrow{\text{AcO}^-} \quad \text{MeCOO—}\underset{\underset{\text{H}}{|}}{\overset{\overset{\text{Me}}{|}}{\text{C}}}\text{—CH}_2(\text{CH}_2)_4\text{CH}_3$$

8.1.3　不对称合成的反应效率

不对称合成反应实际上是一种立体选择性反应,反应的产物可以是对映体,也可以是非对映体,只是两种异构体的量不同。立体选择性越高的不对称合成反应,产物中两种对映体或两种非对映体的数量差别就越悬殊。不对称合成的效率正是用两者的数量差别来表示的。若产物彼此为对映体,则其中某一对映体过量的百分数(percent enantiomeric excess,%e. e)可作为衡量该不对称合成反应效率高低的标准,表示方法如下:

$$\%\text{e. e}=\frac{[R]-[S]}{[R]+[S]}\times 100$$

式中,$[R]$ 和 $[S]$ 分别为 R 型异构体产物和 S 型异构体产物的量。如两个对映体产物的比为 95∶5,则 %e. e=95−5=90(或 e. e=90%)

通常情况下可假定比旋光度与对映体组成具有线性关系,因而在实验测量误差忽略不计时,上述 %e. e 即等于下列光学纯度百分数(percent optical purity,%O. P):

$$\%\text{O. P}=\frac{[\alpha]\text{实测不对称合成产物}}{[\alpha]_\text{。}\text{纯净的立体产物}}\times 100$$

因此,实际上往往可用实验的方法求得产品的光学纯度,并以此作为生成对映体的不对称合成效率高低的量度。

若产物为非对映异构体,不对称合成反应效率用非对映过量百分数(percent diastereomeric excess,%d. e)来表示,表示方法如下:

$$\%\text{d. e}=\frac{[\text{A}]-[\text{B}]}{[\text{A}]+[\text{B}]}\times 100$$

式中,$[\text{A}]$ 和 $[\text{B}]$ 分别为主要非对映体产物和次要非对映体产物的量。

非对映异构体的量可以用 ^{1}H-NMR(尤其[13]C-NMR)、GC 或 HPLC 测定。

8.2　不对称合成反应

根据底物、试剂等的不同情况,目前已经发展了多种不对称合成反应。

8.2.1　用化学计量手性物质进行不对称合成

1. 用手性反应物进行不对称合成

手性反应物与试剂反应时,由于形成两种构型的概率不均等,其中一种构型占主要,从而达到不对称合成的目的。例如,由 D-(−)-乙酰基苯甲醇合成麻黄碱,其光学纯度很高,反应式如下：

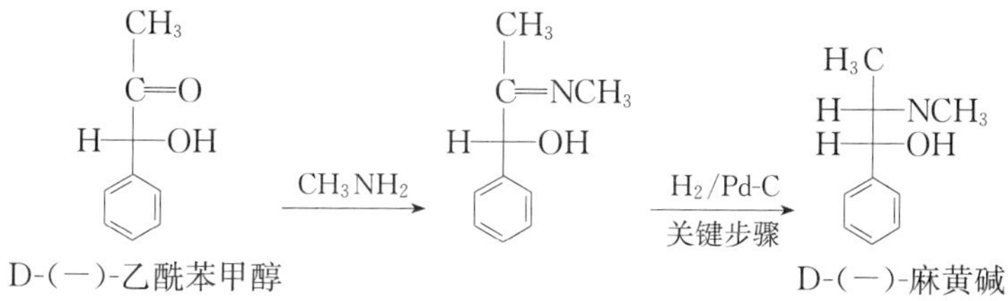
CH3
C=O
H—OH
CH3NH2
CH3
C=NCH3
H—OH
H2/Pd-C
关键步骤
H3C
H—NCH3
H—OH
D-(−)-乙酰苯甲醇
D-(−)-麻黄碱

用 Newman(纽曼)投影式来表示上述合成，能直观地看出试剂和手性起始物之间发生反应时的立体选择性。Newman 投影式如下：

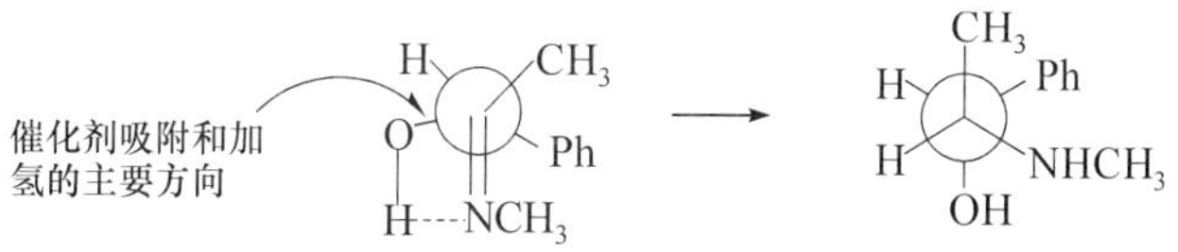
催化剂吸附和加
氢的主要方向
H
CH3
O
Ph
H---NCH3
CH3
H
Ph
H
NHCH3
OH

可以看出，用该法制备 1 mol 手性产物至少要用 1 mol 手性反应物，这就要求有易得的手性起始物质才能进行这项工作，因而使该不对称合成的应用受到一定限制。

异蒲勒醇的硼氢化-氧化，硼烷的进攻受到原分子中一些基团的影响，90%生成如下构型的产物：

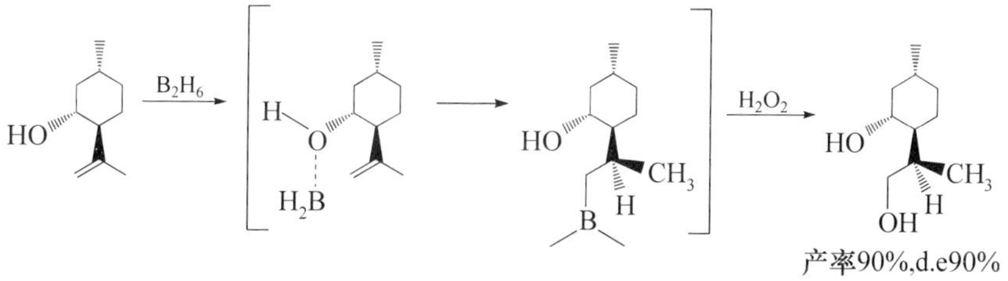
HO
B2H6
H
O
H2B
HO
CH3
H
B
H2O2
HO
CH3
H
OH
产率90%,d.e90%

2. 用手性试剂进行不对称合成

用手性试剂与潜手性化合物作用可以制得不对称目的物。手性试剂可以在一般的对称试剂中引入不对称基团而制得。在手性试剂的不对称反应中最常见的是不对称还原反应。这里介绍几种不对称还原剂的还原反应。

1）不对称烷氧基铝还原剂

Noyori 用光学活性的联萘二酚、氢化锂铝以及简单的一元醇形成 1∶1∶1 的复合物(BINAL-H)不对称还原剂，用于还原酮或不饱和酮，可以获得很高%e. e值的仲醇，是这方面最成功的例子。联萘二酚和 BINAL-H 的结构式如下：

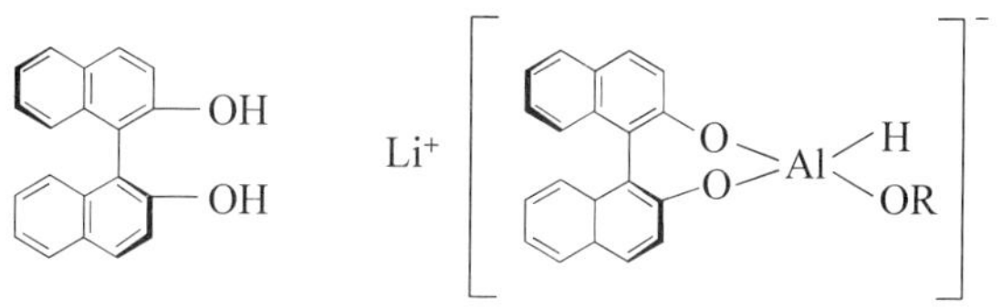
OH
OH
Li+
O
O
Al
H
OR
−

联萘二酚　　(*S*)-BINAL-H　R: Me、Et

反应式如下：

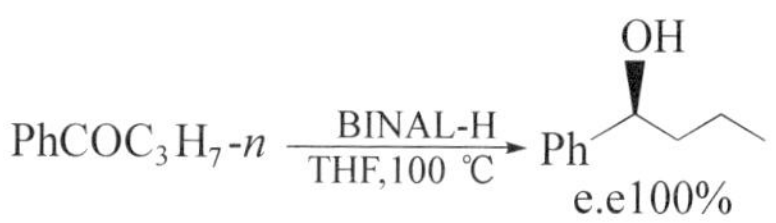
PhCOC3H7-n
BINAL-H
THF,100 ℃
OH
Ph
e.e100%

（一）-薄荷醇的一烷氧基氢化锂铝、（＋）-奎尼丁碱的一烷基氢化锂铝（R＝CH₃O—）、（＋）-辛可宁碱的一烷基氢化锂铝（R＝H）等不对称氢化物还原剂也可以用手性试剂和氢化锂铝反应制得,结构式如下：

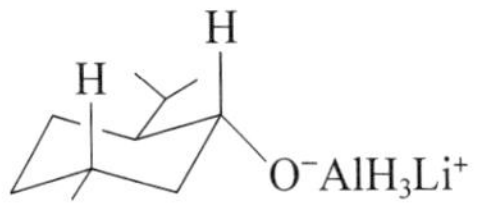

（−）-薄荷醇的一烷氧基氢化锂铝 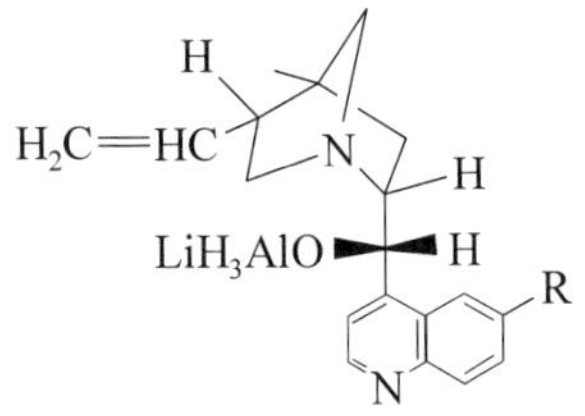　　　（＋）-喹尼丁碱的一烷基氢化锂铝(R=CH₃O)

（＋）-辛可宁碱的一烷基氢化锂铝(R=H)

2）手性硼试剂

手性硼试剂用于不对称还原也曾做了大量工作,利用手性环状硼试剂更是取得了很好的结果。例如,将（＋）-α-蒎烯或（−）-α-蒎烯与二硼烷在二甲氧基乙烷中,于 0 ℃发生反应,分别生成非对称（＋）-P_2^*BH[（＋）-二（3-蒎烷基）硼烷]或（−）-P_2^*BH[（−）-二（3-蒎烷基）硼烷][7],反应式如下：

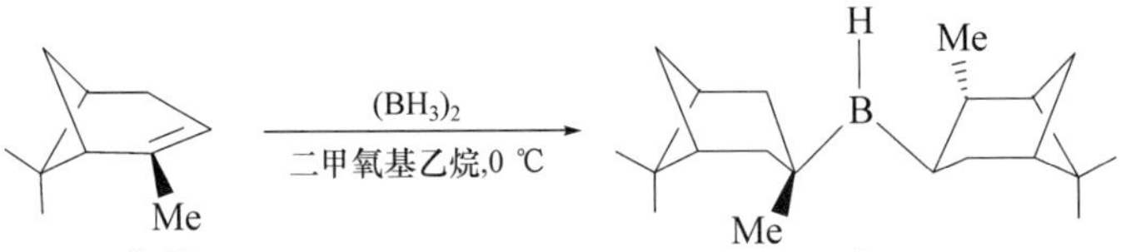

P_2^*BH 和同一烯烃反应时,加成方向取决于不对称试剂的结构[8,9]。例如：

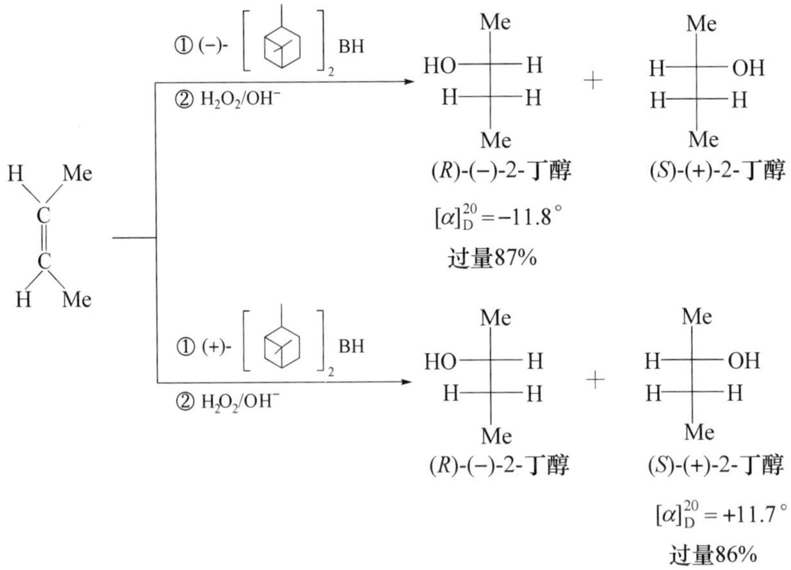

该实例说明应用手性硼烷进行的手性合成反应具有很高的立体选择性。在反应过程中,形成两种能量差别相当大的过渡态（A）和（B）,而（A）的能量小于（B）的能量。表示如下：

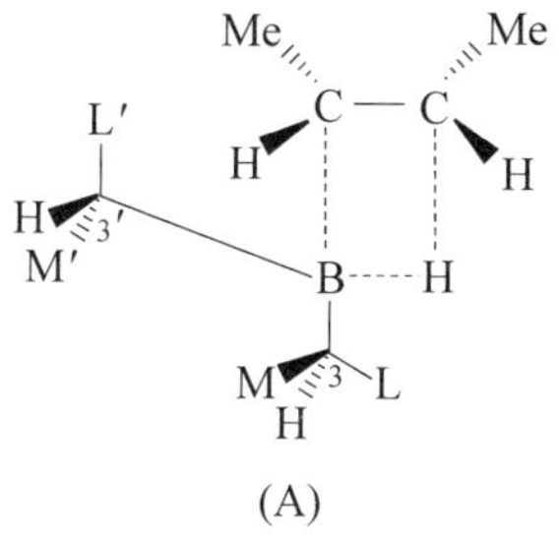

(A)　　　　　　　　　　　　(B)

在(A)中顺-2-丁烯的甲基接近 C-3′上体积较小的氢原子,在(B)中该甲基接近体积较氢原子大得多的 C-3 上的 M 基团,这就导致两种过渡态在能量上的悬殊,从而使反应具有较高的立体选择性。

3. 反应底物中手性诱导的不对称合成

在反应底物中引入一手性的辅助基团,然后使反应中形成的新手性中心上两个异构体不等量,也即生成一对非对映异构体时,一个异构体过量,若此时将原手性辅助基团除去,则可得到一对不等量的对映体,从反应过渡态考虑选择适当的手性辅助基团,使在反应中心形成刚性的不对称环境,可获得很高的立体选择性。例如,用氨基吲哚啉(amino indoline)与取代的乙醛酸酯反应生成腙-内酯类化合物,用铝汞齐还原 C═N 键,催化氢解 N—N 键,再水解得光学活性的氨基酸,e.e 值可达 96%～99%[10]。

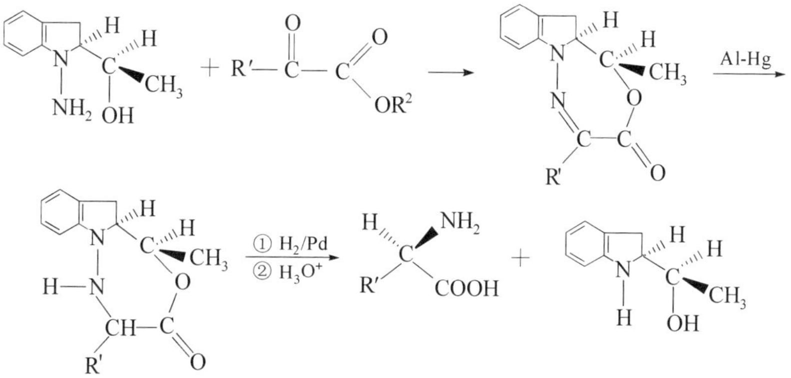

光学纯的吲哚啉回收后,经亚硝化和还原再得到氨基吲哚啉,可以重复使用,因此是较为理想的不对称合成。

应用(1S,2S)-(+)-2 氨基-1-苯基-1,3-丙二醇的异亚丙基衍生物和烷基甲酮进行不对称Strecker(斯特雷克)合成,生成结晶的氨基腈,水解还原后即可制得光学纯的 α-甲基氨基酸[11],反应式如下:

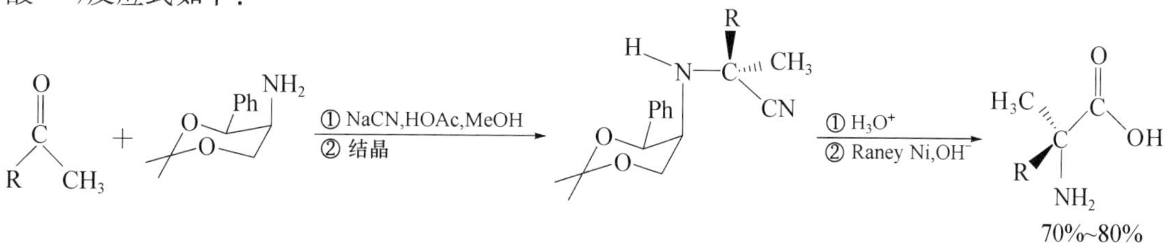

该法已应用于降血压药物(S)-甲基多巴的工业生产。

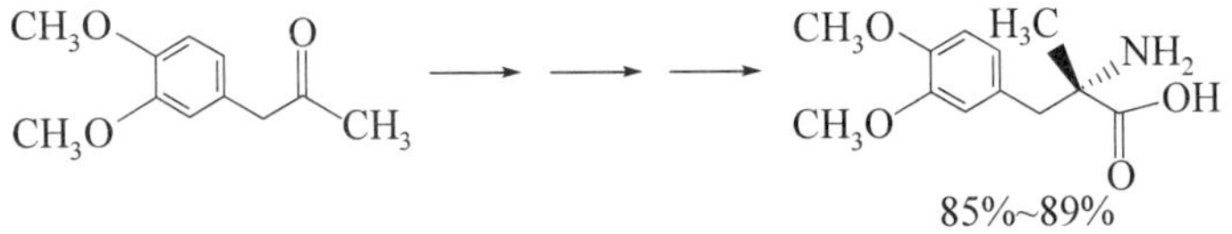

$$85\% \sim 89\%$$

8.2.2　不对称催化反应

1. 手性催化剂的不对称反应

上面介绍的不对称合成反应需要使用大量的手性化合物,而这些手性化合物一般均较难获得,因此,用催化剂量的手性试剂来引起不对称反应是一种较为理想的途径。1968 年,美国 Monsanto 公司的 Knowles 等和联邦德国的 Maize 等几乎同时报道了用光学活性膦化合物与铑生成的配位体作为均相催化剂进行不对称催化氢化反应,引起了化学界的兴趣。此后化学家们做了大量的研究工作,迅速取得进展。目前某些不对称催化反应其产物的 e. e 可达90%,有的甚至达 100%。据 Monsanto 公司报道,用 454 g 手性催化剂可以制备 1 t L-苯丙氨酸。目前反应所使用的中心金属大多为铑和铱,手性配体基本为三价磷配体。例如:

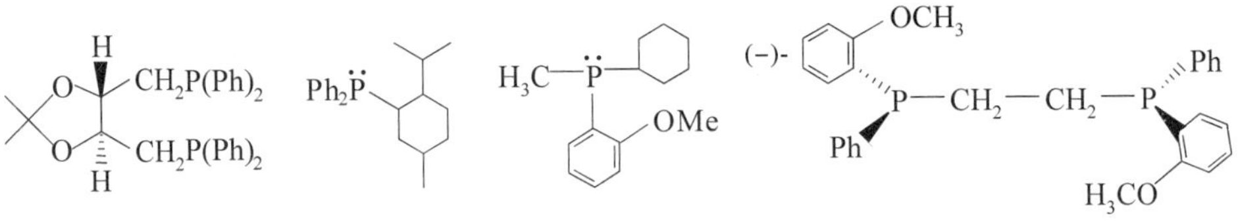

$$L_A^* \qquad L_B^* \qquad L_C^* \qquad L_D^*$$

L*: 手性膦

具有这种手性配体的铑对碳-碳双键、碳-氧双键及碳-氮双键发生不对称催化氢化反应。例如,烯胺类化合物碳-碳双键不对称氢化反应是一类重要的不对称氢化反应,用这类反应可以制备天然氨基酸,反应式如下:

(Z)-α-乙酰氨基肉桂酸　　　　　　　　　　　　　　(S)-(+)-N-乙酰基苯丙氨酸

e. e 95.7%

重要的抗震颤麻痹药物 L-多巴(3-羟基酪氨酸)是一种抗胆碱,同样可以用手性膦催化剂进行不对称催化氢化来制备,反应式如下:

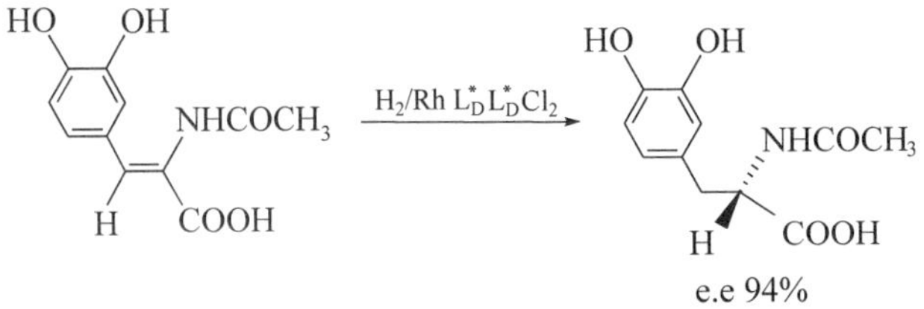

e.e 94%

该方法为全合成具有光学活性的甾体化合物提供了一种新的有效途径。

1980 年,Sharpless 研究组[12]报道了酒石酸酯、四异丙氧基钛、过氧叔丁醇体系能对各类烯丙醇进行高对映选择性环氧化,可获得 e. e 值大于 90% 的羟基环氧化物,并且根据所用酒石酸二乙酯的构型可得到预期的立体构型的产物。由于这一贡献,Sharpless 教授和另外两位化学家分享了 2001 年诺贝尔化学奖。

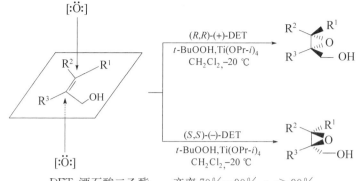

DET:酒石酸二乙酯　　产率 70%～90%,e.e>90%

癸基烯丙醇在反应条件下可得到 e.e 值为 95% 的羟基环氧化合物,反应式如下:

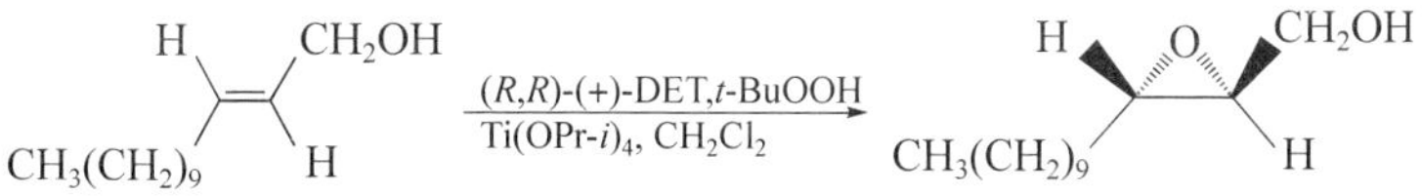

$$CH_3(CH_2)_9 \xrightarrow{(R,R)\text{-}(+)\text{-DET},t\text{-BuOOH}}{Ti(OPr\text{-}i)_4, CH_2Cl_2} \quad CH_3(CH_2)_9$$

产率 97%,e.e 95%

应用 Sharpless 不对称环氧化合成天然产物有许多报道,如白三烯 B_4(leukotriene B_4)、(+)-舞毒蛾性引诱剂和两性霉素 B 等的合成,其关键步骤均为标准条件下烯丙醇衍生物的不对称环氧化反应,反应式如下:

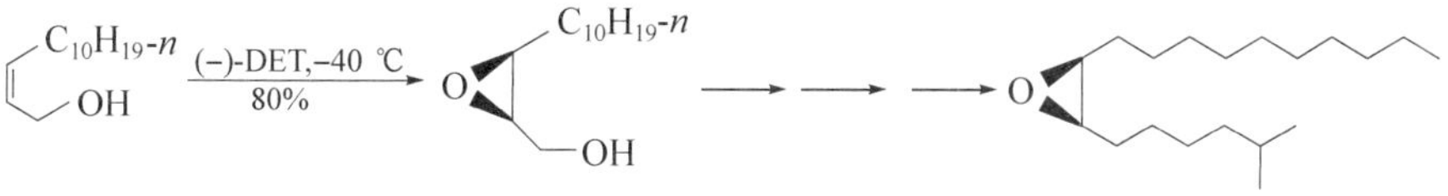

$$\xrightarrow{(-)\text{-DET},-40\ ℃}{80\%} \quad O$$

e.e 91%　　　　　　　　　　(7R,8S)-(+)-舞毒蛾性引诱剂

Sharpless 环氧化反应主要有两大优点:①适用于绝大多数烯丙醇,并且生成的光学产物 e.e 值可达 71%～95%;②能够预测环氧化合物的绝对构型,对已存在的手性中心和其他位置的孤立双键几乎无影响等。由于 Sharpless 不对称环氧化反应要求用烯丙醇作底物,反应的应用范围受到限制。

20 世纪 90 年代,Jocobsen 等[13]利用 Mn(Ⅱ)-Salen 配合物作催化剂,漂白粉等作为氧化剂,对底物是共轭顺式二取代或三取代烯烃的环氧化进行了研究并取得了很好的对映选择性结果,反应式如下:

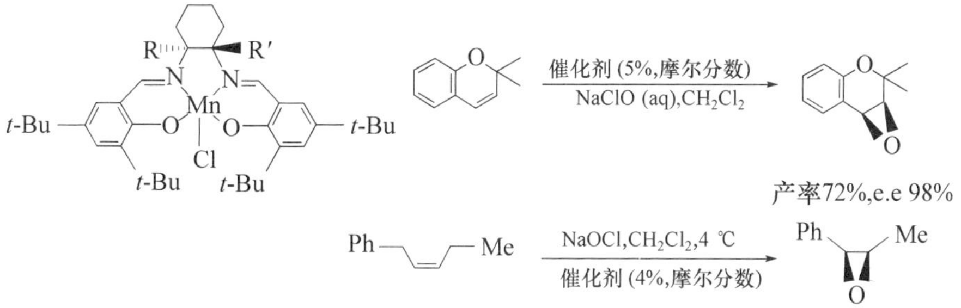

$$\xrightarrow{\text{催化剂 (5%,摩尔分数)}}{NaClO (aq),CH_2Cl_2}$$

产率 72%,e.e 98%

$$Ph \diagdown Me \xrightarrow{NaOCl,CH_2Cl_2,4\ ℃}{\text{催化剂 (4%,摩尔分数)}} Ph \quad Me$$

产率 81%,e.e 92%

在合成钾离子通道活化剂 BRL-55834 的反应中,由于反应体系中加入了 0.1 mol 异喹啉 N-氧化物,只需要 0.1%(摩尔分数)催化剂就可以高效地使色烯环氧化[14],反应式如下:

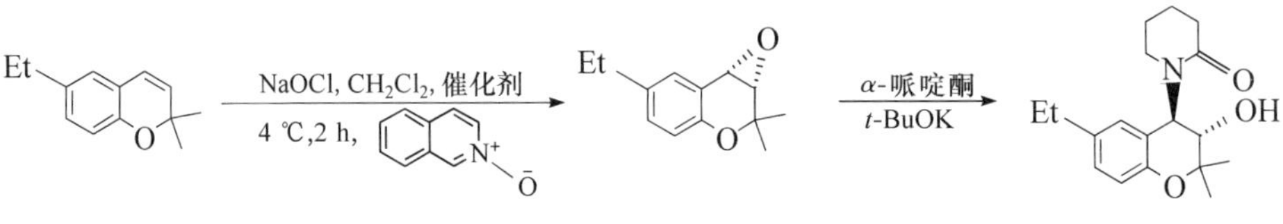

产率87%,e.e 94%　　　　　　BRL-55834

但是,到目前为止,该体系底物范围仍然较窄,尤其对脂肪族化合物效果不理想。

1987 年,Corey 等在 Itsuno 的工作基础上,由(S)-2-(二苯基羟甲基)吡咯烷和 BH₃·THF 反应制得相应的硼杂噁唑烷(oxazaborolidine)。它是 BH₃·THF 还原前手性酮的高效手性催化剂,催化还原前手性酮生成预期构型的高对映体过量仲醇,Corey 称这个反应为 CBS 反应,反应式如下:

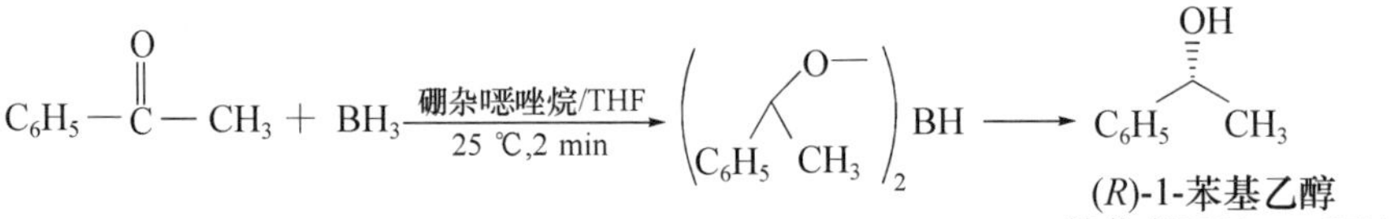

(R)-1-苯基乙醇
转化率99%,e.e>97%

硼杂噁唑烷:

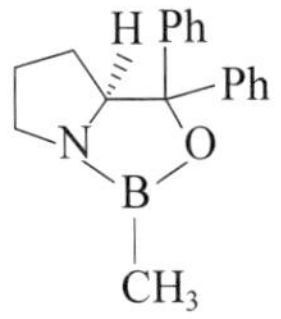

用各种手性配体和 BH₃·THF 制成硼杂噁唑烷来还原前手性酮制备光学活性醇 e.e 值都很高,但此类反应对水极为敏感,故其应用受到限制。

生物碱作为化学反应的手性催化剂也有很好的催化活性[15~17]。例如:

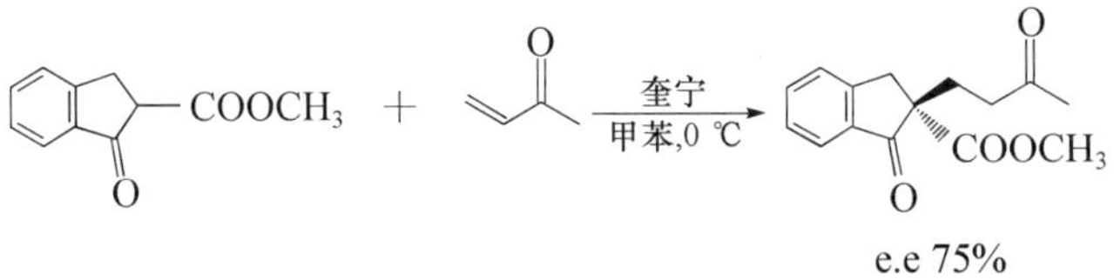

e.e 75%

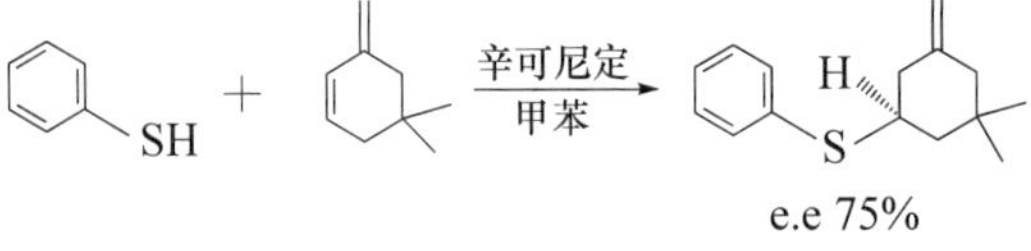

e.e 75%

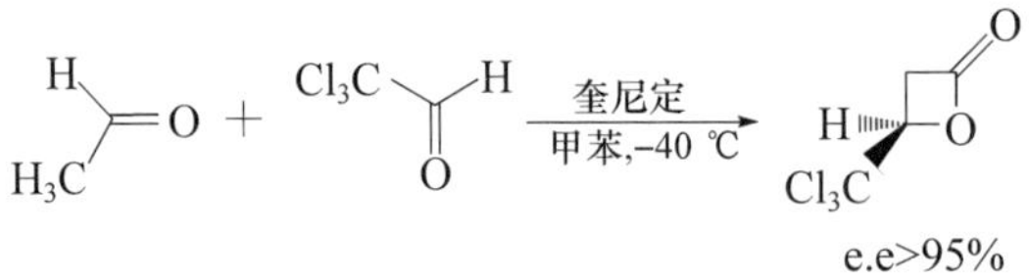

e.e>95%

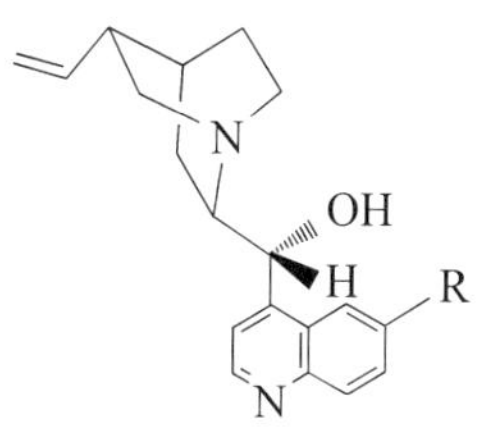

奎宁(R = OCH₃)

辛可尼定(R=H)

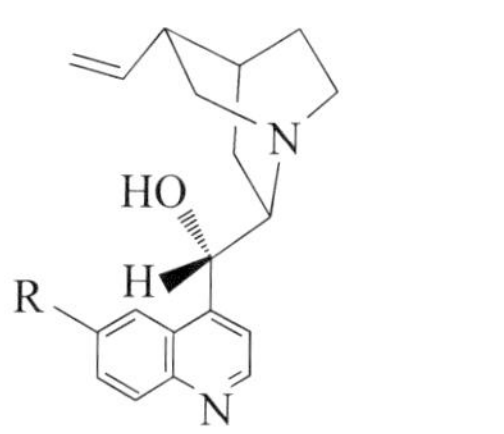

奎尼定(R=OCH₃)

辛可宁(R=H)

氨基酸在不对称合成中常作为手性源、手性配体的前体等,并且在对映选择性反应中取得了成功。例如,Cohen 等[18]应用(S)-脯氨酸作为羟醛缩合反应的催化剂,在甾烷 C、D 环合成时获得高达 97%的 e.e 值,反应式如下:

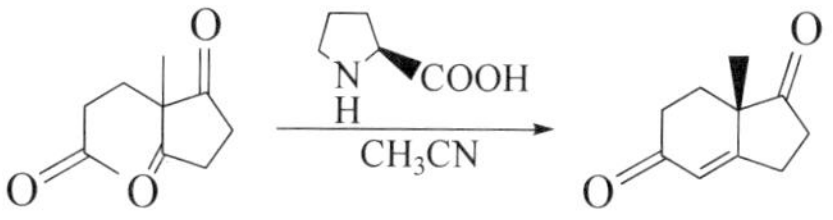

e.e 97%

2006 年,Bolm 等[19]报道了在微波辅助下,L-脯氨酸催化的环己酮、甲醛和芳胺的三组分不对称 Mannich 反应。在 10～15 W 功率的辐射下,反应温度不高于 80 ℃。与传统加热方法相比,该不对称反应加速非常明显,对映选择性却不受影响,反应式如下:

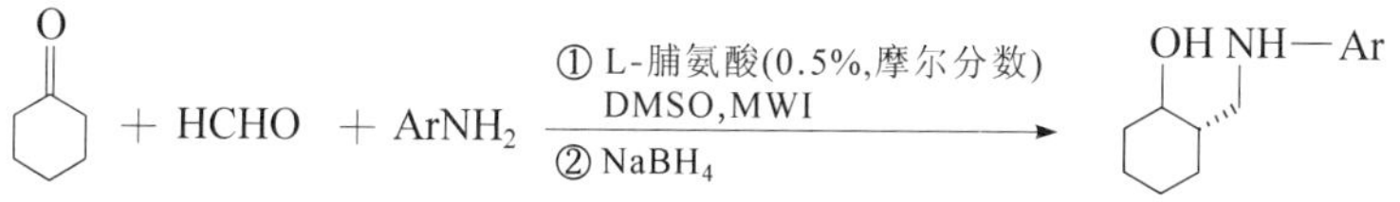

产率71%～96%,e. e 94%～98%

2. 酶催化的不对称合成反应

生物催化反应通常是条件温和、高效,并且具有高度的立体专一性。因此,在探索不对称合成光学活性化合物时,一直没有间断进行生物催化研究。早在 1921 年,Neuberg 等用苯甲醛和乙醛在酵母的作用下发生缩合反应,生成 D-(—)-乙酰基苯甲醇。用于急救的强心药物阿拉明的中间体 D-(—)-乙酰基间羟基苯甲醇也是用这种方法合成的。1966 年,Cohen 采用D-羟腈酶作催化剂,苯甲醛和 HCN 进行亲核加成反应,合成(R)-(+)-苦杏仁腈,具有很高的立体选择性,反应式如下:

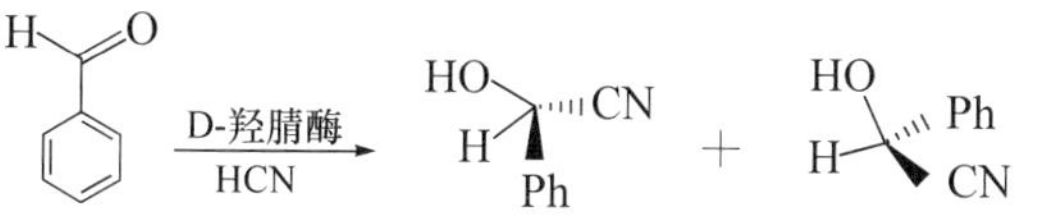

(R)-(+)苦杏仁腈　(S)-(−)苦杏仁腈

e.e 94%

乙酰乙酸乙酯可被面包酵母催化还原生成(S)-β-羟基酯(产率 60%,e. e 97%),而丙酰乙酸乙酯在同样条件下选择性极差。用 *Thermoanaerobium brockii* 细菌能将丙酰乙酸乙酯对映选择性很高地还原成(S)-β-羟基酯(产率 40%,e. e 93%),该过程表示如下:

$$R-\overset{O}{\underset{\|}{C}}-CH_2-COOC_2H_5 \xrightarrow{\text{TBC细菌}} \underset{R}{\overset{H}{\underset{|}{C}}}\overset{OH}{\underset{|}{C}}COOC_2H_5$$

R:CH₃、C₂H₅

内消旋化合物的对映选择性反应目前只有使用酶作催化剂才有可能进行。马肝醇脱氢酶（HLADH）可选择性地将二醇氧化成光学活性内酯,猪肝酯酶（PLE）可使二酯选择性水解成光学活性产物 β-羧酸酯[20],反应式如下:

$$\text{HO}\underset{\text{OH}}{\qquad\qquad} \xrightarrow{\text{HLADH}} \left[\text{HO}\underset{\text{CHO}}{\qquad} \rightleftharpoons \underset{\text{O}\qquad\text{OH}}{\qquad} \right] \xrightarrow{\text{HLADH}} \underset{\text{O}\qquad\text{O}}{\qquad}$$

e.e 87%

$$\underset{\text{COOCH}_3}{\overset{\text{COOCH}_3}{\bigcirc}} \xrightarrow[88\%]{\text{PLE}} \underset{\text{COOCH}_3}{\overset{\text{COOH}}{\bigcirc}}$$

e.e>97%

部分蛋白质已在一些不对称合成中作为催化剂使用。例如,用牛血清蛋白（BSA）作催化剂,在碱液中进行不对称 Darzen 反应[21],反应式如下:

$$O_2N-\text{}-CHO + ClCH_2COPh \xrightarrow[\text{pH}=11,43\%]{\text{BSA}(0.05\%,\text{摩尔分数})} \text{}$$

e.e 62%

酶催化是目前很活跃的研究领域之一,并且已成功地应用于生物技术方面。将生物技术与有机合成很好地结合起来,并在更广泛的领域应用,将会进一步改善精细化学品合成的面貌。

扫一扫

1. 2021 年诺贝尔化学奖——不对称有机催化的发展
2. 中国有机化学家——林国强院士
3. 中国有机化学家——马大为院士

参 考 文 献

[1] 国家自然科学基金委员会. 有机化学. 北京:科学出版社,1994

[2] 李良助,林垚,宋艳玲,等. 有机合成原理和技术. 北京:高等教育出版社,1992

[3] 邢其毅. 徐瑞秋. 周政. 基础有机化学(下册). 北京:高等教育出版社,1984

[4] 顾可权,林吉文. 有机合成化学. 上海:上海科学技术出版社,1987

[5] Noyori R,Tokunaga M,Kitamura M. Bull Chem Soc Jpn,1995,68:36

[6] Power M B,Bott S G,Atwood J L,et al. J Am Chem Soc,1990,112:3446

[7] Brown H C,Ayyangar N R,Zweifel G. J Am Chem Soc,1964,86:397

[8] Brown H C,Jadhav P K. J Org Chem,1981,46:5047

[9] Masamune S,Kim B M,Petersen J S,et al. J Am Chem Soc,1985,107:4549

[10] Corey E J,McCaully R J,Sachdev H S. J Am Chem Soc,1970,92:2476

[11] 王建新. 精细有机合成. 北京:中国轻工业出版社,2000

[12] Katsuki T,Sharpless K B. J Am Chem Soc,1980,102:5974

[13] Jocobsen E N,Zhang W,Muci A R,et al. J Am Chem Soc,1991,113:7063

[14] Katsuki T. Adv Synth Catal,2002,344:131

[15] Hiemstra H,Wynberg H. J Am Chem Soc,1981,103:417

[16] Wynberg H,Staring E G J. J Am Chem Soc,1982,104:166

[17] Hermann K,Wynberg H. J Org Chem,1979,44:2238

[18] Cohen N. Acc Chem Res,1976,9:412

[19] Rodriguez B,Bolm C. J Org Chem,2006,71:2888

[20] Berkessel A, Gröger H. 不对称有机催化——从生物模拟到不对称合成的应用. 赵刚译. 荣国斌校. 上海:华东理工大学出版社,2006

[21] 林国强,陈耀全,陈新滋. 手性合成——不对称反应及其应用. 北京:科学出版社,2000

第9章 氧化反应

氧化反应是自然界普遍存在的一类重要反应。在有机合成中，多数有机化学家认为氧化反应应包括下列几个方面：①氧对底物的加成，如乙烯转化为环氧乙烷的反应；②脱氢，如乙醇氧化为乙醛的反应；③从分子中除去一个电子，如酚氧负离子转化为酚氧自由基的反应。

本章按被氧化物的类型分为醇羟基和酚羟基的氧化反应、烯烃双键的氧化反应、芳烃侧链烯丙位的氧化反应、酮的氧化反应等来进行讨论。值得一提的是，在讨论氧化反应时，选择性氧化反应是非常受关注的课题。

9.1 醇羟基和酚羟基的氧化反应

9.1.1 醇羟基的氧化反应

醇羟基的氧化方法较多，这里只介绍一些具有选择性的或比较实用的方法。

1. 氧化剂直接氧化法

1）三氧化铬-吡啶络合物氧化法

铬酸在有机合成中最重要的用途之一是将反应物结构不太复杂的仲醇氧化成酮的反应，这一反应通常是由醇和酸性铬酸水溶液在乙酸或非均相混合物中进行，所得产物产率一般良好。但是，当醇分子中含有对酸敏感的官能团时，使用该方法就会导致氧化失败。三氧化铬-吡啶络合物对伯醇和仲醇氧化可以以很好的产率转化为羰基化合物，而对酸敏感的基团如烯键、硫醚键等则不受影响[1~3]。例如，用这种方法，1-庚醇以 80% 的产率生成庚醛，肉桂醇以 81% 的产率生成肉桂醛，3,5-二甲基-5,9-癸二烯醛可由相应的醇以 90% 的产率制得。多羟基化合物有时可以通过缩醛的方法来保护其他羟基，从而只使其中一个羟基发生选择性氧化，可以得到同样好的结果。例如：

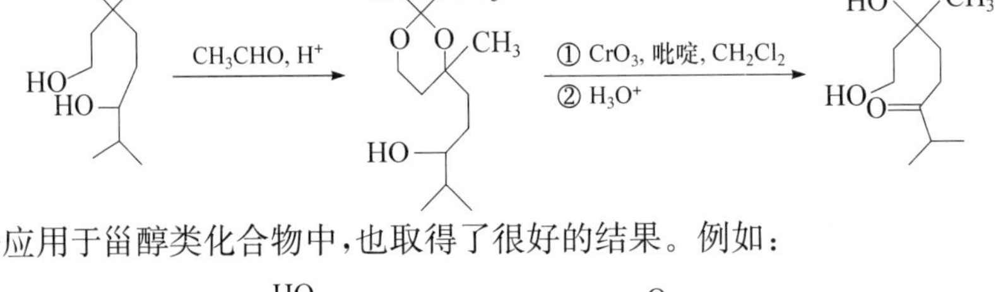

将该法应用于甾醇类化合物中，也取得了很好的结果。例如：

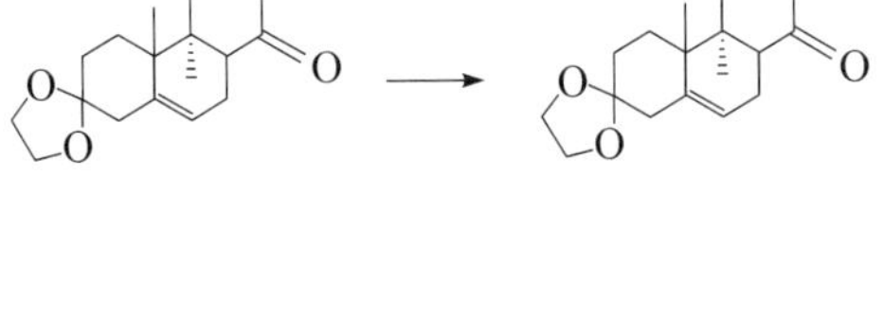

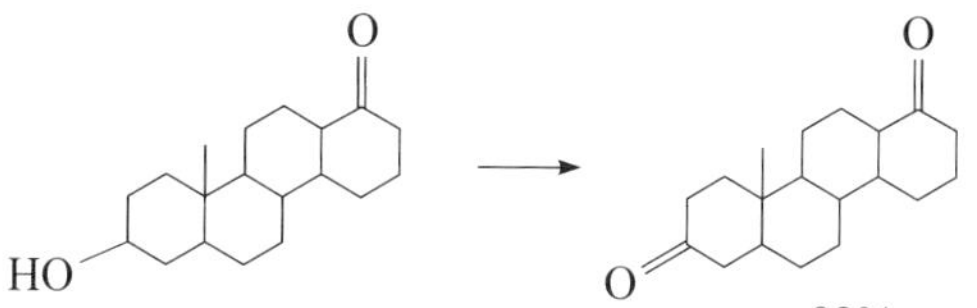

92%

将三氧化铬加到吡啶中就可以得到三氧化铬-吡啶络合物,它是一种温和的试剂,但容易吸湿,反应式如下:

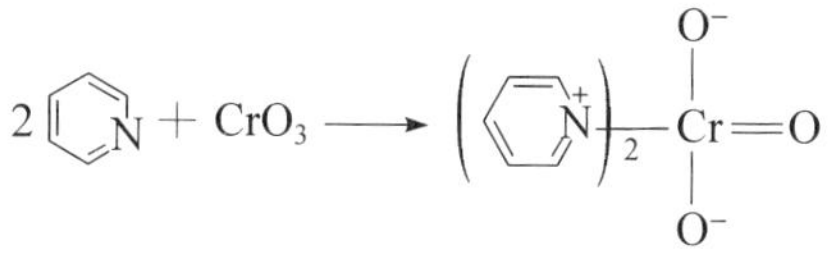

要特别注意,如果将吡啶加到三氧化铬上就会着火。

用氯铬酸吡啶盐 $C_5H_5N^+H \cdot CrO_3Cl^-$（Corey 氧化法）[4] 能广泛地用于各种醇的氧化,生成羰基化合物,但该法不适用于对酸敏感的化合物。

2) 二氧化锰氧化法

二氧化锰是一种能将伯醇和仲醇氧化成羰基化合物的常用的温和试剂,它特别适合于烯丙醇和苄醇羟基的氧化,反应在室温下,中性溶剂(水、苯、石油醚、氯仿)中即可进行。常用的方法是将醇与 MnO_2 在溶剂中搅拌几个小时即可完成。二氧化锰要经特殊方法制备才能具有最高活性,最好的方法是用硫酸锰与 $KMnO_4$ 在碱性溶液中反应来制备。

烯键和炔键不与该试剂发生反应。例如:

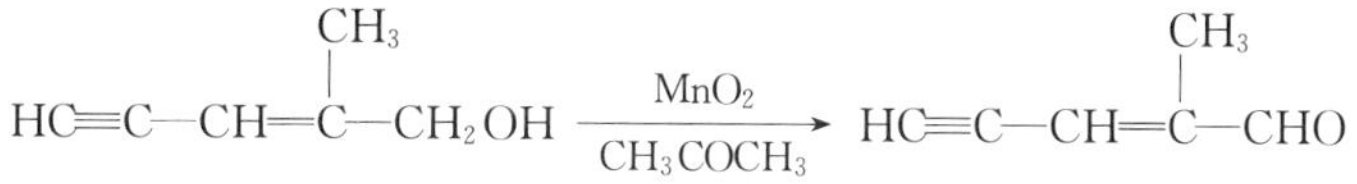

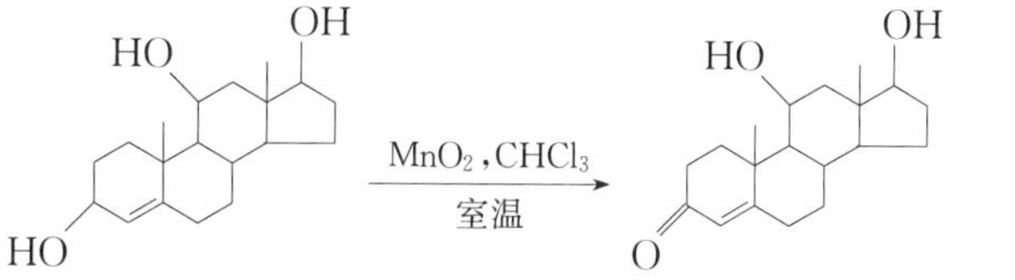

82%

通常情况下,二氧化锰氧化烯丙基伯醇时,不会进一步将其氧化成羧酸。

在脂肪醇存在的情况下,可以实现烯丙醇和苄醇的选择性氧化。例如,在合成生物碱雪花胺(galanthamine)的过程中,用 MnO_2 处理能够促进选择性地氧化苄醇,得到醛[5],反应式如下:

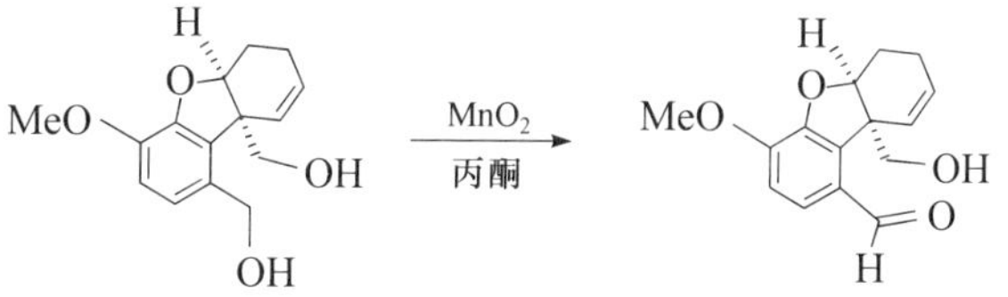

97%

二氧化锰氧化可以避免使用铬试剂的一些问题,如烯醇的环氧化和双键的异构化（Z 构型转变为 E 构型）等。

3) 碳酸银氧化法

沉淀在硅藻土上的碳酸银是一种能将伯醇和仲醇以很高的产率氧化成醛和酮的极好试剂,反应在温和的近中性条件下进行,一般其他官能团不发生反应[6]。例如,在反应条件下,橙花醇(nerol)以 95% 的产率转化为橙花醛(neral),高位阻的羟基不发生氧化,因而在适当情况下,可以选择性地进行氧化,反应式如下:

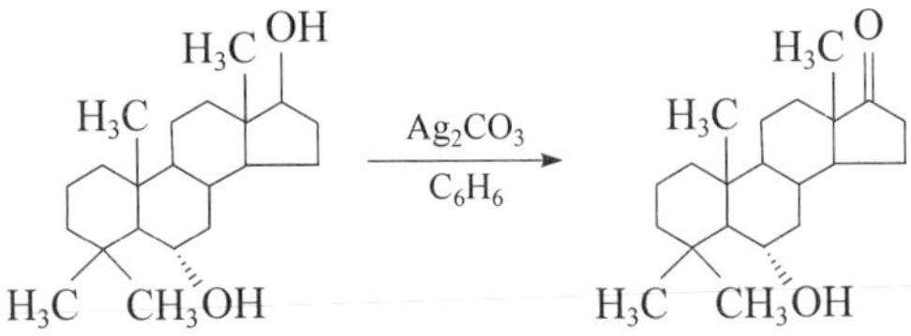

伯醇比仲醇的氧化速率慢,而仲醇的反应活性又远不如苄基和烯丙基醇。因此,在丙酮或甲醇溶液中,苄基或烯丙基羟基可以被选择性地氧化。例如:

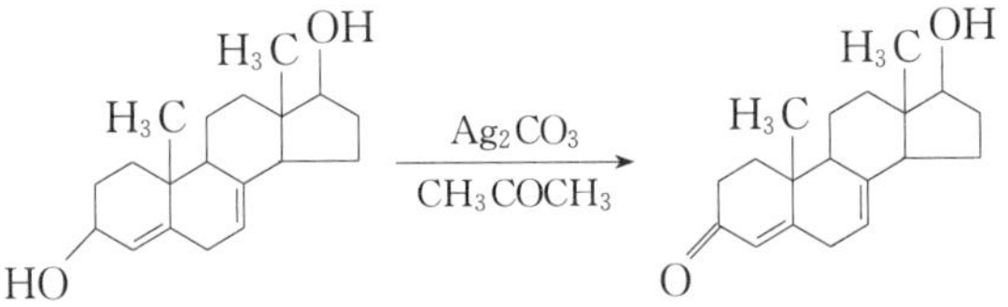

二元醇(1,4-丁二醇、1,5-戊二醇、1,6-己二醇等)一般只有一个羟基被氧化成羧酸,再转化为相应的内酯,这是用其他方法不易得到的。例如,1,5-戊二醇以 95% 的产率生成庚内酯。烯丙基二醇只生成内酯,这说明烯醇羟基具有较大的反应活性。例如:

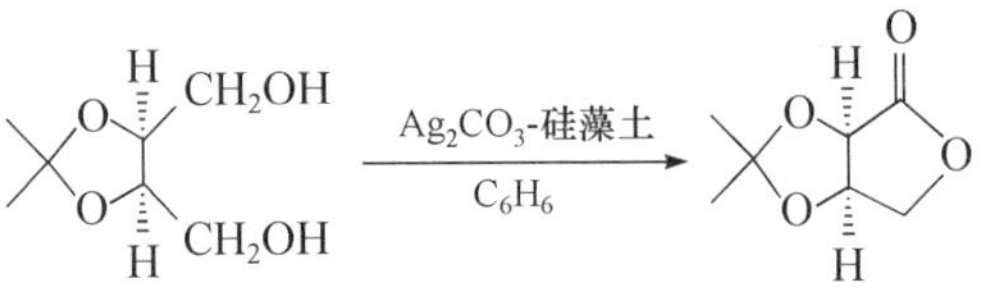

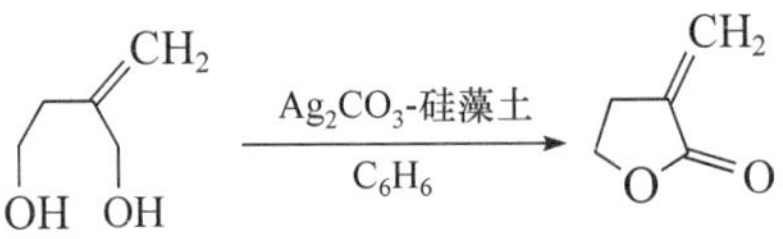

其他的二醇根据其结构不同则生成羟基醛或羟基酮。例如,环己二醇生成 α-羟基环己酮,1,3-丁二醇生成 1-羟基-3-丁酮。这一结果与"该试剂氧化仲醇要比伯醇快"的结论相符。例如:

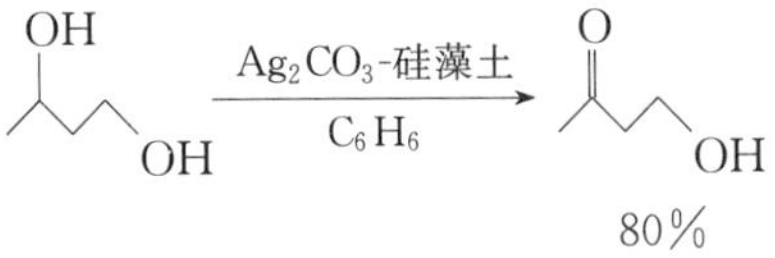

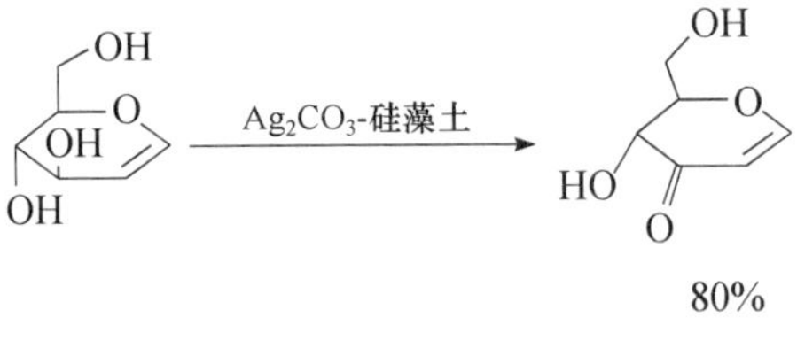

　　化学性质完全相同的仲醇羟基,在试剂用量的控制条件下,也能达到单边氧化的目的。例如:

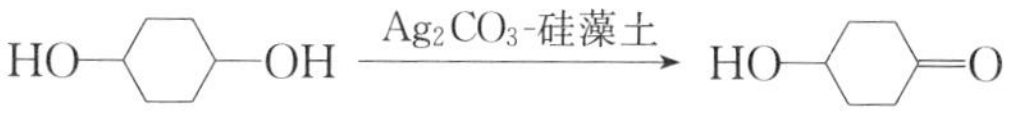

$$HO\text{—}\bigcirc\text{—}OH \xrightarrow{Ag_2CO_3\text{-}硅藻土} HO\text{—}\bigcirc\text{=}O$$

　　4)亚硝酸钠、乙酸酐氧化法

　　Bandgar 等[7]在 2000 年报道了用 $NaNO_2$-Ac_2O 新氧化体系,在无溶剂和温和条件下对各种伯醇、苄醇和烯丙醇进行快速和选择性氧化,得到相应的醛类化合物,产率为 $60\%\sim97\%$,反应通式如下:

$$RCH_2OH \xrightarrow[25℃,<1\ min]{NaNO_2\text{-}Ac_2O} RCHO$$

$NaNO_2$-Ac_2O 氧化体系对各种醇的快速、选择性氧化结果如表 9-1 所示。

表 9-1　$NaNO_2$-Ac_2O 对醇的选择性快速氧化

醇	产　　物	产率/%
4-溴苄醇	4-溴苯甲醛	65
丁醇	丁醛	60
4-氯苄醇	4-氯苯甲醛	65
3,4-二甲氧基苄醇	3,4-二甲氧基苯甲醛	82
4-氰基苄醇	4-氰基苯甲醛	75
2-硝基苄醇	2-硝基苯甲醛	90
3-硝基苄醇	3-硝基苯甲醛	91
4-硝基苄醇	4-硝基苯甲醛	92
肉桂醇	肉桂醛	85
己-1-醇	己醛	75
1,8-辛二醇	1,8-辛二醛	75
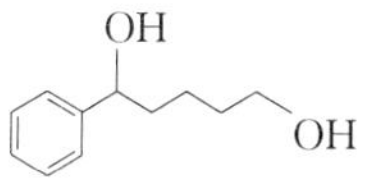	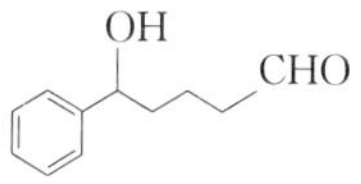	89
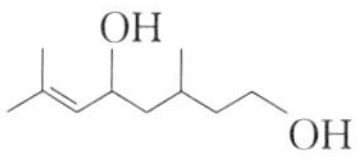	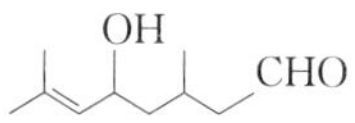	93
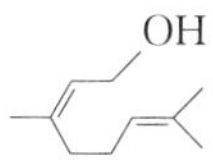	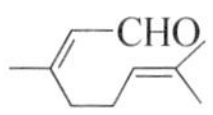	84
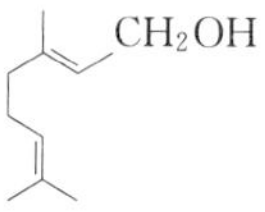	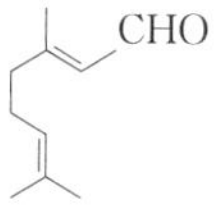	94
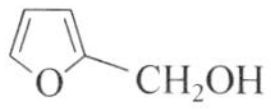	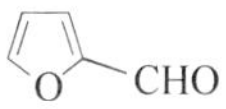	94
	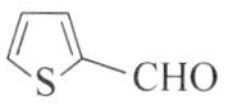	97
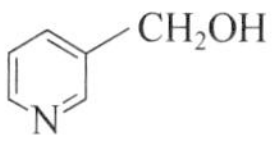	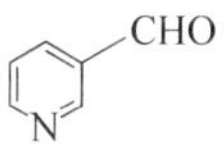	95

这个有效的新方法具有以下特点：①反应快，在所有情况下完成反应不超过1 min；②没有过氧化物羧酸生成；③伯脂肪醇、伯脂肪二醇、烯内醇和苄醇均被选择性氧化生成相应的醛类化合物；④α,β-不饱和醇的氧化没有双键异构现象；⑤分子中存在伯醇羟基和仲醇羟基(包括仲苄基醇)时，伯醇羟基发生选择性氧化；⑥在杂环醇分子中，发生选择性氧化，杂原子(如 N、S)不受影响。

5) 有机五价碘氧化剂

1-羟基碘酰苯(IBX)及其衍生物——高价碘化物作为一种性能温和、选择性高及环境友好的醇氧化剂在有机合成中得到广泛的应用。它不同于其他类型氧化剂的显著特点在于对底物的化学选择性极高，即一般仅氧化醇羟基为羰基，而不会氧化其他一些易被氧化的官能团(如氨基、巯基等)，所以在合成一些药物和天然产物方面具有独特的优势[8~10]。例如：

$$\underset{R}{\overset{OH}{\underset{R'}{\bigwedge}}} \xrightarrow[\text{DMSO,室温}]{\text{IBX}} \underset{R}{\overset{O}{\underset{R'}{\bigvee}}}$$

$$78\% \sim 98\%$$

$$\underset{R}{\overset{HO\quad R}{\underset{R'}{\bigwedge}}}\underset{R'}{\overset{R'}{\underset{OH}{\bigvee}}} \xrightarrow[\text{DMSO,室温}]{\text{IBX}} \underset{R}{\overset{O}{\bigvee}}\overset{O}{\underset{O}{\bigvee}} R \quad \text{或} \quad \underset{R}{\overset{O}{\bigvee}}\underset{OH}{\overset{R}{\underset{R'}{\bigvee}}}$$

$$75\% \sim 100\%$$

R:Si^{t}BuMe$_2$

具有手性的 Re 配合物也可以被 IBX 在温和条件下高产率地氧化为羰基化合物，结果显示，碳-碳三键电子状态及手性原子在反应前后并无发生改变。例如：

$$65\% \sim 76\%$$

合成 α,β-不饱和化合物最常用的方法是将醛或酮与膦叶立德试剂反应，但是用一些不稳定的醛或酮合成不饱和化合物时，Wittig 反应就会显得无能为力。如果利用 IBX，就可以用醇和膦叶立德试剂直接反应得到 α,β-不饱和化合物，显示了它的独到之处。例如：

$$RCH_2OH + Ph_3P=CHCOOEt \xrightarrow[\text{IBX,DMSO,室温,1~48 h}]{} \underset{R}{\diagup}\diagdown COOEt$$

$$69\% \sim 98\%$$

R:Ph、PhCH=CH、Me$_2$C=CHCH$_2$CH$_2$(Me)C=CH 等

IBX 还可以在温和条件下氧化环状醇,高产率地得到 α,β-不饱和羰基化合物[10]。例如:

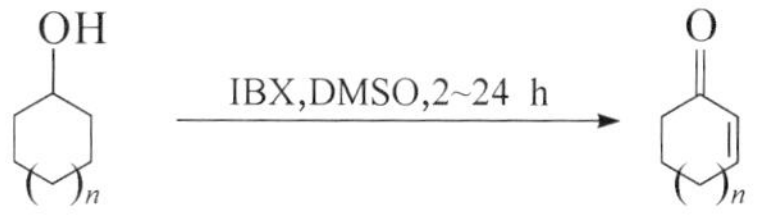

$(n=1,2,6)$

IBX:

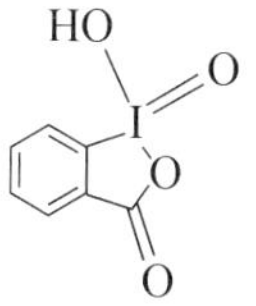

6) 其他氧化法

Oppenauer(欧芬脑尔)氧化法是在温和条件下将仲醇选择性地氧化成酮的一种方法。在丙酮中用烷氧基铝进行的 Oppenauer 氧化反应已广泛地用于甾族化合物的合成,尤其是将烯丙基仲醇氧化成 α,β-不饱和酮的反应,在该反应条件下,β,γ-双键通常要发生迁移而与羰基发生共轭。例如:

$$CH_3CHOHCH=CHCH=CCH=CH_2 \xrightarrow[\text{沸苯,丙酮}]{Al(OC_4H_9\text{-}n)_3} CH_3COCH=CHCH=CCH=CH_2$$

上标 CH_3(左)，CH_3(右)，80%

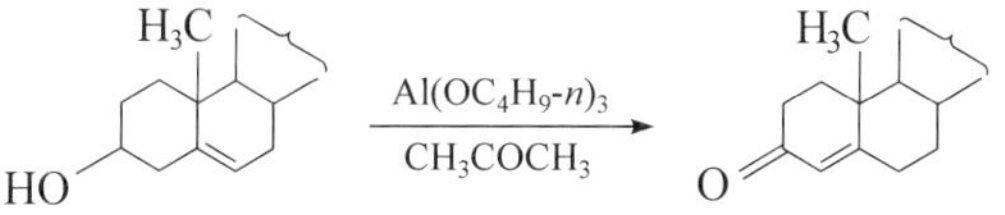

烷氧基铝化物只用来使醇形成醇铝,醇铝再与丙酮作用,通过形成环状过渡态被氧化。使用过量的丙酮会促使反应向右进行。例如:

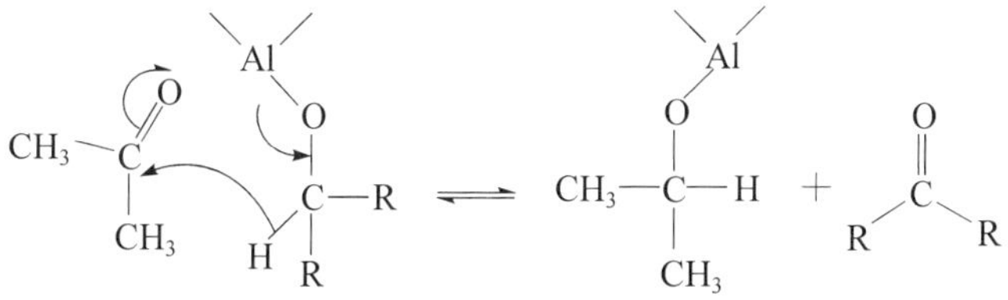

室温下,在吡啶溶液中用四乙酸铅能将伯醇、仲醇和烯丙基醇氧化成相应的羰基化合物。例如:

$$CH_3(CH_2)_3CH_2OH \xrightarrow[\text{吡啶}]{Pb(OCOCH_3)_4} CH_3(CH_2)_3CHO$$

70%

$$CH_3CHOHCH_2CH_2CHOHCH_3 \longrightarrow CH_3COCH_2CH_2COCH_3$$

89%

$$C_6H_5CH=CHCH_2OH \longrightarrow C_6H_5CH=CHCHO$$

91%

另一种对伯醇和仲醇进行氧化的有价值的方法是在室温条件下用铂作催化剂,与氧发生催化氧化反应。伯醇氧化可控制在生成醛和酸。一般双键不受影响,如不饱和醇 2-甲基-2-丁烯-1-醇能被氧化成相应的不饱和醛。反应式举例如下:

$$CH_3(CH_2)_{10}CH_2OH \xrightarrow[C_7H_{16}, 0.5\ h]{O_2, Pt} CH_3(CH_2)_{10}CHO \xrightarrow{2\ h} CH_3(CH_2)_{10}COOH$$
$$\phantom{CH_3(CH_2)_{10}CH_2OH}\qquad\qquad\qquad 77\% \qquad\qquad\qquad\qquad 96\%$$

$$\underset{\displaystyle CH_3CH=CCH_2OH}{\overset{\displaystyle CH_3}{}} \xrightarrow[C_7H_{16}]{O_2, Pt} \underset{\displaystyle CH_3CH=CCHO}{\overset{\displaystyle CH_3}{}}$$

该方法已广泛地用于选择性地氧化糖类中特殊的羟基。例如,L-山梨糖在30 ℃下可以被氧化成2-酮基-L-古罗糖酸,它是合成抗坏血酸中的一个中间体,反应式如下:

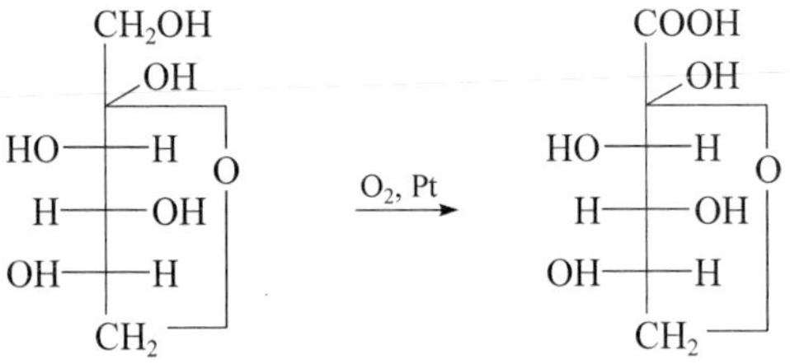

一般来说,伯醇羟基比仲醇羟基先发生反应,环状化合物直立仲羟基比平伏仲羟基优先发生反应。例如:

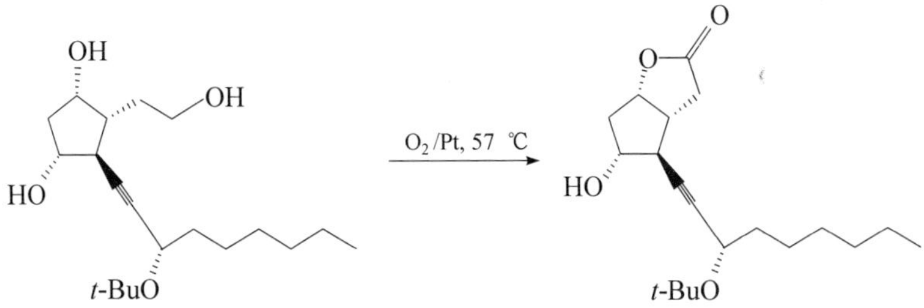

80%~85%

伯羟基和仲羟基同时存在可选择性地被区别并氧化。Pt 存在下,O_2 即可选择性氧化伯羟基为羧基,随后发生内酯化得到最后产物。

硝酸铈铵(CAN)是在有机氧化反应中应用最广泛的稀土试剂之一。在 CAN 催化下苯甲醇及其类似物可以被溴酸钠或氧气选择性氧化生成醛。CAN 的作用是同时作为 Lewis 酸和电子接受体,在被还原为 Ce^{3+} 后由溴酸钠和氧气再氧化生成 Ce^{4+},实现催化循环。

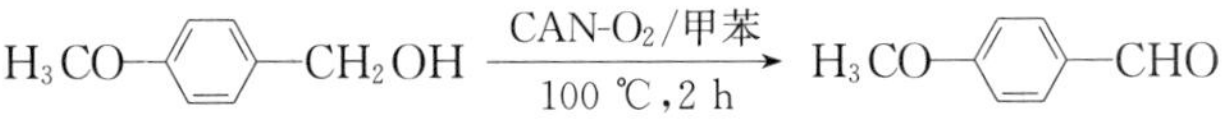

$$H_3CO-\!\!\!\left\langle\!\!\bigcirc\!\!\right\rangle\!\!-CH_2OH \xrightarrow[100\ ℃, 2\ h]{CAN-O_2/甲苯} H_3CO-\!\!\!\left\langle\!\!\bigcirc\!\!\right\rangle\!\!-CHO$$
$$92\%$$

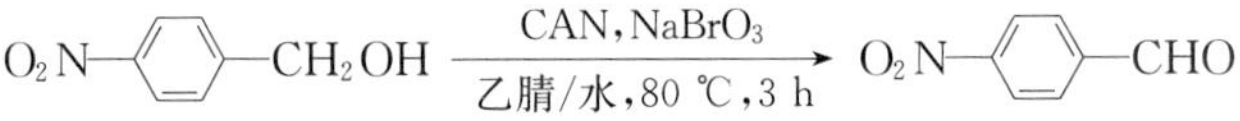

$$O_2N-\!\!\!\left\langle\!\!\bigcirc\!\!\right\rangle\!\!-CH_2OH \xrightarrow[乙腈/水, 80\ ℃, 3\ h]{CAN, NaBrO_3} O_2N-\!\!\!\left\langle\!\!\bigcirc\!\!\right\rangle\!\!-CHO$$
$$75\%$$

在伯醇存在下 CAN 可以高选择性地催化氧化仲醇得到酮,一般的伯醇很难被 CAN 等铈基氧化剂氧化,这是一般氧化过程难以实现的选择性。例如:

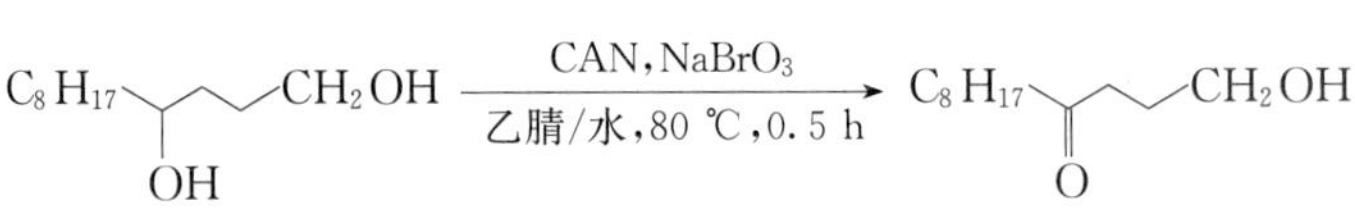

88%

Shirini 等[11]报道了一种新试剂$(NO_3)_3CeBrO_3$(TNCB),能够使苄醇和偶姻在乙腈中回流氧化成相应的羰基化合物,产率为 82%～92%,如表 9-2 所示。

表 9-2　TNCB 氧化苄醇和偶姻

原　料	反应时间/h	产　物	产率/%
苄醇	2.5	苯甲醛	92
2-氯苄醇	5.5	2-氯苯甲醛	90
4-氯苄醇	5	4-氯苯甲醛	85
4-溴苄醇	7.5	4-溴苯甲醛	86
4-甲基苄醇	6.5	4-甲基苯甲醛	85
1-苄基乙醇	2.5	苯乙酮	82
苯偶姻	0.25	苯偶酰	92
4,4'-二甲氧基苯偶姻	0.25	4,4'-二甲氧基苯偶酰	85
糠偶姻	0.75	糠偶酰	90

注:TNCB 用硝酸铈铵和溴酸钠作用制得。

Suarez 等[12]报道用 $Fe(NO_3)_3$-$FeBr_3$ 催化空气氧化仲醇、苄醇,在乙腈溶剂中,于 25 ℃得到相应的羰基化合物,产率为 74%～85%,而对伯醇则不发生氧化。例如:

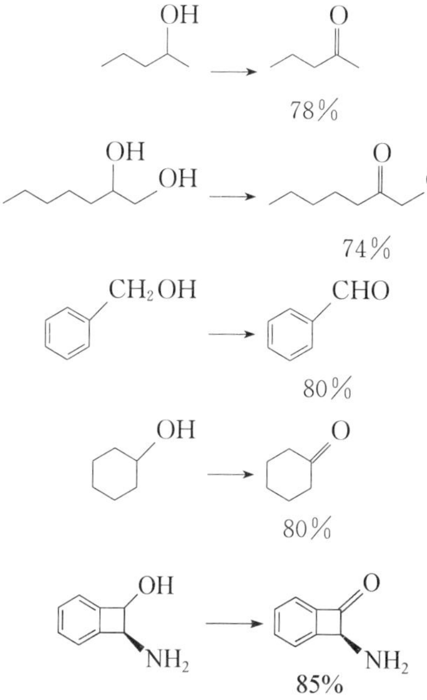

另外,多个仲羟基如果处于不同的化学环境中也能被选择性氧化。但这很大程度上与底物情况有关。例如,甾体上经常利用这一点达到选择性氧化的目的,实质是分子中的局部化学环境造成多个羟基的化学性质和化学行为有所差别。例如:

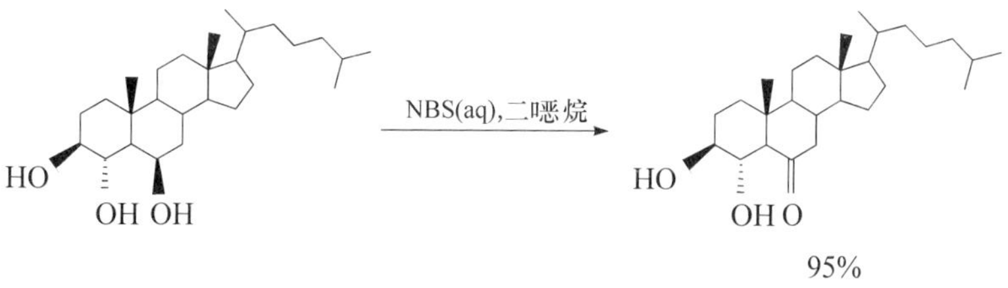

2. 固载氧化剂氧化法

固载氧化反应[13]是很重要的反应,具有如下特征:①操作简化,快速有效;②充分利用热力学和动力学因素(如高温、增加廉价试剂等)来促进反应完全;③改善试剂反应活性和选择性;④减少或消除环境污染;⑤试剂(如树脂)再生等。因此,固载支撑试剂技术越来越引起人们注意,成为有机合成化学的一个热点。

1) 硅胶固载的 Cr(Ⅵ)氧化剂

硅胶固载的 Cr(Ⅵ)氧化剂在适当的溶剂中于室温下能对伯醇、仲醇和苄醇进行有效的氧化,生成相应的醛和酮,如表 9-3 所示。

表 9-3　用 H_2CrO_4/SiO_2 氧化醇

醇	产　物	产率/%
n-$C_9H_{19}CH_2OH$	n-$C_9H_{19}CHO$	86
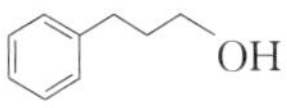 (phenyl)CH₂CH₂CH₂OH	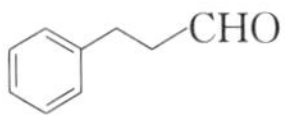 (phenyl)CH₂CH₂CHO	68
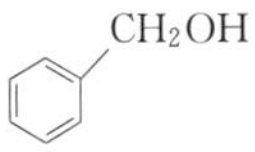 (phenyl)CH₂OH	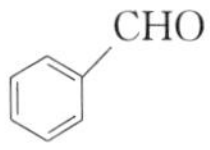 (phenyl)CHO	90
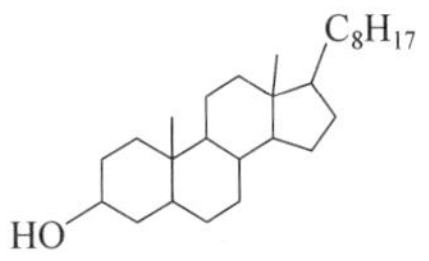 甾体 C_8H_{17}, HO-	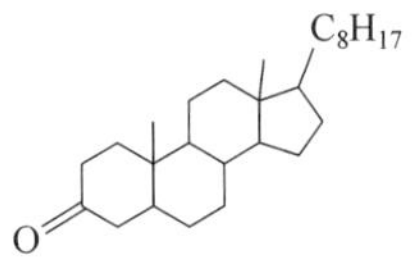 甾体 C_8H_{17}, O=	88
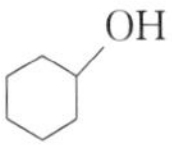 环己醇 OH	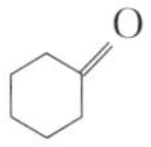 环己酮 O	82
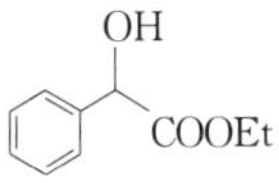 (phenyl)CH(OH)COOEt	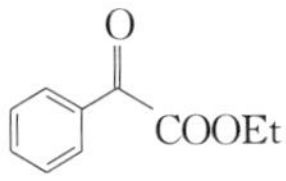 (phenyl)CO-COOEt	85

CrO_3NHMe_3Cl[4]固载到硅胶上,以环己烷为溶剂,对各种醇进行氧化,尤其对烯丙醇和苄醇非常有效,详见表 9-4。

表 9-4　盐酸三甲胺三氧化铬/硅胶对醇的氧化

醇	溶　剂	反应温度/℃	反应时间/h	产率/%
苯甲醇	环己烷	25～30	0.6	96
α-苯乙醇	环己烷	25～30	1	94
肉桂醇	环己烷	25～30	2	91
呋喃甲醇	环己烷	25～30	2	89
烯丙醇	环己烷	25～30	2	82
环己醇	环己烷	55～60	3	91
正辛醇	环己烷	55～60	3	85
苯甲醇	环己烷	25～30	0.5	95

2) 硅胶固载的硝酸盐 $M(NO_3)_n$

许多硝酸盐,尤其是 $Cu(NO_3)_2$ 和 $Zn(NO_3)_2$ 固载到硅胶上,能有效地氧化仲醇和苄醇[14],反应式如下:

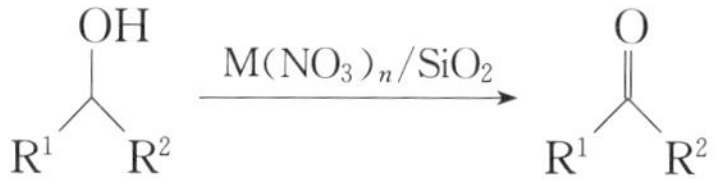

R^1 为 C_6H_5、环戊基、o-$C_6H_4NO_2$,R^2 为 H、环戊基,氧化剂为 $In(NO_3)_2$、$Cu(NO_3)_2$、$Fe(NO_3)_3$,产率可达 73%~100%。

3) Al_2O_3 固载的 $Cr(VI)$ 和亚卤酸钠($NaXO_2$)氧化剂

Hirano 等报道的 CrO_3 固载到 Al_2O_3 上,以己烷为溶剂,在惰性气氛中不断搅拌,不仅能氧化简单醇,而且能氧化多官能团醇,立体选择性好[15]。例如:

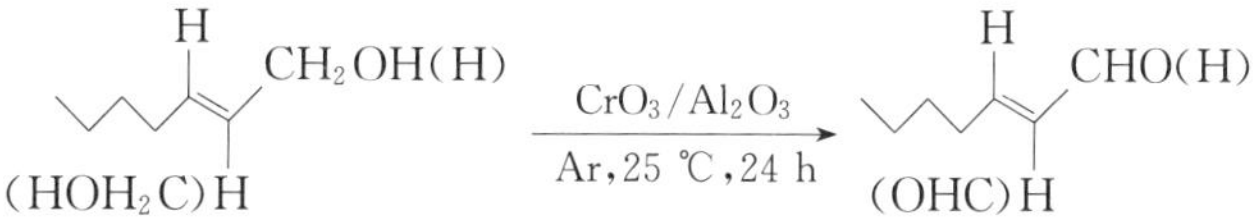

于无溶剂、微波照射条件下[16],则氧化时间大大缩短。例如:

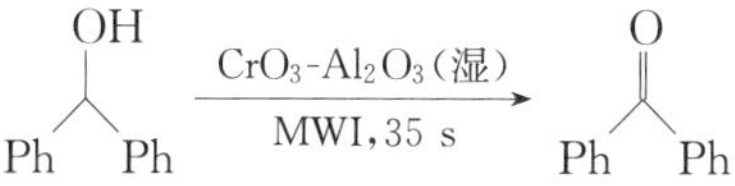

$NaXO_2/Al_2O_3$ 体系在 CH_2Cl_2 中有效地氧化脂肪仲醇、苄醇,生成相应的化合物[15]。例如:

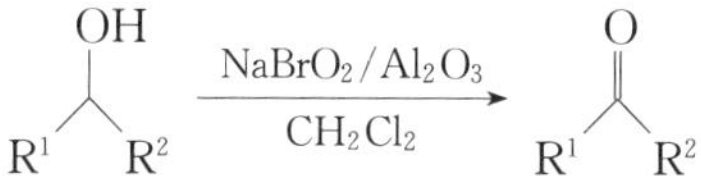

R^1 和 R^2 为环己基,产率为 96%;R^1 和 R^2 为苯基,产率为 99%。

4) 黏土固载氧化剂

黏土固载是一类廉价的酸性工业催化剂,适合固载多种氧化剂,较金属络合物催化具有反应快、易操作、产率高、可重复使用等优点。

蒙脱土固载的硝酸铋是一种优良的氧化剂,室温条件下能有效地使饱和醇、苄醇和烯丙醇以 69%~99% 的产率转化为羰基化合物[17]。例如:

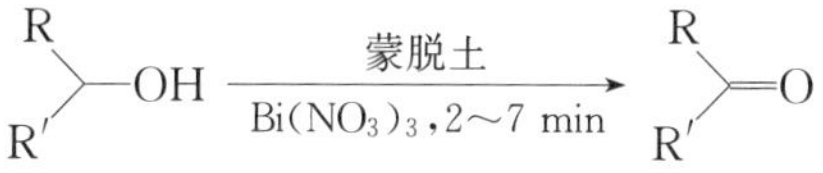

蒙脱土固载硝酸铋对醇的氧化如表 9-5 所示。

表 9-5　蒙脱土固载硝酸铋对醇的氧化

醇	产　物	反应时间/min	产率/%
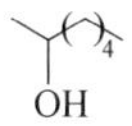	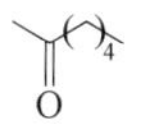	5	91
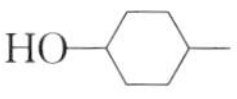	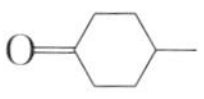	5	81
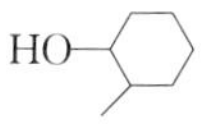	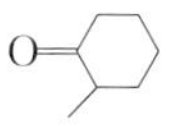	5	69

醇	产　物	反应时间/min	产率/%
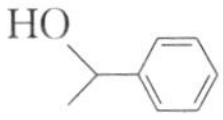	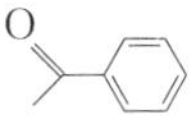	2	89
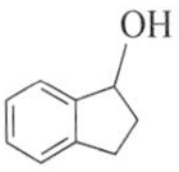	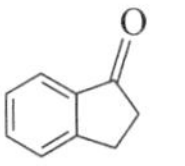	3	73
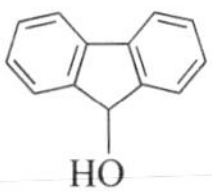	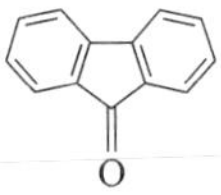	4	99
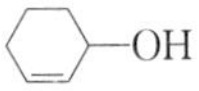	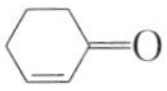	5	91
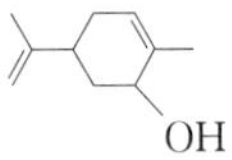	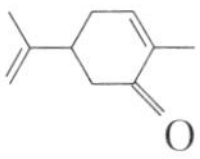	7	73

使用该方法将伯醇氧化为相应的醛没有成功。

9.1.2 酚羟基的氧化反应

酚环对单电子氧化剂非常敏感,去掉一个质子后,给出离域的芳基氧自由基。例如:

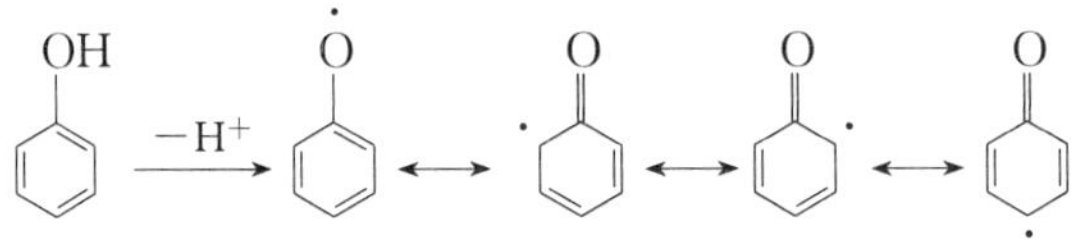

2-萘酚在碱性条件下用 $K_3Fe(CN)_6$ 氧化制得联二萘酚,反应式如下:

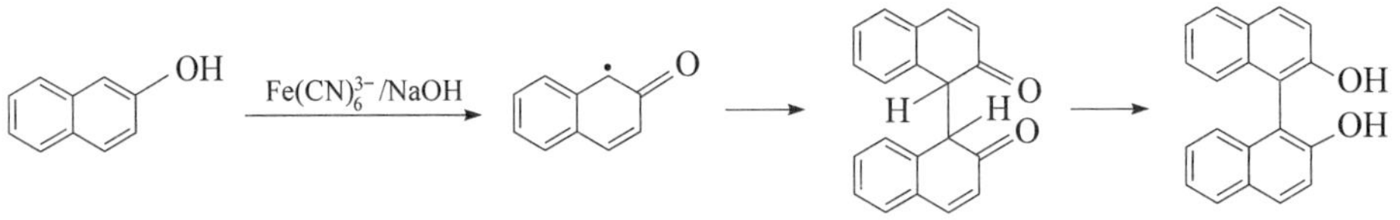

氧芴衍生物的环化经过中间物醌异构化和分子内亲核进攻完成。例如,对甲酚的反应:

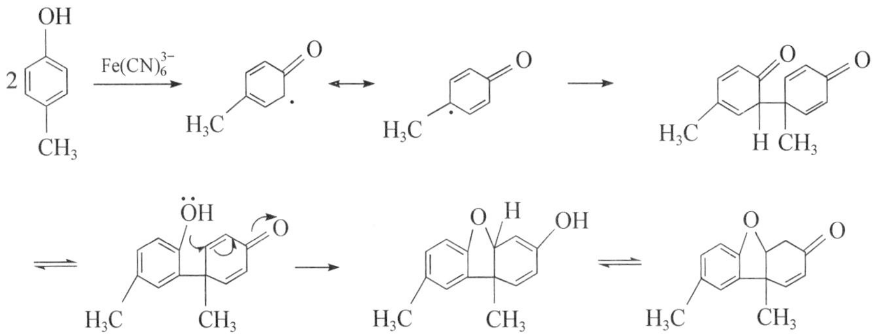

将根皮乙酰苯用六氰铁酸钾处理得二聚物,再用浓 H_2SO_4 脱水可得(±)-地衣酸,反应式如下:

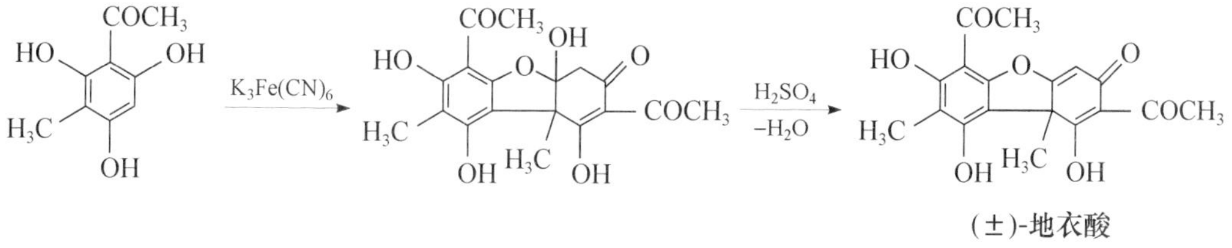

（±）-地衣酸

9.2　碳-碳双键的氧化反应

烯烃双键的氧化可以产生多羟基化合物或环氧化合物，它们在有机合成中很有用。

9.2.1　氧化剂直接氧化反应

1. 过氧酸氧化反应

烯烃用过氧酸氧化，根据实验条件的不同，可以生成环氧化合物或反式 1,2-二醇。过氧酸有很多种，如过氧苯甲酸、过氧甲酸、过氧乙酸等。由于间氯过氧苯甲酸（m-CPBA）比其他过氧酸稳定性高，在较高温度下可以使用，不活泼的烯烃也能进行环氧化反应等，所以对烯烃双键的环氧化是一种很好的试剂。

过氧酸与烯烃双键反应时，可能都是先生成环氧化物，但是若不选择适当的反应条件，环氧化物就会直接转化成邻二醇的酰基衍生物。例如：

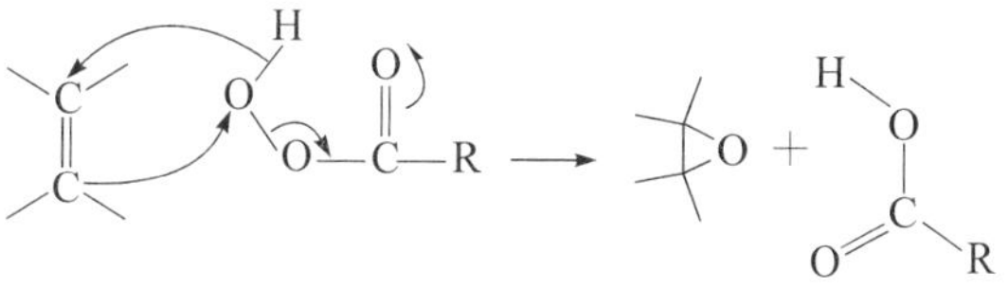

通常认为，反应是由过氧酸对双键发生亲电进攻引起的。与实验相符，当双键上连有供电子基团或过酸中带有吸电子基团时，环氧化反应的速率就会增大（过氧三氟乙酸的活性比过氧乙酸强）。末端单烯烃的环氧化反应速率随烷基取代度的增加而增大。例如，4-乙烯基环己烯和 1,2-二甲基-1,4-环己二烯的环氧化几乎全部在二取代和四取代的双键上进行[18]。例如：

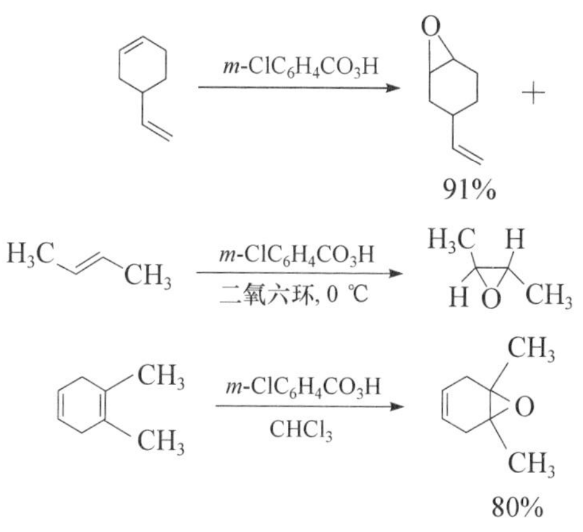

当烯烃双键与不饱和官能团共轭时,会降低环氧化反应速率。例如,α,β-不饱和酸或酯需要在较高温度下,用强氧化剂过氧三氟乙酸或间氯过氧苯甲酸才能顺利地发生环氧化反应。一般认为反应按下列机理进行:

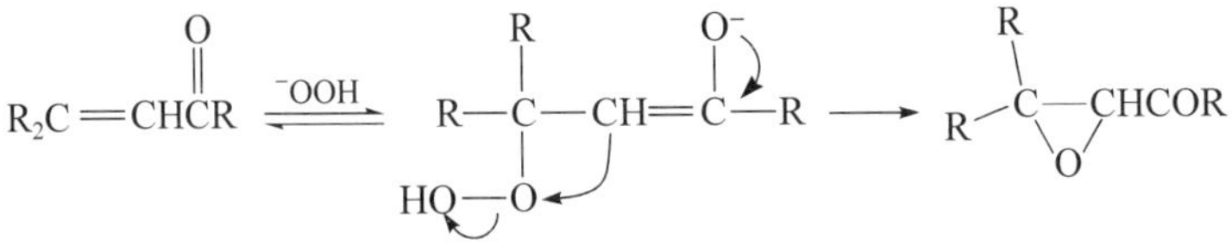

大量实验结果表明,用过氧酸进行的环氧化反应是按顺式加成的方式加到烯烃双键上,具有很高的立体选择性。X 射线衍射分析证明,顺式油酸反应时生成顺式-9,10-环氧硬脂酸,而反式油酸反应时则生成反式-9,10-环氧硬脂酸,反应式如下:

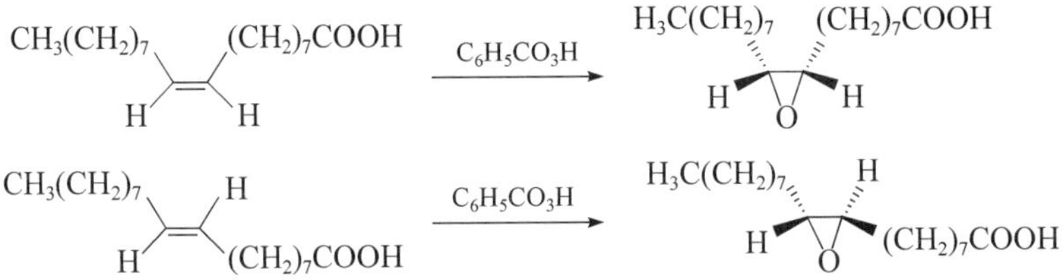

具有刚性构象的环状烯烃,通常试剂从双键位阻小的一侧进攻,降冰片烯的环氧化反应就是一个例子,反应式如下:

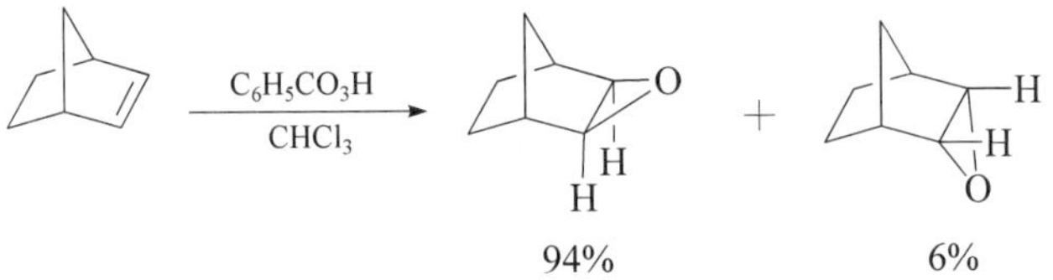

具有柔韧性较高的分子,预测其反应的立体化学结果是比较困难的。烯丙位上具有一个极性取代基时,可能对过氧酸进攻的方向产生影响。例如,3-乙酰羰基环己烯进行环氧化反应时,从双键位阻较小的一侧进攻,主要生成反式环氧化物;而在相同条件下,α-羟基环己烯则以92%的产率生成顺式环氧化合物,具有更高的立体选择性。羟基化合物的反应速率较快,这可能是因为氢键使反应物缔合的方式有利于顺式环氧化反应的进行。例如:

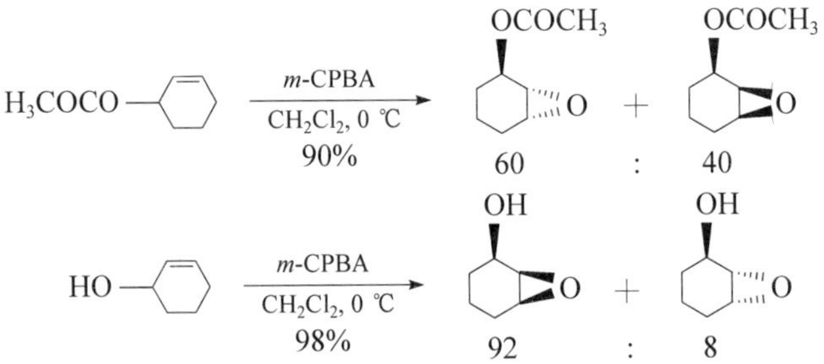

在某些情况下,m-CPBA 对非环状烯丙醇的环氧化反应有高度的立体选择性。例如:

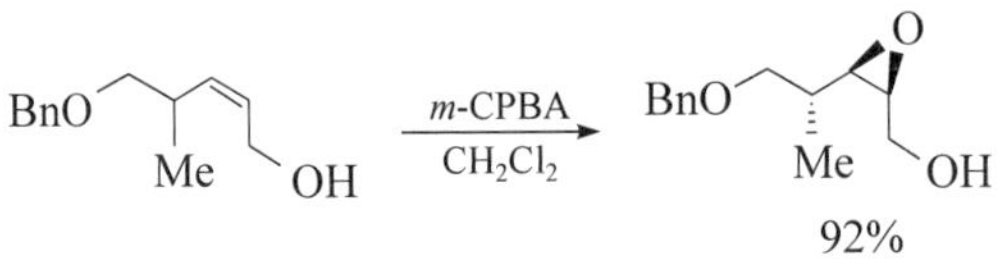

2. 高锰酸钾氧化法

高锰酸钾氧化法是应用十分广泛的使烯烃发生顺式双羟基化制备 1,2-二醇的一种方法。而 1,2-二醇是存在于许多天然产物和具有生物活性的分子中的一个结构单元,正因为如此,研究者对该结构的转化相当感兴趣。该方法特别适用于不饱和酸的双羟基化,因为不饱和酸容易溶解在碱性溶液中。在碱性溶液中使用水或含水的有机溶剂(乙醇、丙酮等)时效果最好;在酸性溶液或中性溶液中将生成 α-羟基酮,甚至生成裂解产物。如果底物不溶于含水的氧化介质中,所得产物产率很低。例如:

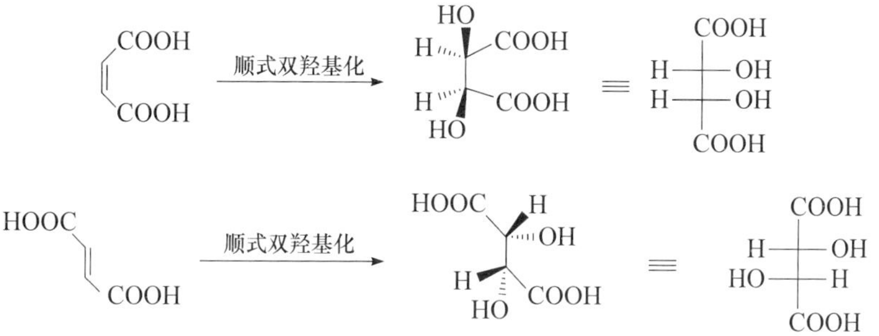

通常认为这些反应是通过环状锰酸酯的途径进行的,因而能够控制两个羟基顺式加成。马来酸反应生成内消旋酒石酸,而富马酸转化成(±)-酒石酸的例子可以证明羟基是按照顺式加成进行的。通过^{18}O 研究的结果证明,在反应过程中,高锰酸根中的氧转换到底物上,这一结果支持了环状内酯的反应机理,反应机理如下:

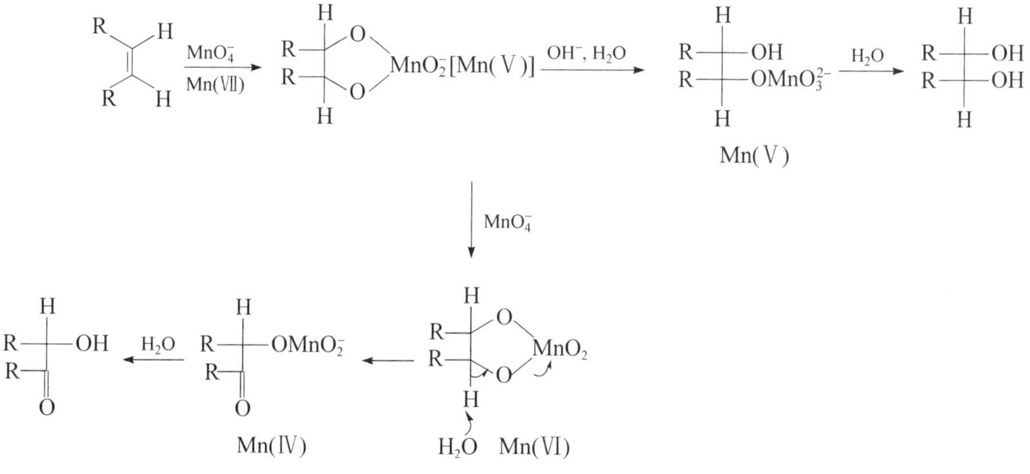

该反应反映了 pH 对产物分配的影响作用:①羟基离子使环开裂,进而水解生成顺式的邻二羟基化合物;②通过高锰酸钾的作用进一步氧化,进而水解生成 α-羟基酮,这是两个竞争性反应。若在酸性溶液中双键可能发生裂解,因此,烯烃双键的高锰酸钾氧化多羟基化一定要严格控制,以防进一步氧化。

3. 臭氧分解法

臭氧分解是使烯烃双键氧化裂解的一种非常方便的方法[19,20]。现代物理方法测定的结果表明,臭氧分子具有一个共振杂化结构,表示如下:

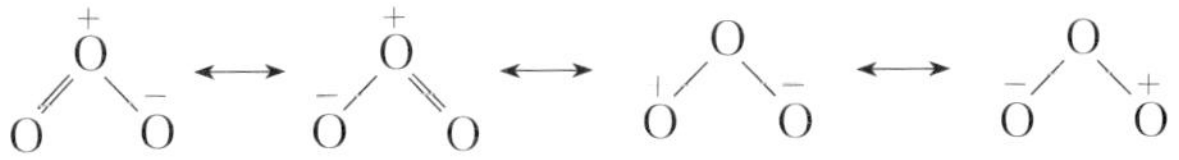

$$O=\overset{+}{O}-O^{-} \longleftrightarrow {}^{-}O-\overset{+}{O}=O \longleftrightarrow \overset{-}{O}-O-\overset{+}{O} \longleftrightarrow O^{-}-O-\overset{+}{O}$$

它是一个亲电试剂,与烯烃双键反应时生成臭氧化合物,经氧化裂解或还原裂解生成羧酸、酮或醛,产物的类型取决于烯烃的结构和采用的方法。例如,油酸反应时可生成壬二酸和壬酸,反应式如下:

$$CH_3(CH_2)_7CH{=}CH(CH_2)_7COOH \xrightarrow[\text{② 氧化裂解}]{\text{① } O_3} HO_2C(CH_2)_7COOH + CH_3(CH_2)_7COOH$$

环己烯臭氧化生成己二酸,反应式如下:

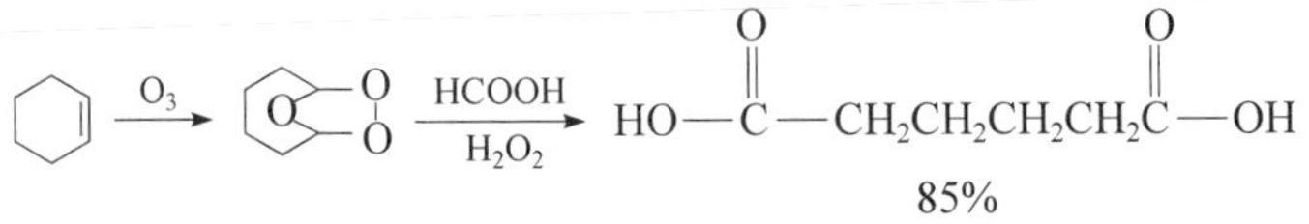

芳香族化合物也能发生臭氧解反应。例如:

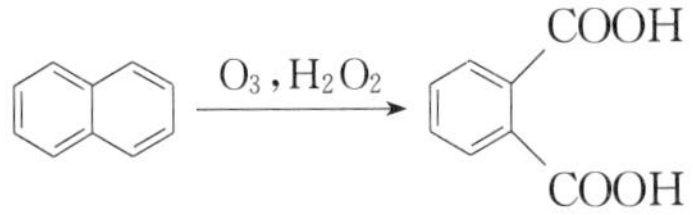

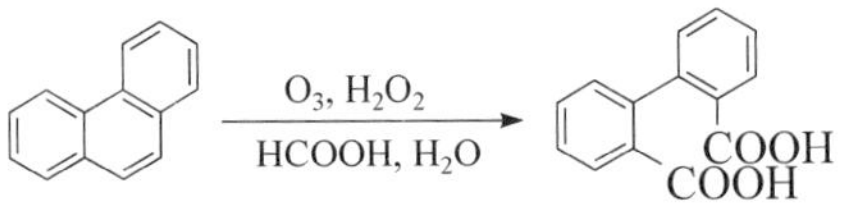

α,β-不饱和酮或酸反应时,一般生成的产物中碳原子数要比预期的少。例如,三环 α,β-不饱和酮反应时,生成少一个碳原子的酮酸,反应式如下:

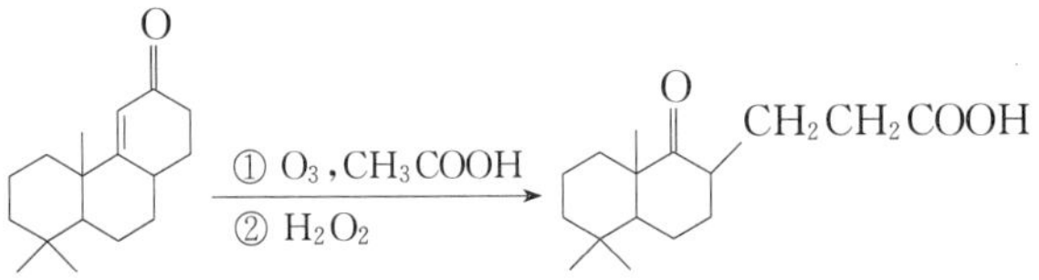

炔键也能发生臭氧化反应,但反应速率较慢,生成羧酸或 α-二酮。炔醚氧化生成 α-酮酸酯,反应式如下:

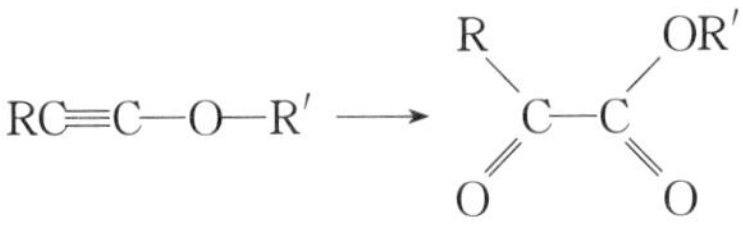

$$RC{\equiv}C{-}O{-}R' \longrightarrow \underset{O}{\overset{R}{\underset{\|}{C}}}{-}\underset{O}{\overset{OR'}{\underset{\|}{C}}}$$

粗臭氧化物进行还原分解时,可生成醛和酮。还原的方法虽有多种,如催化氢化法、锌加酸法以及亚磷酸三乙酯法,但用于生成醛的产率都不高。有报道,用二甲硫醚的甲醇溶液还原可得到极好的结果。该试剂优于以前的所有试剂,反应在中性条件下进行,分子中有硝基和羰基存在不受影响,具有良好的选择性。例如:

$$CH_2{=}CH(CH_2)_5CH_3 \xrightarrow[\text{② } CH_3SCH_3,CH_3OH]{\text{① } O_3} OHC(CH_2)_5CH_3 + CH_2O$$
$$75\%$$

菲放入无水甲醇中,通入臭氧进行反应,所得中间物在 NaOH 乙醇溶液中加热回流,酸化,可得 $2'$-甲酰基-2-联苯甲酸,反应式如下:

$$80\% \sim 84\%$$

利用还原分解可以制备胡椒醛(香料)和联降豆甾醛。例如：

在豆甾二烯酮中，侧链中的双键优先臭氧化。

烯烃的臭氧化物用 $LiAlH_4$ 还原可得醇，反应式如下：

$$C_4H_9CH{=}CHCH_3 \xrightarrow[\text{② } LiAlH_4]{\text{① } O_3} C_4H_9CH_2OH + CH_3CH_2OH$$

关于臭氧化反应的机理，1975 年 Criegee 提出臭氧与烯烃双键首先发生 1,3-偶极加成，得到初级臭氧化物(1)，反应机理表示如下：

(1)不稳定，发生开环转变成两性离子(2)。(2)进一步裂解成醛或酮和另一个过氧化物两性离子(3)。(3)与羰基化合物再化合得到二级臭氧化物(4)。目前已普遍接受了这种裂解-再化合机理。

相对分子质量较大的臭氧化物能析离出来，可以用通常方法纯化，它们有很好的熔点或沸点。

4. 碘和羧酸银氧化法

将烯烃氧化成 1,2-二醇，用 Prevost 试剂可以克服用其他试剂所遇到的困难。由碘的四氯化碳溶液与等物质的量的乙酸银或苯甲酸银组成的试剂称为 Prevost 试剂。在 Prevost 条件(无水条件)下,用该氧化剂氧化烯烃可以直接得到反式二醇的二酰基衍生物;在 Woodward 条件(有水存在时)下,得到顺式邻二醇的单脂。例如,环己烯在无水条件下,用碘和苯甲酸银在沸腾的四氯化碳溶液中处理,生成反式-1,2-二羟基环己烷的二苯甲酸酯;而在含水的乙酸中用碘和乙酸银处理,生成的却是顺式-1,2-二羟基环己烷的单乙酸酯。与此类似,油酸在 Prevost 条件下氧化生成苏式-9,10-二羟基硬脂酸,而在 Woodward 条件下则氧化生成赤式异构体。

将试剂用于对烯烃双键氧化成 1,2-二羟基衍生物,反应条件温和,具有良好的立体专一性。在这样的反应条件下,游离的碘很难与分子中的其他活泼官能团发生作用。这些反应的过程是试剂首先与烯烃双键作用形成碘正离子,然后在乙酰氧基和银离子存在下转变为具有共振稳定结构的正离子,最后乙酸根离子进攻该正离子(双分子过程)生成反式-二酰氧基化合物;当有水存在时则生成羟基缩醛,并进一步转化成顺式-羟基乙酰氧基化合物。反应机理如下:

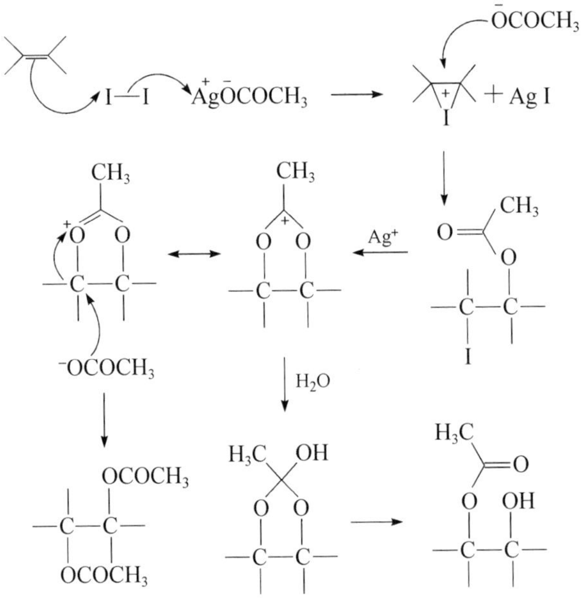

9.2.2 钯催化氧化反应

在钯(Ⅱ)的盐酸水溶液中用氧将乙烯氧化成乙醛的方法是一个重要的工业方法,称为 Wacker(瓦克尔)反应。在反应中,钯(Ⅱ)同时被还原成金属钯。但是,若在空气或氧气存在下,用 PdCl$_2$-CuCl$_2$ 催化能够使反应连续进行,因为钯(0)重新被氧化成钯(Ⅱ),反应式如下:

$$H_2C\!\!=\!\!CH_2 + PdCl_2 + H_2O \longrightarrow CH_3CHO + Pd + 2HCl$$

$$Pd + 2CuCl_2 \longrightarrow PdCl_2 + 2CuCl$$

$$2CuCl + 1/2O_2 + 2HCl \longrightarrow 2CuCl_2 + H_2O$$

本法的主要特点是产率高、成本低(为乙炔法的 1/3,乙醇法的 2/3)。

一般认为,反应最初是通过烯烃的反式羟钯化生成不稳定的络合物,然后该络合物迅速地发生 β-消去反应,同时由于钯的作用,氢离子从烯烃的一个碳原子转移到另一个碳原

子上。这种机理解释了为什么当反应在氘代水存在下进行时,生成的乙醛中不含氘,反应式如下:

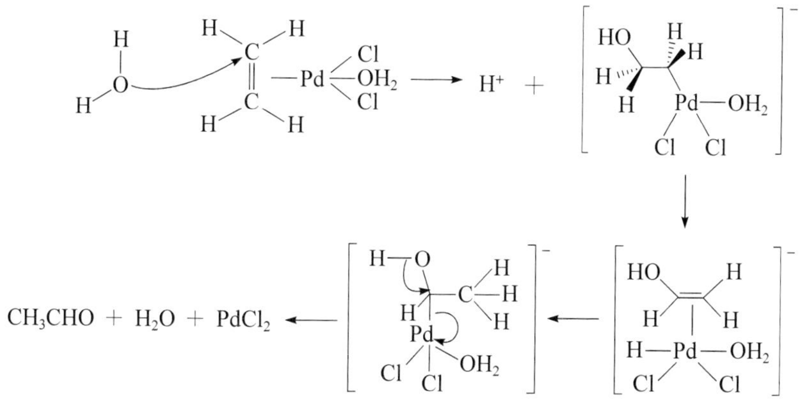

$$CH_3CHO + H_2O + PdCl_2$$

Wacker 反应最适合于末端烯烃的氧化制备甲基酮[21]。末端烯烃分子内有二取代或三取代的双键时,只氧化末端双键,反应具有选择性。例如:

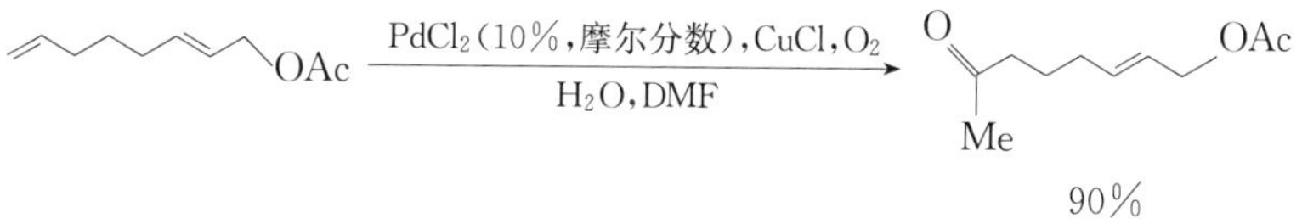

Wacker 反应可以用于制备 1,4-二羰基化合物。反应先形成烯醇化合物,烯丙基化,最后钯(Ⅱ)催化氧化末端烯烃。用碱处理 1,4-二羰基化合物,经分子内羟醛缩合(Robinson 成环反应),得到环戊烯酮。例如:

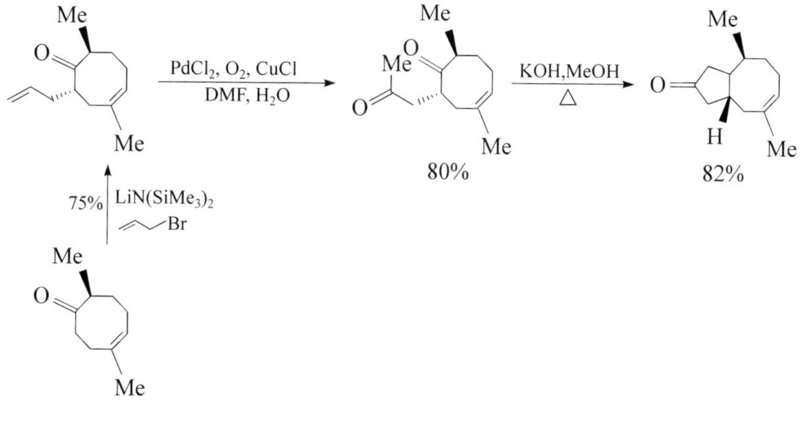

烯丙基醚的氧化反应具有很高的区域选择性,反应只得到 β-烷氧基酮。例如:

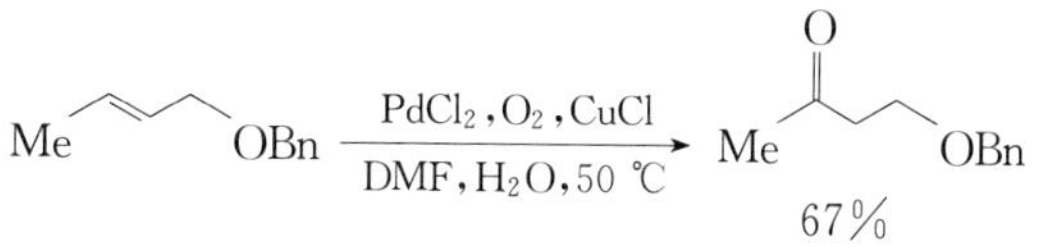

不对称 1,2-二取代烯烃氧化反应的选择性可以由电子效应和邻基效应解释,邻基效应包括在中间体中杂原子和钯原子的配位,有时甚至是烯丙基上的氢原子与钯原子的配位[22]。

9.3 酮的氧化反应

采用控制氧化法,使分子不发生断裂,生成 α,β-不饱和酮、α-羟基酮(偶姻)或内酯是酮氧化比较重要的反应。用铬酸或高锰酸钾氧化酮要在剧烈的条件下进行,结果在羰基相邻的碳键发生断裂从而产生羧酸,这种反应在合成上应用价值不大。

9.3.1 经 α-苯硒基羰基化合物的氧化反应

一种较好的方法是在室温下由羰基化合物与苯基氯化硒反应制得 α-苯硒基羰基化合物,α-苯硒基羰基化合物也可在 $-78\ ^{\circ}\text{C}$ 下由相应的烯醇式负离子与苯基卤化硒或二苯基二硒化物反应制得。该化合物用过氧化氢或高碘酸钠氧化时,转化为相应的硒氧化物,硒氧化物立即发生顺式 β-消去反应,生成反式 α,β-不饱和酮,产率一般良好。分子中含有烯烃双键、醇羟基和酯基等官能团时不受影响。例如,苯丙酮能以 89% 的产率转化成苯基乙烯基酮,反应式如下:

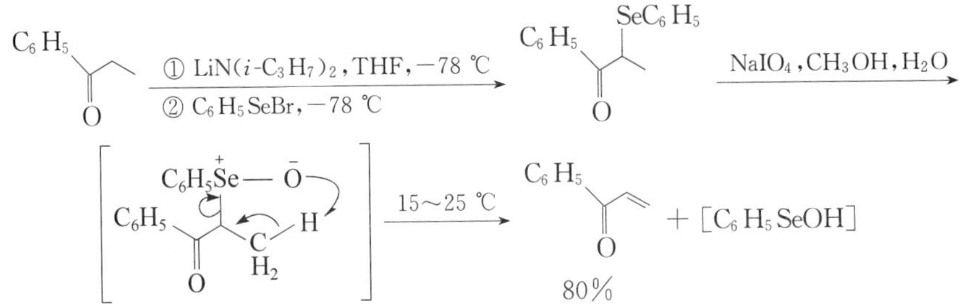

在这种不饱和酮中,由于烯键容易聚合,并且对亲核试剂很敏感,用其他方法很难制得。4-乙酰氧基环己酮反应时可生成 4-乙酰氧基环己烯酮。用此方法也可以从相应的饱和酯和内酯制备 α,β-不饱和酯和内酯。例如:

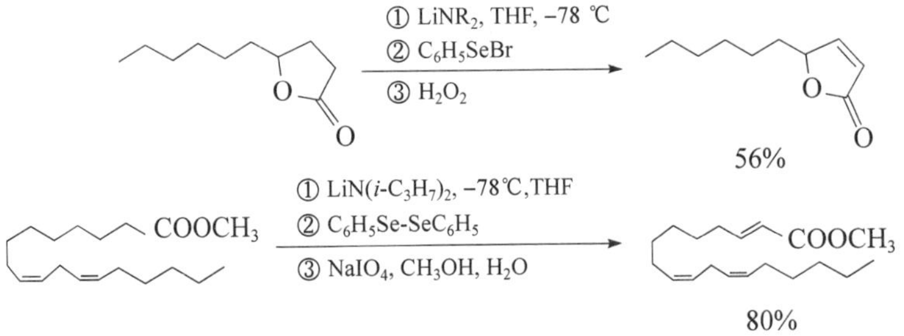

α,β-不饱和酮经由 α-苯基硒羰基化合物能够转化成 β-烷基衍生物;1,3-二羰基化合物经由 α-苯基硒羰基化合物转化为烯二酮类化合物,为该类化合物的制备提供了一种新方法。例如:

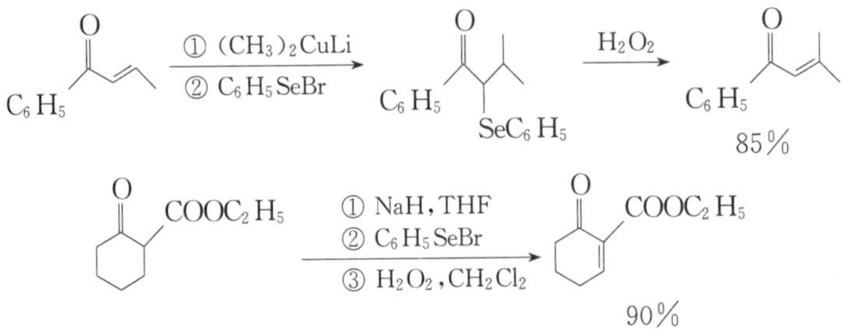

在反应条件下,烯醇化物与苯基卤化硒不仅能很快地完成反应,而且在动力学控制下生成

的烯醇化物反应时,不会发生重排生成更稳定的异构体。因此,能够使不对称酮转化成两种 α,β-不饱和酮的任一种。例如,2-甲基环己酮通过对应的热力学烯醇化物生成 2-甲基-2-环己烯酮,而通过对应的动力学烯醇化物生成 6-甲基-2-环己烯酮。

9.3.2 酮的 Baeyer-Villiger 氧化反应

Baeyer(拜尔)和 Villiger(维立格)发现,许多环酮与过一硫酸(H_2SO_5)反应时生成内酯,若用有机过氧酸(如过氧苯甲酸、过氧乙酸等)特别是间氯过氧苯甲酸进行氧化,反应条件温和,可以得到更高产率的产物。此法既适用于开链酮和脂环酮,也适用于芳香酮,在合成上用于制备多种甾族和萜类内酯以及中环和大环内酯,这些化合物用其他方法是很难得到的。此外,该反应还提供了一种由酮制备醇的方法,即将生成的酯水解或由环酮经内酯水解成羟基酸,或内酯用氢化铝锂还原可生成二醇,而且两个羟基的位置是固定的。例如:

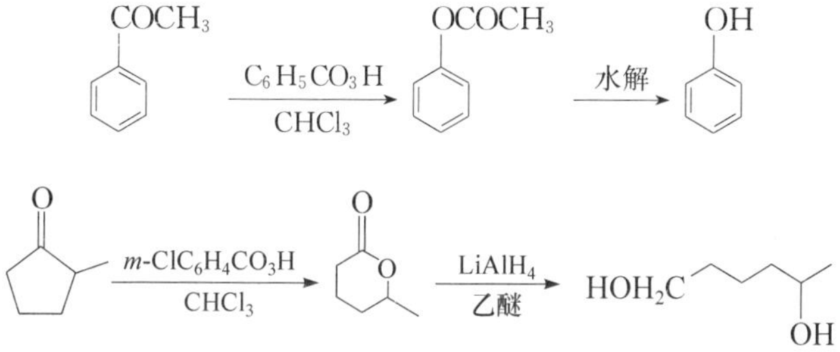

酮用过酸进行氧化生成酯或内酯,一般认为是通过一个协同的分子内过程进行的,它涉及羰基碳上的一个基团迁移到缺电子的氧上,这种迁移很可能是通过一个环状过渡态进行的。有强酸存在时,过氧酸可能是与质子化的酮发生加成,如果不加强酸,过氧酸可以与酮本身发生加成。例如:

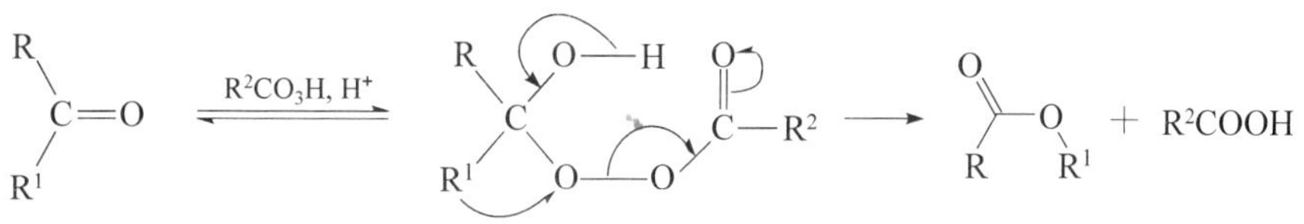

该机理得到实验事实支持,即此类反应能被酸催化,当酮分子中有供电子取代基、过氧酸中有吸电子取代基时也能使反应加快。用含 [18]O 的二苯甲酮进行实验的结果证明,得到的苯甲酸苯酯与酮中所含的 [18]O 相等,而且 [18]O 完全含在羰基的氧中。这种分子内协同反应的性质也可以通过在几个反应中迁移碳原子的构型完全保持不变而得到证实。例如,具有光学活性的甲基 α-苯乙基酮转化成乙酸 α-苯乙酯时没有失去原来的光学活性。显然,在这种反应中,不对称酮将生成两种不同的产物。例如,环己基苯基酮与过氧乙酸反应时,环己基和苯基都能发生迁移,生成苯甲酸环己酯和环己基甲酸苯酯两种相应的产物。在反应中,不同基团迁移的难易程度顺序在不对称酮的重排中,基团的亲核性越大,迁移的倾向性也越大,重排基团移位顺序大致为叔烷基>仲烷基,苯基>伯烷基>甲基,对甲氧苯基>苯基>对硝基苯基。在环己基苯甲酮的反应中,苯基迁移比环己基快。所以在 Baeyer-Villiger 反应中,甲基酮类总是生成乙酸酯;苯基对硝基苯基酮只生成对硝基苯甲酸苯酯;叔丁基甲基酮也只生成乙酸叔丁酯。这是因为基团迁移的难易与其所处过渡态中容纳正电荷的能力有关,但在某些情况下似乎也与立体效应有关[23],同时实验条件对反应的结果也有一定的影响,在桥二环酮的 Baeyer-Villiger 反应中,这种影响特别明显。例如,1-甲基降樟脑用过氧乙酸氧化时,可以生成正常的内酯,而

表樟脑则只生成"反常"产物。例如：

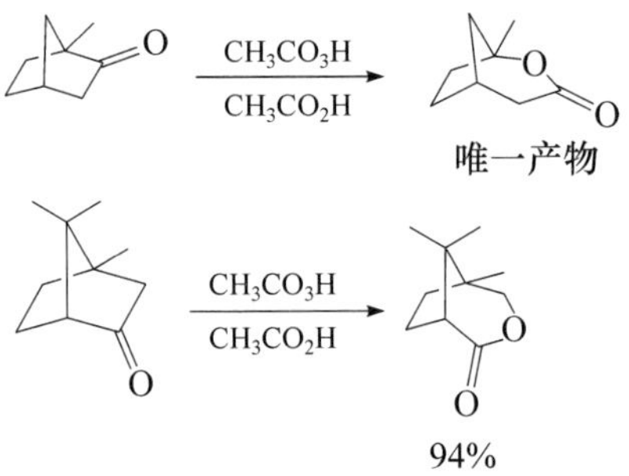

唯一产物

94%

桥二环酮的 Baeyer-Villiger 氧化反应不仅为制备具有立体化学控制的取代环戊烷和环己烷衍生物提供了一种方法，而且在许多天然产物的合成中也得到应用。例如，合成前列腺素的重要中间体内酯的制备，其关键的一步就是桥二环酮的 Baeyer-Villiger 氧化反应，反应式如下：

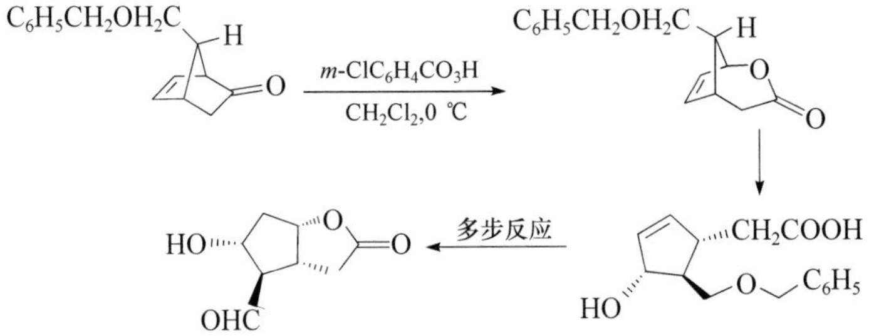

用过氧酸氧化醛在合成上没有酮的氧化应用广泛，通常得到羧酸或甲酸酯。然而邻羟基和对羟基取代的苯甲醛以及苯乙酮与碱性过氧化氢反应[Dakin（戴金）反应]是制备儿茶酚及醌醇类化合物的有效方法[24]。苯甲醛本身只生成苯甲酸，而邻羟基苯甲醛几乎定量地得到儿茶酚，反应式如下：

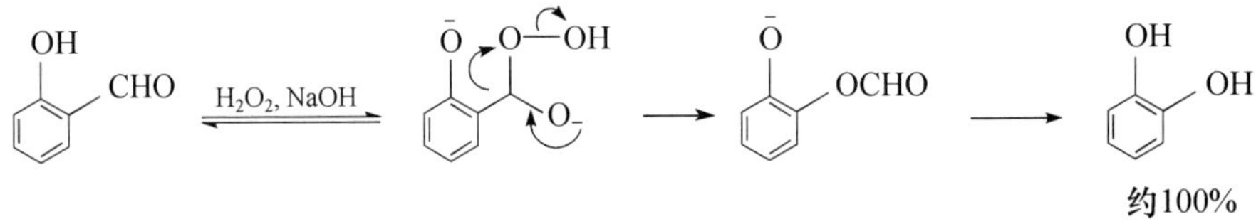

约100%

2-羟基-3,4-二甲基苯乙酮氧化得到 3,4-二甲基儿茶酚。

9.4　芳烃侧链和烯丙位的氧化

芳烃侧链的氧化在合成芳香酸、芳香醛和测定芳环上侧链的位置等方面具有重要的应用价值。烯丙位或烯键的 α-位氧化生成 α,β-不饱和羰基化合物在合成上具有重要意义。

9.4.1　六价铬氧化法

三氧化铬与氯化氢反应生成铬酰氯。用铬酰氯氧化甲基芳烃的反应称为 Etard（埃塔德）氧化反应[2]。该反应是以二硫化碳或四氯化碳为溶剂，甲基芳烃在 $20\sim45$ ℃与铬酰氯作用，生成有色的复合物沉淀，其组成为 $ArCH_3/2CrO_2Cl_2$，用水处理即转变成相应的芳基甲醛。例如：

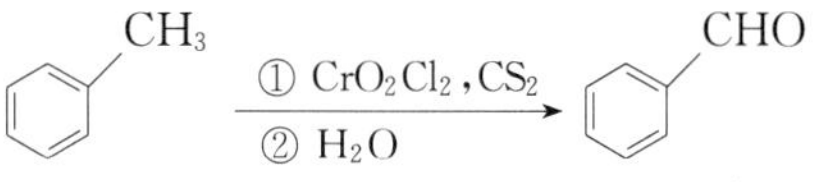

$$\text{CH}_3 \xrightarrow[\text{② H}_2\text{O}]{\text{① CrO}_2\text{Cl}_2,\text{CS}_2} \text{CHO} \quad 90\%$$

如果芳环上有多个甲基,只有其中一个甲基被氧化成甲酰基。例如:

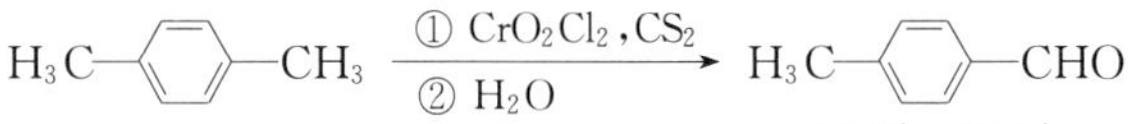

$$\text{H}_3\text{C}—\bigcirc—\text{CH}_3 \xrightarrow[\text{② H}_2\text{O}]{\text{① CrO}_2\text{Cl}_2,\text{CS}_2} \text{H}_3\text{C}—\bigcirc—\text{CHO} \quad 70\%\sim80\%$$

芳环上连有长链的烷基发生 Etard 反应生成复杂的混合物,在合成上用处不大。

铬酰氯氧化甲苯衍生物产率为 $41\%\sim100\%$。例如:

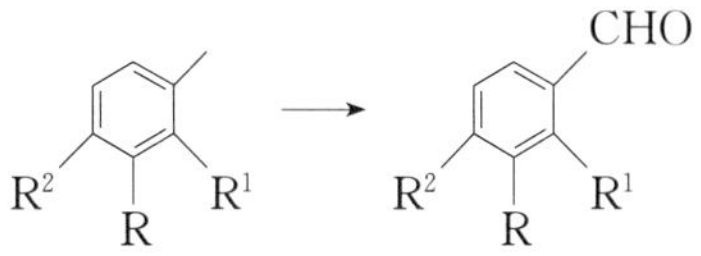

$\text{R}^1=\text{CH}_3,\text{R}=\text{R}^2=\text{H}(65\%)$; $\text{R}^2=\text{CH}_3,\text{R}^1=\text{R}=\text{H}(80\%)$;

$\text{R}^2=\text{Cl},\text{R}^1=\text{R}=\text{H}(62\%)$; $\text{R}^2=\text{Br},\text{R}=\text{R}^1=\text{H}(78\%)$;

$\text{R}=\text{NO}_2,\text{R}^1=\text{R}^2=\text{H}(41\%)$; $\text{R}=\text{R}^1=\text{R}^2=\text{H}(约\ 100\%)$。

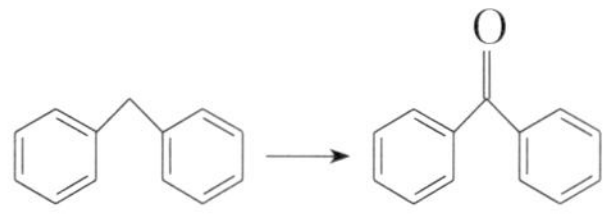

约100%

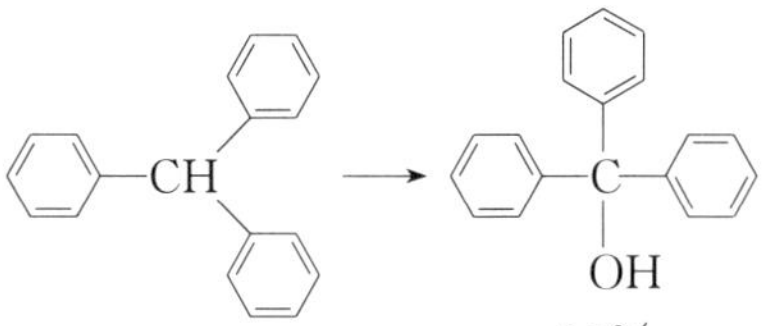

93%

处于环中的苯甲位碳原子比通常侧链上的苯甲位碳原子更容易被氧化。例如,去氢松香酸甲酯在 75% 乙酸中,50 ℃ 与铬酸作用 10 h,即得到 7-羰基去氢松香酸甲酯,产率可达 75%。再延长反应时间,异丙基开始氧化,反应式如下:

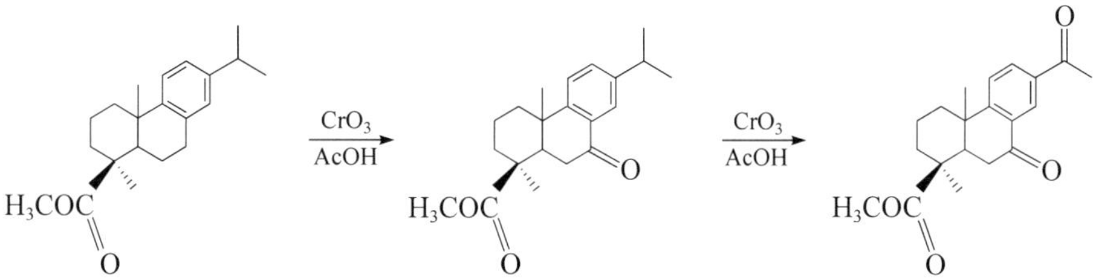

在乙酸或乙酸酐中用六价铬氧化刚性多环体系的烯丙位,常能得到较好的氧化结果。例如,4,4,10-三甲基-Δ^5-八氢合萘和娠烯醇酮乙酸酯的氧化:

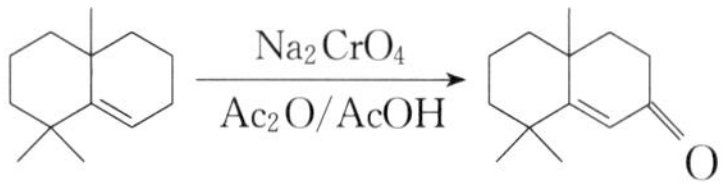

80%

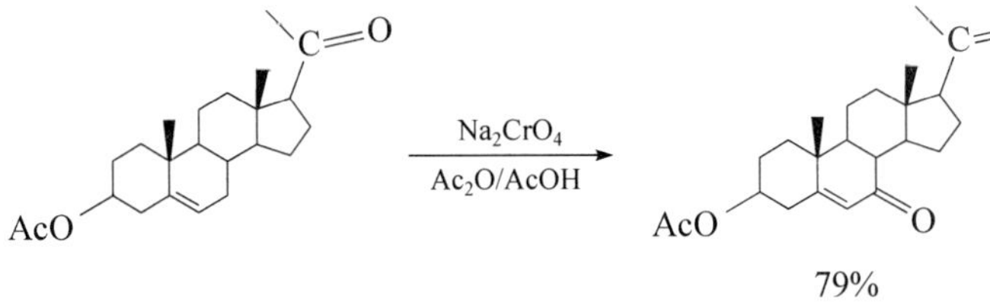

稠环化合物氧化则倾向于生成醌,进一步氧化成酸。例如:

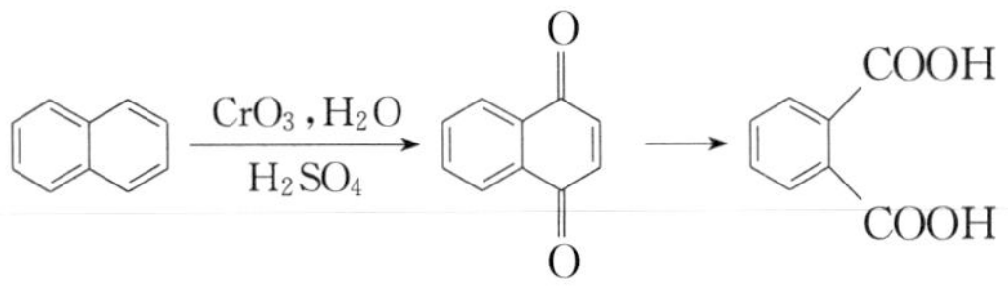

在中性的重铬酸盐水溶液中,乙苯、丙苯、异丙苯等在 270 ℃氧化不发生在侧链的 α-位,而是在 ω-位,碳原子数不减少,生成相应的 ω-芳基取代的羧酸。例如:

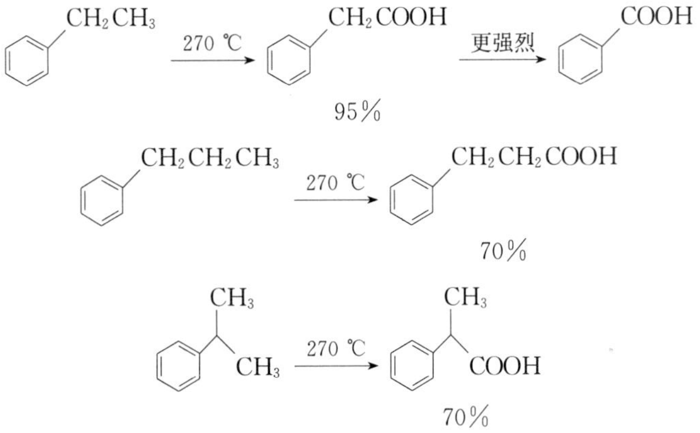

9.4.2 硝酸铈铵氧化法

硝酸铈铵是目前将苄位甲基氧化成醛基而不被进一步氧化的最好的选择性氧化剂。例如:

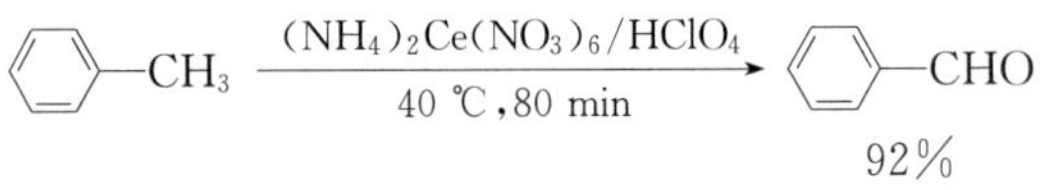

用硝酸铈铵氧化多甲基芳烃时仅一个甲基被氧化。例如:

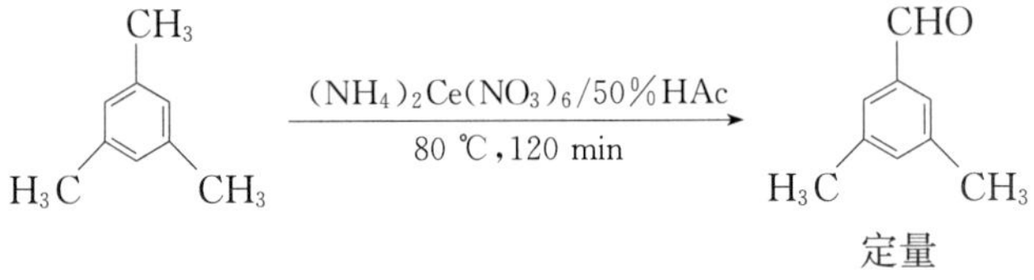

用硝酸铈铵作为氧化剂,同样的苄位甲基,在不同的反应温度下,可得到不同的氧化产物。较低的反应温度对苄位甲基氧化成相应的醛有利。而在高温下反应,则主要得到邻甲基苯甲酸。例如:

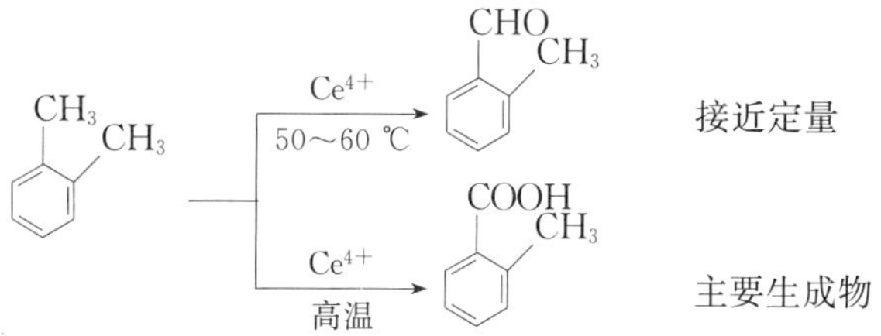

接近定量

主要生成物

反应生成醛的氧化机理为单电转移过程,经过苄醇中间物,水参与反应。

$$PhCH_3 + Ce^{4+} \longrightarrow PhCH_2 \cdot + Ce^{3+} + H^+$$

$$PhCH_2 \cdot + H_2O + Ce^{4+} \longrightarrow PhCH_2OH + Ce^{3+} + H^+$$

$$PhCH_2OH + 2Ce^{4+} \longrightarrow PhCHO + 2Ce^{3+} + 2H^+$$

9.4.3 Al_2O_3 固载 $KMnO_4$ 氧化法

Zhao 等报道了用三氧化铝固载高锰酸钾能选择性氧化芳烃侧链[25],当苄基 α-碳为仲碳时氧化成酮,为叔碳时得到醇,反应式如下:

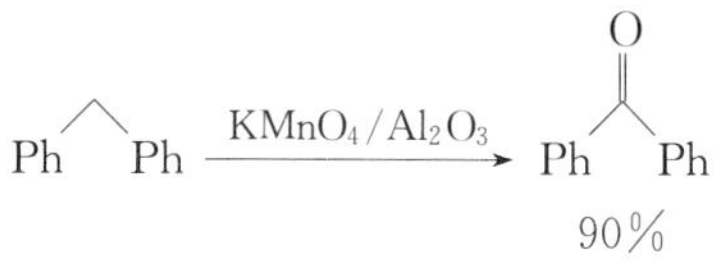

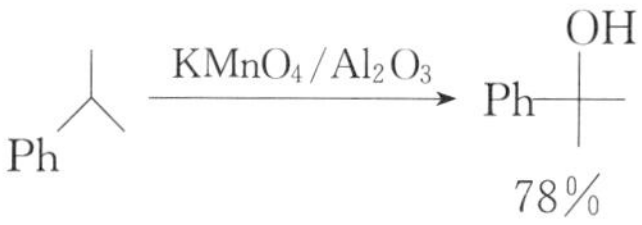

该方法对苯并吡喃型和苯并呋喃型化合物的氧化极具选择性。例如:

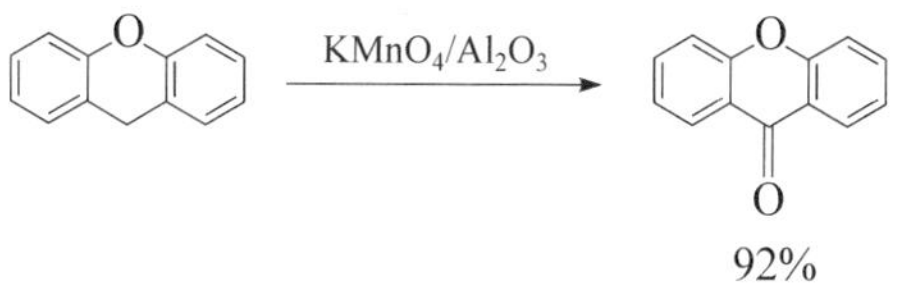

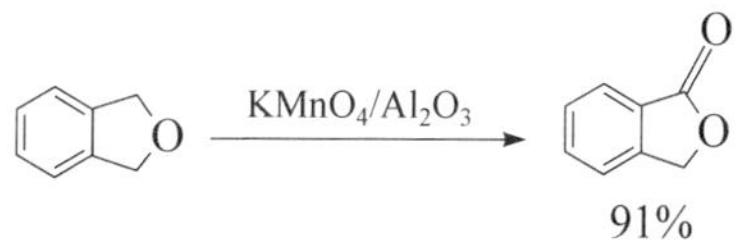

McBride 等[26]进一步研究了 $KMnO_4/Al_2O_3$ 体系氧化性能,发现能使 1,3-和 1,4-环己二烯脱氢氧化,恢复芳香性,具有很好的选择性,其他官能团(如烯醇醚、羧基、酯基)存在时不受影响,反应式如下:

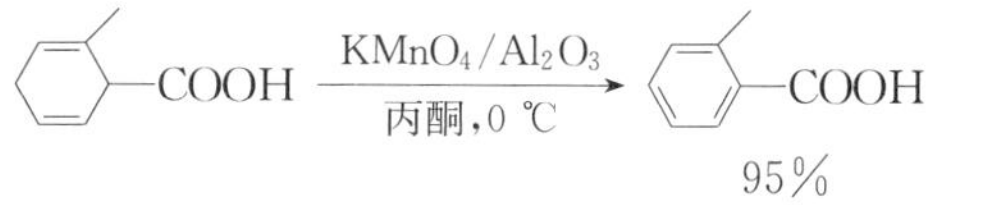

此法提供了一条比传统方法容易获得芳香化合物的途径。例如,以下目标分子两步即可合成,反应式如下:

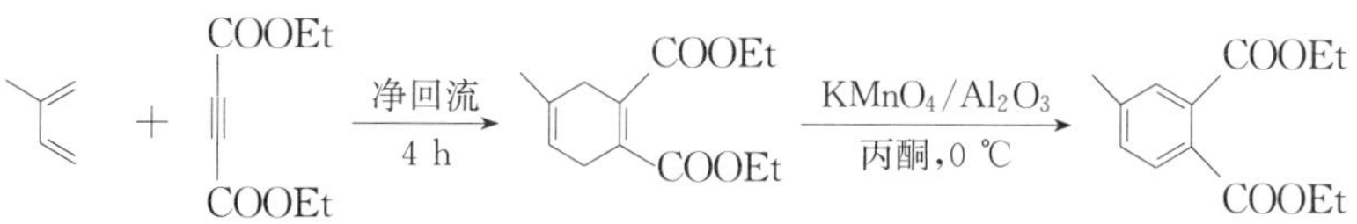

除上述讨论几类化合物的氧化外,还有羧酸的氧化、卤代烯烃的氧化以及卡巴肼类化合物

的氧化等。卡巴肼类化合物的氧化可以有多种方法[27~30]，反应式如下：

$$ArN=NCON=NAr \xleftarrow{④} ArNHNHCONHNHAr \xrightarrow{① 或 ② 或 ③} ArNHNHCON=NAr$$

  ① $FeCl_3 \cdot 6H_2O/H_2SO_4, CH_3COCH_3$, 室温, 30 min, 产率 81%～90%

  ② $NaNO_2/Ac_2O$, 室温, 50 min, 产率 88%～95%

  ③ $(CH_2CO)_2NBr, C_5H_5N$, 室温, 15～20 min, 产率 76%～86%

  ④ $CAN/CH_3COCH_3/H_2O$, 室温, 10 min, 产率 79%～91%

  ①、②、③种方法选择性好，具有反应条件温和、反应时间短、产率高等优点。

  以"O_2"为清洁氧源，实现甲苯类化合物侧链甲基的绿色选择性氧化制备芳醛一直受到重视，近期报道了这一课题的研究进展[31]。

习 题

9-1 写出实现下列转换的方法。

(1)

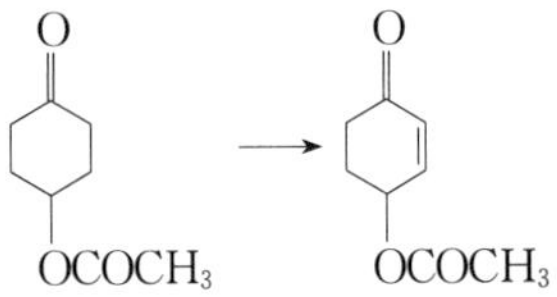

(2)

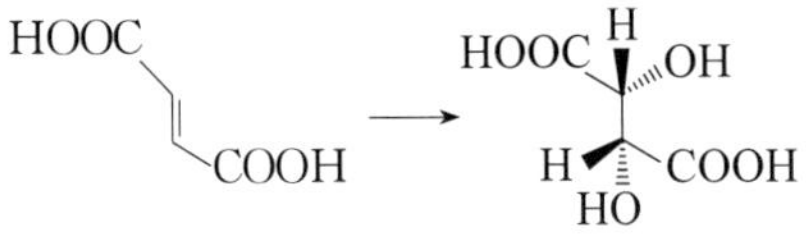

(3)

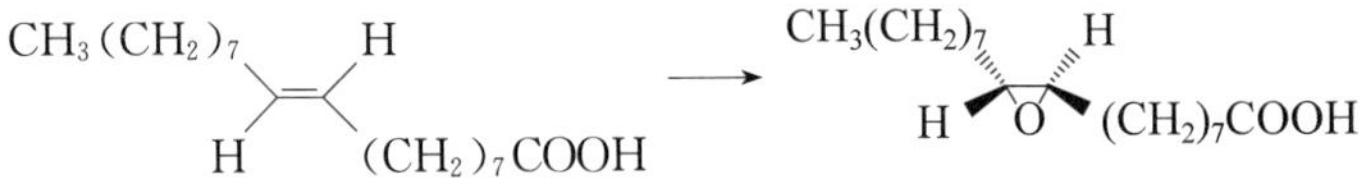

(4)

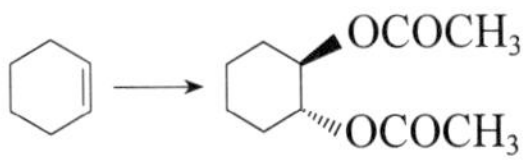

(5)

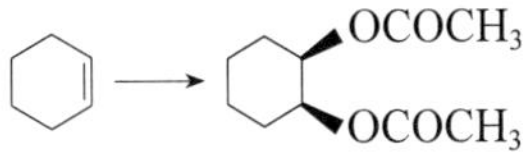

(6)

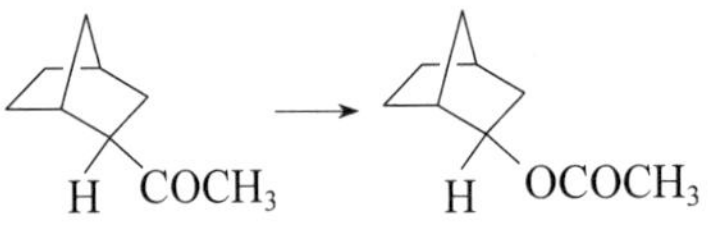

(7)

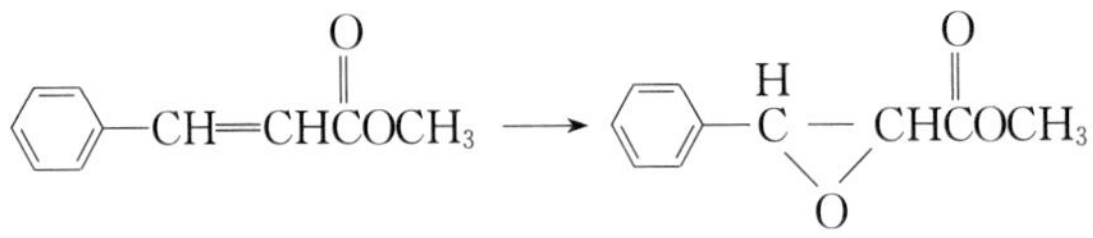

(8)

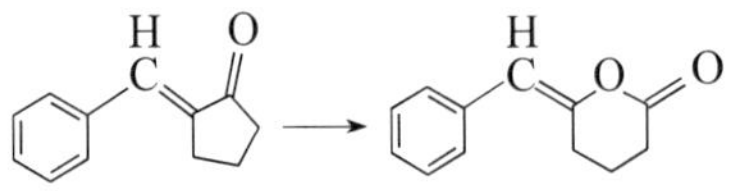

(9)

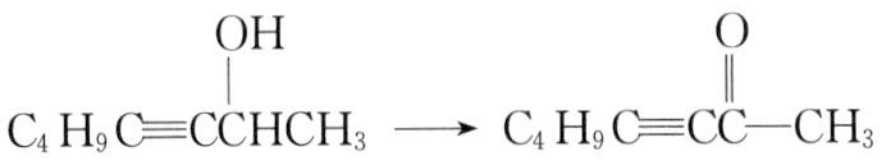

(10)

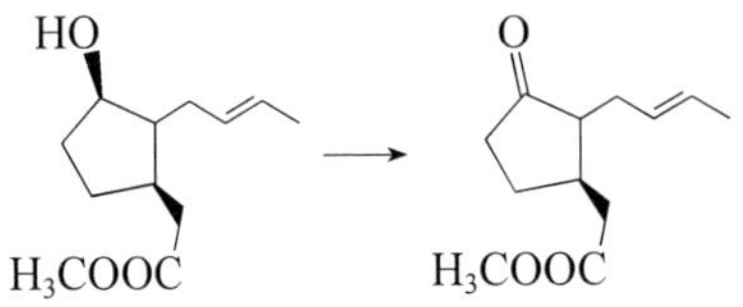

(11)

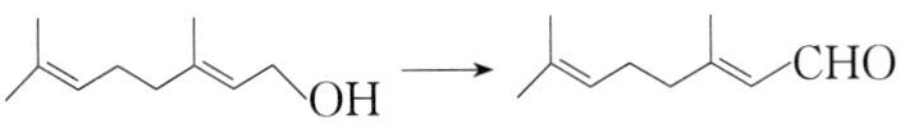

（12）HO～～～OH $\longrightarrow$ (环状内酯结构，含O和=O)

（13）(环己二醇结构) $\longrightarrow$ (环己酮-OH结构)

（14）(苯环 MeO, Me, OH) $\longrightarrow$ (醌式结构 MeO, =O, Me, OMe)

9-2　写出下列反应的机理。

（1）(苯基甲基酮结构) $\xrightarrow[\text{H}_2\text{SeO}_3]{(\text{SeO}_2+\text{H}_2\text{O})}$ (Ph-CO-CHO结构)

（2）$C_2H_5\text{—}\overset{O}{\overset{\|}{C}}\text{—}\overset{Ph}{\underset{}{\overset{|}{CH}}}\text{—}CH_3 \xrightarrow[\text{H}^+]{\text{CH}_3\text{CO}_3\text{H}} C_2H_5\text{—}\overset{O}{\overset{\|}{C}}\text{—}O\text{—}\overset{Ph}{\underset{}{\overset{|}{CH}}}\text{—}CH_3$

（3）(二甲基环己二烯结构 CH₃) $\xrightarrow{m\text{-ClC}_6\text{H}_4\text{CO}_3\text{H}}$ (环氧化物结构)

（4）(苯甲醛结构 CHO, MeO, OH) $\xrightarrow{\text{K}_3\text{Fe(CN)}_6/\text{OH}^-}$ (联苯二醛结构 OHC, CHO, MeO, OH, HO, OMe)

9-3　用指定原料合成下列化合物（其他试剂任选）。

（1）(苯环 CH₂CH=CH₂, OCH₃, OH) 合成 (苯环 CHO, OCH₃, OH)

（2）(异戊二烯结构) ＋ (COOEt炔结构) 合成 (苯环 COOEt结构)

（3）(2-甲基环己酮结构) 合成 HOH₂C (含OH链状结构)

（4）(2-甲基环己酮结构) 合成单一产物 (2-甲基环己烯酮结构 CH₃)

（5）$CH_3(CH_2)_7CH{=\!=}CH(CH_2)_7COOH$ 合成 (立体结构 HO, H, (CH₂)₇COOH, OH, H, H₃C(CH₂)₇, H)

参考答案

9-1

(1) ①LiN(i-C$_3$H$_7$)$_2$,THF,-78 ℃ ②C$_6$H$_5$SeBr,-78 ℃ ③NaIO$_4$,CH$_3$OH

(2) 碱性高锰酸钾-乙醇水溶液

(3) m-ClC$_6$H$_4$CO$_3$H

(4) I$_2$,AgOCOCH$_3$,无水,在沸腾的 CCl$_4$ 溶液中

(5) I$_2$,AgOCOCH$_3$,含水乙酸中

(6) PhCO$_3$H,CH$_2$Cl$_2$,25 ℃

(7) CH$_3$CO$_3$H,AcOEt,80 ℃

(8) CH$_3$CO$_3$H,CH$_3$COOK,30 ℃

(9) H$_2$CrO$_4$,H$_2$SO$_4$,Me$_2$CO

(10) Jones 试剂

(11) MnO$_2$,己烷

(12) Ag$_2$CO$_3$-硅藻土

(13) O$_2$(控制),Pt

(14) K$_3$Fe(CN)$_6$/OH$^-$,MeOH

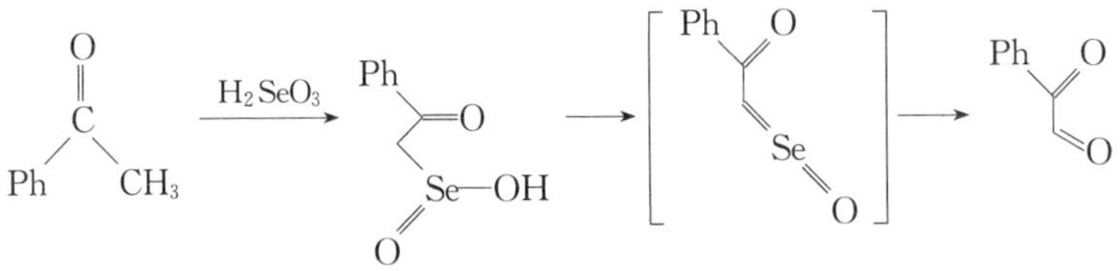

9-2

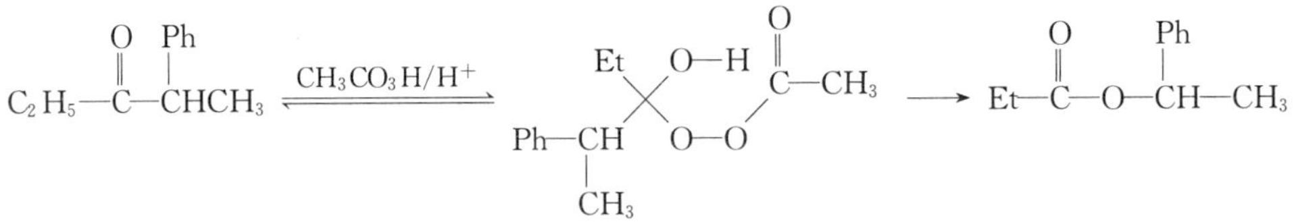

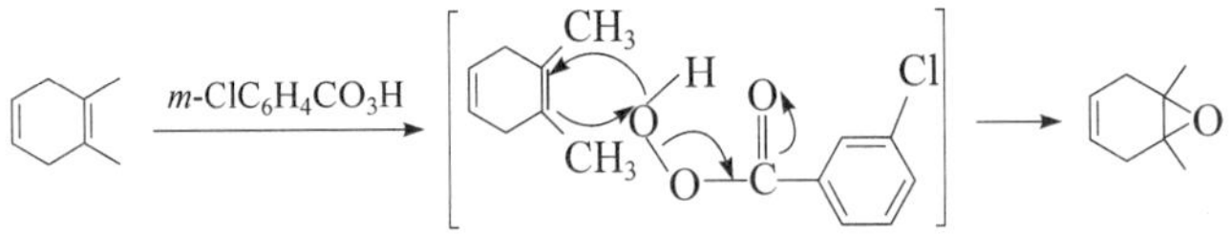

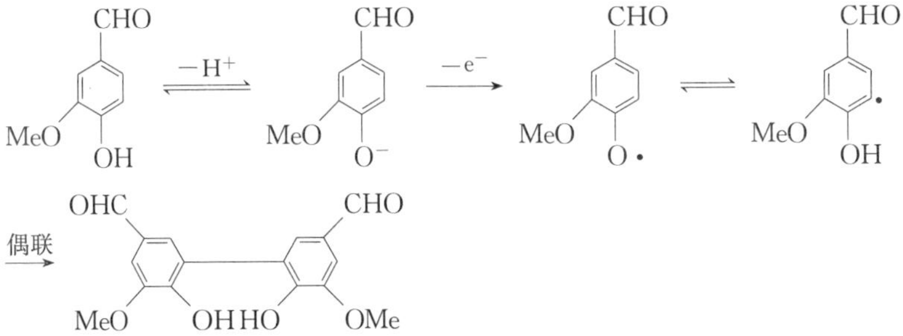

9-3

(1) ... KOH,△ 异构化 ... O₃ ... 水/Et₂O Zn+CH₃CO₂H ...

(2) ... + COOEt 净回流 ... KMnO₄/Al₂O₃ ...

(3) ... —CO₃H,CHCl₃ ... LiAlH₄ 乙醚 ...

(4) ... ① LiN(i-C₃H₇)₂,THF,−78 ℃　② C₆H₅SeBr　③ H₂O₂,CH₂Cl₂ 热力学控制 ...

(5) CH₃(CH₂)₇CH ═CH(CH₂)₇COOH ──Prevost 条件──▶ ...

参 考 文 献

[1]　Carruthers W. 有机合成的一些新方法. 3 版. 李润涛,刘振中,叶文玉译. 开封:河南大学出版社,1991

[2]　李良助. 有机合成中的氧化还原反应. 北京:高等教育出版社,1989

[3]　Poos G I,Arth G E,Beyler R E,et al. J Am Chem Soc,1953,75:422

[4]　张贵生,张松林,蔡昆. 合成化学,1997,5(3):303

[5]　Carruthers W,Coldham I. 当代有机合成方法. 王全瑞,李志铭译. 荣国斌校. 上海:华东理工大学出版社,2006

[6]　McKillop A,Young D W. Synthesis,1979,401

[7]　Bandgar B P,Sadavarte V S,Uppalla L S. J Chem Soc,Perkin Trans 1,2000,21:3559

[8]　雷自强,马恒昌. 化学通报,2005,9:650

[9]　苏熠东,郑云红,李援朝. 化学试剂,2005,27(12):719

[10]　Nicolaou K C,Zhong Y L,Baran P S. J Am Chem Soc,2000,122:7596

[11]　Shirini F,Tajik H,Aliakbar A,et al. Synth Commun,2001,31(5):767

[12]　Martin S E. Suarez D F. Tetrahedron Lett,2002,43:4475

[13]　王思乾,王玉炉. 合成化学,2002,10(2):110

[14]　Nishiguchi T,Asano F. Tetrahedron Lett,1988,29(48):6265

[15]　Hirano M,Kobayashi T,Morimoto T. Synth Commun,1994,24(13):1823

[16]　Varma R S,Saini R K. Tetrahedron Lett,1998,39:1481

[17]　Samajdar S,Becker F F,Banik B K. Synth Commun,2001,31(17):2691

[18]　Carlson R G,Behn N S,Cowles C. J Org Chem,1971,36:3832

[19]　李良助,林垚,宋艳玲,等. 有机合成原理和技术. 北京:高等教育出版社,1992

[20]　顾可权,林吉文. 有机合成化学. 上海:上海科学技术出版社,1987

[21]　Takacs J M,Jiang X T. Curr Org Chem,2003,7:369

[22]　Gaunt M J,Yu J,Spencer J B. Chem Commun,2001,1844

[23] Krow G R. Tetrahedron,1981,37:2697

[24] Renz M,Meunier B. Eur J Org Chem,1999,737

[25] Zhao D Y,Lee D G. Synthesis,1994,9:915

[26] McBride C M,Chrisman W,Harris C E,et al. Tetrahedron Lett,1999,40(1):45

[27] Wang Y L,Shi L,Jia X S. Synth Commun,1999,29(1):53

[28] Li X C,Wang Y L,Wang J Y. Synth Commun,2002,32(21):3285

[29] Wang Y L,Duan Z F,Shi L,et al. Synth Commun,1999,29(3):423

[30] Xiao J P,Wang Y L,Jia X S,et al. Synth Commun,2000,30(10):1807

[31] 户安军,吕春绪,李斌栋. 化学进展,2007,19(2/3):292

第10章 还原反应

有机化合物还原反应的含义早已明确,即在有机化合物的分子中除去氧、加上氢或得到电子的反应。还原反应内容丰富,范围广泛,几乎所有复杂化合物的合成都涉及还原反应。一般来说,还原反应可分为催化氢化法和化学法两种,这两种方法各有优点,在许多还原反应中都能得到相同的结果[1]。本章所讲的还原反应是指氢对不饱和基团(如烯键、羰基或芳环等)的加成反应以及伴随有两原子间键断裂的加氢反应。在实际合成中,一个有机化合物分子只有一种不饱和基团,该不饱和化合物的还原并不困难,或者有其他不饱和基团,则这个不饱和化合物的完全还原也并不十分困难,然而要求有选择性地还原某一个基团,这就需要在某一特定情况下来选择某种方法以达到合成的目的。

10.1 催化氢化反应

催化氢化反应是指还原剂氢等在催化剂的作用下对不饱和化合物的加成反应,是有机化合物还原的多种方法中最方便的方法之一。氢化反应的选择性是我们要讨论的重要内容。

许多氢化反应在范围很大的反应条件下都能顺利地进行,但是当要求选择性还原时,对反应条件的要求就会比较苛刻。选择性是金属的一种特性,但在某种程度上也取决于催化剂的活性和反应条件。一般来说,催化剂越活泼,它在反应中的选择性就越差。要想获得最高的选择性,则应选择活性最低的催化剂,同时在保持适宜的反应速率的前提下应尽可能选用最温和的反应条件。某一特定氢化反应的速率随温度的升高、压力的增加、催化剂量的增加而提高,但所有这些因素都会使选择性降低。例如,用亚铬酸铜作催化剂时,在适当的条件下苯甲酸乙酯中的酯基发生还原而得到苄醇,而在 Raney(雷尼)Ni 催化下则选择性地还原苯环而得到环己基甲酸乙酯。然而在较高的温度下,催化剂失去选择性,生成两种产物的混合物,同时两个反应中都能得到一定量的甲苯。例如:

$$C_6H_5CH_2OH \xleftarrow[160\ ℃,2.53×10^7\ Pa]{H_2,CuCr_2O_4} C_6H_5COOC_2H_5 \xrightarrow[50\ ℃,1.01×10^7\ Pa]{H_2,Raney\ Ni} C_6H_{11}COOC_2H_5$$

根据催化剂在反应体系中的存在状态,催化氢化反应分为多相催化氢化反应和均相催化反应。下面分别进行讨论。

10.1.1 多相催化氢化反应

多相催化氢化反应一般是指在不溶于反应体系中的固体催化剂的作用下,氢气还原液相中的底物的反应,主要包括碳-碳、碳-氧、碳-氮等不饱和重键的加氢和某些单键发生的裂解反应。常用的多相催化氢化催化剂有 PtO$_2$[Adams(亚当斯)催化剂]、钯催化剂、铂催化剂、Raney Ni 催化剂以及亚铬酸铜催化剂等。

House 列出了各种有机官能团发生催化氢化由易到难的大致顺序(表10-1)。这个顺序不是固定不变的,在某种程度上它受被还原物质的结构及所用催化剂的影响。通常列在表上部的官能团和下部的官能团共存于一个有机分子时,可以进行选择性还原。但在表上部的活泼性较大的官能团存在时,下部的官能团很难发生选择性还原。

表 10-1　各种有机官能团的多相催化氢化反应[2]

底　物	产　物	相对难易
RCOCl	RCHO	容易
	RCH$_2$OH	
RNO$_2$	RNH$_2$	
RC≡CR	(Z)-RHC=CHR,RCH$_2$CH$_2$R	
RCHO	RCH$_2$OH	
RCH=CHR	RCH$_2$CH$_2$R	
RCOR	RCH(OH)R,RCH$_2$R	
PhCH$_2$OR	PhCH$_3$+HOR	
RCN	RCH$_2$NH$_2$	
⬡⬡	⬡⬡	
RCOOR′	RCH$_2$OH+HOR′	
RCONHR′	RCH$_2$NHR′	
⬡	⬡	
RCOO$^-$Na$^+$	RCOO$^-$Na$^+$	不能还原

1. 催化加氢反应

1) 碳-碳重键的加氢反应

催化加氢方法几乎能使各种类型的碳-碳双键或三键(无论是孤立的还是共轭的)以不同的难易程度加氢成为饱和键。常用的催化剂有钯、铂、镍。该方法具有成本低、操作简便、产率高、产品质量好和选择性等优点,因此成为精细有机合成和工业生产中广泛采用的方法。

例如,顺丁烯二酸溶解在乙醇中,加入催化剂镍或铂、钯,于室温下与氢气一起振荡,被定量地还原成丁二酸,反应式如下:

$$
\begin{array}{c}
\text{CHCOOH} \\
\| \\
\text{CHCOOH}
\end{array}
+ \text{H}_2 \longrightarrow
\begin{array}{c}
\text{CH}_2\text{COOH} \\
| \\
\text{CH}_2\text{COOH}
\end{array}
$$

具有两个烯键的亚油酸酯比只有一个烯键的油酸酯或异油酸酯容易氢化。工业上用镍作催化剂,在氢气压力 0.9~1.0 MPa、温度为 200 ℃ 的条件下进行氢化生产硬脂酸酯,反应式如下:

亚油酸酯

$$\text{CH}_3(\text{CH}_2)_4\text{CH}=\text{CHCH}_2\text{CH}=\text{CH}(\text{CH}_2)_7\text{COOR}$$

$$\downarrow \text{H}_2/\text{Ni}$$

$$\text{CH}_3(\text{CH}_2)_7\text{CH}=\text{CH}(\text{CH}_2)_7\text{COOR} + \text{CH}_3(\text{CH}_2)_4\text{CH}=\text{CH}(\text{CH}_2)_{10}\text{COOR}$$

油酸酯　　　　　　　　　　　　　　　　　异油酸酯

$$\downarrow \text{H}_2/\text{Ni}$$

$$\text{CH}_3(\text{CH}_2)_{16}\text{COOR}$$

烯烃化合物中,双键上取代基的数目不同,其被还原的速率也不同,取代基数目越多,就越

难被还原,因而产生了如下由易到难的反应大致活性顺序:

$$RCH{=}CH_2{>}RCH{=}CHR'{\sim}R'RC{=}CH_2{>}R'RC{=}CHR''{>}R_2C{=}CR_2$$

在相同的条件下,以 Pt-SiO₂ 作催化剂,反应温度为 20 ℃,在环状化合物中也有类似情况:

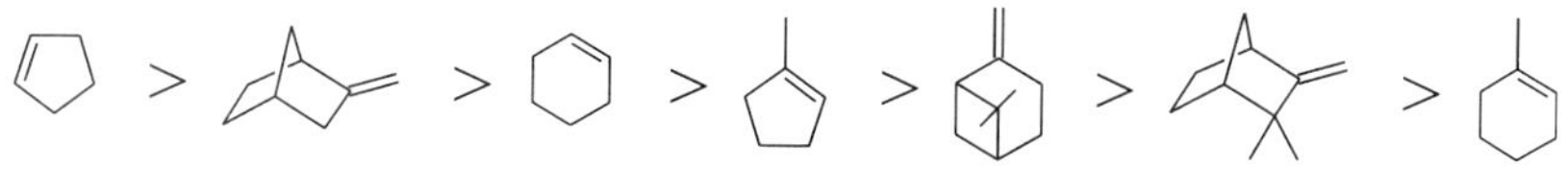

非共轭的多烯烃的氢化与单烯烃相似,也受到取代基的影响,随着取代基数目的增多,反应变得比较困难,因而可以在多烯分子中有选择性地还原其中的一个双键。例如,柠檬烯(**1**)用氧化铂催化氢化时,在只吸收 1 mol 氢就停止反应时,能得到接近定量产率的(**2**),进一步氢化生成薄荷烷(**3**)。该过程表示如下:

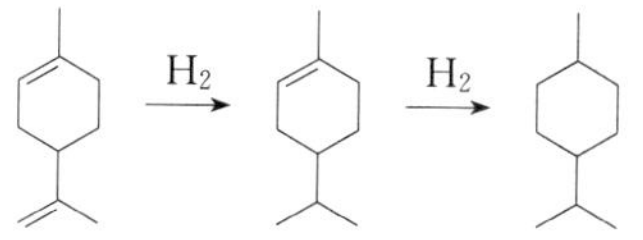

共轭双烯在催化剂表面上的吸附能力比其他烯烃强,因此首先受到催化剂的作用,具有更快的氢化速率。当氢化成孤立的烯键后,速率明显下降。示意如下:

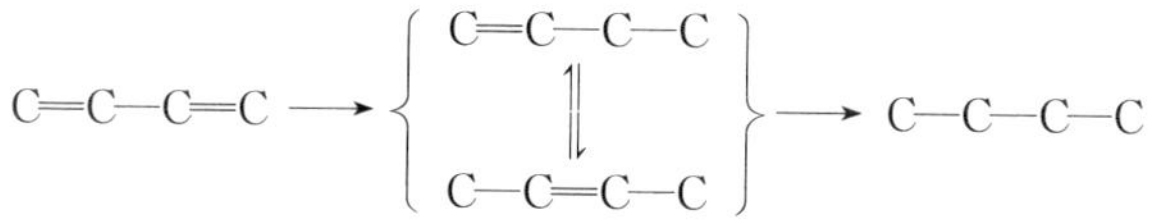

烯烃与炔烃比较,在单独进行催化氢化时,烯烃比炔烃快 10～100 倍;如果将烯烃和炔烃先混合在一起再进行氢化,只有当其中的炔烃全部被还原成烯烃后,烯烃才开始加氢。这是由于烯烃和炔烃在催化剂表面上的吸附能力不同。进行催化氢化反应,底物须首先吸附在催化剂表面上,这是关键的步骤。据研究,各类烃化物在第Ⅷ族金属表面上的吸附能力有以下顺序:炔烃＞双烯烃＞烯烃＞烷烃。当烯烃和炔烃共存时,催化剂的表面首先吸附炔烃,炔烃被活化,能与吸附在催化剂表面上的氢发生反应。而烯烃由于吸附能力不如炔烃,被排斥在催化剂表面之外,不能发生催化氢化反应。只有当其中的炔烃被全部氢化后,烯烃才有可能被吸附在催化剂的表面,开始进行氢化反应。这种高度的选择性在工业上具有重大意义。例如,聚乙烯、聚丙烯的生产需要纯度很高的单体乙烯、丙烯。它们来自石油的热裂,其中含有相当数量的炔类化合物,不易用通常的物理方法除去,就可以应用催化氢化方法将其中的炔烃转变成烯烃。

对于既含有双键又含有炔键的化合物,如果双键和三键不共轭,选择氢化其中的三键成为双键并不困难。例如,1-炔-4-烯-3-己醇可以顺利地还原成 1,4-二烯-3-己醇。当烯键和炔键共轭时,一般用 Lindlar(林德拉)催化剂能氢化多种分子中的炔键成为烯键,而不影响其他烯键。Lindlar 催化剂是用乙酸铅处理钯-碳酸钙催化剂使之钝化。在其中加入喹啉还可以进一步提高选择性。这一方法在维生素 A 的合成中发挥了重要作用,反应式如下:

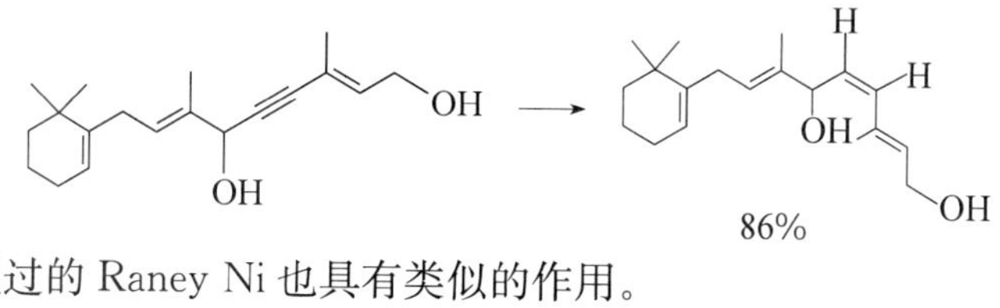

86%

用乙酸锌处理过的 Raney Ni 也具有类似的作用。

催化氢化反应也是合成顺式取代的乙烯衍生物的重要方法。二取代的炔经部分氢化产生顺式取代的烯烃衍生物。这是因为两个氢原子在炔分子的同一侧同时加成(顺式加成)。环状烯烃也有类似情况。例如,1,2-二甲基环己烯在乙酸中用氢和 PtO_2 还原时主要生成顺式 1,2-二甲环己烷,反应式如下:

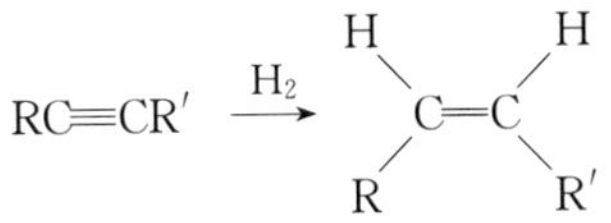

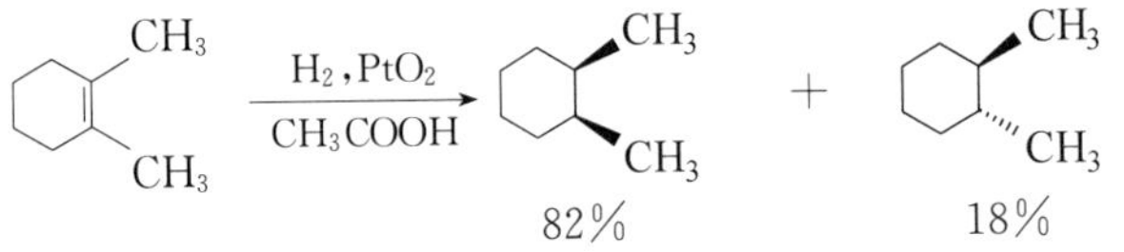

$$82\% \qquad 18\%$$

烯烃用钯系金属催化剂进行催化氢化时常伴随双键的位移。例如,四环三萜烯衍生物(如乳香甲酯乙酸酯)与氧化铂和氘在氘代乙酸中反应生成它的异构体,从产物中氘原子的位置可推知原来双键所在的位置,反应式如下:

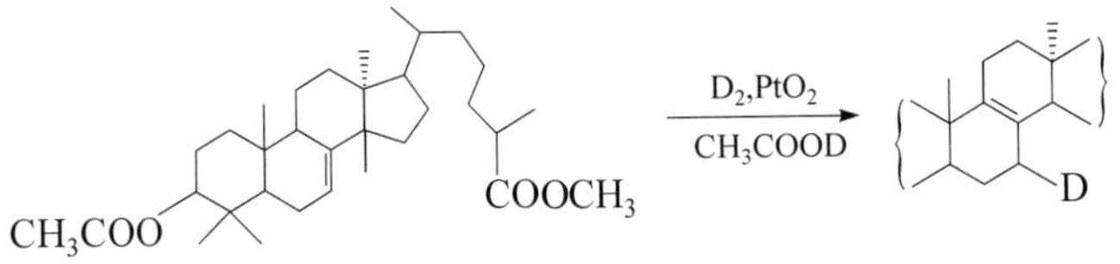

实验结果表明催化氘化反应产物的分子中通常都是多于或少于两个氘原子,由此可进一步证明烯烃的催化氢化反应并不是两个氢原子对原有双键的简单加成。例如,在 PtO_2 催化下,1-己烯进行氘化时生成每个分子中含有 1~6 个氘原子的混合产物。

烯烃双键催化氢化顺式加成现象、发生异构化以及催化氘化生成的产物中每个分子含有多于或少于两个氘原子的问题,有一种机理可以合理地予以解释。该机理认为氢原子从催化剂上转移到被吸附的反应物上是分步进行的,这个反应过程涉及 π 键形式的 A 和 B 与半氢化形式的 C 之间的平衡。其中 C 既能吸收另一个氢原子又能重新转化成起始原料或异构化的烯烃 D。该机理表示如下:

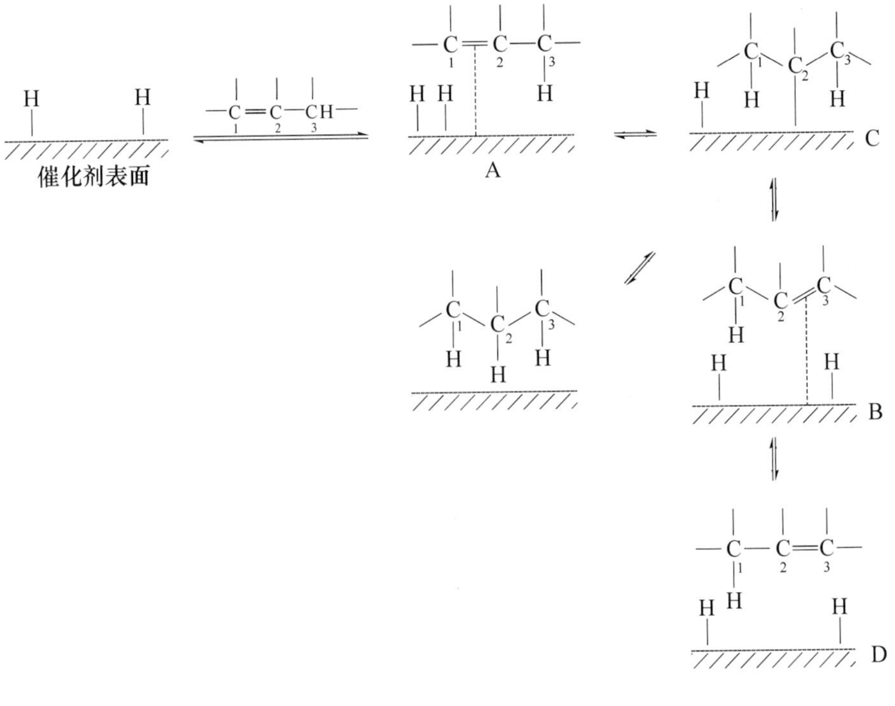

钯催化下,除分子中含有三键、芳香烃硝基和酰氯外,其他不饱和基团一般不影响对烯烃双键的选择性还原[1]。例如:

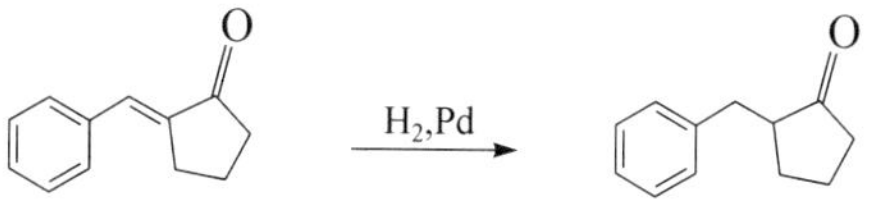

应用 Pd/C 催化剂催化氢化 α,β-不饱和醛、酮的碳-碳双键具有很高的区域和立体选择性[3,4]。例如:

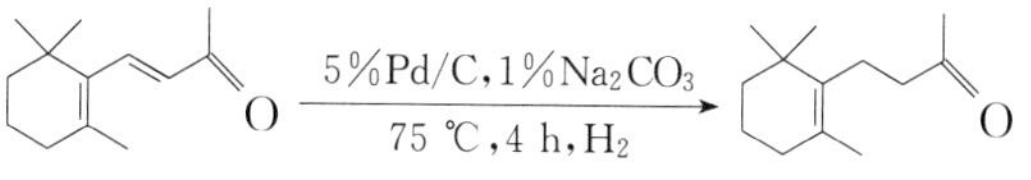

$$> 96\%$$

镁和甲醇在回流中催化还原 α,β-不饱和酯可定量给出 α,β-碳-碳双键还原产物[5]。例如:

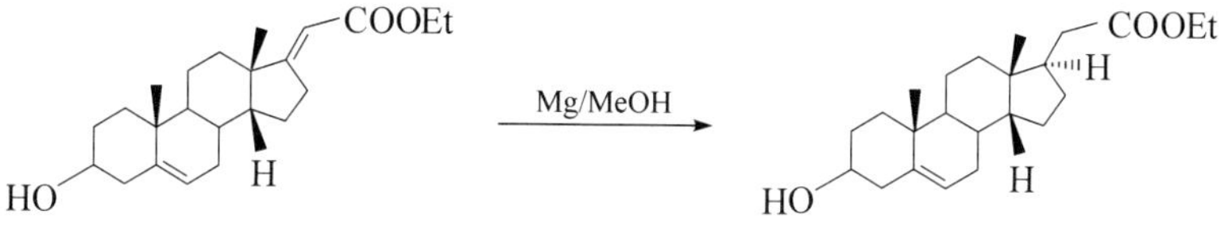

98%

RhCl$_3$ 在相转移催化条件下可催化选择还原 α,β-不饱和酮的碳-碳双键,且具有高立体选择性[6]。例如:

$$4\text{-}CH_3C_6H_4COCH\!=\!CHC_6H_5 \xrightarrow[\text{H}_2\text{O}/(\text{CH}_2\text{Cl})_2,\text{H}_2,4\text{ h},\text{室温}]{[(\text{C}_8\text{H}_{17})_3\text{NCH}_3]^+[\text{RhCl}_4]^-} 4\text{-}CH_3C_6H_4CO(CH_2)_2C_6H_5$$

96%

RuCl$_2$(PPh$_3$)$_3$ 催化还原查尔酮[7],碳-碳双键选择性 100%,且反应极为迅速。例如:

$$C_6H_5HC\!=\!CHCOC_6H_5 \xrightarrow[\text{PTC},\text{H}_2\text{O},10\text{ min},109\text{ ℃}]{\text{RuCl}_2(\text{PPh}_3)_3,\text{HCOONa}} C_6H_5(CH_2)_2COC_6H_5$$

Raney Ni/Al$_2$O$_3$ 催化氢化还原柠檬醛可高产率地得到合成维生素的原料香茅醛,反应式如下:

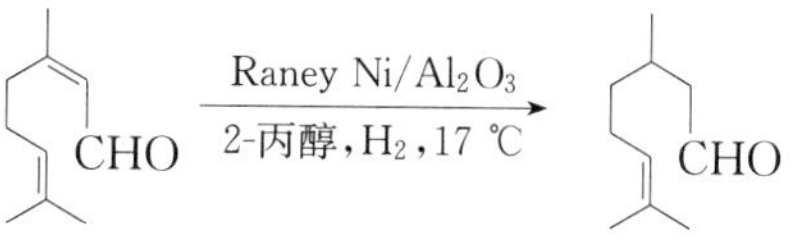

90%

铜负载于无机载体 SiO$_2$[8] 或 Al$_2$O$_3$[9] 上,催化氢化 α,β-不饱和酮的碳-碳双键,而分子中其他的双键不受影响。例如:

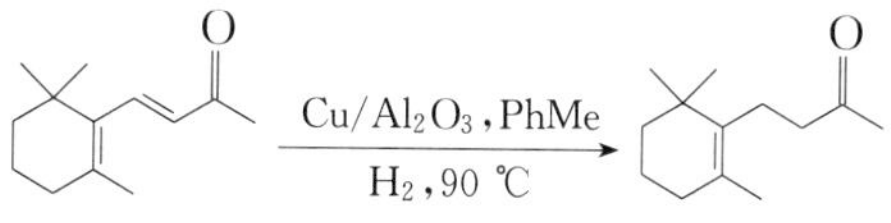

81%

含有氰基、酯基和双键官能团的化合物,碳-碳双键优先催化氢化。例如:

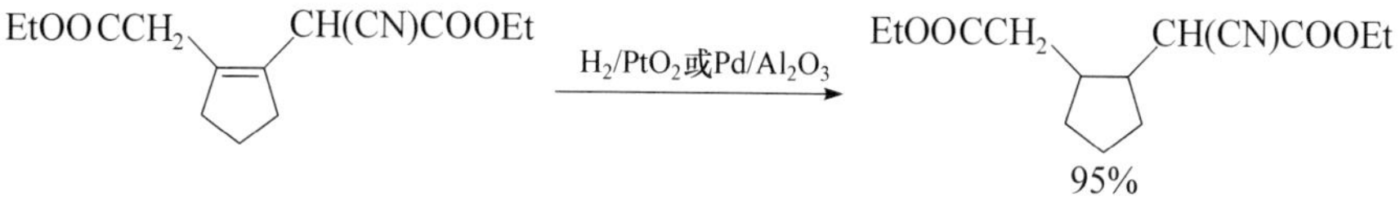

95%

天然高聚物和合成高聚物[10]也可作为钯的载体,由于高聚物上有多种可与金属配位的官能团,增加了负载型催化剂配体的可调范围及幅度,从而提高了催化剂的选择性和活性。例如,巴豆醛在 $PdCl_2$-Ts(柞蚕丝)的催化下加氢,几乎定量地生成丁醛,反应式如下:

$$CH_3CH=CHCHO \xrightarrow[30\ ℃,C_2H_5OH,H_2]{PdCl_2\text{-}Ts} CH_3CH_2CH_2CHO$$

二茂铁胺硫钯络合物[11]($\mathbf{4}$)是通用性很好的催化剂,可以选择催化氢化 α,β-不饱和醛、酮、羧酸、酯、酰胺和类酯的碳-碳双键,且产率和选择性几乎都大于 99%。例如:

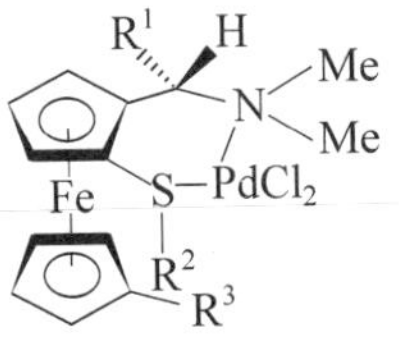

($\mathbf{4}$)

R^1:Me;R^2:n-Pr;R^3:H

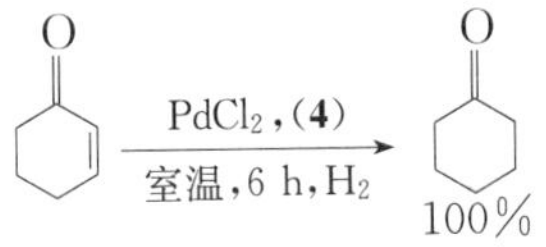

但它还原 α,β-不饱和五元环酮不理想。若采用 O_2 作用下的膦配位双钯络合物($\mathbf{5}$)[12]于室温条件下催化氢化,产率则可达 98%。例如:

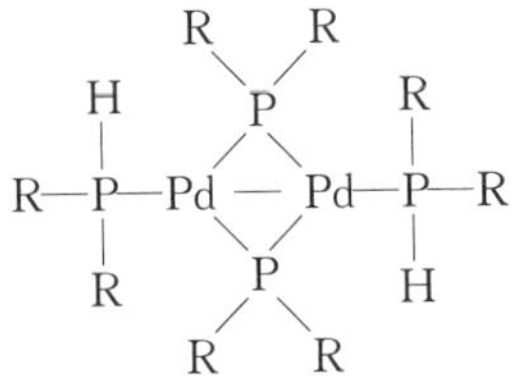

($\mathbf{5}$)

R:Bu[+]

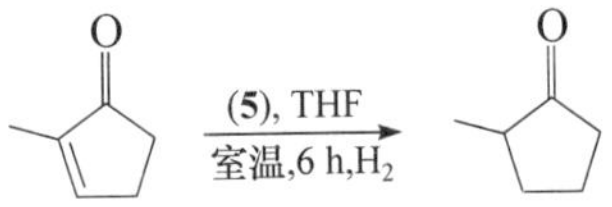

2) 芳香环系的加氢反应

芳香族化合物也能进行催化氢化,转变成饱和的脂肪族环系,但要比脂肪族化合物中的烯键氢化困难得多。例如,异丙烯基苯在很温和的条件(常温、常压)下,侧链上的烯键就能被氢化,而苯环保持不变,反应式如下:

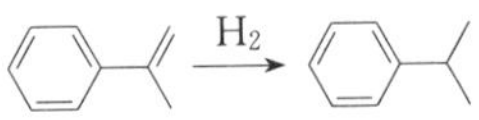

这种催化氢化的差别不仅能用于合成,也可用于定量分析测定非芳环的不饱和键。

环己醇是生产尼龙-6 和尼龙-66 的原料,工业上利用催化氢化生产环己醇有两种方法。一种是苯直接氢化成环己烷,环己烷再通过空气氧化成环己酮来实现,反应式如下:

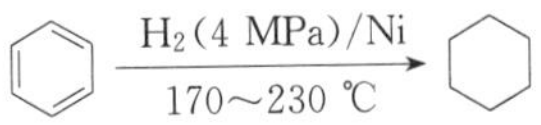

另一种是苯酚氢化成环己醇,Raney Ni 催化,在 $100\sim150\ ℃$、$10\ MPa$ 氢气压力下才能实现,反应式如下:

1,1-二苯基-2-(2′-吡啶基)乙烯是一个共轭体系很大的化合物,它的乙醇溶液用钯-碳催化,在 10 MPa 氢气压力下,于 200 ℃反应 2 h 后即吸收 10 mol 氢,生成完全饱和的 1,1-二环己基-2-(2′-哌啶基)乙烷,这是治疗冠心病的药物沛心达,反应式如下:

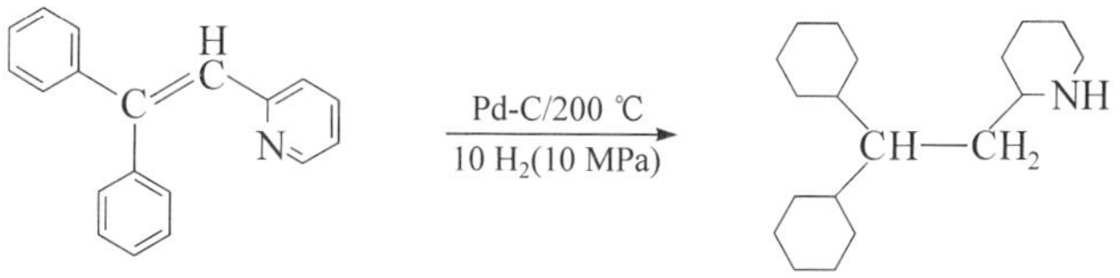

芳香杂环体系在比较温和的条件下就能实现氢化。

苄基位上带有含氧或含氮官能团的苯衍生物还原时,这些基团容易发生氢解,特别是用钯作催化剂时更是这样。在温和条件下选用铑、钌作催化剂,特别是铑,能够使这些化合物中苯环优先被还原。例如,扁桃酸在甲醇中用铑-铝催化,容易还原成六氢扁桃酸;而用钯催化时,则主要通过氢解生成苯乙酸,反应式如下:

$$C_6H_5CH_2COOH \xleftarrow{\ H_2,Pd\text{-}C\ } C_6H_5CH(OH)-COOH \xrightarrow{\ H_2,Rh\text{-}Al_2O_3\ } C_6H_{11}CH(OH)-COOH$$

苯环上烃基取代基的数目和位置对催化氢化反应同样存在影响。

在多核芳烃中,催化氢化可控制在中间阶段。例如,联苯可氢化为环己基苯,在更强烈的条件下才能完全氢化,成为环己基环己烷,这表明环己基苯比联苯更难氢化,反应式如下:

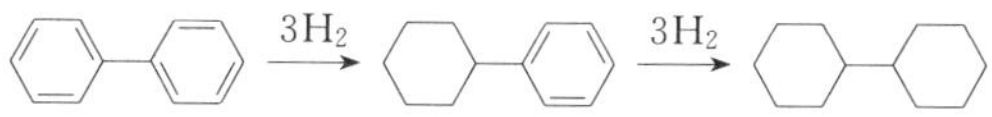

在稠环化合物中也有类似的情况。起始化合物比中间产物更容易氢化,从而可以达到合成中间产物的目的。例如:

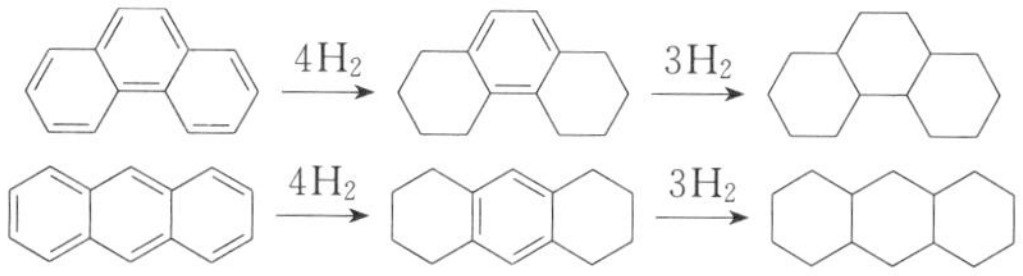

3) 醛、酮的加氢反应

几乎所有的催化氢化催化剂都能顺利地催化氢化醛成为醇。例如,工业上生产维生素 C 的原料葡萄糖醇就是用催化氢化方法合成的,产率达 95%,反应式如下:

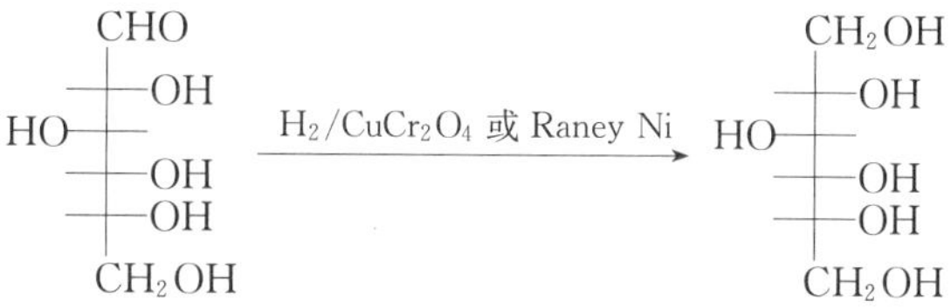

醛分子中含有烯烃双键可以选择性地氢化成不饱和醇。例如,柠檬醛在氯化亚铁或硫化亚铁、乙酸锌的存在下以氧化铂为催化剂氢化成牻牛儿醇,反应式如下:

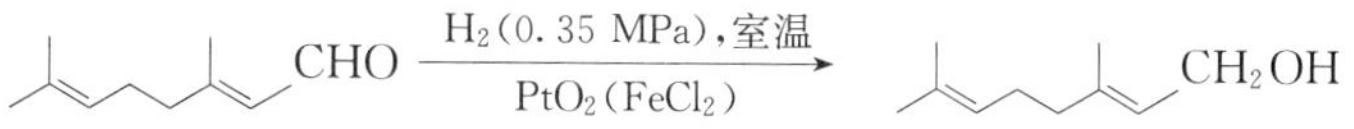

巴豆醛可氢化为巴豆醇,反应式如下:

$$CH_3CH = CHCHO \xrightarrow{\ H_2,5\%\ Os\text{-}C,100\ ℃,7\ MPa\ } CH_3CH = CHCH_2OH$$
$$90\%$$

肉桂醛是不饱和芳香醛的典型例子,采用钯催化剂只催化其中的烯键,不催化氢化醛基,

而 Raney Ni 则同时催化氢化烯键和醛基。应用锇催化剂或乙酸锌(或氯化亚铁)活化的铂催化剂仅氢化醛基。例如:

$$PhCH=CHCHO \xrightarrow[\text{}]{H_2,5\% \text{ Os-C},100℃,6 \text{ MPa}} PhCH=CHCH_2OH$$
$$95\%$$

通过低温液相还原法制备的 Pt/Al_2O_3 能显著提高生成肉桂醇的选择性。例如:

$$PhCH=CHCHO \xrightarrow[35℃,5 \text{ h},H_2]{Pt/Al_2O_3,EtOH} PhCH=CHCH_2OH$$
$$100\%$$

芳香醛的氢化有三种不同的产物:苯甲醇型化合物、甲基芳烃和甲基脂环化合物。在反应条件下,可以使苯甲醛接近定量地转化为苯甲醇型化合物。例如:

$$PhCHO \xrightarrow[EtOH,20℃]{H_2/Pt,0.2 \text{ MPa}} PhCH_2OH$$
$$约100\%$$

酮羰基的氢化比醛羰基的氢化缓慢得多,因此分子中既含有酮羰基也含有醛羰基时,选择氢化醛羰基是可能的。酮氢化成醇常用的催化剂有氧化铂、氧化铂铑、铂、铑、铷等。通常在室温和大气压下就能进行,产率几乎是定量的。在相当的反应条件下 Raney Ni 催化氢化也能得到很好的结果[13]。例如:

$$CH_3COCH_3 \xrightarrow[25\sim30℃,38 \text{ min}]{H_2/\text{Raney Ni},0.1\sim0.3 \text{ MPa}} CH_3CH(OH)CH_3$$
$$100\%$$

使用贵金属催化剂能将芳香酮氢化为仲醇,但由于该醇为苄醇系,容易发生氢解反应,而各种镍催化剂和氧化铜不会发生氢解反应[13]。例如:

$$PhCOCH_3 \xrightarrow[25℃,2.5 \text{ h}]{H_2/\text{Ni-NaH},EtOH,0.1 \text{ MPa}} PhCH(OH)CH_3$$
$$92\%$$

在不饱和酮分子中,用 H_2/PtO_2 催化氢化其中碳-碳双键,无论是否与酮羰基共轭都容易优先氢化,得到饱和酮。

4) 腈和硝基化合物的加氢反应

腈的催化氢化具有重要的工业意义。合成纤维(如尼龙-66、尼龙-1010)所用的多次甲基二胺都可以用催化氢化的方法制备。癸二胺的制备就是一例,反应式如下:

$$\underset{CN}{\overset{CN}{\bigcirc}}_8 \xrightarrow[\text{Ni},100℃,2.5 \text{ MPa}]{KOH,NH_3,乙醇} \underset{NH_2}{\overset{NH_2}{\bigcirc}}_{10}$$
$$95\%$$

含有碳-碳双键的腈选择性地只氢化氰基比较困难,然而用 Raney Co 能有效地催化氢化 β,γ-不饱和腈成为相应的不饱和胺,反应式如下:

$$\bigcirc-CH_2CN \xrightarrow[60℃,9.5 \text{ MPa}]{H_2/\text{Raney Co}} \bigcirc-CH_2CH_2NH_2$$
$$90\%$$

硝基化合物是很容易被催化氢化的一类化合物,通常比烯键或羰基还原得快。氢化还原硝基化合物最后产物是一级胺。Raney Ni 或任何一种铂族金属都能作催化剂,选择哪种催化剂取决于分子中其他官能团的性质。例如,α,β-不饱和硝基化合物催化氢化,可以很方便地得到用于合成异喹啉的 β-苯乙胺,反应式如下:

$$PhCH=CHNO_2 \xrightarrow[EtOH,25℃,H_2SO_4]{H_2,Pd-C} PhCH_2CH_2NH_2$$

2. 催化氢解反应

在催化氢化的反应条件下,底物分子被还原裂解为两个或两个以上的小分子的反应称为催化氢解反应。

在卤化物分子中,卤素受到不饱和键的活化,或直接与芳环或芳杂环相连比较容易被氢解。在各种催化剂中,钯是最适宜的氢解催化剂。利用碳-卤键的氢解反应,往往可以合成难以直接合成的化合物。例如,邻叔丁基酚的合成可利用溴原子占据易发生反应的对位,待烷基化后,用氢解的方法除去溴,达到合成的目的,反应式如下:

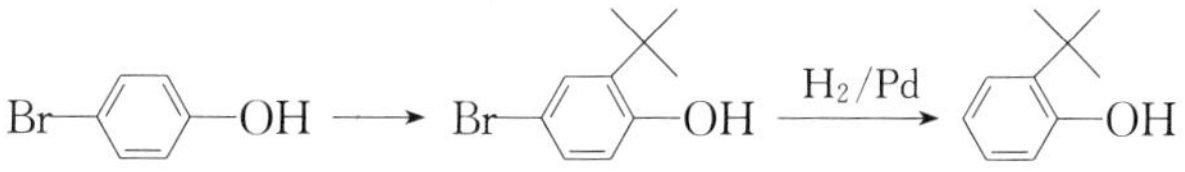

脱卤氢解机理:卤代烃通过氧化加成与活泼金属催化剂形成有机金属络合物,再按催化氢化机理反应得到氢解产物。

$$RX + Pd^0 \longrightarrow R-PdX \xrightarrow{H_2} R-PdX \longrightarrow RH + HX + Pd^0$$

催化氢解对维生素 B_6 的合成起到了极其重要的作用,反应式如下:

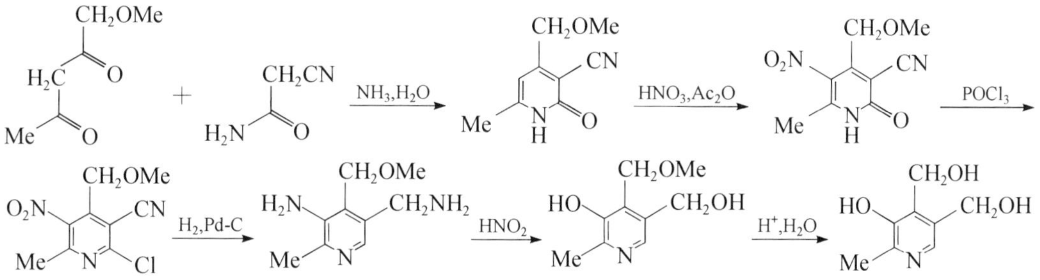

其中第四步反应一步催化氢化就实现了三个基团的转化,即硝基还原成氨基,氰基还原成氨甲基,而氯则被氢解。

卤素在催化氢解反应中的稳定性次序为 F>Cl>Br>I。

脂肪族卤化物中的氯、溴(在三级碳原子上除外)对于铂、钯催化剂是稳定的,而碘则容易氢解。

与杂原子(如氧原子、氮原子、硫原子等)相连的苄基型化合物在铂或钯催化剂的作用下容易发生氢解,其一般式为

$$RNHCH_2Ar \longrightarrow RNH_2 + ArCH_3$$
$$ROCH_2Ar \longrightarrow ROH + ArCH_3$$
$$RSCH_2Ar \longrightarrow RSH + ArCH_3$$

Ar:Ph 或其他芳香基;R:烷基或酰基

反应在室温和常压下进行。若采用镍催化剂则需要在 $100 \sim 125 \, ℃$ 才能进行。例如,在多肽合成中,应用苯甲氧羰基保护氨基,当完成保护作用之后,可以用催化氢解法除去,反应式如下:

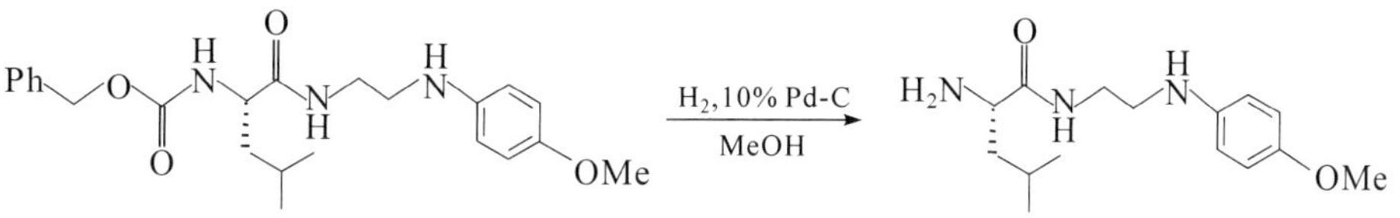

在有机化合物中以不同形式结合的硫都可以用 Raney Ni 为催化剂除去。例如,5-羟基嘧啶的合成用 Raney Ni 氢解巯基,然后用钯催化剂氢解苯甲基,得到定量的 4,5-二羟基嘧啶,反应式如下:

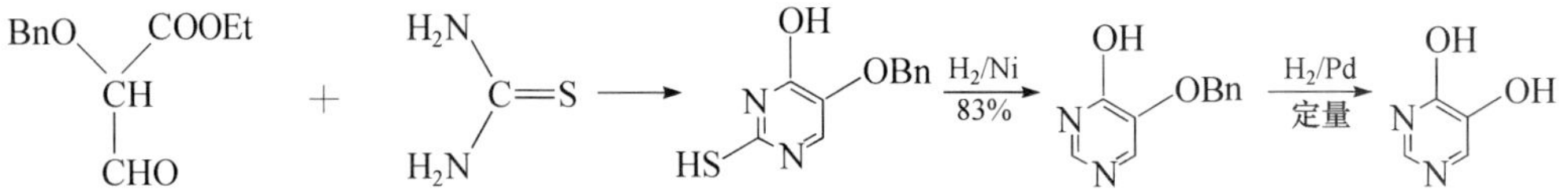

维生素 H 的脱硫过程也是氢解反应,反应式如下:

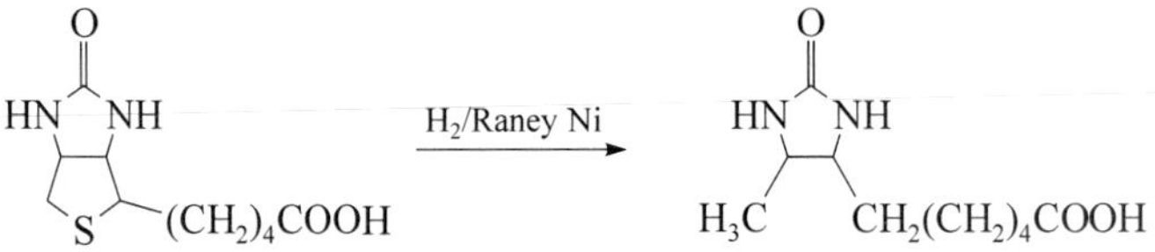

用 Raney Ni 为催化剂进行脱硫反应,由于一部分镍和硫结合成硫化镍,所以实际上操作需要较多的 Raney Ni。

10.1.2 均相催化氢化反应

以上所讨论的多相催化氢化反应中所用的催化剂尽管很有用,但仍有以下缺点:①可能引起双键移位,而双键移位常使氘化反应生成含有两个以上位置不确定的氘代原子化合物;②一些官能团容易发生氢解,使产物复杂化等。均相催化氢化反应能够克服上述一些缺点。

均相催化氢化反应的催化剂都是第Ⅷ族元素的金属络合物,它们带有多种有机配体。这些配体能促进络合物在有机溶剂中的溶解度,使反应体系成为均相,从而提高了催化效率。反应可以在较低温度、较低氢气压力下进行,并具有很高的选择性。

可溶性催化剂有多种。这里对三(三苯基膦)氯化铑[$(Ph_3P)_3RhCl$,TTC]和五氰基氢化钴络合物 $HCo(CN)_5^{3-}$ 予以讨论。

三(三苯基膦)氯化铑催化剂可由三氯化铑与三苯基膦在乙醇中加热制得,反应式如下:

$$RhCl_3 \cdot 3H_2O + 4PPh_3 \longrightarrow (Ph_3P)_3RhCl + Ph_3PCl_2$$

在常温、常压下,以苯或类似物作溶剂,TTC 是非共轭的烯烃和炔烃进行均相氢化的非常有效的催化剂。其催化特点是选择氢化碳-碳双键和碳-碳三键,羰基、氰基、硝基、氯、叠氮等官能团都不发生还原。单取代和双取代的双键比三取代或四取代的双键还原快得多,因而含有不同类型双键的化合物可以部分氢化。例如,氢对里哪醇的乙烯基选择加成,得到产率为90%的二氢化物;同样香芹酮转化为香芹鞣酮,反应式如下:

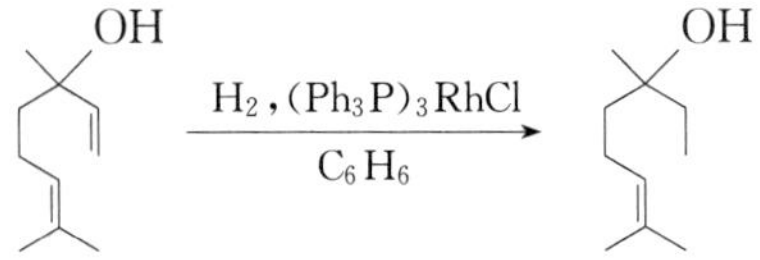

里哪醇

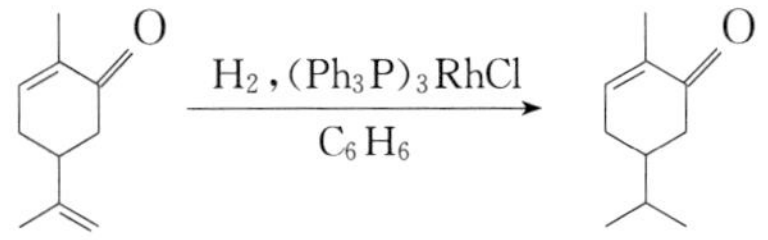

香芹酮

由 ω-硝基苯乙烯还原为苯基硝基乙烷的这一奇特反应可进一步显示出催化剂的选择性。例如：

$$PhCH=CHNO_2 \xrightarrow[C_6H_6]{H_2,(Ph_3P)_3RhCl} PhCH_2CH_2NO_2$$

对马来酸的催化氘化生成内消旋二氘代琥珀酸,而富马酸的催化氘化则生成外消旋化合物的反应研究可以证明:在均相催化反应中氢是以顺式对双键加成的。该试剂的另一个突出优点是氘化反应很规则地进行,即每个双键上只引入两个氘原子,而且是在原来双键的位置上。例如,油酸甲酯能以定量的产率转化成 9,10-二氘代硬脂酸甲酯;1,4-雄甾二烯-3,17-二酮通过从二取代双键的 α-面进行顺式加成,生成二氘代产物,反应式如下:

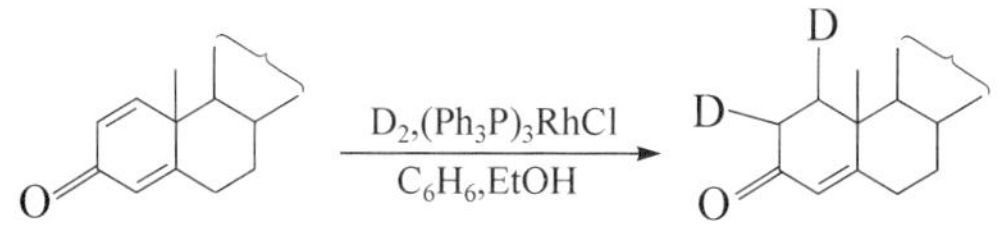

这种催化剂还有一个非常有价值的特点,就是不发生氢解反应。因此,烯键可以选择性地氢化,而分子中其他敏感基团并不发生氢解。例如,肉桂酸苄酯能顺利地转化成二氢化合物而苄基不受影响,烯丙基苯基硫醚能以 93% 的产率还原为丙基苯基硫醚,反应式如下:

$$PhCH=CHCO_2CH_2Ph \longrightarrow PhCH_2CH_2CO_2CH_2Ph$$
$$CH_2=CHCH_2SPh \longrightarrow C_3H_7SPh$$

三(三苯基膦)氯化铑能使醛脱去羰基,因而含有醛基的烯烃化合物在通常的条件下不能用这种催化剂进行氢化。例如:

$$PhCH=CHCHO \xrightarrow{H_2,(Ph_3P)_3RhCl} PhCH=CH_2 + CO$$
$$65\%$$

$$PhCOCl \xrightarrow{H_2,(Ph_3P)_3RhCl} PhCl + CO$$
$$90\%$$

这是因为三(三苯基膦)氯化铑对一氧化碳具有很强的亲和性。

关于三(三苯基膦)氯化铑对烯烃化合物进行催化氢化的机理,通常认为是 $(Ph_3P)_3RhCl$ 在溶剂(S)中离解生成溶剂化的 $(Ph_3P)_2Rh(S)$-Cl。这种溶剂的络合物在氢存在下与二氢络合物 $(Ph_3P)_2Rh(S)ClH_2$ 建立平衡,在二氢络合物中氢原子是与金属直接相连的。在还原反应中,首先是烯烃取代络合物中的溶剂,并与金属发生配位,然后络合物中的两个氢原子经过一个含有碳-金属键的中间体,立体选择性地从金属上顺式转移到配位松弛的烯键上。被氢化后的饱和化合物从络合物上离去,络合物再与溶解的氢结合,继续进行还原反应。该反应过程表示如下:

$$(Ph_3P)_2Rh(S)Cl \underset{}{\overset{H_2}{\rightleftharpoons}} (Ph_3P)_2Rh(S)ClH_2 \underset{}{\overset{RCH=CHR'}{\rightleftharpoons}} (Ph_3P)_2Rh(Cl)(RCH=CHR')H_2$$
$$\longrightarrow RCH_2CH_2R' + (Ph_3P)_2Rh(S)Cl$$

Kaneda 等[14]采用羰基铑络合物与 α,β-不饱和醛在一定条件下反应,不是脱去羰基,而是高区域选择性还原醛基为醇。例如:

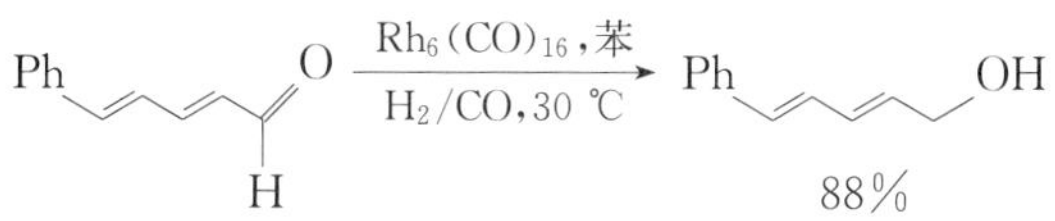

五氰基氢化钴络合物可用三氯化钴、氰化钾和氢作用制得,反应式如下:

$$CoCl_3 + KCN + H_2 \xrightarrow{\text{水或乙醇}} HCo(CN)_5^{3-} + KCl$$

它具有部分氢化共轭双键的特殊催化功能。例如,丁二烯的部分氢化,首先与催化剂加成生成丁烯基钴中间体,然后与第二分子催化剂作用,裂解成 1-丁烯,反应式如下:

$$CH_2=CH-CH=CH_2 + HCo(CN)_5^{3-} \longrightarrow CH_2=CH-\overset{\overset{\displaystyle CH_3}{|}}{\underset{\displaystyle H}{C}}-Co(CN)_5^{3-}$$

$$\xrightarrow{HCo(CN)_5^{3-}} CH_2=CH-\overset{\overset{\displaystyle CH_3}{|}}{CH_2} + 2Co(CN)_5^{3-}$$

$$2Co(CN)_5^{3-} + H_2 \longrightarrow 2HCo(CN)_5^{3-}$$

均相催化剂具有效率高、选择性好、反应方向容易控制等优点。但是也存在不足,它与溶剂、反应物等呈均相,难以分离。近年来,结合多相催化剂和均相催化剂的优点,出现了均相催化剂固相化。使均相催化剂沉积在多孔载体上,或者结合到无机、有机高分子上成为固体均相催化剂,这样既保留了均相催化剂的性能,又具有多相催化剂容易分离的长处,引起了广泛的关注。

10.2 溶解金属还原反应

溶解金属进行还原反应是电子对不饱和官能团加成引起的反应。作用物从电子转移试剂得到电子后再从质子源得到质子而被还原。

溶解金属进行还原主要涉及以下类型的化合物。

10.2.1 芳环的还原

碱金属锂、钠或钾与液氨组成的还原体系能够将芳环转变为不饱和脂环(Birch 还原法)。例如:

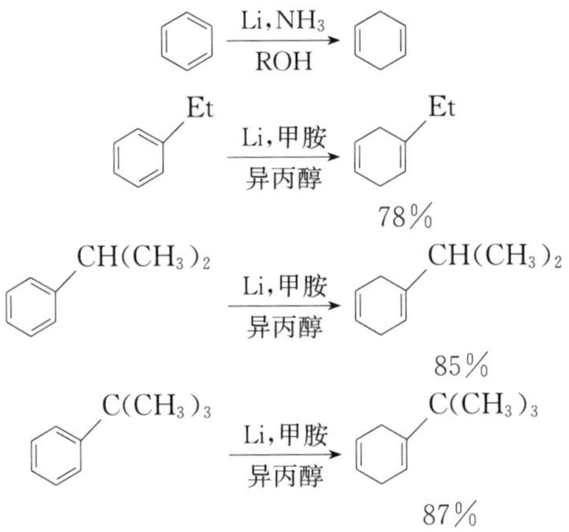

还原是由电子转移开始的。芳香环从碱金属得到一个电子,成为游离基负离子,从醇夺得质子,成为中性游离基,再接收一个电子转变为负离子,最后质子化,生成二氢化合物,反应式如下:

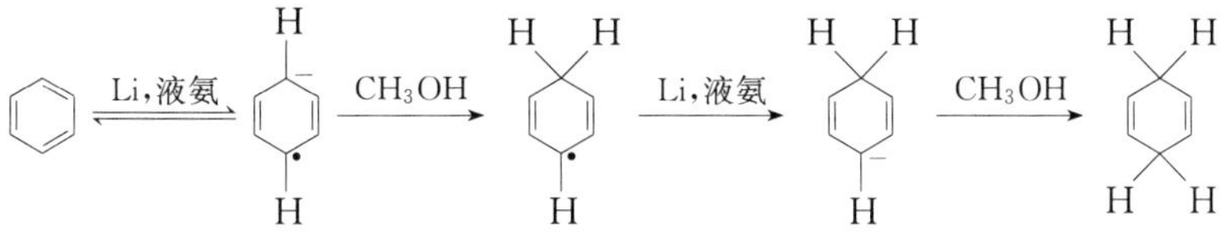

胺有较高的沸点,对有机化合物有较大的溶解度,因此以胺代替液氨效果更好,在反应体系中加入一些铵盐能促进还原反应的进行。

芳环上的取代基会影响还原反应的速率。供电子基团阻碍电子的转移,吸电子基团有利于反应的进行。例如,α-萘酚的还原,反应式如下:

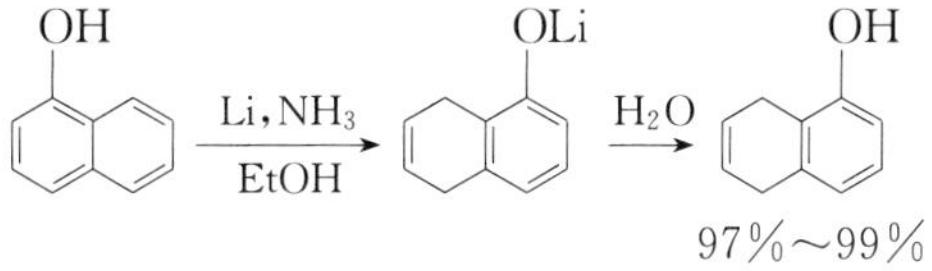

羟基所在的环不受影响,生成 5,8-二氢-1-萘酚。

芳环上取代基的性质对质子化的位置进行有效的控制,吸电子基团质子化后生成 1-取代-1,4-二氢化合物,供电子基团生成 1-取代-2,5-二氢化合物。例如:

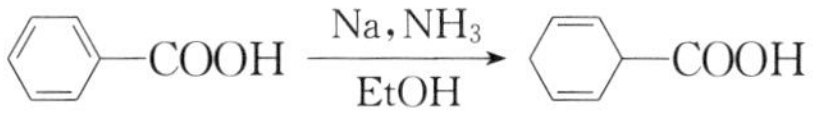

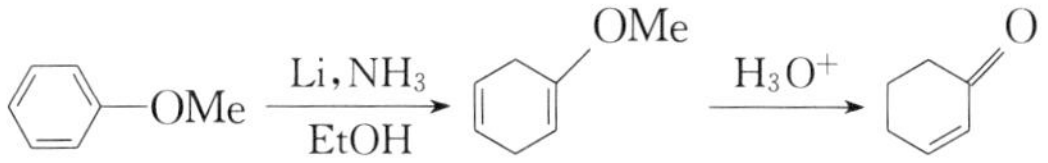

后一个反应在合成避孕药 18-甲基炔诺酮中得到了应用,反应式如下:

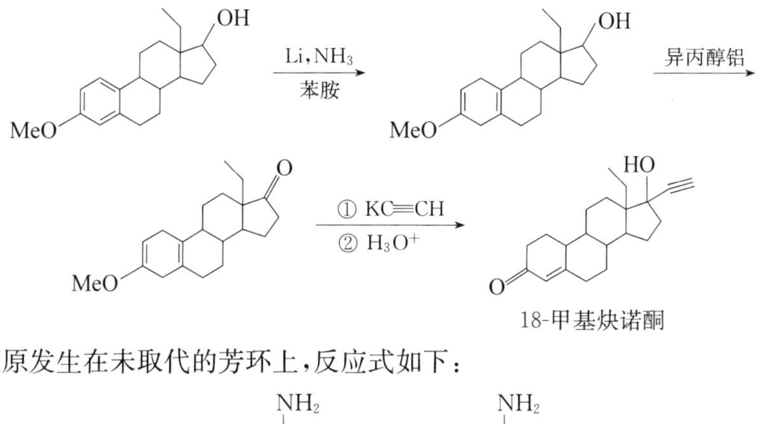

α-萘胺还原发生在未取代的芳环上,反应式如下:

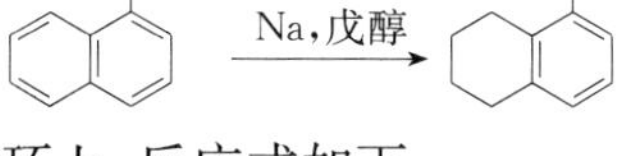

β-萘胺还原发生在取代的芳环上,反应式如下:

萘及取代萘在反应条件下能发生选择性还原,反应式如下:

$$\text{萘} \xrightarrow[\text{或 Na-Hg}]{\text{Na,EtOH}} \text{（二氢萘负离子）} \xrightarrow{\text{2EtOH}} \text{二氢化萘}$$

$$\xrightarrow{\text{Na,C}_5\text{H}_{11}\text{OH}} \text{四氢化萘}$$

$$\xrightarrow{\text{Na,NH}_3\text{,EtOH}} \text{异四氢化萘}$$

$$\xrightarrow[\text{Me}_2\text{NH}]{\text{Li,EtNH}_2} \text{八氢化萘} + \text{八氢化萘}$$

杂环体系也能用钠-醇试剂还原。例如：

$$\text{吡啶} \xrightarrow{\text{Na,EtOH}} \text{哌啶}$$

10.2.2 醛、酮羰基的还原

汞齐类（如 Na-Hg、Zn-Hg 等）试剂是一类重要的还原试剂，可以在惰性或水（酸）介质中使用，将碳-氧双键还原成亚甲基或生成醇。例如：

$$\text{C=O} + 2\text{Na-Hg} \xrightarrow{\text{H}_2\text{O}} \text{CHOH} + 2\text{NaOH} + 2\text{Hg}$$

$$\text{C=O} \xrightarrow[\triangle]{\text{Na-Hg,HCl}} \text{CH}_2$$

$$\text{HO—}\underset{\text{OH}}{\text{C}_6\text{H}_3}\text{—COCH}_3 \xrightarrow[\triangle]{\text{Zn-Hg,HCl}} \text{HO—}\underset{\text{OH}}{\text{C}_6\text{H}_3}\text{—CH}_2\text{CH}_3$$

$$\text{Ph—COCH}_2\text{CH}_2\text{COOH} \xrightarrow[\triangle]{\text{Zn-Hg,HCl}} \text{Ph—(CH}_2)_3\text{COOH}$$

$$\text{OHC—}\underset{\text{OCH}_3}{\text{C}_6\text{H}_3}\text{—OH} \xrightarrow[\triangle]{\text{Zn-Hg,HCl}} \text{Me—}\underset{\text{OCH}_3}{\text{C}_6\text{H}_3}\text{—OH}$$

$$\text{（2-氧代环戊基甲酸）} \xrightarrow[\text{HCl}]{\text{Zn-Hg}} \text{（2-氧代环戊基乙酸）}^{[15]}$$

所用的酸仅限于氯化氢，因为它是唯一的一种阴离子不会被锌汞齐还原的强酸。

金属镁、镁汞齐在非质子溶剂中具有类似的还原作用。例如，片呐醇的合成，反应式如下：

$$2\ \text{C=O} + \text{Mg-Hg} \xrightarrow[\triangle]{\text{苯}} \text{（镁氧杂环中间体）} \xrightarrow{\text{H}_2\text{O}} \underset{\text{OH OH}}{\text{（片呐醇）}}$$

$$2\ \text{（环戊酮）=O} + \text{Mg-Hg} \xrightarrow[\triangle]{\text{苯}} \underset{\text{OH OH}}{\text{（双环戊基二醇）}}$$

用金属锌为还原剂还原羰基化合物，在不同的催化剂及反应条件下，一般可以得到不同的产物或官能团。简单的还原加成生成醇。对邻二羰基化合物，用锌粉和乙酸回流，可以高选择性地生成 α-羟基酮，反应式如下：

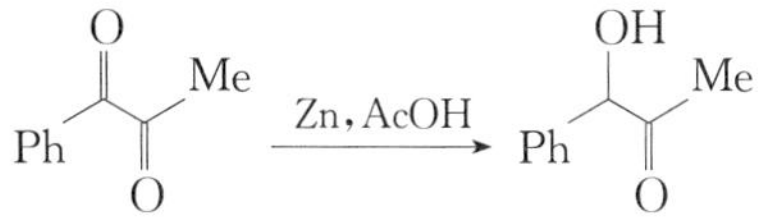

我国化学家黄耀曾等[16,17]利用 SbCl₃ 为催化剂,在含水的 DMF 溶液中,用锌粉还原醛生成醇,最高获得了 98％的转化率。例如:

$$RCHO \xrightarrow[DMF,H_2O]{SbCl_3,Zn} RCH_2OH$$

R:芳基、烷基

研究证实,利用锌粉和水还原这一类型的反应机理是金属锌提供电子,而质子来自被活化的水分子(溶剂)。例如:

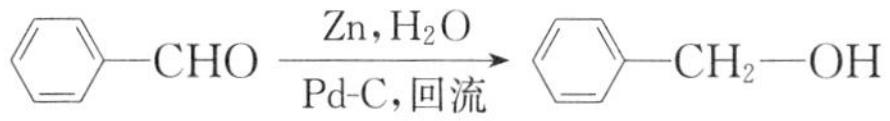

利用 Zn-Cu 偶联芳香醛生成 1,2 二醇的最早报道见于 1892 年,近年来使用 TiCl₄ 作催化剂,在酸性水溶液中可以合成片呐醇,人们推测这一反应是自由基反应机理。利用锌和铜还原混合酮反应生成片呐醇的方法,与经典的钠和镁还原的方法相比,不仅所需试剂价廉易得,而且操作简便,在乙酸和超声波作用下,可以得到 87％的产率[18,19]。例如:

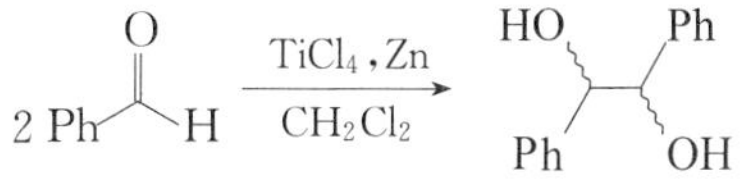

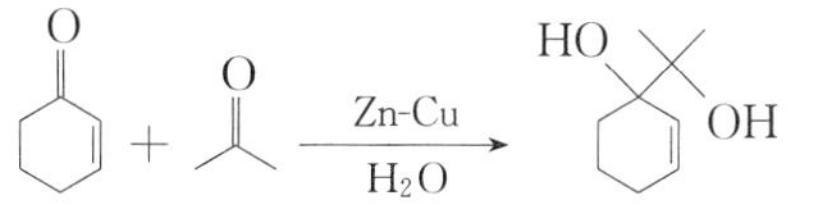

目前,SmI₂ 已成为使用相当广泛的单电子转移偶联剂和还原剂,能够促进多种类型的化学反应并应用于天然产物的合成。它与醛、酮的反应举例如下:

$$CH_3(CH_2)_6CHO + 2SmI_2 \xrightarrow[25\ ℃,24\ h]{THF,2\%\ MeOH} CH_3(CH_2)_6CH_2OH$$
约100％

$$PhCOCH_3 + 2SmI_2 \xrightarrow[25\ ℃]{THF,2\%\ MeOH} PhCHOHCH_3$$
80％

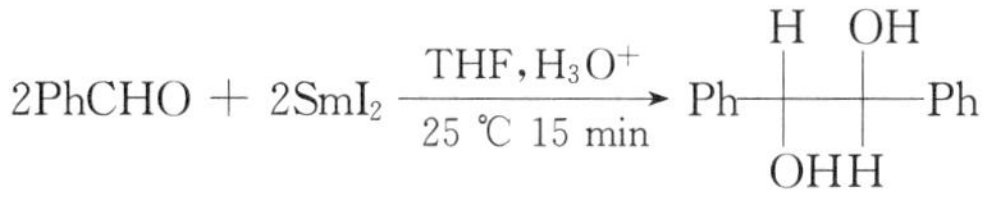

$$2PhCHO + 2SmI_2 \xrightarrow[25\ ℃\ 15\ min]{THF,H_3O^+} Ph\underset{OHH}{\overset{H\ OH}{-C-C-}}Ph$$
95％

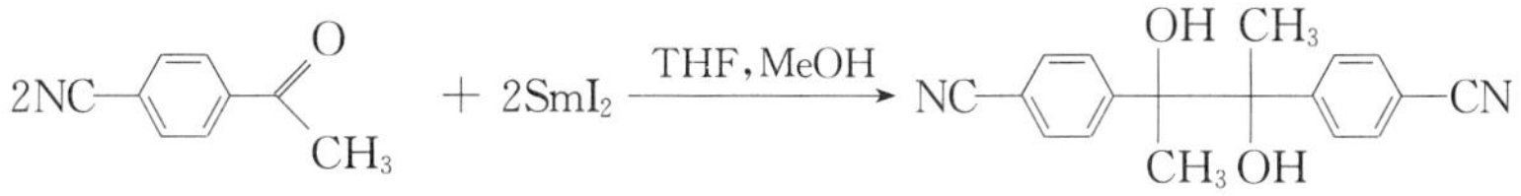

91％

当脂肪醛和脂肪酮同时存在时,在 THF/MeOH 溶液中,SmI₂ 优先还原醛基,是醛、酮羰基选择性还原剂。但是芳香酮却很容易被 SmI₂ 还原。如果芳香醛、酮在 SmI₂/THF/H₃O⁺ 溶液中偶合还原生成片呐醇,醛在室温下反应很快,酮反应约要一天,生成片呐醇的产率都很高[20]。

10.2.3 碳-碳重键的还原

采用碱金属-胺或碱金属-氨体系还原非末端炔烃,得到纯度和产率都很高的反式烯烃。例如:

$$CH_3CH_2C\equiv C(CH_2)_3CH_3 \xrightarrow{Na,NH_3}$$

H　　(CH$_2$)$_3$CH$_3$

C=C

Et　　H

97%～99%

$$CH_3(CH_2)_7C\equiv C(CH_2)_7COOH \xrightarrow{Li,NH_3}$$

H　　(CH$_2$)$_7$COOH

C=C

CH$_3$(CH$_2$)$_7$　　H

$$\xrightarrow{Na,NH_3}$$

得到的产物是反式烯烃,这与反应机理有关:

$$RC\equiv CR + Na \longrightarrow$$

游离基钠化物　　　　　　　　　　钠化物

反应经过两次电子转移和两次质子化。由直线形炔化物转变为平面结构的游离基钠化物是生成反式烯烃的关键步骤,反式结构更为稳定,这就决定了最后产物是反式烯烃。

如果炔键处在碳链的末端,则 1/3 被还原为烯,2/3 生成炔的钠化物。例如:

$$3RC\equiv CH \xrightarrow{Na,NH_3} RCH=CH_2 + 2RC\equiv CNa$$

若在反应体系中添加硫酸铵,则可将一烷基乙炔顺利地转变成相应的烯。例如:

$$CH_3(CH_2)_5C\equiv CH \xrightarrow[(NH_4)_2SO_4]{Na,NH_3} CH_3(CH_2)_5CH=CH_2$$

90%

共轭烯烃也能被还原为相应的烯烃,反应式如下:

$$PhCH=CHCH=CH_2 \xrightarrow{2Na} Ph\overset{-}{-}CH-CH=CH\overset{-}{-}CH_2 \xrightarrow{EtOH} Ph-CH_2-CH=CH-CH_3$$

孤立的双键通常不能被碱金属一胺或氨试剂还原,但链末端的孤立双键能被还原,反应式如下:

$$CH_2=CH(CH_2)_3CH_3 \xrightarrow[CH_3OH]{Na,NH_3} CH_3(CH_2)_4CH_3$$

41%

采用钠-胺(氨)等还原体系,α,β-不饱和酯被还原为相应的饱和醇。反应过程发生双键转移,首先生成饱和羧酸酯,反应式如下:

$$RCH=CHCOOR' + Na + EtOH \longrightarrow RCH_2CH_2COOR'$$

其机理可表示如下:

$$RCH=CHCOOR' + Na \longrightarrow R-\overset{\cdot}{C}H-CH\overset{\overset{\cdot\cdot}{O}}{-}C-O-R' \Longleftrightarrow R-\overset{-}{C}H-CH=\overset{\overset{\cdot}{O}}{C}-O-R'$$

$$\xrightarrow{EtOH} R-\underset{H}{C}H-CH=\overset{\overset{\cdot\cdot}{O}}{C}-O-R' \xrightarrow{Na} R-\underset{H}{C}H-CH=\overset{\overset{\cdot\cdot}{\overset{-}{O}:}}{C}-O-R'$$

$$\xrightarrow{EtOH} R-\underset{H}{C}H-CH=\overset{OH}{C}-O-R' \Longleftrightarrow R-CH_2-CH_2-\overset{O}{C}-O-R'$$

饱和羧酸酯进一步被还原为醇。

α,β-不饱和羧酸能被钠汞齐还原为相应的饱和羧酸,反应式如下:

$$PhCH{=\!=}CHCOONa + 2Na\text{-}Hg \xrightarrow{H_2O} PhCH_2CH_2COONa + 2NaOH$$

当碳-碳三键与吸电子基团相邻存在时,用锌粉可以高选择性地将炔键还原成烯键,与传统的 Lindlar 催化剂催化氢化不同的是,利用金属锌或锌合金和质子溶剂还原炔烃,锌提供电子,溶剂提供质子,可以高选择性顺式加成生成烯烃,而且还可以防止过度还原。炔醇类的化合物用锌粉还原活性非常高,在乙醇溶液中回流,可以获得 95% 以上的转化率。White 等利用 Rieke Zn 试剂,还原共轭烯炔成共轭二烯,还原二炔为烯炔和二烯烃,反应条件非常温和,温度为 65 ℃,反应时间 10～60 min[21],反应式如下:

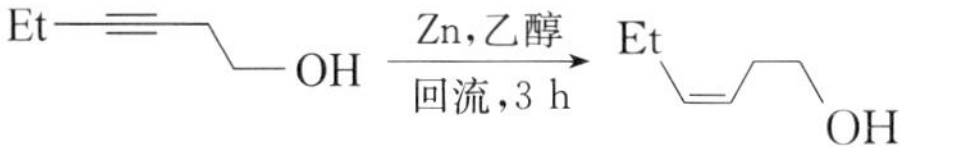

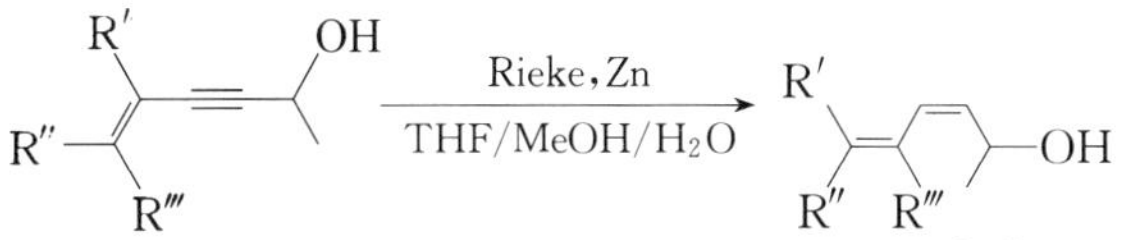

随后,又有人将这一方法加以改进,用它来合成共轭三烯[22],反应式如下:

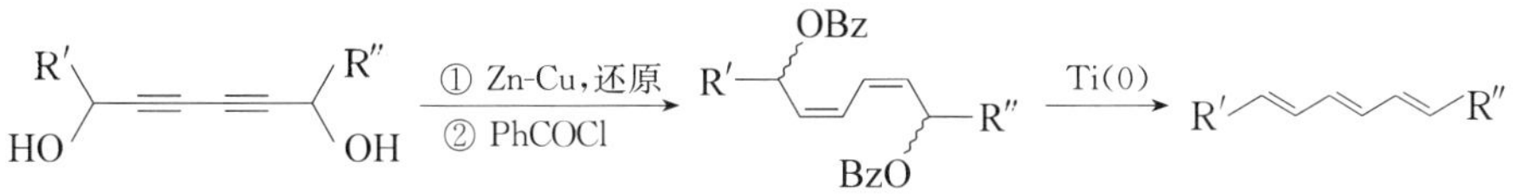

使用锌粉在乙酸的介质中直接发生还原反应,可以合成多种药物的中间体哌啶酮及其衍生物,其转化率最高可达 95%。该方法不仅操作简单、条件温和(室温下搅拌 30 h),而且还能有效地避免羰基被还原[23],反应式如下:

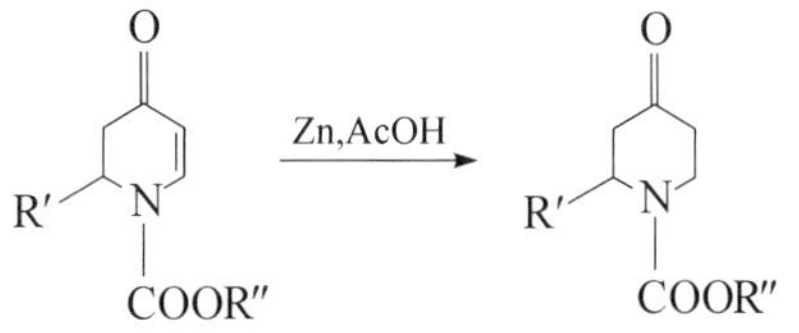

$$91\%\sim95\%$$

R':烯基、Me、Ph、$PhCH_2CH_2$、$EtOOCCH{=}CH(CH_2)_3$;R'':Ph、Bn

10.2.4 羧酸酯的还原

羧酸酯的还原反应称为 Bouvealt-Blanc(布维尔特-布朗)反应,是将酯转变为醇的有效方法,尤其是制备长链的一元醇和二元醇。例如,由月桂酸乙酯制取月桂醇,反应式如下:

$$CH_3(CH_2)_{10}CO_2Et \xrightarrow{Na,EtOH} CH_3(CH_2)_{10}CH_2OH + EtOH$$
$$75\%$$

其还原机理如下:

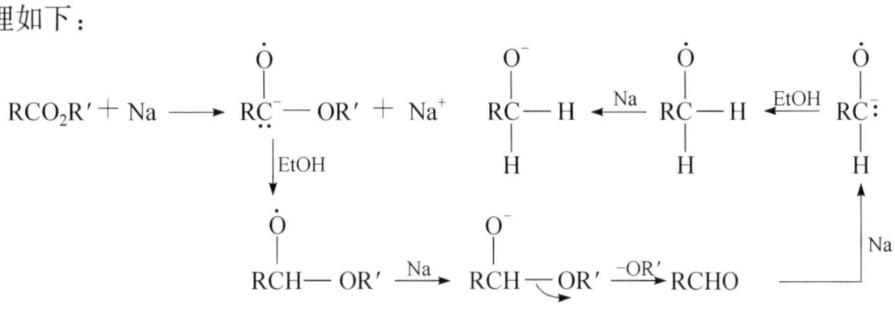

由癸二酸二乙酯制备癸二醇,反应式如下:

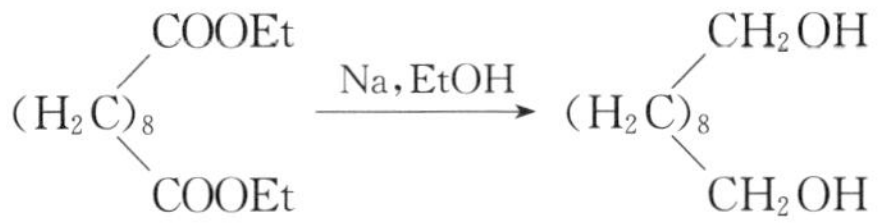

$$(H_2C)_8 \begin{matrix} COOEt \\ COOEt \end{matrix} \xrightarrow{Na, EtOH} (H_2C)_8 \begin{matrix} CH_2OH \\ CH_2OH \end{matrix}$$
$$73\%\sim75\%$$

在非质子溶剂中,碱金属与羧酸酯作用,发生 α-羟酮缩合反应。例如:

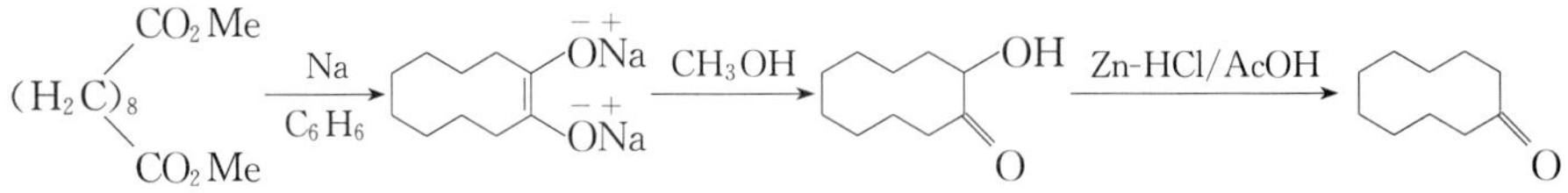

2-羟基环癸酮

又如,三环化合物的形成,反应式如下:

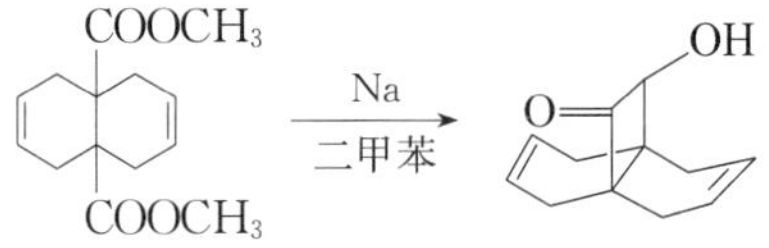

其反应机理如下:

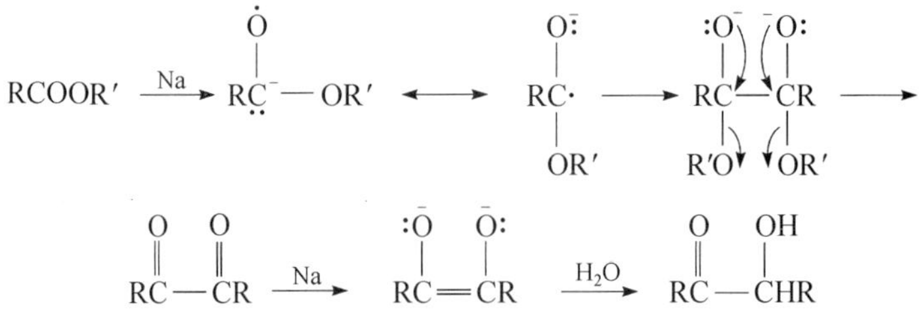

酯接收一个电子形成游离基负离子之后,由于在非质子溶剂中不能立即质子化,有时间发生互变异构,生成碳游离基,两个游离基偶联并失去两个烷氧基变成1,2-二酮,进一步还原,水解,生成 α-羟基酮。

反应中加入三甲基氯硅烷以捕捉还原产物,促进反应进行,提高反应效率,这是目前合成环系化合物最好的方法,产率通常为 $50\%\sim95\%$。例如:

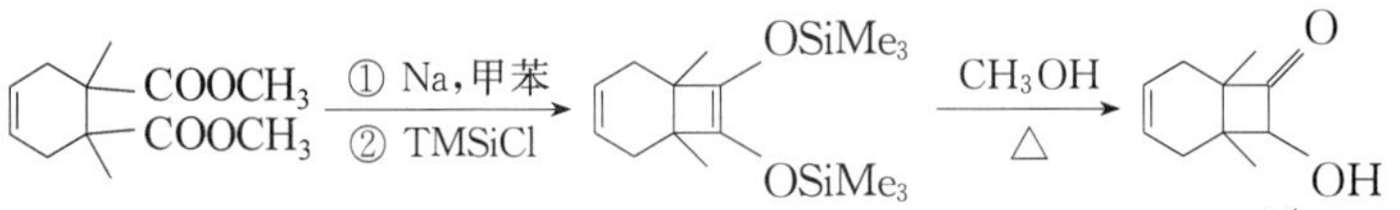

$$94\%$$

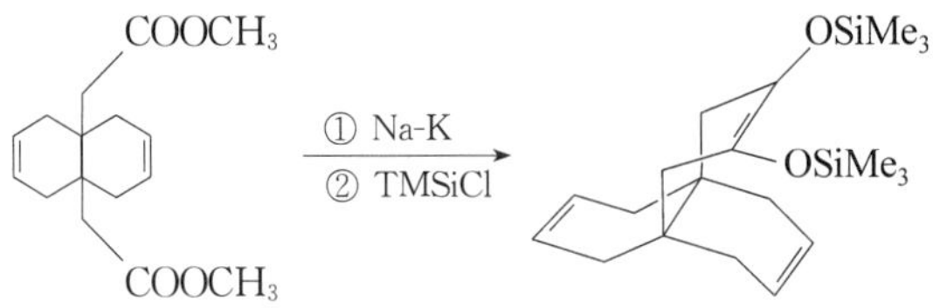

$$82\%$$

10.3　氢化物-转移试剂还原

氢化物-转移试剂还原是负氢离子转移还原,由负氢离子转移导致的还原反应在有机合成中非常有用。这类试剂中最有用的是异丙醇铝和各种氢化物的还原剂。

10.3.1 异丙醇铝转移试剂还原

异丙醇铝能使羰基化合物还原成醇，称为 Meerwein-Pondorff-Verley（麦尔外因-彭道夫-维兰）反应，是可逆反应。通过反应可使醛转化为伯醇，酮转化为仲醇，通常产率都很高。例如，将肉桂醛还原为肉桂醇；邻硝基苯甲醛还原为邻硝基苯甲醇；苯甲酰甲基溴还原为 β-溴-α-苯乙醇，反应具有很好的选择性，用于选择性地还原羰基，不影响烯烃的双键和许多其他的不饱和官能团。例如：

$$\text{PhCH}=\text{CHCHO} \xrightarrow{\text{Al(OPr-}i\text{)}_3} \text{PhCH}=\text{CHCH}_2\text{OH}$$

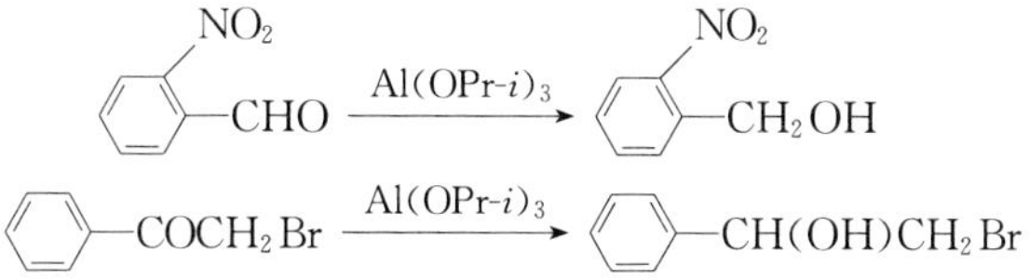

$$\text{—COCH}_2\text{Br} \xrightarrow{\text{Al(OPr-}i\text{)}_3} \text{—CH(OH)CH}_2\text{Br}$$

反应可能是由负氢离子通过六元环过渡态转移到羰基化合物上进行的。例如：

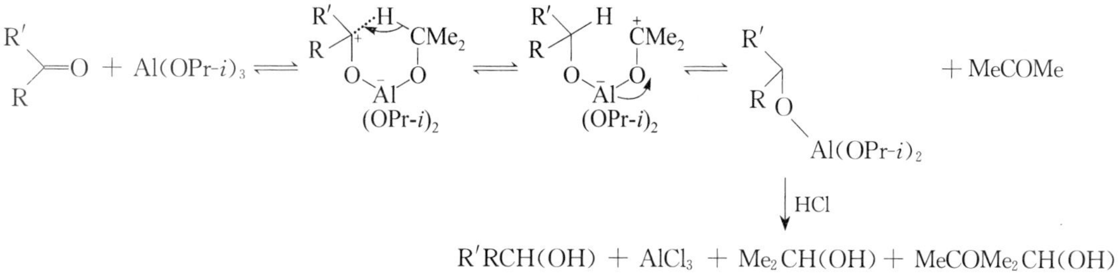

$$\text{R}'\text{RCH(OH)} + \text{AlCl}_3 + \text{Me}_2\text{CH(OH)} + \text{MeCOMe}_2\text{CH(OH)}$$

用其他金属烷氧化合物也能发生这类反应，但醇铝最为合适。因为它既能溶解于醇，也能溶解于烃；另外，由于它的碱性较弱，不容易导致羰基化合物发生缩合副反应。

10.3.2 金属氢化物转移试剂还原

金属氢化物还原剂最常用的是氢化锂铝和硼氢化钠，可以将其看作以下反应过程：

$$\text{LiH} + \text{AlH}_3 \longrightarrow \text{Li}\overset{+}{\text{AlH}_4}$$

$$\text{NaH} + \text{BH}_3 \longrightarrow \text{Na}\overset{+}{\text{BH}_4}$$

这两种复合氢化物的负离子是亲核试剂，它们通常进攻 C=O 或 C=N 极性重键，然后将负离子转移到正电性较强的原子上，一般情况不还原孤立的C=C键或C≡C键。

每种试剂的四个氢原子都可以用于还原反应。

氢化锂铝比硼氢化钠的还原性强，可以还原大多数官能团，如表 10-2 所示。

表 10-2　能被氢化锂铝还原的常见官能团

官 能 团	产　物
>=O	>CHOH
—COOR	—CH$_2$OH + ROH
—COOH	—CH$_2$OH
—CONHR	—CH$_2$NHR

续表

官能团	产物
—CONR$_2$	—CH$_2$NR$_2$ 或[—CH(OH)—NR$_2$]$\longrightarrow$—CHO + R$_2$NH
—C≡N	—CH$_2$NH$_2$ 或[—CH=NH]$\xrightarrow{H_2O}$—CHO
$\underset{\underset{OH}{\vert}}{\text{C=N}}$	$\underset{}{\text{CH—NH}_2}$
$\underset{}{\text{—C—NO}_2}$	$\underset{}{\text{—C—NH}_2}$
ArNO$_2$	ArNHNHAr 或 ArN=NAr
—CH$_2$OSO$_2$Ph 或 —CH$_2$Br	—CH$_3$
—CHOSO$_2$Ph 或 —CHBr	$\underset{}{\text{CH}_2}$
 环氧(environ)	$\underset{\underset{OH}{\vert}}{\text{H}_3\text{C—CH}_2\text{—C—}}$

LiAlH$_4$ 易与含活泼氢的化合物反应,因此必须在无水或非羟基溶剂(如醚、四氢呋喃等)中使用。NaBH$_4$ 与水或大多数醇在室温下进行缓慢反应,因此这种试剂可以在醇液中使用。NaBH$_4$ 的活性低于 LiAlH$_4$,所以它的选择性高于 LiAlH$_4$,在室温下很易还原醛和酮,但一般不与酯或酰胺作用,用这种试剂能在多数官能团存在下选择性地还原醛和酮。例如:

$$CH_2=CHCH=CHCHO \xrightarrow[\text{或 NaBH}_4]{\text{LiAlH}_4} CH_2=CHCH=CHCH_2OH$$

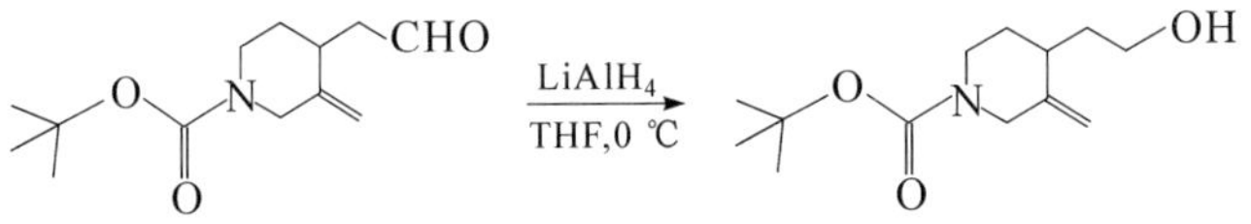

98%

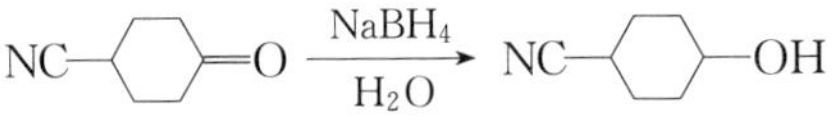

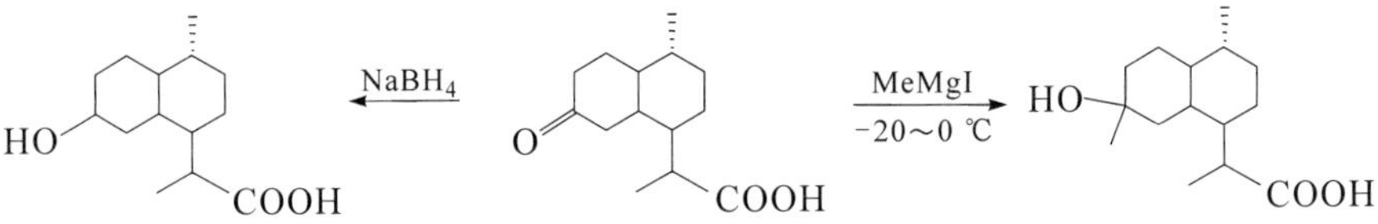

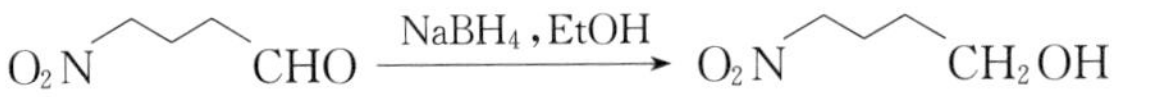

硼氢化钠通常不能还原羧基,但在 AlCl$_3$ 存在下,其还原能力会大大提高,可还原羧基为醇。例如:

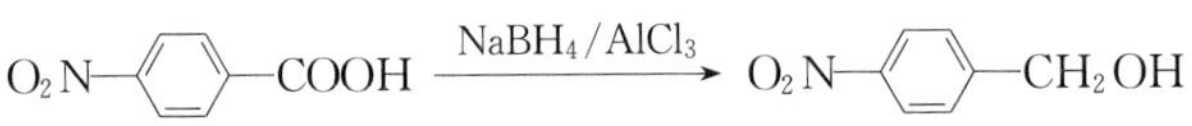

$$O_2N-\!\!\!\!\bigcirc\!\!\!\!-COOH \xrightarrow{\text{NaBH}_4/\text{AlCl}_3} O_2N-\!\!\!\!\bigcirc\!\!\!\!-CH_2OH$$

82%

硼氢化钾通常不能还原氰基,但在活性镍或氯化钯等催化剂存在下,反应可顺利进行。例如:

$$\text{Ph—CN} \xrightarrow[\text{室温}]{\text{KBH}_4/\text{PdCl}_2/\text{MeOH}} \text{Ph—CH}_2\text{NH}_2$$
$$90\%$$

与羟基相连的三键也能被 LiAlH$_4$ 还原,因此利用该反应可用来制备标记的烯丙醇类化合物。例如:

$$\text{CH}\equiv\text{C(CH}_2)_2\text{C}\equiv\text{CCOOEt} \xrightarrow{\text{LiAlH}_4} \text{CH}\equiv\text{C(CH}_2)_2\text{CH}=\text{CHCH}_2\text{OH}$$

$$\text{HC}\equiv\text{CCH(OH)C}_4\text{H}_9 \xrightarrow[\text{② D}_2\text{O}]{\text{① LiAlH}_4} $$

通常条件下,烯烃双键不能被氢化物还原剂还原,但在用 LiAlH$_4$ 还原 β-芳基-α,β-不饱和羰基化合物时,C＝C 和 C＝O 一起被还原,然而在这种情况下降温,缩短反应时间,用 NaBH$_4$ 或 LiAlH$_4$ 能将羰基选择性地还原。例如:

$$\text{PhCH}=\text{CHCHO} \begin{cases} \xrightarrow[35\ ℃]{\text{过量 LiAlH}_4,\text{乙醚}} \text{PhCH}_2\text{CH}_2\text{CH}_2\text{OH} \\ \xrightarrow[-10\ ℃]{\text{NaBH}_4\ \text{或 LiAlH}_4,\text{乙醚}} \text{PhCH}=\text{CHCH}_2\text{OH} \end{cases}$$

$$\text{CH}_3\text{CH}=\text{CHCHO} \xrightarrow[\text{低温}]{\text{LiAlH}_4} \text{CH}_3\text{CH}=\text{CHCH}_2\text{OH}$$
$$82\%$$

$$\xrightarrow[\text{低温}]{\text{LiAlH}_4}$$
$$98\%$$

烷基氢化锂铝试剂是比较温和的选择性还原剂,该试剂一个最有效的应用是还原酰氯或二烷基酰胺选择性制备醛。而酰氯与氢化锂铝反应得到相应的醇。例如:

$$\text{NC—}\langle\!\rangle\text{—COCl} \xrightarrow[-78\ ℃]{\text{LiAlH(OBu-}t)_3} \text{NC—}\langle\!\rangle\text{—CHO}$$

$$\text{CH}_2=\text{CH}\cdots\text{CONMe}_2 \xrightarrow[\text{② H}_3\text{O}^+]{\text{① LiAlH(OEt)}_3} \text{CH}_2=\text{CH}\cdots\text{CHO}$$
$$85\%$$

乙酰乙酸乙酯含有酯基和酮基两类官能团,采用下列方法可以选择性地得到还原产物,反应式如下:

$$\text{CH}_3\text{COCH}_2\text{COOEt} \begin{cases} \xrightarrow{\text{LiAlH}_4,\text{乙醚}} \text{CH}_3\text{CH(OH)CH}_2\text{CH}_2\text{OH} \\ \xrightarrow{\text{NaBH}_4,\text{EtOH}} \text{CH}_3\text{CH(OH)CH}_2\text{COOEt} \end{cases}$$

$$\Big\downarrow \text{H}^+ \begin{array}{c}\text{OH}\\\text{OH}\end{array}$$

$$\xrightarrow[\text{② H}_3\text{O}^+]{\text{① LiAlH}_4} \text{CH}_3\text{COCH}_2\text{CH}_2\text{OH}$$

一般认为 LiAlH$_4$ 还原羰基的机理如下:

$$\text{LiAlH}_4 \xrightarrow{-\text{Li}^+} \text{H}_3\bar{\text{Al}}\text{H}$$

$$\text{H}_3\bar{\text{Al}}\text{—H} + \text{Me}_2\text{CO} \longrightarrow \text{Me}_2\text{CH—O}\bar{\text{Al}}\text{H}_3 \xrightarrow{\text{Me}_2\text{CO}} (\text{Me}_2\text{CH—O})_2\bar{\text{Al}}\text{H}_2$$

$$\xrightarrow{Me_2CO} (Me_2CH-O)_3\bar{A}lH \xrightarrow{Me_2CO} (Me_2CH-O)_4\bar{A}l \xrightarrow{H^+} 4Me_2CH-OH$$

通常不对称酮羰基的还原反应生成的是外消旋醇。然而,对于含有手性中心的酮来说,生成的两种醇的量是不相同。例如,用 $LiAlH_4$ 还原酮时,主要生成苏式醇,反应式如下:

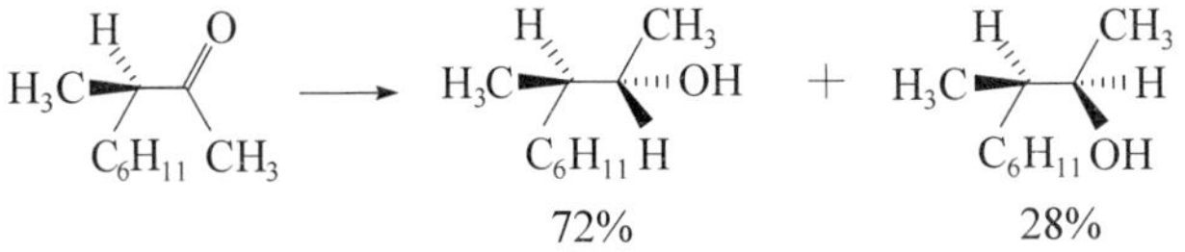

72%   28%

这类反应的主要产物可根据 Cram(克拉姆)规则判断。该规则可用 Newman 投影式表示:

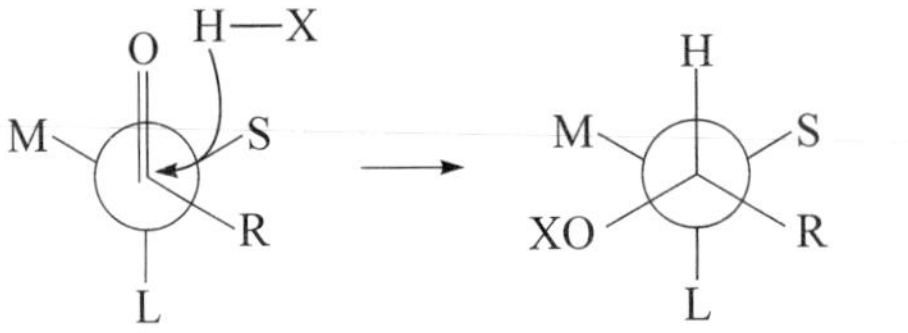

能量最低的过渡态   主要的立体异构体

或

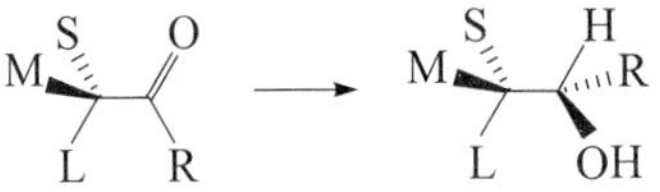

其中 S、M、L 分别表示小、中、大取代基。对于酮的还原来说,金属氢化物负离子从构象中羰基位阻较小的一侧进攻,因此苏式醇是主要产物。

在镧系盐[24](如四氯化铈)存在下,$NaBH_4$ 能区别酮羰基和醛羰基的不同,选择性地还原活性小的羰基。例如,α,β-不饱和酮能被选择性地还原为饱和酮。在醛存在下,用有四氯化铈存在的等物质的量的 $NaBH_4$ 乙醇水溶液能将酮选择性地还原。通常认为,在这些条件下醛基作为水合物被保护起来,这种水合物通过与铈离子络合而被稳定,在分离出产物后可以使醛基再释放出来。例如:

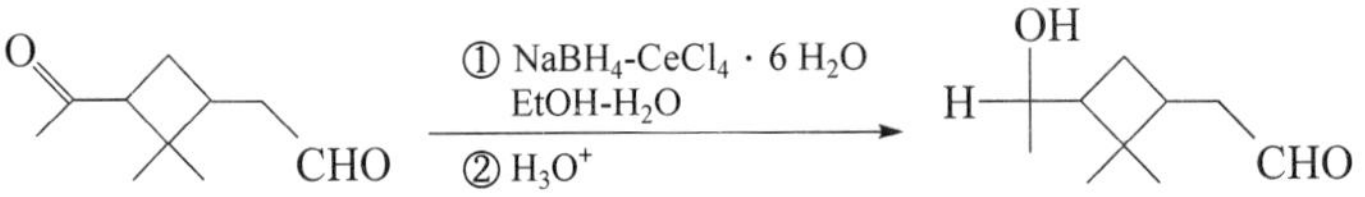

四氯化铈对于 α,β-不饱和酮区域选择性的还原成烯丙醇也是一种有效的催化剂。若无四氯化铈存在,双键也同时被还原。例如:

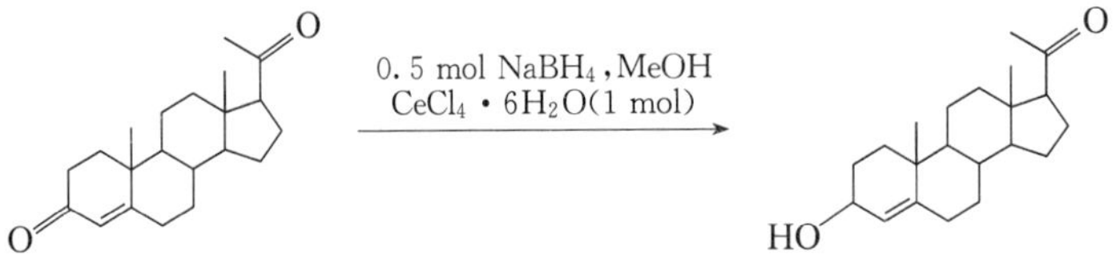

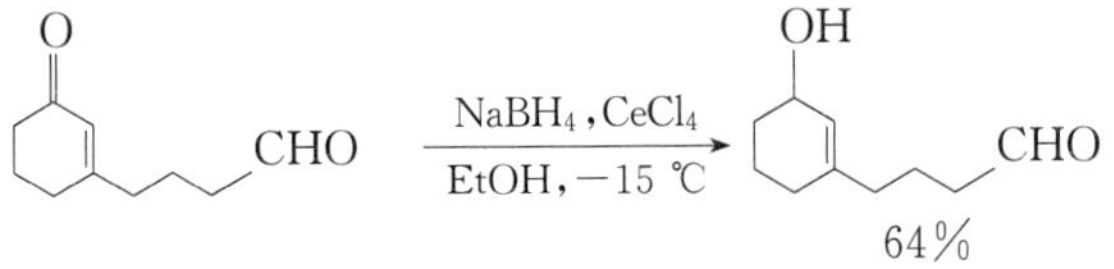

64%

10.3.3 固载硼氢还原剂

固载的硼氢还原剂[25,26]与小分子 $NaBH_4$ 相比具有很多优点:大多数在室温下反应,容易分离,选择性好,反应产率高,经再生后可重复使用。

1. 固载硼氢还原剂的制备

Gibson 和 Bailey 应用季铵盐氯型离子交换树脂与 NaBH$_4$ 溶液交换,制备了硼氢阴离子交换树脂,简称 BER。我国学者陈家威等将季铵盐氯型树脂用 NaOH 溶液浸泡交换成羟基型树脂,过滤,洗涤,不经烘干直接与 KBH$_4$ 溶液交换制得 BER,不仅提高了树脂容量,而且用价廉易得的国产 KBH$_4$ 代替价高进口的 NaBH$_4$,降低了成本,反应式如下:

$$ⓅCH_2NMe_3^+Cl^- \xrightarrow[H_2O]{NaOH} ⓅCH_2NMe_3^+ \cdot OH^- \xrightarrow[H_2O]{KBH_4} ⓅCH_2NMe_3^+BH_4^-$$

Ⓟ:聚合物

2. 还原反应

1) 烯烃双键的还原

对于单取代、二取代和三取代的烯烃,通常 BER 选择性还原单取代烯烃双键。例如:

$$C_6H_5CH{=\!=}CH_2 \xrightarrow[EtOH,60\ ℃]{BER,CuCl_2} C_6H_5CH_2CH_3$$
90%

$$H_2C{=\!=}CH(CH_2)_8CH_2OH \xrightarrow[EtOH,60\ ℃]{BER,CuCl_2} CH_3(CH_2)_9CH_2OH$$
100%

环戊烯 $\xrightarrow[EtOH,60\ ℃]{BER,CuCl_2}$ 环戊烷 5.7%

2) 还原脱卤

BER 在甲醇溶液中选择性地还原卤代烃中的伯卤代烃,若加入 Ni(OAc)$_2$,几乎定量地还原伯、仲卤代烃及芳香族卤代物,而分子中的其他基团不受影响。例如:

$$CH_3(CH_2)_6CH_2Br \xrightarrow[CH_3OH,25\ ℃]{BER} CH_3(CH_2)_6CH_3$$

环己基Br $\xrightarrow[CH_3OH,65\ ℃]{BER,Ni(OAc)_2}$ 环己烷 98%

邻氯苯甲酸乙酯 $\xrightarrow[CH_3OH,65\ ℃]{BER,Ni(OAc)_2}$ 苯甲酸乙酯 98%

邻氯苯甲腈 $\xrightarrow[CH_3OH,65\ ℃]{BER,Ni(OAc)_2}$ 苯甲腈

$$ClCH_2COOEt \xrightarrow[CH_3OH,65\ ℃]{BER,Ni(OAc)_2} CH_3COOCH_3$$
98%

$$Br(CH_2)_4Cl \xrightarrow[CH_3OH,65\ ℃]{BER} CH_3(CH_2)_2CH_2Cl$$
95%

3) 羰基化合物的还原

BER 还原醛和酮为相应的醇,分子中有其他基团(如酯基、酰胺基、氰基和烯键)均不受影响。随着反应条件的变化,它具有更强的还原选择性:醛、酮混合物选择还原醛羰基;低温时选择还原芳香醛;BER 的乙醇溶液能将 α,β-不饱和酮(醛)还原为饱和酮(醛)。例如:

$$C_6H_5CHO \xrightarrow[C_2H_5OH,25\ ℃]{BER} C_6H_5CH_2OH$$
$$90\%$$

$$C_6H_5COCH_3 \xrightarrow[C_2H_5OH,25\ ℃]{BER} C_6H_5CHOHCH_3$$
$$92\%$$

$$O_2N{-}\!\!\!\bigcirc\!\!\!{-}CHO \xrightarrow[C_2H_5OH,25\ ℃]{BER,Ni(OAc)_2} O_2N{-}\!\!\!\bigcirc\!\!\!{-}CH_2OH$$
$$90\%$$

$$C_6H_5CHO+C_6H_5COCH_3 \xrightarrow[C_2H_5OH,25\ ℃]{BER} C_6H_5CH_2OH+C_6H_5COCH_3$$
$$99\%$$

$$C_6H_5CHO+CH_3(CH_2)_3CHO \xrightarrow[C_2H_5OH,25\ ℃]{BER} C_6H_5CH_2OH+CH_3(CH_2)_3CH_2OH$$
$$90\% \qquad\qquad 10\%$$

4）羧酸及其衍生物的还原

BER 在一般情况下不还原羧酸。但杨桂香等利用 BER/I$_2$ 体系能够还原羧酸,并且不影响分子中碳-碳双键和卤原子等基团。酰氯和苯甲酸被还原为相应的醇。例如:

$$C_6H_5COOH \xrightarrow[THF,60\ ℃]{BER/I_2} C_6H_5CH_2OH$$
$$91.7\%$$

$$O_2N{-}\!\!\!\bigcirc\!\!\!{-}COOH \xrightarrow[THF,60\ ℃]{BER/I_2} O_2N{-}\!\!\!\bigcirc\!\!\!{-}CH_2OH$$

$$\bigcirc\!\!\!{-}CH{=}CHCOOH \xrightarrow[THF,60\ ℃]{BER/I_2} \bigcirc\!\!\!{-}CH{=}CHCH_2OH$$
$$91.3\%$$

$$C_6H_5COCl \xrightarrow[CH_2Cl_2,60\ ℃]{BER} C_6H_5CH_2OH$$
$$97.1\%$$

$$\bigcirc\!\!\!{-}COOCH_3 \xrightarrow[H_2O,\bigcirc,60\ ℃]{BER} \bigcirc\!\!\!{-}CH_2OH$$
$$92.5\%$$

5）含氮化合物的还原

在 Cu^{2+}、Co^{2+}、Ni^{2+} 等过渡金属离子作用下,BER 可以有效地还原—NO$_2$、—C≡N 及偶氮基,生成相应的胺。在 Ni(OAc)$_2$ 作用下,BER 还原对溴硝基苯,随着温度的不同,得到不同的还原产物。例如:

$$C_6H_5NO_2 \xrightarrow[C_2H_5OH,65\ ℃]{BER/MCl_2} C_6H_5NH_2$$
$$88\%左右$$

$$C_6H_5CN \xrightarrow[C_2H_5OH,65\ ℃]{BER/MCl_2} C_6H_5CH_2NH_2$$
$$91\%左右$$

M:金属离子

$$Br\!-\!\!\langle\ \rangle\!\!-\!\!NO_2 \xrightarrow[CH_3OH,25\ ℃]{BER,Ni(OAc)_2} \langle\ \rangle\!\!-\!\!NH_2$$
$$96\%$$

$$Br\!-\!\!\langle\ \rangle\!\!-\!\!NO_2 \xrightarrow[CH_3OH,0℃]{BER,Ni(OAc)_2} Br\!-\!\!\langle\ \rangle\!\!-\!\!NH_2$$
$$94\%$$

10.3.4　硼烷和二烷基硼烷

提供负氢离子还原的另一种试剂是硼烷和二烷基硼烷。硼烷 BH_3（以气态二聚硼烷 B_2H_6 存在）是一种强还原剂,它能进攻许多不饱和官能团,反应在室温下就易进行,所得硼化物中间体水解可得高产率的产物。但硼烷易与水反应,因此反应要在无水条件下进行,最好用氮气保护。二硼烷还原的官能团如表10-3所示。

表 10-3　二硼烷还原的官能团

官能团	产　物	官能团	产　物
$-CO_2H$	$-CH_2OH$	$-CH\!=\!CH-$	$-CH_2-CH_2-B$（水解前）
$-CHO$	$-CH_2OH$	CO	$CHOH$
$-CN$	$-CH_2NH_2$	$-CONR_2$	$-CH_2NR_2$
$RCO-O-COR$	RCH_2OH	$-COOR$	$-CH_2OH + ROH$
$\overset{O}{\triangle}$	$CH-C-OH$	$(C)n\begin{smallmatrix}CO\\CH_2\end{smallmatrix}O$	$(C)n\begin{smallmatrix}CH_2OH\\CH_2OH\end{smallmatrix}$, $(C)n\begin{smallmatrix}CHOH\\CH_2\end{smallmatrix}O$, $(C)n\begin{smallmatrix}CH_2\\CH_2\end{smallmatrix}O$
$-COCl$	不反应	$-NO_2$	不反应

二硼烷能够很容易地将羧酸还原为伯醇,即使在有其他不饱和基团存在下也能选择性地进行。例如,可将对硝基苯甲酸以 79% 的产率还原为对硝基苄醇。

二硼烷还原环氧化物主要生成取代基较少的醇,这正好与络合氢化的还原产物相反。例如:

$$\overset{O}{\triangle} \xrightarrow[THF,0\ ℃]{B_2H_6,LiBH_4} Me_2C(OH)\!-\!Et + Me_2CH\!-\!CH(OH)CH_3$$
$$25\% \qquad\qquad 75\%$$

$$\xrightarrow[THF,0℃]{B_2H_6,LiBH_4} \overset{OH}{\text{（环戊醇）}} 72\% + \overset{OH}{\text{（环戊醇）}} 28\%$$

二硼烷与 $NaBH_4$ 的反应不完全相同,因为 $NaBH_4$ 是亲核试剂,通过负氢离子对偶极重键电性较正的一端进行加成,而二硼烷是 Lewis 酸,进攻的是负电子中心。例如,$NaBH_4$ 易将酰氯还原为伯醇,反应被卤原子的吸电子效应促进,而二硼烷在通常条件下不反应。羰基也可以进行选择性反应,如 α,β-不饱和酮和饱和酮,由于它们的电子离域情况不同,亲核性还原剂

用于还原饱和酮,而亲电性试剂则用来还原不饱和酮。例如:

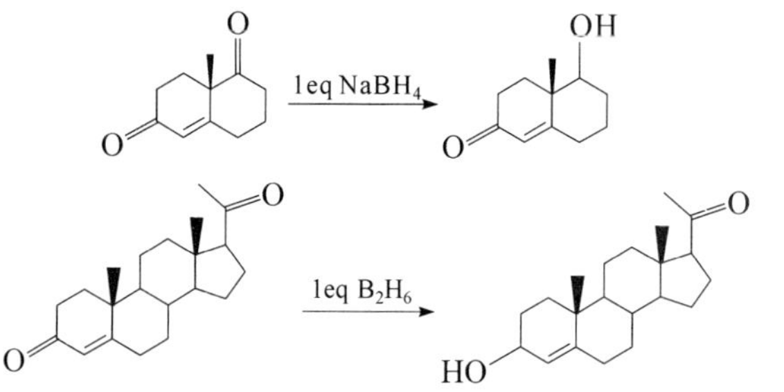

通常认为二硼烷对羰基的还原反应首先是缺电子的硼原子对氧原子的加成,然后将负氢不可逆地从硼原子转移到碳原子上。例如:

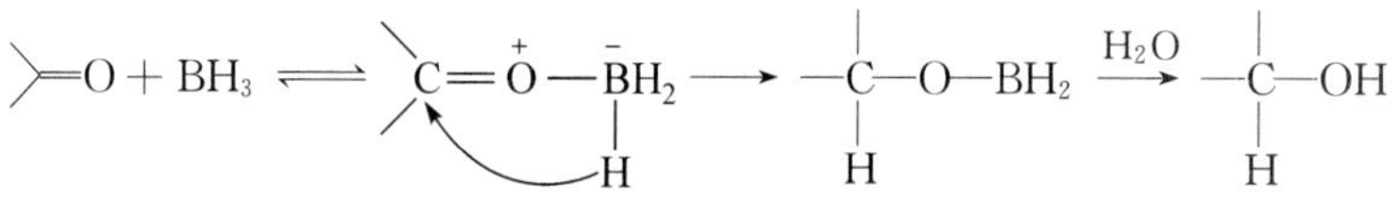

立体障碍较大的硼烷[如二(1,2-二甲基丙基)硼烷和1,1,2-三甲基丙基硼烷]都比硼烷温和、选择性高,且由于烷基的立体效应,反应速率受被还原物结构影响。尽管酮的反应活性受其结构的影响变化很大,但是醛和酮都能转化为相应的醇。酰氯、酸酐和酯不发生反应。环氧化物只能很慢地被还原,与二硼烷相反,羧酸并不被还原,它们简单地形成二烷基硼的羧酸盐,这种盐水解后重新生成羧酸。这可能是由于形成的羧酸盐中体积大的二烷基硼基阻止了试剂对羰基的进一步进攻。

烷基硼化物的一个有价值的特点是高立体选择性,这种选择性表现在将脂肪酮还原成醇的反应中。例如,2-甲基环己酮用硼烷还原时,主要生成较稳定的反-2-甲基环己醇,而用二异戊基硼烷还原时,则主要生成顺式异构体;若用体积大的光学活性的萜类衍生物二(3-蒎基)硼烷作为还原剂,所得产物中顺式异构体的比例可达94%,且具有光学活性。

10.4 其他还原试剂

10.4.1 Wolff-Kishner 还原法

Wolff-Kishner(沃尔夫-凯惜纳)还原法是将许多醛和酮的羰基还原为甲基或亚甲基的极好方法。该方法是将羰基化合物、水合肼和氢氧化钠或氢氧化钾的混合物在高沸点的溶剂中,于180~200 ℃下加热几个小时即可。还原产物的产率通常特别高。还原共轭不饱和酮或醛时,有时会伴随有双键的移位。有时还可能生成吡唑啉衍生物,该衍生物分解时生成所预想的烃的环丙烷异构体。例如:

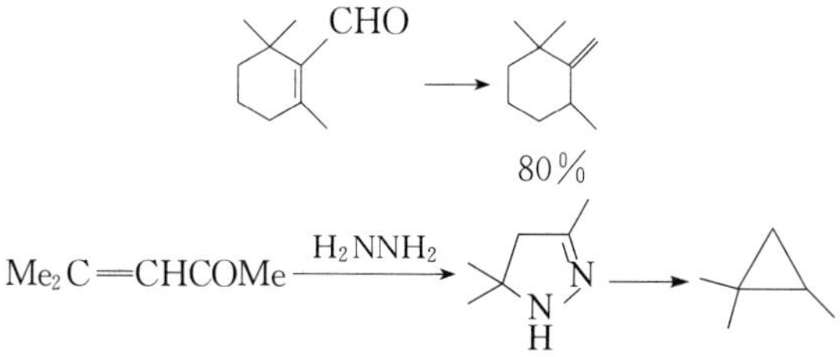

一般认为此类反应的过程如下:

$$RR'C{=}O + H_2NNH_2 \Longleftrightarrow RR'C{=}NNH_2 + H_2O \xrightarrow{OH^-}$$

$$RR'C{=}N\ddot{N}H \longrightarrow RR'CHN{=}\ddot{N}^- \xrightarrow{-N_2} RR'CH^- \longrightarrow RR'CH_2$$

10.4.2 二酰亚胺还原法

二酰亚胺一般在反应溶液中用氧或氧化剂氧化肼制得,也可用对甲苯磺酰肼的热分解或偶氮二甲酸制得,反应式如下:

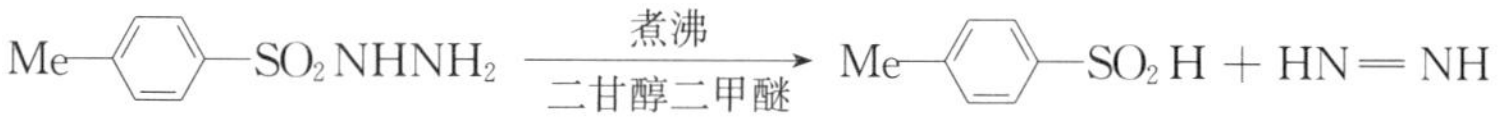

$$Me-\!\!\!\!\!\!\!\!\bigcirc\!\!\!\!\!\!\!\!-SO_2NHNH_2 \xrightarrow[\text{二甘醇二甲醚}]{\text{煮沸}} Me-\!\!\!\!\!\!\!\!\bigcirc\!\!\!\!\!\!\!\!-SO_2H + HN{=}NH$$

二酰亚胺是一种选择性很高的试剂。一般条件下,对称的重键(如 C≡C、C=C、N=N、O=O)很容易被还原。而不对称的极性较大的键(如 CN、NO_2、C=N、S=O、S—S、C=S 等)则不易被还原。例如,二烯丙基硫醚几乎能定量地被还原成二丙基硫醚,反应式如下:

$$(CH_2{=}CHCH_2)_2S \xrightarrow[\text{沸腾的乙二醇}]{\text{对甲苯磺酰肼}} (CH_3CH_2CH_2)_2S$$
$$93\%\sim100\%$$

在很多情况下,二酰亚胺试剂是催化氢化还原碳-碳重键的有益补充[27]。

一般认为,二酰亚胺还原反应是一对氢原子通过六元环过渡态进行同步转移的。这就解释了反应的高立体专一性——氢原子都是按顺式进行加成。在基态下进行的氢的协同顺式转移是对称性允许的反应[28]。例如:

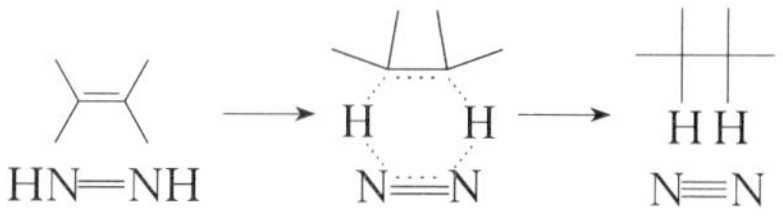

10.4.3 烷基氢化锡还原法

烷基氢化锡对烷基、芳基和烯基卤化物的碳-卤键的还原裂解是非常有用的试剂,常用的是三正丁基氢化锡,反应通式如下:

$$R_3SnH + R'X \longrightarrow R_3SnX + R'H$$

通常溴化物比氯化物容易被还原,各种溴化物的反应活性次序为叔烷基>仲烷基>伯烷基。烯丙基卤化物或苄基卤化物的反应特别容易进行。溴化金刚烷在三正丁基氢化锡存在下,以己烷为溶剂,用紫外光照射,以定量的产率转化为金刚烷。环己基溴以偶氮二异丁腈作为引发剂生成环己烷。由二溴卡宾对烯烃加成生成的 1,1-二溴环丙烷,可以分步被还原,成功得到一溴丙烷和环丙烷。对于氯溴同时存在的衍生物还原时,氯优先消去。例如:

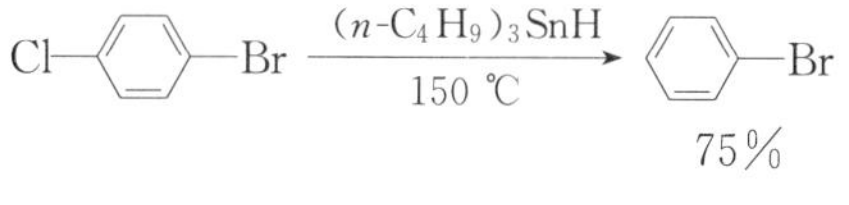

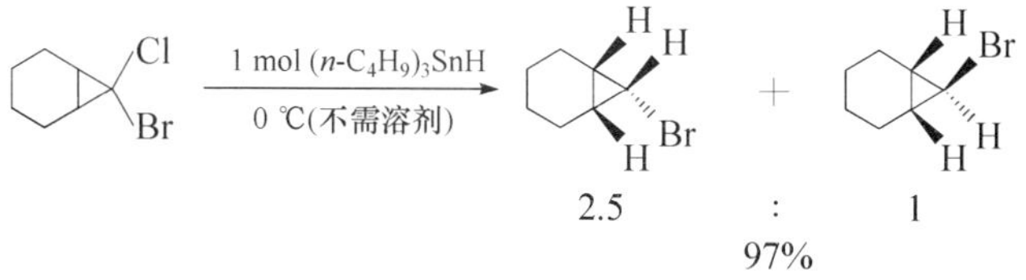

三正丁基氢化锡可以还原酰氯成醛。例如:

$$RCOCl \xrightarrow{(n\text{-}C_4H_9)_3SnH} RCHO$$

研究表明,该类反应是通过自由基链机理进行的。一般是在自由基引发剂(如偶氮二异丁腈)存在下,或在紫外光照射下才能有效地进行。机理如下:

$$R_3SnH + In\cdot \longrightarrow R_3Sn\cdot + InH$$

$$R_3Sn\cdot + R'X \longrightarrow R'\cdot + R_3SnX$$

$$R'\cdot + R_3SnH \longrightarrow R'H + R_3Sn\cdot$$

三正丁基氢化锡对于叔脂肪族硝基和一些仲脂肪族硝基被氢取代也是一种良好的试剂。在其反应条件下,许多常见的其他官能团(如酮、酯、氰和有机硫基)都不发生反应。这种性质大大地扩大了硝基化合物在有机合成中的应用,因为硝基化合物在烷基化和 Michael 加成反应中是非常有用的反应组分。例如:

在 Diels-Alder 反应中,硝基化合物同样是很有用的化学组分,利用硝基的定位性,控制 Diels-Alder 反应的位置选择性,再用三正丁基氢化锡还原硝基,可得到选择性产物[27]。例如:

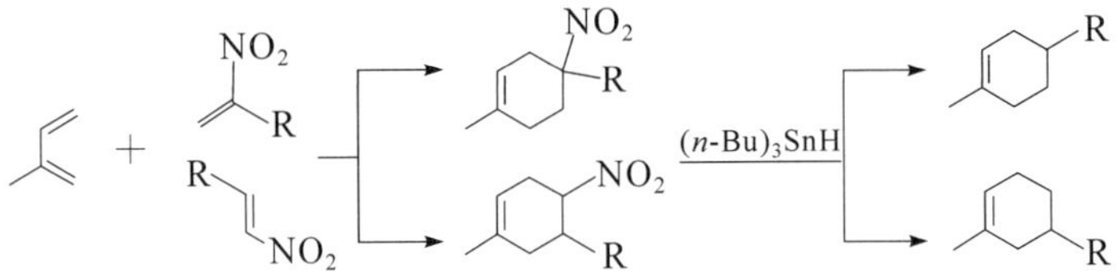

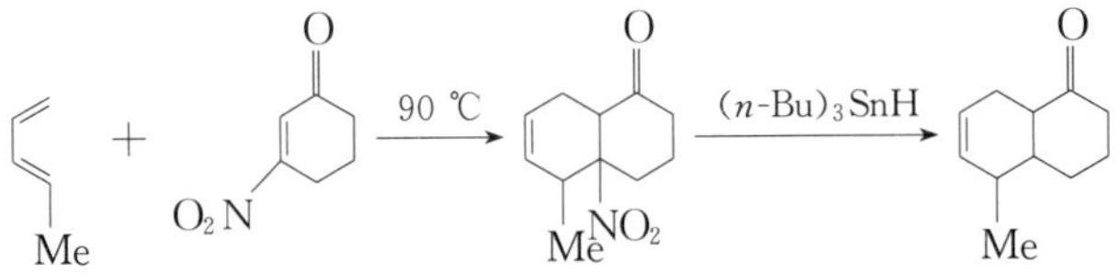

具有 Sn—H 结构的聚合物共价型还原剂比相应的低分子锡的氢化物更稳定,无味,低毒,易分离。例如,Ⓟ—C₆H₄—SnH₂(下方为 n-Bu)还原苯甲醛、苯甲酮、叔丁基甲酮成相应的醇,产率为 91%～92%,对二元醛的还原有良好的选择性。在对苯二甲醛的还原产物中,单官能团还原的占 86%,反应式如下:

习　题

10-1　写出实现下列反应转化的方法。

(1)　$HC\equiv C-\underset{\underset{OH}{|}}{CH}-CH=CH-CH_3 \longrightarrow CH_2=CH-\underset{\underset{OH}{|}}{CH}-CH=CH-CH_3$

(2) 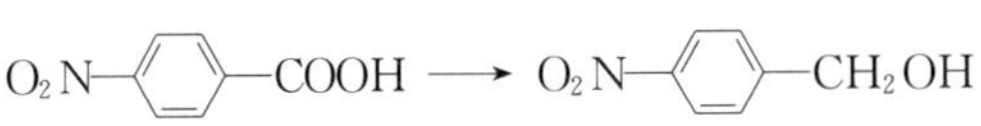　

(3)

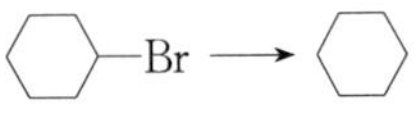

(4)

$$\begin{array}{c} \text{PhCHNO}_2 \\ | \\ \text{CH}_2\text{CH}_2\text{COOCH}_3 \end{array} \longrightarrow \text{Ph(CH}_2)_3\text{COOCH}_3$$

(5) $\text{OHC}-\text{C}_6\text{H}_4\text{CHO} \longrightarrow \text{HOCH}_2-\text{C}_6\text{H}_4\text{CHO}$

(6) $\text{RCOCl} \longrightarrow \text{RCHO}$

(7)

(8) $\text{CH}_3-\text{CH}=\text{CH}-\text{CH}=\text{CH}-\text{CO}_2\text{H} \longrightarrow \text{CH}_3-\text{CH}=\text{CH}-\text{CH}=\text{CH}-\text{CH}_2-\text{OH}$

(9)

$$\text{R}-\text{C}\equiv\text{C}-\text{R}' \longrightarrow \begin{array}{c} \text{H} \quad\quad \text{H} \\ \diagdown\!\!\diagup\!\!\diagup \\ \text{C}=\text{C} \\ \diagup\quad\quad\diagdown \\ \text{R} \quad\quad \text{R}' \end{array}$$

(10)

$$\text{R}-\text{C}\equiv\text{C}-\text{R}' \longrightarrow \begin{array}{c} \text{R} \quad\quad \text{H} \\ \diagdown\quad\quad\diagup \\ \text{C}=\text{C} \\ \diagup\quad\quad\diagdown \\ \text{H} \quad\quad \text{R}' \end{array}$$

(11)

(12)

(13)

(14) $\text{ArCH}=\text{CHNO}_2 \longrightarrow \text{PhCH}_2\text{CH}_2\text{NO}_2$

(15)

(16) $\text{PhCH(OH)COOH} \longrightarrow \text{PhCH}_2\text{COOH}$

(17) $\text{PhCH}=\text{CHCOOCH}_2\text{Ph} \longrightarrow \text{PhCH}_2\text{CH}_2\text{COOCH}_2\text{Ph}$

(18)

(19)

(20) $\text{CH}_2=\text{CHCH}=\text{CH}_2 \longrightarrow \text{CH}_2=\text{CHCH}_2\text{CH}_3$

10-2 写出下列反应的中间物和产物。

(1) $\text{RCOCl} \xrightarrow{\text{HN}\diagup\text{N}} [\quad] \xrightarrow{\text{LiAlH}_4} [\quad] \xrightarrow{\text{H}_3\text{O}^+} [\quad]$

(2) $\text{CH}_3\text{CHO} + 3\text{HCHO} \xrightarrow{\text{OH}^-} [\quad] \xrightarrow[\text{还原}]{\text{HCHO / NaOH}} [\quad]$

(3)

(4) $\text{PhCCl}_3 \xrightarrow[\text{(1 mol)}]{(n\text{-}C_4\text{H}_9)_3\text{SnH}} [\quad] \xrightarrow[\text{(1 mol)}]{(n\text{-}C_4\text{H}_9)_3\text{SnH}} [\quad] \xrightarrow[\text{(1 mol)}]{(n\text{-}C_4\text{H}_9)_3\text{SnH}} [\quad]$

(5) 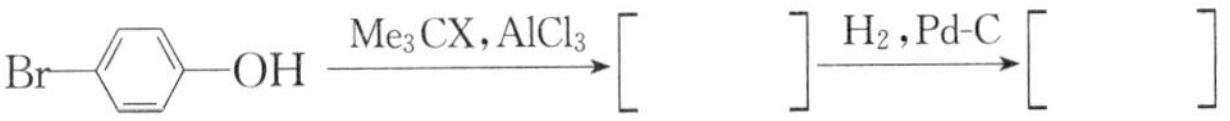

10-3 试比较下列化合物的相对活性顺序。

(1) 以 Pt-SiO_2 为催化剂，下列烯烃的相对催化氢化活性次序：

$R_2C=CH_2$，$RCH=CHR^1$，$RCH=CH_2$，$RR^1C=CHR^2$，$RR^1C=CR^2R^3$

(2) 各类烃化物在Ⅷ族金属表面上的吸附能力次序：烷烃，双烯烃，烯烃，炔烃

(3) 在催化氢解的反应中卤素的相对稳定次序：Cl，I，F，Br

(4) 各官能团多相催化氢化的相对难易次序：RCOCl，RCHO，$RCOR^1$，$RCOOR^1$，$RCOO^-$

10-4 用指定原料合成下列化合物(其他试剂任选)。

(1) 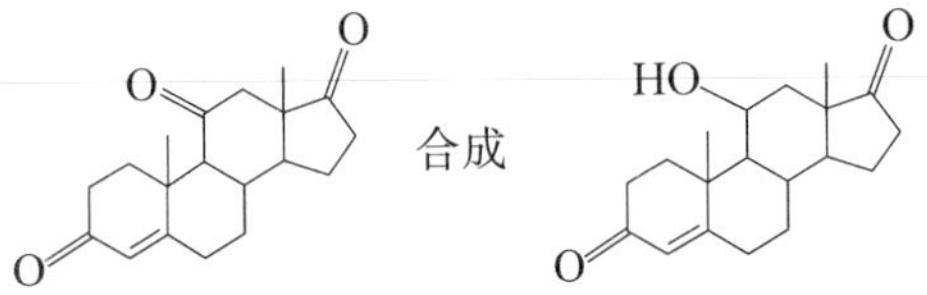

(2) 

(3) $CH_3(CH_2)_2C\equiv C(CH_2)_4C\equiv CH$ 合成 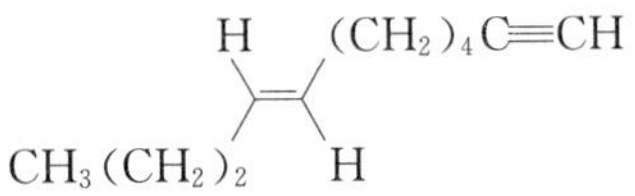

(4) 

(5) 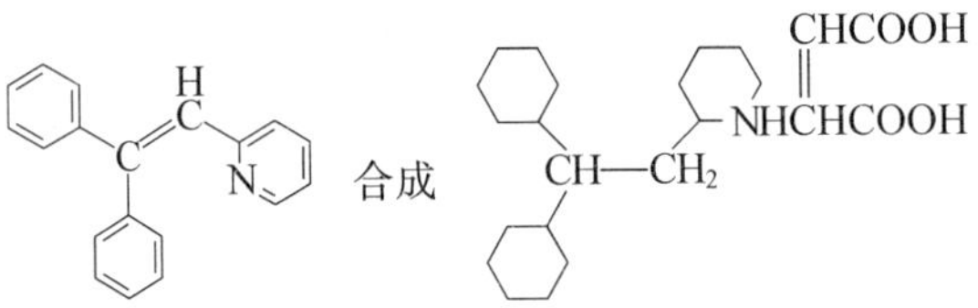

10-5 写出下列反应的机理。

(1) $Me_2C=O$ 生成 $\begin{array}{l}Me_2C—OH\\ \quad\ |\\ Me_2C—OH\end{array}$ (Mg-Hg 还原体系)

(2) PhCO—Ph 生成 PhCHOH—Ph (Na，液 NH_3 还原体系)

(3)  (Li，NH_3 还原体系)

(4) $Me_2C=O$ 生成 $Me_2CH—OH$ ($LiAlH_4$ 还原)

(5) $RR^1C=O$ 生成 RR^1CH_2 (H_2NNH_2/NaOH 还原体系)

(6) $RCH=CHCOOR^1$ 生成 $RCH_2CH_2COOR^1$ (Na + EtOH 还原)

参考答案

10-1

(1) H_2，Raney Ni

(2) B_2H_6

(3) $(n\text{-}C_4H_9)_3SnH$，偶氮二异丁腈

(4) $(n\text{-}C_4H_9)_3SnH$，偶氮二异丁腈

(5) Ⓟ—C_6H_4—SnH_2(—n-Bu)

(6) $(n\text{-}C_4H_9)_3SnH$

(7) HN=NH

(8) $LiAlH_4$

(9) H_2，PtO_2

(10) Na，液 NH_3

(11) Lindlar 催化剂

(12) H_2/PtO_2

(13) H_2,Pd/BaSO$_4$ (14) H_2,(Ph$_3$P)$_3$RhCl/C$_6$H$_6$

(15) H_2,Pt (16) H_2,Pd-C

(17) H_2,(Ph$_3$P)$_3$RhCl (18) NaBH$_4$/EtOH

(19) Zn,AcOH (20) HCo(CN)$_5^{3-}$

10-2

(1) 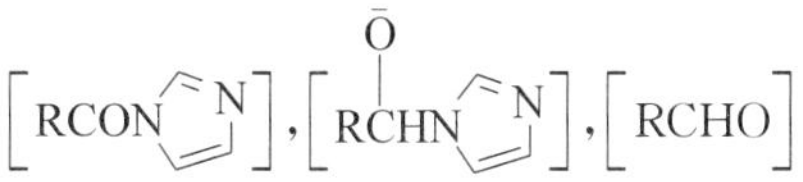 $\left[\text{RCON}\diagup\diagdown\text{N}\right]$,$\left[\text{RCHN}\overset{\bar{O}}{\diagup}\diagdown\text{N}\right]$,$\left[\text{RCHO}\right]$

(2) $\left[\text{(HOCH}_2\text{)}_3\text{CCHO}\right]$,$\left[\text{C(CH}_2\text{OH)}_4\right]$

(3) 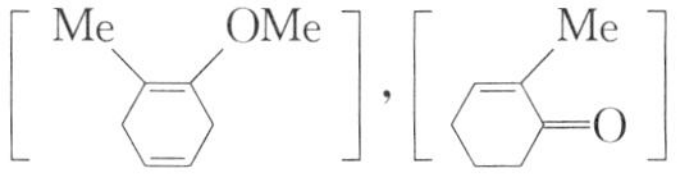 $\left[\begin{array}{c}\text{Me OMe}\\ \hexagon\end{array}\right]$,$\left[\begin{array}{c}\text{Me}\\ \hexagon\text{O}\end{array}\right]$

(4) $\left[\text{PhCHCl}_2\right]$,$\left[\text{PhCH}_2\text{Cl}\right]$,$\left[\text{PhCH}_3\right]$

(5) 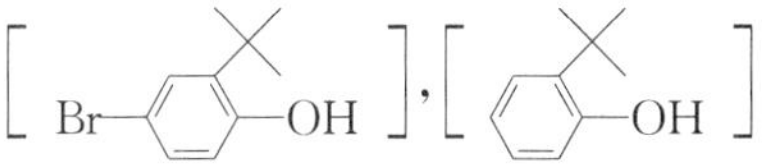 $\left[\text{Br}\diagdown\hexagon\diagup\text{OH}\right]$,$\left[\hexagon\diagup\text{OH}\right]$

10-3 (1) RCH=CH$_2$> RCH=CHR^1,R$_2$C=CH$_2$> RR^{1}C=CHR^2> RR^{1}C=CR^{2}R^3

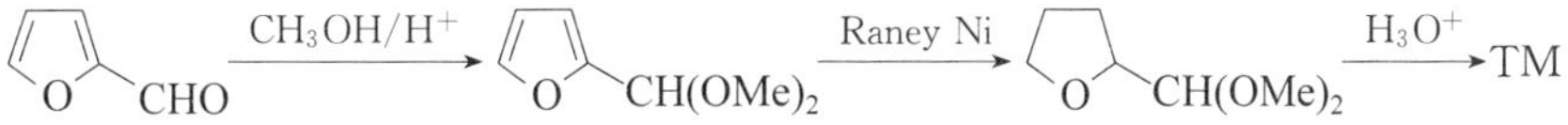

(2) 炔烃>双烯烃>烯烃>烷烃

(3) F>Cl>Br>I

(4) RCOCl>RCHO>RCOR^1>RCOOR^1>RCOO$^-$（不能氢化）

10-4

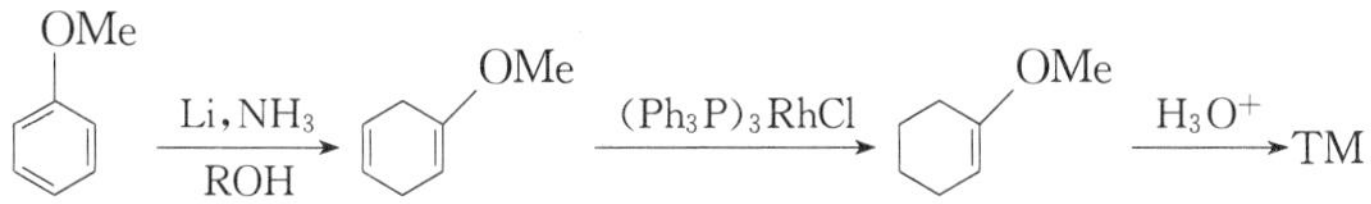

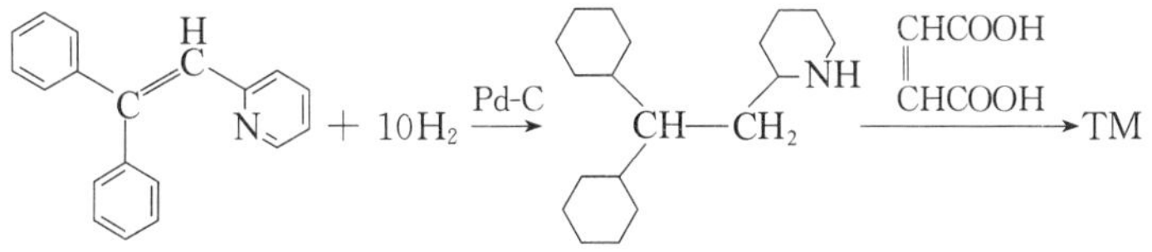

10-5

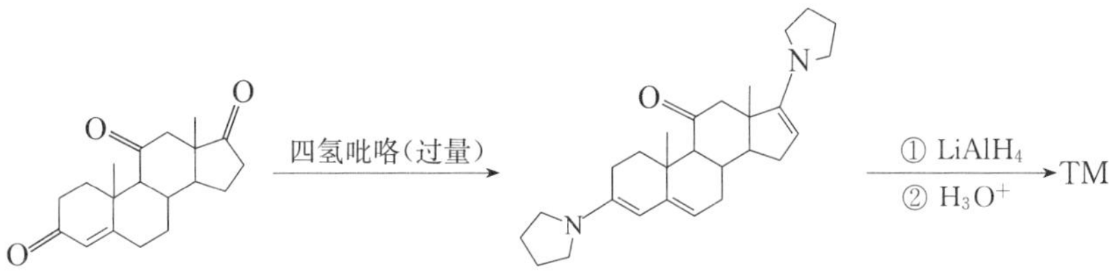

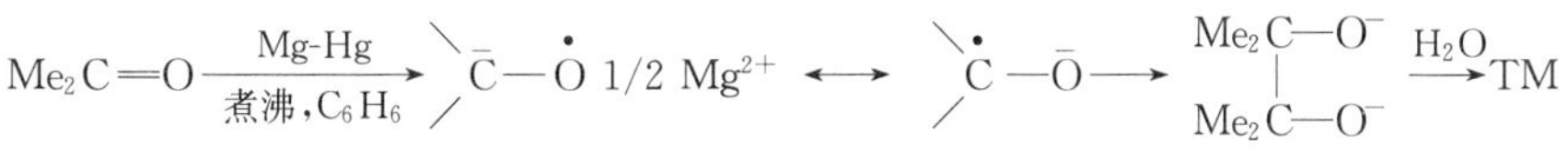

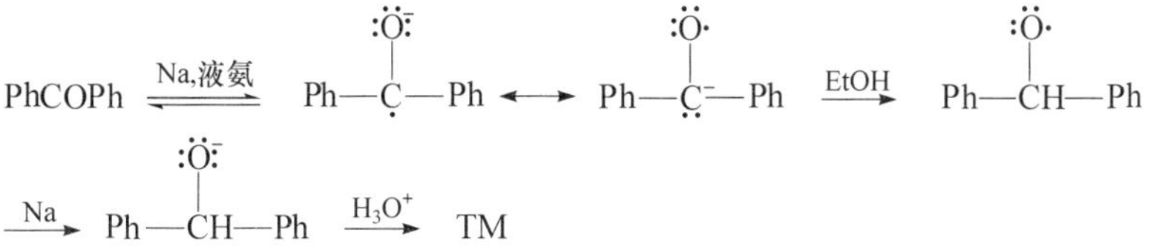

(3)

(4) $H_3\bar{Al}-H + Me_2C=O \longrightarrow Me_2CHO-\bar{Al}H_3 \xrightarrow{Me_2C=O} H_2\bar{Al}(OPr\text{-}i)_2$

$\xrightarrow{Me_2C=O} H\bar{Al}(OPr\text{-}i)_3 \xrightarrow{Me_2C=O} \bar{Al}(OPr\text{-}i)_4 \xrightarrow{H_2O} 4Me_2CH-OH$

(5) $R'RC=O \xrightarrow{H_2NNH_2/OH^-} R'RC=NNH_2 \underset{\text{碱}}{\rightleftharpoons} [R'RC=N\overset{\frown}{-}\overset{-}{N}H^- \longleftrightarrow R'RC\overset{\frown}{N}=\overset{\frown}{N}H]$

$\rightleftharpoons R'RHC\overset{\frown}{-}N=\overset{-}{N} \xrightarrow{-N_2} R'RCH \xrightarrow{H_3O^+} R'RCH_2$

(6) $RCH=CHCOOR' + Na \longrightarrow R-CH=CH-\overset{\overset{\bullet\bullet}{O}}{\underset{}{C}}-OR' \longleftrightarrow R-\overset{\bullet\bullet}{C}H-CH=\overset{\overset{\bullet\bullet}{O}}{\underset{}{C}}-OR' \xrightarrow{EtOH}$

$R-CH_2-CH=\overset{\overset{\bullet\bullet}{O}}{\underset{}{C}}-OR' \xrightarrow{Na} R-CH_2-CH=\overset{\overset{:O^-}{}}{\underset{}{C}}-OR' \xrightarrow{EtOH} RCH_2CH_2COOR'$

参 考 文 献

[1] Carruthers W. 有机合成的一些新方法.3 版.李润涛,刘振中,叶文玉译.开封:河南大学出版社,1991

[2] 李良助. 有机合成中的氧化还原反应.北京:高等教育出版社,1989

[3] Gu M M,Zhang S Y,Wang L F. Chin J Org Chem,1984,6:454

[4] Thorey C,Henin F,Muzart J. Tetrahedron Asymmetry,1996,7(4):975

[5] Andrzei Z,Serzy W. Synthesis,1996,4:455

[6] Hernandez M,Kalck P. J Mol Catal A:Chemical,1997,116:131

[7] Bar R,Sasson Y. Tetrahedron Lett,1981,22:1709

[8] Ravasio N,Antenori M,Gargano M,et al. Tetrahedron Lett,1996,37:3529

[9] Ravasio N,Antenori M,Gargano M,et al. J Mol Catal,1992,74:267

[10] Xu J,Zhang S L,Yuan H X,et al. Chin J Org Chem,1988,5:71

[11] Ali H M,Naiini A A,Jr Brubaker C H. Tetrahedron Lett,1991,32:5489

[12] Sommovigo M,Alper H. Tetrahedron Lett,1993,34:59

[13] Brunet J J,Gallois P,Caubere P. J Org Chem,1980,45:1937,1946

[14] Kaneda K,Mizugaki T. Organometallics,1996,15:3247

[15] Di Vona M L,Floris B,Luchetti L,et al. Tetrahedron Lett,1990,31:6081

[16] Wang W B,Shi L L,Huang Y Z. Tetrahedron Lett,1990,31:1185

[17] Kardile G B,Desai D G,Swami S S. Synth Commun,1999,29:2129

[18] Li T Y,Cui W,Liu J G, et al. Chem Commun,2000,139

[19] Rani B R,Ubukata M,Osada H. Bull Chem Soc Jpn,1995,68:282

[20] Williams D B G,Blann K,Holzapfel C W. J Org Chem,2000,65:2834

[21] Chou W N,Clark D L,White J B. Tetrahedron Lett,1991,32:299

[22] Solladie G,Stone G B,Andres J M, et al. Tetrahedron Lett,1993,34:2835

[23] Comins D L,Brooks C A,Ingalls C L. J Org Chem,2001,66:2181

[24] Gemal A L,Luche J L. J Am Chem Soc,1981,103:5454

[25] Nagnnam M,Goudgaon P P,Wadgaonkar G W,et al. Synth Commun,1989,19(5-6):805

[26] Yoon N N,Park K B,Gyoung Y S. Tetrahedron Lett,1983,24(67):5367

[27] Carruthers W,Coldham I. 当代有机合成方法.王全瑞,李志铭译.荣国斌校.上海:华东理工大学出版社,2006

[28] Duncia J V,Jr Lansbury P T,Miller T,et al. J Am Chem Soc,1982,104:1930

第11章 近代有机合成方法

近代有机合成方法是指在较广泛范围内应用的合成方法,如相转移催化反应、微波辐射有机合成、固相有机合成、无溶剂有机合成、声有机合成以及以离子液体为介质的有机合成和水相有机合成等。一般来说,这些方法与合成某一产物所用相应的经典方法相比具有显著的优点:提高反应效率,节约能源,提高反应的选择性,减少副反应,改善环境,更具有实用性,是相应的经典方法的补充和发展。

11.1 相转移催化反应

相转移催化是 20 世纪 70 年代发展起来的一种有机反应新方法,近年来得到迅猛发展。它广泛地应用于有机合成、高分子聚合反应,并渗透到分析、造纸、印染、制革等领域,为制药工业和精细化工带来了可观的经济效益。

11.1.1 相转移催化剂

相转移催化剂(phase transfer catalyst,PTC)[1~3]是能够使一些负离子(还有一些正离子或中性分子)从一相转移到另一相的催化剂。相转移催化剂分三大类,即鎓盐、聚醚和高分子载体。鎓盐包括季铵盐、季鏻盐、季钟盐和叔硫盐,聚醚类包括冠醚、穴醚和开键聚醚。季铵盐催化剂具有价格便宜、毒性小等优点,所以得到广泛的应用。一般来说,碳原子数较多的季铵盐才可以作为相转移催化剂,因为它的亲脂能力强,溶剂化作用不明显。

最常用的季铵盐相转移催化剂有 $Me_4N^+X^-$、$Et_4N^+X^-$、$Bu_4N^+X^-$、$PhCH_2N^+Me_3X^-$、$PhCH_2N^+Et_3X^-$(X=Cl、Br、I)、$Bu_4N^+HSO_4^-$(简称 TBAB)、$(n\text{-}C_8H_{17})_3N^+MeCl^-$(简称 TOMAC,商品名为 Aliquat 336)、$(n\text{-}C_{16}H_{33})N^+(CH_2CH_2OH)_2PhCH_2Br^-$(简称 Katamin AB)等。

季鏻盐催化剂应用比季铵盐少,主要是由于价格高、毒性大。但它本身比较稳定,且比相似的季铵盐效果好。常用的季鏻盐有 $Ph_4P^+Br^-$、$Ph_3P^+MeBr^-$、$Ph_3P^+EtBr^-$、$Bu_4P^+Cl^-$、$(n\text{-}C_{16}H_{33})P^+Et_3Br^-$、$(n\text{-}C_{16}H_{33})P^+Bu_3Br^-$ 等。

聚醚类中冠醚开发较早,但它价格高、毒性较大,所以应用受到一定限制。常用的冠醚类化合物有 15-冠-5、二苯并-15-冠-5、18-冠-6、二苯并-18-冠-6、二环己基并-18-冠-6 等。穴醚结构复杂,现在有十几个化合物。为了方便起见,大多有代号。例如,Kryptofix 17,代号为 811720,结构式如(**1**)所示;Kryptofix 222B,代号为 811690(在 50%甲苯溶液中),结构式如(**2**)所示。

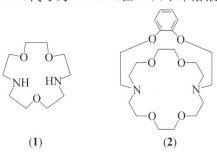

(1) **(2)**

开链聚醚是近年来才发展起来的,它容易得到,无毒,蒸气压小,价格低廉,在使用过程中不受孔穴大小的限制,并且有反应条件温和、操作简便以及产率较高等优点,是较好的冠醚替代物。常用的有三类:①聚乙二醇类 $HO\text{-}(CH_2CH_2O)_n\text{-}H$;②聚氧乙烯脂肪醇类 $C_{12}H_{25}O\text{-}(CH_2CH_2O)_n\text{-}H$;③聚氧乙烯烷基酚类 $C_8H_{17}\text{-}\langle\rangle\text{-}O\text{-}(CH_2CH_2O)_n\text{-}H$。最常用的开链聚醚有聚乙二醇 400、600、1000、4000 等。

高分子载体催化剂是一种不溶性的固体催化剂,也称为三相催化剂,用于加速水-有机两相体系反应。该催化剂的高分子部分是有机硅的聚合体或苯乙烯与 20% 二乙烯基苯交联的聚苯乙烯,分子中 10% 的苯环被活性基取代。活性基大致分为三类:鏻盐型、冠醚型和共溶剂型。典型例子如下:

$$\text{Ps}\text{-}CH_2N^+R_3Cl^- \qquad \text{Ps}\text{-}CH_2P^+Bu_3Cl^-$$

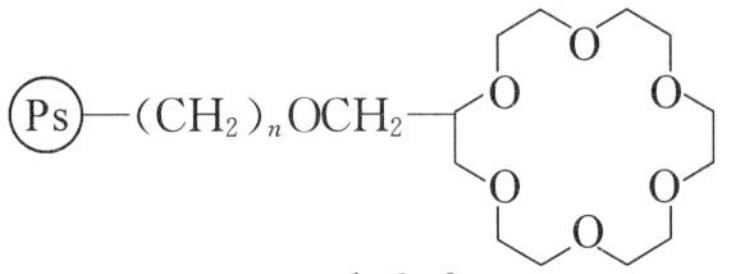

$n=1,3,6$

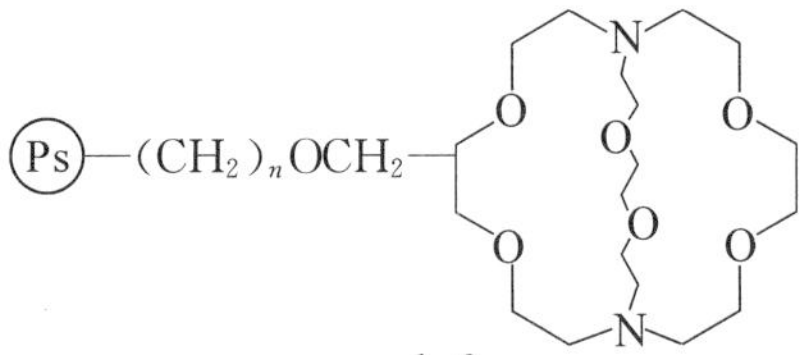

$n=1,6$

$$\text{Ps}\text{-}CH_2O\text{-}(CH_2CH_2O)_nR$$
$$R=H,CH_3$$

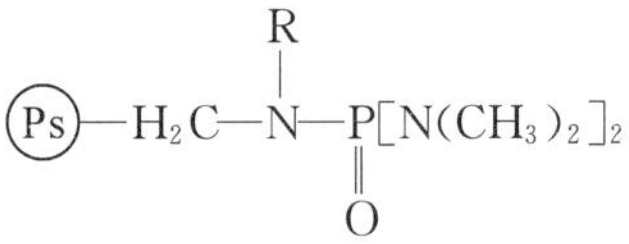

Ps:polystyrene(聚苯乙烯)的缩写

由于协同作用,高分子载体催化剂的活性比单体活性有所提高,反应后它又很容易从反应体系中除去,不污染产品,且可以再生,多次反复使用,这样就大大降低了成本,有利于工业化生产。目前对它的研究引起了人们的重视,且发展很快。

11.1.2　相转移催化反应原理

相转移催化反应原理是在不溶的水相与有机相的反应体系中,水相溶解无机盐类(以 M^+Nu^- 表示),有机相溶解与水相中的盐类发生反应的有机物(以 RX 表示),但两者不相溶,所以反应很慢,甚至几乎不发生反应。反应关系如下:

$$\underset{\text{(有机相)}}{RX} + \underset{\text{(水相)}}{M^+Nu^-} \xrightarrow{\text{难反应}} RNu + M^+X^-$$

即使充分搅拌也如此。当向两相反应体系加入 PTC,则可使反应迅速发生。这是由于 PTC 分子中具有"大阳离子"(如季铵盐 R_4N^+)或是"络合大阳离子"(如冠醚与无机盐的阳离子 K^+ 络合物),既具有正电荷又具有较大的烃基,所以 PTC 具有两性(亲水性和亲脂性)。这种特性决定它能够在两相体系之间发生相转移催化反应。若以 Q^+X^- 表示 PTC,则相转移催化反应原理可以用 Starks(斯塔克斯)提出的经典交换图式表示如下:

水相　　　$Q^+X^- + M^+Nu^-$ ⇌ 式① $Q^+Nu^- + M^+X^-$

界面　- - 式④ - - - - - - - - - - - - - - - 式② - - - - -

有机相　　$Q^+X^- + RNu$ —式③→ $Q^+Nu^- + RX$

由上面的交换式可以看出,PTC 首先在水相中与无机盐的离子按式①发生离子交换,形成离子对 Q^+Nu^-,又由于 PTC 具有两性性质,所以还存在式②的相转移平衡,这样交换的结果就可以将水相中的反应试剂——阴离子(Nu^-)转移到有机相中,而与该相中的有机反应物按式③发生反应,生成产物 RNu。同样因为 PTC 具有两性性质,所以也存在式④相转移平衡。由此可见,水相是无机反应试剂阴离子的储存库,有机相是有机反应物的储存库,PTC 的作用是不断将无机反应试剂从水相转移到有机相,与该相中的有机反应物发生反应。由于有机溶剂的极性一般很小,与负离子之间的作用力不大,所以负离子 Nu^- 作为反应试剂,从水相转移到有机相后立即发生去溶剂化作用(去水化层),成为活性很高的"裸负离子",提高了试剂的反应活性,使反应速率和产物产率都明显提高。离子交换是在有机相和水相界面进行的,而反应是在有机相中进行的。高分子载体相转移催化剂的催化原理与上述不同,其反应模式如下:

水相　　　$Nu^- + M^+$　　　　　　　　$M^+ + X^-$

- -

有机相　　Ⓟs—C·MNu+RX —→ Ⓟs—C·MX+RNu

其离子交换是在有机相与水相界面进行的,反应是在固体催化剂与有机相界面进行的。

11.1.3　相转移催化在有机合成中的应用

相转移催化反应在有机合成中的研究发展很快,由最初仅限于含活性氢的化合物的烃化反应,迅速发展到取代、消去、氧化、还原、加成以及催化聚合等反应[2~4]。

1. 烃基化反应

对于含有活泼氢的碳的烃基化反应,经典方法是用强碱摘去质子形成碳负离子后在非质子性溶剂中和卤代烃反应。采用相转移催化剂,碳的烃基化反应可在温和条件下于苛性钠溶液中实现,如芳基乙腈的烷基化反应。例如:

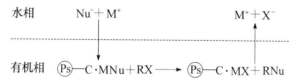

$$PhCH_2CN + C_2H_5Br \xrightarrow[\text{TEBA}]{NaOH/H_2O} \underset{\underset{88\%}{\overset{|}{C_2H_5}}}{PhCHCN}$$

即使卤代烃的活性较差,反应也有较高的效率。例如:

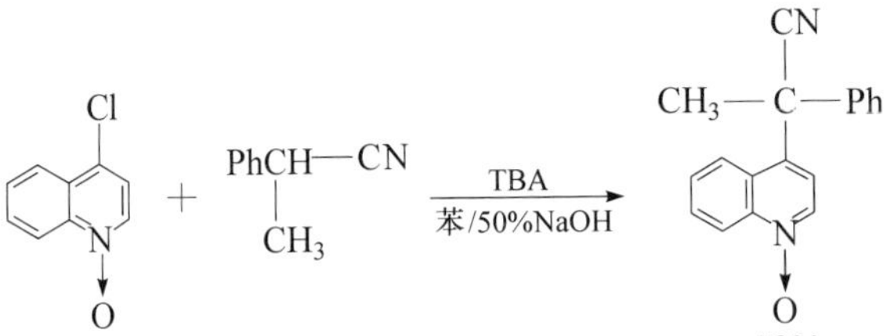

对含双活化亚甲基的化合物(如丙二酸酯、α-氰基乙酸酯、β-酮砜等),在苛性碱溶液中,烷基化反应也易进行。例如,2-乙氧甲酰-1,3-二噻烷的烷基化反应[5],反应式如下:

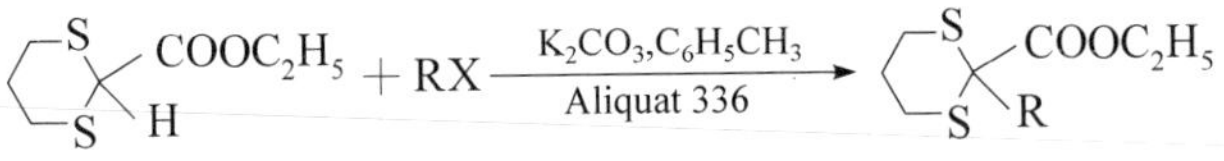

R:PhCH$_2$、CH$_2$=CHCH$_2$

这类反应甚至可以合成不易得到的环丙烷结构的化合物,反应式如下:

氧的烃基化反应主要产物是醚和酯两大类。用 Williamson 经典方法可以合成醚,但此法用仲、叔卤化物作烃基化试剂时,易发生消去反应而生成烯。而相转移催化法合成醚反应条件温和,产率高。例如:

$$n\text{-}C_5H_{11}OH + (CH_3)_2SO_4 \xrightarrow[\text{醚},45\ ℃]{50\%NaOH/Bu_4N^+X^-} n\text{-}C_5H_{11}OCH_3$$
$$90\%$$

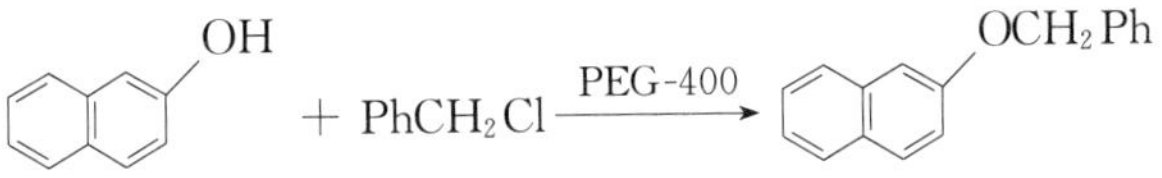

单糖或多糖分子上的所有羟基都进行甲基化,至今还无实现的好方法。采用固-液相转移法,使单糖或双糖全乙酸酯与过量的溴甲烷反应,可得到较高产率的产物。例如:

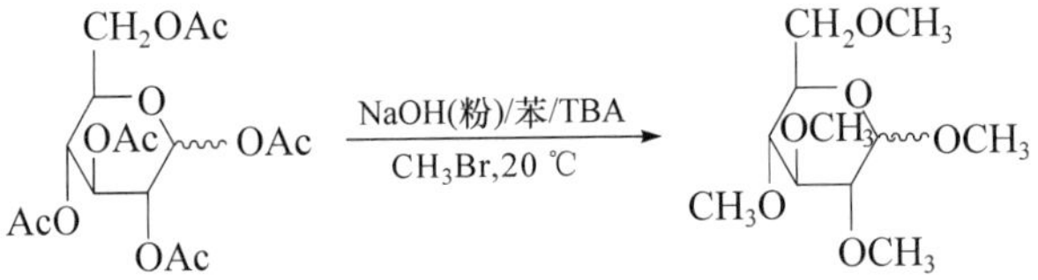

羧酸盐不易与卤代烃发生反应生成酯,因为在水溶液中羧酸负离子发生强水合作用。采用相转移催化法,羧酸盐与卤代烃反应可获得较高产率的酯化产物。例如:

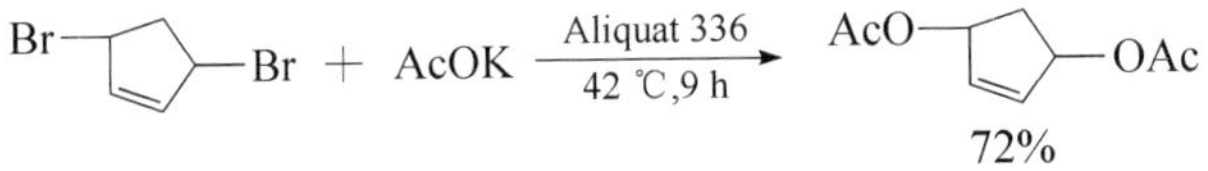

即使合成位阻较大的羧酸酯,用此法也有较高的产率。例如:

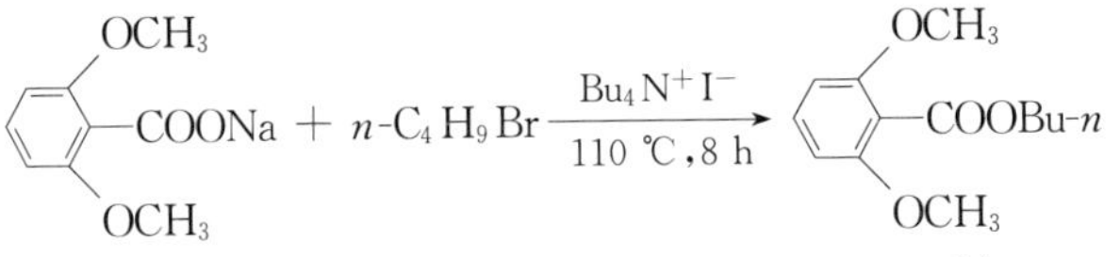

　　氮烃基化反应是在碱性相转移催化剂催化下氮原子上的氢被烃基取代的反应。若邻近有吸电子基团,使氮原子上的氢酸性增强,则有利于反应进行。例如:

$$\text{（吲哚）} + RX \xrightarrow[\text{30 ℃, 搅拌, 6~22 h}]{\text{苯/50\%NaOH,5\%TBAB}} \text{（N-R 吲哚）}$$

$$78\% \sim 98\%$$

$$RX: Me_2SO_4 \text{、} Et_2SO_4 \text{、} C_2H_5Br \text{、} PhCH_2Br \text{ 等}$$

　　在固-液相转移催化下,氮原子上酸性较强的氢也可以被烃基取代。例如,治疗脑血管疾病的药物氟桂利嗪中间体的合成,反应式如下:

$$Ph-CH=CH-\overset{O}{\underset{\|}{C}}-N\text{（哌嗪）}NH + \underset{R'}{\overset{R}{\big|}}CH-Cl \xrightarrow[\text{回流10 h}]{\text{KOH/TBAB/苯}} Ph-CH=CH-\overset{O}{\underset{\|}{C}}-N\text{（哌嗪）}N-\underset{R'}{\overset{R}{\underset{\big|}{CH}}}$$

$$91\%$$

　　由于硫化物和硫醇盐的阴离子是很强的亲核试剂,在相转移催化剂的催化下,硫烃基化反应也较易进行,并且产率很高。例如:

$$PhCH_2Br + KHS \xrightarrow[\text{0.5 h,室温}]{\text{聚乙醇二甲醚}} PhCH_2SH$$

$$EtSH + ClCON(CH_2CHMe_2)_2 \xrightarrow[\text{甲基三烷基氯化铵}]{\text{20\%NaOH/苯}} (Me_2CHCH_2)_2NCOSEt$$

$$100\%$$

2. 消去反应

　　α-消去反应可以得到二氯卡宾和二溴卡宾。通常,二氯卡宾由氯仿在叔丁醇钾的作用下产生。在相转移催化下,氯仿在浓 NaOH 水溶液中可顺利地制得二氯卡宾。其过程是首先形成 $Cl_3C^-N^+R_4$ 离子对,然后抽提入有机相,在有机相中形成下列平衡:

$$Cl_3C^-N^+R_4 \Longleftrightarrow Cl_2C: + R_4N^+Cl^-$$

　　二氯卡宾是一种非常活泼的中间体,能与许多试剂进行反应,与烯烃和许多芳烃反应得到环丙烷的衍生物。例如,由烯丙醇的缩乙醛与二氯卡宾反应后,经还原和水解可得到环丙基甲醇,反应式如下:

$$CH_3CH(OCH_2CH=CH_2)_2 \xrightarrow[\text{40~50 ℃}]{\text{50\%NaOH/CHCl}_3\text{/TEBA}} CH_3CH(OCH_2\overset{\overset{Cl\ Cl}{\diagdown\diagup}}{CH}-CH_2)_2$$

$$\xrightarrow[\text{② } H_3O^+]{\text{① Na,NH}_3} HOCH_2-\overset{}{CH}-\overset{}{CH_2}$$

$$（环丙基甲醇）$$

　　在相转移催化下,二氯卡宾与 1,2-二苯乙烯和环戊二烯作用,前者经水解可得二苯环丙羰基化合物,后者经重排可得 1-氯代环己二烯,反应式如下:

$$\underset{Ph}{\overset{H}{\big\rangle}}C=C\underset{Ph}{\overset{H}{\big\langle}} \xrightarrow[R_4N^+X^-]{\text{NaOH/H}_2\text{O/CHCl}_3} \overset{Cl\ Cl}{H\underset{Ph}{\overset{}{\diagdown}}\underset{Ph}{\overset{}{\diagup}}H} \xrightarrow{H_2O} \overset{O}{H\underset{Ph}{\overset{}{\diagdown}}\underset{Ph}{\overset{}{\diagup}}H}$$

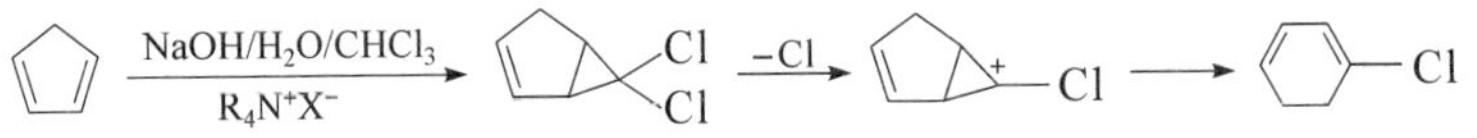

扁桃酸是某些药物的中间体,在相转移催化下,二氯卡宾与碳-氧双键作用,经水解可得 α-氯代酸或 α-羟基羧酸(扁桃酸)。该方法不仅操作简单,产率较高,而且避免了使用剧毒的氰化物。例如:

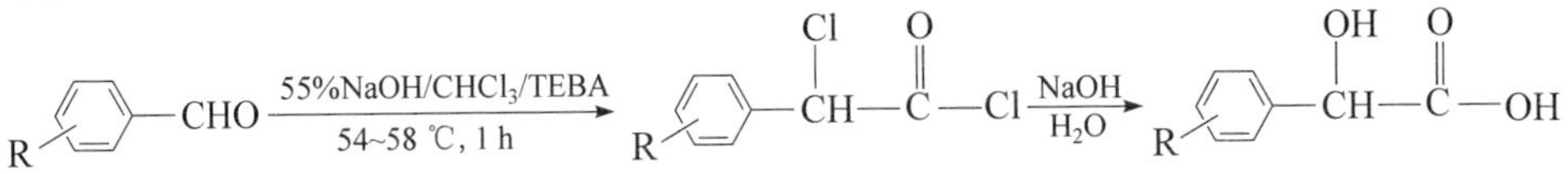

二氯卡宾插入 C—H 键中得到增加一个碳原子的二氯甲基取代衍生物。例如,金刚烷的碳-氢键插入二氯卡宾可得到相应的二氯甲基衍生物,反应式如下:

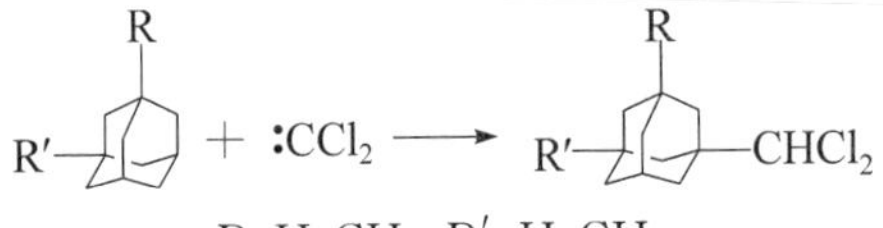

$$R:H、CH_3;R':H、CH_3$$

二氯卡宾若与桥环化合物反应,可在桥头引入二氯甲基,从而为角甲基化提供了一种可选择的途径,反应式如下:

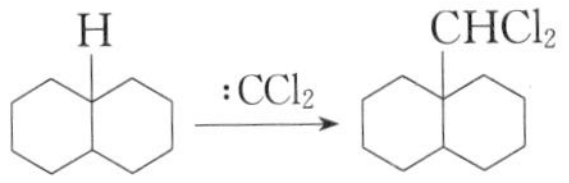

二氯卡宾与 $RCONH_2$ 作用可以制得氰化物,在相转移催化下,长链或支链脂肪酰胺以及芳香酰胺反应产率较高,反应式如下:

$$RCONH_2 \xrightarrow{50\%NaOH/CHCl_3/50\%TEBA} RCN$$

反应可能经过下列过程:

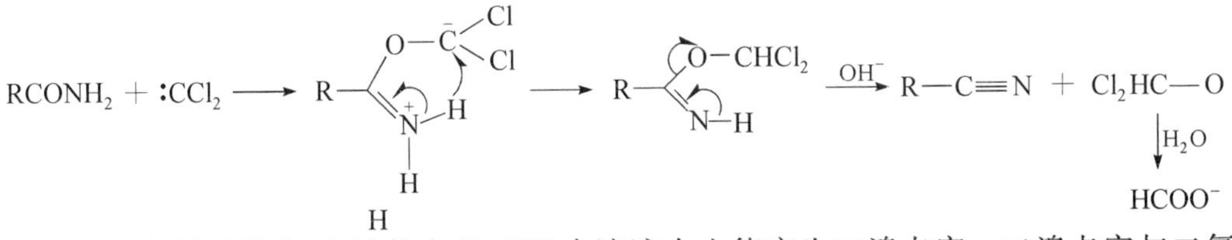

同样,在相转移催化下,溴仿在 NaOH 水溶液中也能产生二溴卡宾。二溴卡宾与二氯卡宾相似,也能发生许多反应。例如:

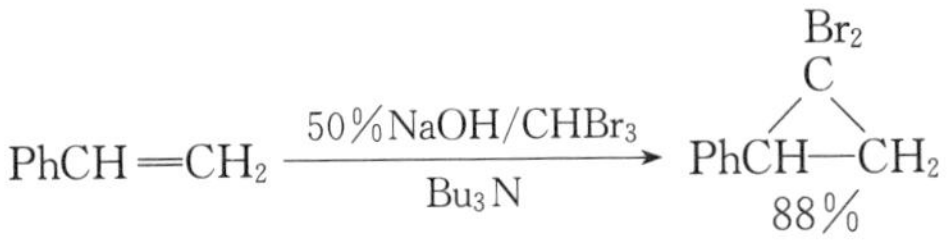

二溴卡宾与桥环烯烃反应,首先得到1,1-二溴环丙烷,再开环得重排产物。例如:

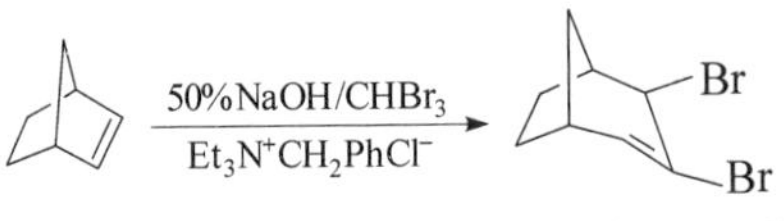

二溴卡宾与含氮杂环(如吲哚)反应,形成扩环产物溴化喹啉,反应式如下:

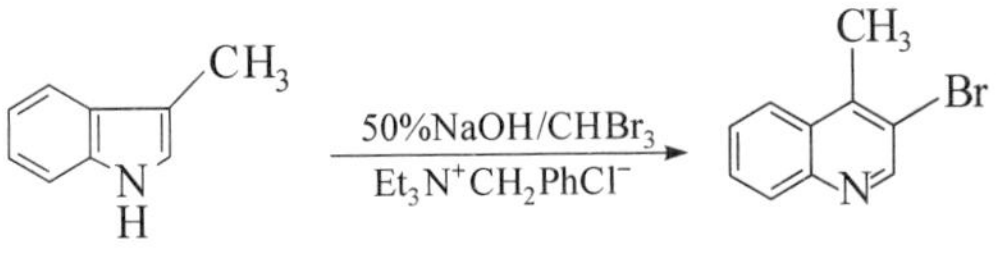

在相转移催化下,也可以产生其他卡宾,如氟氯卡宾(:CFCl)、氟溴卡宾(:CFBr)、氟碘卡宾(:CFI)、硫代卡宾(:CHSPh)等,这些卡宾也能发生许多反应。

β-消去反应在相转移催化下可以得到加速。例如,β-溴代乙苯在 NaOH 溶液中加热 2 h,仅 1% 形成苯乙烯,若加入 $Bu_4N^+Br^-$,90 ℃下 2 h 即可完全消去,生成苯乙烯,反应式如下:

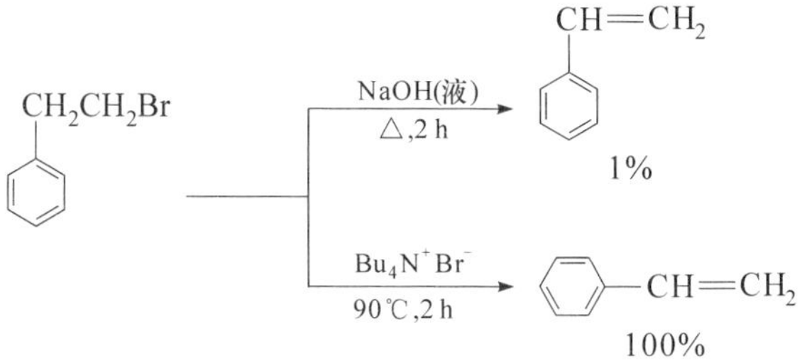

丙烯醛与溴加成再缩醛化,在碱和 TEBA 的催化下发生 β-消去而得丙炔醛缩乙醇酯,反应式如下:

$$CH_2=CH-CHO \xrightarrow[\text{③ NaOH(液)/苯/TEBA}]{\text{① } Br_2 \text{② EtOH/H}^+} HC\equiv C-CH(OEt)_2$$
$$61\%\sim62\%$$

多卤代 2-丁烯在相转移催化下进行 β-消去,可得多卤代丁二烯。例如:

$$ClCH_2CX=CX-CH_2Cl \xrightarrow[45\sim100\ ℃]{NaOH(液)/Katamin\ AB} ClCH=CX-CX=CHCl$$

γ-消去反应在相转移催化下也能进行。例如,γ-卤代氰在碱性溶液中,相转移催化可得 γ-消去产物环丙腈,反应式如下:

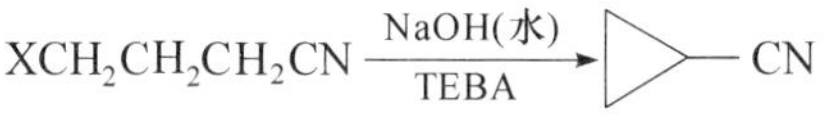

$$XCH_2CH_2CH_2CN \xrightarrow[TEBA]{NaOH(水)} \triangleright\!\!-CN$$

3. 氧化还原反应

相转移催化用于氧化还原反应,能够加速反应进行,增加反应的选择性,显示了一些独特的作用。常用的氧化剂和还原剂多为无机物,如 $KMnO_4$、$K_2Cr_2O_7$、NaOCl、H_2O_2、$NaBH_4$ 等。它们都是水溶性的,在有机溶剂中的溶解度很小,因此将无机氧化剂的水溶液加入有机物中进行氧化结果一般不理想,有的甚至几乎没有反应发生。在相转移催化下,这些氧化剂可以借助于催化剂转移到有机相中,使氧化还原反应在温和条件下进行,得到高产率的产物。例如,在葵烯、高锰酸钾水溶液中加入催化量的季铵盐,反应立即进行,葵烯定量地被氧化为壬酸,反应式如下:

$$CH_3(CH_2)_7CH=CH_2 \xrightarrow[R_4N^+Cl^-]{KMnO_4} CH_3(CH_2)_7COOH$$
$$100\%$$

冠醚也可催化 $KMnO_4$ 与有机物的氧化反应。在苯、高锰酸钾、水体系中加入二环己基18-冠-6,苯中的高锰酸根离子浓度可达 0.06 mol/L,这种紫色的 $KMnO_4$ 苯溶液足以将大多数还原性基团氧化。例如,将邻二酚氧化为邻苯醌,反应式如下:

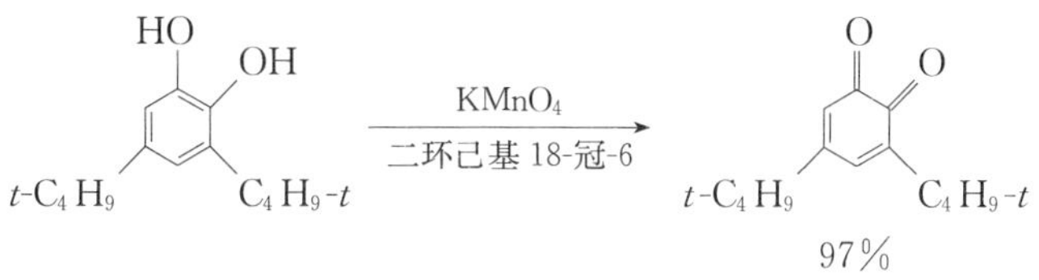

$$\xrightarrow[\text{二环己基 18-冠-6}]{KMnO_4}$$
$$97\%$$

在有机氧化反应中,铬酸或重铬酸的水溶液比 KMnO$_4$ 用得更加普遍。烯、醇、醛和烃基苯均能被铬(Ⅵ)化合物氧化成羧酸。为了提高反应产率,这些反应一般在相转移催化条件下进行。季铵盐是常用的相转移催化剂。例如,氯化四丁基铵常用于将水相中的 CrO$_4^{2-}$ 移入氯仿、二氯甲烷等有机相。氯化甲基三烷基苄铵常用于 CrO$_3$ 的水相到有机相的转移。例如:

$$C_6H_5CH=CH-CH-OH \xrightarrow[CrO_4^{2-},CHCl_3 \text{ 或 } CH_2Cl_2]{(n-C_4H_9)_4N^+X^-} C_6H_5CH=CH-C-CH_3$$
$$88\%$$

在冠醚作用下,K$_2$Cr$_2$O$_7$ 可将一些卤代物氧化成相应的醛,产率可达 80% 左右,若不用冠醚产率仅为 5%～20%。例如:

$$RCH_2X + K_2Cr_2O_7 \xrightarrow[100\ ℃,2\ h]{HMPT/18\text{-}冠\text{-}6} \left[R-CH_2-O-Cr-OK \right] \rightarrow RCHO$$

R:(CH$_3$)$_2$CHCH=CH、PhCH$_2$ 等

CrO$_3$·2Py 是氧化伯羟基成醛的选择性氧化剂,但该法用于生产却不方便。将 TBA 加入酸性 K$_2$Cr$_2$O$_7$ 溶液中,可选择地将伯醇氧化成醛。当用 5 个碳原子以上的伯醇时,醛的产率均可在 90%～98%。例如:

$$K_2Cr_2O_7 + H_2SO_4 \xrightarrow[-5～0\ ℃]{TBA/H_2O/CH_2Cl_2 \text{ 或 } CHCl_3} [TBA^+ HCrO_4^-] \xrightarrow{RCH_2OH} RCHO$$

次氯酸钠是一种廉价易得的氧化剂,合成上常用它氧化醇或胺,以生成醛(酮)或腈。在相转移催化下,利用 10%NaOX 水溶液作氧化剂,再加入催化量的季铵盐,反应可顺利实现。该方法常用于芳香醛、酮的制备。例如:

$$\xrightarrow[R_4N^+X^-,CH_2Cl_2]{NaOX/H_2O}$$
$$76\%$$

$$(C_6H_5)_2CHNH_2 \xrightarrow[R_4N^+X^-,CH_3COOEt]{NaOX/H_2O} (C_6H_5)_2CO$$
$$94\%$$

取代喹喔啉 1,4-二氧化物具有抗菌活性和促进动物生长的作用,它的原料可用以下反应制备,反应式如下:

$$\xrightarrow[甲苯,15～20℃]{KOH/H_2O/TBAB}$$

R'=R=H

该方法条件温和,可避免发生爆炸。

查尔酮类化合物分别以 N-苄基奎宁和奎尼丁氯化季铵盐为催化剂,用 30%H$_2$O$_2$ 氧化双键,可得到不同光学活性的环氧化合物。例如:

$$\xrightarrow[24\ h,室温]{甲苯/NaOH/30\%H_2O_2/PTC}$$

R:H、CH$_3$O

硼氢化钠是一种优良的还原剂,在季铵盐存在下能以 $R_4N^+BH_4^-$ 离子对形式溶于有机溶剂,经干燥后加入卤代烃即生成乙硼烷,因而可以进行硼氢化反应。

在相转移催化下,$NaBH_4$ 可以使羰基化合物还原成醇,腈类化合物还原成胺类化合物等。例如:

$$\text{〈苯环〉—CHO} \xrightarrow[\text{24 h,室温}]{\text{TBA/CH}_2\text{Cl}_2} \text{〈苯环〉—CH}_2\text{OH}$$
$$91\%$$

$$\text{〈苯环〉—CN} \xrightarrow[\text{室温}]{R_4N^+BH_4^-/\text{CH}_2\text{Cl}_2/\text{CH}_3\text{I}} \text{〈苯环〉—CH}_2\text{NH}_2$$
$$95\%$$

$NaBH_4$ 使羧酸还原成醇是困难的。但在相转移催化下,羧酸能顺利被还原得到相应的醇。例如:

$$\text{Cl—〈苯环〉—COOH} \xrightarrow[\text{室温}]{\text{CH}_2\text{Cl}_2/R_4N^+BH_4^-/\text{C}_2\text{H}_5\text{Br}} \text{Cl—〈苯环〉—CH}_2\text{OH}$$
$$98\%$$

1977 年,加拿大渥太华大学 Alper[6] 教授及其合作者首次将季铵盐与过渡金属羰基配合物结合用于硝基苯的还原反应,并取得了成功,反应式如下:

$$\text{〈苯环〉—NO}_2 + H_2 \xrightarrow[\text{PhCH}_2N^+(\text{C}_2\text{H}_5)_3\text{Cl}^-,\text{室温,1 atm}]{\text{Fe}_3(\text{CO})_{12},\text{NaOH},\text{C}_6\text{H}_6} \text{〈苯环〉—NH}_2$$

4. 羰基化反应

近年来,相转移试剂与金属配位催化剂结合用于羰基化反应[4]已有很大的发展。这一新技术的应用使羰基化反应可以在更温和条件下进行,开辟了羰基化合物合成的新途径。

苯乙酸是一种具有广泛用途的药物中间体。目前工业上用氰化法生产苯乙酸,虽然产率较高,但用的氰化物是剧毒品。在传统的均相催化羰基化的条件下,通常需要高温高压、过量的碱及长时间的反应,而且产率不高。用相转移催化技术,在非常温和的条件下,苄基卤化物即可顺利转化为苯乙酸。邻甲基苄溴羰基化时,除预期的邻甲基苯乙酸外,还分离出少量的双羰基化合物 α-酮酸[7]。例如:

$$\text{〈邻甲基苄溴〉} + CO \xrightarrow[\text{PhCH}_2N^+\text{Et}_3\text{Cl}^-,\text{室温,1 atm}]{\text{Co}_2(\text{CO})_8,\text{NaOH},\text{C}_6\text{H}_6} \text{〈邻甲基苯乙酸〉} + \text{〈}\alpha\text{-酮酸〉}$$

与八羰基二钴类似,钯(0)配合物也可对苄基溴羰基化进行催化合成苯乙酸[8],反应式如下:

$$\text{〈苄溴〉} + CO \xrightarrow[\text{CH}_2\text{Cl}_2,\text{NaOH},\text{室温,1 atm}]{\text{Pd}(\text{PPh}_3)_4,(\text{C}_6\text{H}_{13})_4N^+\text{HSO}_4^-} \text{〈苯乙酸〉}$$

不活泼的芳基卤代物的羰基化反应,用八羰基二钴作催化剂,四丁基溴化铵作相转移试剂,还必须在光照射条件下才能顺利进行,产率达 95% 以上。例如:

$$\text{〈溴苯〉} + CO \xrightarrow[\text{50 ℃,1 atm},h\nu]{\text{Co}_2(\text{CO})_8,\text{Bu}_4N^+\text{Br}^-,\text{C}_6\text{H}_6,\text{NaOH}} \text{〈苯甲酸〉}$$

$$\underset{Br}{\overset{CH_2}{\longrightarrow}}OH + CO \xrightarrow[65\ ℃,1\ atm,h\nu]{Co_2(CO)_8,Bu_4N^+Br^-,C_6H_6,NaOH} \underset{O}{\overset{}{\bigcirc}}$$

有意思的是,如果用 Pd(diphos)$_2$[diphos 为 1,2-二(二苯基膦)乙烷] 作催化剂,三乙基苄基氯化铵作相转移试剂,叔戊醇或苯作有机相溶剂,二溴乙烯基衍生物羰基化可获得不饱和二酸[9],产率为 80%~93%。例如:

$$H_3C\underset{CH_3}{\overset{CH_3}{\underset{}{\bigcirc}}}=\underset{Br}{\overset{Br}{C}} + CO \xrightarrow[PhCH_2N^+Et_3Cl^-,50\ ℃,1\ atm]{Pd(diphos)_2,\,t\text{-}AmOH,NaOH} H_3C\underset{CH_3}{\overset{CH_3}{\underset{}{\bigcirc}}}=\underset{COOH}{\overset{COOH}{C}}$$

$$PhCH=CBr_2 + CO \xrightarrow[PhCH_2N^+Et_3Cl^-,50\ ℃,1\ atm]{Pd(diphos)_2,\,t\text{-}AmOH,NaOH} PhCH=\underset{COOH}{\overset{COOH}{C}}$$

用相转移试剂 PEG-400 同时作溶剂,则仅能得到一元羧酸。由于二溴乙烯基衍生物很容易由酮类合成,故此反应是一个很有价值的同系化氧化合成方法,反应式如下:

$$\underset{R'}{\overset{R}{C}}=O \xrightarrow[CBr_4]{Ph_3P} RR'C=CBr_2 \xrightarrow[PEG\text{-}400,60\ ℃]{Pd(diphos)_2,NaOH} RR'CHCOOH$$

在相转移试剂存在下,氰化镍可以催化烯丙基卤代物的羰基化反应而得到 β,γ-不饱和酸[10]。机理研究表明,有催化活性的是三羰基氰化镍离子 Ni(CN)(CO)$_3^+$,此化合物对其他相转移反应也是很有效的催化剂。例如:

$$PhCH=CHCH_2Cl + CO \xrightarrow[Bu_4N^+HSO_4^-]{Ni(CN)_2,NaOH} PhCH=CHCH_2COOH$$

近年来,相转移金属配合物催化剂在羰基化反应中的应用已引起我国化学工作者的重视。1987 年,我国学者[11]用 Pd(PPh$_3$)$_2$Cl$_2$ 代替 Co$_2$(CO)$_8$ 实现了常压下苄基卤的羰基化反应,产率达 80% 以上。例如:

$$\underset{}{\overset{CH_2Cl}{\bigcirc}} + CO \xrightarrow[PhCH_2N^+Et_3Cl^-,80\ ℃,1\ atm]{Pd(PPh_3)_2Cl_2,Ph_2O} \underset{}{\overset{CH_2COOH}{\bigcirc}}$$

实验表明,有机相溶剂对反应有很大的影响。用二氯甲烷和苯作溶剂时,反应不能进行,用二苯醚和苯甲醚作溶剂时效果很好。其原因在于二苯醚对钯催化剂有较大的溶解度,且沸点高,易与水相分离,有利于苯乙酸的生成。在反应条件下,α-氯甲基萘的羰基化反应产率也在 60% 以上。例如:

$$\underset{}{\overset{CH_2Cl}{\bigcirc\bigcirc}} + CO \xrightarrow[PhCH_2N^+Et_3Cl^-,70\ ℃,1\ atm]{Pd(PPh_3)_2Cl_2,NaOH} \underset{}{\overset{CH_2COOH}{\bigcirc\bigcirc}}$$

总之,相转移金属催化剂将均相催化与非金属催化的优点结合在一起,开辟了合成羰基化合物的新途径。

5. 聚合反应

相转移催化剂已应用于许多聚合反应。例如,苯酚与甲基丙烯酸缩水甘油酯或缩水甘油苯醚与甲基丙烯酸在 TEBA 催化下制得(3-苯氧基-2-羟基)丙基甲基丙烯酸酯,反应式如下:

$$\text{PhOH} + \text{(环氧)}-\text{CH}_2-\text{O}-\overset{\overset{\displaystyle O}{\|}}{C}-\overset{\overset{\displaystyle CH_3}{|}}{C}=\text{CH}_2$$

$$\text{PhOCH}_2-\text{(环氧)} + \text{CH}_2=\text{CCH}_3\text{COOH} \quad \xrightarrow[\text{85 °C,4 h}]{\text{TEBA}} \quad \text{Ph}-\text{O}-\text{CH}_2-\overset{\overset{\displaystyle OH}{|}}{CH}-\text{CH}_2-\text{O}-\overset{\overset{\displaystyle O}{\|}}{C}-\overset{\overset{\displaystyle CH_3}{|}}{C}=\text{CH}_2$$

91%~95%

该单体加入引发剂后立即聚合,产物可用于补牙。

在相转移催化下,双酚 A 与对苯二甲酰氯作用,发生双酚 A 型聚芳酯的聚合反应,与非相转移催化相比具有速率快、反应条件温和、产物相对分子质量大等优点,易于工业化生产,反应式如下:

$$\frac{1}{2}n\text{ClCO}-\text{(苯)}-\text{COCl} + n\text{HO}-\text{(苯)}-\overset{\overset{\displaystyle CH_3}{|}}{\underset{\underset{\displaystyle CH_3}{|}}{C}}-\text{(苯)}-\text{OH} + \frac{1}{2}n\text{ClCO}-\text{(苯)}-\text{COCl}$$

$$\xrightarrow[\text{TEBA}]{\text{NaOH/CH}_2\text{Cl}_2} \quad \left[\text{CO}-\text{(苯)}-\overset{\overset{\displaystyle O}{\|}}{C}-\text{O}-\text{(苯)}-\overset{\overset{\displaystyle CH_3}{|}}{\underset{\underset{\displaystyle CH_3}{|}}{C}}-\text{(苯)}-\text{O}\right]_n$$

双酚 A 型聚芳酯在较高温度下仍具有优异的应变回复性和抗蠕变性。

其他高分子材料(如环氧树脂、聚噁唑烷酮、聚氨基甲酸酯等)也可以通过相转移催化合成。

如果将相转移催化技术与其他有机合成新技术、新方法相结合,将会使反应更具特色。

11.2　微波辐射有机合成

微波的频率为 300 MHz～300 GHz,即波长为 100 cm～0.1 cm。它位于电磁波谱的红外辐射(光波)和无线电波之间,因而只能激发分子的转动能级跃迁。

微波应用于合成化学[12～14]始于 1986 年 Gedye(格迪)等在微波炉内进行酯化、水解、氧化和亲核取代反应及 Giguere 等对蒽和马来酸二甲酯的 Diels-Alder 环加成反应的研究。现在,微波促进反应的研究已发展成为一门引人注目的全新领域——MORE 化学(microwave-induced organic reaction enhancement chemistry)。

微波作用下的反应速率比传统的加热方法快数倍甚至上千倍,具有操作方便、产率高及产品易纯化等优点,因此微波有机合成几乎涉及所有类型的有机化学反应。目前,微波有机合成化学的研究主要集中在三方面:①微波有机合成反应技术的进一步完善和新技术的建立;②微波在有机合成中的应用及反应规律;③微波化学理论的系统研究。

我们主要讨论微波在有机合成反应中的应用及其反应规律。

11.2.1　微波辐射在有机合成中的应用

1. 酯化反应

羧酸与醇生成羧酸酯的反应是最早应用微波的有机反应之一,1986 年,Gedye 将密闭的反应器器置于微波炉中,研究苯甲酸与醇的酯化反应,并与传统的加热方法进行比较,结果列于表 11-1。

表 11-1 苯甲酸酯化反应时间及 M/C

醇	反应近似温度/℃	反应时间	平均产率/%	M/C
甲醇	65	8 h(C)	74	96
	134	5 min(W)	76	
1-丙醇	97	4 h(C)	78	40
	135	6 min(W)	79	
1-丁醇	117	1 h(C)	82	8
	135	7.5 min(W)	79	
1-戊醇	137	10 min(C)	83	1.3
	137	7.5 min(W)	79	
1-戊醇(630 W)	162	1.5 min(W)	77	6.1

注：全部反应均在 300 mL 的 Brghof 反应瓶中进行；醇的用量为 10 mL；除特别指出的 630 W 外，其余为 560 W；C(classical)表示传统加热；M(microwave)表示微波加热。

Gedye 发现微波对酯化反应有明显的加速作用，反应几分钟内完成，并注意到随着甲醇到戊醇沸点的升高，微波酯化与传统加热酯化有不同的规律，微波酯化对沸点较低的甲醇相当成功，反应速率比传统的加热法提高 96 倍。

我国学者报道了微波常压条件下由 L-噻唑烷-4-甲酸和甲醇合成 L-噻唑烷-4-甲酸酯的实验结果。微波作用下，反应 10 min 产率达 90% 以上，比传统的加热方法快 20 倍，反应式如下：

$$
\underset{NH}{\overset{S}{\diagup}}\text{—COOH} + CH_3OH \xrightarrow[\text{MWI}]{HCl} \underset{NH}{\overset{S}{\diagup}}\text{—COOCH}_3 + H_2O
$$

反式丁烯二酸与甲醇的双酯化反应，微波作用下仅回流 50 min，产率为 82%，若达到相近的产率，传统加热需 480 min，反应式如下：

$$
\underset{H}{\overset{HOOC}{\diagdown}}C=C\underset{COOH}{\overset{H}{\diagup}} + CH_3OH \xrightarrow[\text{MWI}]{H_2SO_4} \underset{H_3COOC}{\overset{H}{\diagdown}}C=C\underset{H}{\overset{COOCH_3}{\diagup}}
$$

氰乙酸酯类化合物是合成血管栓塞剂的重要前体，通常的加热酯化法需要 8~10 h，用微波辐射仅需要 20~30 min。例如：

$$
NC\text{—}CH_2COOH + ROH \xrightarrow[\text{MWI}]{\text{酸或碱}} NC\text{—}CH_2COOR
$$

2. Diels-Alder 反应

在微波辐射下，Diels-Alder 反应可以明显地减少反应时间和提高反应产率。例如，蒽和顺丁烯二酸酯在微波辐射下进行反应，10 min 即可得产率为 87% 的环加成产物，而常规反应条件下需要 72 h 才能达到相近的产率，反应式如下：

87%

呋喃与丁炔二酸乙酯的反应，微波辐射 10 min，产率达 66%，比传统的加热法快 7 倍，反应式如下：

$$\text{(furan)} + \text{EtOOC—C} \equiv \text{C—COOEt} \longrightarrow \begin{matrix} \text{COOEt} \\ \text{COOEt} \end{matrix}$$

杂原子 Diels-Alder 反应也可在微波辐射下顺利进行。例如,2-甲基-1,3-戊二烯与乙醛酸酯在苯中于密闭反应器微波加热至 140 ℃并反应 10 min,得到 96% 的产率,而在常规条件下反应 6 h,产率仅 40%,反应式如下:

$$\xrightarrow[\text{MWI,10 min}]{\text{ZnCl}_2/\text{C}_6\text{H}_6} \quad 96\%$$

3. 重排反应

1) Claisen 重排

在 DMF 溶剂中,微波辐射苯基烯丙基醚 6 min,2-烯丙基酚的产率达 92%,而传统的加热方法 6 h 产率仅有 85%,反应式如下:

$$\xrightarrow[\text{MWI}]{\text{DMF}}$$

2) 片呐醇重排

Gutierrez 等发现,由片呐醇重排成片呐酮的微波反应,金属离子有促进作用(详见表 11-2),反应式如下:

$$\begin{matrix} \text{CH}_3 & \text{CH}_3 \\ \text{H}_3\text{C—C} & \text{—C—CH}_3 \\ \text{OH} & \text{OH} \end{matrix} \xrightarrow[\text{MWI,15 min}]{\text{M}^{n+}/\text{蒙脱土}} \begin{matrix} \text{CH}_3 & \text{CH}_3 \\ \text{H}_3\text{C—C} & \text{—C—CH}_3 \\ & \text{CH}_3 \ \text{O} \end{matrix}$$

表 11-2　金属离子对片呐醇反应的影响

M^{n+}	Na^+	Ca^{2+}	Cu^{2+}	La^{3+}	Cr^{3+}	Al^{3+}
MWI 产率/%	38	23	94	94	98	99
常规产率/%	5	2	30	80	99	98

注:微波 450 W 辐射 15 min;常规加热 100 ℃,反应 15 h。

3) 炔丙基醇重排反应

取代炔丙基醇常温下很难发生重排,即使在加热条件下,也仅有少量重排产物生成,然而干反应条件下微波辐射 5 min,生成 96% 以上的产物。例如:

$$\text{CH}_3\text{C} \equiv \text{C—C—OH} \ (\text{H, Ph}) \xrightarrow[\text{MWI,270 W}]{\text{KSF/黏土}} \text{CH}_3\text{COCH} = \text{CHPh}$$

$$\text{PhC} \equiv \text{C—C—OH} \ (\text{Ph, Ph}) \xrightarrow[\text{MWI,270 W}]{\text{KSF/黏土}} \text{PhCOCH} = \text{CPh}_2$$

4) Fries 重排

乙酸-2-萘酯经 Fries 重排成 1-乙酰基-2-萘酚的反应,微波辐射 2 min,产率达 70%,反应式如下：

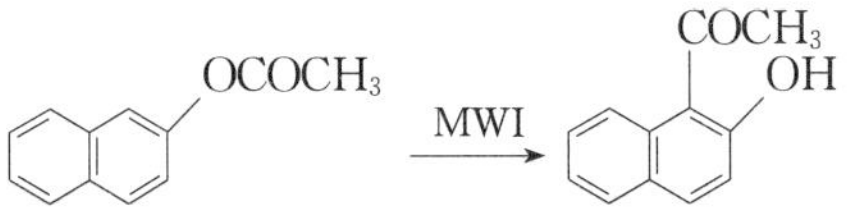

5）Beckmann 重排

在微波促进和 BiCl₃ 催化下，二苯甲酮肟可以得到 90% 的重排产物[15]。

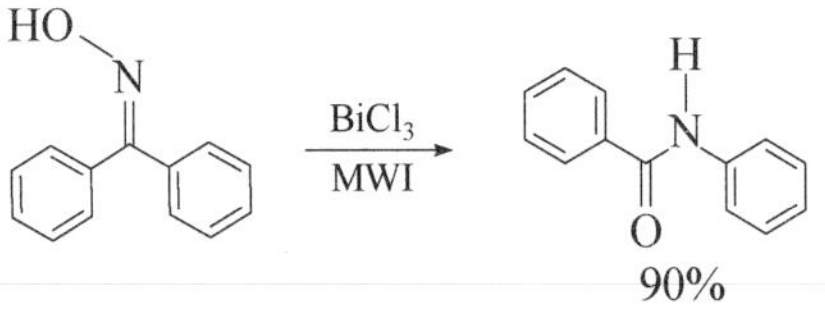

4. Perkin 反应

苯甲醛与乙酸酐在乙酸钾作用下缩合生成肉桂酸是典型的 Perkin 反应，传统加热法反应 48 h 产率为 54%，达到相近的产率微波辐射仅用 24 min，反应速率提高 20 倍，反应式如下：

$$PhCHO + (CH_3CO)_2O \xrightarrow[KOAc]{MWI} PhCH=CHCOOH$$

5. Knoevenagel 反应

2-萘甲醛与丙二酸二乙酯之间的缩合是典型的 Knoevenagel 反应，微波作用下 5 min 产率达 78% 以上，而传统的方法加热 24 h 产率仅有 44%，反应式如下：

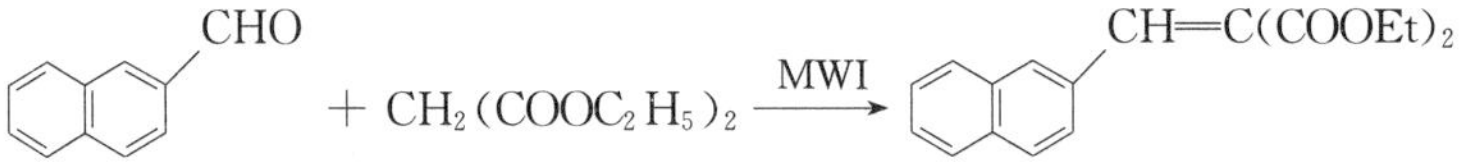

在无溶剂微波辐射条件下，KF-Al₂O₃ 催化取代苯甲醛和丙二酸合成 3-苯基-2-丙烯酸，2～4 min 产率达 88%～92%，而传统的油浴加热（90～100 ℃）300 min 产率仅有 4%～25%[16]，反应式如下：

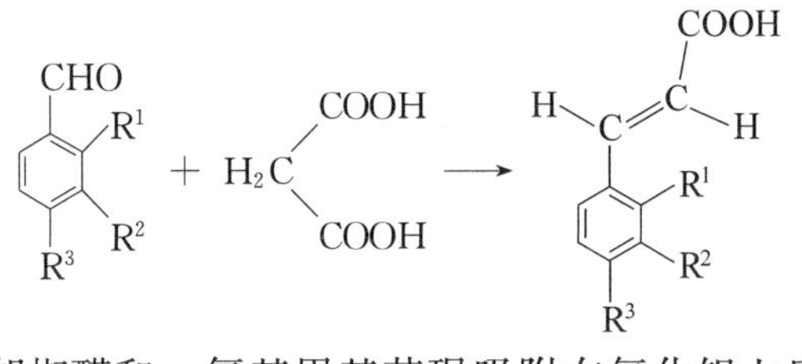

在氟化钾催化下，将胡椒醛和 α-氰基甲基苯砜吸附在氧化铝上反应，只生成极少量的缩合产物，但用微波加热时，20 min 缩合产物的产率达 95%，反应式如下：

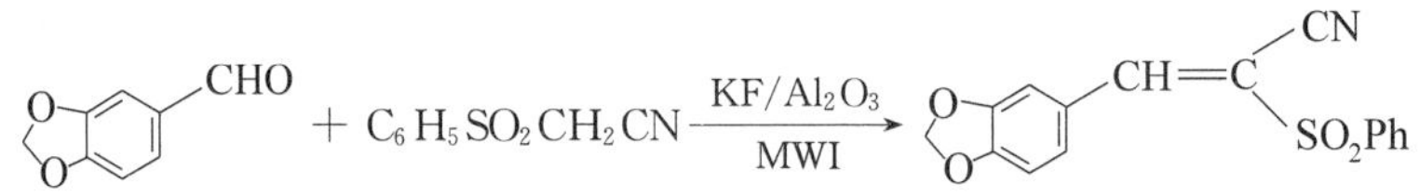

水杨醛与丙二酸酯反应生成苯并吡喃-2-酮衍生物，其中包括 Knoevenagel 缩合，微波辐射 3 min 产率达 82%，而传统方法加热 6 h 产率只有 73%，反应式如下：

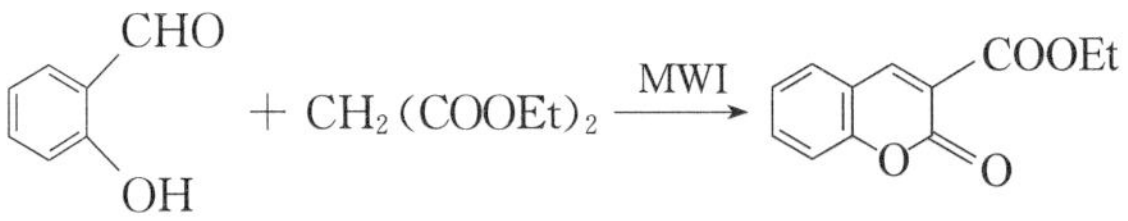

芳香醛和丙二酸的 Knoevenagel 反应在 SiO₂、吡啶、NH₄OAc 等存在下的微波反应均有报道[17～19]。

6. 苯偶姻缩合

苯甲醛在维生素 B_1 催化下发生苯偶姻缩合,微波功率 65 W,辐射 5 min 产率为 43.3%,传统的加热方法需 90 min 才达到相近产率,反应式如下:

$$2PhCHO \xrightarrow[\text{维生素 } B_1]{MWI} Ph-\overset{OH}{\underset{}{C}H}-\overset{O}{\underset{}{C}}-Ph$$

7. Wittig 反应

微波技术用于膦叶立德的 Wittig 反应的研究也取得较佳的结果,反应式如下:

$$Ph_3P=CHY + ArCHO \xrightarrow[5\sim6\ min]{MWI} \overset{Ar}{\underset{H}{C}}=\overset{H}{\underset{Y}{C}}$$
$$82\%\sim96\%$$

$$Y:COOC_2H_5,COPh$$

8. O-烃基化反应

1986 年,Gedye 首次成功地用微波实现了由 4-氰基酚钠与苄基氯合成 4-氰苄基醚,反应 4 min,产率达 93%,而通常条件下反应 12 h 产率仅为 72%,反应式如下:

$$NC-\langle\ \rangle-ONa + \langle\ \rangle-CH_2Cl \xrightarrow{MWI} NC-\langle\ \rangle-OCH_2-\langle\ \rangle$$

酚和脂肪族卤代烃或芳香族卤代烃在催化剂作用下,微波辐射直接烃化,得到相应的醚[20,21]。例如:

$$ArOH + RX \xrightarrow[MWI,2\sim5\ min]{Zn/DMF\ 或\ Zn/THF} ArOR$$
$$70\%\sim92\%$$

$$ArOH + Ar'X \xrightarrow[MWI,1\sim3\ h,\triangle]{CuI(10\%,摩尔分数),CS_2CO_3(2eq)} ArOAr'$$
$$45\%\sim90\%$$

Majdoub 利用季铵盐 Aliquaut 作催化剂成功合成了双醚,微波辐射 10 min,产率达 96%。例如:

$$\langle O \rangle-CHO + Br(CH_2)_{12}Br \xrightarrow{KOH}{MWI} \langle O \rangle-CH_2O-(CH_2)_{12}-OCH_2-\langle O \rangle$$

微波作用下,羧酸盐与卤代烷发生 O-烷基化,几乎定量反应,即使活性不高的长链卤代烷反应也可顺利进行。例如:

$$CH_3COOK + n\text{-}C_{16}H_{33}Br \xrightarrow[1\ min]{MWI} CH_3COOC_{16}H_{33}\text{-}n$$
$$98\%$$

9. N-烷基化反应

微波辐射下,苯并噁嗪、苯并噻嗪类化合物与卤代烷在硅胶载体上能迅速生成 N-烷基化产物,反应速率比传统方法最大提高了 80 倍。例如:

$$
\text{(结构式)} + RX \xrightarrow[\text{MWI, 8~10 min}]{C_2H_5O^-,\ TEBA} \text{(结构式)}
$$

$$
72\%\sim90\%
$$

R：CH_3、C_2H_5、$PhCH_2$、CH_2COOH；Y：O、S

苯并三氮唑与氯乙酸微波常压下发生 N-烷基化反应,反应速率比传统加热法快 15 倍,反应式如下：

$$
\text{(结构式)} + ClCH_2COOH \xrightarrow[\text{MWI, 8 min}]{NaOH} \text{(结构式)} \\
CH_2COOH
$$

巴比妥与卤代烷的 N,N'-双烷基化反应 $1\sim16$ min,产率为 $74\%\sim99\%$,比传统加热方法的反应速率提高了 $15\sim300$ 倍,反应式如下：

$$
\begin{array}{c}
C_2H_5 \\
C_2H_5
\end{array}
\begin{array}{c}
OC-NH \\
CO \\
OC-NH
\end{array}
+ RX \xrightarrow[\text{MWI}]{\text{无水 } K_2CO_3}
\begin{array}{c}
C_2H_5 \\
C_2H_5
\end{array}
\begin{array}{c}
OC-NR \\
CO \\
OC-NR
\end{array}
+ HX
$$

R：$PhCH_2$、$CH_2COOC_2H_5$；X：Cl、Br

10. C-烷基化反应

活性亚甲基化合物与卤代烷发生的烃化反应是形成碳-碳键的重要方法。在微波催化作用下,乙酰乙酸乙酯、苯硫基乙酸乙酯与卤代烷反应只需 $3\sim4.5$ min,烷基化产物产率可达 $58\%\sim83\%$。例如：

$$
RCH_2COOC_2H_5 + R'X \xrightarrow[\text{MWI}]{KOH\text{-}K_2CO_3,\ PTC} RR'CHCOOC_2H_5
$$

R：CH_3CO、PhS；R'：$C_6H_5CH_2$、$p\text{-}ClC_6H_4CH_2$、$m\text{-}CH_3OC_6H_4$、$CH_2=CHCH_2$、$CH_3(CH_2)_3$

N-苯亚甲氨基乙酸甲酯与卤代烷反应后水解生成 α-氨基酸,微波辐射反应 12 min,无需分离中间产物,产率为 $43.5\%\sim62.5\%$,反应式如下：

$$
\text{(结构式)}CH=NCH_2COOMe + RX \xrightarrow[\text{MWI}]{K_2CO_3,\ TEBA} \text{(结构式)}CH=NCHRCOOMe \xrightarrow{H_3O^+} RCHCOOH \\
NH_2
$$

R：$C_6H_5CH_2OCH_2$、$CH_3(CH_2)_3$、CH_2COOEt、$C_6H_5CH_2$

11. 水解反应

微波技术用于羧酸酯、酰胺以及蛋白质的水解取得满意结果。在密闭的反应器中苯甲酸甲酯的皂化是微波用于水解反应的第一个例子。反应 2.5 min 产率为 84%,比传统加热水解快 25 倍,反应式如下：

$$
PhCOOCH_3 \xrightarrow[\text{MWI}]{NaOH} \xrightarrow{H^+} PhCOOH
$$

上述反应加入溴化四丁铵,反应时间可缩短到 1 min,产率可提高到 98%。

用橄榄油水解制造肥皂过程中已使用了微波技术。苯甲酰胺在 20% H_2SO_4 中,用微波加热比用传统方法快 6 倍,反应式如下：

$$
PhCOONH_2 \xrightarrow[\text{MWI}]{H_2SO_4} PhCOOH
$$

12. 消去反应

卤代烷碱催化消去反应在微波作用下反应速率可加快 $10\sim1200$ 倍。例如：

$$CH_3(CH_2)_5CH_2CH_2Br \xrightarrow[\text{MWI}]{t\text{-BuOK}/t\text{-BuOH}} CH_3(CH_2)_5CH{=\!\!=}CH_2$$

不饱和吡喃糖苷的合成为大量天然产物的合成及 Diels-Alder 反应提供了重要的中间体，传统方法需要加热 4 h，产率为 48%，而用微波改进后反应仅需要 14 min，产率为 88%，反应式如下：

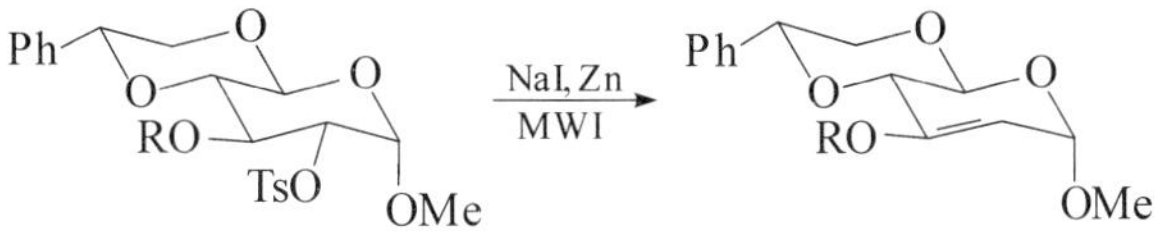

13. 加成反应

α-乙烯基吡啶与二氯甲基硅烷在微波作用下的加成，反应速率可提高 360 倍，产率达 75%，反应式如下：

苯乙烯在微波辐射下与 $CXCl_3$ 均相催化加成，反应速率比普通加热方法快 $3\sim21$ 倍，反应式如下：

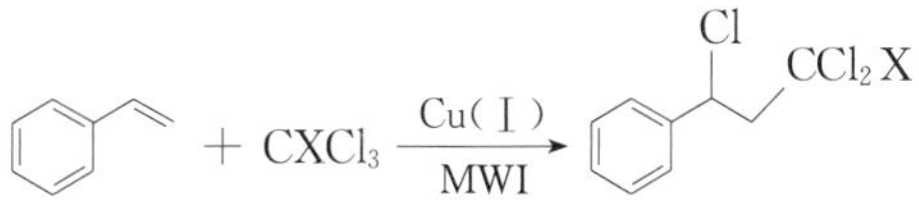

X:Cl、COOEt

微波技术用于对取代芳胺、芳肼与异氰酸酯或异硫氰酸酯的亲核加成反应得到满意的结果。它比溶液反应具有时间短、操作简便、产率高等优点[22~25]。例如：

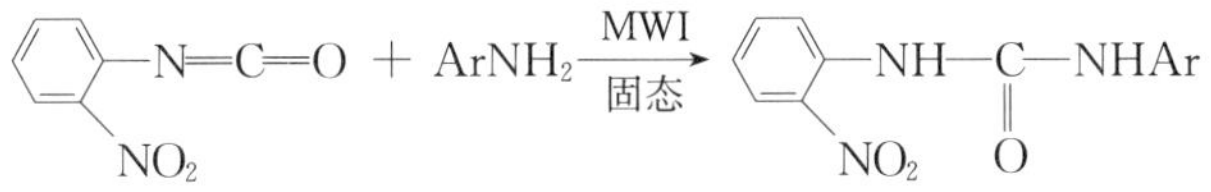

$80\%\sim89\%$

Ar:4-甲苯基、3,4-二甲苯基、4-溴苯基、3-硝基苯基等

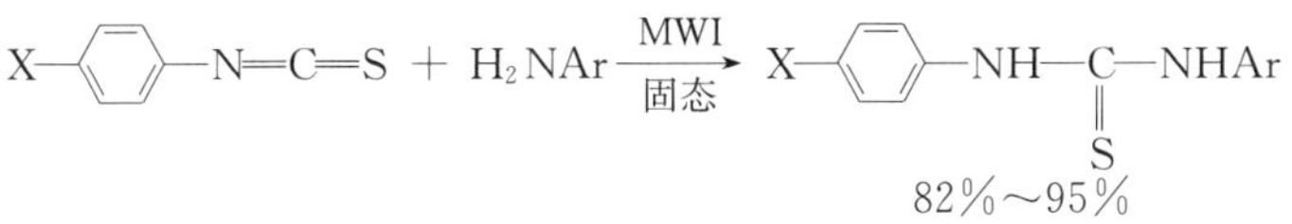

$82\%\sim95\%$

X:Cl、Br、EtO 等

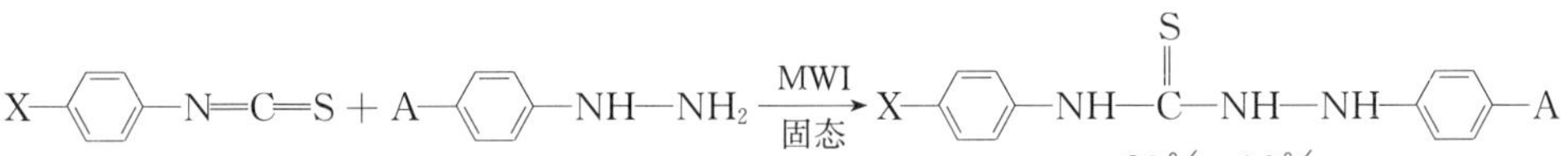

$89\%\sim96\%$

X:Me、Br、Cl、I 等

芳酰肼类化合物在微波下也能与芳基异硫氰酸酯进行加成反应，得到相应的产物，产率为 $86\%\sim94\%$。

14. 取代反应

微波作用下,芳环的亲电取代反应已有报道。例如,萘的磺化反应和取代苯的酰化反应[26],反应式如下：

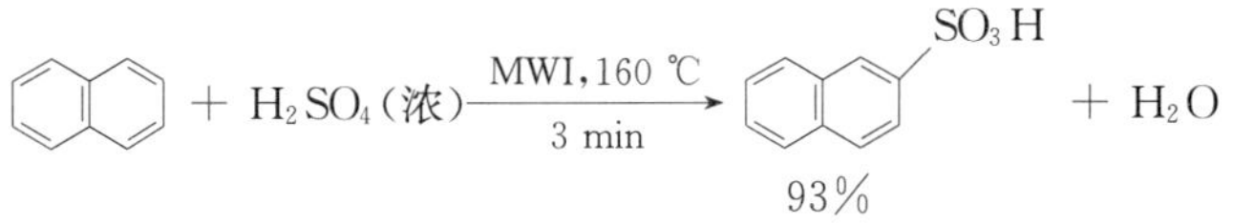

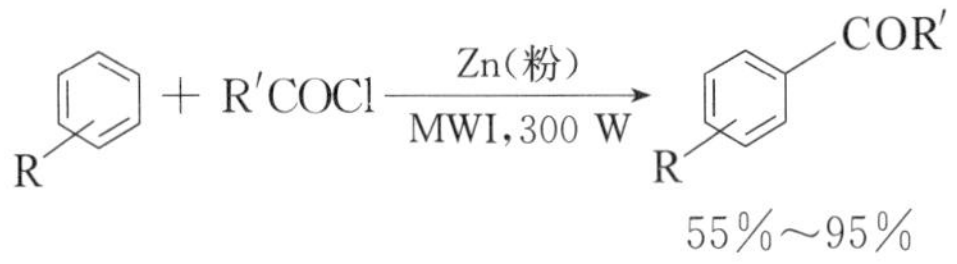

$$\text{萘} + H_2SO_4(\text{浓}) \xrightarrow[3\ \text{min}]{MWI,160\ ℃} \text{2-萘磺酸 } (SO_3H) + H_2O$$
$$93\%$$

$$R-\text{苯} + R'COCl \xrightarrow[MWI,300\ W]{Zn(\text{粉})} R-\text{苯}-COR'$$
$$55\%\sim95\%$$

15. 成环反应

Villermin 等用黏土催化辅以微波进行 Fischer 吲哚合成，5 min 产率为 85%，反应式如下：

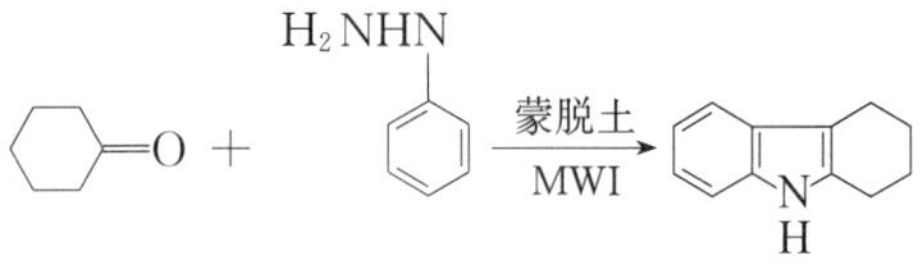

$$\text{环己酮}=O + \text{苯肼 } (H_2NHN) \xrightarrow[MWI]{\text{蒙脱土}} \text{四氢咔唑}$$

应用微波技术也可使重要的工业原料蒽醌简便易得，Bram 等在研究中应用微波，使产率较传统的方法大为提高，反应式如下：

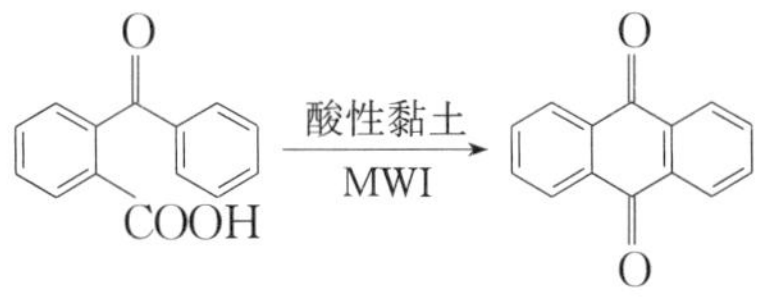

$$\text{邻苯甲酰苯甲酸 (COOH)} \xrightarrow[MWI]{\text{酸性黏土}} \text{蒽醌}$$

微波技术还应用于自由基反应，立体选择性反应、酯交换反应、酰胺化反应、催化氢化反应、脱羧反应、有机金属反应、聚合反应等。

11.2.2 微波促进化学反应机理

自 1986 年 Gedye 等发现微波可以促进有机反应以来，微波技术成功地应用于多种有机反应。大量实验结果表明，微波作用下的有机反应速率较传统方法有数倍、数十倍甚至上千倍增加，最大的可以提高至 1240 倍。为什么微波能如此有效地加速有机反应呢？这个问题受到学术界的关注，吸引许多化学家投入此项研究，但是至今仍未有一个统一的认识。

关于微波能加速有机反应的原因，目前学术界有两种不同的学术观点[27]。

一种观点认为，虽然微波是一种内加热，具有加热速率快、加热均匀、无速率梯度、无滞后效应等特点，但微波应用于化学反应仅仅是一种加热方式，与传统的加热方式一样，对某个特定的反应而言，在反应物、催化剂、产物不变的情况下，该反应动力学不变，与加热方式无关。他们认为，微波用于化学反应的频率 245 MHz 属于非电离辐射，在与分子的化学键发生共振时不可能引起化学键断裂，也不能使分子激发到更高的转动或振动能级，微波对化学反应的加速主要归结为对极性有机物的选择加热，即微波的致热效应。文献报道的许多实验结果支持了这一观点。Jahngen 研究了微波作用下 ATP 水解反应，得出的结论是微波加热与传统加热方式对反应的影响基本一致，反应动力学无明显差别。Ranev 对 2,4,6-三甲基苯甲酸与异丙醇酯化反应动力学研究表明，2,4,6-三甲基苯甲酸的酯化速率与加热方式无关。

另一种观点认为，微波对化学反应的作用是非常复杂的：①反应物分子吸收了微波能量，提高了分子运动速率,致使分子运动杂乱无章,导致熵增加;②微波对极性分子的作用迫使其按照电磁场作用方式运动,每秒变化 2.45×10^9 次,导致了熵的减小,因此微波对化学反应的机理是不能仅用微波致热效应描述的。

微波除了具有热效应外,还存在一种不是由温度引起的非热效应。微波作用下的有机反应改变了反应动力学,降低了反应活化能。Dayl 等用微波由胆汁酸与牛磺合成了胆汁酸的衍生物,反应 10 min 产率达 70% 以上,Dayl 尝试用油浴在与微波相近的温度下也加热 10 min,希望得到产物,但未成功。因此他们认为微波存在非热效应,并在反应中起作用。

我国学者研究了丙烯腈与硫化钠的 Michael 加成生成硫代二腈的反应,反应式如下:

$$CH_2{=}CH{-}CN + Na_2S \xrightarrow{MWI} \begin{array}{c} H_2C{-}CH_2CN \\ | \\ S \\ | \\ H_2C{-}CH_2CN \end{array}$$

该反应对温度要求很严格,反应须控制在 10~15 ℃,温度过高则产物水解成硫代丙二酸钠。作者利用自己设计的微量恒温常压反应装置,控制温度约 10 ℃,用微波辐射 1 min 成功地合成了硫代二丙腈,产率达 82.5%,比传统的加热法提高 360 倍,他认为微波非热效应对反应的加速作用可能起了决定作用。

Shibata 对乙酸甲酯的水解动力学研究结果表明,在相同的条件下,微波降低了该反应的活化能,黄卡玛等在研究碘化钾与过氧化氢反应的动力学后也得出了相同的结论。

应该指出的是,尽管微波用于有机合成至今已有二十几年的时间,但是对微波加速反应机理的研究还是一个新的领域,目前还处于起始阶段,有些实验结果还缺乏实验上更充分的论证,有许多实验现象还需要更全面、细致和系统的解释,特别是在化学动力学的研究中,温度的控制和检测方法等都将影响实验数据的准确性,从而可能得出完全相反的实验结论。

11.3 固相合成法

固相合成法(solid-phase synthesis)就是将底物或催化剂锚合在某种固相载体上再与其他试剂反应,生成的化合物连同载体过滤、淋洗,与试剂、副产物分离,这一过程可以重复多次以制备具有多个重复单元或不同单元的复杂化合物,最后将最终产物从载体上解脱下来。固相合成所用的载体一般是由 1%~2% 二乙烯基苯与苯乙烯共聚生成的低交联度的聚苯乙烯树脂,在树脂的苯环上引入氯甲基、氨基、羟基等以便与底物结合。1962 年,Merrifield(梅里菲尔德)报道了用此方法合成多肽取得了成功。固相合成法还广泛应用于合成聚核苷酸、低聚糖等具有生物活性的物质。该方法具有操作简便、产物易于分离纯化及产率较高等优点,近年来受到广泛关注,并且已推广到有机合成其他领域。

11.3.1 多肽固相合成

多肽合成在研究生命过程和制造药物方面具有十分重要的意义。以合成二肽为例,一般需要以下三个步骤:

(1) 保护 N-端氨基酸的氨基和 C-端氨基酸的羧基:

$$NH_2{-}CHRCOOH \xrightarrow{HCOOH} OHCNH{-}CHRCOOH$$

$$NH_2—CHR'COOH \xrightarrow{CH_3OH} NH_2—CHR'COOMe$$

（2）将两个已保护的氨基酸通过形成酰胺键结合起来：

$$OHC—NHCHRCOOH + NH_2CHR'COOMe \xrightarrow{DCC} OHC—NHCHRCONHCHR'COOMe$$

（3）去保护基恢复 *N*-端氨基和 *C*-端羧基：

$$OHC—NHCHRCONHCHR'COOMe \begin{cases} \xrightarrow{0.5 \text{ mol/L HCl}} NH_2CHRCOHNCHR'COOMe \\ \xrightarrow{1 \text{ mol/L NaOH}} OHC—HNCHRCONHCHR'COO^- \end{cases}$$

多肽的制备原则上与合成二肽相似，将前两步重复多次，最后去掉多肽两端保护基即可得到多肽。用此法合成多肽，每一步都要对中间体进行分离、结晶、提纯，操作烦琐，产率也低。

由 Merrifield 报道的固相合成法，肽的偶合与解脱不是在均相溶液中而是在不溶性聚合物或固体载体上进行的。具体方法是将含 2％二乙烯基苯的聚苯乙烯树脂球用甲基氯甲基醚氯甲基化，氯甲基化率约为 10％，然后将 *N*-端已用叔丁氧羰基保护的氨基酸的 *C*-端羧酸负离子与聚合物上的氯甲基反应，将氨基酸连接到树脂骨架上，对 *N*-端去保护后与另一种 *N*-端已保护的氨基酸偶合形成多肽键，如此反复进行使肽键按事先设计的模式增长，最后用三氟乙酸（TFA）将多肽从树脂球上解脱下来，全过程表示如下：

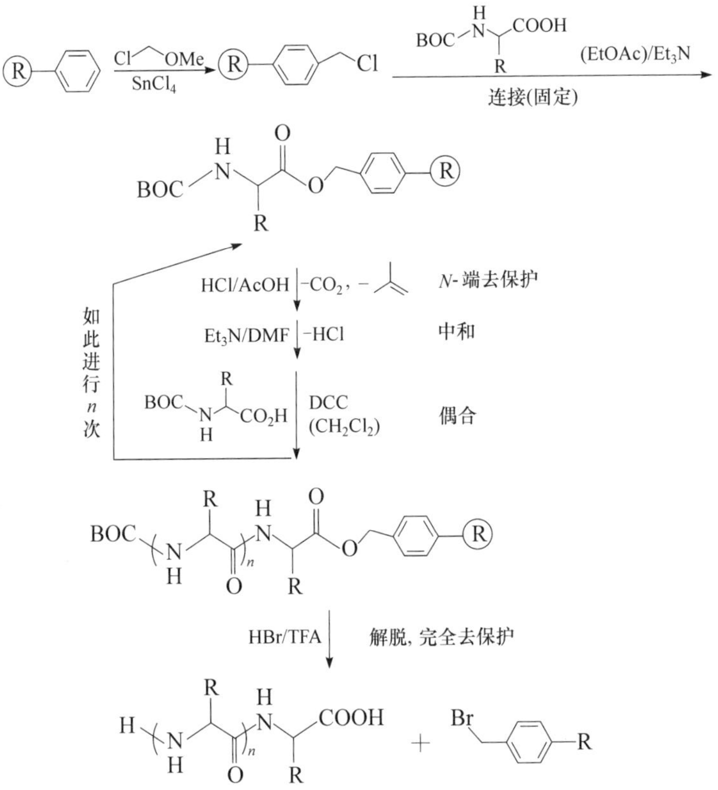

二环己基碳化二亚胺（DCC）在这里起活化羧基作用，以加速羧基与氨基间的脱水偶联反应。每一步反应所产生的中间体只需要简单的过滤、淋洗便可使其与反应液中的试剂和副产物分离，非常简便快速。固相合成多肽具有操作简单及多次重复的特点，便于自动化，国外已有计算机控制的固相合成仪出售。

11.3.2　固相一般有机合成

各类有机小分子、杂环分子、天然产物样分子的合成及相关的多种反应类型在当前已成为固相有机合成的主体[28]。例如,对于对称性双官能团化合物的单官能团反应和以它们为原料的多步合成,使用固相合成法后取得了满意的结果,为某些在溶液中不易制备的化合物提供了新的方法。

以 1,10-癸二醇为原料,用固相法合成了一系列鳞翅目昆虫性诱剂。例如:

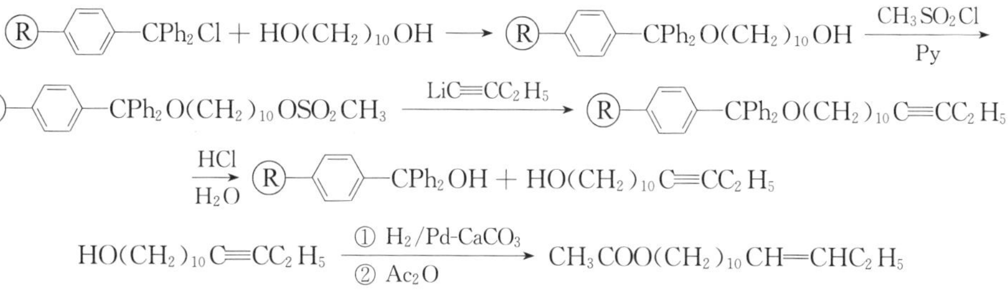

胡萝卜素类化合物的合成一般以二醛为原料经 Wittig 反应合成。用传统的溶液法合成产率低,仅 45%,以固相法合成,产率达 100%。例如:

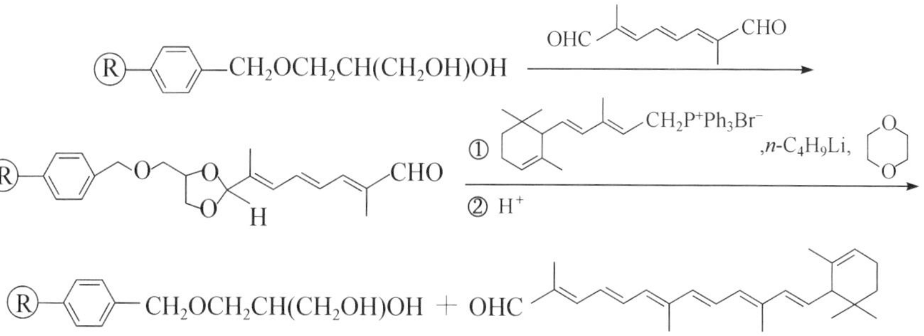

由羧酸树脂转化的酰腙可以在钪(Ⅲ)盐催化下与缩酮发生 Mannich 缩合,生成的酰肼丙烯酸在碱性条件下分子内胺解得到吡唑酮衍生物。例如:

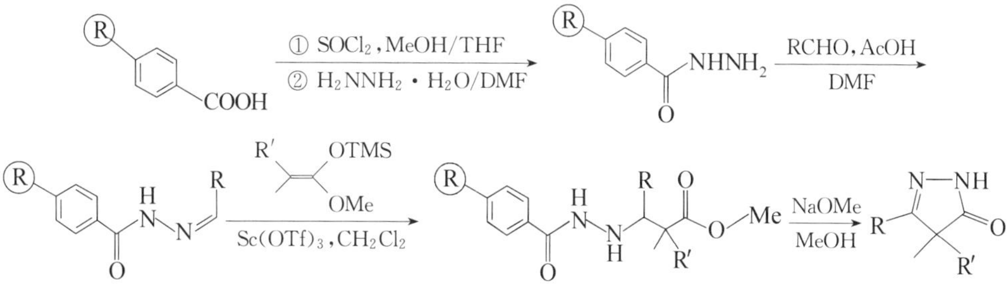

在双取代的环己烯合成中,用丙烯酸酯与取代的 1,3-丁二烯进行环加成是最经典的方法。实验表明,液相法得到的产物含 3,4-双取代及 3,5-双取代两种加成产物,而且前者为主要产物。例如:

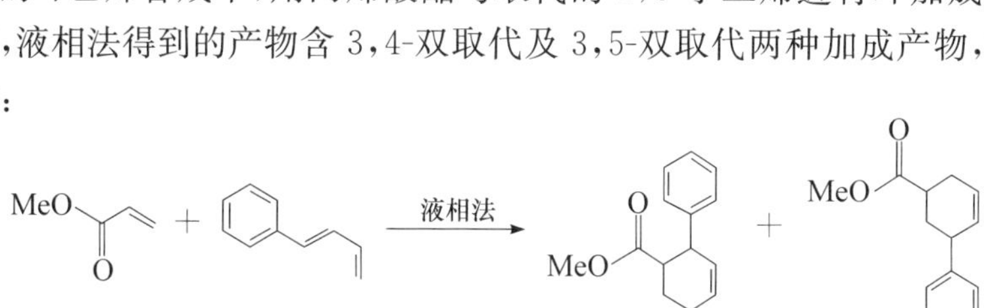

当丙烯酸与固相载体键合后再与苯代 1,3-丁二烯进行反应时,由于载体的巨大位阻,苯代丁二烯分子以带苯环一端远离载体的方式与丙烯酸酯的双键进行环加成,结果产物以区域选择的 3,5-双取代为主。例如:

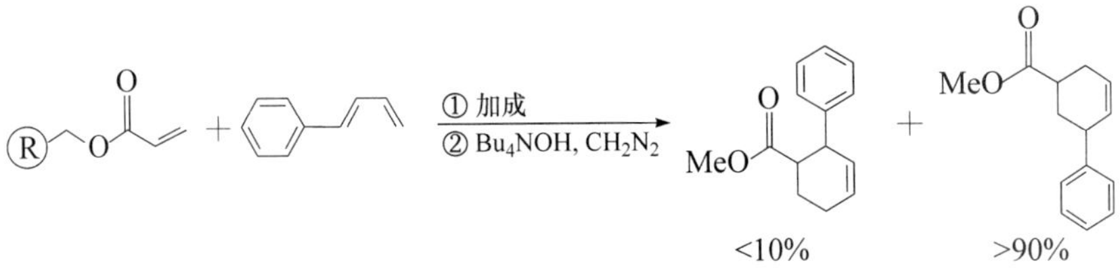

β-丁内酰胺在许多具有生物活性的分子内往往是重要的结构部分,也是许多复杂合成的中间体。制备 β-丁内酰胺的方法很多,其中以伯胺及醛为底物,先生成亚胺,后者再与含活泼亚甲基的酰氯进行[2+2]环加成反应是一种重要方法,反应式如下:

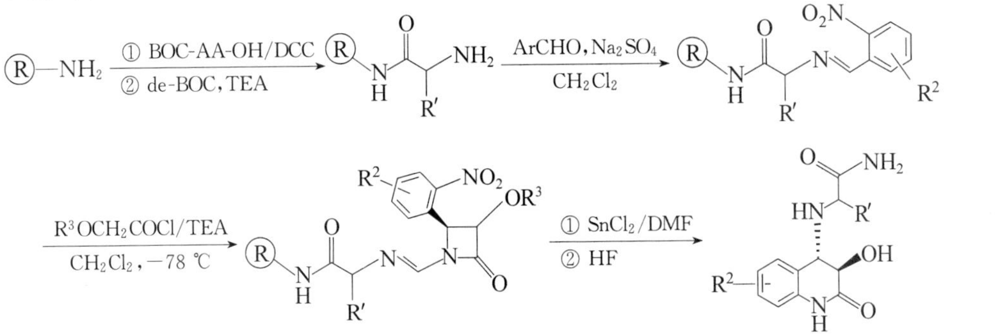

R':Me、Bn、i-Pr、CH$_2$COOH;R^2:H、OCH$_2$OH、Cl、OMe;R^3:Ph、p-ClPh、Me、Ac;AA:氨基酸;TEA:三乙胺

亚胺中间体与含活泼亚甲基的磺酰氯发生[2+2]环加成,反应式如下:

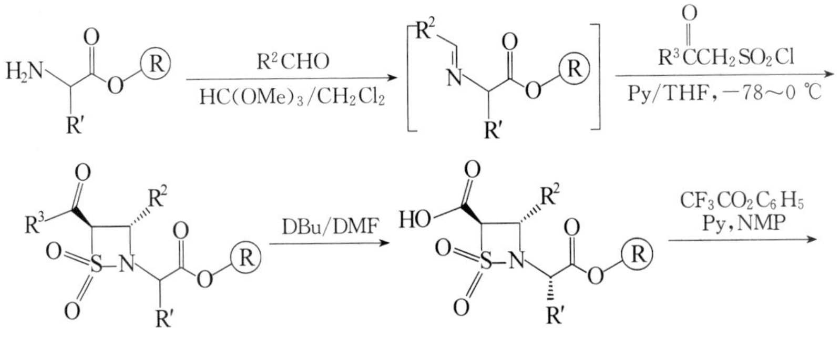

R^3:芴甲氧羰基

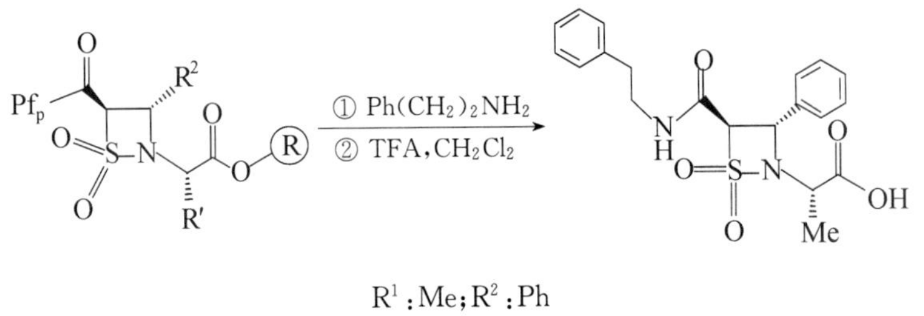

R^1:Me;R^2:Ph

NMP:N-甲基吡咯

实验表明,以固相方式进行 Diels-Alder 反应时,双烯组分与载体相连、亲双烯组分与载体相连以及两种组分均与载体相连都可实现[4+2]合成。例如,连接于载体上的芳醛与胺缩合为亚胺,然后在镱试剂催化下与丹氏烯组分发生加成反应,生成四氢吡啶酮,反应式如下:

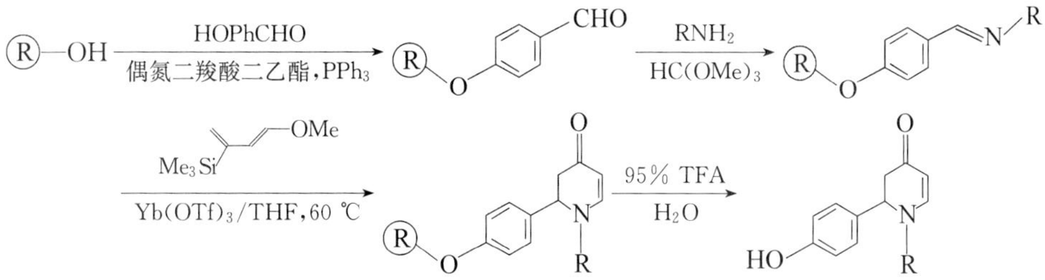

R：n-Bu、i-Bu、i-Pr、Bn、p-MeOBn、Ph 等　总产率 60%～90%

在关环迁移反应中,当末端双键含有一定体积的取代基时,载体的空间因素可能会影响产物的立体结构。例如,在 Knoevenagel-ene 环合反应中,最后的产物以反式取代为主(>99%),反应式如下:

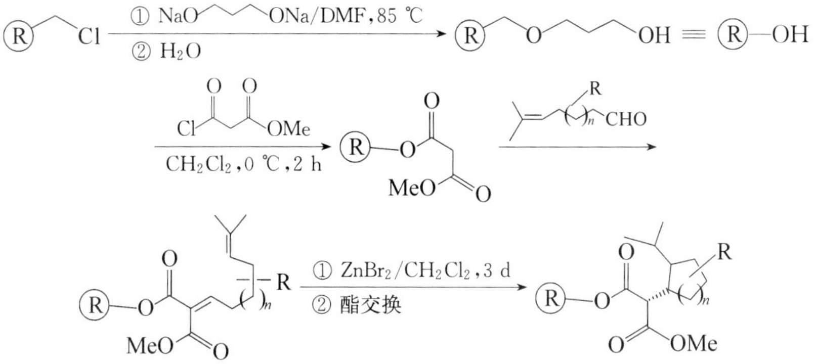

在 Rink-NH$_2$ 树脂上先键合 γ-溴代-α,β-不饱和酰结构,再经 S$_N$2 反应转化为 γ-仲胺-α,β-不饱和酰,最后以异氰酸酯为 Michael 供体与双键加成,同时生成环脲结构,反应式如下:

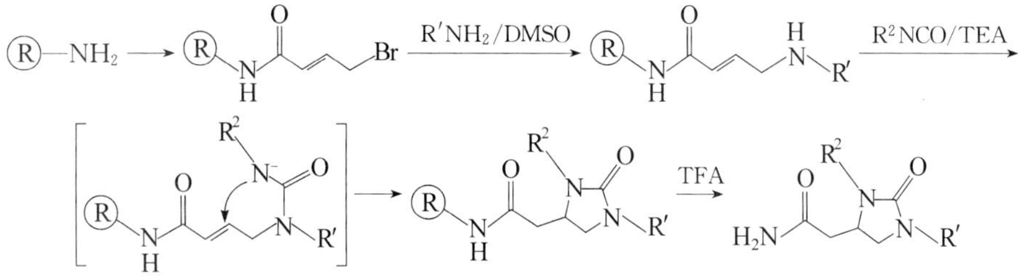

构建吡啶环。载体上的苯乙酮经 Claisen 缩合得到烯丙酮结构,而载体上的苯甲醛经 Wittig 反应则生成苯乙烯酮结构。中间体烯丙酮结构与苯乙烯酮结构均可与酰甲吡啶盐发生 Michael 型加成,随后与乙酸铵缩合,脱去吡啶氢溴酸盐,生成三取代吡啶衍生物,反应式如下:

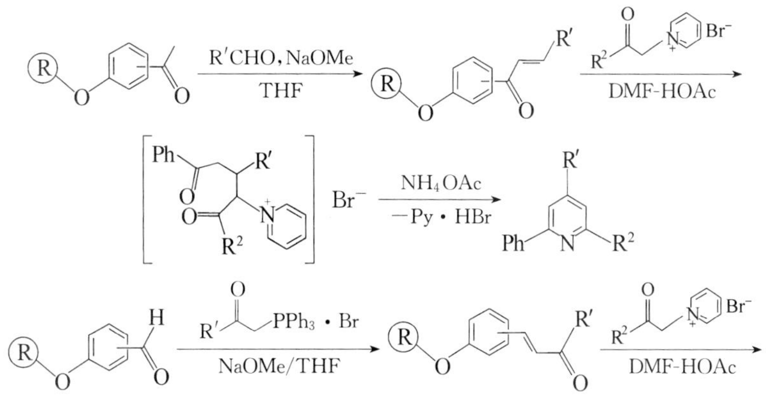

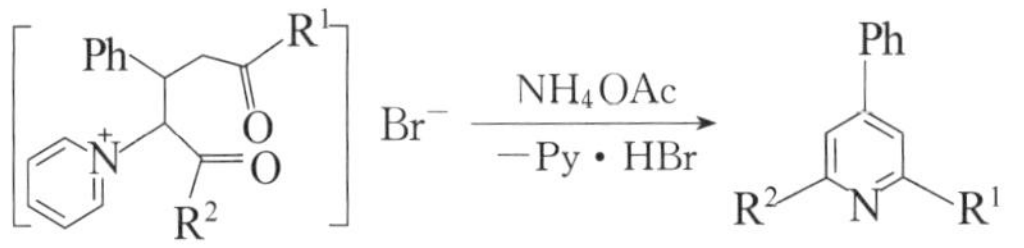

重氮盐离子在有机合成中具有许多功用,它可以是 Sandmeyer 反应、Meerwein 反应及 Gomgerg-Beckmann 反应中的重要中间体。它的唯一缺点是在常温下不稳定,易分解。实验表明在固相载体上制备的重氮盐可以明显改善其稳定性,因此可以更广泛地用于多种制备。

固相重氮盐的合成是以廉价的氯甲基树脂为载体,与 2-氯-5-氨基苄醇缩合成醚,再在 $BF_3 \cdot OEt_2$ 催化下与亚硝基叔丁烷反应而完成,反应式如下:

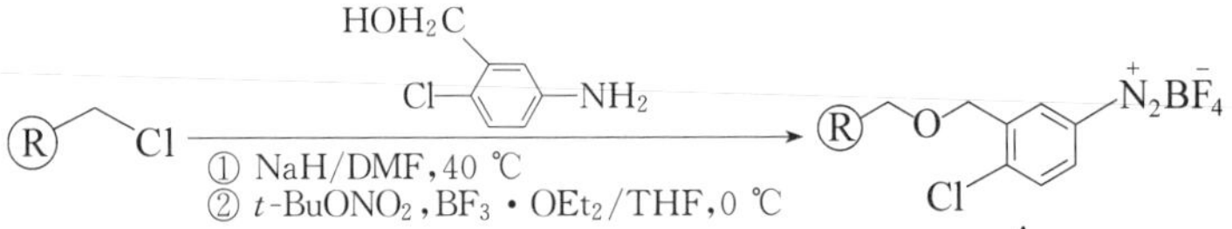

重氮盐 A 可以在温和条件下与溴代烷、酰氯、异氰酸酯及硫代异氰酸发生反应,转化为多种化合物,最后用 5%TFA/CH_2Cl_2 条件可完成无痕迹裂解,反应式如下:

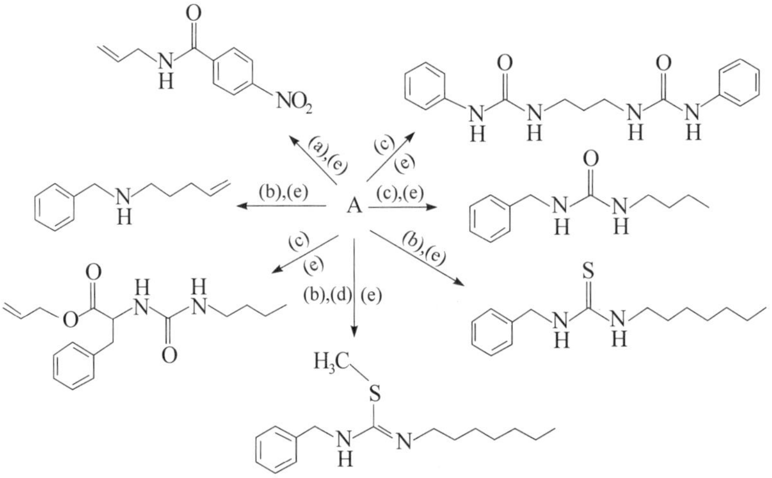

反应条件:(a) RCOCl,Py/DMF;(b) NaH/DMF,EI⁺(亲电试剂)组分;(c) RNCO/DMF;(d) MeI/THF;(e) 5% TFA/CH_2Cl_2

无痕迹(traceless)LinKer 的定义是裂解后在产物分子的裂解位置上只有 C—H 键、C—C 键或 C—X 键生成,没有 LinKer 中含杂原子的结构留在产物结构中。

11.4 其他合成方法

11.4.1 无溶剂反应

无溶剂反应[29]包括作用物在负载混合物存在下进行的反应和作用物不需负载混合物直接进行的反应,又称干反应。前者通常以无机固体(如三氧化二铝、硅胶等)为介质,只需将负载混合物于适当温度下放置,间或振动即可,操作十分简便。后者将固体作用物(固-液作用物)在玛瑙乳钵中研磨或在反应瓶中加热即可,操作也很方便。产物均可用溶剂萃取或用柱层析分离,后处理也很方便。由于反应条件温和,一些在溶液中无法进行的反应可以利用无溶剂反应获得满意的结果。

1. 烷基化反应

(1) 碳烷基化。将甲醇钠吸附在氧化铝或硅胶上可使丙二酸酯发生选择性干法烷基化。例如：

$$CH_2(COOMe)_2 + Br(CH_2)_5Br \xrightarrow{MeONa\text{-}Al_2O_3} Br(CH_2)_5CH(COOMe)_2 +$$
$$(\mathbf{1})$$

$$\underset{(\mathbf{2})}{\overset{COOMe}{\underset{COOMe}{\bigcirc}}} + (MeOOC)_2CH(CH_2)_5CH(COOMe)_2$$
$$(\mathbf{3})$$

当 $MeONa/Al_2O_3$ 为 1 mol/kg 时，主要生成（**1**）；$MeONa/Al_2O_3$ 为 1.7 mol/kg 时，则生成（**2**）；而在溶液中反应同时生成三种产物。

与此类似，乙酰乙酸乙酯在 $MeONa/Al_2O_3$ 体系中进行烷基化，高选择性地生成单碳烷基化产物，如表 11-3 所示。

$$\underset{OK}{\overset{MeC=CHCOOEt}{|}} + EtX \xrightarrow[室温,5\ d]{MeONa\text{-}Al_2O_3} \underset{OEt}{\overset{MeC=CHCOOEt}{|}} + \underset{Et}{\overset{MeCOCHCOOEt}{|}} + MeCOC(Et)_2COOEt$$
$$(\mathbf{4}) \qquad\qquad (\mathbf{5}) \qquad\qquad (\mathbf{6})$$

表 11-3　乙酰乙酸乙酯烷基化产物分布

烃化试剂	（**4**）的摩尔分数/%	（**5**）的摩尔分数/%	（**6**）的摩尔分数/%	总产率/%
Et_2SO_4	2	96	2	76
EtBr	1	97	2	53
EtI	<1	97	3	52

(2) 硫烷基化。例如，丙二硫代羧酸甲酯与苄氯在 $KF\text{-}Al_2O_3$ 无溶剂体系中室温下反应，主要得到顺式（S）-烷基化产物。硫烷基化比在溶液中反应有较好的选择性，反应式如下：

$$\underset{MeCH_2CSMe}{\overset{S}{\|}} + PhCH_2Cl \xrightarrow{KF\text{-}Al_2O_3} \underset{Me}{\overset{H}{\diagup}}C=C\underset{SCH_2Ph}{\overset{SMe}{\diagup}} + \underset{Me}{\overset{H}{\diagup}}C=C\underset{SMe}{\overset{SCH_2Ph}{\diagup}}$$
$$85\% \qquad\qquad 15\%$$

2. 酰化反应

$TiCl_4$ 促进下，无溶剂条件，120 ℃酚和萘酚直接邻位酰化，得到 2-羟基苯酮和 2-羟基萘酮。该方法制备羟基芳酮反应时间短，产率高，应用范围广，优于 Fries 重排[30]，反应式如下：

$$R\text{-}\underset{}{\overset{OH}{\bigcirc}} + 1.5eq\ R'COCl \xrightarrow[120\ ℃,1\ h]{1.1eq\ TiCl_4} R\text{-}\overset{OH}{\underset{O}{\bigcirc}}R'$$
$$51\%\sim95\%$$

3. 缩合反应

无溶剂缩合反应一般具有副反应少、产率高、操作简便及选择性好等优点。例如：

$$R^1CH_2NO_2 + R^2\text{-}\underset{O}{\bigcirc}\text{-}CHO \xrightarrow{Al_2O_3} R^2\text{-}\underset{O}{\bigcirc}\text{-}CH=\underset{R^1}{\overset{NO_2}{C}}$$
$$70\%\sim93\%$$

$$R^1R^2C{=}O + H_2C(CN)Y \xrightarrow{\text{AlPO}_4/\text{Al}_2\text{O}_3} R^2C{=}C(CN)Y + H_2O$$

Y:CN、COOR　　　　　　　　　（Knoevenagel 缩合）

芳香醛和丙二腈在无催化剂、无溶剂存在下，微波辐射或加热可发生 Knoevenagel 缩合反应，产率良好[31]。例如：

$$\text{ArCHO} + \text{H}_2\text{C}(\text{CN})_2 \xrightarrow[\text{无溶剂}]{\text{MWI}} \text{Ar(H)C}{=}\text{C(CN)}_2$$

$$R^1\text{-C}_6\text{H}_4\text{-CHO} + \text{H}_3\text{C-CO-}R^2 \xrightarrow{\text{C-200}} \text{(Claisen-Schmidt 缩合)}$$

（Claisen-Schmidt 缩合）

$$\text{Ba(OH)}_2 \cdot n\text{H}_2\text{O} \xrightarrow{200\,^{\circ}\text{C}} \text{Ba(OH)}_2 \cdot (1.0\sim1.2)\text{H}_2\text{O}$$

C-200

$$\text{（环）=NOH} \xrightarrow[\text{无溶剂}]{\text{4eq FeCl}_3} \text{（环）NH-C=O}\ ^{[32]}$$

81%

4. 加成反应

利用干反应可以进行多种加成反应，如 Michael 加成、羰基加成、异氰酸酯和异硫氰酸酯的加成等[33~35]。例如：

$$R^1R^2\text{CH-NO}_2 + R^3\text{-CH}{=}\text{C}(R^5)\text{-CO-}R^4 \xrightarrow[\text{室温,5}\sim8\text{ h}]{\text{Al}_2\text{O}_3} R^1R^2\text{C(NO}_2)\text{-CH-C(R}^3\text{)(R}^5)\text{-CO-}R^4$$

52%～88%

$$R^1R^2\text{CH-NO}_2 + R^3\text{-CHO} \xrightarrow{\text{Al}_2\text{O}_3} R^1R^2\text{C(NO}_2)\text{-CH(OH)-}R^3$$

71%～86%

$$X\text{-C}_6\text{H}_4\text{-N}{=}\text{C}{=}\text{S} + \text{H}_2\text{N-Ar} \xrightarrow[\text{室温}]{\text{固态}} X\text{-C}_6\text{H}_4\text{-NH-C(=S)-NH-Ar}$$

89%～98%

X:Cl、Br、EtO；Ar:p-MeOC$_6$H$_4$、p-BrC$_6$H$_4$、p-IC$_6$H$_4$ 等

$$\text{2-NO}_2\text{-C}_6\text{H}_4\text{-NCO} + \text{ArNH}_2 \xrightarrow[\text{室温,10}\sim30\text{ min}]{\text{固态}} \text{2-NO}_2\text{-C}_6\text{H}_4\text{-NH-C(=O)-NH-Ar}$$

81%～95%

5. 氧化反应

烯键和炔键化合物可在含水硅胶负载下氧化成羰基化合物，反应式如下：

$$\underset{\substack{R^1 \\ }}{\overset{\substack{R \\ }}{C}} = \underset{\substack{R^1 \\ }}{\overset{\substack{R \\ }}{C}} \xrightarrow[-78\ ℃]{SiO_2,O_3} \underset{\substack{R^1 \\ }}{\overset{\substack{R \\ }}{C}} = O$$

$$Ph - C \equiv C - Ph \xrightarrow[-78\ ℃]{SiO_2,O_3} \underset{Ph}{\overset{O}{C}} - \underset{Ph}{\overset{O}{C}}$$

1988 年, Toda 等研究比较了一些酮的 Baeyer-Villiger 氧化反应, 发现在固态中反应比在氯仿溶液中反应速率快, 产率高 (表 11-4)。例如:

$$R^1COR^2(固) \xrightarrow{m\text{-}ClC_6H_4CO_3H(固)} R^1COOR^2$$

表 11-4　酮的 Baeyer-Villiger 固态氧化

R^1	R^2	产率/%	
		固态	溶液(氯仿)
p-BrPh	CH_3	64	50
Ph	CH_2Ph	97	46
Ph	Ph	85	13
Ph	p-MePh	50	12

干反应能够使苯偶姻转化为苯偶酰, 用 $Fe(NO_3)_3 \cdot 9H_2O$ 作氧化剂获得了理想的结果, 反应式如下:

$$\underset{\substack{\quad \\ O}}{Ar} \overset{OH}{\underset{\|}{C}} Ar \longrightarrow Ar \overset{O}{\underset{\|}{\underset{\substack{\quad \\ O}}{C}}} Ar$$

$$90\% \sim 95\%$$

Ar: Ph、p-MeOPh、o-MePh、p-ClPh、[furyl] 等

二苯基卡巴腙用通常的溶液反应产率只有 48%, 而用干反应 20~30 min 产率可达 76%~90%[36], 反应式如下:

$$X\text{-}\underset{\substack{}}{\bigcirc}\text{-}NH\text{-}NH\text{-}\underset{\substack{\| \\ O}}{C}\text{-}NH\text{-}NH\text{-}\underset{\substack{}}{\bigcirc}\text{-}X \xrightarrow[固相]{K_3Fe(CN)_6/KOH}$$

$$X\text{-}\underset{\substack{}}{\bigcirc}\text{-}NH\text{-}NH\text{-}\underset{\substack{\| \\ O}}{C}\text{-}N = N\text{-}\underset{\substack{}}{\bigcirc}\text{-}X$$

X: H、Me、EtO、NO_2 等

无溶剂反应还可用于取代反应、还原反应、扩环反应、重排反应等, 其应用范围正日益扩大。

11.4.2　声化学反应

20 世纪 20 年代, 美国普林斯顿大学就发现超声波有加速化学反应的作用, 但长期以来未引起化学家重视。直到 20 世纪 80 年代中期大功率超声波设备的普及与发展, 超声波在化学工业中的应用研究才迅速发展形成了一门新兴的交叉学科——声化学(sonochemistry)。

超声波(ultrasound, US)作为一种新的能源形式用于有机化学反应, 不仅使很多以往难以进行的或不能进行的反应得以顺利进行, 而且它作为一种方便、迅速、有效、安全的合成技术,

大大优于传统的搅拌、外加热等热力学手段。一些均相反应由于应用超声波技术得到了很大的改善。但声化学研究的主要对象是多相反应，特别是有机金属反应。

超声波是一种高能量的激励源，频率范围为 20 kHz～1000 MHz。多数化学反应在液相中进行，常用超声波的能量为 20 kHz～10 MHz。目前市场上有超声波发生器出售。

超声波能使化学反应加速，主要原因是它的“空穴效应”，即肉眼难以观察到的小气泡或空穴。超声波在有机合成上的应用主要包括以下反应类型。

1. 醛羰基反应

例如，加速液-固的 Cannizzaro（康尼查罗）反应，10 min 产率可达 100%。若无 US，则在此时间内无反应发生。例如：

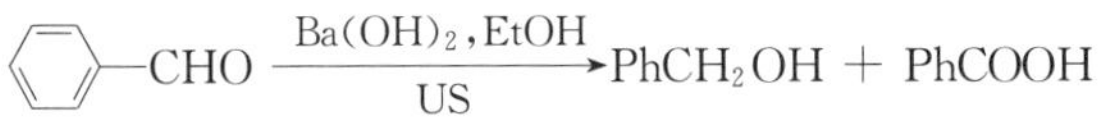

CHO
Ba(OH)2, EtOH
US
PhCH2OH + PhCOOH

在 Sn/THF-H_2O(1∶5，体积比)体系中烯丙基溴选择性加成到—CHO 上，但是同样条件下，饱和烷基卤化物无反应活性。例如：

O
CHO
Br
Sn/THF-H2O
室温，30 min，US
O
OH

98%

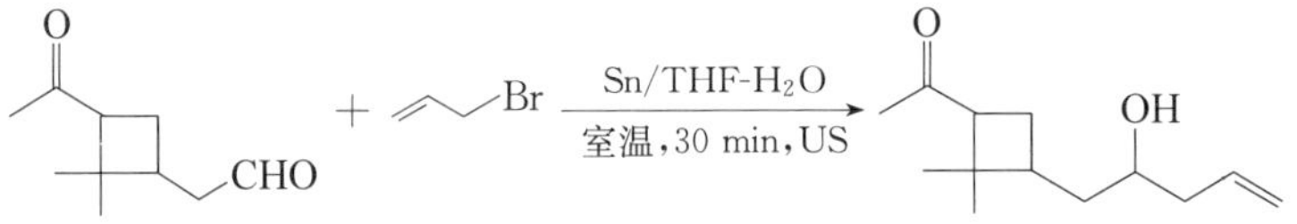

超声波辐射下，水溶液中芳醛与羟胺盐反应顺利合成芳醛肟[37]，反应式如下：

$$\text{ArCHO} + \text{NH}_2\text{OH}\cdot\text{HCl} \xrightarrow[25\sim35\,^\circ\text{C}]{\text{US, H}_2\text{O}} \text{ArCH}{=}\text{NOH}$$

57%～97%

2. 碳-碳双键的反应

某些烯烃的硼氢化反应在室温下较难进行。例如，环己烯合成三环己基硼，在 25 ℃下需要 29 h 完成；在 US 作用下，1 h 内即可完成反应，反应式如下：

BH3, SMe2
THF, US
B
3

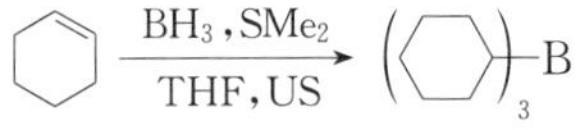

以下反应按通常方法产率只有 51%，而采用 US 产率可达 91%，反应式如下：

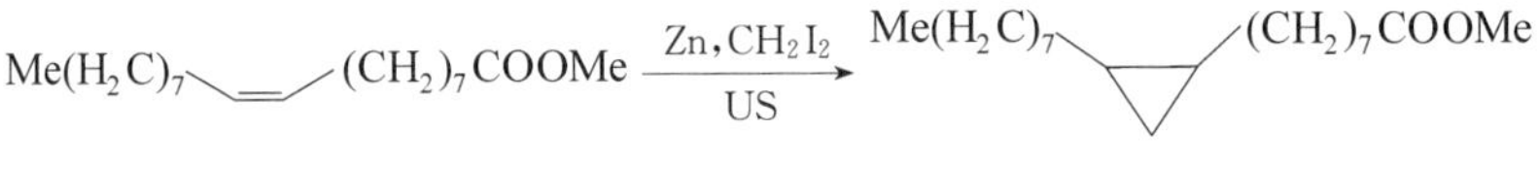

Me(H2C)7
(CH2)7COOMe
Zn, CH2I2
US
Me(H2C)7
(CH2)7COOMe

3. 偶联反应

Ullmann（厄尔曼）反应通常在较高的温度下完成，在超声波作用下，它的反应温度较低，反应速率比机械搅拌快 64 倍，反应式如下：

I
NO2
Cu, DMF
60 ℃, US, 15 min
O2N
NO2

70%

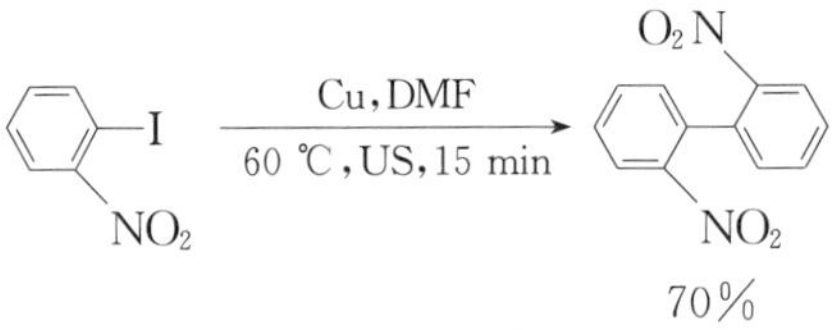

在 US 下，氯硅烷能很好偶合，没有 US 不能发生反应。例如：

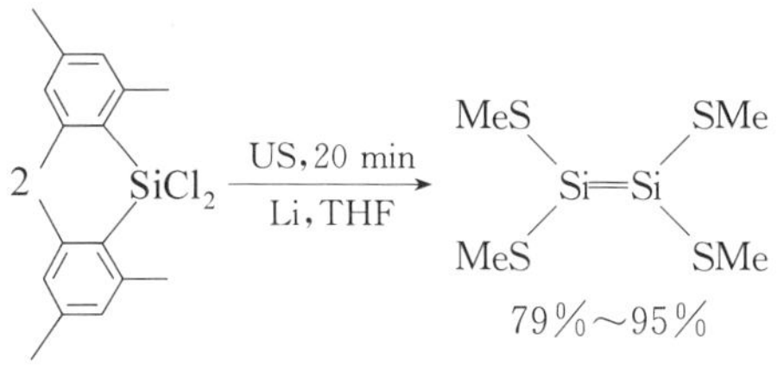

$$79\% \sim 95\%$$

MeS: 2,4,6-三甲苯基

4. 还原反应

硝基苯还原得到苯胺,加热回流,24 h 产率为 75%,如改用超声波,2 h 可以达到同样效果,反应式如下:

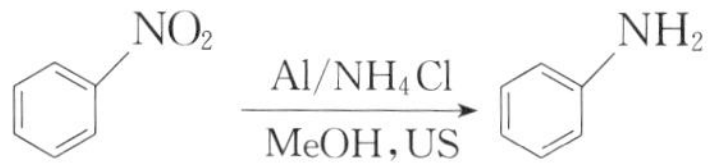

查尔酮碳-碳双键还原,在反应条件下得到产率为 95% 的产物,而无 US 还原到同样的产率需要 50 min,反应式如下:

$$PhCH =\!\!= CHCOPh \xrightarrow[\text{H}_2,25\ \text{min}]{\text{Raney Ni,US,室温}} PhCH_2 - CH_2COPh$$
$$95\%$$

偶氮苯还原得到氢化偶氮苯,在超声波作用下,5 min 产率达 90%,若无超声波作用,反应就慢得多,反应式如下:

$$ArN =\!\!= NAr \xrightarrow[\text{甲苯,US,室温,5 min}]{\text{Ni}^*,\text{NH}_2\text{NH}_2 \cdot \text{H}_2\text{O/THF}} ArNHNHAr$$
$$90\%$$

芳基卤化物极难被还原,但在超声波辐射下,用 $NiCl_2$-Zn-H_2O 作还原剂,HMPT 为催化剂容易将其还原,产率达 100%,符合绿色合成要求[38]。例如:

$$ArCl \xrightarrow[\text{HMPT,NaI,US,60 ℃}]{\text{NiCl}_2,\text{Zn,H}_2\text{O}} ArH$$

在超声波作用下,以水作溶剂,用铟还原羰基卤化物反应迅速,得到高产率的羰基化合物[39]。

5. 加成反应

Dupuy 等报道了在锌-铜存在下,卤代烃与各类具有吸电子基团的共轭烯键上的加成反应。例如:

$$Me_3CBr + CH_2 =\!\!= CHCONH_2 \xrightarrow{\text{US}} Me_3CCH_2CHBrCONH_2$$
$$66\%$$

超声波对 1,3-偶极环加成反应也有明显的促进作用。例如:

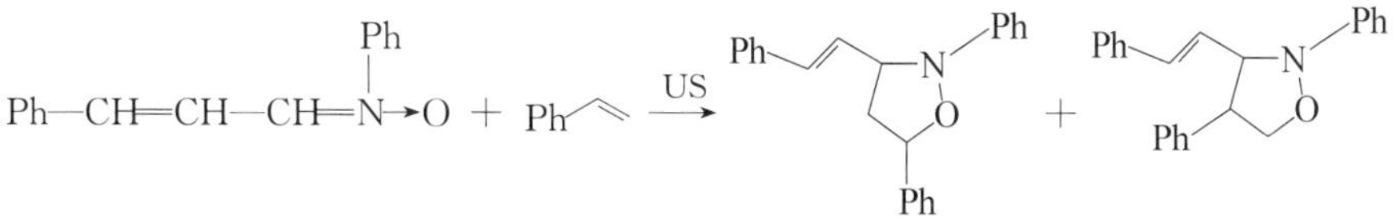

在传统的加热反应条件下反应 34 h 产率为 80%,而 US 只需 1 h,产率可达到 81%。

11.4.3　离子液体

离子液体又称室温熔融盐,室温下不结晶。早在 1914 年就首次合成了离子液体

〔EtNH₃〕〔NO₃〕。20 世纪 80 年代，Magnuson 等[40]研究了〔EtNH₃〕〔NO₃〕作为反应溶剂的性质。其后，人们合成了更多的离子液体并考察了它们作为有机溶剂的替代品在有机反应中的应用，开拓了绿色合成的新领域。

离子液体基本上可以分为三类：AlCl₃ 型离子液体、非 AlCl₃ 型离子液体和其他特殊的离子液体。由于 AlCl₃ 型离子液体的化学稳定性和热稳定性差，主要介绍非 AlCl₃ 型离子液体，特别是含咪唑杂环和吡啶杂环的离子液体。

1. 离子液体的命名

离子液体的命名用系统命名法名称太长，所以通常用标记法。正离子的标记：N, N'（或 1,3）-取代的咪唑离子记为〔$R_1 R_2$im〕$^+$，N-乙基-N'-甲基咪唑阳离子记为〔emim〕$^+$，如果咪唑环的 2-位上还有取代基则记为〔$R_1 R_2 R_3$im〕$^+$。吡啶环氮原子上有取代基 R 记为〔RPy〕$^+$，一般季铵盐离子如二甲基乙基丁基铵记为〔N_{1124}〕$^+$。以咪唑和吡啶为基体的离子液体如 1-丁基-3-甲基咪唑四氟化硼〔bmim〕$^+$〔BF_4〕$^-$，1-丁基-3-甲基咪唑六氟化磷〔bmim〕$^+$〔PF_6〕$^-$，正丁基吡啶四氯化铝〔n-bPy〕$^+$〔$AlCl_4$〕$^-$。结构式如下：

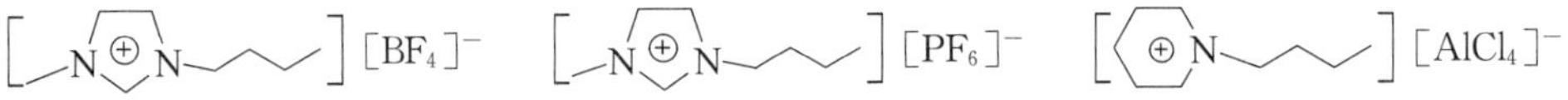

在书写离子液体的结构式或用标记法表示离子液体的离子时，正、负离子的正、负号可以省略。

2. 离子液体的结构及其特性

常用的离子液体基本上由杂环阳离子和无机阴离子所构成。含杂环阳离子咪唑和吡啶都是具有芳环性的环状结构。咪唑阳离子是咪唑环上 3-位氮原子的孤对电子与 H$^+$ 或 R$^+$ 结合所形成的一种特殊季铵盐，由于有大 π 键，正电荷分散在整个环上，1、3-位的氮原子等同。在环的 2-、4-、5-位的碳原子上也可以有取代基。当吡啶环上氮原子的孤对电子与 H$^+$ 或 R$^+$ 结合时，形成吡啶盐，由于存在大 π 键，正电荷被分散到整个环上。

离子液体的阴离子主要有 BF_4^-、PF_6^-、$CF_3SO_3^-$（OTf$^-$）、N（CF_3SO_2）$_2^-$（NTf$_2^-$）、CP₃COO$^-$、C（CF_3SO_2）$_3^-$（CTf$_3^-$）、$C_3H_7COO^-$、PO_4^- 等。化学结构如下：氟硼酸阴离子 BF_4^-，硼原子为 sp^3 等性杂化，分别与氟原子形成 4 个 σ 键，呈正四面体形状；氟磷酸阴离子 PF_6^-，磷原子为 d^{2}sp^3 等性杂化，分别与氟原子形成 6 个 σ 键，呈现八面体形状；三氟甲基磺酸阴离子 $CF_3SO_3^-$，硫酸的一个羟基被三氟甲基取代即为三氟甲基磺酸；三氟甲基硫酰胺阴离子 N（CF_3SO_2）$_2^-$，氮原子有 5 个外层电子，加上负电荷的 1 个电子，sp^3 不等性杂化，有两个孤对电子，另外与两个硫酰基形成 2 个 σ 键。结构示意图如下：

离子液体具有许多不同于常规溶剂的特殊性能。由于其结构的高度不对称性，难以密堆积，阻碍其结晶，常温下一般为液体；具有很好的化学稳定性和热稳定性，使用温度范围大，一般可以从室温至 300 ℃甚至 400 ℃；无蒸气压，无可燃性，无着火点，使用安全，不污染环境；能

溶解大部分有机物、无机物、金属有机物和催化剂,不与其反应;不少情况下,既可作溶剂又能对反应起催化作用,易与产物分离,能够循环使用。

3. 离子液体的制备

大多数离子液体的合成采用两步法,首先将叔胺类化合物与卤代烷反应生成季铵的卤代物盐,然后卤负离子被交换为所需要的负离子。例如,咪唑离子液体的合成[41,42],反应式如下:

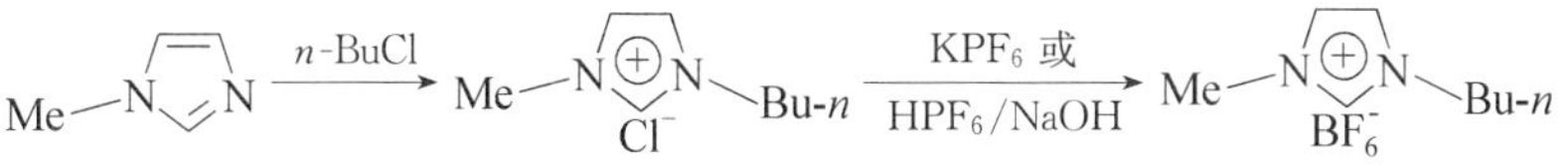

Bao 等利用天然的手性胺与乙二醛、甲醛和氨环合形成咪唑环,进行烷基化得到手性离子液体[43],反应式如下:

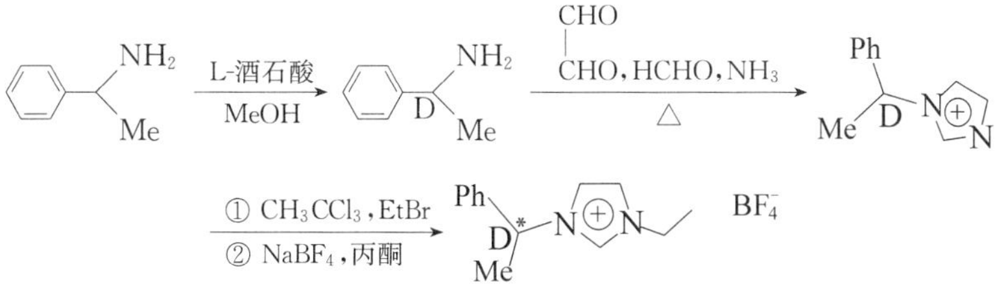

微波技术能促进这一反应的进行[44~46],以缩短反应时间,提高反应产率。例如:

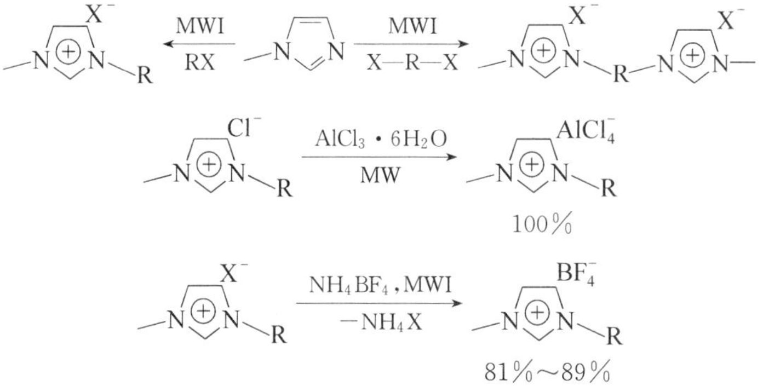

R:正丁基、正己基、正辛基;X:Cl、Br、I

采用甲醛、甲胺、乙二醛、四氟硼酸和正丁胺的混合物,一步反应可以生成四氟硼化物包括1,3-二丁基咪唑(41%)、1-丁基-3-甲基咪唑(50%)和1,3-二甲基咪唑(9%)等离子液体[47],反应式如下:

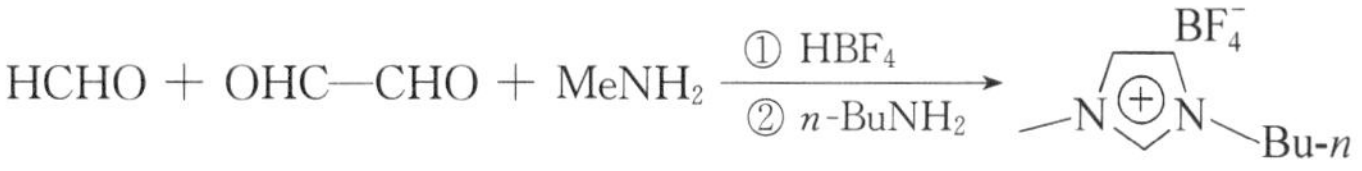

目前,关于合成离子液体的研究主要集中在设计不同的阴、阳离子组合,以改进离子液体的性质,而进一步开发离子液体的应用研究将受到更多的关注。

4. 离子液体在有机合成中的应用

以离子液体为介质进行有机合成目前主要涉及如下反应。

1) 取代反应

Rajagopal 等[48]报道了用[bbim]BF₄作反应介质,NBS 作溴化剂,反应温度28 ℃,反应5 min,芳烃进行选择性单溴化反应,不用催化剂,产率大多数为80%~98%,是一种优良的芳

烃溴化方法,反应式如下:

$$ArH + Br-N\underset{O}{\overset{O}{\diagdown}} \xrightarrow{[bbim]BF_4} Ar-Br + H-N\underset{O}{\overset{O}{\diagdown}}$$

芳卤化物与环状仲胺作用是芳香烃进行胺化的重要反应,该反应以离子液体为介质,室温下反应 6～10 h,用乙醚萃取,分离,产率可达 78%～92%[49],反应式如下:

$$R^1\diagup\diagdown X + HN\diagdown Y \xrightarrow{[bmim]PF_6} R^1\diagup\diagdown N\diagdown Y$$

$R^1:NO_2$、CN;$R^2:NO_2$、F、 $\diagup\diagdown$ 、 $\diagup\diagdown$ 、O、$MeC(COOEt)_2$;$X:F,Cl,Br$;$Y:N,O$

芳烃的 Friedel-Crafts 反应是一类重要反应,在工业上有重要的应用价值。Song 等[50]研究了烯烃与芳烃的 F-C 烷基化反应。在传统的有机溶剂中,烯烃与芳烃的烷基化反应是不能进行的,而在离子液体中,在 $Sc(OTf)_3$ 的催化下,室温反应顺利进行,产率 96%,催化剂能重复使用。例如:

$$\diagup\diagdown + \diagup\diagdown\diagup \xrightarrow[20\ ℃,12\ h]{Sc(OTf)_3} \diagup\diagdown + \diagup\diagdown$$

使用憎水介质 $[emim]SbF_6$、$[bmim]PF_6$、$[Pmim]PF_6$ 时,1-己烯的转化率达 90%,产物中单烷基化率为 93%～96%,产物单烷基化苯中 2-甲基-1-苯基戊烷与 2-乙基-1-苯基丁烷之比为(1.5～2.1):1。

采用己烯、环己烯等分别与苯、甲苯、甲氧基苯反应,20 ℃,12 h,转化率均超过 99%,单烷基化选择性都较好。

Earle 等报道了芳环上的定位烷基化反应,以 $[bmim]PF_6$ 为介质,吲哚、2-萘酚为反应底物,在固体 KOH 存在下,室温与卤代烷反应 2～3 h,可得烷基化和二烷基化取代物。在底物:卤代烷＝1:(1.3～2)时,产率达 91%～98%。使用活性高的卤代烷(如 CH_3I 和 $C_6H_5CH_2Br$)时,产物中有少量的二烷基化取代物[51]。

离子液体用于芳烃的酰基化反应也有报道[52]。芳烃在酸性离子液体 $[emim]Cl-AlCl_3$ 中进行乙酰化反应,离子液体既作溶剂又作催化剂,产率、选择性比文献最好值要好。

Yadav 等[53]研究了离子液体和水作为介质,环氧化物与 KSCN 在室温下转变为环硫化物的反应不用催化剂,反应 3～7 h,发现用 $[bmim]PF_6$(产率 85%～96%)比用 $[bmim]BF_4$(产率 81%～91%)产率更高。例如:

$$O\diagdown\diagup OR + KSCN \xrightarrow{[bmim]PF_6:H_2O(2:1)} S\diagdown\diagup OR$$

随着使用离子液体次数增加,产率下降。使用 5 次的相应产率依次为 93%、89%、85%、81%、78%,但选择性不变。

2) 缩合反应

(1) Pechmann(佩奇曼)缩合。Potdar 等[54]研究了以 $[bmim]Cl-AlCl_3$ 为溶剂和催化剂,酚和乙酰乙酸乙酯的 Pechmann 缩合反应合成香豆素,多数产率达 89%～95%,反应式如下:

$$X \text{—} \langle \rangle \text{—OH} + CH_3COCH_2COOEt \xrightarrow[10\sim30\ min]{[bmim]Cl\text{-}AlCl_3} $$

X：OH、Me、MeO、COMe

（2）Knoevenagel 缩合。Harjani 等[55]报道了以[bmim]Cl-AlCl$_3$ 或[bPy]Cl-AlCl$_3$离子液体为介质和催化剂，取代苯甲醛和丙二酸二乙酯反应合成 α,β-不饱和酯，进一步反应得 Michael 加成物，反应式如下：

$$R\text{—}\langle \rangle\text{—CHO} + \underset{COOEt}{\overset{COOEt}{<}} \xrightarrow{\text{Knoevenagel 缩合}} R\text{—}\langle \rangle\text{—}C=C\overset{EtOOC}{\underset{}{}}COOEt$$

$$\xrightarrow{EtOOC\frown COOEt} R\text{—}\langle \rangle\text{—}\underset{CH(COOEt)_2}{\overset{EtOOC}{\underset{}{CH}}}COOEt$$

采用催化量的室温离子液体正丁基吡啶硝酸镓盐[(BPy)NO$_3$]、1-正丁基-3-甲基咪唑四氟硼酸镓盐[(bmim)BF$_4$]和1-正丁基-3-甲基咪唑六氟磷酸镓盐[(bmim)PF$_6$]作为微波敏化剂（吸收剂），在微波辐射下能顺利地促使一系列芳醛与活泼亚甲基化合物进行 Knovenagel 缩合反应，生成相应的 E 型烯烃[51]。例如：

$$ArCHO + H_2C\underset{R}{\overset{CN}{<}} \xrightarrow[MWI]{\text{离子液体}} \underset{H}{\overset{Ar}{}}C=C\underset{R}{\overset{CN}{}}$$

醛酮缩合反应是制备 β-羟基羰基化合物的重要方法。该反应原子效率高，很有发展潜力。Loh[56]研究了在各种离子液体中用 L-脯氨酸催化下的不对称醛酮缩合反应。例如，L-脯氨酸催化丙酮与苯甲醛的不对称醛酮缩合反应，反应式如下：

$$\underset{}{\overset{O}{\diagup\diagdown}} + \underset{H}{\overset{O}{\diagdown}}Ph \longrightarrow \underset{}{\overset{O}{}}\underset{*}{\overset{OH}{}}Ph$$

在该反应中，使用[bmim]PF$_6$ 离子液体，有 5 个反应产率为 $58\%\sim83\%$，e. e 选择性达 $67\%\sim89\%$。

Jarikote 等[57]报道了采用离子液体[bbim]Br、邻苯二胺及其衍生物与酮反应，不加催化剂合成苯并-1,5-氮杂庚烷衍生物的新方法，产率达 $87\%\sim96\%$，反应式如下：

$$R\text{—}\langle \rangle\underset{NH_2}{\overset{NH_2}{}} + 2\ O=\underset{R'}{\overset{CH_3}{}} \xrightarrow[28\ ℃,50\ min]{[bbim]Br} $$

$$R\text{—}\langle \rangle\underset{NH_2}{\overset{NH_2}{}} + 2\ O=\bigcirc \xrightarrow[28\ ℃,50\ min]{[bbim]Br} $$

3）氧化反应和还原反应

Wolfson 等[58]研究了脂肪醇和芳香醇氧化为醛和酮的反应，采用[N$_{1111}$]OH·5H$_2$O 或[N$_{8881}$]Cl 离子液体为溶剂，RuCl$_2$(PPh$_3$)$_3$ 为催化剂，在 1 bar 氧气（或空气）下，80 ℃反应 5 h 左右得到产物，产率因底物不同而异，有的可达 99%，反应式如下：

$$\underset{R^1}{\overset{OH}{\underset{}{|}}}\underset{R^2}{} \xrightarrow{1\% \text{ Ru-催化剂}} \underset{R^1}{\overset{O}{\underset{}{||}}}\underset{R^2}{} + H_2O$$

R^1:烃基、氢;R^2:烃基、苯基

王玉炉等[59]采用 N-甲基咪唑四氟硼酸离子液体为溶剂,邻苯二胺与芳醛反应,催化氧化选择性合成了 2-芳基-1-芳甲基-1H-1,3 苯并咪唑化合物,反应式如下:

$$\underset{NH_2}{\overset{NH_2}{\bigodot}} + RCHO \xrightarrow[72\%\sim92\%]{\text{离子液体},60\,℃} \underset{R}{\overset{N}{\bigodot}}R$$

采用离子液体[emim] PF_6 为介质,三丁基硼作还原剂,将醛还原为醇,室温或 100 ℃,反应时间 16~48 h,绝大多数产率达 96%~100%。

4)酯化反应

Brinchi 等[60]报道了在离子液体[mmim]OTf 和[beim]OTf 中,十几种羧酸钠盐与卤代烃作用合成酯的反应。产物用乙醚萃取,在 20 个反应中,19 个反应的产率大于 90%,反应式如下:

$$RCOONa + R'X \xrightarrow[80\,℃,0.5\sim2\,h]{\text{离子液体}} RCOOR' + NaX$$

R:CH_3、$CH_3(CH_2)_2$、$Ph\diagup$、Ph、$CH_3(CH_2)_{10}$;

R':$CH_3(CH_2)_7$、$CH_3(CH_2)_{11}$、$PhCH_2$、$Ph(CH_2)_3$;X:Cl、Br

CH_3COONa 与 $C_{12}H_{25}Br$ 的酯化反应不理想。

5)重排反应

重排反应是原子效率最高的反应,在离子液体中进行重排反应更有利于环境保护。邓友全等研究了酮肟以 PCl_5、P_2O_5、$POCl_3$ 为催化剂,离子液体[bmim]CF_3COO、[bmim]BF_4、[bPy]BF_4 为溶剂的 Beckmann 重排反应,80 ℃左右反应 2 h,环己酮肟有很好的转化率和选择性,丙酮肟重排则不理想,环戊酮肟无重排产物生成,反应式如下:

$$\bigcirc\!=\!NOH \longrightarrow \underset{NH}{\overset{O}{\bigcirc}}$$

以离子液体[bmim]Cl-$2AlCl_3$ 为溶剂和催化剂,用于取代苯甲酸酯的 Fries 重排反应的研究结果表明,反应转化率、选择性和苯环上原有取代基的性质有密切关系。有些取代基使转化率、选择性很高,有些取代基使 Fries 重排反应几乎不能进行。

6)Wittig 反应

以[bmim]BF_4 作反应溶剂进行 Wittig 反应,在研究的 11 个反应中,除4-$NO_2C_6H_4CHO$ 与 $Ph_3P\!=\!CHCOMe$ 反应产率不高、$Ph_3P\!=\!CHCN$ 与 $PhCHO$ 反应无选择性外,其他 9 个反应的产率为 66%~95%,产物的选择性 $E/Z>85/15$。离子液体可循环使用。

7)Diels-Alder 反应

Diels-Alder 反应是一种原子经济效率最高的反应,其反应多在有机溶剂中进行,不符合绿色合成的要求。虽然人们为此曾做过不少尝试改进,如以水为溶剂代替传统有机溶剂,显示了反应速率快、选择性高的优点,但有些试剂对水敏感,使应用受到限制。用离子液体作溶剂,使这一缺陷得以改善,并显示出许多优点[61]。例如:

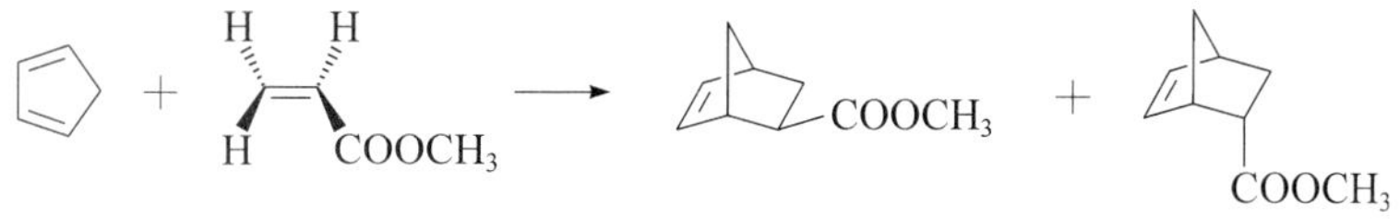

由稀土三氟甲基钪联合体固定在咪唑类离子液体(如[bmim]BF₄ 和[bmim]PF₆)上,催化 Diels-Alder 反应,得到较好的效果。例如:

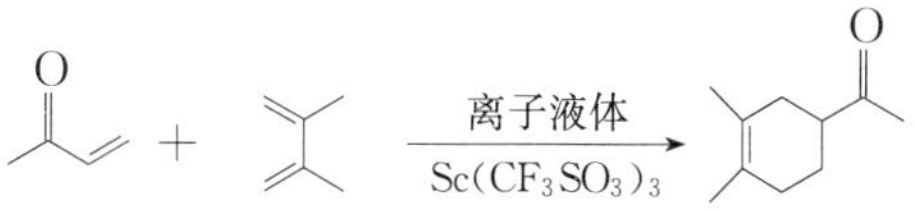

8) 加成反应

Kitazume 等[62]报道了在离子液体中进行的 Reformatsky 加成反应。溴代二氯乙酸乙酯和苯甲醛在离子液体 8-乙基-1,8-二氯[5.4.0]-7-十一碳烯三氟甲烷磺酸盐[EtDBu]OTf·[bmim][BF₄]和[bmim]PF₆ 中,50～60 ℃反应得到 45%～93%相应的醇,反应式如下:

$$RCHO + BrCX_2COOEt \xrightarrow[离子液体]{Zn} RCH(OH)CX_2COOEt$$

$$R:Ph、PhCH_2CH_2、(E)\text{-}PhCH=CH;X:H、F$$

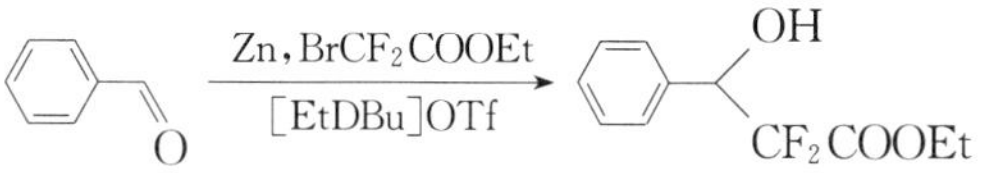

Noble 等在 1996 年报道了在[bmim]BF₄ 离子液体中以 Ni(acac)₂(acac:乙酰丙酮)催化 Michael 加成反应,产物 3-乙酰基-2,6-己二酮的选择性大于 98%,该反应体系活性高,催化剂可以循环使用,反应式如下:

离子液体应用于偶联反应、自由基反应和不对称合成反应等几乎所有类型的合成反应都被研究过[63,64]。

离子液体作为新型绿色溶剂的研究,尤其是自身的绿色性问题以及对环境的影响才刚刚开始研究,对它的科学价值和作用需要做大量的基础性研究工作。

11.4.4　水相有机反应

长期以来,人们在实验室和工业上使用有机溶剂进行化学反应。由于其毒性和挥发性往往给人们带来危害,因此寻求绿色的反应介质一直是合成化学家的一个重要科学目标[65]。对一些反应来说,水是比较理想的反应介质,因为它具有独特的物理和化学性质。例如,它可以在较宽的温度范围内保持液态,容易形成氢键,具有高热容量,介电常数较大和最佳的氧气溶解度,这些独特的性质是由水分子的结构所决定的。

以水相(以水或含水有机溶剂为反应介质)进行的有机合成反应的首例,应当是 Baeyer (拜尔)和 Drewsen(德鲁申)于 1882 年报道的邻硝基苯甲醛在丙酮-水的悬浮液中,在 NaOH 作用下,形成一种蓝色沉淀靛蓝的研究。水分子对两种不溶于水的化合物之间反应的影响研究是 Rideout 等 1980 年报道的 Diels-Alder 反应,证明水对该反应的反应速率和选择性都有明显的促进效应。王东、李朝军对水相有机反应综述[66]之后,越来越多的有机合成工作者相继开展了水相有机反应研究。这里,我们选择近几年来一些具有显著的反应特色,使用价值较大的水相有机合成反应,如加成反应、偶联反应、缩合反应、基团的保护和去保护反应、还原反应、氧化反应、Wittig 反应等,予以简单介绍。

1. 加成反应

1) 与 C═N 加成

芳基锡化合物和亚胺在铑试剂催化下于水中反应,超声波可以大大提高反应速率,其反应时间由 12 h 缩短为 1.5 h,并且减少亚胺化合物的水解,产率由 40% 提高到 84%[67]。Surendra 等[68]报道了以 β-环糊精(β-CD)作催化剂,用三甲基硅氰(TMSCN)化合物对亚胺进行亲核加成反应,温和条件下,高效地合成了 α-氨基氰。与其他方法相比,产率几乎是定量的,催化剂循环使用多次,活性没有显著变化。

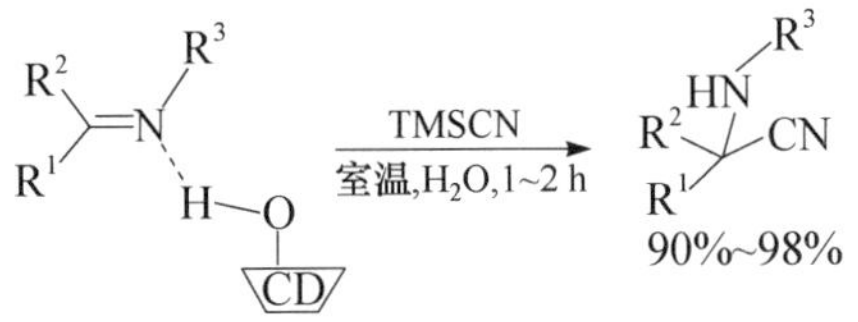

2) 与 C≡N 加成

芳香酮是天然产物或功能材料的重要构建单元。合成芳酮的经典方法是用相应的仲醇氧化或芳香化合物酰化。近年来用 Pd(Ⅱ) 或 Ru(Ⅱ) 等催化芳基硼酸与腈加成合成芳酮。这些方法反应时间长,催化剂昂贵或反应条件苛刻。Wong 等[69]报道了一种在水介质中,氮气下,80 ℃,用低价镍催化,芳基硼酸与腈加成合成多种不对称取代二芳基酮和芳基酮的新方法。

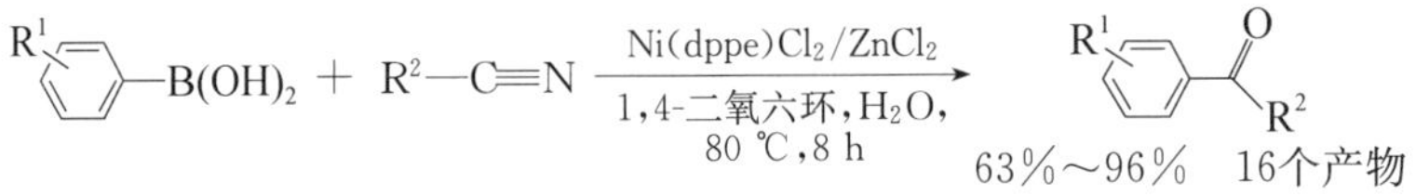

dppe:dipalmitoylphosphatidylethanoiamine(二棕榈酰磷酯酰乙醇胺)

反应机理:

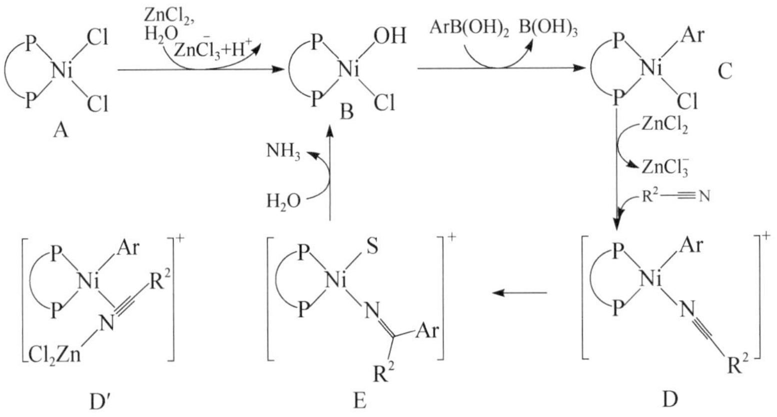

S:solvent(溶剂)

A 受 Lewis 酸 $ZnCl_2$ 促进和水作用形成中间物 B,B 与芳基硼酸发生转移金属化,得到芳基镍中间物 C。$R^2C≡N$ 与该中间物 Ni 配位,得到 D 或 D′并与腈发生 1,2-加成得到 E,最后水解生成芳酮产物和 B,B 重复上述过程,直至完成反应。

3) 与 C═O 加成

三甲基苯基锡于水和空气条件下,用铑试剂[Rh(COD)$_2$BF$_4$]催化与醛反应,实现了格氏型羰基苯基化,得到羰基苯基化的仲醇产物[70]。

$$\text{PhSnR}_3^1 + \text{RCHO} \xrightarrow[\text{H}_2\text{O},110\,℃;空气,12\,\text{h}]{\text{Rh}(\text{I})} \text{R} \overset{\text{OH}}{\underset{}{\overset{|}{C}}} \text{Ph}$$

$$52\% \sim 93\% \quad 12\,个产物$$

COD:环辛二烯

4) 与共轭不饱和键加成

(1) 胺与共轭不饱和键加成。

胺与共轭烯烃在水介质中,β-环糊精（β-CD）催化下发生 aza-Michael 加成反应,β-CD 的催化作用可能是 β-CD 的羟基与胺形成的氢键削弱了 N—H 键,提高了氮原子的亲核性。该反应无毒,安全,产率高,β-CD 可回收再利用。如果不加 β-CD,反应不能进行[71]。

$$\overset{R^1}{\underset{R^2}{>}}\text{NH} + \diagup\diagdown\text{X} \xrightarrow[\text{H}_2\text{O},室温]{\beta\text{-CD}} \overset{R^1}{\underset{R^2}{>}}\text{N}\diagdown\diagup\text{X}$$

$$80\% \sim 92\% \quad 18个产物$$

在水介质中,用 KHSO_4 促进 3-二甲氨基-1-苯基-2-丙烯-1-酮与二胺发生 Michael 加成-消除反应合成双烯胺酮,光谱分析证明,在所有情况下,烯胺酮部分无例外地以 Z-构型存在,产率 $84\% \sim 94\%$[72]。

$$\text{Ar}\overset{O}{\underset{}{\overset{\|}{C}}}\diagdown\diagup\underset{\text{NMe}_2}{} \xrightarrow[\text{KHSO}_4/\text{H}_2\text{O}/50\,℃,1\sim2\,\text{h}]{\text{H}_2\text{N}\diagdown\diagup_n\text{NH}_2} \text{Ar}\diagup\diagdown\overset{O}{\underset{\text{N}}{}}\overset{H}{}\diagdown\diagup_n\overset{H}{\underset{\text{N}}{}}\overset{O}{}\diagdown\text{Ar}$$

在类同条件下,3-二甲氨基-1-苯基-2-丙烯-1-酮与邻苯二胺反应,得到 $84\% \sim 95\%$ 的唯一生成物[72]。

苯丙氨基酸衍生物有多种生物活性,如抗糖尿病（是丙酮酸的抑制剂）、抗风湿性关节炎、抗狼疮病等。2011 年,Anastasiya 等[73]用 D,L-苯丙氨基酸与 α-氰基炔醇在水中于室温反应,得到具有化学和区域选择性的一类新奇的 β-炔碳原子连接到氨基上的 2,5-二氢-5-亚胺呋喃基非天然氨基酸新家族,产率高达 $92\% \sim 95\%$,几乎是定量产率。这种非经典氨基酸的绿色、温和合成反应为研究新型药物及其预测开辟了一条新路。

$$\underset{\text{NH}_3^+}{\overset{O}{\underset{}{\overset{\|}{C}}}\text{O}} + \overset{R^2}{\underset{\text{OH}}{>}}\text{C}\diagdown\text{CN} \xrightarrow[20\sim25\,℃,3\sim72\,\text{h}]{\text{NaOH}/\text{H}_2\text{O}(\text{pH}\,8\sim9)} \text{（产物结构）}$$

$$92\%\sim95\%$$

$$R^1 = R^2 = \text{Me}; \quad R^1 = \text{Me}, R^2 = \text{Et}; \quad R^1 \sim R^2 = (\text{CH}_2)_4; \quad R^1 \sim R^2 = (\text{CH}_2)_5$$

(2) 硫醇与共轭不饱和键加成。

Krishnaveni 等[74]报道了在水介质中 β-环糊精催化的硫醇和共轭烯烃的 Michael 加成反应。反应可能是硫醇在 β-环糊精小口端与 β-环糊精的氢键作用削弱 S—H 键,提高了硫原子的亲核性。反应快速,选择性好,产率高,β-环糊精可回收再利用,比传统方法具有明显的优越性。

$$\text{RSH} + \diagup\diagdown\text{X} \xrightarrow[\text{H}_2\text{O},室温,5\sim45\,\text{min}]{\beta\text{-CD}} \text{RS}\diagdown\diagup\text{X}$$

$$90\%\sim98\%$$

芳香炔在水相中与氢硫化合物加成,首次合成了具有立体结构的唯一产物 E-乙烯硫醚。反应选择性好,产率高达 90%~96%。^{1}H-NMR 研究表明,反应在 β-CD 空腔内进行,位于小口端的硫酚进攻大口端的炔基合成 E-乙烯硫醚。然而,当使用烷基硫醇和烷基炔时,反应不能进行[75]。

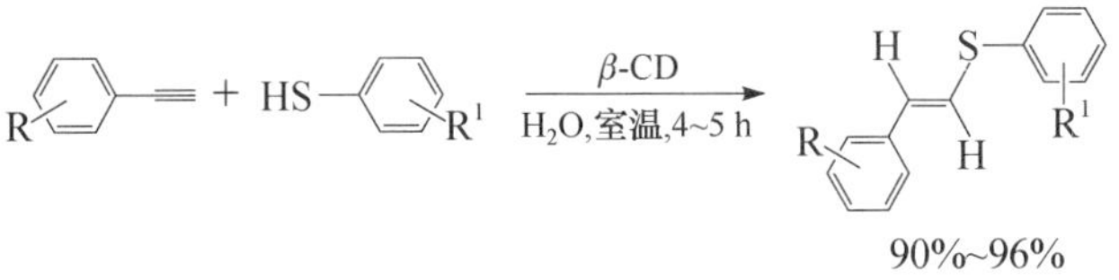

$$90\%\sim96\%$$

2. 偶联反应

偶联反应是生成碳-碳键的重要方法,钯催化的交叉偶联反应是将碳原子以单键、双键和三键连接在一起,极大地促进了制造复杂物质的可能性。因此,研究者 Heck(赫克)、Negishi(根岸英一)和 Suzuki(铃木章)分享了 2010 年诺贝尔化学奖。钯催化交叉偶联反应可以在有机溶剂或水介质中进行,这里仅介绍水相中的交叉偶联反应。

1) 钯试剂催化的偶联反应

(1) 碳-碳单键的生成。

Saha 等[76]报道了芳卤与芳基或烷基硼酸在纳米级 Pd(0)催化下,水介质中,一锅进行 Suzuki 偶联反应。反应时间短(5 min),产率高(84%~96%),不需要任何配体,催化剂连续使用三次其催化效率无明显变化。与文献报道的钯催化 Suzuki 反应需要代价高的复合物配体,绝大部分反应需要有机溶剂以及有的反应至少要 24 h 才能完成相比具有显著的优点。

$$R^1X + R^2B(OH)_2 \xrightarrow[\text{K}_3\text{PO}_4,\text{H}_2\text{O},100\ ℃]{\text{SDS},\text{Na}_2\text{PdCl}_4} R^1\text{—}R^2$$

$$84\%\sim96\% \quad 28个产物$$

SDS:十二烷基硫酸盐

芳基卤化物与芳基硼酸的 Suzuki 偶联反应合成双苯衍生物是最有价值和代表性的合成方法。然而偶联反应合成双苯衍生物的研究过去主要以芳基溴(碘)化物为基质。具有低成本和广泛利用性的芳基氯化物作为基质,C—Cl 键的强度使得活化困难。高活性催化剂的出现为该基质的 Suzuki 偶联提供了机会。Lee 等[77]采用高活性的普通催化剂 2 催化不活泼的或立体阻碍的芳基氯化物与芳基硼酸一锅多位 Suzuki 偶联反应,催化剂用量少,反应条件温和,产率高。

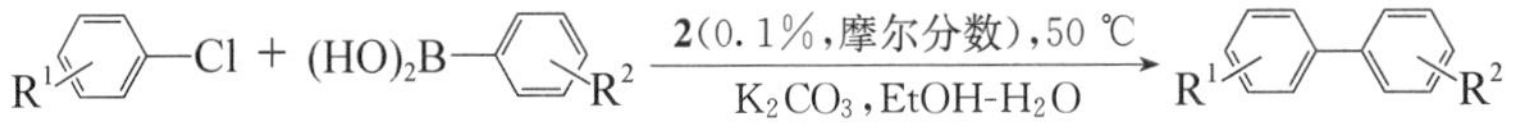

$$78\%\sim92\% \quad 12个产物$$

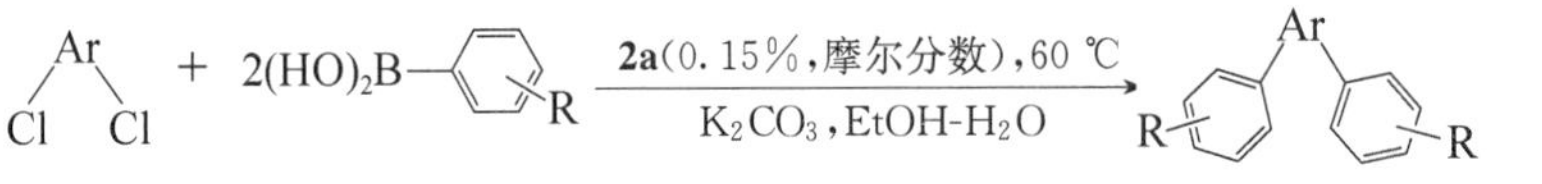

$$82\%\sim96\% \quad 12个产物$$

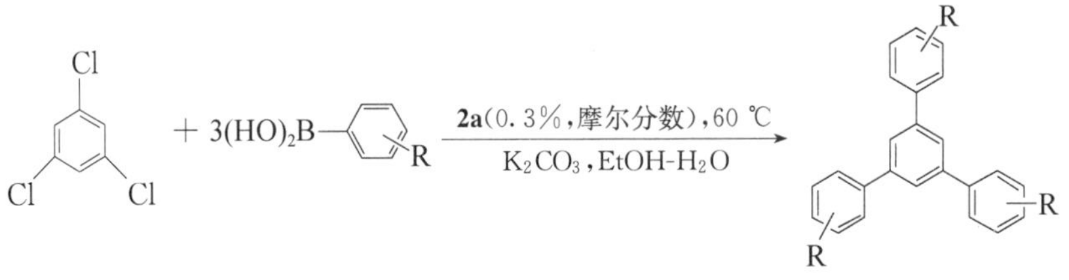

$$82\%\sim96\% \quad 4个产物$$

$$\text{Cl}_4\text{C}_6 + 4(HO)_2B\text{—}R \xrightarrow[\text{K}_2\text{CO}_3, \text{EtOH-H}_2\text{O}]{\textbf{2a}(0.5\%,\text{摩尔分数}),80\ ℃} \text{R}_4\text{C}_6$$

78%~91% 4个产物

$$2=R\text{—}N\overset{\text{Pd}}{\underset{L\ \ \ CH_3}{N}}\text{—}R$$

L=PEt₃, R=2,6-diMeC₆H₃ 为 **2a**
L=PPh₃, R=2,6-diMeC₆H₃ 为 **2b**
L=PEt₃, R=Ph 为 **2c**

Ranu 等[78]报道了纳米钯试剂催化芳基溴或碘与芳基硅氧烷,无氟条件下,水中,一锅快速(5~6 min) Hiyama 交叉偶联反应得到化学选择性优良和高产率产物。有机硅氧烷试剂比 Suzuki 硼试剂容易制备并且毒性低。

$$R^1\text{—}X + R^2\text{—}Si(OR)_3 \xrightarrow[\text{H}_2\text{O,NaOH,}100\ ℃,5\sim6\ \text{min}]{\text{Na}_2\text{PdCl}_2,\text{SDS}} R^1\text{—}R^2$$

75%~95% 18个产物

交叉偶联反应的可能机理:

（2）Heck 偶联。

芳卤或芳基三氟甲磺酸酯在钯试剂催化下与烯烃的 Heck 偶联形成碳-碳双键是近代有机合成中非常有价值的反应,但文献方法至少有以下问题之一:反应温度高,需要添加碱,使用配体或有机溶剂,反应时间长,价格高的芳基碘化物或芳基三氟甲磺酸酯更是应用的障碍。芳基重氮二氧化硅硫酸盐和烯烃在钯试剂催化下,水介质中反应比芳卤或芳基三氟甲磺酸酯在钯试剂催化下与烯烃反应具有显著优点:芳胺生成重氮盐的可利用率高,离去基团的离去性能好,反应条件温和,反应时间短,有较好的产率[79]。

$$ArN_2OSO_3\text{—}SiO_2 + \overset{}{\diagup}X \xrightarrow[\text{H}_2\text{O,室温,}25\sim100\ \text{min}]{Pd(OAc)_2(4\%,\text{摩尔分数})} Ar\diagdown\diagup X$$

80%~88% 31个产物

Krasovskiy 等[80]报道了烯基卤化物与烷基卤化物立体选择的根岸英一链交叉偶联新方法,该方法与传统方法相比具有两大优点:①反应不用事先制备有机锌试剂,而是于氩气下,室温,在 PTS 水溶液中依次加入锌泥、PdCl₂(AmPhOS)₂、TMEDA、烷基卤化物和烯基卤化物,一锅立体选择性发生 Negishi-Like 交叉偶联;②以水代替有机溶剂作为唯一的反应介质。在 PTS/H₂O 中 Z-或 E-烯基卤化物与烷基卤代物的偶联反应表示如下:

$$R\diagdown\diagup X + \text{烷基碘化物} \xrightarrow[2\%\text{PTS/H}_2\text{O,室温}]{\text{Zn/TMEDA,PdCl}_2(\text{AmPhOS})_2} R\diagdown\diagup \text{烷基}$$

83%~92% 4个产物
Z/E=96/1~99/1

$$R\text{—CH}=\text{CH—}X(\text{I 或 Br}) + 烷基\text{—}Y(\text{I 或 Br}) \xrightarrow[\text{2\%PTS/H}_2\text{O,室温}]{\text{Zn/TMEDA,PdCl}_2(\text{AmPhOS})_2} R\text{—CH}=\text{CH—烷基}$$

$$51\% \sim 95\% \quad 14 个产物$$
$$Z/E = 95/5 \sim 99/1$$

TMEDA：N,N,N',N'-四甲基乙撑二胺；PTS：聚乙烯醇-600，α-生育酚，癸二酸

$$\text{PdCl}_2(\text{AmPhOS})_2 : \text{Me}_2\text{N}\overset{\displaystyle Cl}{\underset{\displaystyle Cl}{—\!\!\!\!-\!\!\text{P—Pd—P}\!\!-\!\!\!\!-}}\text{—NMe}_2$$

（3）无酮 Sonogashira 交叉偶联。

Sonogashira 交叉偶联反应是形成碳(sp)-碳(sp²)键非常有效的方法，用于合成各种化合物，包括杂环、天然产物、药物或高聚物等。该反应通常用钯催化剂与 CuI 共催化进行。Bakherad 等[81]报道了芳基碘化物与末端炔用水溶性的 Pd-Salen 复合物催化，水介质中，以十二烷基硫酸钠作表面活性剂，Cs_2CO_3 为碱，空气条件下，实现了无铜 Sonogashira 偶联反应。

$$R^1C\equiv CH + \underset{\text{表面活性剂,Cs}_2\text{CO}_3,\text{H}_2\text{O},4\sim12\text{ h}}{\overset{\text{Pd-Salen 复合物}}{\xrightarrow{\hspace{3cm}}}} R^2\text{—C}_6\text{H}_4\text{—C}\equiv C\text{—}R^1$$

$$78\% \sim 98\% \quad 18 个产物$$

Pd-Salen 复合物：

$$\text{ClPh}_3\text{P}^+\text{—CH}_2\text{—(Pd-Salen)—CH}_2\text{—}^+\text{PPh}_3\text{Cl}^-$$

由 $\text{PdCl}_2(\text{PPh}_3)$ 催化芳基碘化物与末端炔烃在 sec-BuNH₂/H₂O(1∶1)混合溶剂中，环境温度下的无铜 Sonogashira 偶合反应[82]，不仅避免了有铜试剂产生的副反应产率高，而且反应条件温和，反应时间短，为合成分子内炔烃提供了新方法。

$$R\text{—C}_6\text{H}_4\text{—I} + \equiv\!\!-R' \xrightarrow[sec\text{-BuNH}_2/\text{H}_2\text{O(1∶1),25 ℃,90 min}]{2\%\text{PdCl}_2(\text{PPh}_3)_2} R\text{—C}_6\text{H}_4\text{—C}\equiv C\text{—}R'$$

$$78\% \sim 99\% \quad 18 个产物$$

R：4-Me，3-Me，2-异丙基，4-H₃CO，2-F 等；R'：Ph，3-MeC₆H₄，C₆H₁₃，—C≡C—OH 等

2）镍(Ⅱ)试剂催化的偶联反应——碳-碳单键的生成

钯试剂催化交叉偶联 Suzuki 反应是形成碳(芳基)-碳(芳基)键的典型代表，多种钯催化体系使得芳基碘化物、溴化物、氯化物等与芳基硼酸进行有效偶合。然而，钯的价格高，使用很便宜的镍(Ⅱ)催化剂引起了研究者的兴趣。Chen 等[83]报道了镍(Ⅱ)-芳基复合物催化，水相中氯苯与芳基硼酸的 Suzuki 交叉偶联反应。镍(Ⅱ)基质催化剂的高反应活性是其突出优点，不需要特殊的配体。

$$R\text{—C}_6\text{H}_4\text{—Cl} + (\text{HO})_2\text{B—C}_6\text{H}_4\text{—}R^1 \xrightarrow[\text{THF-H}_2\text{O,60 ℃,K}_2\text{CO}_3,2.5\sim3\text{ h}]{\substack{\text{Ni(PPh}_3)_2,(\text{NaPh})\text{Cl(5\%,摩尔分数)},\\ \text{PPh}_3(10\%,\text{摩尔分数})}} R\text{—C}_6\text{H}_4\text{—C}_6\text{H}_4\text{—}R^1$$

$$87\% \sim 99\% \quad 15 个产物$$

3. 缩合反应

1）醛醇缩合反应

（1）交叉醛醇缩合。

醛醇缩合反应是形成碳-碳键的重要方法之一。传统的交叉醛醇缩合反应用强酸或强碱

作催化剂,改进的方法则使用 KF 支撑试剂、Lewis 酸、天然磷酸盐或羟基磷灰石等作催化剂[84]。2010 年,Riadi 等报道了用动物骨粉(ABM)或改进的动物骨粉(Na/ABM)作催化剂,有效地实现了各种芳醛与环酮的交叉醛醇缩合反应,合成了 α,α'-双(取代苄叉)环戊酮,此方法反应时间短,产率高,催化剂可以回收多次使用。ABM 催化剂:反应 45~75 min,产率 72%~87%;Na/ABM 催化剂:反应 10~20 min,产率 90%~98%;R=H 时,Na/ABM 6 次催化活性实验,产率由 99% 下降到 96%,表明催化剂的活性无显著变化。

$$R-\text{—}-CHO + O=\text{环戊酮} \xrightarrow[\text{H}_2\text{O,回流}]{\text{催化剂}} \text{产物}$$

（2）Mukaiyama 醛醇缩合。

Mukaiyama 醛醇缩合反应广泛应用于生物活性化合物和天然产物的全合成。使用具有表面活性的有机钪催化剂——三(十二烷基苯磺酸)钪(STDS)催化 Mukaiyama 水相醛醇缩合,能够得到非常好的反应效果[85]。

$$R^1CHO + \begin{array}{c} R^2 \\ \text{OSiMe}_3 \\ H \quad R^3 \end{array} \xrightarrow[\text{H}_2\text{O,室温,4 h}]{\text{Sc(O}_3\text{SOC}_{12}\text{H}_{25})_3(10\%,\text{摩尔分数})} \begin{array}{c} \text{OH O} \\ R^1 \quad R^3 \\ R^2 \end{array}$$

$$84\%\sim92\%$$

2）Mannich 反应

Betti 碱具有催化和生物活性,合成 Betti 碱的经典方法是采用 2-萘酚、醛和氨进行缩合,改良的合成方法则采用烷基胺代替氨,但反应时间长或要加热,使用的催化剂不友好。Karmakar 等[86]报道了具有高表面区域的纳米结晶状 MgO 作催化剂,使醛、胺、2-萘酚一锅三组分,室温和水介质中,短时间、高产率、选择性地合成了 Betti 碱。

$$\text{2-萘酚} + \begin{array}{c} O \\ Ar \quad H \end{array} + \begin{array}{c} H \\ N \\ R \quad R^1 \end{array} \xrightarrow[\text{H}_2\text{O,室温,2~4 h}]{\text{纳米 MgO}} \text{产物}$$

$$78\%\sim92\%$$

Kumar 等[87]报道了采用 TritonX-100 非离子表面活性剂在水中催化芳醛、仲胺和 2-萘酚一锅三组分 Mannich 型反应合成 Betti 碱。

$$ArCHO + \begin{array}{c} R^1 \quad R^2 \\ N \\ H \end{array} + \text{2-萘酚} \xrightarrow[\text{TritonX-100}]{\text{H}_2\text{O}} \text{产物}$$

在胶体中,醛与仲胺反应生成被胶束稳定的亚胺和水,亚胺与酚发生亲核加成生成 Betti 碱。由于胶束内部的疏水性,水被排挤出来,平衡移向亚胺,从而避免了亚胺水解,同时也加速反应进行。

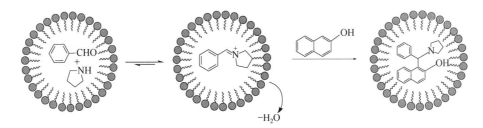

金催化的炔、醛和胺三组分在水中反应,得到产率高达 99% 的炔丙基胺,而在 THF、DMF 和甲苯等有机溶剂中反应副产物多,转化率很低[88]。

$$RCHO + R^1-\!\!\!=\!\!\! + R^2NH_2 \xrightarrow[H_2O]{催化剂[Au]} \begin{array}{c} R^2NH \\ | \\ R-\overset{}{\underset{\displaystyle R^1}{\diagdown}}\!\!\!=\!\!\! \end{array}$$

53%～99%

如果用 AgI(1.5%～3%)作催化剂,反应底物适用范围扩展到脂肪醛。

叔芳胺、甲醛和 1,3-二羰基化合物经硼酸催化,在水胶束中发生非通常的 Mannich 型反应,得到二烷基氨基芳构化的 1,3-二羰基化合物[89]。

$$\begin{array}{c} R' \\ | \\ R-N-\!\!\!\bigcirc\!\!\! \end{array} + CH_2O + \begin{array}{c} O \\ \parallel \\ \bigcirc \\ \parallel \\ O \end{array} \xrightarrow[0.5\,h]{硼酸,SDS,H_2O} \begin{array}{c} R' \\ | \\ R-N-\!\!\!\bigcirc\!\!\! \end{array}$$

78%～86%　14个化合物

反应过程:

$$\begin{array}{c} R \\ | \\ R'-N-\!\!\!\bigcirc \\ \end{array} + CH_2O \longrightarrow \left[\begin{array}{c} R \\ | \\ R'-\overset{+}{N}=\!\!\!\bigcirc=CH_2 \end{array} \right]$$

(1)

叔芳胺首先与甲醛作用产生 N-烷基-N-(4-亚甲基-2,5-环己二烯亚甲基)烷基铵盐中间物,然后与 1,3-二羰基化合物发生亲核加成,生成高区域选择性的对位官能团化产物。而 Mannich 反应过程:

$$\begin{array}{c} R \\ | \\ R'-NH \end{array} + CH_2O \longrightarrow \left[\begin{array}{c} R \\ | \\ R'-\overset{+}{N}=CH_2 \end{array} \right] \xrightarrow{Nu} \begin{array}{c} R \\ | \\ R'-N-Nu \end{array}$$

3) 其他缩合反应

(1) 合成 α-氨基腈。

Strecker 反应提供了一个合成 α-氨基酸及其同系物的方法,反应通常采用氰化物试剂[如碱性氰化物、Et_2AlCN、Bu_3SnCN、$(EtO)_2POCN$ 等]催化。然而,使用这些试剂不仅需要特别小心,而且存在对湿气敏感、反应时间长、产生毒性副产物等问题。以 K_2PdCl_4 作为催化剂,胺、醛和三甲基硅氰化物在水介质中一锅三组分缩合,快速、高产率合成 α-氨基腈[90]。这个方法不涉及使用危险化学品。

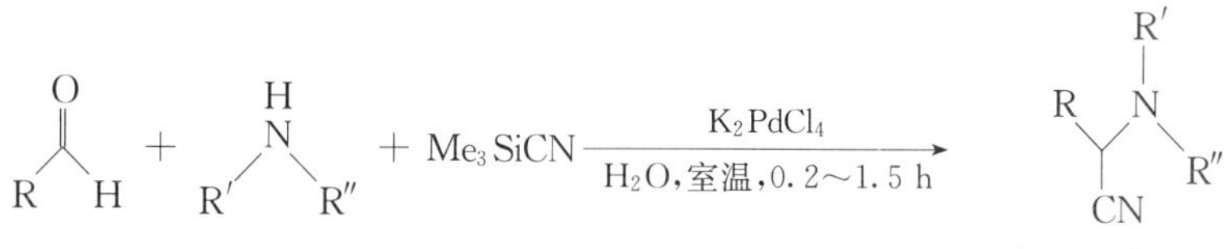

$$75\% \sim 96\% \quad 14个产物$$

醛:芳醛、杂环芳醛;胺:芳胺、脂肪胺

（2）合成 2-氨基噻唑类化合物。

2-氨基噻唑类化合物具有抗菌、抗结核等多种生理活性,通常使用磷钼酸铵（AMP）、β-环糊精、碘、氯化硅等作催化剂在有机或无机溶剂中合成,反应条件比较苛刻,产率低。Jain 等[91]报道了以水为溶剂,各种取代的芳酰基溴化物与 N-芳基硫脲在微波辐射下,不需要加催化剂,绿色、快速（1～30 min）、高产率（81%～93%）合成 2-氨基噻唑类化合物。

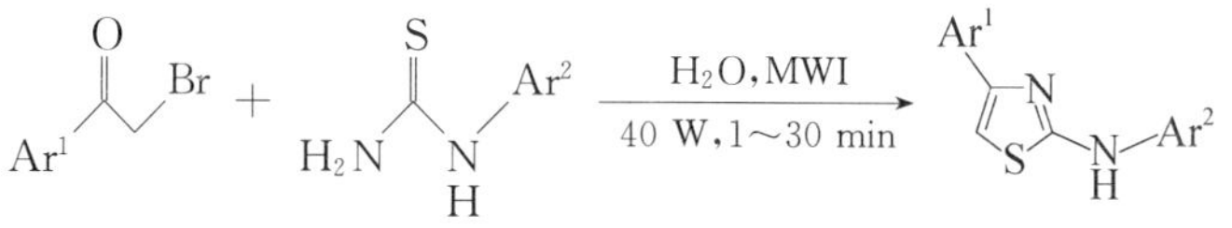

$$81\% \sim 93\% \quad 30个产物$$

反应在微波能量的存在下,苯酰基溴化物的羰基氧与溶剂水形成氢键,提高了羰基碳的亲电性,使得硫酰胺化合物的氨基氮的亲核反应容易进行,接下来溴甲基碳被硫进行分子内亲核进攻,溴化氢分子的除去导致噻唑化合物的生成,过程表示如下:

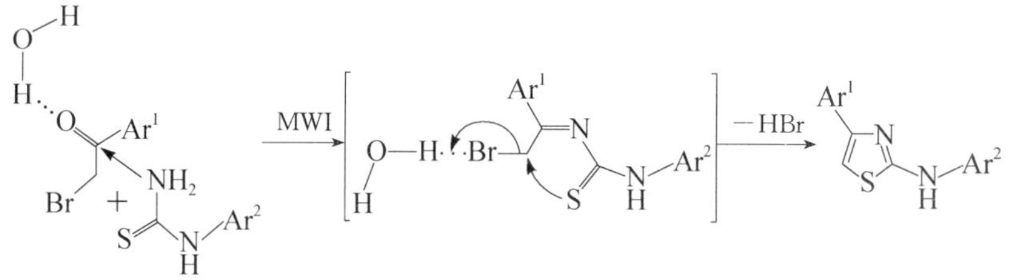

4. 基团的保护与去保护

1）氨基的保护

在水胶束介质中,脂肪胺（开链的和环状的）、芳香胺、杂环芳香胺与氯苄氧羰基

$C_6H_5CH_2OCCl$（Cbz-Cl）室温下发生 N-苄氧羰基化反应,高产率（个别产物除外）得到氮苄氧羰基（N-Cbz）保护产物。

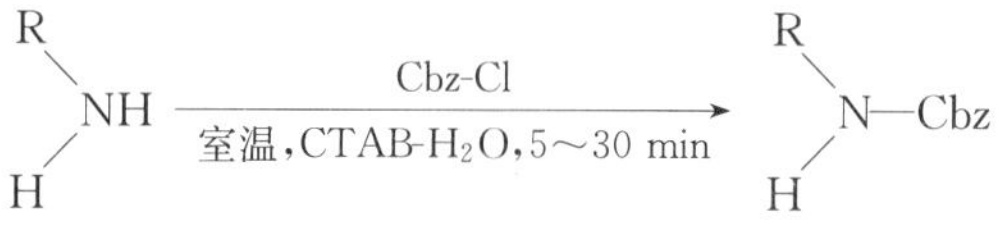

$$80\% \sim 95\% \quad 21个产物$$

2）缩醛（酮）的去保护

在有机合成特别是有机全合成中,缩醛或缩酮的去保护是一个重要步骤。在过去的缩醛或缩酮的去保护方法中,采用的试剂许多有腐蚀性或毒性。Aaron 等使用无毒、价格低廉、对环境友好的 BiI_3 作为催化剂,在水中催化缩醛（酮）化学选择性地去保护,与其他方法相比具有产率高（80%～99%）、使用范围广等优点。

$$\underset{R^1 \quad R^2}{\overset{H_3CO \quad OCH_3}{\diagup}} \text{ 或 } \underset{R^1 \quad R^2}{\overset{O \quad O}{\diagup}} \xrightarrow[\text{H}_2\text{O}]{\text{BiI}_3} \underset{R^1 \quad R^2}{\overset{O}{\diagup}}$$
$$80\%\sim99\% \quad 17\text{个产物}$$

3) 缩硫醛(酮)的去保护

缩硫醛或缩硫酮去保护使羰基再生有许多方法[92],然而这些方法至少存在毒性、反应时间长、试剂昂贵、副产物要除去等缺点之一。使用中性 Al_2O_3 支撑 I_2 作为催化剂,在乙醇-水或水溶剂中,室温,1,3-氧硫杂环戊烷和1,3-二硫杂环戊烷能够去保护,得到相应的羰基化合物[92]。反应条件温和,时间短,产率高,试剂便宜,对环境友好是这个方法的优点。

$$\underset{R^2}{\overset{R^1}{\diagup}}\underset{Y}{\overset{X}{\diagdown}} \xrightarrow[\text{EtOH-H}_2\text{O 或 H}_2\text{O,室温}]{\text{I}_2\text{-Al}_2\text{O}_3\,(催化剂)} \underset{R^2}{\overset{R^1}{\diagup}}\text{O}$$
$$79\%\sim98\% \quad 28\text{个产物}$$

I_2-Al_2O_3 的催化过程:

碘锍盐复合物

活性 I_2 试剂被 Al_2O_3 极化产生了强亲电试剂 I^+,I^+ 与二硫杂环戊烷或氧硫杂环戊烷分子中的软亲核试剂反应,生成碘锍复合物,最后水解得到相应的羰基化合物。

5. 还原反应

α-氨基腈是合成 α-氨基酸和含氮杂环化合物的中间体,在合成 α-氨基腈的许多方法中存在反应时间长、产率低、使用代价高的试剂和反应条件苛刻等缺点。Das 等[93]以硝基苯、醛和TMSCN,用铟在稀 HCl 水溶液中,室温下一锅三组分反应,高产率(86%～96%)、短时间(5～20 min)合成 α-氨基腈。

$$\text{RNO}_2 + \text{R}^1\text{CHO} \xrightarrow[\text{室温,5}\sim\text{20 min}]{\text{TMSCN,In/HCl,H}_2\text{O}} \underset{\text{CN}}{\overset{R^1}{\text{RNHC}}}$$
$$86\%\sim96\% \quad 15\text{个产物}$$

α-氨基膦酰酯具有生物活性,是工业上有重要用途的化合物。通常 α-氨基膦酰酯从胺和羰基化合物或直接从亚胺制备。然而,试剂昂贵、反应时间长、高温反应是其存在的问题。Das 等[94]报道了用硝基化合物、醛或酮与二烷基或三烷基亚磷酸,用铟在稀 HCl 水溶液中,室温下一锅三组分反应,高产率合成 α-氨基膦酰酯。含有氨基、羟基、卤素和醚的硝基化合物反应时不受影响。二硝基苯在反应时,只有一个硝基作用得到 α-氨基膦酸酯,另一个硝基不改变。

$$RNO_2 + R^1COR^2 + \begin{array}{c} P(OR^1)_3 \\ \text{或} \\ HP(O)(OR^1)_2 \end{array} \xrightarrow[\text{室温},0.5\sim1.5\ h]{In/HCl,H_2O} \begin{array}{c} R^2 \\ \diagdown \\ R^1 \end{array}\hspace{-2mm}\begin{array}{c} NHR \\ P(O)(OR^1)_2 \end{array}$$

$$88\%\sim96\% \quad 27\text{个产物}$$

　　类烯胺是多种生物活性分子的重要构建单元。通常合成方法操作繁杂,反应时间长,产率不高。Das 等[95]报道了取代硝基苯、取代苯甲醛和烯丙基三丁基锡,用铟在稀 HCl 水溶液中,室温下一锅三组分反应,高产率(86%～92%)、短时间(5～10 min)合成了目的物。

　　酰胺是一类重要化合物,在一些工业、工程和药物上作为重要合成原材料。合成酰胺的方法很多[96]。Allam 等[97]研究了微波辐射,水作溶剂,三氟乙酸钪催化取代芳醛与盐酸羟胺反应,高效、一锅合成伯酰胺。与一般方法相比,该方法提高了反应选择性,反应时间由 4～26 h 缩短为 15～35 min,产率普遍高 1%～5%。

$$RCHO + NH_2OH \cdot HCl \xrightarrow[MW(300\ W),Na_2CO_3,H_2O,135\ ℃]{Sc(OTf)_3(10\%,\text{摩尔分数})} RCONH_2$$

$$82\%\sim95\% \quad 18\text{个产物}$$

6. 氧化反应

　　1,2-苯二胺碳-碳键氧化断裂,目前仅有三种氧化体系,即 CuI 存在于吡啶中分子氧氧化;使用化学计量的过氧化镍和四乙酸铅氧化,前者使用吡啶,并且操作手续冗长,后者四乙酸铅毒性大,产率低于 50%。采用 NaIO_4 作氧化剂,水作溶剂,氧化取代芳基 1,2-二胺和取代芳基 1,4-二胺化合物[98],碳-碳键断裂分别得到顺,顺-己二烯二腈和对苯醌。反应时间短(10～25 min),反应条件缓和,产率高(90%～98%)。

7. Wittig 反应

　　Wittig 反应是羰基烯化合成烯烃极有价值的重要方法。合成 E-烯烃通常在己烷、DMF、苯或 DMSO 等溶剂中进行,在非极性溶剂中反应很慢。Dambacher 等研究证明,稳定的磷叶立德与醛反应,水是一种最有效的反应介质。37 种实验样品化学产率达到 98%。$E/Z>99/1$。水作为反应介质,反应速率显著加速。例如,查尔酮的合成,在水介质中反应,20 ℃,1 h,产率 91%,$E/Z=90/10$;而在苯中反应,回流温度,3 d,产率大于 70%。

反应物还可以是杂环芳醛、脂肪醛。

　　水相有机反应还有 Claisen 重排反应、Reformatsky 反应、片呐醇偶合反应和 1,3-偶极环化加成反应等。尽管水作溶剂不可能代替目前各种有机合成反应中所使用的有机溶剂,但它毕竟具有安全、资源丰富、价格低廉、对环境友好等有机溶剂无可比拟的优点,因此仍然是有机合成工作者今后所追求的研究热点[99]。一方面研究更多、更有效的催化剂,解决有机底物在水中的溶解度和稳定性等问题,拓宽水作为有机反应溶剂的使用范围;另一方面应注意开发它在工业方面的应用,使其对有机合成的发展起到更好的推动作用。

参 考 文 献

[1] 邢其毅,徐瑞秋,周政. 基础有机化学(下册). 北京:高等教育出版社,1984

[2] 徐家业. 有机合成化学及近代技术. 西安:西北工业大学出版社,1997

[3] 王乃兴,李纪生. 化学世界,1994,9:450

[4] 陈万之. 化学试剂,1992,14(2):88

[5] 周瑞仪. 中国医药工业杂志,1988,20(12):548

[6] Des H A,Alper H. J Am Chem Soc,1977,99(1):98

[7] Alper H,Des R D. J Organomet Chem,1977,134(1):11

[8] Alper H,Hashem K, Heveling J. Organometallics,1982,1(6):775

[9] Galamb V,Gopal M,Alper H. Organometallics,1983,2(7):801

[10] Joo F,Alper H. Organometallics,1985,4(10):1775

[11] 张善言,肖森,冉鸣,等. 分子催化,1987,1(2):115

[12] 金钦汉. 微波化学. 北京:科学出版社,1999

[13] Yin W,Ma Y,Xu J X,et al. J Org Chem,2006,71:4312

[14] 张小英,曾和平. 化学试剂,2002,24(4):202

[15] Thakur A J,Boruah A,Prajapati D,et al. Synth Commun,2000,30:2005

[16] Perez T M,Comdon R F P,Mesa M,et al. J Chem Research(s),2003,4:240

[17] Kumar H M S,Reddy B V S,Reddy P T,et al. Org Prep Proced Int,2000,38(1):81

[18] Mitra A K,De A,Karchaudhuri N. Synth Commun,1999,29(4):573

[19] Kumar H M S,Subbareddy B V,Anjaneyulu S,et al. Synth Commun,1998,28(20):3811

[20] Satya P,Monika G. Tetrahedron Lett,2004,45(48):8825

[21] Huan H,Yong J W. Tetrahedron Lett,2003,44(18):3445

[22] Sun T,Li J,Wang Y L. J Chin Chem Soc,2003,50:425

[23] Li J P,Luo Q F,Wang Y L,et al. J Chin Chem Soc,2001,48:73

[24] Li J P,Liu P,Wang Y L,et al. J Chem Research(s),2001:488

[25] Li J P,Luo Q F,Wang Y L. Indian J Chem,2002,41:1962

[26] Satya P,Puja N,Rajive G,et al. Synthesis,2003,18:2877

[27] Pollington S D,Bond G,Moyes R B,et al. J Org Chem,1991,56:1313

[28] 王德心. 固相有机合成——原理及应用指南. 北京:化学工业出版社,2004

[29] 田中孝一. 无溶剂有机合成. 刘群译. 北京:化学工业出版社,2005

[30] Ahlem B,Nurulain T Z. Synthesis,2003,2:267

[31] 王宫武,王宝亮. 有机化学, 2004,24(1):85

[32] Khodaei M M,Meybodi F A,Rezai N,et al. Synth Commun,2001,31:2047

[33] Li J P,Wang Y L,Wang H,et al. Synth Commun,2001,31(5):781

[34] Li J P,Wang Y L,Sun T. J Chem Research(s),2003,4:220

[35] Zhao Y W,Wang Y L. J Chem Research(s),2001:70

[36] Xiao J P,Wang Y L,Zhou Q X. Synth Commun,2001,31(5):661

[37] 李记太,李晓亮,李同双. 有机化学,2006, 26(11):1594

[38] 苟劲. 重庆工学院学报,2002,3:76

[39] Rana B C,Dutta P,Sarkar A. J Chem Soc Perkin Trans I,1999,1139

[40] Magnuson D K,Badley J W,Evans D F. J Solution Chem,1984,13:583

[41] Dupont J,Consorti C S,Suarez P A Z,et al. Org Synth,2002,79:236

[42] Golding J,Forsyth S,Mcfarlane D R, et al. Green Chem,2002,4:223

[43] Bao W,Wang Z,Li Y. J Org Chem,2003,68:591

［44］　Varma R S,Namboodiri V V. Chem Commun,2001,643

［45］　Namboodiri V V,Varma R S. Chem Commun,2002,342

［46］　Namboodiri V V,Varma R S. Tetrahedron Lett,2002,31：5381

［47］　Arduengo A J. Chem Abstr,1992,116：106289

［48］　Rajagopal R,Jarikote D V,Lahoti R J,et al. Tetrahedron Lett,2003,44：1815

［49］　Yadav J S,Reddy B V S,Basak A K. Tetrahedron Lett,2003,44：2217

［50］　Song C E,Shim W H,Roh E J,et al. Chem Commun,2000,1695

［51］　徐欣明,李毅祥,周美云,等. 有机化学,2004,24(2)：184

［52］　Adams C J,Earle M J,Roberts K G, et al. Chem Commun,1998,2097

［53］　Yadav J S,Reddy B V S,Reddy C S,et al. J Org Chem,2003,68,2525

［54］　Potdar K,Mohile S S,Salunkhe M M. Tetrahedron Lett,2001,42：9285

［55］　Harjani J R,Nara S J,Salunkhe M M. Tetrahedron Lett,2002,43：1127

［56］　Loh T,Feng L,Yang H,et al. Tetrahedron Lett,2002,43：8741

［57］　Jarikote D V,Siddiqui S A,Rajagopal R. Tetrahedron Lett,2003,44：1835

［58］　Wolfson A,Wuyts S,Vos D E. Tetrahedron Lett,2002,43：8107

［59］　Ma H Q,Wang Y L,Li J P,et al. Heterocycles,2007,1,135

［60］　Brinchi L,Germani R,Savelli G. Tetrahedron Lett,2003,44：2027

［61］　Earle M J,Mccrmac P B,Seddon K R. Green Chem,1999,1：23

［62］　Kitazume T,Kasai K. Green Chem,2001,3(1)：23

［63］　王利民，田禾. 精细有机合成新方法. 北京:化学工业出版社,2004

［64］　李汝雄. 绿色溶剂——离子液体的合成与应用. 北京:化学工业出版社,2004

［65］　Fokin V V,Change A. Chem Rev,2009,109：725

［66］　赵刚,等. 绿色有机催化. 北京:中国石化出版社,2005

［67］　Ding R,Zhao C H,Chen Y J,et al. Tetrahedron Lett,2004,45：2995

［68］　Surendra K,Krishnaveni N S,Mahesh A,et al. J Org Chem,2006,71：2532

［69］　Wong Y C,Parthasarathy K,Cheng C H. Org Lett,2010,12：1736

［70］　Li C J,Meng Y. J Am Chem Soc,2000,122：9538

［71］　Surendra K,Krishnaveni N S,Sridhar R,et al. Tetrahedron Lett,2006,47：2125

［72］　Devi A S,Helissey P,Vishwakarma J N. Green and Sustainable Chemistry,2011,1：31

［73］　Anastasiya G M,Angela P B,Valentina V N. ARKIVOC,2011,iv：281

［74］　Krishnaveni N S,Surendra K,Rao K R. Chem Commun,2005,669

［75］　Sridhar R,Surendra K,Krishnaveni N S. Syn Lett,2006,3495

［76］　Saha D,Chattopadhyay K,Ranu B C. Tetrahedron Lett,2009,50：1003

［77］　Lee D H,Jin M J. Org Lett,2011,13：252

［78］　Ranu B C,Dey R,Chattopadhyay K. Tetrahedron Lett,2008,49：3430

［79］　Zarei A,Khazdooz L,Pirisedigh A,et al. Tetrahedron Lett,2011,52：4554

［80］　Krasovskiy A,Duplais C,Lipshutz B H. Org Lett,2010,12：4742

［81］　Bakherad M,Keivanloo A,Bahramian B,et al. Tetrahedron Lett,2009,50：1557

［82］　Komaromi A,Tolnai G L,Novak Z. Tetrahedron Lett,2008,49：7294

［83］　Chen C,Yang L M. Tetrahedron Lett,2007,48：2427

［84］　Riadi Y,Mamouni R,Azzalou R,et al. Tetrahedron Lett,2010,51：6715

［85］　Manabe K,Mori Y,Wakabayashi T,et al. J Am Chem Soc,2000,122：7202

［86］　Karmakar B,Banerji J. Tetrahedron Lett,2011,52：4957

［87］　Kumar A,Gupta M K,Kumar M. Tetrahedron Lett,2010,51：1582

［88］　Wei C M,Li C J. J Am Chem Soc,2003,125：9584

［89］　Kumar A,Maurya R A. Tetrahedron Lett,2008,49：5471

［90］　Karmakar B,Banerji J. Tetrahedron Lett,2010,51：2748

［91］　Jain K S,Bariwal J B,Kathiravan M K,et al. Green and Sustainable Chemistry,2011,1：36

［92］ Rohman M R,Rajbangshi M,Laloo B M,et al. Tetrahedron Lett,2010,51:2862

［93］ Das B,Satyalakshmi G,Suneel K. Tetrahedron Lett,2009,50:2770

［94］ Das B,Satyalakshmi G,Suneel K,et al. J Org Chem,2009,74:8400

［95］ Das B,Satyalakshmi G,Suneel K,et al. Tetrahedron Lett,2008,49:7209

［96］ Cao L P,Ding J Y,Gao M,et al. Org Lett,2009,11:3810

［97］ Allam B K,Singh K N. Tetrahedron Lett,2011,52:5851

［98］ Telvekar V N,Takale B S. Tetrahedron Lett,2010,51:3940

［99］ 王玉炉,王瑾晔,杨莹,等. 化学通报,2013,76(11):994

科学出版社 高等教育出版中心

教学支持说明

科学出版社高等教育出版中心为了对教师的教学提供支持，特对教师免费提供本教材的电子课件，以方便教师教学。

获取电子课件的教师需要填写如下情况的调查表，以确保本电子课件仅为任课教师获得，并保证只能用于教学，不得复制传播用于商业用途。否则，科学出版社保留诉诸法律的权利。

微信关注公众号"科学 EDU"，可在线申请教材课件。也可将本证明签字盖章、扫描后，发送到 chem@mail.sciencep.com，我们确认销售记录后立即赠送。

如果您对本书有任何意见和建议，也欢迎您告诉我们。意见一旦被采纳，我们将赠送书目，教师可以免费选书一本。

证　明

兹证明＿＿＿＿＿＿大学＿＿＿＿＿＿学院/＿＿＿＿系第＿＿＿＿学年□上□下学期开设的课程，采用科学出版社出版的＿＿＿＿＿＿ /＿＿＿＿＿＿（书名/作者）作为上课教材。任课教师为＿＿＿＿＿＿共＿＿＿＿＿＿人，学生＿＿＿＿个班共＿＿＿＿＿人。

任课教师需要与本教材配套的电子教案。

电　话：＿＿＿＿＿＿＿＿＿＿＿＿＿＿＿＿＿＿

传　真：＿＿＿＿＿＿＿＿＿＿＿＿＿＿＿＿＿＿

E-mail：＿＿＿＿＿＿＿＿＿＿＿＿＿＿＿＿＿＿

地　址：＿＿＿＿＿＿＿＿＿＿＿＿＿＿＿＿＿＿

邮　编：＿＿＿＿＿＿＿＿＿＿＿＿＿＿＿＿＿＿

院长/系主任：＿＿＿＿＿＿＿＿　（签字）

（学院/系办公室章）

＿＿＿年＿＿月＿＿日